자 동 차 정 비 기 능 사 시 험 완 벽 대 비 서

적중 TOP

자동차정비 기능사

필기

단기완성

전환영/조승완/최천우/이종호 공저

- 정확한 유형분석을 통한 **합격비법** 전수
- 단원별 **출제예상문제** 선별 수록
- **최근기출문제**와 풍부하고 상세한 해설
- 단기간 독파가능한 **핵심요약정리**

머리말

자동차는 여러 부품들의 조합인 단순한 기계가 아니라 전기 · 전자 · 화학 및 금속분야가 총망라된 것으로, 국내외적으로 자동차 산업은 기술개발과 그 적용속도가 매우 빠르다. 또한 최근 자동차 산업은 '친환경'이라는 키워드를 중심으로 급격하게 변화하고 있다. 100년 이상 자동차 시장을 주도한 기존의 자동차 업계도 새로운 전략 수립에 나섰고, 몇 년 뒤의 시장도 예측하기 어려운 상황에 도달했다. 앞으로 산업 · 환경 측면에서 친환경자동차의 시대는 피할 수 없을 것으로 보인다.

따라서, 미래의 자동차 산업의 성장과 기술발전에 부응하기 위하여 기술자들에게는 많은 노력과 훈련이 필요하다고 본다.

본서는 이러한 자동차 산업의 경향에 따라 자동차정비기능사 자격증 취득을 준비하는 수험생들을 위해 변경된 출제 경향에 맞추어 철저히 분석 · 정리하여 집필하였다.
다른 수험서에 비해 단원별로 상세하면서도 핵심을 꿰뚫은 이론 정리, 이에 따라 출제 빈도수가 높은 예상문제를 엄중 선별하여 수록하였으며 문제의 이해도를 높일 수 있도록 풍부한 해설을 실었다.

단언컨대, 본서를 잘 활용하면 자동차정비기능사 자격증을 취득하는데 무리 없을 것이라 믿는다.

끝으로 이 책이 출간되기까지 애써주신 도서출판 마지원 관계자 여러분께 고마움을 전한다.

편저자 일동

CONTENTS

CONTENTS

시험안내

01 시험개요

자동차정비는 자동차의 기계상의 결함이나 사고 등 여러 가지 이유로 정상적으로 운행되지 못할 때 원인을 찾아내어 정비하는 것을 말한다. 최근 운행자동차 수의 증가로 정비의 필요성의 증가에 따라 산업현장에서 자동차정비의 효율성 및 안정성 확보를 위한 제반 환경을 조성하기 위하여 정비 분야의 기능인력 양성이 필요하게 되었다.

02 취득방법

① 시 행 처 : 한국산업인력공단

② 관련학과 : 실업계 고등학교의 자동차 관련학과

③ 훈련기관 : 공공직업훈련원, 사업체내직업훈련원, 인정직업훈련원, 사설학원

④ 시험과목
- 필기 : 자동차기관, 자동차새시, 자동차전기 및 안전관리
- 실기 : 자동차정비 작업(작업형)

⑤ 검정방법
- 필기 : 전과목 혼합, 객관식 60문항(60분)
- 실기 : 작업형 (4시간 정도)

⑥ 합격기준
- 필기 · 실기 : 100점을 만점으로 하여 60점 이상

03 시험일정

구분	필기원서접수 (인터넷)	필기시험	필기합격 (예정자) 발표	실기원서접수	실기시험	최종합격자 발표일
정기 제1회	1월 초순	1월 하순	2월 초순	2월 중순	3월 중순	4월 초순
정기 제2회	3월 초순	4월 초순	4월 중순	4월 하순	5월 하순	6월 중순
정기 제3회	산업수요 및 맞춤형 고등학교 및 특성화 고등학교 필기시험 면제자 검정 ※ 일반인 필기시험 면제자 응시 불가			5월 중순	6월 중순	7월 초순
정기 제4회	6월 중순	7월 초순	7월 중순	7월 하순	8월 하순	9월 하순
정기 제5회	8월 중순	9월 하순	9월 하순	10월 하순	11월 하순	12월 중순

※ 시험일정은 변동될 수 있으므로 필히 www.q-net.or.kr 의 공고를 확인바람

04 출제기준

필기과목명	주요항목	세부항목	세세항목
자동차기관, 자동차새시, 자동차전기 및 안전관리	기본사항 및 안전기준	1. 기본사항	1. 힘과 운동의 관계 2. 열과 일 및 에너지와의 관계 3. 자동차공학에 쓰이는 단위
		2. 엔진의 성능	1. 엔진 성능 2. 엔진 기본 사이클 및 효율 3. 연료 및 연소
		3. 자동차 안전기준	안전기준(법규 및 검사기준)
	자동차 엔진	1. 엔진본체	1. 실린더헤드, 실린더 블록, 밸브 및 캠축 구동장치 2. 피스톤 및 크랭크축
		2. 연료장치	1. 가솔린 연료장치 2. 디젤 연료장치 3. LPG 연료장치 4. CNG/LNG 연료장치
		3. 윤활 및 냉각장치	1. 윤활장치 2. 냉각장치
		4. 흡배기장치	1. 흡기 및 배기장치 2. 과급장치 3. 배출가스 저감장치
		5. 전자제어장치	1. 엔진 제어장치 2. 센서 3. 액추에이터 등 4. 친환경 제어장치
	자동차새시	1. 동력전달장치	1. 클러치 2. 수동변속기 3. 자동변속기 유압 및 제어장치 4. 무단변속기 유압 및 제어장치 5. 드라이브라인 및 동력배분장치 6. 친환경 동력전달장치
		2. 현가 및 조정장치	1. 일반 현가장치 2. 전자제어 현가장치 3. 일반 조향장치 4. 전자제어 조향장치 5. 휠 얼라인먼트
		3. 제동장치	1. 유압식 제동장치 2. 기계식 및 공압식 제동장치 3. 전자제어제동장치 4. 친환경 제동장치
		4. 주행 및 구동장치	1. 휠 및 타이어 2.구동력 및 주행성능 3. 구동력 제어장치
	자동차전기 전자	1. 전기전자	1. 전기기초 2. 전자기초(반도체 포함)
		2. 시동, 점화 및 충전장치	1. 배터리 2. 시동장치 3. 점화장치 4. 충전장치 5. 하이브리드장치
		3. 계기 및 보안장치	1. 계기 및 보안장치 2. 전기회로(각종 전기장치) 3. 등화장치
		4. 안전 및 편의장치	1. 안전 및 편의장치 2. 사고 회피 기술
		5. 공기조화장치	1. 냉방장치 2. 난방장치 3. 공조장치
	안전관리	1. 산업안전일반	1. 안전기준 및 재해 2. 안전조치
		2. 기계 및 기기에 대한 안전	1. 엔진취급 2. 새시취급 3. 전장품취급 4. 기계 및 기기취급
		3. 공구에 대한 안전	1. 전동 및 에어공구 2. 수공구
		4. 작업상의 안전	1. 일반 및 운반기계 2. 기타 작업상의 안전

자동차 기관

1-1 엔진의 개요
1-2 엔진의 본체
1-3 윤활장치 및 냉각장치
1-4 연료장치
1-5 흡기 및 배기장치
1-6 배출가스 제어장치
1-7 전자제어 가솔린 연료장치
1-8 자동차 기관 안전기준 및 검사
- 단원핵심문제

CHAPTER 01 자동차 기관

1-1 엔진의 개요

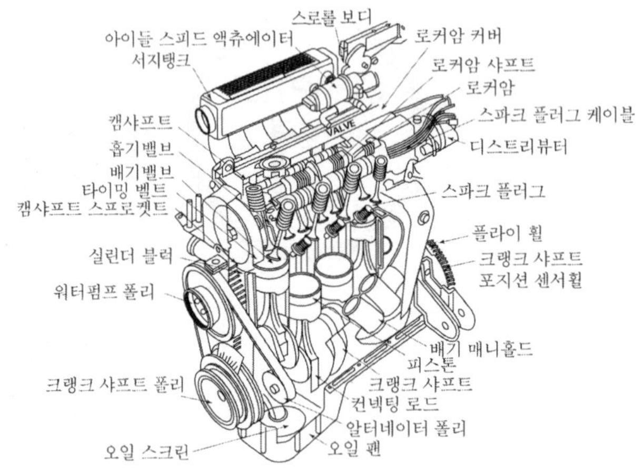

❶ 엔진의 분류

(1) 기계학적 사이클에 의한 분류

엔진은 열에너지를 기계적 에너지로 변환시켜 동력을 얻는다.

① 4행정 사이클 엔진의 작동 : 4행정 사이클 기관은 4개의 행정(흡입, 압축, 동력, 배기), 즉 크랭크 축이 2회전(캠축 1회전)하여 1사이클(cycle)을 완성한다.

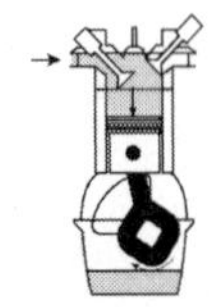
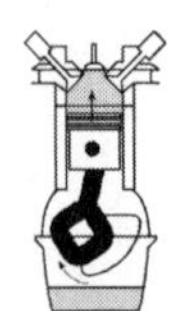
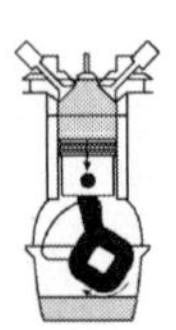
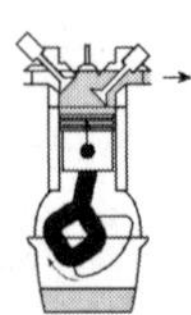

흡입행정(하강) 압축행정(상승) 동력행정(하강) 배기행정(상승)

▲ 4행정 사이클 엔진의 작동

㉠ **흡입과정**(흡기행정 : Intake Stroke) : 흡입밸브는 열리고 배기밸브는 닫혀 있으며 피스톤은 상사점에서 하사점으로 내려가므로 실린더 내의 부압(대기압보다 낮은 압력으로서 이 경우에는 진공에 가깝다)에 의해서 혼합기를 실린더에 흡입한다.

㉡ **압축행정**(Compression Stroke) : 압축행정은 흡/배기밸브는 모두 닫혀 있고, 피스톤이 하사점에서 상사점으로 올라가는 행정으로 혼합기를 연소실에 압축한다.

㉢ **폭발(동력)행정**(Power Stroke, Expansion Stroke) : 폭발행정은 흡/배기가 모두 닫혀 있고 혼합기에 점화, 연소되면서 실린더 내의 압력이 상승한다. 이때의 압력으로 피스톤은 상사점에서 하사점으로 내려가며, 피스톤 헤드에 가해진 힘은 커넥팅 로드를 통하여 크랭크 축에 전달되어 회전한다.

㉣ **배기행정**(Exhaust Stroke) : 배기행정은 흡입밸브는 닫혀있고 배기밸브는 열린다.

② **2행정 사이클 엔진의 작동** : 2사이클 엔진은 4사이클 엔진에 설치되어 있는 흡/배기 밸브가 없는 대신에 실린더 벽면에 소기구멍과 배기 구멍이 배치되어 있다. 따라서 피스톤의 상하 왕복운동에 따라 소기 및 배기 구멍이 개폐되어 그 곳으로부터 가스가 출입하도록 되어 있는 것이 가장 큰 특징이다.

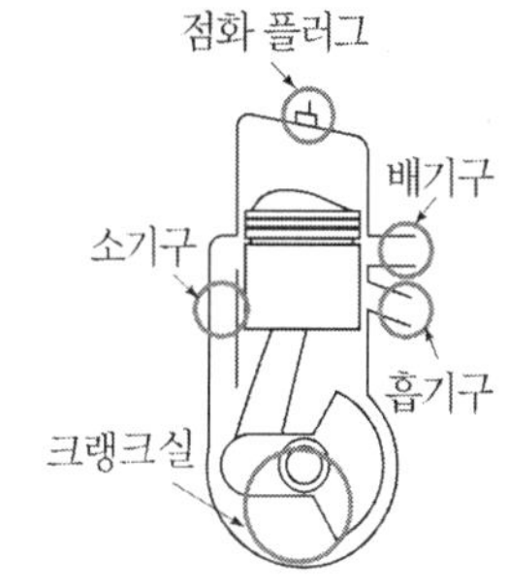

▲ 2행정 사이클 기관의 구조

(2) 밸브의 설치 위치에 의한 분류

① **L헤드 엔진**(L-head Engine) : 흡 · 배기 밸브가 실린더 블록에 나란히 설치되어 있으며 하나의 캠축으로 모든 밸브의 개폐를 할 수 있다.

② **I 헤드 엔진**(I-head Engine) : 오버헤드 밸브 엔진(over head valve engine)이라고도 하며 흡/배기 밸브가 실린더 헤드에 설치되어있다.

③ **F 헤드 엔진**(F-head Engine) : 흡입밸브는 I헤드 기관과 같이 실린더 헤드에 설치되어 있고 배기밸브는 L헤드 기관과 같이 실린더 블록에 설치되어 있다.

④ **T 헤드 엔진**(T-head Engine) : 흡입밸브와 배기밸브로 분리하여 실린더 블록 양쪽에 설치되어 있다.

(3) 실린더 내경과 피스톤 행정 비율에 따른 분류

엔진의 실린더 크기는 '구경×행정'으로 표시하며, 구경은 실린더의 직경과 같다. 피스톤 행정(L)과 실린더 내경(D)의 비에 따라 분류하면 다음과 같다.

① **단행정 기관**(Over Square Engine : $L/D<1$) : 피스톤 행정이 실린더 내경보다 작은 기관으로 단행정 또는 오버 스퀘어 기관이라고도 한다. 이 기관의 특징은 회전력은 작으나 회전 속도는 빠르고 피스톤 평균 속도를 높이지 않고도 기관의 회전속도를 높일 수가 있어 최근 소형 승용차나 고속용 차량에 많이 사용한다.

② **정방행정 기관**(Square Engine : $L/D = 1$) : 피스톤 행정과 실린더 내경이 같은 기관으로 스퀘어 기관이라 하고 단행정 기관과 장행정 기관의 중간 특성을 가지며 소형 승용차에 많이 사용된다.

③ **장행정 기관**(Under Square Engine : $L/D > 1$) : 피스톤 행정이 실린더 내경보다 큰 기관으로 언더 스퀘어 기관이라고 하며, 회전력은 크나 회전 속도는 느리고 피스톤 측압이 작아 속도보다 힘을 위주로 하는 차량에 사용된다.

(4) 열역학적 사이클에 의한 분류

① **정적 사이클**(Constant Volume Cycle) **또는 오토 사이클**(Otto Cycle) : 정적 사이클은 혼합기의 연소가 일정 체적 하에서 발생하며 2개의 정적 변화와 2개의 단열 변화로 사이클이 구성되어 있다. 가솔린 엔진과 LPG엔진의 기본 사이클이다.

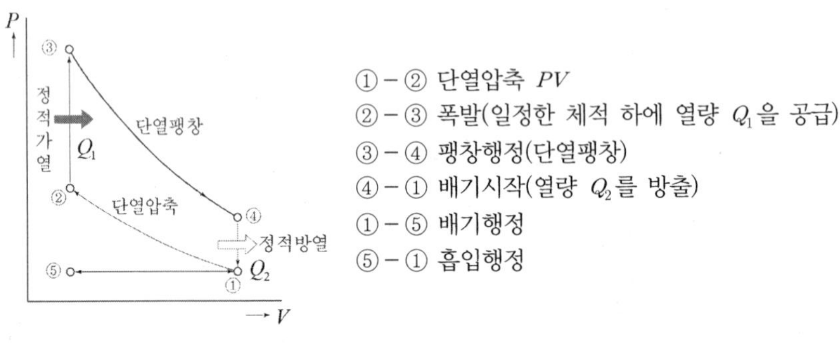

▲ 오토 사이클의 지압선도

$$\eta_{th} = 1 - \frac{T_4 - T_1}{\varepsilon^{k-1}}(T_4 - T_1) = 1 - \left(\frac{1}{\varepsilon}\right)^{k-1}$$

k : 비열비 = 1.4

따라서 오토 사이클의 이론 열효율은 ε와 k에 의해 결정된다.

② **정압 사이클**(Constant Pressure Cycle) : 정압 사이클은 디젤 사이클이라고도 하며 저속 디젤기관의 기본 사이클이다.

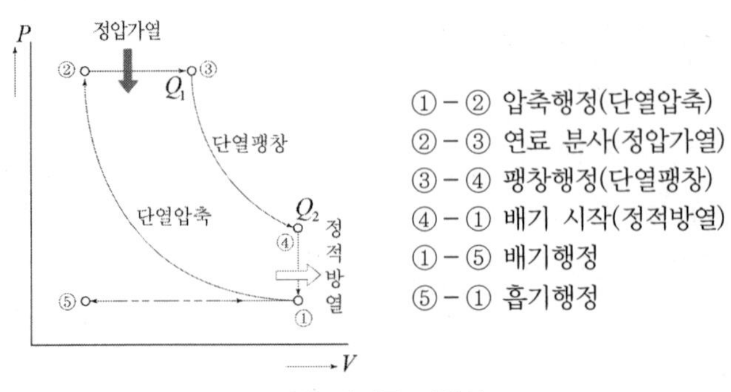

▲ 정압 사이클 지압선도

이 사이클의 이론 열효율은 다음과 같이 구한다.

$$\eta_{th} = 1 - \left(\frac{1}{\varepsilon}\right)^{k-1} \times \frac{\sigma^k - 1}{k(\sigma - 1)}$$

여기서, σ는 실제 사이클에서의 연료의 분사가 계속되는 기간의 길고 짧음에 대한 비율을 나타내며, 단절비(cut off ratio) 또는 팽창비라고 한다.

③ **정적 · 정압 사이클 또는 사바데 사이클** : 정적 및 정압 사이클(혼합 사이클, constant volume and pressure cycle)을 조합한 사이클이며 또는 사바데 사이클(sabathe cycle)이라 한다.

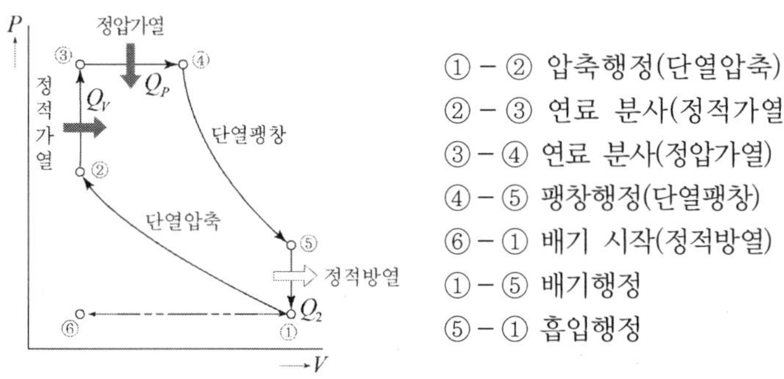

▲ 사바데 사이클의 지압선도

$$\eta_{th} = 1 - \left(\frac{1}{\varepsilon}\right)^{k-1} \times \frac{m\sigma^k - 1}{(m-1) + km(\sigma - 1)}$$

k : 비열비 (k=1.4)
m : 압력 상승비=폭발비
σ : 차단비

❷ 기관의 제원과 성능

(1) 피스톤의 배기량(Piston Displacement)

실린더의 직경을 보어(bore)라고 부르고 피스톤이 실린더 내의 하사점(BDC)에서 상사점 (TOC)으로 행정을 할 때 이들을 곱한 값이 배기량(cc)이 된다.

(2) 피스톤의 평균속도

크랭크 축의 회전에 따라 피스톤은 상하 왕복운동을 하게 된다. 이때 상사점과 하사점에서는 정점(속도가 0)이 생기게 된다.

(3) 압축비(Compression Ratio)

피스톤이 하사점(BDC)에 있을 때, 윗부분의 실린더 체적과 상사점(TDC)에 있을 때 윗부분 연소실 체적의 비, 즉 연소실 체적과 실린더 체적의 비를 말한다.

(4) 마력(Horse Power)

마력은 기관의 힘을 나타내는 단위로 단위 시간에 하는 일의 양을 말한다.

① **지시마력**(Indicated Horse Power, 도시마력) : 실린더 내에서 연료가 연소하여 피스톤이 상하운동을 하는 힘을 지압계로 측정하여 지압선도로 나타내어 계산한 마력으로 이것을 구함으로써 실린더 내의 출력, 연소상태, 밸브 타이밍의 적부, 회전수에 대한 점화시기의 양부 등을 알 수 있다.

$$\text{지시마력(IHP)} = \frac{P \times A \times L \times R \times N}{75 \times 60} = \frac{P \times V \times R \times N}{4{,}500 \times 100}$$

여기서, P : 지시평균 유효압력[kg/cm^2]
A : 실린더 단면적[cm^2]
L : 행정[m], N : 실린더 수
R : 회전수(2사이클 − R, 4사이클 − $R/2$)
V : 배기량[cc=cm^3]

② **마찰마력**(Friction Horse Power : 손실마력) : 마찰력은 기계 손실을 말하고 엔진이 동력을 전달할 때는 동력 전달에서 마찰 손실(25[%])이 크며 75[%] 정도가 실 기계효율이 된다.

③ **제동마력**(Brake Horse Power : 축마력, 정미마력) : 제동마력(축마력, 순마력, 유효마력, 정미마력)이란 엔진에서 동력이 소요되는 발전기, 물펌프, 펜소음기 기타 부속품을 제거하고 엔진 정격속도에서 전달할 수 있는 동력의 양이며 표준 운전 상태에서 흡, 배기장치를 포함하여 모든 부품을 갖춘 기관이 크랭크 축에서 내는 마력, 즉 크랭크 축으로부터 실제 얻을 수 있는 마력이다.

$$\text{제동마력}(BHP) = \frac{2\pi \cdot P \cdot r \cdot N}{75 \times 60} = \frac{P \cdot r \cdot N}{716} = \frac{T \times N}{716}\,[\text{Ps}]$$

여기서, η : 기계효율[%]
P : 실린더 내의 전압력[kgf]
r : 크랭크 암의 회전반경[m]
T : 회전력 = $P \cdot r$[kg · m]
N : 회전수[rpm]

④ **연료마력**(Petrol Horse Power) : 기관의 성능 시험시 사용되는 연료의 열량, 소비량, 시험시간 등에 의해 측정하여 얻은 마력이다.

⑤ SAE 마력(Society of Automotive Engineers)

㉠ 실린더 내경이 [inch]인 경우

$$SAE\ 마력 = \frac{D^2 N}{2.5}$$

여기서, D : 내경[inch]
N : 기통수

㉡ 실린더 내경이 [mm]인 경우

$$SAE\ 마력 = \frac{M^2 N}{1613}$$

여기서, M : 내경[mm]
N : 기통수

(5) 기계효율(η_m)(Mechanical Efficiency)

실린더 내에서 실제로 발생된 지시마력에서 기관의 운전 중 각부의 마찰, 기타에 의해 손실되어 발생된 정미마력과의 상호 관계이다.

$$\eta_m = \frac{제동일}{지시일} \times 100\,[\%]$$

$$\eta_m = \frac{제동마력}{지시마력} \times 100\,[\%]$$

$$\eta_m = \frac{제동평균\ 유효압력}{지시평균\ 유효압력} \times 100\,[\%]$$

1-2 엔진의 본체

❶ 실린더 헤드 (cylinder head)

(1) 실린더 헤드의 기능

실린더 헤드 개스킷(cylinder head gasket)을 사이에 두고 실린더 블록에 볼트로 설치되며 밸브, 점화 플러그가 설치된다. 그리고 피스톤, 실린더와 함께 연소실을 형성하며 기밀과 수밀을 유지한다.

연소실은 실린더 헤드 및 피스톤에 의해 형성되고 혼합기의 연소와 연소 가스의 팽창이 시작되어 동력을 발생하는 곳으로 밸브 및 점화 플러그가 설치되어 있다. 이론상 열효율 및 연소실의 체적은 압축비에 따라 정해지며 혼합기를 연소시킬 때 높은 효율을 얻을 수 있는 형상으로 설계되어야 한다. 연소실의 구비조건은 다음과 같다.

① 화염전파에 요하는 시간을 최소로 짧게 할 것
② 가열되기 쉬운 돌출부를 두지 말 것
③ 압축행정 끝에 와류를 일으키게 할 것
④ 연소실 내의 표면적은 최소가 될 것
⑤ 밸브면적을 크게 하여 흡배기 작용을 원활히 할 것

(2) 연소실의 종류

① L-헤드형 연소실(사이드 밸브식)
② F-헤드형 연소실
③ 오버 헤드 밸브 엔진 연소실(I-헤드형 연소실) : 반구형, 쐐기형, 지붕형, 욕조형 등

(3) 실린더 헤드 개스킷(cylinder head gasket)

① **보통 개스킷** : 동판이나 강판으로 석면(asbestos)을 싸서 만든 것이다.
② **스틸 베스토 개스킷** : 고회전 · 고출력 엔진에서는 실린더 헤드 개스킷의 두께에 대해 심한 제한이 가해지고 있으며 이에 따라 고안된 것이다. 강판의 양쪽면에 돌출물을 만들고 여기에 흑연을 섞은 석면(graphite asbestos)을 압착하고 표면에 흑연을 발라 완성한 것이다.
③ **스틸 개스킷** : 강철판만으로 얇게 만든 것이며 압축 복원성이 양호하여 주로 고급엔진에 사용한다.

(4) 실린더 헤드 정비

① 실린더 헤드 변형
㉠ 실린더 헤드 변형 원인
• 실린더 헤드볼트 작업 불량(볼트 이완 : 방열기에서 기포 발생)
• 실린더 헤드 개스킷 불량
• 엔진의 과열, 과냉
• 재질 불량, 제작시 열처리 불량
㉡ 실린더 헤드 변형의 영향
• 압축가스의 누기(blow-by)
• 냉각수 누수
• 엔진오일의 누유
② 실린더 헤드볼트 작업
㉠ 안에서 밖으로 대각선으로 조이고, 밖에서 안으로 대각선 방향으로 복스 렌치를 사용하여 푼다.
㉡ 조일 때는 반드시 토크 렌치를 사용하여야 하며 여러 번 나누어서 작업을 하여야 한다.
㉢ 실린더 헤드가 잘 떨어지지 않을 때
• 고무 해머로 가볍게 충격을 가한다.

• 호이스트 자중을 이용하거나 기관의 압축 압력을 이용한다.
• 정이나 드라이브, 쇠망치를 사용해서는 안 된다.

③ 실린더 헤드 균열

㉠ 실린더 헤드 균열의 원인은 기관의 열파나 동파 그리고 재질 및 열처리 불량 등이 있다.

㉡ 실린더 헤드 균열의 검사 방법 : 육안 검사, 자기 탐상 검사, 염색 탐상법(형광 물질 탐상법), 비파괴검사 방법으로 한다.

❷ 실린더 블록(Cylinder Block)

실린더 블록은 기관의 기초 구조물이며 상부에는 헤드가 있고 아래쪽 중앙부에는 평면 베어링을 두고 크랭크 축이 설치된다. 내부에는 실린더가 있고 실린더 주위에는 물재킷이 있으며 블록 주위에는 밸브기구의 설치부가 있다. 하부에는 개스킷을 두고 오일 팬이 설치되며 보통 일체 주조로 되어 있다.

(1) 실린더

① 실린더의 종류 : 일체식은 실린더 블록과 일체 주조한 것으로 가솔린 차량에 사용되고 삽입식은 실린더 블록과 별개로 만들어 삽입한 것으로 건식과 습식이 있다.

② 건식 라이너(dry type liner) : 건식 라이너는 라이너가 냉각수와 직접 접촉하지 않고 실린더 블록을 거쳐 냉각되게 되어 있다.

③ 습식 라이너(wet type liner) : 습식 라이너는 라이너의 바깥 둘레가 물 재킷의 한족이 되어 냉각수와 직접 접촉하게 되어 있다.

(2) 실린더의 점검 및 정비

① 실린더의 마모

㉠ 실린더의 마모 형태

• 실린더 상부에서 가장 마모가 크다. 그 이유는 윤활 불량, 고온 고압에 노출, 링의 호흡작용으로 마찰력 증대 등이다.
• 크랭크 축 방향보다 직각 방향의 마모가 크다.
• 하부에서 가장 마모가 작다.
• 상사점 부근의 마모되지 않은 부분을 리지(턱)라 하며 리지가 심하면 피스톤 분해시 피스톤이 손상될 우려가 있으므로 리지 리머로 제거해야 한다.

㉡ 실린더의 수정방법

• 일체식 : 보링(보링머신 사용)
• 삽입식 : 라이너 교환

㉢ 실린더의 마모 측정 계측기

• 실린더 보어 게이지 : 실린더 테이퍼 마모를 가장 정확하게 측정할 수 있다.

• 내경 마이크로미터
• 텔레스코핑 게이지와 외경 마이크로미터

② 실린더의 균열

㉠ 실린더의 균열 원인

• 재질불량
• 수격현상 : 가열된 실린더 내에 냉각수가 유입되면 급속 냉각이 발생되어 조직에 이상이 생겨 균열이 발생하는 현상으로 실린더 헤드 개스킷 손상 시 발생된다.

㉡ 실린더 균열의 영향

• 기관 작동이 불가능하다.
• 누기 · 누유 · 누수 현상 등이 있다.

㉢ 실린더 균열 정비 = 교환

❸ 피스톤

(1) 피스톤(piston)

① 피스톤의 구조

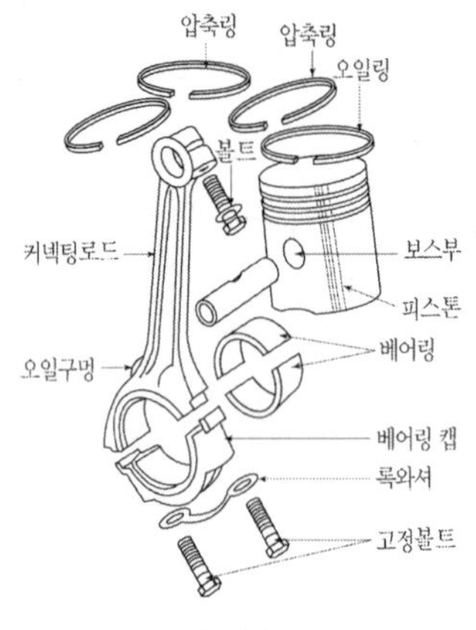

▲ 피스톤 구조

② 피스톤의 구비조건

㉠ 폭발압력을 유효하게 이용할 것
㉡ 가스 및 오일의 누출 방지
㉢ 관성이 작을 것
㉣ 열팽창률이 적고, 열전도성이 클 것
㉤ 마찰로 인한 기계적 손실 방지
㉥ 가벼울 것

③ **피스톤의 재질** : 피스톤의 재질은 특수주철과 알루미늄 합금이 사용된다. 알루미늄 합금은 피스톤은 열전도성이 양호하며, 비중이 적고, 고속, 고압축비 기관에 적합하다. 또한, 압축비를 높일 수

있어 추력을 증대시킬 수 있는 장점이 있으나, 강도가 적고 열팽창 계수가 큰 결점이 있다. 종류에는 구리계 Y 합금 피스톤과 규소계 Lo-Ex 피스톤이 있다.

④ **피스톤의 종류** : 스커트 모양(형상)에 따른 분류에는 솔리드형, 스플리트형, 슬리퍼형, 오프셋형, 캠 연마형, 인바스트럿 등이 있다.

⑤ **피스톤의 점검 및 정비**

㉠ **피스톤 간극** : 간극이 크면 블로우 바이 가스 발생, 피스톤 슬랩 증대, 기관 출력 감소, 피스톤 링 기능 저하로 인한 오일 소비율 증대, 압축 압력의 저하가 발생한다. 그리고 간극이 작으면 마찰증대 및 심하면 소결이 발생한다.

㉡ **피스톤의 수정 방법**

• 간극이 클 때

- 피스톤 스커트부를 보링 하여 재사용한다.
- 실린더를 O/S로 수정 후 피스톤을 O/S로 교환한다.
- 경미한 것은 피스톤 링만을 O/S로 교환한다.

• 간극이 작을 때

- 피스톤 스커트부를 스크레이핑 하여 수정한다.
- 실린더를 보링한 후 피스톤을 O/S로 교환

(2) 피스톤 링(piston ring)

① 피스톤 링의 구비조건

㉠ 내마멸성과 내열성이 커야한다.

㉡ 제작이 쉽고 적절한 장력이 있어야 한다.

㉢ 실린더면에 일정한 면압을 가하여야 한다.

㉣ 열전도가 양호하고 고온에서 장력의 변화가 적어야한다.

㉤ 실린더 벽의 재질보다 다소 경도가 낮아야 한다.

㉥ 마찰저항이 작아야 한다.

② 피스톤 링의 3대 작용

㉠ **기밀유지 작용** : 실린더 내의 압축가스 누출 방지 작용, 밀봉작용

㉡ **열전도 작용** : 냉각작용

㉢ **오일제어 작용** : 실린더 벽의 오일을 긁어내려 연소실 내의 오일 유입방지 및 실린더벽 윤활작용)

③ **피스톤 링의 재질** : 피스톤 링은 일반적으로 특수 주철을 사용하여 원심 주조법으로 제작하고, 실린더 벽의 재질보다 경도가 낮은 재질로 제작하여 실린더 벽의 마멸이 적게 한다.

④ 피스톤 링의 점검 및 정비

㉠ 절개 구 간극

- 간극이 클 때 : 블로우 바이가 증대되고 압축 압력 저하, 기관 출력 저하, 연료 및 오일 소모량이 증대된다.
- 간극이 작을 때 : 실린더 벽의 이상 마모가 증대되고 심하면 소결이 일어난다.
- 계측기 : 필러게이지
- 수정방법 : 간극이 클 때는 피스톤 링을 교환하며, 간극이 작을 때는 줄을 이용하여 수정한다.

㉡ **피스톤 링 사이드간극**(링 홈 간극) : 피스톤 링 사이드 간극을 두는 이유는 작동 중 링의 신축 작용을 원활하게 하기 위해서 이며 간극이 크면 블로우 바이 증대로 엔진의 출력이 저하되고, 작으면 신축 작용이 이루어지지 않아 링의 호흡작용이 불량해진다.

- 수정방법 : 간극이 클 때는 링 캐리어를 삽입하고, 간극이 작을 때는 유리관에 콤파운드를 바르고 링 아래 면을 연마한다.

(3) 피스톤 핀(piston pin)

① **피스톤 핀의 기능** : 피스톤과 커넥팅로드를 연결하는 핀으로 커넥팅로드 끝에 설치되며, 피스톤 보스부에 끼워져 피스톤에서 받은 압력을 커넥팅 로드에 전달하는 역할을 한다.

② **피스톤 핀의 설치 방식에 따른 분류**

㉠ **고정식** : 보스부에 고정 볼트로 고정하는 방법이다.

㉡ **반부동식** : 커넥팅 로드 소단부에 클램프 볼트로 고정하는 방식이다.

㉢ **전부동식** : 보스부나 커넥팅로드에 고정되지 않고 작동 중 핀 빠짐을 방지하기 위하여 양쪽에 스냅 링을 사용하는 방식이다.

③ **피스톤 핀의 재질** : 피스톤 핀의 재질은 일반적으로 저탄소강, 니켈-크롬강, 니켈-몰리브덴강 등을 사용하며, 표면은 경화시켜 내마멸성을 높이고 내부는 높은 인성을 유지하도록 한다.

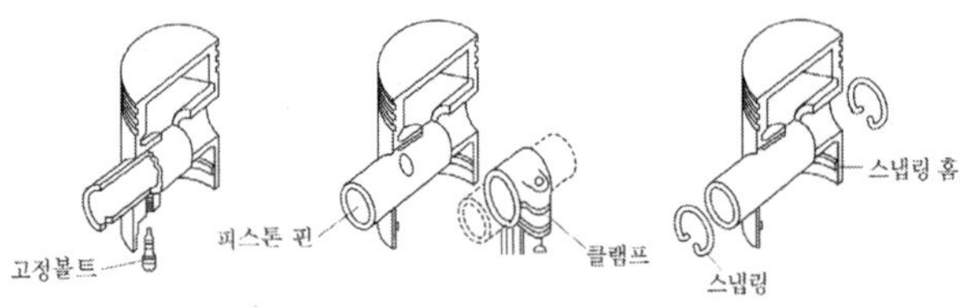

(a) 고정식 (b) 반부동식 (c) 전부동식

▲ **피스톤 핀의 설치방법**

(4) 커넥팅 로드(connecting - rod)

① **커넥팅 로드의 기능** : 커넥팅 로드는 피스톤에 피스톤 핀과 연결되어 피스톤의 왕복운동을 크랭크 축에 전달하며 피스톤 핀과 연결되는 소단부와 크랭크 축에 연결되는 대단부로 되어 있으며, 주로 관성을 줄이기 위하여 경량으로 제작한다.

② **커넥팅 로드의 길이** : 커넥팅 로드 소단부의 중심과 대반부의 중심과의 거리를 커넥팅 로드 길이라 하며 피스톤행정의 1.5 ~ 2.3, 보통 2배이다.

❹ 크랭크 축(crank shaft)

(1) 크랭크 축

① **크랭크 축의 구비조건** : 큰 하중을 받으며 고속회전 하기 때문에 진동이 없어야 하며, 강도나 강성이 크고 내마멸성이 커야 하며, 정적, 동적 평형이 잡혀 있어야 한다.

② **크랭크 축의 재질** : 단조제의 경우에는 고탄소강(S 45C ~ S 56C)이나 크롬-몰리브덴강, 니켈-크롬강이 있으며, 주조제는 미하나이트 주철, 구상 흑연 주철 등이다.

③ **크랭크 축의 구성**

㉠ **메인 저널**(main journal) : 크랭크 축의 하중을 지지하는 부분이며, 실린더 블록의 하단부에 볼트로 지지된다.

㉡ **크랭크 핀 저널**(crank pin journal) : 커넥팅 로드 대단부와 연결되어 피스톤으로부터 힘을 받아 회전방향으로 바꾸는 부분이다.

㉢ **크랭크 암**(crank arm) : 메인저널과 크랭크 암을 연결하는 부분이다.

㉣ **곡률 반경부** : 암과 저널의 연결 부분을 직각으로 하지 않고 라운딩을 두어 응력 집중을 방지한다.

㉤ **오일 구멍** : 오일을 공급받는 구멍이다.

㉥ **오일 슬링거** : 크랭크 축 뒤 부분에 설치되어 오일의 누출을 방지한다.

㉦ **플랜지** : 플라이 휠이 설치되는 부분이다.

㉧ **평형추**(balance weight) : 크랭크 축의 정적, 동적 회전 평형을 원활하게 하기 위한 부분이다.

④ **크랭크 축의 점화순서** : 다(多)실린더 기관에서는 폭발이 같은 간격으로 일어나며, 회전력이 될 수 있는 대로 일정하여야 하며, 또한 동적(動的) 균형이나 주 베어링에 걸리는 하중 등을 고려하여 점화순서와 크랭크 암의 배치가 결정된다. 예를 들면, 직렬 기관에서 4실린더는 1-3-4-2, 1-2-4-3, 6실린더는 1-5-3-6-2-4 또는 1-4-2-6-3-5 등으로 점화순서가 정해져 있다. 따라서 크랭크 축을 플라이 휠 쪽이 아닌 풀리 쪽에서 마주보았을 때 1번 크랭크 핀이 압축 상사점을 기준으로 3번과 4번 크랭크 핀 우측에 있으면 우수식, 좌측에 있으면 좌수식 엔진이다. 각 기통의 특징은 다음과 같다.

⑤ **크랭크 축의 원활한 회전을 위한 점화 순서 결정시 고려할 사항**

㉠ 연소가 같은 간격으로 일어나게 한다.

㉡ 크랭크 축에 비틀림 진동이 일어나지 않도록 한다.

㉢ 혼합기가 각 실린더에 균일하게 분배되게 한다.

㉣ 하나의 메인 베어링(저널)에 연속 하중이 작용하지 않도록 하기 위해 인접한 실린더에 연이어 점화하지 않게 한다.

(2) 크랭크 축의 점검 및 정비

① 축의 휨

㉠ 원인 : 충격, 비틀림 등의 반복하중에 의하여 피로증대

㉡ 측정 방법 : 다이얼게이지를 중간 메인저널에 설치하고 축을 천천히 회전시키면서 다이얼게이지 큰 바늘이 움직인 양을 반(1/2)으로 나눈 값을 휨값으로 한다.

㉢ 수정방법 : 가벼운 휨은 아버 프레스로 수정하거나 축을 U/S로 연마하고, 심하면 교환한다.

② 축의 엔드플레이(축방향 움직임)

㉠ 이유 : 축의 회전을 원활히 하기 위하여 두는 축방향의 간극

㉡ 측정방법

- 크랭크 축을 드라이버를 사용하여 한 쪽으로 밀어 놓는다.
- 다이얼게이지를 플랜지 부분에 직각으로 설치한다.
- 드라이버로 크랭크 축을 반대로 민다.
- 이때 다이얼게이지 바늘이 움직인 거리가 축방향 유격이다.
- 필러게이지를 사용할 경우에는 반드시 스러스트 베어링이 있는 곳에서 측정한다. 이때 크랭크 축을 드라이버로 민 반대방향에서 측정한다.

㉦ 수정방법

- 클 때 : 스러스트 베어링을 교환
- 작을 때 : 스러스트 베어링을 연삭

③ 크랭크 축 베어링 저널수정 : 크랭크 축 메인 저널의 테이퍼 측정 – 플라스틱 게이지

(3) 엔진 베어링

① 엔진 베어링의 구비조건

㉠ 하중 부담 능력(load – caring capacity)이 있을 것

㉡ 내부식성과 내피로성(fatigue resistance)이 있을 것

㉢ 크랭크 축 회전 중 이물질의 매입성(embedability)이 있을 것

㉣ 추종 유동성 변형에 대해 맞추어 가는 금속적인 유동성

㉤ 내식성(corrosion resistance)이 클 것

㉥ 고속회전에 견딜 것

② 베어링의 재질에 따른 분류

㉠ 배빗메탈(babbitt metal = 화이트메탈) : 배빗메탈의 구성은 주석(90[%]) + 안티몬(1.5[%]) + 구리(5[%]) 등의 백색합금이며, 매입성, 길들임성은 좋으나 기계적 강도가 작고 내피로성, 열전도성이 불량하다. 주로 승용차, 소형 트럭에 많이 사용된다.

㉡ 켈밋메탈(kelmet metal = 레드메탈) : 켈밋메탈의 구성은 구리(60[%]) + 납(40[%])로 되어

있으며 특징으로는 고온, 고속, 고부하에 적합하며, 열전도성, 반융착성이 좋으나 매입성, 길들임성은 나쁘다. 자동차 엔진 베어링으로 가장 많이 사용된다.

㉢ **베어링 크러시**(bearing crush) : 베어링 크러시는 베어링 바깥둘레와 하우징 안둘레의 차이를 0.025 ~ 0.078[mm] 두어 베어링을 하우징 안에서 움직이지 않도록 하기 위한 것이며, 크러시를 두는 이유는 조립시 밀착을 좋게 하고 열전도를 양호하게 한다.

㉣ **베어링 스프레드**(bearing spread) : 베어링 스프레드는 베어링을 끼우지 않았을 때 베어링의 바깥 직경과 하우징의 안 직경과의 차이로 통상 0.125 ~ 0.50[mm]를 둔다. 스프레드를 두는 이유는 조립시 베어링이 제자리에 밀착되게 하고 작업시 베어링의 이탈을 방지하며, 조립시 안쪽으로 찌그러지는 것을 방지하기 위해서이다.

(4) 플라이 휠 및 비틀림 진동 방지기

① **플라이 휠** : 엔진의 맥동적인 회전을 원활히 하기 위해서 플라이 휠의 회전 관성력을 이용한 추로서 원활한 회전으로 바꾸어서 동력전달을 하게 된다.

② **비틀림 진동 방지기** : 엔진의 맥동적인 출력으로 인해 발생하는 진동으로부터 보호하기 위하여 크랭크 축 풀리 앞에 설치한다.

❺ 밸브개폐기구 및 밸브(valve train & valve)

(1) 밸브개폐기구의 형식

I-헤드 밸브기구(OHV-오버헤드밸브엔진), L-헤드 밸브기구(L-head valve train), 오버헤드 캠축 밸브기구(overhead cam shaft valve train), F-헤드 밸브기구(F-head valve train), 트윈 캠 밸브 기구(twin cam valve train) 등이 있다.

(2) 구조 및 기능

① **캠축** : 캠축은 기관의 밸브 수와 같은 수의 캠이 배열된 축이며, 크랭크 축으로 부터 동력을 전달받아 캠을 구동하여 이 작용으로 배전기 및 연료펌프, 오일펌프 등을 구동한다.

② **캠축의 구동방식**

㉠ **기어 구동식** : 헬리컬 기어를 사용한 방식이다.

㉡ **체인 구동식** : 자동차에는 사일런트 체인과 롤러 체인이 사용되고 있다.

㉢ **벨트 구동식** : 체인 대신 벨트로 캠축을 구동하며 고무의 탄성에 의해 진동과 소음이 적다.

③ **밸브 리프터**(valve lifter) : 밸브 리프터는 밸브 태핏이라고도 부르며 캠의 회전 운동을 직선 운동으로 바꾸어 푸시로드에 전달하거나 직접 밸브를 개폐한다.

㉠ **기계식 밸브 리프터** : 원통형으로 형성되어 리프터 밑면에는 편마멸 방지를 위해 리프터 중심과 캠 중심을 겹치고 있다.

㉡ **유압식 밸브 리프터**

- 기능 : 윤활장치의 오일 순환 압력과 오일의 비압축성을 이용하며, 기관의 온도 변화에 관계없이 밸브간극을 항상 '0'[mm]으로 유지한다.
- 특징

– 밸브 개폐시기가 정확하다.
– 소음과 진동이 없다.
– 내구성이 높다.
– 밸브 간극 조정을 하지 않는다.
– 구조가 복잡하다.
– 유압회로가 고장이 생기면 작동이 어렵다.
– 오일펌프의 고장이 생기면 작동이 안 된다.

(3) 밸브 간극

연소열에 의한 밸브의 선팽창을 고려하여 로커암과 밸브 스템 사이에 두는 간극으로 배기밸브를 흡기밸브 보다 크게 둔다.

① **밸브 간극이 클 경우**

㉠ 밸브가 완전히 개방되지 않는다.
㉡ 흡기밸브 간극이 크면 흡입 공기량 부족을 초래한다.
㉢ 심한 소음이 나고 밸브 기구에 충격을 준다.
㉣ 배기밸브 간극이 크면 배기 불충분으로 엔진이 과열된다.

② **간극이 작을 경우**

㉠ 밸브 열림 기간이 길어진다.
㉡ 밸브 기구의 마모가 커진다.
㉢ 블로우 바이 현상으로 엔진의 출력이 감소한다.
㉣ 흡기밸브 간극이 작으면 역화 및 실화가 발생한다.
㉤ 배기밸브 간극이 작으면 후화가 일어나기 쉽다.

(4) 흡기 및 배기밸브

① **밸브 구비 조건**

㉠ 높은 온도에 견딜 것
㉡ 열전도율이 크고, 장력과 충격에 견딜 수 있을 것
㉢ 가볍고, 내구성이 클 것
㉣ 저항이 작은 통로를 형성할 것

② **밸브의 구조**

㉠ **밸브헤드** : 밸브의 머리 부분으로 중심 부분의 온도가 가장 높으며, 흡입 효율을 높이기 위해 흡기밸브가 배기밸브 보다 크다. 엔진 작동 중 흡기밸브는 450 ~ 500[°C], 배기밸브는 700 ~ 815[°C]의 열적 부하를 받으므로 오스테나이트계 내열강 재료를 주로 사용한다.

㉡ **밸브 스템**(valve stem) : 밸브를 지지하는 축으로 밸브스프링 리테이너 록을 설치하는 홈이 있으며, 스템 끝 부분은 로크암과 접촉하기 때문에 평면으로 다듬질하며, 스텔라이트계 내열강을 사용하여 찌그러짐이 없다.

㉢ **밸브시트**(valve seat) : 밸브면과 접촉하여 기밀유지 및 열전달 작용을 하며 밸브면에 따라 30°, 45°, 60°의 것이 있다.

㉣ **밸브 스프링** : 압축과 폭발행정에서는 밸브면과 시트를 밀착시키고 흡기와 배기행정에서는 캠의 형상에 따라서 밸브가 열리도록 작동한다.

(5) 밸브 개폐시기(valve timing)

① 밸브 개폐시기를 표시하는 그림을 밸브 개폐시기 선도라 한다.

② 이 엔진의 흡기밸브는 상사점전 18°에서 열리고 하사점후 50°에서 닫히며 배기밸브는 하사점전 48°에서 열리고 상사점후 20°에서 닫힌다.

③ 이 밸브의 선도에 의하면 상사점 부근에서 흡 · 배기 밸브가 동시에 열려 있는데 이것을 밸브 오버랩(valve over lap)이라고 부르며 오버 랩을 두는 이유는 혼합기가 관성을 가지고 있기 때문에 가스의 흐름 관성을 유효하게 이용하기 위함이다.

❻ 엔진 성능 및 튠업

(1) 압축압력 측정

① **목적** : 기관의 출력이 현저하게 낮아졌을 때 기관 내부의 이상 상태를 분해 전에 확인하는 것이다.

② 측정 전 준비사항

㉠ 엔진을 기동하여 정상 온도로 한다.

㉡ 엔진 시동을 정지시킨다.

㉢ 연료 공급을 차단한다.

㉣ 점화 1차 회로를 접지시킨다.

㉤ 에어클리너를 탈거한다.

㉥ 모든 실린더의 점화플러그를 제거한다(디젤 기관에서는 예열플러그를 제거한다. 이때 분사노즐을 함께 제거해서는 안 된다).

㉦ 공기 청정기 및 구동 벨트를 제거한다.

③ 건식 측정

㉠ 측정

• 압축 압력게이지 지침을 '0'으로 한다.
• 압축 압력게이지를 점화플러그 구멍에 압착시킨다.
• 스로틀 밸브를 완개하고 원격 스위치로 기관을 150 ~ 200[rpm] 정도 회전을 시킨다.
• 압축 압력이 3번 정도 발생할 때까지 엔진을 회전시킨다.
• 처음 압력과 나중 압력을 읽는다.
• 나중 압력이 규정 압축 압력의 70[%] 이하일 때에는 습식 측정을 한다.

ⓛ **판정**

• 정상 규정 압력의 90 ~ 100[%]일 때
• 불량 – 분해 정비
– 규정 압력의 70[%] 미만일 때
– 규정 압력의 110[%] 이상일 때
– 실린더 간 압력차가 10[%] 이상일 때

④ **습식 측정**

㉠ **측정**

• 점화플러그 구멍을 통하여 엔진 오일을 약 10[cc] 정도 투입한다.
• 오일이 확산될 때까지 5 ~ 10분간 기다린다.
• 건식 측정과 동일하게 측정한다.
• 압축 압력 게이지 지침을 판독한다.

ⓛ **판정**

• 습식 측정 시 압축 압력이 규정 압력의 70% 이상일 때 : 피스톤 링이나 실린더의 마모
• 습식 측정시 압축 압력이 규정 압력의 70% 이하일 때 : 실린더 헤드 개스킷 손상이나 밸브 소손
• 인접한 실린더에서 비슷한 값으로 압력이 낮을 때 : 인접한 실린더 개스킷의 손상

(2) 흡기다기관 진공도 측정

① **목적** : 흡기다기관의 진공도의 변화를 측정하여 기관 내부의 이상 상태를 종합적으로 판단할 수 있는 점검 방법이다.

② **측정**

㉠ 엔진을 워밍업 하여 정상 온도로 한다.
ⓛ 흡기다기관의 어댑터 설치 장소에 진공게이지 어댑터를 설치한다.
ⓒ 진공계의 눈금을 판독한다.

③ **판정**

㉠ **정상** : 공전 운전시 바늘이 45 ~ 50[cmHg] 사이에서 정지되거나 조용히 움직인다.
ⓛ **실린더 벽이나 피스톤 링의 마멸** : 바늘이 정지되어 있기는 하나 정상보다 약간 낮은 30 ~ 40[cmHg]를 나타낸다. 이 때 스로틀 밸브를 급격히 여닫으면 바늘이 '0'까지 내려갔다가

55[cmHg]까지 상승한 다음 다시 원래의 위치에 머물게 된다.

㉢ **밸브가 소손되었을 때** : 정상의 눈금보다 5~10 [cmHg] 정도 낮아지며 바늘이 규칙적으로 흔들린다.

㉣ **밸브개폐 시기가 맞지 않을 때** : 바늘이 20~ 40[cmHg] 사이에서 흔들린다.

㉤ **밸브의 접촉 불량** : 바늘이 정상의 눈금보다 5~8[cmHg] 정도 낮아진다.

㉥ **실린더 헤드개스킷 파손** : 바늘이 13~45[cmHg]의 낮은 위치와 높은 위치 사이를 규칙적으로 강약이 있게 흔들린다.

㉦ **흡기 계통에서 누설** : 바늘이 8~15[cmHg] 사이에서 정지한다.

㉧ **점화시기 불량** : 바늘이 정상보다 5~8[cmHg] 낮으며, 그다지 흔들리지 않는다.

1-3 윤활장치 및 냉각장치

❶ 윤활장치

(1) 윤활유의 기능과 구비조건

① **윤활유의 기능** : 윤활 작용에는 마찰의 감소 및 마멸의 방지작용, 냉각작용, 밀봉작용, 청정작용, 응력 분산작용, 방청작용 등이 있다.

② **윤활유의 구비조건**

㉠ 적당한 점도(가장 중요한 성질)

㉡ 높은 청정력

㉢ 열과 산에 안정성

㉣ 적당한 비중

㉤ 낮은 응고점

㉥ 적은 카본 생성

㉦ 높은 인화 및 발화점

㉧ 기포 발생에 대한 큰 저항력

(2) 윤활유의 분류

① **SAE 구분류 – 점도에 의한 분류** : 미국자동차기술협회(SAE : Society of Automotive Engineer-ing)에서 점도에 따라 분류한 기관의 오일로 점도를 SAE 번호로 나타내며, SAE 번호가 클수록 오일의 점도가 높다.

② **API 분류 – 사용연료와 사용조건에 따른 분류** : API 분류는 미국석유협회에서 윤활유를 사용 조건에 따라 분류한 것으로 가솔린 기관용의 ML, MM, MS와 디젤 기관용의 DG, DM, DS로 분류한다.

③ **SAE 신분류 – 사용 연료와 사용 조건 및 점도에 따른 분류** : SAE 신분류는 미국석유협회(API), 미국재료시험협회(ASTM) 및 미국자동차기술협회(SAE)가 공동으로 사용 조건에 따른 새로운 윤활유 분류방법을 제정한 것이다. 이 분류방법은 일반적으로 S(Service station oil)등급은 가솔린 기관용으로, SA, SB, SC, SD, SE 등으로 분류하고, C(Commercial oil)등급은 디젤 기관용으로 CA, CB, CC, CD으로 알파벳 순서대로 등급을 정하였다.

(3) 윤활유의 공급방법

① 비산식은 오일 팬에 있는 오일을 윤활하는 방식이다.

② 압력(송)식은 크랭크 케이스 내에 윤활유의 양을 적게 하여도 되고 베어링면의 유압이 높으므로 항상 완전한 급유가 가능하다.

③ 비산 압력(송)식은 현재 가장 많이 사용된다.

(4) 윤활유의 공급장치

① **오일 펌프**(oil pump) : 캠축상의 헬리컬 기어와 접촉 구동하고 오일 팬의 오일을 가압하여 윤활부로 송출한다.

② **오일 스트레이너**(oil strainer) : 커다란 불순물을 여과하여 펌프 내의 오일을 흡입한다.

③ **유압조절 밸브**(oil pressure relief valve) : 회로 내의 유압이 높아지는 것을 막고 일정(2~3[kg/cm^2])하게 유지하는 것으로 릴리프 밸브라고도 하며, 체크볼 형식과 플런저 형식이 있다. 조정 스크루를 조이면 유압이 높아진다.

④ **오일 필터** : 오일 속의 수분, 연소 생성물, 금속분말 등의 불순물을 여과한다.

⑤ **오일 팬 및 오일 탱크**

㉠ **배플** : 기관 작동 중 오일이 유동하는 것을 방지하기 위해 오일 팬 내에 설치한 것이다.

㉡ **섬프** : 자동차 주행 중 앞뒤로 기울어져도 일정량의 오일이 고여 있도록 한 것이다.

⑥ **오일 여과기** : 오일 속의 불순물 제거 및 수분을 분리하며, 종류에는 분류식, 전류식, 복합식(션트식) 등이 있다.

⑦ **유면 표시기** : 오일의 양, 색깔, 점도, 이물질을 점검하는 막대로 오일 레벨게이지 또는 오일 스틱이라고도 하며, 오일이 F와 L 사이에서 F 가까이 있으면 좋다.

(5) 윤활장치 정비

① 오일 펌프의 점검 정비

㉠ 점검 항목

- 팁 간극(백래시) : 기어 사이의 간극
- 보디 간극 : 하우징과 기어 간극
- 사이드 간극 : 커버와 기어 간극

㉡ **현상** : 규정 간극 이하일 때는 작동 저항이 커지고, 규정 간극 이상일 때는 유압이 저하된다.

② 오일 오염 점검

㉠ 검정색 : 심하게 오염, 교환시기가 경과되었을 때

㉡ 붉은색 : 가솔린 유입

㉢ 회색 : 4에틸납 연소생성물 혼합

㉣ 우유색 : 냉각수 혼합

❷ 냉각장치

(1) 엔진의 냉각방식

① **공랭식**(Air cooling type) : 기관을 대기와 직접 접촉시켜서 냉각시키는 방식으로 냉각수의 보충, 누수, 동결 등의 염려가 없고 구조가 간단하여 취급이 쉽다. 그러나 기후, 운전상태 등에 따라 기관의 온도가 변하기 쉽고 냉각이 균일하지 못하다. 즉, 공기를 냉매로 하는 것이다.

② **수냉식**(Water cooling type) : 냉각수를 사용하여 기관을 냉각시키는 방식이며 냉각수는 보통 연수(증류수, 빗물, 수돗물)를 사용한다. 수냉식에는 냉각수를 순환시키는 방식에 따라 자연 순환식, 강제 순환식, 압력 순환식, 밀봉 압력식 등이 있다.

(2) 수냉식 냉각장치의 구성

① **물펌프**(water pump) : 구동 벨트를 통하여 크랭크 축에 의해 구동되며, 실린더 헤드 및 블록의 물재킷 내로 냉각수를 순환시키는 원심력 펌프이며 크랭크 축 회전수의 1.2 ~ 1.6배로 회전한다.

② **물재킷**(water jacket) : 실린더 블록 및 헤드의 물 순환 통로이다.

③ **수온조절기**(정온기=서모스탯) : 냉각수의 온도에 따라 통로를 자동적으로 개폐하여 냉각수 온도가 일정하도록 조절해주는 장치이다. 종류에는 왁스 펠릿형, 벨로즈형, 바이메탈형 등이 있다.

④ **방열기**(radiator : 라디에이터) : 엔진의 뜨거워진 냉각수를 방열판을 통과시켜 공기와 접촉하게 하여 냉각시키는 장치이다.

㉠ 방열기의 구비 조건

- 공기 흐름에 대한 저항이 작을 것
- 경량이며 강도가 클 것
- 단위면적당 발열량이 클 것
- 냉각수 순환 저항이 작을 것

㉡ **압력식 라디에이터 캡** : 라디에이터 캡은 압력밸브와 부압밸브가 설치된 가압식을 사용하고 있으며, 압력밸브는 냉각수가 110 ~ 120[℃] 정도로 가압(보통 1.9[kg/cm^2])되면 열려서 보조탱크로 배출되도록 작동한다. 또한 엔진의 온도가 내려가 라디에이터 내부의 압력이 대기압보다 낮아지게 되면 부압밸브가 열려 보조탱크에 있는 냉각수를 빨아들인다.

⑤ **냉각 팬** : 외기의 공기로 흡입 방열기를 냉각시킨다.

⑥ **팬벨트**(V-벨트) : 크랭크 축의 힘을 받아 발전기와 함께 물펌프를 구동시키는 연결 매체이다.

(3) 냉각수와 부동액

① **냉각수** : 불순물이 적은 연수(증류수, 빗물, 수돗물)를 사용한다.

② **부동액** : 냉각수가 동결되는 것을 방지하기 위하여 냉각수와 혼합하여 사용하는 액체를 말한다. 부동액의 종류에는 글리세린(glycerine), 메탄올(methanol), 에틸렌 글리콜(ethylene glycol), 알코올 등이 있다.

(4) 냉각장치 점검 및 정비

① **코어 막힘** : 20[%] 이내이면 양호하다.

$$\text{코어 막힘} = \frac{\text{신품용량} - \text{구품용량}}{\text{신품용량}} \times 100[\%]$$

② **방열기 청소**

㉠ 공기 또는 물을 아래에서 위로(하부에서 상부로) 보낸다.

㉡ 플러시건을 사용 시 압축공기를 너무 세게 보내면 안 된다.

1-4 연료장치

❶ 가솔린 연료장치

(1) 가솔린의 구비조건

① 옥탄가가 높아야 한다.

② 온도에 관계없이 유동성이 우수해야 한다.

③ 연소 속도가 빨라야 한다.

④ 연소 후 유해한 혼합물이 남지 않아야 한다.

⑤ 무게와 부피가 적고, 발열량이 커야 한다.

(2) 가솔린 기관의 연소 및 노킹현상

① **노킹(knocking)의 의미** : 엔진이 작동 중에 연소실 벽이 가열됨에 따라 혼합기가 점화시기 전에 자기 착화 온도에 도달하여 이상 연소를 일으켜서 화염전파가 연소실 벽을 때려서 일으키는 소음을 말한다.

② **노킹의 원인** : 노킹의 원인은 기관에 과부하가 걸릴 때, 기관 과열시, 점화시기가 틀릴 때, 혼합비가 희박할 때, 저옥탄가 가솔린 사용시 발생한다.

③ **노킹의 영향** : 노킹의 영향은 기관의 과열, 배기밸브 및 피스톤의 소손, 기관의 출력저하, 피스톤과 실린더의 소결 발생, 기계 각부의 응력 증대, 배기 온도저하 등이 발생한다.

④ 노킹방지 대책

㉠ 흡입공기 온도와 연소실 온도를 낮게 한다.
㉡ 혼합가스의 와류를 좋게 한다.
㉢ 옥탄가가 높은 연료를 사용한다.
㉣ 기관의 부하를 적게 한다.
㉤ 퇴적된 카본을 제거한다.
㉥ 점화시기를 적합하게 한다.

(3) 옥탄가

노킹을 일으키지 않는 가솔린을 앤티노크(antiknock)성 가솔린이라 부른다. 자동차가 주행할 때 가능한 한 노킹을 일으키지 않는 가솔린이 실제의 운전 효율이 좋고 소음도 적으며, 엔진의 내구성도 좋으므로 앤티노크성이 큰 가솔린을 사용하게 된다. 옥탄가는 가솔린 엔진 연료의 반노킹성을 나타낸 수치를 말한다. 일반적으로 옥탄가가 높을수록 좋은 연료이다. 따라서 옥탄가를 '노킹방지가'라 하며 가솔린에서 옥탄가를 높이기 위하여 4에틸납을 첨가하기도 한다.

$$\text{옥탄가(ON)} = \frac{\text{이소옥탄}}{\text{이소옥탄} + \text{노멀헵탄}} \times 100$$

$$\text{퍼포먼스 넘버}(PN) = \frac{2800}{(128 - \mathrm{ON})}$$

❷ 디젤 연료장치

(1) 디젤 연료장치의 특징

흡입 행정시 공기만을 흡입한 후 높은 압축비로 가압하여 발생되는 압축열로 자기착화시키며 점화장치가 없고 연료 분사장치가 있다.

① 장점

㉠ 열효율이 높고 연료소비율이 적다.
㉡ 경유를 사용하므로 화재의 위험성이 적다.
㉢ 대형기관 제작이 가능하다.
㉣ 경부하시 효율이 그다지 나쁘지 않다.
㉤ 전기점화 장치가 없어 고장률이 적다.
㉥ 유독성 배기가스가 적다.

② 단점

㉠ 연소압력이 높아 각부의 구조가 튼튼해야 한다.
㉡ 운전 중 진동 및 소음이 크다.
㉢ 마력당 중량이 무겁다.

㉣ 회전속도의 범위가 좁다.

㉤ 압축비가 높아 기동전동기의 출력이 커야 한다.

㉥ 제작비가 비싸다.

(2) 디젤엔진의 연료와 연소

① **경유의 성상**

㉠ 원유에서 정제

㉡ 탄소와 수소의 화합물

㉢ 발열량 : 11,000[kcal/kgf]

㉣ 인화점 : 500 ~ 600[℃]

㉤ 착화점 : 250 ~ 350[℃]

② **디젤엔진의 연소과정** : 착화지연기간 → 화염전파기간(폭발연소기간, 정적연소기간) → 직접연소기간(제어연소기간, 정압연소기간) → 후기연소기간의 순서로 이루어진다.

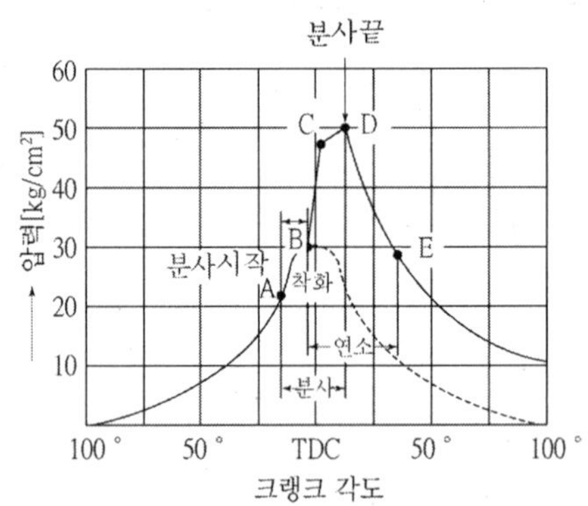

▲ 디젤 기관의 연소 과정

③ **디젤기관 노킹 방지법**

㉠ 흡기온도와 압축비를 높인다.

㉡ 착화성이 좋은 연료를 사용하여 착화지연기간이 단축되도록 한다.

㉢ 착화지연기간 중 연료 분사량을 조절한다.

㉣ 압축온도와 압력을 높인다.

㉤ 연소실 내 와류를 증가시키는 구조로 만든다.

㉥ 분사 초기 연료 분사량을 작게 한다.

(3) 디젤엔진의 연소실

① **직접 분사실식**(direct injection type) : 연소실이 실린더 헤드와 피스톤 헤드에 설치된 요철에 의하여 형성이 되며, 여기에 연료가 직접 분사되는 것으로서 공기와 연료가 잘 혼합되도록 구멍형 노즐 중에서 다공형 노즐을 사용한다.

㉠ 직접 분사실식의 장점

- 실린더 헤드의 구조가 간단하기 때문에 열효율이 높고 연료소비율이 작다.
- 열 변형이 작다.
- 연소실 체적에 대한 표면적비가 작아 냉각손실이 작다.
- 기동이 쉽다.

㉡ 직접 분사실식의 장점

- 분사압력이 가장 높아 분사펌프, 분사노즐의 수명이 짧다.
- 다공성 분사노즐을 사용하므로 가격이 비싸다.
- 분사상태가 조금만 달라져도 기관의 성능이 크게 달라진다.
- 사용연료의 변화가 민감하다.
- 디젤 노크 발생이 쉽다.
- 기관의 회전속도, 부하 등의 변화에 민감하다.

② **예연소실식**(precombustion chamber type) : 피스톤과 실린더 헤드 사이에 형성되는 주연소실 위쪽에 연소실을 둔 것이며 분사된 연료가 예연소실에서 연소되고 고온, 고압의 가스를 발생시키며 이것에 의해 나머지 연료가 주연소실에서 분출되어 공기가 잘 혼합되어 완전 연소하는 연소실이다.

㉠ 예연소실의 장점

- 분사압력이 낮아서 연료장치의 고장이 적고 수명이 길다.
- 사용연료 변화에 둔감하므로 연료의 선택범위가 넓다.
- 운전상태가 정숙하고, 디젤 노크가 적다.
- 기관이 유연하고 제작이 쉽다.

㉡ 예연소실의 단점

- 연소실 표면적 대 체적비가 커서 냉각손실이 크다.
- 시동 보조 장치인 예열 플러그가 필요하다.
- 시동성과 냉각손실 등을 고려하여 압축비를 크게 하므로 기동 토크가 증대되어 큰 출력의 기동 전동기가 필요하다.
- 연료소비율이 비교적 크다.
- 실린더 헤드의 구조가 복잡하다.

③ **와류실식**(swirl chamber type) : 실린더나 실린더 헤드에 와류실을 두어 압축행정 중 이 와류실에서 강한 와류가 일어나게 한 형식이며 이 와류실에 연료가 분사된다.

㉠ 와류실식의 장점

- 압축행정에서 생기는 강한 와류를 이용하므로 회전속도 및 평균 유효압력이 높다.
- 분사압력이 낮아도 된다.
- 기관의 회전속도 범위가 넓고 운전이 원활하다.

• 연료소비율이 비교적 적다.

㉡ **와류실식의 단점**

• 실린더 헤드 구조가 복잡하다.

• 분사구멍의 조임작용, 연소실 표면적 대 체적비가 커서 열효율이 낮다.

• 저속에서 디젤 노크 발생이 쉽다.

• 시동시 예열 플러그가 필요하다.

④ **공기실식**(airl chamber type) : 주연소실과 연결된 공기실을 실린더 헤드와 피스톤 사이에 설치하고 연료는 주연소실에 직접 분사하게 한 연소실이다.

㉠ **공기실식의 장점**

• 연소진행이 완만하여 압력상승이 낮고 작동이 조용하다.

• 연료가 주연소실에 분사되므로 기동이 쉽다.

• 연소의 폭발압력이 가장 낮다.

㉡ **공기실식의 단점**

• 분사시기가 기관의 작동에 영향을 준다.

• 후적(after drop) 연소발생이 쉬워 배기가스의 온도가 높다.

• 연료 소비율이 비교적 크다.

• 부하 및 회전 속도 변화에 대한 적응성이 낮다.

(4) 디젤엔진의 연료장치

① **연료공급 펌프**(Fuel Feed Pump) : 분사 펌프에서의 공급량이 부족하지 않도록 탱크 내의 연료를 일정한 압력으로 가압(2 ~ 3[kg/cm^2])하여 분사 펌프에 공급하는 것이다.

② **연료여과기**(fuel filter) : 연료 속의 먼지 및 이물질 등을 제거, 수분을 분리하며 여과기 내의 압력은 1.5[kg/cm^2]이며 규정압력 이상으로 상승하면 오버 플로 밸브(over flow valve)가 작동하여 연료를 연료탱크로 되돌아가게 한다.

③ **분사펌프**(injection pump) : 분사펌프의 형식은 독립형, 분배형, 공동형이 있다.
독립형 분사펌프의 구조 및 기능은 다음과 같다.

㉠ **캠축**(cam shaft) : 캠축(cam shaft)은 크랭크 축 기어로 구동되며 4사이클의 경우 크랭크 축의 1/2로 회전하며 플런저 구동용 캠과 공급펌프 구동용 캠이 있다. 그리고 구동부에는 분사시기 조정기가, 반대쪽에는 조속기가 설치되어 있다.

㉡ **태핏**(Tappet) : 캠에 의하여 상하운동을 하며 플런저를 구동한다. 플런저가 캠에 의해 최고 위치까지 올려졌을 때 플런저 헤드부와 배럴 윗면과의 간극이라고 하며 0.5mm 정도 둔다.

㉢ **펌프 엘리먼트**(pump element) : 플런저와 플런저 배럴로 구성되며 연료분사 펌프 하우징에 고정되어 있는 배럴 내에서 플런저가 상하 슬라이딩 운동을 하여 연료를 압축하여 분사노즐로 보내는 장치이다.

• 플런저 유효행정 : 플런저 윗면이 연료 공급을 막은 후부터 제어홈이 플런저 배럴의 연료공급 구멍에 이를 때까지 연료를 압송하는 기관이다. 유효행정을 크게 하면 분사량이 증가되며 그 양은 '배럴의 단면적×유효행정'으로 정해진다.

㉣ **플런저 리드의 방향과 분사시기의 관계**

• 우 리드 : 오른쪽으로 회전시 분사량 감소
• 좌 리드 : 왼쪽으로 회전시 분사량 감소
• 정 리드 : 분사 초 일정, 분사 말 변화
• 역 리드 : 분사 초 변화, 분사 말 일정
• 양 리드 : 분사 초와 분사 말이 변화

㉤ **딜리버리 밸브**(delivery valve) : 플런저 배럴 내의 연료 압력이 일정 압력 이상이 되었을 때 분사관으로 연료를 송출하는 일종의 체크밸브이다. 딜리버리 밸브는 역류방지, 잔압 유지, 후적 방지(피스톤 부) 등의 기능을 한다.

㉥ **조속기**(거버너 : governor)

• 기능 : 엔진의 부하 및 속도에 따라 자동으로 제어 래크를 움직여 분사량을 조정한다.
• 종류 : 분사펌프에 설치된 원심추의 원심력에 의해 작동하는 기계식 조속기와 흡기다기관의 진공을 이용하는 공기식 조속기가 있으며, 기능적으로 최고 속도를 제한하고 최저 속도를 안정시키는 최고 · 최저속도 조속기와 전속도에서 분사량을 조정하는 전속도 조속기로 분류하기도 한다.

보충정리

▸ **앵글라이히**(평균) **장치** : 모든 속도의 범위 내에서 제어 래크의 위치가 일정할 때 공기와 연료의 혼합 비율을 알맞은 혼합비로 유지하는 장치이다.

▸ **분사량 불균형률** : 규정(법규)상 전 부하 운전에서 분사량 불균율은 ±3[%] 이내, 무 부하 운전에서는 10 ~ 15[%]이며 분사량 불균율 계산식은 다음과 같다.

$$(+)\text{불균율} = \frac{\text{최대분사량} - \text{평균분사량}}{\text{평균분사량}} \times 100$$

$$(-)\text{불균율} = \frac{\text{평균분사량} - \text{최소분사량}}{\text{평균분사량}} \times 100$$

⑤ **분사노즐**(Injection Nozzle) : 연료 펌프로부터 송출된 연료를 연소실에 분사하는 장치이다.

㉠ **분사 노즐의 구비조건**

• 연료를 미세한 안개모양으로 하여 쉽게 착화되게 할 것
• 분무를 연소실 구석구석까지 뿌려지게 할 것
• 연료의 분사 끝에서 완전히 차단하여 후적이 일어나지 않게 할 것
• 고온, 고압의 가혹한 조건에서 장시간 사용할 수 있을 것

㉡ **연료 분무가 갖추어야 할 조건**

• 무화(안개화)가 양호할 것
• 관통력이 클 것

• 분포가 골고루 이루어질 것
• 분사도가 양호할 것

㉢ **노즐의 분류** : 분사노즐은 크게 개방형과 밀폐형(폐지형)으로 나누고 밀폐형은 다시 구멍형(단공형, 다공형), 핀들형, 스로틀형으로 나누어진다.

(5) 디젤엔진의 시동보조장치

① **예열 플러그식**(glow plug type) : 예연소실식 및 와류실식에 사용하는 것으로서 연소실 내에 압축공기를 직접 예열하여 착화를 쉽게 하며 예열 플러그, 예열 플러그 파일럿, 예열 플러그 저항으로 구성되어 있다.

② **흡기 가열식**

㉠ **흡기 히터** : 흡기 다기관에 설치되며 작동은 스위치를 닫으면 히터 코일에 전류가 흘러 볼 밸브가 열리며 이때 연료가 유입, 기화하여 이그나이터부로 유출되며 착화되어 흡입 공기와 함께 실린더 내로 들어간다.

㉡ **히트 레인지** : 디젤엔진의 직접분사식에서는 예열플러그를 설치할 곳(예연소실)이 없기 때문에 흡기 다기관에 히터를 설치하는 일이 있다.

(6) 과급장치

① 과급기(Super Charge)는 엔진 충진 효율을 높이기 위해 흡입 공기에 압력을 가해주는 일종의 공기 펌프로, 흡기 쪽으로 유입되는 공기량을 조절하여 엔진밀도가 증대되어 출력과 회전력을 높이고 연료소비율을 향상시킨다.

② **인터쿨러**(inter cooler) : 과급된 공기는 온도 상승과 함께 공기 밀도의 감소로 노킹을 유발하거나 충전 효율을 저하시키므로 과급된 공기를 냉각시키는 기구를 말한다.

(7) 전자제어 디젤엔진

커먼레일식은 연료의 압력 발생이 커먼레일 분사 시스템에서 분리되어 있으며 연료의 분사 압력은 엔진의 회전속도와 분사되는 연료량을 독립적으로 생성한다. 연료의 분사량과 분사 시기는 ECU에 의해 계산되어 분사 유닛을 경유하여 인젝터 솔레노이드 밸브를 통하여 각 실린더에 분사된다.

❸ LPG 연료장치

(1) LPG 엔진의 장점 및 단점

① 장점

㉠ 가솔린 연료보다 가격이 저렴하기 때문에 경제적이다.

㉡ 엔진의 수명이 연장된다.

㉢ 연소실 내의 카본의 부착이 없다.

㉣ 베이퍼록 현상이 일어나지 않는다.

㉤ 점화 플러그가 오손되지 않고 수명이 길어진다.

㉥ 가스 상태로 실린더에 공급되기 때문에 미연소가스에 의한 오일 희석이 적다.

㉦ 엔진오일 사용수명이 길어진다.

㉧ 가솔린 연료보다 옥탄가가 높고 연소 속도가 느리기 때문에 노킹(knocking)이 적다.

㉨ 혼합기가 가스 상태로 실린더에 공급되기 때문에 일산화탄소(CO)의 배출량이 적다.

② 단점

㉠ 겨울철 또는 장시간 정차시에 증발 잠열로 인해 시동이 어렵다.

㉡ 차실 내부에 냄새가 나고 충전 중에 불쾌감이 따른다.

㉢ 무색투명 가스이므로 누출 발견에 결점이 있다.

㉣ 가솔린 차에 LP가스장치를 부착하는 것이므로 구조가 복잡하다.

㉤ 가솔린 차에 비해 출력이 떨어진다.

㉥ 부착 설비에 비용이 따른다.

㉦ LPG 봄베 탱크를 고압 용기로 사용하기 때문에 차량의 중량이 무겁다.

(2) LPG 엔진의 연료장치 구조

① **LPG 봄베**(bomb) : LPG를 저장하기 위한 탱크이며 7 ~ 10[kg/cm^2] 의 압력을 유지해야 한다. 봄베에는 기체 LPG 배출 밸브와 액체 LPG 배출 밸브 및 충전 밸브가 설치되어 있다.

② **LPG 솔레노이드밸브** : 운전석에서 조작할 수 있는 연료 차단 밸브로서 밸브 및 리턴스프링으로 구성되어 있다. 코일에 전류가 흐르면 전자석이 되어 플런저 리턴 스프링의 장력을 이기고 밸브를 열어 연료를 공급하며 기관의 냉각수 수온이 낮을 때는 봄베 내에 기화되어 있는 LPG 연료를 사용하는 것이 시동성이 양호하다. 시동 후에는 양호한 주행성능을 얻기 위해 액체 LPG 공급이 필요하다.

③ **베이퍼라이저**(vaporizer : 감압 기화장치, 증발기) : LPG 봄베에 포화되어 있는 기체연료만을 사용하면 냉간 시동성을 대폭 향상시킬 수 있으나 고속시에는 기관이 필요로 하는 연료량에 비해 LPG 봄베 내에 액체 연료가 기체 연료로 변화되는 양이 적기 때문에 연료 부족 현상을 일으켜 기관 출력이 저하되며 정상 주행이 불가능하게 된다.

④ **믹서**(mixer : 혼합기) : 베이퍼라이저에서 기화된 LPG를 공기와 혼합하여 연소실에 공급하는 장치로서 이론적으로 완전연소 혼합비는 15 : 3이며 가솔린 기관의 기화기 같은 역할을 한다.

1-5 흡기 및 배기장치

❶ 공기 청정기(air cleaner)

공기청정기의 주기능은 흡입되는 공기속의 먼지 등을 여과하는 것이며 일반적으로 공기 흡입 라인에 설치되며 건식과 습식이 있다.

❷ 흡기 및 배기 다기관

(1) 흡기 다기관(intake manifold)

혼합기의 흐름 저항을 적게 하여 각 실린더에 균일하게 혼합기를 분배하며 보통 주철제 및 알루미늄 합금으로 만들어진다. 그리고 부장품을 작동하기 위한 진공을 공급한다. 흡입 다기관 부압 검출은 진공 스위치로 한다.

(2) 배기 다기관(exhaust manifold)

배기 다기관은 엔진의 각 실린더에서 배출되는 고온고압 배기가스를 모으는 것으로 내열성이 높은 주철 등을 이용되며, 배기 다기관은 그 모양이 흡기 다기관과 비슷하며 유출저장이나 배기 간섭이 작은 모양으로 되어 있다.

❸ 배기관(exhaust pipe)

배기관은 배기 다기관에서 나오는 배기가스의 온도와 압력을 낮추어 배기 소음을 감소하여 내보내는 강관이며 하나 또는 두 개로 되어 있다.

❹ 소음기(muffler)

소음기는 보통 1[mm] 정도의 강판으로 된 원통형의 모양으로 되어 있으며 그 내부는 몇 개의 방으로 구분되어 있다.

1-6 배출가스 제어장치

❶ 개요

(1) 유해배출가스

자동차로부터 배출되는 유해물질은 배기관을 통해 배출되는 배기가스, 연료탱크에서 발생하는 연료 증발가스 및 크랭크 케이스로부터의 블로우 바이가스 등을 들 수 있다.

① **배기가스**(exhaust gas) : 배기가스의 주성분은 수증기(H_2O)와 이산화탄소(CO_2)이며 이외에 일산화탄소(CO), 탄화수소(HC : Hydro – Carbon), 질소산화물(NO_X), 납 화합물, 탄소 입자 등이 있다. 이 중에서 일산화탄소, 질소 산화물, 탄화수소가 유해 물질이다. 배기가스가 차지하는 비율은 약 60[%]이다.

② **블로우 바이 가스**(blow – by gas) : 블로우 바이 가스란 실린더와 피스톤 간극에서 크랭크 케이스로 빠져나오는 가스이며 이 가스가 크랭크 케이스 내에 체류하면 엔진의 부식, 오일 슬러지(oil sludge) 발생 등을 촉진한다. 블로우 바이 가스가 차지하는 비율은 25[%]이며 이 중 70~95[%]가 미연소 가스 상태(HC)이다.

③ **연료증발가스** : 증발가스는 연료탱크 및 기화기 등에서 가솔린이 증발하여 대기 중으로 방출되는 가스이며 주성분은 탄화수소(HC)이다. 증발가스가 차지하는 비율은 15[%]이다.

❷ 배출가스 제어장치

(1) 블로우 바이 가스 제어장치

경부하 및 중부하일 경우에는 블로우 바이 가스는 PCV밸브(positive crank case ventilation valve)의 열림 정도에 따라서 유량이 조절되어 흡기다기관으로 들어가고 급가속 및 엔진 고부하 상태에서는 흡기다기관의 진공이 감소하여 PCV밸브의 열림 정도가 작아지므로 블리더 호스를 통하여 흡기다기관으로 들어간다.

(2) 연료증발가스 제어 대책

PCSV(Purge Control Solenoid Valve) 듀티 제어는 주차 중에 발생된 증발가스를 활성탄에 흡착시킨 후 엔진 시동이 걸리면 솔레노이드 밸브의 듀티 컨트롤에 의해 엔진으로 재유입되는 기능을 한다. 이러한 배출가스 억제장치에 각별한 신경을 쓰면서 엔진의 부조가 생기면 경고등을 점등시키는게 OBD I의 기본이다. OBD I은 단순히 배기가스에 영향을 주는 장치에 현저한 문제가 있을 때 점등되는 엔진 체크 경고등이고 OBD II는 컴퓨터에서 더욱 세밀히 엔진을 분석하여 증상은 심각하지 않아도 미리 경고등을 켜준다. 특징은 다음과 같다.

① 차콜캐니스터에 포집된 증발가스를 ECU 신호에 의해 제어하여 연소실로 유입한다.

② 공전 및 난기 운전 시에는 작동하지 않는다. 그리고 PCSV 점검은 핸드 진공 펌프로 측정하고 축전지 전압을 ON시켰을 때 진공이 해지되면 정상이고, 저항값이 36 ~ 46[Ω] 이내이면 정상이다.

(3) 배기가스 제어장치

① **배기가스 재순환 장치**(EGR) : 배기가스 중의 질소성분(NOx)을 저감시키기 위해서 배기가스의 일부분을 실린더로 유입시켜 폭발온도를 낮추어 연소실 내의 질소와 산소의 화학반응을 억제하기 위해 밸브를 제어하는데 엔진의 입장에서는 출력저하의 요인이 되므로 신중한 제어가 필요하다.

② **산소센서**(O_2 센서 : 공연비 센서) : 일반적으로는 질코니아 타입의 산소센서를 많이 사용하며 특징은 다음과 같다.

㉠ 배기가스 중의 산소농도를 전기적 신호로 바꾸어 ECU로 보낸다.

㉡ 피드백 기준 신호를 공급해 주며 혼합비가 희박할 때에는 0.1V, 농후할 때에는 0.9V의 전압이 발생된다(대부분 차량이 산화 지르코니아 타입).

㉢ 출력 전압 측정 시 아날로그 테스터로 측정하지 않고 오실로스코프나 디지털 테스터로 한다.

㉣ 내부저항을 측정하지 않는다.

③ **전 영역 산소센서**(wide band oxygen sensor) : 이 산소 센서의 측정 원리는 지르코니아(ZrO_2) 고체 전해질에 (+)의 전류를 흐르게 하므로써 확산실 내의 산소를 펌핑 셀(pumping shell) 내로 받아들이고 이때 산소는 외부 전극에서 일산화탄소 및 이산화탄소를 환원하여 얻는다.

④ **삼원촉매장치** : 삼원촉매장치는 촉매 컨버터를 이용하여 배기가스 속의 유해원소(CO, HC, NOx)를 무해원소(CO_2, H_2O, N_2, O_2)로 치환한다. 그리고 촉매 컨버터에 사용되는 촉매제로는 백금과 로듐을 사용하며 로듐은 산화와 환원을 동시에 행한다.

> **보충정리**
>
> ▸ **촉매 컨버터 부착 차량의 관리상 주의 사항**
> - 반드시 무연 휘발유를 사용한다.
> - 밀어서 시동해서는 안 된다.
> - 엔진을 정상적으로 유지시켜야 한다.
>
> ▸ **자동차 배출가스** : 배기가스, 블로우 바이 가스, 연료 증발 가스
>
> ▸ **배출가스 중 인체에 유해한 가스를 줄이는 방법** : 촉매 컨버터 방식, 성층 급기 연소 방식, 서머 리액터 방식
>
> ▸ **배출가스 정화에 쓰이는 촉매** : 산화 촉매, 환원 촉매, 삼원 촉매

1-7 전자제어 가솔린 연료장치

❶ 기관제어 시스템

(1) 전자제어 연료분사방식의 장점 및 단점

① 장점

㉠ 정상상태와 순간적인 조건변화에 대한 정확한 연료의 계측이 이루어진다.

㉡ 연료의 수송시간이 필요하지 않다.

㉢ 연료의 응축현상이 발생하지 않는다.

㉣ 전 부하 상태에서 정확한 연료의 분배가 이루어진다.

㉤ 흡입 다기관의 설계가 자유롭다.

㉥ 기관 부위에 연료장치의 설계가 자유롭다.

㉦ 감속 시 fuel - cut - off가 발생하여 주행성능의 저하가 없다.

② 단점

㉠ 고온 시동성(hot start)이 저온 시동(cold start)보다 불량하다.

㉡ 값이 비싸다.

㉢ 흡기 통로 중의 접속부로부터 계측되지 않은 공기가 유입할 경우 기관의 부조현상이 심하다. 이는 분사장치가 계측된 공기에 대항하는 양의 연료만 분사하도록 설치되어 있기 때문이다.

(2) 전자제어 연료분사장치의 분류

① 제트로닉 방식에 따른 분류

㉠ **K-jetronic 방식** : 흡입공기흐름 센서판(메저링 플레이트, 베인)의 기계적 작동에 의하여 연료계통 중의 연료분사량 제어를 연속적으로 변화시켜 공기-연료 혼합비를 제어하도록 한 분사방식을 말한다.

㉡ **L-jetronic 방식** : 공기량을 직접계량하는 방식으로 공기량 계량기가 흡입공기의 체적을 계량하며 정확하게는 체적질량을 계량한다.

㉢ **D-jetronic 방식**(간접 계측 방식) : 기관회전속도에 따른 흡기다기관의 절대압력을 이용하여 공기량을 계량하는 방식이다.

② 흡입 공기량 계측방법에 의한 분류

㉠ **에어 플로우 미터 방식**(메저링 플레이터 방식=**베인식** : 체적(질량)유량계 방식) : L-제트로닉 방식으로 흡입공기량을 계측하여 메저링 플레이트(measuring plate)의 열림량을 포텐시오 미터에 의하여 전기적인 신호(전압비)로 변환하여 ECU에 보내는 형식이다.

㉡ **핫 와이어**(열선)**식과 핫 필름 방식**(질량 유량 방식) : 공기의 질량 유량을 계량하는 방식으로 열선식은 흡기다기관 전에 열선(백금선)을 설치하여 흡입공기량이 작으면 열선이 열을 조금 빼앗겨 흐르는 전류가 낮고 흡입공기량이 많으면 열선이 열을 많이 빼앗겨 전류가 많이 흐르게 되는 직접 계측방식에 많이 사용된다.

㉢ **칼만 와류식**(체적질량 유량방식) : 흡입 공기가 와류발생기둥에 의해 와류가 생성되면 발신기로부터 발생된 초음파가 칼만 와류에 의해서 분산될 때 칼만 와류수만큼 밀집되거나 분산된 후 수신기에서 수신된 초음파는 변조기에 의해 디지털 펄스 신호로 변환되어 ECU로 보내진다.

㉣ **스피드 덴시티 방식**(speed density type : MAP, 간접 계측방식) : MAP-n 제어 방식은 흡기다기관의 절대압력과 기관의 회전수로부터 흡입 공기량을 간접적으로 계측하는 방식이다.

③ 연료 분사방식에 따른 분류

㉠ **동시분사** : 모든 인젝터가 한꺼번에 동시에 분사하는 것으로 고부하시에 작동하며, 이때에는 1번 TDC 센서의 신호를 받지 않는다.

㉡ **그룹분사** : 1 · 3번 인젝터와 2 · 4번 인젝터로 나누어서 분사하는 것으로 중부하시에 작동한다.

㉢ **독립분사** : 각 인젝터가 순차적으로 분사시기에 분사하는 것으로 No.1 TDC 센서의 신호를 받아 배기 행정 중에 흡기밸브 직전(흡기 다기관 내에)에서 분사를 한다.

❷ 전자제어장치의 구조와 기능

(1) 연료 계통(Fuel System)

① **연료펌프** : 인라인형, 외장형, 내장형이 있다. 주로 내장형 전동식 펌프를 사용하며, 송출 압력은 4 ~ 6[kg/cm^2]이다. 연료펌프 내의 압력 과잉시 연료의 누출 및 파손을 방지하는 릴리프 밸브와 연료의 압송이 정지되었을 때 연료계통 내의 잔압을 유지시키고 고온에서 베이퍼록을 방지하고, 재기동성을 높여주는 체크 밸브를 두고 있다.

② **연료압력조절기** : 흡기다기관의 진공도에 따라 인젝터에서 분사되는 연료의 분사 압력과 흡기다기관의 압력의 차이를 항시 2.55[kg/cm^2]가 유지되도록 하여 분사량의 변화를 방지한다. 이에 따라 흡기다기관의 진공이 커지면 연료 분사압력도 낮아진다.

③ **인젝터** : ECU의 신호를 받아 연료를 분사하며, 분사 압력은 펌프의 송출 압력으로 결정하며, 흡기다기관에 분사되는 분사량은 컴퓨터의 분사 신호에 의한 니들 밸브의 열림 시간으로 결정된다. 특징은 다음과 같다.

㉠ 전자연료 인젝터 부분의 연료 압력은 2.5[kg/cm^2]이다.

㉡ 연료 인젝터 회로의 레지스터(저항기)의 역할은 점화계통의 점화코일의 1차 저항의 원리와 같다.

㉢ 레지스터는 인젝터에 직렬로 연결된다(저항값은 6[Ω]).

㉣ 연료 인젝터 내의 O링의 윤활제는 가솔린을 사용한다.

(2) 흡기 계통

① **공기여과기**(에어클리너) : 통기 속의 이물질과 수분을 분리 제거하며, 공기 유량센서, 공기온도센서, 대기압센서 등이 설치된다.

② **스로틀 보디** : 스로틀 보디는 가속 페달을 밟는 정도에 따라 흡입 공기량을 조절하는 스로틀 밸브와 스로틀 밸브의 열림량을 감지하는 스로틀 위치센서, 공회전할 때 회전수를 제어하는 공전 조절 서보(ISC-servo)가 설치되어 있다. 그리고 어떤 형식에서는 기관을 급감속시켰을 때 스로틀 밸브가 천천히 닫히도록 대시포트(dash-port)를 두기도 한다.

③ **서지탱크** : 에어클리너를 통하여 흡입된 공기를 저장하여 각 실린더에 공급하는 공기탱크로 흡입 행정시 발생하는 공기의 맥동을 방지하여 각 실린더마다 흡입되는 공기량의 분배를 일정하게 유지한다.

④ **흡기다기관** : 서지 탱크와 실린더를 연결하는 공기 흡입 통로이다.

(3) 제어 계통(control system)

① **컨트롤 릴레이**(control relay) : 컴퓨터, 연료펌프, 공기유량센서 등으로 축전지 전원을 공급해 주는 장치이다.

② **컴퓨터(ECU)의 제어기능**

㉠ **연료분사 제어** : 공기유량 센서(AFS)로 흡입공기량을 검출하여 공기량을 계량한 후 이에 대응하는 연료를 각 실린더에 분사시켜 준다. 즉, 인젝터의 구동시간에 의하여 분사량이 제어된다.

㉡ **공전속도 제어** : 공전속도 조절기를 구동하여 스로틀 밸브의 열림 정도를 제어하고 모터위치 감지에 의하여 공전속도 조절기의 플런저 위치를 검출하여 공전속도 조절기의 위치 제어를 한다.

㉢ **점화시기 및 캠각 제어** : 전 주행 모드의 점화시기와 캠각을 제어한다.

㉣ **컨트롤 릴레이 제어** : 기관이 정지되었을 때 연료펌프의 구동을 정지시킨다.

㉤ **에어컨(A/C) 릴레이 제어** : 기관 시동시나 가속시 일시적으로 에어컨 릴레이가 OFF되어 에어컨 컴프레서의 작동을 제어한다.

㉥ **증발가스 제어** : 캐니스터(canister)에 포집된 연료 증발가스를 기관의 상태에 따라서 흡기다기관으로 유입을 제어한다.

㉦ **피드백(feed back) 제어** : 배기가스 중의 산소농도를 검출하여 이를 감안하여 혼합비를 자동적으로 제어한다.

㉧ **자기고장(diagnosis) 표시** : 각종 감지기의 고장을 진단하여 고장진단 표시를 나타낸 준다.

③ **연료분사 제어** : 인젝터는 크랭크각 감지기의 출력신호 및 공기유량 센서의 출력 등을 산정한 ECU 신호에 의하여 구동된다. 연료의 분사량은 인젝터의 구동시간에 의하여 제어되는데 이 시간은 공기유량 센서, 크랭크각 센서의 출력, 산소 센서로부터 입력되는 배기가스의 정보, 각종 감지기로부터의 신호를 근거로 ECU에서 산정된다.

(4) 센서의 계통

① **스로틀 위치 센서**(TPS : Throttle Position Sensor) : 스로틀 보디의 스로틀 밸브축과 같이 회전하는 가변저항기로, 스로틀 밸브의 회전에 따라 출력 전압이 변화하여 ECU로 입력시키는 역할을 한다. ECU는 기관의 감속 및 가속에 따른 연료 분사량을 제어한다.

② **스로틀 보디**(throttle body) : 스로틀 보디에는 흡입 공기량을 제어하는 스로틀 밸브, 공회전속도 조절기, 스로틀 위치 센서 등이 부착되어 있다.

③ **공전 조절 서보**(ISC – servo) : 모터, 웜 기어, 모터 위치 센서(MPS), 아이들 스위치 등으로 구성되어 있으며 ECU의 제어 신호에 따라 모터가 회전하여 웜 기어가 회전하면서 플런저를 이동시키면서 스로틀 밸브의 개도를 조정하여 공회전 속도를 조절하는 장치이다.

④ **냉각수 온도센서**(WTS=CTS) : 실린더 헤드의 물 재킷 부분에 설치되며, 방열기 온도 센서와 같이 NTC 서미스터를 이용하여 냉각수의 온도를 검출하여 ECU로 보내주면 ECU는 시동시 기본 연료량 및 점화시기 결정, 시동시 기본 아이들 듀티량 결정, 인젝터의 연료분사량을 보정, 냉각팬 제어, 트랙션 제어에 필요하도록 하는 부특성 서미스터이다.

⑤ **노킹센서** : 실린더 블록에 설치되어 연소실 내의 노킹을 검출하는 센서로, 측정값을 ECU에 보내

주면 ECU는 점화시기와 인젝터 분사량을 보정하도록 하여 노킹을 검출하고 점화시기를 지각시켜 억제한다.

> **보충정리**
>
> ▸ ECU(Electronic Control Unit)
> ECU는 각종 센서들의 디지털 출력 값을 받아 연산하여 각종 제어장치를 제어하며, 최적의 엔진 상태가 되도록 연료분사, 공전속도, 점화시기, 피드백, 연료 증발가스 등을 제어해주는 장치이다.

1-8 자동차 기관 안전기준 및 검사

❶ 원동기 및 동력전달장치 안전기준

(1) 자동차원동기의 기준

① 원동기 각부의 작동에 이상이 없어야 하며, 주 시동장치 및 정지장치는 운전자의 좌석에서 원동기를 시동 또는 정지시킬 수 있는 구조일 것

② 승합자동차 및 화물자동차의 원동기 최대 출력은 차량총중량 1톤당 출력이 10마력(PS) 이상일 것. 다만, 전기자동차 · 경형자동차 및 차량총중량이 35톤을 초과하는 자동차(연결자동차의 차량총중량이 35톤을 초과하는 경우를 포함한다)의 경우에는 그러하지 아니하다.

(2) 자동차의 동력전달장치는 안전운행에 지장을 줄 수 있는 연결부의 손상 또는 오일의 누출 등이 없어야 한다.

(3) 경유를 연료로 사용하는 자동차의 조속기는 연료의 분사량을 임의로 조작할 수 없도록 봉인을 하여야 하며, 봉인을 임의로 제거하거나 조작 또는 훼손하여서는 아니 된다.

❷ 경유 연료사용 자동차의 안전기준

(1) 적용범위

경유를 연료로 사용하는 자동차의 조속기 봉인 측정 등에 대하여 규정한다.

(2) 봉인 방법

연료분사펌프의 봉인 방법은 다음과 같다.

① **납 봉인 방법** : 3선 이상으로 꼬은 철선과 납덩이를 사용하여 압축 봉인하여야 한다. 이 경우 조정나사 등에는 재봉인을 위하여 구멍을 뚫어 놓아야 한다.

② **cap seal 봉인방법** : 조속기 조정나사에 cap을 사용하여 봉인하여야 한다.

③ **봉인 cap방법** : 조속기 조정나사를 cap 고정 볼트로 고정하고 cap을 씌운 후 그 표면에 납을 사용하여 봉인하여야 한다.

④ **용접방법** : 조속기 조정나사를 고정시킨 후 환형 철판 등으로 용접하여 봉인하여야 한다.

❸ 연료장치의 안전기준

(1) 자동차의 연료탱크 · 주입구 및 가스배출구의 기준

① 연료장치는 자동차의 움직임에 의하여 연료가 새지 아니하는 구조일 것

② 배기관의 끝으로부터 30cm 이상 떨어져 있을 것(연료탱크를 제외)

③ 노출된 전기단자 및 전기개폐기로부터 20cm 이상 떨어져 있을 것(연료탱크를 제외)

④ 차실 안에 설치하지 않아야 하며, 연료탱크는 차실과 벽 또는 보호판 등으로 격리되는 구조일 것

(2) 수소가스를 연료로 사용하는 자동차의 기준

① 자동차의 배기구에서 배출되는 가스의 수소농도는 평균 4%, 순간 최대 8%를 초과하지 아니할 것

② 차단밸브(내압용기의 연료공급 자동 차단장치) 이후의 연료장치에서 수소가스 누출 시 승객거주 공간의 공기 중 수소농도는 1% 이하일 것

③ 차단밸브 이후의 연료장치에서 수소가스 누출 시 승객거주 공간, 수하물 공간, 후드 하부 등 밀폐 또는 반밀폐 공간의 공기 중 수소농도가 2±1% 초과시 적색 경고등이 점등되고, 3±1% 초과시 차단밸브가 작동할 것

❹ 가스운송장치의 안전기준

1. 가스용기는 자동차의 움직임에 의하여 이완되지 아니하도록 차체에 견고하게 고정시킬 것
2. 가스용기는 누출된 가스 등이 차 실내로 유입되지 아니하도록 차실과 벽 또는 보호판으로 격리되거나 가스가 누출되지 아니하도록 밸브 주변이 견고한 재질로 밀폐되어 있고, 충격 등으로부터 용기를 보호할 수 있는 구조이어야 하며, 차체 밖으로부터 공기가 통하는 곳에 설치할 것
3. 가스용기 및 도관에는 필요한 곳에 보호장치를 할 것
4. 가스용기 및 도관에는 배기관 및 소음방지장치의 발열에 의하여 직접 영향을 받지 아니하도록 필요한 방열장치를 할 것
5. 도관은 강관 · 동관 또는 내유성고무관으로 할 것
6. 양끝이 고정된 도관(내유성고무관을 제외)은 완곡된 형태로 최소한 1m 마다 차체에 고정시킬 것
7. 고압부분의 도관은 가스용기 충전압력의 1.5배의 압력에 견딜 수 있을 것
8. 가스충전밸브는 충전구 가까운 곳에 설치하고, 중간차단밸브를 작동하는 조작장치(시동장치로 작동되는 경우를 포함)는 운전자가 조작하기 쉬운 곳에 설치할 것

9. 가스용기 및 용기밸브 등은 차체의 최후단으로부터 300mm 이상, 차체의 최외측면으로부터 200mm 이상의 간격을 두고 설치할 것. 다만, 강도가 강재의 표준규격 41(SS41) 이상이고 두께가 3.2mm 이상인 강판 또는 형강으로 가스용기 및 용기밸브 등을 보호한 경우에는 차체의 최후단으로부터 200mm 이상, 차체의 최외측면으로부터 100mm 이상의 간격을 두고 설치할 수 있다.

❺ 배기가스 안전기준 및 검사

(1) 배기가스 발산 방지장치

자동차의 배기가스 발산 방지장치는 「대기환경보전법」의 규정에 의한 배출허용기준에 적합하여야 한다.

(2) 배기관

① 자동차의 배기관의 열림 방향은 왼쪽 또는 오른쪽으로 열려 있어서는 안 된다.

② 배기관의 열림방향이 차량중심선에 대하여 왼쪽으로 30도 이내인 것과 배기관이 차량중심선에서 왼쪽에 위치하고 차량중심선에 대하여 오른쪽으로 30도 이내인 것은 ①에 적합한 것으로 본다.

③ 배기관은 자동차 또는 적재물을 발화시키거나 자동차의 다른 기능을 저해할 우려가 없어야 하며, 견고하게 설치하여야 한다.

❻ 검사관련 장비 사용법 및 기준

(1) 매연 측정방법

① 측정자동차의 원동기를 중립인 상태에서 급가속하여 최고 회전속도 도달 후 2초간 공회전시키고 정지 가동상태로 5～6초간 둔다.

② 측정기의 시료 채취관을 배기관의 중앙에 오도록 하고 20cm 정도의 깊이로 삽입한다.

③ 가속페달에 발을 올려놓고 원동기의 최고 회전속도에 도달할 때까지의 소요시간은 4초 이내로 한다.

④ ③의 방법으로 3회 연속 측정한 매연 농도를 산술 평균하여 소수점 이하는 절사한 값을 최종 평균치로 하고 이때 3회 측정한 매연 농도의 최대치와 최소치의 차이가 5%를 초과할 경우 2회를 다시 측정하여 총 5회 최대치, 최소치를 제외한 나머지 3회의 측정치를 산술 평균한다.

(2) 배출가스 정밀검사의 무부하 검사 방법(경유)

① 측정대상 자동차의 원동기를 중립인 상태에서 급가속하여 최고 회전속도 도달 후 2초간 유지시키고 정지 가동상태로 5～6초간 둔다. 이와 같은 과정을 3회 이상 반복 실시한다.

② 측정기의 시료 채취관을 배기관의 벽면으로부터 5mm 이상 떨어지도록 설치하고 5cm 이상의 깊이로 삽입한다.

③ 가속페달에 발을 올려놓고 원동기의 최고 회전속도에 도달할 때까지 급속히 밟으면서 시료를 채취한다. 이때 가속페달을 밟을 때부터 놓을 때까지 소요시간은 4초 이내로 한다.

④ ③의 방법으로 3회 연속 측정한 매연 농도를 산술 평균하여 소수점 이하는 절사한 값을 최종 평균치로 하고 이때 3회 측정한 매연 농도의 최대치와 최소치의 차이가 5%를 초과하거나 최종측정치가 배출가스허용기준에 맞지 않은 경우에는 순차적으로 1회씩 더 측정하여 최대 10회까지 측정하면서 매회 측정시마다 마지막 3회 측정치를 산출하여 마지막 3회의 최대치와 최소치의 차가 5%이내이고 측정치의 산술 평균값도 배출가스허용기준 이내이면 측정을 마치고 이를 최종 측정치로 한다.

⑤ 만약 ④의 방법으로 10회까지 반복 측정하여도 최대치와 최소치의 차이가 5%를 초과하거나 배출가스허용기준에 맞지 않은 경우 마지막 3회(8회, 9회, 10회)의 측정치를 산술 평균한 값을 최종 측정치로 한다.

(3) 운행자동차 배출가스 정밀검사의 검사모드

1) 무부하 검사방법

차량총중량 5.5톤 초과 자동차, 특수한 구조로 검차장의 출입이 불가능하거나 차대동력계에서 배출가스 측정이 곤란한 자동차가 대상

① **무부하 정지 가동검사모드** : 자동차가 정지한 상태에서 엔진을 공회전으로 가동하여 배출가스 배출량을 측정(일산화탄소, 탄화수소, 공기과잉률 : 휘발유, 가스사용 자동차 해당)한다.

② **무부하 급가속 검사모드** : 자동차가 정지한 상태에서 엔진을 최대회전수까지 급가속 시킬 때 매연 배출량을 측정(매연 : 경유사용 자동차 해당)한다.

2) 부하 검사방법

차량총중량 5.5톤 이하 자동차가 대상

① ASM 2525모드(부하 검사방법) : 차대동력계상에서 25%의 도로부하를 걸고 25mph(40km/h)의 정속도로 주행하면서 배출가스를 측정하는 방법이다. 우리나라에서는 휘발유와 가스사용 자동차에 이 모드를 적용하고 있다. 따라서 휘발유, 가스 알코올 사용 자동차의 일산화탄소(CO), 탄화수소(HC) 및 질소산화물(NOx)을 측정하는 데 적용한다.

보충정리

▸ASM 2525모드 도로 부하마력 계산 방법

차대동력계 부하마력은 측정대상자동차의 차량중량에 의하여 설정되어야 하며, 부하마력의 계산식은 다음과 같다.

$$\text{부하마력(PS)} = \frac{\text{관성중량(kg)}}{136},\quad \text{관성중량} = \text{차량중량(kg)} + 136$$

② Lug Down3모드(부하검사방법) : 차대동력계상에서 자동차의 가속페달을 최대로 밟은 상태에서 최대출력의 정격회전수에서 1모드, 엔진정격회전수의 90%에서 2모드, 엔진정격회전수의 80%에서 3모드로 주행하면서 매연농도, 엔진회전수, 엔진최대출력을 측정하는 것이다.

③ KD147모드(부하검사방법) : 경유자동차를 차대동력계에서 차량의 기준 중량에 따라 도로 부하마력을 설정한 다음 주행 주기에 따라 147초 동안 최고 83.5km/h까지 가속, 정속, 감속하면서 매연농도를 측정하는 것을 말하며, "K"는 Korea, "D"는 Diesel, "147"은 주행주기에 의한 검사시간을 말한다.

> **보충정리**
>
> ▸ 운행 차의 정밀검사에서 배출가스검사 전에 받는 관능 및 기능검사 항목
>
> ① 관능검사는 자동차의 동일성을 포함하여 엔진배출가스 관련부품 및 장치의 망실, 변경, 손상, 결함이 있는지를 관능에 의해 검사하는 것을 말한다.
>
> ② 기능검사는 엔진배출가스 제어부품, 장치 및 센서 등을 엔진제어전자진단장치에 의해 점검, 분석하여 정상작동상태 여부를 판단하는 거사를 말한다.

제 1 장

자동차 기관

단원핵심문제

1-1 엔진의 개요

1 기관의 블로다운(blow down) 현상에 대해 바르게 설명한 것은?

① 밸브와 밸브시트 사이에서 연소가스가 누출되는 현상
② 배기행정 초기 배기밸브가 열려 배기가스 자체의 압력으로 가스가 배출되는 현상
③ 압축 행정시 피스톤과 실린더 사이에서 가스가 누출되는 현상
④ 피스톤이 상사점 근방에서 흡입 및 배기밸브가 동시에 열려 배기류의 잔류가스를 배출하는 현상

해설 **블로바이** : 피스톤 간극이 커져서 압축 및 폭발 행정시 간극 사이로 가스가 크랭크 케이스로 누출되는 현상을 말한다.
밸브 오버랩 : 스톤이 상사점 근방에서 흡입 및 배기밸브가 동시에 열려 배기류의 잔류가스를 배출하는 현상이다.

2 어떤 오토 사이클 기관의 실린더 간극 체적이 행정 체적의 15[%]일 때, 이 기관의 이론 열효율은 몇 [%]인가? (단, 비열비 = 1.4)

① 39.23 ② 46.23
③ 51.73 ④ 55.73

해설 ㉠ 압축비(ε) $= \frac{\text{행정체적}}{\text{연소실체적}} = 1 + \frac{100}{15} = 7.67$

㉡ $\eta_o = 1 - \left(\frac{1}{7.67}\right)^{0.4} \times 100 = 55.74\,[\%]$

3 다음 중 단위환산이 맞는 것은?

① 1[J] = 1[N/s] = 1[Ws]
② 1[J] = 1[W] = 1[PSh]
③ 1[J] = 1[Nm] = 1[Ws]
④ 1[J] = 1[cal] = 1[Ws]

해설 SI단위 : [W] =[J/s], [N · m/s] =[J/s]

4 연소실에 가솔린을 직접 분사하는 스파크 점화 기관의 열역학적 기본 사이클은?

① 정적 사이클 또는 오토(Otto) 사이클
② 복합 사이클 또는 사바데(Sabathe) 사이클
③ 재열 사이클 또는 랭킨(Rankine) 사이클
④ 정압 사이클 또는 디젤(Diesel) 사이클

해설 **복합 사이클 또는 사바데(Sabathe) 사이클** : 오토(정적)과 디젤(정압) 사이클을 복합한 것으로 고속 디젤기관의 열역학적 기본 사이클이다.
재열 사이클 또는 랭킨(Rankine) 사이클 : 증기원동소의 열역학적 기본 사이클이다.
정압 사이클 또는 디젤(Diesel) 사이클 : 일정한 압력하에서 연소가 일어나며, 저속 · 중속 디젤기관의 열역학적 기본 사이클이다.

5 다음 중 열기관에 대한 설명으로 맞는 것은?

① 열기관은 기계적 에너지를 열에너지로 바꾸는 일을 한다.
② 열기관은 연료의 사용 종류에 따라 가솔린, 디젤, LPG기관 등으로 분류한다.
③ 열기관은 모두 고속기관이다.
④ 열기관은 모두 왕복운동을 한다.

answer 1.② 2.④ 3.③ 4.① 5.②

해설 내연기관의 사용연료와 종류에 따라 가솔린, 디젤기관, LPG기관 등으로 분류한다. 그리고 내연기관은 열에너지를 기계적 에너지로 바꾸는 일을 한다. 또한 내연기관은 저속, 중속, 고속기관 등이 있으며 로터리 엔진처럼 회전운동만으로 출력을 얻는 기관도 있다.

※ 자동차 기관의 기본 사이클

㉠ 정적 사이클(오토 사이클) : 가솔린 및 가스 엔진에 사용

㉡ 정압 사이클(디젤 사이클) : 저속 디젤 엔진에 사용

㉢ 복합 사이클(사바데 사이클) : 고속 디젤 엔진에 사용

6 엔진에서 압축시 가스의 온도와 체적은 변화하는데 이에 대한 설명으로 잘못된 것은?

① 체적이 감소하면 압력이 감소한다.

② 압축시 발생하는 압축열에 의해 추가로 압력 상승이 이루어진다.

③ 체적이 감소함에 따라 압력은 압축비에 근사적으로 비례하여 상승한다.

④ 체적이 감소함에 따라 온도가 상승한다.

해설 보일-샤를의 법칙[$\frac{PV}{T}=c$(일정)]에서 압축시 가스의 온도와 체적변화는 반비례 관계에 있으므로 체적이 감소함에 따라 온도는 상승하고 체적이 증가함에 따라 압력은 압축비에 근사적으로 비례하여 상승한다.

7 압축비가 12인 오토 사이클의 이론 열효율은? (단, 비열비는 $k=1.4$이다) 2010

① 29.8[%] ② 31.2[%]

③ 41.1[%] ④ 62.9[%]

해설 $1-\left(\frac{1}{\varepsilon}\right)^{k-1}=1-\left(\frac{1}{12}\right)^{0.4}\times 100=62.98\,[\%]$

ε : 압축비, k : 비열비

$\varepsilon=1+\frac{\text{행정체적}}{\text{연소실체적}}$

8 4행정 사이클 기관에서 2행정을 완성하려면 크랭크 축의 회전각도는 몇 도인가?

① 540° ② 360°

③ 720° ④ 1080°

해설 4행정 사이클 기관은 4행정(흡입→압축→폭발→배기 : 1사이클)을 완성하는데 크랭크 축이 2회전, 즉 720° 회전을 하므로, 1행정을 완료하면 크랭크 축은 180° 회전하므로, 2행정을 완성하면 크랭크 축 회전각도는 180°×2=360°이다.

9 오토, 디젤, 사바데 사이클에서 가열량과 압축비가 같을 경우 이들 사이클에 대한 이론 열효율의 관계를 나타낸 것은?

① 사바데 사이클>디젤 사이클>오토 사이클

② 오토 사이클>디젤 사이클>사바데 사이클

③ 사바데 사이클>오토 사이클>디젤 사이클

④ 오토 사이클>사바데 사이클>디젤 사이클

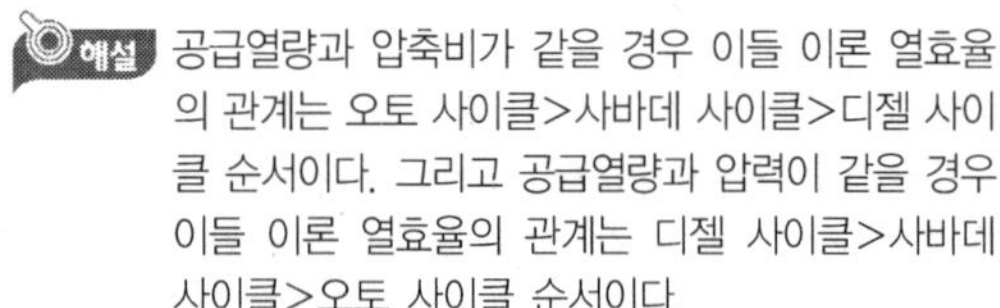
해설 공급열량과 압축비가 같을 경우 이들 이론 열효율의 관계는 오토 사이클>사바데 사이클>디젤 사이클 순서이다. 그리고 공급열량과 압력이 같을 경우 이들 이론 열효율의 관계는 디젤 사이클>사바데 사이클>오토 사이클 순서이다.

10 스퀘어 기관(square engine)을 바르게 설명한 것은?

① 행정과 실린더 내경이 같은 기관

② 실린더 지름이 행정의 제곱에 해당하는 기관

③ 행정과 크랭크 저널의 지름이 같은 기관

④ 행정과 커넥팅로드의 길이가 같은 기관

해설 **스퀘어 기관**(square engine, 정방형 기관) : 피스톤 행정과 실린더 내경이 같은 기관을 말한다.

㉠ 언더 스퀘어(장행정) 엔진은 실린더 행정내경비율(행정/내경)의 값이 1.0 이상인 엔진이다.

$$\text{언더 스퀘어 엔진(장행정)}=\frac{\text{행정}}{\text{실린더 내경}}>1$$

㉡ 오버 스퀘어(단행정) 엔진은 실린더 행정내경비율(행정/내경)의 값이 1.0 이하인 엔진이다.

answer 6.① 7.④ 8.② 9.④ 10.①

11 총배기량 4500[cc]인 4행정 기관이 2500[rpm]으로 회전하고 있다. 이때의 도시평균 유효압력이 5[kgf/cm^2]이면 지시마력은 몇 [PS]인가?

① 62.5　　② 30.2
③ 55.5　　④ 40.2

$$IPS = \frac{P \times A \times L \times R \times N}{75 \times 60}$$

$$= \frac{5 \times 4500 \times 2500}{75 \times 60 \times 100 \times 2} = 62.5$$

IPS : 도시마력(지시마력)
A : 단면적[cm^2], L : 행정[m]
R : 회전수(4행정 = $R/2$, 2행정 = R)
N : 실린더 수

12 SAE마력을 산출하는 방식이 맞는 것은? (단, D : 실린더 지름, N : 실린더 수를 나타내며, 단위는 inch임)

❶ $\dfrac{D^2N}{2.5}$　　② $\dfrac{TR}{716}$
③ $\dfrac{DN}{1613}$　　④ $\dfrac{DN}{2.5}$

SAE 마력 (Society of Automotive Engineers)이란 자동차 공학학회(SAE)의 엔진 제원에 입각한 마력 계산의 간략한 방법이며 자동차 상용등록용으로 사용하며 과세 마력이라고도 한다.

㉠ 실린더 안지름의 단위가 inch일 때 $\dfrac{D^2N}{2.5}$
　D : 내경[inch], N : 기통 수

㉡ 실린더 안지름의 단위가 mm일 때 $\dfrac{D^2N}{1613}$
　D : 내경[mm], N : 기통 수

13 내연기관에서 기계효율을 구하는 공식인 것은?

① $\dfrac{\text{마찰마력}}{\text{제동마력}} \times 100\,[\%]$

② $\dfrac{\text{도시마력}}{\text{이론마력}} \times 100\,[\%]$

③ $\dfrac{\text{제동마력}}{\text{도시마력}} \times 100\,[\%]$

④ $\dfrac{\text{마찰마력}}{\text{도시마력}} \times 100\,[\%]$

$$\eta_m = \frac{\text{제동일}}{\text{지시일}} \times 100[\%]$$

$$\eta_m = \frac{\text{제동마력}}{\text{지시마력}} \times 100[\%]$$

$$\eta_m = \frac{\text{제동평균 유효압력}}{\text{지시평균 유효압력}} \times 100[\%]$$

14 압축비 8, 행정체적 350[cm^3]인 기관에서 피스톤이 하사점에 있을 때의 실린더 체적[cm^3]은?

① 30　　② 400
③ 300　　④ 435

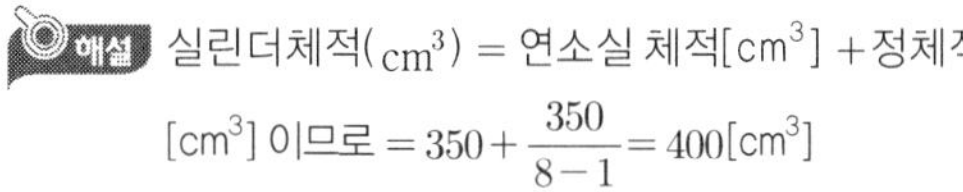

실린더체적(cm^3) = 연소실 체적[cm^3] +정체적[cm^3] 이므로 $= 350 + \dfrac{350}{8-1} = 400$[cm^3]

15 3000[rpm]으로 회전하는 4행정 사이클 기관이 150[PS]의 출력을 내려면 회전축의 토크는 몇 [N · m]인가?

① 35.8　　② 88.7
③ 351.1　　④ 869.3

제동마력(PS)=축마력 $= \dfrac{TR}{716}$

T : 회전력[kg$_f$ · m], R : 회전수[rpm]
1[kg$_f$] = 9.8[N] 이므로

$$T = \frac{716 \times BPS \times 9.8}{R}$$

$$= \frac{150 \times 716 \times 9.8066}{3000} = 351.07[\text{N} \cdot \text{m}]$$

16 기관의 회전속도가 1800[rpm]일 때 20°의 착화지연은 몇 초[ms]에 해당하는가?

① 2.77　　② 0.11
③ 1.85　　④ 6.66

$It = 6Rt$, IT : 크랭크 축 회전각도(점화 또는 착화시기), R : 기관 회전속도[rpm], t : 착화지연시간[sec]에서

$$\therefore\ t = \frac{It}{6R} = \frac{20}{6 \times 1800} = \frac{1}{540}$$

$$= 0.00185\,[\text{sec}] = 1.85\,[\text{ms}]$$

answer　11.①　12.①　13.③　14.②　15.③　16.③

17 착화 지연기간이 1/1000초, 착화 후 최고압력에 도달할 때까지의 시간이 1/1000초일 때, 2000[rpm]으로 운전되는 기관의 착화시기는? (단, 최고 폭발압력은 상사점 후 12°이다)

① 상사점 전(BTDC) 32°
② 상사점 전(BTDC) 36°
③ 상사점 전(BTDC) 12°
④ 상사점 전(BTDC) 24°

해설 $IT = 6Rt$

IT : 크랭크 축 회전각도(점화 또는 착화시기),
R : 기관 회전속도[rpm], t : 착화지연시간[sec]

$IT = 6 \times 2000 \times \frac{1}{1000} = 12°$

18 4행정 사이클 가솔린 기관을 동력계로 측정하였더니 2000[rpm]에서 회전력이 23.8[kgf · m]이였다면 축출력[PS]은?

① 50.6 ② 70.6
③ 66.5 ④ 86.6

해설 제동마력(PS) = 축마력 = $\frac{TR}{716}$

T : 회전력[kgf · m], R : 회전수[rpm]

$\therefore \frac{23.8 \times 2000}{716} = 66.48$

19 가솔린기관의 열 손실을 측정한 결과 냉각수에 의한 손실이 25[%], 배기 및 복사에 의한 열 손실이 35[%]이였다. 기계 열효율이 90[%]라면 정미 열효율은 몇 [%]인가?

① 54 ②32
③ 36 ④ 20

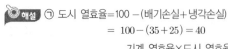

해설 ㉠ 도시 열효율=100 − (배기손실+냉각손실)
$= 100 - (35 + 25) = 40$

㉡ 정미 열효율= $\frac{\text{기계 열효율} \times \text{도시 열효율}}{100}$

$= \frac{90 \times 40}{100} = 36\ [\%]$

20 간극 체적이 60[cm^3]이고 압축비가 10인 기관의 배기량[cm^3]은?

① 540 ② 510
③ 550 ④ 600

해설 압축비 $= 1 + \frac{\text{행정체적}}{\text{연소실(간극)체적}}$

배기량 =(압축비−1) × 간극체적
$= (10-1) \times 60 = 540[\text{cm}^3]$

21 어떤 오토기관의 배기가스온도를 측정한 결과 전부하 운전시에는 850[℃], 공전시에는 350[℃]이다. 이 온도를 각각 kelvin 온도[K]로 환산한 것으로 맞는 것은?

① 1850, 1350 ② 850, 350
③ 1123, 623 ④ 577, 77

해설 절대온도(K)는 K= ℃ + 273 이므로

㉠ 850℃+273 = 1123[K]
㉡ 350℃+273 = 623[K]

22 실린더의 안지름 60[mm], 행정 60[mm]인 4실린더 기관의 총배기량[cc]은 얼마인가?

① 750.2 ② 678.2
③ 339.2 ④ 169.2

해설 총배기량(cm^3) $= \frac{\pi}{4} \times D^2 \times L \times N[\text{cm}^3]$

D : 실린더 내경[cm], L : 피스톤 행정

총배기량 $= \frac{\pi \times 6^2}{4} \times 6 \times 4$
$= 678.2\ [\text{cc}]$

02 엔진의 본체

1 4행정 사이클 6실린더 좌수식 크랭크 축(left hand crank shaft)일 때의 점화순서로 가장 적절한 것은?

① 1-4-2-6-3-5 ② 1-2-3-6-5-4
③ 1-5-3-6-2-4 ④ 1-5-6-2-3-4

answer 17.③ 18.③ 19.③ 20.① 21.③ 22.② / 1.①

해설 4행정 사이클 6실린더 우수식 크랭크 축의 점화순서는 1-5-3-6-2-4, 좌수식 크랭크 축(left hand crank shaft)의 점화순서는 1-4-2-6-3-5이다.

2 **가변흡기장치(variable induction control system)의 설치 목적으로 가장 적합한 것은?**

① 저속, 고속에서의 흡입효율 향상
② 공전속도 증대
③ 최고속 영역에서 최대 출력 감소로 엔진보호
④ 엔진 회전수 증대

해설 가변흡기장치는 흡기관로 길이를 저속과 중속 에서는 길게 하여 토크를 향상 시키고, 고속에서는 짧게 하여 출력을 증대 시킨다.

3 **연소실 설계상의 요점을 설명한 것 중 맞지 않는 것은?**

① 압축행정에서 혼합기에 와류를 일으키게 한다.
② 연소실의 표면적이 최대가 되게 한다.
③ 화염전파에 필요한 시간을 가능한 한 짧게 한다.
④ 가열되기 쉬운 돌출부를 두지 않는다.

연소실 설계시 고려할 사항
㉠ 화염전파 시간이 짧을 것
㉡ 연소실 내 표면적을 최소화 시킬 것
㉢ 돌출부분이 없을 것
㉣ 흡·배기작용이 원활하게 될 것
㉤ 압축행정에서 와류가 일어나지 않을 것
㉥ 배기가스 유해성분이 적을 것
㉦ 출력 및 열효율이 높을 것
㉧ 노크를 일으키지 않을 것

4 **실린더와 실린더 헤드의 재질로서 필요한 특성이다. 틀린 것은?**

① 실린더의 재질은 특히 내마모성과 길들임성이 좋아 한다.
② 기계적 강도가 높아야 한다.
③ 열팽창성은 좋은 반면에 열전도성은 낮아야 한다.
④ 열변형에 대한 안정성이 있어야 한다.

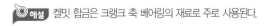

해설 실린더와 실린더 헤드 재질의 필요한 성질은 열팽창성은 작고, 열전도성은 커야 하며, 열변형에 대한 안정성이 크고, 기계적 강도가 높고, 특히 실린더의 재질은 내마모성과 길들임성이 좋아야 한다.
실린더 헤드를 알루미늄 합금으로 제작하는 이유
㉠ 무게가 가볍다.
㉡ 열전도율이 높다.
㉢ 내구성, 내식성이 작다.
㉣ 연소실 온도를 낮추어 열점을 방지한다.

5 **자동차 피스톤의 재질로서 가장 거리가 먼 것은?**

① 인바 강　② 켈밋 합금
③ 로엑스 합금　④ 특수 주철

해설 켈밋 합금은 크랭크 축 베어링의 재료로 주로 사용된다.

6 **기관에서 사용되는 캠축의 구동방식이 아닌 것은?**

① 기어 구동식　② 벨트 구동식
③ 오일 구동식　④ 체인 구동식

해설 캠축의 구동방식의 종류에는 체인 구동식, 기어 구동식, 벨트 구동식 등이 있다.

7 **피스톤의 재질은 다음과 같은 특성이 요구된다. 틀린 것은?**

① 열팽창계수가 커야 한다.
② 무게가 가벼워야 한다.
③ 내마모성이 좋아야 한다.
④ 고온 강도가 높아야 한다.

해설 피스톤이 갖추어야 할 조건
㉠ 열팽창이 작아야 한다.
㉡ 고온 고압에서 견딜 수 있어야 한다.
㉢ 내식성이 있어야 한다.
㉣ 견고하며 값이 싸야 한다.
㉤ 열전도율이 커야 한다.

answer 2.① 3.② 4.③ 5.② 6.③ 7.①

8 **피스톤 스커트 부분의 모양의 분류에 속하지 않는 것은?**

① 솔리드형 ② T 슬롯형
③ 스플릿형 ④ 히트 댐형

해설 히트 댐이란 피스톤 제1번 랜드에 가는 홈을 여러 개 두어 헤드부의 열이 스커트로 전달되는 것을 차단하는 기능을 하는 것이다.

9 **실린더 헤드 변형의 원인으로 가장 관계가 적은 것은?**

① 헤드볼트 조임 불량
② 기관 과열
③ 오일순환 불량
④ 냉각수 동결

해설 실린더 헤드 변형의 원인은 냉각수 동결 및 부족, 헤드볼트 조임 불량, 기관 과열 등이다.

10 **피스톤의 오일 링 홈에 슬롯을 두는 이유로 가장 적절한 것은?**

① 블로우 바이 가스를 저감하기 위해
② 헤드부분의 높은 열이 스커트로 가는 것을 차단하기 위해
③ 연료효율을 높이기 위해
④ 폭발압력에 견디게 하기 위해

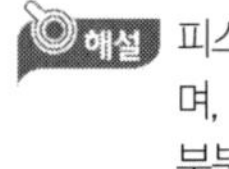
해설 피스톤링은 대부분 압축 링 과 오일 링으로 구성되며, 오일 링 홈에 슬롯을 두는 이유는 피스톤 헤드부분의 열이 스커트로 가는 것을 차단하기 위함이다. 다른 방법으로는 피스톤에 히트 댐을 두거나 스플릿 피스톤을 사용하는 방법이 있다.

11 **엔진의 실린더에서 피스톤 링의 주요 작용이 아닌 것은?**

① 오일제어 ② 열전도
③ 기밀 유지 ④ 공기흡입

해설 피스톤 링의 3대 작용
㉠ 기밀유지(밀봉작용)작용
㉡ 오일제어 작용
㉢ 열전도 작용(냉각작용)

12 **캠의 높이가 규정보다 0.1[mm] 마모되었을 때 밸브 간극은?** (단, 밸브간극 규정 값은 0.25[mm]이다)

① 변화없다.
② 커진다.
③ 밸브 간극이 0이 된다.
④ 작아진다.

13 **피스톤과 실린더와의 간극이 클 때 발생되는 현상으로 틀린 것은?**

① 피스톤 슬랩(piston slap)현상이 발생된다.
② 피스톤과 실린더의 소결이 일어난다.
③ 오일이 연소실로 올라온다.
④ 압축압력이 저하된다.

해설 실린더 벽이 마멸되면
㉠ 엔진오일이 연료로 희석된다.
㉡ 피스톤 슬랩 현상이 발생한다.
㉢ 압축압력 저하 및 블로바이가 과다하게 발생한다.
㉣ 압축압력이 저하한다.
㉤ 기관의 출력저하 및 연료소모가 증가한다.
㉥ 열효율이 저하된다.

14 **피스톤의 측압과 가장 관계있는 것은?**

① 커넥팅 로드의 길이와 행정
② 혼합비와 실린더 수
③ 피스톤 무게와 실린더 수
④ 배기량과 실린더 직경

해설 피스톤의 측압은 커넥팅로드의 길이와 행정에 관계되며, 피스톤에 옵셋(off set)을 두게 되면 피스톤 측압을 감소시키고, 회전을 원활하게 한다.

answer 8.④ 9.③ 10.② 11.④ 12.① 13.② 14.①

15 다음 중 DOHC 엔진의 장점이 아닌 것은?

① 허용 최고 회전수 향상

② 흡입효율 개선

③ 응답성 개선

④ 엔진의 마찰 손실 저감

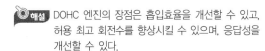

DOHC 엔진의 장점은 흡입효율을 개선할 수 있고, 허용 최고 회전수를 향상시킬 수 있으며, 응답성을 개선할 수 있다.

16 다음 중 크랭크 축의 구조 명칭이 아닌 것은?

① 플라이 휠(fly wheel)

② 암(arm)

③ 메인 저널(main journal)

④ 핀 저널(pin journal)

크랭크 축은 핀 저널, 암(arm), 메인저널, 평형추(balance weight) 등으로 구성되어 있다. 플라이 휠은 크랭크 축의 출력 측에 설치되어 에너지를 일시적으로 저장하였다가 다시 방출하는 역할을 한다.

17 피스톤 링의 구비하여야 할 조건이 아닌 것은?

① 실린더 벽에 대하여 균일한 압력을 줄 것

② 고온 · 고압에 대하여 장력의 변화가 클 것

③ 내열성과 내마모성이 좋을 것

④ 마찰이 적어 실린더 벽을 마멸시키지 않을 것

해설 피스톤 링의 구비조건

㉠ 내열성과 내마모성이 좋을 것
㉡ 실린더 벽에 균일한 압력을 가할 것
㉢ 열 팽창률이 적을 것
㉣ 고온에서도 탄성을 유지할 것
㉤ 피스톤 링 자체나 실린더 마멸이 적을 것

18 점화순서가 1-2-4-3인 기관에서 4번 실린더가 압축행정을 한다면 1번 실린더는 어떤 행정을 하는가?

① 압축　　② 폭발

③ 배기　　④ 흡입

해설 **4행정 기관** : 점화순서 1-3-4-2에서 원을 그리고 내부에 수직된 십자가를 그린다. 1시 방향부터 흡입, 압축, 폭발, 배기를 차례로 시계방향으로 적는다. 이 때, 1번 실린더가 흡입이므로 흡입 위에 숫자 1을 적고 반시계 방향으로 점화순서를 적어 행정을 찾는다.

19 피스톤에 옵셋(off set)을 두는 이유로 가장 올바른 것은?

① 피스톤의 측압을 적게 하기 위하여

② 피스톤의 틈새를 크게 하기 위하여

③ 피스톤의 마멸을 방지하기 위하여

④ 피스톤 스커트부에 열전달을 방지하기 위하여

피스톤에 옵셋(off set)을 두게 되면 피스톤 측압을 감소시키고, 회전을 원활하게 한다.

20 어느 가솔린기관의 점화순서가 1-3-4-2이다. 이때 1번 실린더가 압축행정을 하면 3번 실린더는 어떤 행정을 하는가?

① 압축행정　　② 흡입행정

③ 폭발행정　　④ 배기행정

점화순서 1-3-4-2에서 1번 실린더가 압축행정을 할 때 3번 실린더는 흡입행정, 2번 실린더는 폭발행정, 4번 실린더는 배기행정을 각각 한다.

21 6기통 우수식 기관에서 2번 실린더가 흡입행정 초일 때 5번 실린더는 어떤 행정을 하는가? (단, 점화순서는 1-5-3-6-2-4이다)

① 압축행정 초　　② 압축행정 말

③ 폭발행정 초　　④ 배기행정 초

해설 **6행정 기관** : 연료분사시기 1-5-3-6-2-4에서 원을 그리고 내부에 수직된 십자가를 그린다. 1시 방향부터 흡입, 압축, 폭발, 배기를 차례로 시계방향으로 적는다. 그리고 원을 따라 흡입, 압축, 폭발, 배기를 각각 3개로 나누어 초, 중, 말을 적는다. 1번이 흡입 초 행정이라면 5번은 반시계 방향으로 2칸을 건너뛴 배기 중 행정이 된다.

answer 15.④ 16.① 17.② 18.③ 19.① 20.② 21.③

22 **크랭크 축의 진동댐퍼(vibration damper)가 하는 일 중 맞는 것은?**

① 동적 · 정적 진동을 유지한다.
② 고속회전을 유지한다.
③ 저속회전을 유지한다.
④ 회전 중의 진동을 방지한다.

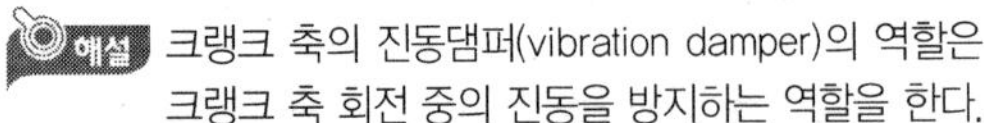
해설 크랭크 축의 진동댐퍼(vibration damper)의 역할은 크랭크 축 회전 중의 진동을 방지하는 역할을 한다.

23 **켈밋 메탈(Kelmet metal)의 주성분은?**

① 구리, 알루미늄, 납
② 구리, 납
③ 알루미늄, 니켈, 크롬
④ 구리, 알루미늄, 주석

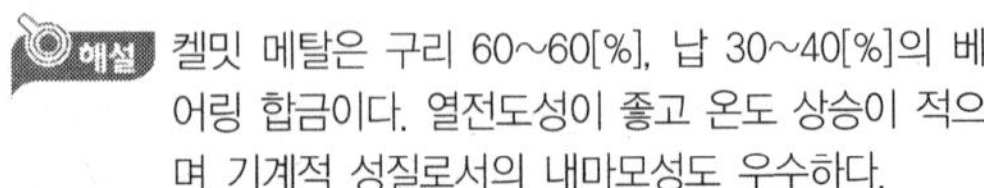
해설 켈밋 메탈은 구리 60~60[%], 납 30~40[%]의 베어링 합금이다. 열전도성이 좋고 온도 상승이 적으며 기계적 성질로서의 내마모성도 우수하다.

24 **다음 중 베어링 메탈이 갖추어야 할 조건이 아닌 것은?**

① 열전도성　　② 하중 부담성
③ 내가공성　　④ 내부식성

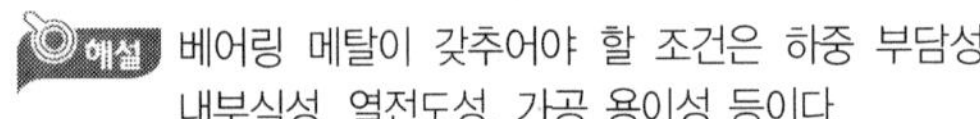
해설 베어링 메탈이 갖추어야 할 조건은 하중 부담성, 내부식성, 열전도성, 가공 용이성 등이다.

25 **밸브 개폐시기 선도에서 밸브 오버랩(valve over lap)이란?**

① 배기밸브와 흡기밸브가 동시에 열려있는 기간
② 배기밸브만 열려있는 기간
③ 흡기밸브만 열려있는 기간
④ 배기밸브와 흡기밸브가 동시에 닫혀있는 기간

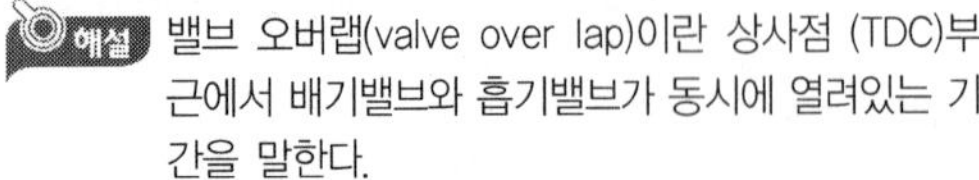
해설 밸브 오버랩(valve over lap)이란 상사점 (TDC)부근에서 배기밸브와 흡기밸브가 동시에 열려있는 기간을 말한다.

26 **엔진 베어링에서 스프레드 설명으로 맞는 것은?**

① 베어링 바깥 둘레와 하우징의 둘레와의 차이
② 베어링 반원부 가장자리의 두께
③ 베어링 반원부 중앙의 두께
④ 하우징의 안지름과 베어링을 끼우지 않았을 때 베어링 바깥쪽 지름과의 차이

해설 베어링 스프레드는 베어링을 끼우지 않았을 때 베어링 바깥쪽 지름과 베어링 하우징의 안지름 차이를 말한다. 스프레드를 두는 이유는 베어링 조립에서 크러시가 압축됨에 따라 안쪽으로 찌그러지는 것을 방지할 수 있기 때문이다.

27 **엔진 속도가 상승함에 따라 흡 · 배기밸브의 길이는 늘어난다. 밸브 길이의 팽창요인과 관계가 가장 먼 것은?**

① 밸브의 재질　　② 밸브 스템의 길이
③ 밸브의 온도상승　　④ 밸브 시트의 강도

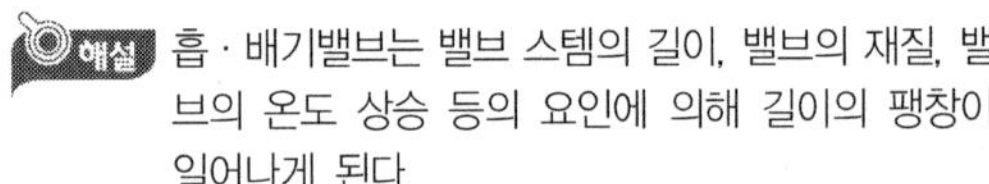
해설 흡 · 배기밸브는 밸브 스템의 길이, 밸브의 재질, 밸브의 온도 상승 등의 요인에 의해 길이의 팽창이 일어나게 된다.

28 **밸브 스템이 가열되는 것을 고려하여 설정하는 것은?**

① 사이드 밸브　　② 밸브 간극
③ 타이밍 기어　　④ 밸브 개폐시기

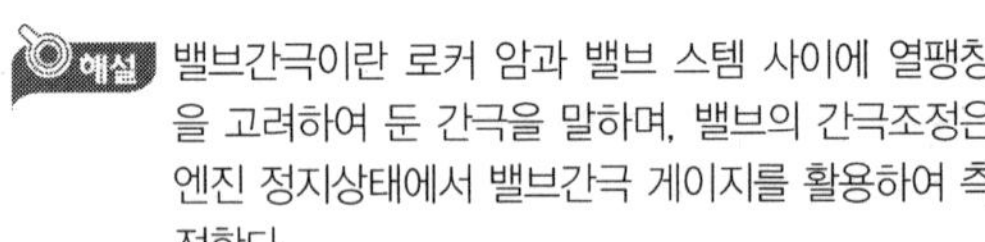
해설 밸브간극이란 로커 암과 밸브 스템 사이에 열팽창을 고려하여 둔 간극을 말하며, 밸브의 간극조정은 엔진 정지상태에서 밸브간극 게이지를 활용하여 측정한다.

29 **피스톤 간극(piston clearance) 측정은 어느 부분에 시크니스 게이지(thickness gauge)를 넣고 하는가?**

① 피스톤 링 지대
② 피스톤 보스부
③ 피스톤 링 지대 윗부분
④ 피스톤 스커트부

answer 22.④ 23.② 24.③ 25.① 26.④ 27.④ 28.② 29.④

해설 피스톤 간극 측정은 피스톤을 실린더에 거꾸로 넣은 후 피스톤의 스커트 부에 시크니스 게이지를 넣고 측정한다.

30 **밸브스프링에서 공진 현상을 방지하는 방법이 아닌 것은?**

① 스프링의 강도, 스프링 정수를 크게 한다.

② 2중 스프링을 사용한다.

③ 부등피치 스프링을 사용한다.

④ 스프링의 고유진동을 같게 하거나 정수비로 한다.

해설 밸브스프링 서징(surging)현상이란 밸브스프링의 고유진동수와 캠 회전수가 공명에 의해 밸브스프링이 공진하는 현상이다.

※ 서징 방지법

㉠ 스프링 정수를 크게 한다.

㉡ 2중 스프링을 사용한다.

㉢ 부등피치 스프링을 사용한다

㉣ 원뿔형 스프링을 사용한다.

31 **어떤 4행정 사이클 엔진의 밸브개폐 시기가 다음과 같다. 흡입밸브의 열림은 몇 도[°]인가?**(단, 흡입밸브 열림 : 상사점 전 15°, 흡입밸브 닫힘 : 하사점 후 45°, 배기밸브 열림 : 하사점 전 40°, 배기밸브 닫힘 : 상사점 후 15°)

① 60 ② 240

③ 235 ④ 55

해설 밸브 개폐 기간

㉠ 밸브 오버랩 : 흡기밸브 열림 각도+배기밸브 닫힘 각도

㉡ 흡기행정 기간 : 흡기밸브 열림 각도+흡기밸브 닫힘 각도+180

㉢ 배기행정 기간 : 배기밸브 열림 각도+배기밸브 닫힘 각도+180

※ 흡입밸브 열림=흡입밸브 열림각도+180°+흡입밸브 닫힘각도= 15°+180°+45°=240°

32 **DOHC(double over cam shaft)엔진의 특징에 대한 설명으로 틀린 것은?**

① 캠축이 2개 설치되어 있다.

② SOHC(single over head cam shaft)엔진보다 흡입효율이 좋다.

③ 4개의 실린더에 흡기밸브가 8개 있다.

④ 1개의 실린더에 흡기밸브가 1개, 배기밸브가 2개 있다.

해설 DOHC엔진은 1개의 실린더에 흡기밸브가 2개, 배기밸브가 2개 있으며, 실린더 헤드에 캠축이 2개 설치되어 있어 SOHC 엔진보다 흡입효율이 좋다.

33 **흡입 · 배기밸브가 실린더 헤드에 있고, 캠축도 헤드에 설치된 기관은?**

① OHC 기관 ② I형 기관

③ L형 기관 ④ T형 기관

해설 OHC(over head cam shaft) 기관은 흡입 · 배기밸브 및 캠축이 실린더 헤드에 설치되어 있다.

34 **어떤 가솔린 기관의 밸브 타이밍이 그림과 같다고 한다면 밸브의 오버랩은 몇 도[°]인가?**

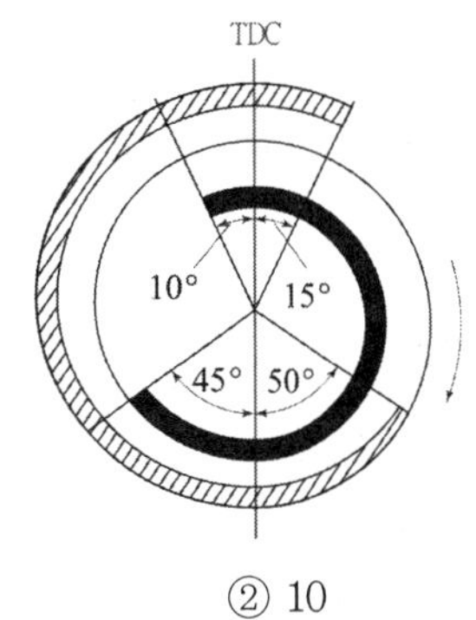

① 25 ② 10

③ 50 ④ 45

해설 밸브 오버랩 = 흡입밸브 열림 각도+ 배기밸브 닫힘 각도

∴ 10+15=25°

answer 30.④ 31.② 32.④ 33.① 34.①

35 **다음 중 연소실의 구비조건이 아닌 것은?**

① 연소실 내의 표면적은 최대로 할 것
② 가열되기 쉬운 돌출부를 두지 말 것
③ 밸브 면적을 크게 하여 흡·배기 작용을 원활히 할 것
④ 압축행정 끝에 와류를 일으키게 할 것

해설 연소실의 구비조건은 ②, ③, ④ 이외에 연소실 내의 표면적은 최소가 되도록 하여야 한다.

36 **실린더 헤드의 평면도 점검방법이다. 옳은 것은?**

① 실린더 헤드를 3개 방향으로 측정 점검한다.
② 마이크로미터로 평면도를 측정 점검한다.
③ 곧은 자와 틈새 게이지로 측정 점검한다.
④ 틈새가 0.02[mm] 이상이면 연삭한다.

해설 실린더 헤드나 블록 평면도 측정은 곧은자(또는 직각 자)와 필러(틈새, 간극)게이지를 사용한다.

37 **실린더 헤드 개스킷에 대한 설명으로 틀린 것은?**

① 헤드 개스킷의 글씨부분은 블록 쪽으로 향해 조립한다.
② 압축압력 게이지를 이용하여 헤드 개스킷이 파손된 것을 알 수 있다.
③ 라디에이터 캡을 열고 점검하였을 때 기포가 발생되거나 오일방울이 목격되면 헤드 개스킷이 파손된 것이다.
④ 실린더 헤드를 분해하였을 때 새 헤드 개스킷으로 교환해야 한다.

해설 헤드 개스킷의 글씨부분은 실린더 헤드 쪽(위쪽)으로 향해 조립한다.

38 **베어링용 합금으로 쓰이는 화이트 메탈에 속하는 것은?**

① Al를 주성분으로 하고, Sb와 Cu를 첨가한 합금
② Ni를 주성분으로 하고, Sb와 Cu를 첨가한 합금
③ Cu를 주성분으로 하고, Sb와 Fe를 첨가한 합금
④ Sn을 주성분으로 하고, Sb와 Cu를 첨가한 합금

해설 화이트 메탈은 주석(Sn)을 주성분으로 하고, 안티몬(Sb)와 구리(Cu)를 첨가한 합금

39 **피스톤 링 절개부에 대한 설명 중 맞는 것은?**

① 링 절개부는 스크레이퍼로 수정한다.
② 링 절개부는 피스톤 측압 쪽으로 향하도록 한다.
③ 링 절개부의 간극은 톱 링이 가장 크다.
④ 링 절개부의 간극은 실린더 최대 마멸부에서 측정한다.

① 링 절개부는 줄로 수정한다.
② 링 절개부는 피스톤 측압 쪽을 피하도록 한다.
③ 피스톤 링 절개부 간극은 톱 링(제1번 링)이 가장 크다.
④ 링 절개부의 간극은 실린더 최소 마멸부에서 측정한다.

40 **기관 작업에서 실린더 헤드 볼트를 올바르게 풀어내는 방법으로 맞는 것은?**

① 풀리기 쉬운 것부터 푼다.
② 바깥쪽에서 안쪽을 향하여 대각선방향으로 푼다.
③ 조일 때의 순서대로 푼다.
④ 반드시 토크렌치를 사용한다.

해설 실린더 헤드 볼트를 올바르게 풀어내는 방법은 바깥쪽에서 안쪽을 향하여 대각선방향으로 풀고, 조립할 때에는 안쪽에서 바깥으로 대각선 방향으로 조립한다.

answer 35.① 36.③ 37.① 38.④ 39.③ 40.②

41 **진공계로 기관의 흡기다기관 진공도를 측정해 보니 진공계 바늘이 13~45[cmHg]에서 규칙적으로 강약이 있게 흔들린다. 어떤 고장인가?**

① 공회전 조정이 좋지 않다.
② 배기장치가 막혔다.
③ 실린더 개스킷이 파손되어 인접한 2개의 사이가 통해져 있다.
④ 밸브가 손상되었다.

실린더 개스킷이 파손되어 인접한 2개의 사이가 통해져 있으면 진공계 바늘이 13~45[cmHg]에서 규칙적으로 강·약이 있게 흔들린다.

42 **기관 작동 중 밸브를 회전시키는 이유는?**

① 밸브 스프링의 작동을 돕는다.
② 압축행정에서 공기의 와류를 좋게 한다.
③ 밸브 면에 카본이 쌓여 밸브의 밀착이 불완전하게 되는 것을 방지한다.
④ 연소실 벽에 카본이 쌓여 있는 것을 방지한다.

기관 작동 중 밸브를 회전시키는 이유는 밸브 면에 카본이 쌓여 밸브의 밀착이 불완전하게 되는 것을 방지하기 위해서이다.

43 **실린더 헤드 볼트를 규정대로 일정하게 조이지 않았을 때 생기는 현상과 관계가 가장 적은 것은?**

① 실린더 헤드의 변형
② 압축가스의 누출
③ 냉각수의 누출
④ 피스톤의 균열

실린더 헤드 볼트를 규정대로 일정하게 조이지 않으면 냉각수의 누출, 실린더 헤드의 변형, 압축가스 누출, 냉각수 및 엔진오일의 연소실 유입 등이 발생한다.

44 **실린더 마멸의 원인 중에 부적당한 것은?**

① 연소 생성물에 의한 부식
② 실린더와 피스톤 링의 접촉
③ 피스톤 랜드에 의한 접촉
④ 흡입가스 중의 먼지와 이물질에 의한 것

실린더 마멸의 원인은 실린더와 피스톤링의 접촉, 흡입공기 중의 먼지와 이물질, 연소 생성물에 의한 부식, 농후한 혼합기(공기+연료)에 의한 원인이 있다.

45 **정상적인 마모에서 실린더의 마멸이 가장 큰 부분은?**

① 실린더 중간부분
② 실린더 헤드
③ 실린더 윗부분
④ 실린더 밑부분

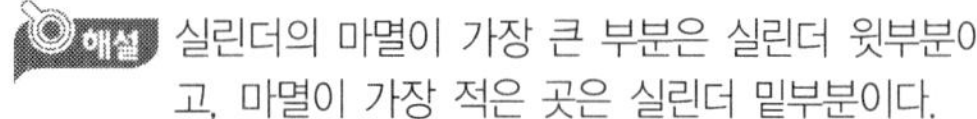
실린더의 마멸이 가장 큰 부분은 실린더 윗부분이고, 마멸이 가장 적은 곳은 실린더 밑부분이다.

46 **피스톤(piston)과 커넥팅로드(connecting rod)는 피스톤 핀(piston pin)에 의하여 연결된다. 피스톤 핀의 설치방법이 아닌 것은?**

① 반부동식(semi-floating type)
② 혼합식(mixed type)
③ 전부동식(full-floating type)
④ 고정식(fixed type)

피스톤 핀의 설치방법
㉠ 고정식(fixed type)
㉡ 반부동식(semi-floating type)
㉢ 전부동식(full-floating type)

47 **실린더 내의 마멸은 어느 곳이 제일 적은가?**

① 상사점
② 실린더의 하단부
③ 하사점
④ 상사점과 하사점의 중간

answer 41.③ 42.③ 43.④ 44.③ 45.③ 46.② 47.②

48 실린더 상부의 마모가 가장 클 때의 이유로 가장 타당한 것은?

① 크랭크 축이 순간적으로 정지되기 때문이다.
② 크랭크 축의 회전방향이기 때문이다.
③ 피스톤의 열전도가 잘되기 때문이다.
④ 피스톤 헤드가 받는 압력이 가장 크므로 피스톤 링과 실린더 벽과의 밀착력이 최대가 되기 때문이다.

해설 실린더 상부는 피스톤 링과 실린더 벽의 밀착력이 최대가 되어 피스톤 헤드가 받는 압력이 가장 크므로 실린더 마모가 가장 크다.

49 크랭크 축 메인 베어링의 오일간극을 점검하는 방법이 아닌 것은?

① 시크니스 게이지 ② 마이크로미터
③ 플라스틱 게이지 ④ 심 스톡 방식

해설 오일간극 점검은 일반적으로 플라스틱 게이지를 사용하여 점검하며, 그 외에 마이크로미터 사용, 심 스톡 방식 등이 있다.

50 실린더 벽이 마모되었을 때 미치는 영향 중 틀린 것은?

① 엔진 출력저하 및 연료소모 저하
② 압축압력 저하 및 블로우 바이 과다발생
③ 피스톤 슬랩 현상 발생
④ 엔진오일의 희석 및 마모

해설 실린더 벽이 마모된 경우 영향은 엔진오일의 희석 및 마모, 피스톤 슬랩 현상 발생, 압축압력 저하 및 블로바이 과다발생, 엔진 출력저하 및 연료소모 증가 등이 일어난다.

51 실린더의 마모량을 측정할 때 적당치 않는 것은?

① 최대 마모부와 최소 마모부의 내경의 차이를 마모 량 값으로 정한다.
② 보통 실린더의 상, 중, 하 3군데에서 각각 축 방향과 축의 직각방향으로 합계 6군데를 잰다.
③ 축방향 쪽이 직각 방향 쪽보다 더욱 마모된다.
④ 최소 치수는 실린더 하부에서 알 수 있다.

해설 실린더 벽 마모는 축 방향보다 축 직각방향 쪽이 더욱 더 마모가 많이 된다.

52 실린더의 마멸량 및 내경 측정에 사용되는 기구와 관계가 없는 것은?

① 실린더 게이지
② 내측 마이크로미터
③ 버니어 캘리퍼스
④ 외측 마이크로미터와 텔레스코핑 게이지

해설 실린더 벽 마모량 점검 시 보어 게이지, 내측 마이크로미터, 텔레스코핑 게이지와 외측 마이크로 미터를 사용하여 정밀하게 측정하여야 하며, 버니어 캘리퍼스로 실린더 마멸량 및 내경 측정을 할 수는 있으나 정밀한 측정을 하기는 어렵다.

53 실린더 헤드 볼트의 조임에 대한 설명 중 옳은 것은?

① 토크렌치와 오픈렌치를 사용한다.
② 중앙에서부터 바깥쪽으로 좌우, 상하 대칭으로 한다.
③ 볼트의 조임순서와 실린더 헤드 변형과는 상관없다.
④ 대각선의 방향으로 1회에 완전히 조인다.

해설 **헤드볼트 조임** : 안쪽에서 바깥쪽을 향하여 대각선 방향으로 조임
※ **헤드볼트 분해** : 바깥쪽에서 안쪽을 향하여 대각선 방향으로 푼다.

54 표준 내경이 78[mm]인 실린더에서 사용 중인 실린더의 내경을 측정한 결과 0.20[mm]가 마모되었을 때 보링한 후 치수[mm]로 가장 적당한 것은?

① 78.25 ② 78.75
③ 79.00 ④ 78.50

answer 48.④ 49.① 50.① 51.③ 52.③ 53.② 54.④

해설 계산방법

㉠ D(수정값)=측정 최대값 + 진원 절삭량(0.2 [mm])

㉡ L(오버사이즈 치수)=수정값(D)−표준 안지름 L값보다 크면서 가장 가까운 오버사이즈 표준값이 보링 치수가 된다.

※ 오버 사이즈 표준값

- 0.25[mm] (SAE규격)
- 0.50[mm] (0.020″)
- 0.75[mm] −
- 1.00[mm] (0.040″)
- 1.25[mm] −
- 1.50[mm] (0.060″)

실린더 내경	수정 한계값	오버사이즈 한계값
70[mm] 이상	0.20[mm]	1.50[mm]
70[mm] 이하	0.15[mm]	1.25[mm]

보링 값 =78.20[mm]+0.2[mm]

=78.40[mm]−78.00[mm] =0.40[mm]

∴ 78.50[mm]

55 **실린더와 피스톤의 간극이 과대시 발생하는 현상이 아닌 것은?**

① 오일의 희석

② 백색 배기가스 발생

③ 압축압력의 저하

④ 피스톤의 과열

해설 실린더와 피스톤의 간극이 과대하면 압축압력의 저하, 오일의 희석, 백색 배기가스 발생 이외에 블로우 바이 발생, 피스톤 슬램 발생, 기관 출력저하, 시동성 저하 등이 발생한다.

56 **실린더 헤드 볼트를 풀었는데도 실린더 헤드가 떨어지지 않을 때 떼어내는 방법 중 틀린 것은?**

① 기관의 압축압력을 이용한다.

② 드라이버를 정 대신에 이용하고, 해머로 약간 두드리면서 떼어낸다.

③ 나무해머로 두드려 뗀다.

④ 기관의 무게를 이용, 헤드만을 걸어 올린다.

해설 실린더 헤드가 떨어지지 않을 때 떼어내는 방법은 나무(또는 고무)해머로 두드려 떼어내거나, 기관의 압축압력을 이용하거나 기관의 무게를 이용, 헤드만을 걸어 올린다. 헤드에 파손을 주는 행위는 금지 행위이다.

57 **압축 및 폭발행정에서 실린더 벽과 피스톤 사이로 연소가스가 새어 나오는 것을 무엇이라 하는가?**

① 베이퍼 록 현상

② 블로우 다운 현상

③ 피스톤 슬랩 현상

④ 블로우 바이 현상

해설 압축 및 폭발 행정에서 실린더 벽과 피스톤 사이로 연소가스가 새어 나오는 것을 블로우 바이(blow by) 현상이라 말한다.

58 **피스톤 링을 조립시 안전 및 유의사항 중 틀린 것은?**

① 피스톤 링의 절개부는 피스톤 측압 방향에 오지 않도록 조립하여야 한다.

② 피스톤 링 조립시 링의 절개구 방향이 일직선이 되지 않도록 일정한 방향(120°)을 주도록 한다.

③ 피스톤 링을 빼낼 때 링이 부러지지 않도록 한다.

④ 피스톤 링 중 압축 링은 오일 링 아래에 설치한다.

해설 피스톤 링을 조립할 때 오일 링을 압축 링 아래에 설치해야 한다.

59 **다음 중 피스톤 링의 점검사항이 아닌 것은?**

① 링의 자유길이 점검

② 링 홈 틈새 점검

③ 절개부분의 틈새 점검

④ 링의 장력 점검

해설 피스톤 링의 점검사항은 절개부분의 틈새 점검, 링 홈 틈새 점검, 링의 장력점검 등이 있다.

answer 55.④ 56.② 57.④ 58.④ 59.①

60 **피스톤 링을 교환하고 시운전을 하는 도중 피스톤 링의 소결이 일어났다면 그 원인은 어느 것인가?**

① 피스톤 링 홈의 깊이가 너무 깊었다.
② 피스톤 링 이음의 간극이 너무 컸다.
③ 피스톤 링 이음이 전부 일직선상에 있었다.
④ 피스톤 링 이음의 간극이 너무 작았다.

해설 피스톤 링 이음 간극이 작으면 피스톤 링의 소결이 일어날 수 있다.

61 **다음 중 피스톤 링의 이음간극을 측정할 때 측정도구로 알맞은 것은?**

① 마이크로미터
② 시크니스 게이지
③ 버니어 캘리퍼스
④ 다이얼 게이지

해설 피스톤 링의 이음간극을 측정할 때에는 실린더 벽의 최소 마모 부분에 피스톤 헤드로 피스톤 링을 실린더 내에 수평으로 밀어 넣고 시크니스(필러, 틈새) 게이지로 측정한다.

62 **다음 중 유압 태핏의 장점에 해당하는 것은?**

① 밸브간극 조정이 필요 없다.
② 오일펌프와 관계가 없다.
③ 구조가 간단하다.
④ 냉각시에만 밸브간극 조정을 한다.

해설 유압 태핏은 엔진 오일의 순환 압력과 오일의 비압축성을 이용한 것이며, 엔진의 온도에 관계없이 밸브 간극을 항상 '0'으로 할 수 있어 밸브의 간극을 조정할 필요가 없다.

63 **피스톤 링 이음 간극으로 인하여 기관에 미치는 영향과 관계없는 것은?**

① 연소실에 오일유입의 원인
② 소결의 원인
③ 압축가스의 누출원인
④ 실린더와 피스톤과의 충격음 발생원인

 피스톤 링 이음 간극이 작으면 소결의 원인이 되고, 링 이음간극이 크면 연소실에 오일유입의 원인 및 압축가스의 누출원인이 된다.

64 **크랭크 축의 축방향 움직임을 점검한 사항이다. 다음 중 틀린 것은?**

① 축방향에 움직임이 크면 소음이 발생하고 실린더 피스톤 등에 편 마멸을 일으킨다.
② 규정 값 이상이면 스러스트 베어링을 교환한다.
③ 크랭크 축을 한 쪽으로 밀고 마이크로미터로 측정한다.
④ 축방향의 움직임은 보통 0.3[mm]가 한계 수리치수이다.

해설 크랭크 축의 축방향 움직임 점검은 필러 게이지 또는 다이얼 게이지로 점검한다.

65 **흡기다기관의 진공시험에 의해서 결함을 발견할 수 없는 것은?**

① 밸브작동의 불량
② 실린더 압축압력의 누설
③ 점화플러그의 불꽃시험
④ 점화시기의 불량

66 **크랭크 축 메인 저널 베어링의 점검요소 중 가장 중점을 두고 점검해야 하는 것은?**

① 저널 크기와 각도
② 연결크기, 베어링 맞춤 면
③ 굽음, 늘어남
④ 편심, 테이퍼, 턱

해설 크랭크 축 메인 저널 베어링의 점검요소는 편심, 테이퍼, 턱 등이 있다.

answer 60.④ 61.② 62.① 63.④ 64.③ 65.③ 66.④

67 **기관에서 크랭크 축의 힘을 측정시 가장 적합한 것은?**

① 버니어 캘리퍼스와 곧은자
② 마이크로미터와 다이얼 게이지
③ 다이얼 게이지와 V-블록
④ 스프링 저울과 V-블록

해설 크랭크 축의 휨 및 캠축 휨 측정은 다이얼 게이지와 V-블록을 사용하여 측정한다.

68 **크랭크 축 베어링 저널의 표준값이 58[mm]에서 최소 측정값이 57.755[mm]이면 언더사이즈 값 [mm]은 얼마인가?**

① 0.50 ② 1.00
③ 0.75 ④ 0.25

 **베어링(메인)저널의 수정 = 크랭크 축 저널 수정** (Under Size) : 크랭크 축 베어링 저널에서는 수정 연삭을 하면 지름이 작아지므로 최소 측정값에서 진원 절삭량(0.2[mm])을 빼내야 한다. 이렇게 하여 그 치수가 작아지기 때문에 언더 사이즈라 부른다. 엔진 베어링의 두께는 두꺼워지게 된다.

※ 수정 값의 계산

㉠ 마멸량을 측정하여 한계값과 비교한다.(표3 참조)
㉡ 수정값(D) = 최소 측정값 − 0.2[mm](진원 절삭량)
㉢ 결과 : 위 수정값과 U/S 기준값을 비교하여 U/S 베어링을 선정한다.

[표1] 언더사이즈(U/S) 기준값

0.25[mm]	SAE 규정
0.50[mm]	0.020″
0.75[mm]	
1.00[mm]	0.040″
1.25[mm]	
1.50[mm]	0.060″

[표2] 언더 사이즈(U/S) 베어링 한계값

베어링 저널 직경	언더 사이즈 한계값
50[mm] 이하	1.0[mm]
50[mm] 이상	1.5[mm]

[표3] 크랭크 축 마멸량 한계값

항목	저널 직경	수정 한계값
진원 마멸값	50[mm] 이상	0.20[mm]
	50[mm] 이하	0.15[mm]

최소 측정값이 57.755[mm]이므로 57.755 − 0.2[mm](진원 절삭값)=57.555[mm], 그러나 언더 사이즈 값에는 0.555가 없으므로 이 값보다 작으면서 가장 가까운 값인 0.50[mm]를 선택한다. 따라서 수정값은 57.50[mm]이며, 언더사이즈 기준값은 58.00[mm](표준값) − 57.50[mm](수정값) = 0.50[mm]이다. 이에 따라 이 크랭크 축 메인 저널의 지름은 0.50[mm]가 가늘어지고, 엔진 베어링은 0.50[mm]가 더 두꺼워진다.

69 **다이얼 게이지로 크랭크 축의 굽힘량을 측정했더니 지침의 흔들림 값이 0.39[mm]이었다. 굽힘량[mm]은 얼마인가?**

① 0.195 ② 0.390
③ 0.785 ④ 0.135

 크랭크 축의 굽힘량은 다이얼 게이지 지시 값의 1/2이다(캠축의 굽힘량도 동일).

70 **크랭크 축에서 축 방향의 간극이 클 때에는 어떻게 하는가?**

① 용접을 한다.
② 스러스트 플레이트를 새 것으로 교환한다.
③ 베어링의 캡 볼트를 세게 조인다.
④ 커넥팅 로드 캡 볼트를 세게 조인다.

해설 크랭크 축 축방향 간극이 클 때에는 스러스트 플레이트(thrust plate)를 새 것으로 교환한다.

71 **크랭크 핀과 베어링의 간극이 커졌을 때 일어나는 현상이 아닌 것은?**

① 흑색연기를 뿜는다.
② 운전 중 심한 타음이 발생할 수 있다.
③ 유압이 낮아질 수 있다.
④ 윤활유 소비량이 많다.

answer 67.③ 68.① 69.① 70.② 71.①

해설 크랭크 핀과 베어링의 간극이 커지면 운전 중 크랭크 회전에 의한 심한 타격 음이 발생할 수 있으며, 윤활유가 연소실로 유입되어 연소되어 백색연기가 배출되고, 윤활유 소비량이 많아지며, 유압이 낮아질 수 있다.

72 **기관 압축압력 시험기로 점검할 수 있는 사항이 아닌 것은?**

① 헤드 개스킷 불량
② 노즐의 분사상태
③ 연소실의 카본퇴적
④ 실린더 마멸상태

해설 기관 압축압력 시험기로 점검할 수 있는 사항은 실린더 및 피스톤과 피스톤 링 마멸상태, 헤드 개스켓 불량, 연소실의 카본퇴적, 밸브불량 등의 압축압력이 새어 나가는 것을 점검 할 수 있다.

73 **밸브 서징현상의 설명으로 가장 적합한 것은?**

① 밸브가 고속회전에서 저속으로 변화할 때 스프링의 장력 차이가 생기는 현상
② 고속에서 밸브의 고유진동수와 캠의 회전수 공명에 의해 스프링이 퉁기는 현상
③ 밸브가 닫힐 때 천천히 닫히는 현상
④ 흡·배기밸브가 동시에 열리는 현상

해설 밸브 서징현상이란 고속에서 밸브의 고유진동수와 캠의 회전수 공명에 의해 스프링이 퉁기는 현상을 말하며, 방지책에는 부등 피치 스프링, 2중 스프링, 원뿔형 스프링을 사용하거나 스프링 정수를 크게 한다.

74 **압축압력 측정결과 규정 압축압력보다 높을 때의 원인은?**

① 연소실 내에 돌출부가 없을 때
② 옥탄가가 지나치게 높을 때
③ 연소실 내 카본이 부착되었을 때
④ 압축비가 작아졌을 때

해설 압축압력이 규정 압축압력보다 높은 원인은 연소실 내 카본이 부착된 경우이다.

75 **실린더의 압축압력을 측정할 때 각 실린더 사이의 압력차이는 몇 [%] 이내이어야 하는가?**

① 20[%] 이내이어야 한다.
② 5[%] 이내이어야 한다.
③ 10[%] 이내이어야 한다.
④ 15[%] 이내이어야 한다.

해설 실린더 압축압력을 측정할 때 각 실린더 사이의 압력 차이는 10[%] 이내이어야 한다.

76 **기관의 진공시험을 하려고 한다. 이때 진공 게이지의 호스는 일반적으로 어느 위치에 설치하는가?**

① 점화플러그를 빼고 그 구멍에 설치한다.
② 흡입밸브에 설치한다.
③ 배전기의 진공 진각장치에 설치한다.
④ 기화기의 아랫부분이나 흡입 매니폴드에 있는 진공구멍에 설치한다.

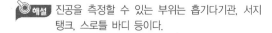

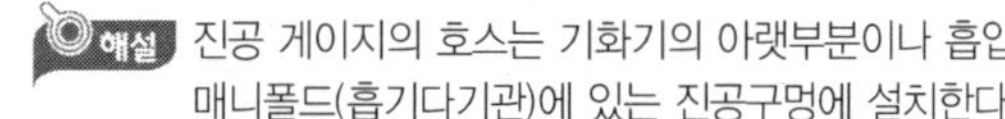
해설 진공 게이지의 호스는 기화기의 아랫부분이나 흡입 매니폴드(흡기다기관)에 있는 진공구멍에 설치한다.

77 **다음 중 진공을 측정할 수 없는 곳은?**

① 서지탱크
② 흡기다기관
③ 배기다기관
④ 스로틀 바디

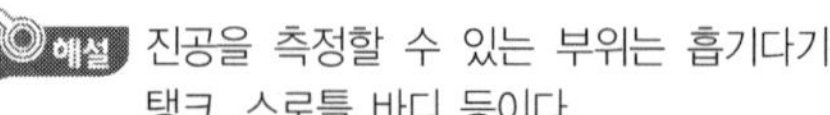
해설 진공을 측정할 수 있는 부위는 흡기다기관, 서지탱크, 스로틀 바디 등이다.

78 **흡기다기관의 진공시험을 한 결과 진공계 눈금판에서 바늘이 20~40[cmHg] 사이에서 정지 되어있다. 가장 올바른 결과 분석은?**

① 실린더 벽이나 피스톤 링이 마멸되었을 때
② 기관이 정상일 때
③ 밸브가 손상되었을 때
④ 밸브 타이밍이 맞지 않을 때

해설 밸브 타이밍이 맞지 않으면 진공계 바늘이 20~40[cmHg] 사이에서 정지된다.

answer 72.② 73.② 74.③ 75.③ 76.④ 77.③ 78.④

79 흡기다기관의 진공 시험에서 진공계의 지침이 많이 흔들리는 원인이 아닌 것은?

① 기화기 공전 혼합비 부적당
② 실린더 압축 불균일
③ 압축이 높아 기관이 지나치게 무겁다.
④ 밸브간극 조정 불량

 진공계의 지침이 많이 흔들리는 원인은 밸브간극 조정 불량, 기화기 공전 혼합비 부적당, 실린더 압축 불균일 등의 원인이 있다.

1-3 윤활장치 및 냉각장치

1 기관이 회전 중에 유압 경고등 램프가 꺼지지 않은 원인이 아닌 것은?

① 기관 오일량의 부족
② 유압의 높음
③ 유압 스위치 불량
④ 유압 스위치와 램프 사이 배선의 접지 단락

 기관이 회전 중에 유압 경도 등이 꺼지지 않는 원인은 기관 오일량의 부족, 유압 스위치와 램프 사이 배선의 접지 단락, 유압이 낮음, 유압 스위치 불량 등의 원인이 있다.

2 윤활유를 분류할 때 다음 중 어디에 기준을 두는가? (SAE기준)

① 기후 ② 점도
③ 열량 ④ 비중

 SAE분류는 점도에 따른 엔진오일의 분류이며 번호가 클수록 점도가 높은 오일이다.

3 윤활유 소비증대의 원인으로 가장 적합한 것은?

① 비산과 누설 ② 연소와 누설
③ 희석과 혼합 ④ 비산과 압력

4 다음은 자동차에 사용하는 부동액을 사용할 때 주의할 점이다. 틀린 것은?

① 부동액은 입으로 맛을 보아 품질을 구별할 수 있다.
② 품질 불량한 부동액은 사용하지 않는다.
③ 부동액이 도료부분에 떨어지지 않도록 주의해야 한다.
④ 부동액은 원액으로 사용하지 않는다.

 부동액은 원액으로 사용하지 않고, 냉각수와 혼합하여 사용하고 품질 불량한 부동액은 사용하지 않으며, 도료부분에 떨어지지 않도록 주의해야 한다. 부동액은 색깔로 이상유무를 확인한다. 색이 이상하거나 녹이나 찌꺼기가 보이면 바로 갈아주는 게 좋다.

5 윤활유의 구비조건 중 틀린 것은?

① 점도가 적당할 것
② 인화점과 발화점이 높을 것
③ 응고점이 높을 것
④ 열과 산에 대하여 안정성이 있을 것

 윤활유의 구비조건
㉠ 점도가 적당할 것
㉡ 열과 산에 대한 안정성이 있을 것
㉢ 응고점이 낮을 것
㉣ 인화점과 발화점이 높을 것
㉤ 온도에 따른 점도변화가 적을 것
㉥ 카본생성이 적으며 강한 유막을 형성할 것

6 윤활유의 유압계통에서 유압이 저하되는 원인이 아닌 것은?

① 윤활유의 송출량 과대
② 윤활유 통로의 파손
③ 윤활 부분의 마멸량 과대
④ 윤활유 저장량의 부족

 유압이 저하하는 원인은 오일량 부족, 오일누출, 윤활부분의 마멸, 유압조절 밸브 스프링의 장력 약화, 오일의 점도 저하 등이다.

answer 79.③ / 1.② 2.② 3.② 4.① 5.③ 6.①

7 **다음 중 기관의 과열원인이 아닌 것은?**

① 물펌프 작동 불량
② 물재킷 내에 스케일 과다
③ 수온조절기가 열린 채로 고장
④ 라디에이터의 코어가 30[%] 이상 막힘

해설 수온조절기가 열린 상태로 고장이 나면 기관이 과냉되는 원인이 된다.

8 **기관의 윤활유 소비 증대와 가장 관계가 큰 것은?**

① 실린더와 피스톤 링의 마멸
② 기관의 장시간 운전
③ 새 여과기의 사용
④ 오일 펌프의 고장

해설 실린더와 피스톤 링이 마멸되면 윤활유 소비가 증대된다.

9 **다음 중 윤활 작용의 본질이 아닌 것은?**

① 마모가 적을 것
② 부식성이 있을 것
③ 타 붙음이 일어나지 않을 것
④ 마찰에 의한 동력 손실이 적을 것

해설 윤활유의 작용
㉠ 감마작용 : 마찰을 감소시켜 동력의 손실을 최소화
㉡ 냉각작용 : 마찰로 인한 열을 흡수하여 냉각
㉢ 밀봉작용 : 유막(오일막)을 형성하여 기밀을 유지
㉣ 세척작용 : 먼지 및 카본 등의 불순물을 흡수하여 오일을 세척
㉤ 방청작용 : 부식과 침식을 예방
㉥ 응력 분산작용 : 충격을 분산시켜 응력을 최소화

10 **윤활장치 내의 압력이 지나치게 올라가는 것을 방지하며, 회로 내의 유압을 일정하게 유지하는 기능을 하는 것은?**

① 오일 펌프　② 오일 냉각기
③ 오일 여과기　④ 유압조절 밸브

11 **다음 중 윤활유 소비 증대의 원인이 아닌 것은?**

① 기관 연소실 내에서의 연소
② 기관 열에 의한 증발로 외부에 방출
③ 베어링과 핀 저널의 마멸에 의한 간극의 증대
④ 크랭크 케이스 혹은 크랭크 축과 오일 리테이너에서의 누설

해설 윤활유 소비증대의 원인은 실린더와 피스톤 링의 마멸, 기관 연소실 내에서의 연소, 기관 열에 의한 증발로 외부에 방출, 크랭크 케이스 혹은 크랭크 축과 오일 리테이너에서의 누설 등이다.

12 **엔진 윤활장치에서 릴리프밸브가 고장일 때 나타날 수 있는 현상이 아닌 것은?** (단, 유압식 밸브 리프터 사용차량)

① 밸브 노이즈(Noise) 증대
② 오일 소모 과다
③ 오일 경고등 간헐 점등
④ 캠 샤프트 베어링 소착

해설 윤활장치의 릴리프밸브가 고장나면 최고압력 제어가 불량하여 밸브 노이즈(Noise) 증대, 오일 경고등 간헐 점등, 캠 샤프트 베어링 소착 등이 발생한다.

13 **기관이 공회전할 때 윤활유의 소비량이 증가한다. 점검개소가 아닌 곳은?**

① 오일레벨 스틱
② 타이밍 체인커버
③ 크랭크 축 뒷부분의 오일 실
④ 기계식 연료펌프가 부착된 곳

해설 윤활유의 소비량이 증가할 때는 기계식 연료펌프가 부착된 곳, 타이밍 체인커버, 크랭크 축 뒷부분의 오일 실, 밸브 가이드 실 등의 윤활유가 활동하며 세어나갈 수 있는 개소를 점검한다.

answer 7.③ 8.① 9.② 10.④ 11.③ 12.② 13.①

14 **어느 자동차의 사용자가 다음과 같이 하자를 제기했다면, 그 원인으로 적합한 것은?**

서행 또는 정차 상태에서는 실내 히터에서 뜨거운 바람이 나오지만, 고속도로와 같이 속도가 증가되면 엔진온도도 하강하고, 실내 히터에서도 뜨겁지 않은 공기가 나온다.

① 엔진 냉각수 양이 적다.
② 방열기 내부의 막힘이 있다.
③ 히터 및 열 교환기 내부에 기포가 혼입되었다.
④ 서모스탯이 열린 채로 고착되었다.

15 **과열된 기관에 냉각수를 보충하려 한다. 다음 중 가장 적합한 방법은?**

① 자동차를 서행하면서 물을 보충한다.
② 기관을 가속시키면서 물을 보충한다.
③ 기관의 공전상태에서 잠시 후 캡을 열고 물을 보충한다.
④ 기관 시동을 끄고 완전히 냉각시킨 후 물을 보충한다.

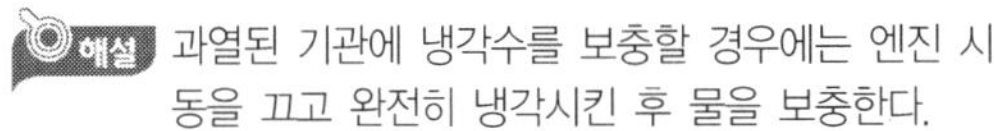
해설 과열된 기관에 냉각수를 보충할 경우에는 엔진 시동을 끄고 완전히 냉각시킨 후 물을 보충한다.

16 **윤활장치를 점검하여야 할 원인이 아닌 것은?**

① 유압이 높다.
② 유압이 낮다.
③ 오일교환을 자주 한다.
④ 윤활유 소비가 많다.

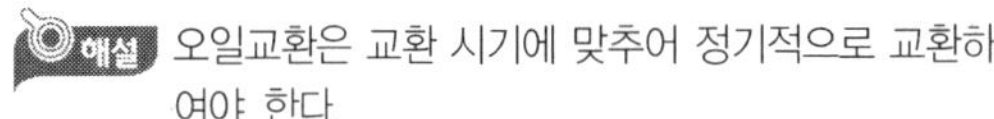
해설 오일교환은 교환 시기에 맞추어 정기적으로 교환하여야 한다.

17 **공냉식 기관에서 냉각효과를 증대시키기 위한 장치로서 적당한 것은?**

① 방열 밸브 ② 방열 핀
③ 방열 탱크 ④ 방열 초크

해설 실린더 헤드와 블록에 설치된 방열 핀(냉각 핀)은 공냉식 기관에서 냉각 효과를 증대시키기 위한 역할을 한다.

18 **입구 제어방식과 비교하여 출구 제어방식 냉각장치의 특징으로 가장 거리가 먼 것은?**

① 수온조절기의 내구성이 좋다.
② 과냉현상이 발생할 수도 있다.
③ 수온 센서의 출력 변동이 적다.
④ 수온 조절기에 걸리는 부하가 증대된다.

해설 입구 제어방식은 물펌프 앞쪽에 수온조절기를 설치하여 실린더 블록으로 유입되는 냉각수를 제어하는 방식이며, 출구 제어방식은 실린더 헤드에서 배출되는 부분에 수온조절기를 설치하여 냉각수 온도를 제어하는 방식이다. 출구 제어방식 냉각장치는 수온센서의 출력변동은 적으나 수온조절기에 걸리는 부하가 증대되고, 과냉 현상이 발생할 수 있다.

19 **냉각장치 라인에 압력 캡을 설치하는 이유로 가장 적합한 것은?**

① 냉각수의 비등점을 올린다.
② 냉각수 순환을 원활하게 한다.
③ 냉각수의 누수를 방지한다.
④ 방열기 수명을 연장한다.

해설 압력 캡은 냉각장치 내의 압력을 높여 냉각수의 비등점을 약 110[℃] 정도로 올린다.

20 **기관에서 기관오일을 점검할 때 잘못된 것은?**

① 계절 및 기관에 알맞은 오일을 사용한다.
② 기관을 수평상태로 유지하고 점검한다.
③ 오일은 정기적으로 점검, 교환한다.
④ 오일량을 점검할 때는 시동이 걸린 상태에서 한다.

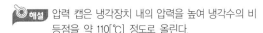

해설 **기관오일 점검방법** : 오일량을 점검할 때는 시동을 끈 상태에서 한다.

answer 14.④ 15.④ 16.③ 17.② 18.① 19.① 20.④

21 **기관은 과열되지 않고 있는데, 방열기 내에 기포가 생긴 경우 원인으로 맞는 것은?**

① 서모스탯 기능 불량
② 냉각수량 과다
③ 크랭크 케이스에 압축누설
④ 실린더 헤드 가스켓의 불량

해설 실린더 헤드 가스켓이 불량하면 압축압력이 냉각수 라인으로 새어나가 냉각수 내에 공기가 유입되거나, 압축(폭발) 압력저하, 오일 누유 등의 현상이 발생된다.

22 **기관의 정상 가동 중 가장 적합한 냉각수의 온도[℃]는?**

① 70 ~ 95 ② 30 ~ 50
③ 100 ~ 130 ④ 50 ~ 70

해설 기관의 정상 가동 중 가장 적합한 냉각수의 온도는 70 ~ 95[℃]이다.

23 **냉각장치에 대한 설명이다. 잘못 표현된 것은?**

① 팬벨트의 장력이 약하면 기관 과열의 원인이 된다.
② 방열기는 상부온도가 하부온도보다 낮으면 양호하다.
③ 물펌프 부싱이 마모되면 물의 누수원인이 된다.
④ 실린더 블록에 물때가 끼면 기관과열의 원인이 된다.

해설 기관에서 온도가 높아진 냉각수는 방열기 상부로 들어가고 방열기를 통해 온도가 낮아지고 방열기 아래쪽을 통해 다시 기관으로 유입된다. 그에 따라 방열기는 상부온도가 하부온도보다 높아야 양호하다.

24 **가솔린 엔진에서 온도 게이지가 "HOT" 위치에 있을 경우 점검해야 하는 사항 중 틀린 것은?**

① 부동액의 농도상태
② 냉각 전동 팬 작동상태
③ 라디에이터의 막힘 상태
④ 수온센서 혹은 수온스위치의 작동상태

해설 온도 게이지가 "HOT" 위치에 있는 경우 ②, ③, ④ 외에 냉각수량 점검, 물펌프 작동상태 점검, 냉각수 누출여부 점검 등이 있다.

25 **다음 중 기관이 과열되는 원인이 아닌 것은?**

① 라디에이터의 막힘
② 냉각수 부족
③ 수온조절기의 작동불량
④ 기관 오일과다

해설 기관이 과열되는 원인은 냉각수가 부족하거나 수온조절기의 작동불량, 수온조절기가 닫힌 상태로 고장난 경우, 라디에이터 코어가 20[%] 이상 막힌 경우, 팬벨트의 마모 또는 이완(벨트 장력 부족), 물펌프의 작동불량, 냉각수의 통로 막힘, 냉각장치 내부에 물때가 쌓인 경우에 발생한다.

26 **정온기(thermostat)에 붙은 지글밸브(jiggle valve)에 대한 설명 중 옳은 것은?**

① 정온기에 통기 구멍을 두지 않는 형식이다.
② 냉각수가 역류하지 않도록 한 형식이다.
③ 냉각수를 주입할 때 넘쳐 흐를 수 있게 한 형식이다.
④ 정온기에 통기 구멍을 두어 냉각 시스템 압력이 형성되면 닫히게 되는 형식이다.

해설 정온기(thermostat)에 붙은 지글밸브(jiggle valve)란 정온기에 통기 구멍을 두어 냉각 시스템 압력이 형성되면 닫히게 되는 형식이다.

27 **다음 중 부동액의 종류로 맞는 것은?**

① 알코올과 소금물
② 에틸렌글리콜과 윤활유
③ 글리세린과 그리스
④ 메탄올과 에틸렌글리콜

answer 21.④ 22.① 23.② 24.① 25.④ 26.④ 27.④

해설 부동액의 종류에는 메탄올, 에틸렌글리콜, 글리세린 등이 있으며, 일반적으로 에틸렌글리콜이 가장 많이 사용된다. 에틸렌글리콜은 비점이 높고 불연성이며, 응고점이 낮은 장점이 있으나, 누출되면 금속을 부식시키고 팽창계수가 큰 결점이 있다.

28 **냉각수 온도를 감지하여 규정 온도에 도달하면 냉각 팬을 회전시키고 규정 온도 이하에서는 작동시키지 않으며, 소음과 연비저감과 함께 난기 운전에 요하는 시간을 단축하는 냉각 팬 방식은?**

① V벨트식 ② 유체 커플링식
③ 전동식 ④ 기어식

해설 전동식 냉각 팬은 설정 온도 이상이 되었을 때만 냉각 팬을 작동시키므로 열손실을 방지하고 냉각 팬 회전에 따른 소음을 감소시킨다.

29 **다음은 라디에이터의 구비조건이다. 관계없는 것은?**

① 단위 면적당 방열량이 클 것
② 가볍고 적으며 강도가 클 것
③ 냉각수의 유통이 용이할 것
④ 공기의 흐름 저항이 클 것

해설 라디에이터의 구비조건은 단위 면적당 방열량이 크고, 공기의 흐름 저항이 적고, 냉각수의 유통이 용이하고, 가볍고 적으며 강도가 커야 한다.

30 **왁스 케이스에 왁스를 넣어 온도가 높아지면 팽창축을 올려 밸브를 열리게 하는 온도 조절기는?**

① 펠릿형 ② 벨로즈형
③ 바이패스 밸브형 ④ 바이메탈형

해설 왁스 케이스에 왁스를 넣어 냉각수 온도가 높아지면 고체 상태의 왁스가 액체로 변화되어 밸브가 열리는 온도 조절기는 펠릿형이다.

31 **신품 라디에이터 냉각수의 규정량이 16[l]이고 사용 중인 라디에이터에 주입된 냉각수의 양이 12[l]라면 라디에이터 코어 막힘률[%]은 얼마인가?**

① 20 ② 25
③ 28 ④ 33

해설

$$\text{코어 막힘률} = \frac{\text{신품용량} - \text{사용품용량}}{\text{신품용량}} \times 100$$

$$= \frac{16-12}{16} \times 100 = 25\,[\%]$$

- 코어의 막힘률이 20[%] 이상이면 라디에이터는 교환한다.
- 라디에이터에 의한 온도 강하는 대략 5~7[℃] 내외이다.

32 **부동액의 세기는 무엇으로 측정하는가?**

① 비중계 ② 마이크로미터
③ 온도계 ④ 압력 게이지

해설 부동액의 세기는 비중계로 측정한다.

33 **자동차 엔진에 사용되는 워터 서모센서(water thermo sensor)는 주로 어떤 특성을 갖는 센서가 쓰이고 있는가?**

① 정특성 thermistor
② 부특성 thermistor
③ 반특성 thermistor
④ 발광 다이오드형 thermistor

해설 엔진에서 사용되는 워터 서모센서는 주로 부특성 서미스터(thermistor)를 사용한다. 서미스터는 온도에 따라 저항값이 변하는 반도체 소자로, 온도가 올라갈 때 저항값이 커지면 정특성(PTC) 서미스터이고, 반대로 저항값이 내려가면 부특성(NTC) 서미스터라 한다.

34 **라디에이터(Radiator)의 코어 튜브가 파열되었다면 그 원인은?**

① 오버플로 파이프가 막혔다.
② 팬벨트가 헐겁다.
③ 수온조절기가 제 기능을 발휘하지 못한다.
④ 물펌프에서 냉각수가 새어 나온다.

answer 28.③ 29.④ 30.① 31.② 32.① 33.② 34.①

35 **기관의 냉각회로에 공기가 차 있을 경우와 관련이 없는 것은?**

① 기관 과냉
② 냉각수 순환 불량
③ 히터 성능불량
④ 냉각장치 구성부품의 손상

해설 기관의 냉각회로에 공기가 차 있으면 냉각수의 순환이 불량해 기관이 과열되고, 히터의 성능이 저하되며, 냉각장치 구성부품에 손상을 초래한다.

36 **다음 중 수온조절기에 대한 설명이 잘못된 것은?**

① 라디에이터로 유입되는 물의 양을 조절한다.
② 기관의 온도를 적절히 조정하는 역할을 한다.
③ 필렛형, 벨로즈형, 스프링형 등 3종류가 있다.
④ 65[℃] 정도에서 열리기 시작하고 85[℃] 정도에서는 완전히 열린다.

해설 수온조절기의 종류에는 펠릿형, 벨로즈형, 바이메탈형 등 3가지가 있다.

37 **다음 중 전동식 냉각 팬의 장점이 아닌 것은?**

① 기관 최고출력 향상
② 정상온도 도달시간 단축
③ 서행 또는 정차할 때 냉각성능 향상
④ 작동온도가 항상 균일하게 유지

해설 전동식 냉각 팬의 장점은 서행 또는 정차할 때의 냉각성능이 향상되며, 정상온도에 도달하는 시간이 단축되고, 작동온도가 항상 균일하게 유지되는 장점이 있다.

38 **자동차용 부동액으로 사용되고 있는 에틸렌글리콜의 특징으로 틀린 것은?**

① 비점이 높다.
② 불연성이다.
③ 금속을 부식시킨다.
④ 응고점이 높다.

해설 에틸렌글리콜의 특징은 비점이 높고 불연성이며, 응고점(-50[℃])이 낮은 반면 금속을 부식시키고, 팽창계수가 크다.

1-4 연료장치

1 **흡기다기관의 부압으로 기본 분사량을 제어하는 방식은?**

① D-Jetronic 방식
② L-Jetronic 방식
③ K-Jetronic 방식
④ Mono-Jetronic 방식

해설 공기량 계측방식
㉠ D-jetronic : 흡기다기관의 절대압력(MAP센서)을 측정하여 흡입공기량을 간접 계측하는 방식 (간접계측방식)
㉡ K-jetronic : 공기량 계량과 연료 분배기를 이용하여 기계적으로 체적을 검출하는 방식(기계식 계측방식)
㉢ L-jetronic : 질량 검출방식의 흡입공기량(직접 검출 방식)
㉣ LH-jetronic : 흡입 공기량을 열선(Hot wire), 열막(Hot film)을 이용하여 질량, 유량으로 직접 검출하는 방식

2 **자동차용 디젤기관의 분사펌프에서 분사 초기의 분사시기를 변경시키고 분사 말기를 일정하게 하는 리드의 형상은?**

① 정 리드 ② 양 리드
③ 역 리드 ④ 각 리드

해설 ① 정 리드형은 분사 초기의 분사시기를 일정하게 하고 분사말기를 변경시키는 리드이다.
② 양 리드형은 분사 초기와 말기를 모두 변화시키는 리드이다.

3 **엔진 냉각수 온도를 감지하여 수온에 따르는 연료 증량 보정 신호를 ECU로 보내는 부품은?**

① 수온 센서 ② 수온 조절기
③ 수온 스위치 ④ 수온 게이지

answer 35.① 36.③ 37.① 38.④ / 1.① 2.③ 3.①

해설 수온 센서는 엔진의 냉각수 온도를 검출하여 ECU에 입력시켜 연료를 보정하는 신호로 이용되며, ECU는 엔진의 냉각수 온도에 따라 연료 분사량을 조절한다.

4 **전자제어 연료분사 엔진은 기화기방식 엔진에 비해 어떤 단점을 갖고 있는가?**

① 흡입저항 증가
② 저온 시동성 불량
③ 가 · 감속을 할 때 응답지연
④ 흡입 공기량 검출이 부정확할 때 엔진 부조 가능성

해설 전자제어 가솔린 분사장치 엔진은 유해 배기가스를 저감시킬 수 있으며, 공연비가 향상되고, 가속 응답성이 빠르며, 저온 시동성능이 향상되고, 엔진의 효율이 향상된다.

5 **가솔린 300[cc]를 연소시키기 위하여 몇 [kgf]의 공기가 필요한가?** (단, 혼합비는 15, 가솔린의 비중은 0.75로 취한다)

① 3.37 ② 3.42
③ 2.18 ④ 39.2

해설 1[L]=1000[cc]
연소시 필요한 공기량[kgf]=가솔린 체적×비중×혼합비=0.3[l]×0.75×15=3.37[kgf]

6 **전자제어 가솔린 분사장치 엔진의 특징을 가장 바르게 설명한 것은?**

① 고장 발생시 수리가 용이하다.
② 부품 단순화로 제조 원가가 저렴하다.
③ 연료를 분사하므로 가속 응답성이 좋아진다.
④ 연료 과다분사로 연료소비가 크다.

해설 전자제어 가솔린 분사장치 엔진의 특징은 유해 배기가스를 저감시킬 수 있고, 공연비가 향상되고, 가속 응답성이 빠르며, 저온 시동성능이 향상되고, 엔진의 효율이 향상된다.

7 **전자제어 연료분사 장치에서 기본 분사량은 무엇으로 결정하는가?**

① 냉각수온 센서
② 공기온도 센서와 대기압 센서
③ 크랭크 각 센서와 흡입 공기량 센서
④ 흡입 공기량 센서와 스로틀 포지션 센서

해설 전자제어 연료분사 장치에서 기본 분사량의 결정은 크랭크 각 센서와 흡입 공기량 센서의 신호에 의해 결정된다.

8 **전자제어 가솔린 엔진에서 흡입공기 유량을 측정하는 방식이 아닌 것은?**

① 열선식 ② 초음파식
③ 광학식 ④ 가변 베인식

해설 공기유량 센서의 종류에는 칼만 와류식, 초음파식, 열선식(또는 열막식), 가변 베인식 등이 있다.

9 **칼만 와류(karman vortex)식 흡입공기량 센서를 사용하는 전자제어 가솔린 엔진에서 대기압 센서를 사용하는 이유는?**

① 고지에서의 연료량 압력 보정
② 고지에서의 습도 희박 보정
③ 고지에서의 산소 희박 보정
④ 고지에서의 점화시기 보정

해설 칼만 와류(karman vortex)식 흡입 공기량 센서를 사용하는 전자제어 가솔린 엔진에서 대기압 센서를 사용하는 이유는 고지에서의 산소의 희박을 보정하기 위해서이다.

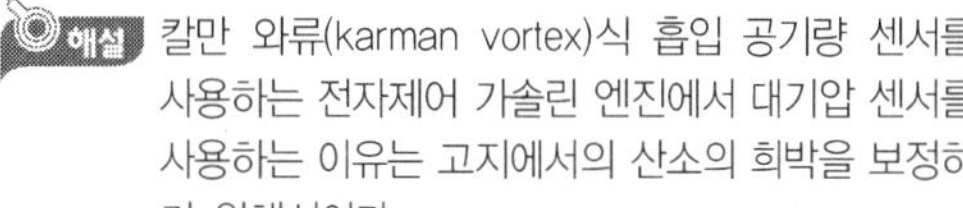

10 **가솔린은 다음 중 어느 물질들의 화합물인가?**

① 수소와 산소 ② 수소와 질소
③ 탄소와 산소 ④ 탄소와 수소

해설 가솔린은 탄소(C)와 수소(H)의 화합물이다.

answer 4.④ 5.① 6.③ 7.③ 8.③ 9.③ 10.④

11 **기계식 공기량 계량기에 비해 열선식 공기질량 계량기의 장점을 열거한 것 중 틀린 것은?**

① 맥동 오차를 ECU가 제어한다.
② 기관작동 상태에 적용하는 능력이 개선되었다.
③ 공기 질량을 직접 정확하게 계측할 수 있다.
④ 흡입공기 온도가 변화해도 측정상의 오차는 거의 없다.

해설 열선식의 장점은 흡입 공기 온도가 변화해도 측정상의 오차는 거의 없고, 공기 질량을 직접 정확하게 계측할 수 있으며, 기관작동 상태에 적용하는 능력이 개선되었다.

12 **가솔린 연료분사 장치의 인젝터는 무엇에 의해 연료를 분사하는가?**

① 연료펌프의 연료압력
② 연료압력 조정기
③ 다이어프램의 상하운동
④ ECU의 펄스신호

해설 전자제어 가솔린 연료분사 장치의 인젝터는 ECU의 펄스신호에 의해 연료를 분사한다.

13 **기관에서 가장 농후한 혼합비로 연료를 공급하여야 할 시기는?**

① 가속할 때
② 기관을 시동할 때
③ 저속으로 주행할 때
④ 고출력으로 운전할 때

해설 연료를 가장 농후한 혼합비로 공급해야 할 때는 기관의 시동을 할 때이다.

14 **흡기다기관의 절대압력을 검출하여 흡입 공기량을 간접적으로 측정하는 센서는?**

① TPS(throttle position sensor)
② MPS(motor position sensor)
③ ATS(air temperature sensor)
④ MAP센서(manifold absolute pressure sensor)

해설 MAP센서(manifold absolute pressure sensor, 흡기 다기관 절대 압력 센서)는 흡기다기관의 부압에 따른 흡입공기량을 간접 계측하는 센서이다.

15 **다음 그림은 역화방지 밸브를 내장한 플랩방식 흡입 공기유량 센서이다. 그림 속의 조정나사는 무엇을 조정하기 위하여 설치된 것인가?**

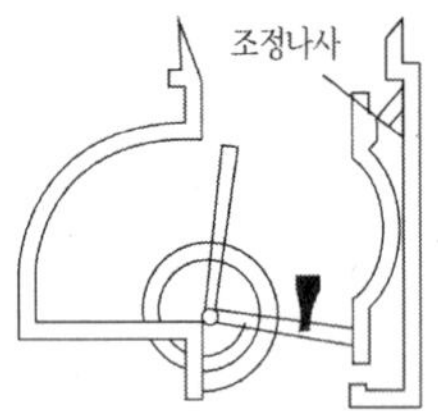

① 공연비 ② 공전속도
③ 점화시기 ④ 연료압력

16 **다음 중 가솔린기관에 적합한 연료의 조건으로 잘못된 것은?**

① 발열량이 클 것
② 취급이 용이할 것
③ 인체에 무해할 것
④ 불 붙는 온도가 높을 것

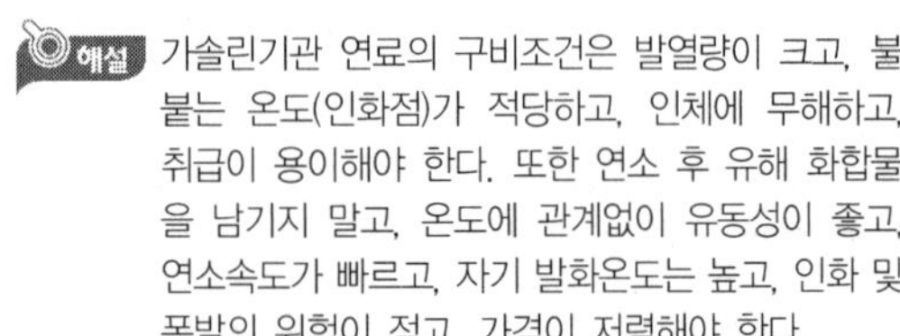
해설 가솔린기관 연료의 구비조건은 발열량이 크고, 불붙는 온도(인화점)가 적당하고, 인체에 무해하고, 취급이 용이해야 한다. 또한 연소 후 유해 화합물을 남기지 말고, 온도에 관계없이 유동성이 좋고, 연소속도가 빠르고, 자기 발화온도는 높고, 인화 및 폭발의 위험이 적고, 가격이 저렴해야 한다.

17 **전자제어 연료분사 장치를 사용하면 기화기식보다 좋은 점은?**

① 소음이 적다.
② 대시포트기능이 가능하다.
③ 제작비가 싸다.
④ 연료 공급시기와 연료량을 정확히 제어할 수 있다.

answer 11.① 12.④ 13.② 14.④ 15.① 16.④ 17.④

해설 전자제어 연료분사 장치를 사용하면 ECU와 인젝터를 이용해 연료 공급시기와 연료량을 정확히 제어할 수 있다.

18 가솔린기관의 노크 방지방법으로 가장 거리가 먼 것은?

① 화염 전파거리를 길게 한다.
② 연료의 착화지연을 길게 한다.
③ 압축행정 중 와류를 발생시킨다.
④ 미 연소가스의 온도와 압력을 저하시킨다.

해설 가솔린 기관 노킹 방지책
㉠ 흡입공기 온도와 연소실 온도를 낮게 한다.
㉡ 혼합가스의 와류를 좋게 한다.
㉢ 옥탄가가 높은 연료를 사용한다.
㉣ 기관의 부하를 적게 한다.
㉤ 퇴적된 카본을 제거한다.
㉥ 점화시기를 적합하게 한다.
㉦ 화염 전파거리를 짧게 한다.

19 전자제어엔진의 인젝터 회로와 인젝터 코일 자체 저항의 불량 여부까지 한꺼번에 측정이 가능한 점검은?

① 인젝터 저항의 측정
② 분사시간의 측정
③ 인젝터 분사량의 측정
④ 인젝터 전류파형의 측정

인젝터 전류 파형을 측정하면 인젝터 회로와 인젝터 코일 자체저항의 불량 여부까지 한꺼번에 측정할 수 있다.

20 가솔린 연료분사장치에서 공기량 계측 센서 형식 중 직접 계측방식이 아닌 것은?

① 플레이트식　② 핫 와이어식
③ 칼만 와류식　④ MAP 센서식

MAP 센서방식은 흡기다기관의 진공도를 이용하여 흡입 공기량을 간접 계측하는 방식이다.

21 가솔린기관에 사용되는 연료의 발열량 설명으로 가장 적합한 것은?

① 연료와 물을 혼합하여 완전연소할 때 발생하는 열량을 말한다.
② 연료와 수소가 혼합하여 완전연소할 때 발생하는 열량을 말한다.
③ 연료와 산소가 혼합하여 완전연소할 때 발생하는 열량을 말한다.
④ 연료와 질소가 혼합하여 완전연소할 때 발생하는 열량을 말한다.

발열량이란 연료와 산소가 혼합하여 완전 연소할 때 발생하는 열량을 말하며, 고위 발열량과 저위 발열량이 있다.

22 디젤기관 예연소실의 장점으로 틀린 것은?

① 사용연료의 변화에 민감하지 않다.
② 출력이 큰 엔진에 적합하다.
③ 운전상태가 조용하고 디젤기관의 노크가 잘 일어나지 않는다.
④ 공기와 연료의 혼합이 잘되고 엔진에 유연성이 있다.

해설 디젤기관 예연소실식의 장점
㉠ 공기 과잉률이 낮아 평균유효 압력이 높다.
㉡ 운전상태가 조용하고 디젤기관의 노크가 잘 일어나지 않는다.
㉢ 공기와 연료의 혼합이 잘되고 엔진에 유연성이 있다.
㉣ 작동이 정숙하고, 연료의 변화에 둔감하므로 사용연료의 선택범위가 넓다.

23 다음 중 혼합비가 희박할 때 발생되는 현상으로 맞는 것은?

① 배기가스의 CO값이 증가한다.
② 산소센서(+) 듀티 값이 커진다.
③ 점화 2차 전압의 높이가 낮아진다.
④ 점화 2차 스파크라인의 불꽃 지속시간이 짧아진다.

answer 18.① 19.④ 20.④ 21.③ 22.② 23.④

24 전자제어 연료분사식 가솔린엔진의 공기량 측정에 사용되는 핫 필름 또는 핫 와이어식 흡입 공기량 센서에 대한 설명 중 옳은 것은?

① 오염에 강하다.
② 고도 보상장치가 필요하다.
③ 흡입되는 공기의 부피를 측정한다.
④ 칼만 볼텍스 방식에 비해 회로가 단순하다.

해설 핫 필름 또는 핫 와이어 방식의 특징은 칼만 볼텍스(와류) 방식에 비해 회로가 단순하고, 흡입되는 공기를 질량 유량으로 검출한다.

25 전자제어 엔진에서 분사량은 인젝터 솔레노이드 코일의 어떤 인자에 의해 결정되는가?

① 통전시간
② 전류 값
③ 저항 값
④ 전압 값

해설 전자제어 엔진은 인젝터 솔레노이드 코일의 통전시간에 의해 연료 분사량이 결정된다.

26 A, B 두 정비사가 5[V] 전원을 사용하는 TPS를 점검하고자 한다. 어느 것이 옳은가?

- 정비사 A : TPS의 전원은 약하므로 테스트램프를 이용하여 점등 여부를 확인하는 게 옳다.
- 정비사 B : TPS는 가변저항방식의 디지털신호이므로 테스트램프를 이용하여 측정하는 건 말도 안 된다.

① A가 옳다.
② B가 옳다.
③ A, B 둘 다 맞다.
④ A, B 둘 다 틀리다.

27 ECU 내에 제너다이오드가 없는 인젝터 회로에서 다음 그림과 같은 접촉불량 요인이 발생했을 때 정상 파형과 다르게 나타날 수 있는 것은?

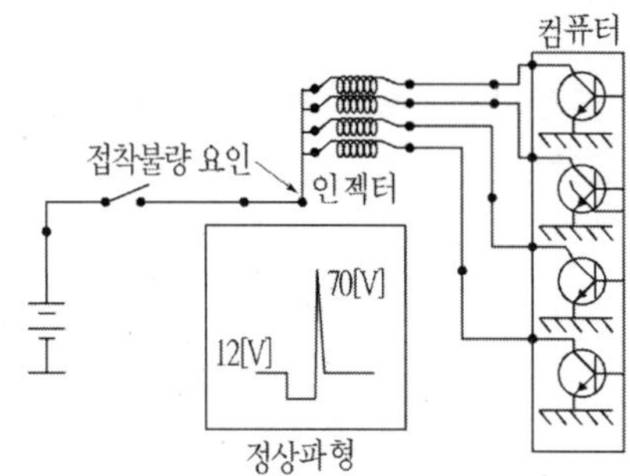

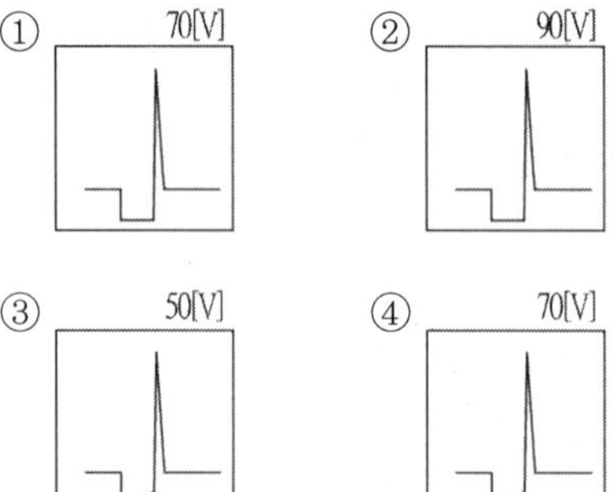

해설 인젝터 앞부분에 접촉 저항이 발생하면 그 부분에 전압강하가 발생하여 인젝터의 서지전압은 낮아진다. 정답은 ③이지만 ③과 같이 접지 부분의 전압이 경사면으로 조금 상승했다면 인젝터 뒷부분의 접지부분 근처에도 접촉저항이 발생해야 한다. 따라서 정답은 ②도 될 수 있다.

28 다음 중 스로틀 포지션 센서(TPS)의 기본구조 및 출력특성과 가장 유사한 것은?

① 차속 센서
② 노킹 센서
③ 인히비터 스위치
④ 엑셀러레이터 포지션 센서

해설 액셀러레이터 포지션 센서는 CRDI엔진에서 스로틀 포지션 센서(TPS)와 같은 역할을 하는 장치로 운전자의 가속페달을 밟는 정도를 검출하는 역할을 한다.

answer 24.④ 25.① 26.① 27.③ 28.④

29 **전자제어 엔진의 연료펌프는 반드시 체크밸브를 두고 있다. 그 이유로 가장 적합한 것은?**

① 고속성능을 좋게 한다.
② 시동성을 좋게 하고, 베이퍼록을 방지한다.
③ 연료의 분무를 좋게 한다.
④ 저속에서 떨림이 없게 한다.

해설 연료펌프의 체크밸브는 엔진 가동이 정지되면 잔압을 유지하여 재 시동성을 향상시키고, 베이퍼록을 방지하는 역할을 한다.

30 **전자제어 연료분사 계통에서 인젝터의 분사시간 조절에 관한 설명 중 틀린 것은?**

① 엔진을 급가속할 경우에는 순간적으로 분사시간이 길어진다.
② 전지 전압이 낮으면 무효 분사시간이 길어지게 된다.
③ 산소센서의 전압이 높아지면 분사시간이 길어진다.
④ 엔진을 급감속할 때에는 경우에 따라서 가솔린의 공급이 차단되기도 한다.

해설 산소센서의 전압이 높아지면 혼합비가 농후한 상태이므로 인젝터의 분사시간을 짧게 하여 혼합비가 희박하게 만든다.

31 **전자제어 가솔린 분사기관에서 공전속도를 제어하는 부품이 아닌 것은?**

① ISC 밸브
② ISC 액추에이터
③ 컨트롤 릴레이
④ 에어 바이패스 솔레노이드 밸브

해설 공전속도를 제어하는 부품에는 ISC 서보 액추에이터, 에어 바이패스 솔레노이드 밸브, ISC 밸브, 스텝모터 등이 있다.

32 **전자제어 연료분사장치 중 인젝터 설명으로 틀린 것은?**

① 인젝터의 연료분사 시간이 ECU 트랜지스터의 작동시간과 일치하지 않는 것을 무효분사시간이라 한다.
② 인젝터를 제어하는 ECU의 트랜지스터는 일반적으로(+) 제어방식을 쓰고 있다.
③ 저온 시동성을 양호하게 하는 방식을 콜드스타트 인젝터(cold start injector)라 한다.
④ 인젝터에 저항을 붙여 응답성 향상과 코일의 발열을 방지하는 방식을 전압 제어식 인젝터라 한다.

해설 인젝터의 연료분사 시간 제어는 ECU의 펄스신호에 의해 제어되며 일반적으로 (−)제어방식을 사용하고 있다.

33 **전자제어 가솔린 분사엔진에서 연료압력 조절기에 대한 설명으로 맞는 것은?**

① 연료압력 조절기는 엔진의 온도에 따라 연료압력을 조절한다.
② 연료압력 조절기는 압축압력을 이용하여 연료압력을 제어한다.
③ 연료압력 조절기는 흡기매니폴드 부압을 이용하여 연료 압력을 조절한다.
④ 연료압력 조절기는 엔진 부하 정보에 의해 ECU가 솔레노이드 밸브 듀티율로 연료압력을 조절한다.

해설 전자제어 가솔린기관의 연료압력 조정기는 흡기다기관의 부압과 비교하여 연료압력을 일정하게 유지시켜준다.

34 **공전(idle) 스위치는 공전상태를 판단하는 스위치로서 주로 어디에 부착되어 있는가?**

① TPS 부근 ② ATS 부근
③ AFS 부근 ④ 에어클리너 부근

answer 29.② 30.③ 31.③ 32.② 33.③ 34.①

35 **다음은 ISA(Idle speed actuator) 회로에 대한 설명이다. 각 점에서 측정한 코일 A와 B의 작동전압 파형으로 옳은 것은?**

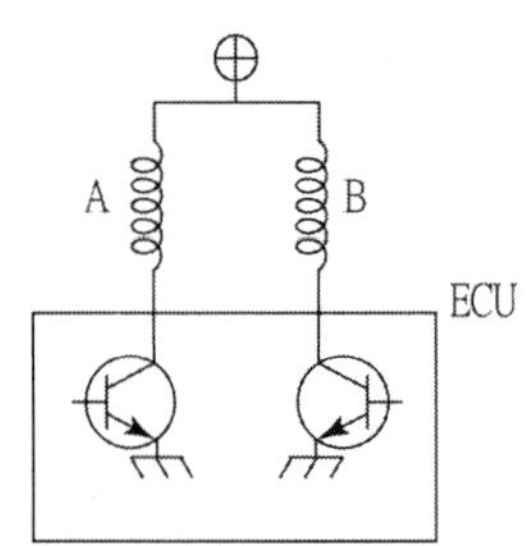

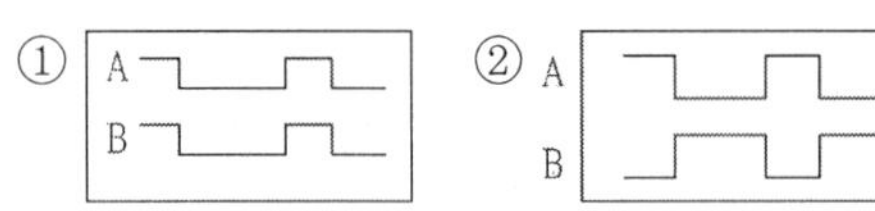

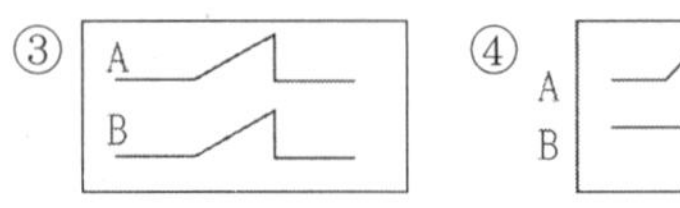

④ A B

해설 ISA(Idle speed actuator) 회로는 열림코일과 닫힘코일로 되어 있으며 ECU가 ON/OFF를 제어한다. 따라서 열림과 닫힘 파형은 서로 반대가 되어 나온다.

36 **전자제어 가솔린 분사장치에서 운전조건에 따른 연료 보정량을 결정하는데 가장 관계가 적은 장치는?**

① 수온 센서
② 흡기온 센서
③ 크랭크 각 센서
④ 스로틀포지션 센서

37 **전자제어 연료분사 엔진에서 흡입공기 온도는 35[℃], 냉각수 온도가 60[℃]라면 연료 분사량은 각각 어떻게 보정되는가?** (단, 분사량 보정 기준은 흡입공기 온도는 20[℃], 냉각수온 온도는 80[℃]이다)

① 흡기온 보정-증량, 냉각수온 보정-증량
② 흡기온 보정-감량, 냉각수온 보정-증량
③ 흡기온 보정-증량, 냉각수온 보정-감량
④ 흡기온 보정-감량, 냉각수온 보정-감량

전자제어 연료분사 엔진에서 분사량 보정 기준이 흡입공기 온도는 20[℃], 냉각수온 온도는 80[℃]이므로, 흡입공기 온도가 35[℃], 냉각수 온도가 60[℃]라면 연료 분사량 보정은 흡기 온도에 대해서는 감량하고, 냉각수 온도에 대해서는 증량 보정된다.

38 **최근 전자제어 엔진에서 관성 과급을 이용하여 흡입관의 길이를 가변하여 엔진의 회전력을 높이기 위한 것은?**

① TPSS(throttle position sensor system)
② ISCS(idle speed control system)
③ VCVS(vacuum control valve system)
④ VICS(Variable induction control system)

VICS(Variable induction control system)는 전자제어 엔진에서 관성 과급을 이용하여 흡입관의 길이를 저속과 중속에서는 길게 하여 토크를 향상 시키고, 고속에서는 짧게 하여 출력을 증대 시킨다.

39 **주행 중 자동차의 출력저하가 느껴질 때 조치방법으로 틀린 것은?**

① 배기가스를 측정한다.
② 배전기의 타이밍을 지각으로 조정한다.
③ TPS와 O_2센서를 이용한 급가속 점검을 한다.
④ 연료압력 조정기의 진공호스를 빼고 연료계통을 점검한다.

해설 출력저하가 느껴질 때 조치방법은 배기가스를 측정, TPS(스로틀 위치 센서)와 O_2(산소)센서를 이용한 급가속 점검, 연료압력 조정기의 진공호스를 빼고 연료계통 점검 등의 조치를 한다.

40 **전자제어 가솔린 연료 분사장치에 대한 설명 중 틀린 것은?**

① 연료 분사시기는 ECU에 의해 제어된다.
② 연료 분사량은 인젝터 개방시간에 의해 결정된다.
③ 각 기통에 설치된 인젝터는 동시에 개방되어야 한다.
④ 연료의 기본 분사량은 흡입 공기량과 엔진 회전수에 따라 결정된다.

answer 35.④ 36.③ 37.② 38.④ 39.② 40.③

해설 전자제어 가솔린 연료분사장치의 연료분사량은 솔레노이드 코일 통전에 의한 인젝터 개방시간에 의해 결정되며, 연료 분사시기는 ECU에 의해 제어된다. 또 각 실린더에 설치된 인젝터는 분사순서에 따라 개방되어야 하며, 연료의 기본 분사량은 흡입공기량과 엔진 회전수에 따라 결정된다.

41 **전자제어 연료분사 방식인 가솔린엔진에서 일정 회전수 이상으로 상승하면 엔진이 파손될 염려가 있다. 이러한 엔진의 과도한 회전을 방지하기 위한 제어는?**

① 가속보정 제어
② 연료차단 제어
③ 희박연소 제어
④ 출력증량 보정제어

해설 엔진의 과도한 회전을 방지하기 위해 연료차단 제어를 한다.

42 **다음 중 엔진 ECU의 입력신호가 아닌 것은?**

① 산소 센서
② 크래쉬 센서
③ 대기압력 센서(BPS)
④ 모터 포지션 센서(MPS)

해설 전자제어 분사장치 ECU의 입 · 출력 요소
㉠ 입력계통 : 공기유량 센서, 흡기온도 센서, 대기압 센서, 1번 실린더 TDC센서, 스로틀 위치센서, 크랭크 각 센서, 수온 센서, 맵 센서, MPS 등이 있다.
㉡ 출력계통 : 인젝터, 연료펌프제어, 공전속도제어, 컨트롤 릴레이 제어신호, 노킹제어, 냉각팬 제어 등이 있다.

43 **가솔린 전자제어 엔진의 노크 컨트롤 시스템에 대한 설명 중 올바른 것은?**

① 노크 발생시 실린더 헤드가 고온이 되면 서모센서로 온도를 측정하여 감지한다.
② 노크라고 판정되면 점화시기를 진각시키고, 노크 발생이 없어지면 지각시킨다.
③ 실린더 블록의 고주파 진동을 전기적 신호로 바꾸어 ECU 검출회로에서 노킹 발생 여부를 판정한다.
④ 노크라고 판정되면 공연비를 희박하게 하고, 노트 발생이 없어지면 농후하게 한다.

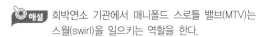

해설 노크센서는 실린더 블록의 고주파 진동을 전기적 신호로 바꾸어 ECU로 보내면 ECU 검출회로에서 노킹 발생 여부를 판정하며, 노크라고 판정되면 점화시기를 지각시키고, 노크 발생이 없어지면 진각시킨다.

44 **희박연소 기관에서 스월(swirl)을 일으키는 밸브는?**

① 어큐뮬레이터
② EGR밸브
③ 과충전밸브
④ 매니폴드 스로틀밸브(MTV)

해설 희박연소 기관에서 매니폴드 스로틀 밸브(MTV)는 스월(swirl)을 일으키는 역할을 한다.

45 **디젤엔진의 연료분사 3대 요건이 아닌 것은?**

① 노크 ② 관통력
③ 분포도 ④ 무화

해설 디젤 연료의 3대 분사요건은 무화, 분산도(분포), 관통도이다.

46 **디젤기관에서 부하변동에 따라 분사량의 증감을 자동적으로 조정하여 제어래크에 전달하는 장치는?**

① 조속기 ② 분사노즐
③ 플런저 펌프 ④ 분사펌프

디젤기관의 부하 변동에 따라 연료 분사량을 자동으로 조정하여 제어래크에 전달하는 장치는 조속기(거버너)이다.

answer 41.② 42.② 43.③ 44.④ 45.① 46.①

47 **디젤기관의 연소실 형식 중 와류실식의 장점이 아닌 것은?**

① 고속에서의 특성이 우수하다.
② 핀틀 노즐을 사용하므로 고장 빈도가 낮다.
③ 직접 분사식에 비해 연료 소비율이 높다.
④ 연료 소비율이 예연소실식에 비해 낮다.

해설 와류실식의 장점
㉠ 압축행정에서 생기는 강한 와류를 이용하므로 회전속도 및 평균 유효압력이 높다.
㉡ 분사압력이 낮아도 된다.
㉢ 기관의 회전속도 범위가 넓고 운전이 원활하다.
㉣ 연료소비율이 비교적 적다.

48 **연료여과기의 오버플로 밸브의 기능이 아닌 것은?**

① 엘리먼트에 부하를 가하여 연료 여과를 돕는다.
② 연료 여과기 내의 압력이 규정 이상으로 상승되는 것을 방지한다.
③ 연료의 송출압력이 규정 이상으로 상승하면 압송이 중지되어 소음이 발생되는 것을 방지한다.
④ 연료탱크 내에서 발생된 기포를 자동적으로 배출시키는 작용을 한다.

해설 연료여과기 내에 설치된 오버플로 밸브는 연료 여과기 내의 압력이 규정 이상으로 상승되는 것을 방지하며, 소음이 발생되는 것을 방지하고, 연료탱크 내에서 발생된 기포를 자동적으로 배출시키는 작용을 한다.

49 **가솔린기관과 비교할 때 디젤기관의 장점이 아닌 것은?**

① 열효율이 높다.
② 부분부하 영역에서 연료 소비율이 낮다.
③ 넓은 회전속도 범위에 걸쳐 회전토크가 크고 균일하다.
④ 질소산화물과 일산화탄소가 조금 배출된다.

해설 디젤기관은 부분부하 영역에서 연료 소비율이 낮고, 넓은 회전속도 범위에 걸쳐 회전토크가 크고 균일하며, 실린더지름 크기에 제한이 적고, 열효율이 높고, 일산화탄소와 탄화수소 배출물이 작은 장점이 있다.

50 **디젤기관의 노킹 발생을 줄일 수 있는 방법은?**

① 착화지연 기간을 짧게 한다.
② 기관의 온도를 낮춘다.
③ 흡기 압력을 낮춘다.
④ 압축압력을 낮춘다.

해설 디젤기관 노킹 방지법
㉠ 흡기온도와 압축비를 높인다.
㉡ 착화성 좋은 연료를 사용하여 착화지연기간이 단축되도록 한다.
㉢ 착화지연기간 중 연료 분사량을 조절 한다
㉣ 압축온도와 압력을 높인다
㉤ 연소실 내 와류를 증가시키는 구조로 만든다
㉥ 분사초기 연료 분사량을 작게 한다.

51 **디젤기관의 예열장치(glow system)에 대한 설명 중 맞는 것은?**

① 예열장치 중 냉각 수온센서가 있는 방식은 컨트롤 유닛은 없다.
② 냉각 수온센서방식의 예열장치는 기관을 시동할 때에는 항상 작동한다.
③ 예열장치는 점화스위치가 ST 위치에서만 작동하여 시동 성능을 좋게 한다.
④ 예열장치 중에는 흡기 다기관 전의 흡입되는 공기를 예열하는 방식도 있다.

해설 디젤기관의 예열 장치 종류는 흡기 다기관으로 유입되는 공기를 가열하는 히트레인지와 연소실 내의 공기를 예열하는 예열 플러그가 있다.

52 **디젤기관 연소실 중 단실식에 속하는 것은?**

① 공기실식　　② 예연소실식
③ 와류실식　　④ 직접분사실식

answer　47.③ 48.① 49.④ 50.① 51.④ 52.④

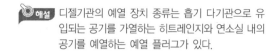

해설 디젤기관 연소실
㉠ 단실식 : 직접분사실식
㉡ 복실식 : 예연소실식, 와류실식, 공기실식

53 다공 노즐을 사용하는 직접분사식 디젤엔진에서 분사노즐의 구비조건이 아닌 것은?

① 후적이 일어나지 않을 것
② 저온 · 저압의 가혹한 조건에서 장기간 사용할 수 있을 것
③ 분무가 연소실의 구석구석까지 뿌려지게 할 것
④ 연료를 미세한 안개 모양으로 하여 쉽게 착화되게 할 것

해설 분사노즐의 구비조건
㉠ 연료를 미세한 안개모양으로 하여 쉽게 착화되게 할 것
㉡ 분무를 연소실 구석구석까지 뿌려지게 할 것
㉢ 연료의 분사 끝에서 완전히 차단하여 후적이 일어나지 않게 할 것
㉣ 고온, 고압의 가혹한 조건에서 장시간 사용할 수 있을 것

54 디젤기관의 기계식 고압 연료분사장치(직렬형)에서 연료가 흐르는 경로로 적당한 것은?

① 연료탱크 → 고압펌프 → 연료공급펌프 → 연료필터 → 분사노즐
② 연료탱크 → 연료공급펌프 → 연료필터 → 고압펌프 → 분사노즐
③ 연료탱크 → 연료공급펌프 → 고압펌프 → 연료필터 → 분사노즐
④ 연료탱크 → 연료필터 → 고압펌프 → 연료공급펌프 → 분사노즐

해설 기계식 디젤기관의 고압 연료분사장치(직렬형)에서 연료의 흐름 경로는 연료탱크 → 연료공급펌프 → 연료필터 → 고압펌프(분사펌프) → 분사노즐이다.

55 디젤기관에서 감압장치의 설명 중 틀린 것은?

① 기관 점검 · 조정에 이용한다.
② 겨울철 기관오일의 점도가 높을 때 시동시 이용한다.
③ 흡입효율을 높여 압축압력을 크게 하기 위해서이다.
④ 흡입 또는 배기밸브에 작용하여 감압한다.

해설 감압장치는 흡기 또는 배기밸브에 작용하여 감압 작용을 하며, 겨울철 기관 오일의 점도가 높을 때 시동시 사용하며, 기관의 점검 및 조정에 이용하는 장치이다.

56 디젤기관 연소실의 구비조건 중 틀린 것은?

① 평균유효 압력이 낮을 것
② 열효율이 높을 것
③ 연소시간이 짧을 것
④ 노크가 적을 것

해설 디젤기관 연소실의 구비조건
㉠ 연소시간이 짧을 것
㉡ 열효율이 높을 것
㉢ 평균유효 압력이 높을 것
㉣ 노크 발생이 적을 것

57 다음은 디젤기관의 연소실 형식들이다. 디젤기관에서 노크를 가장 일으키기 어려운 연소실은 어느 것인가?

① 직접분사식 ② 공기실식
③ 와류실식 ④ 예연소실식

해설 디젤기관에서 예연소실식이 노크가 가장 잘 일어나지 않는다.

58 니들밸브가 없어 분사압력을 조정할 수 없고 후적을 일으키기 쉬운 노즐은?

① 핀틀형 ② 개방형
③ 구멍형 ④ 스로틀형

해설 분사노즐은 개방형과 밀폐형(폐지형)으로 크게 나누어지고 밀폐형은 다시 구멍형(단공형, 다공형), 핀틀형, 스로틀형으로 나누어진다.

answer 53.② 54.② 55.③ 56.① 57.④ 58.②

59 **디젤기관에 사용되는 코일형 예열플러그의 특징이 아닌 것은?**

① 내부식성이 적다.
② 병렬로 결선된다.
③ 회로 내에 예열플러그 저항기를 둔다.
④ 히터코일 노출로 적열시까지의 시간이 짧다.

해설 코일형 예열플러그의 특징
㉠ 히터코일 노출로 적열시까지의 시간이 짧다.
㉡ 내부식성이 적다.
㉢ 회로 내에 예열플러그 저항기를 둔다.
㉣ 직렬로 결선된다.

60 **디젤기관의 직접분사식 연소실의 장점이 아닌 것은?**

① 연소가 완만히 진행되므로 기관의 작동 상태가 부드럽다.
② 연소실 표면적이 작기 때문에 열 손실이 적고, 교축 손실과 와류 손실이 적다.
③ 실린더 헤드의 구조가 간단하므로 열변형이 적다.
④ 연소실의 냉각손실이 작기 때문에 한랭지를 제외하고는 냉 시동에도 별도의 보조장치를 필요로 하지 않는다.

해설 직접분사식 연소실의 장점
㉠ 연소실 표면적이 작아 열 손실이 작다.
㉡ 실린더 헤드의 구조가 간단하므로 열변형이 적다.
㉢ 연소실의 냉각손실이 작기 때문에 한랭지를 제외하고는 냉 시동에도 별도의 보조장치를 필요로 하지 않는다.

61 **일반적으로 전부하 운전에서 디젤기관 분사펌프의 분사량 불균율 허용범위[%]는 어느 정도인가?**

① ±1.5 ② ±2.0
③ ±3.0 ④ ±6.0

해설 디젤기관의 전부하 운전에서 분사펌프의 분사량 불균율 허용범위는 ±3.0[%] 정도이다.

62 **디젤기관에서 연료 분사펌프의 거버너는 어떤 작용을 하는가?**

① 분사압력을 조정한다.
② 분사량을 조정한다.
③ 착화시기를 조정한다.
④ 분사시기를 조정한다.

해설 거버너(조속기)는 연료 분사펌프의 연료 분사량을 조정한다.

63 **전자제어 디젤기관에서 전자제어유닛(E.C.U)으로 입력되는 사항이 아닌 것은?**

① 분사량 ② 분사시기
③ 제어래크의 위치 ④ 연료 온도

해설 전자제어 디젤기관 연료 분사장치의 입력요소 : 엔진 회전수, 분사시기, 주행속도, 흡기다기관 압력, 흡기 온도, 냉각수 온도, 연료온도, 레일 압력, 제어래크의 위치 등이다.

64 **다음에서 단실식 기관의 것은?**

① 와류실식 ② 예연소실식
③ 직접분사실식 ④ 공기실식

해설 디젤기관 연소실
㉠ 단실식 : 직접분사실식
㉡ 복실식 : 예연소실식, 와류실식, 공기실식

65 **디젤기관 노즐의 정비에 관한 설명이다. 틀린 것은?**

① 압력스프링이 강하면 분사압력이 떨어진다.
② 분해 조립 후 노즐 시험기로 분사압력, 상태, 각도를 점검한다.
③ 조정나사를 조이면 스프링의 장력이 높아진다.
④ 분사 후 후적이 생기면 노즐에 카본이 생긴다.

해설 디젤기관 분사노즐의 압력스프링이 강하면 연료 분사압력이 높아진다.

answer 59.② 60.① 61.③ 62.② 63.① 64.③ 65.①

66 **디젤기관에서 연료 분사량이 부족한 원인의 예를 든 것이다. 적합하지 않은 것은?**

① 딜리버리 밸브의 접촉이 불량하다.
② 분사펌프 플런저가 마멸되어 있다.
③ 기관의 회전속도가 낮다.
④ 딜리버리 밸브 시트가 손상되어 있다.

해설 딜리버리 밸브의 접촉이 불량하거나 분사펌프 플런저가 마멸된 경우, 딜리버리 밸브 시트가 손상된 경우 연료 분사량이 부족해지게 된다.

67 **구동방식에 따라 분류한 과급기의 종류가 아닌 것은?**

① 흡입가스 과급기
② 배기 터빈 과급기
③ 기계 구동방식 과급기
④ 전기 구동방식 과급기

해설 구동방식에 따른 과급기 종류는 배기 터빈 과급기(터보차저), 전기 구동방식 과급기, 기계 구동방식 과급기 등이 있다.

68 **과급기가 설치된 기관에 장착된 센서로서 급속 및 증속에서 ECU로 신호를 보내주는 센서는?**

① 산소 센서 ② 노크 센서
③ 부스터 센서 ④ 수온 센서

해설 과급기가 설치된 기관에 장착되어 급속 및 증속에서 ECU로 신호를 보내주는 센서는 부스터 센서이다.

69 **다음은 디젤기관 예연소실식의 장점이다. 틀린 것은?**

① 운전상태가 정숙하고 디젤노크가 적다.
② 연소실 표면적 대 체적비가 작아 냉각 손실이 적다.
③ 사용되는 연료의 변화에 둔감하다.
④ 연료분사 압력이 낮아도 되므로 연료장치의 고장이 적고 수명이 길다.

해설 예연소실식의 장점
㉠ 분사압력이 낮아서 연료장치의 고장이 작고 수명이 길다.
㉡ 사용연료 변화에 둔감하므로 연료의 선택범위가 넓다.
㉢ 운전상태가 정숙하고, 디젤 노크가 적다.
㉣ 기관이 유연하고 제작이 쉽다.

70 **다음 중 디젤기관 연료장치의 공기빼기 순서로 맞는 것은?**

① 연료 공급펌프 → 노즐 → 분사펌프
② 분사펌프 → 연료여과기 → 연료 공급펌프
③ 연료 공급펌프 → 연료여과기 → 분사펌프
④ 연료여과기 → 분사펌프 → 연료 공급펌프

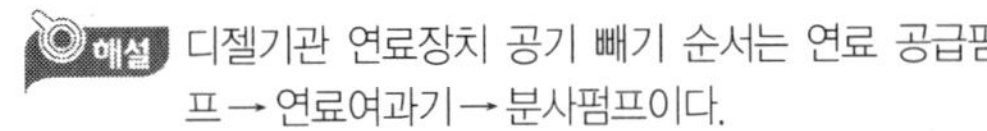
해설 디젤기관 연료장치 공기 빼기 순서는 연료 공급펌프 → 연료여과기 → 분사펌프이다.

71 **디젤엔진 노크에 가장 크게 영향을 미치는 요소가 아닌 것은?**

① 연소실의 모양
② 연료의 종류
③ 압축비
④ 흡입되는 공기량

해설 디젤엔진 노크에 큰 영향을 미치는 요소는 흡입되는 공기 온도, 연료의 종류, 압축비, 압축 온도, 연소실의 모양 등이다.

72 **디젤기관의 인터쿨러 터보(inter cooler turbo) 장치는 어떤 효과를 이용한 것인가?**

① 압축된 공기의 수분을 증가시키는 효과
② 압축된 공기의 온도를 증가시키는 효과
③ 압축된 공기의 밀도를 증가시키는 효과
④ 압축된 공기의 압력을 증가시키는 효과

해설 디젤기관에 장착된 인터쿨러 터보(intercooler turbo) 장치는 압축된 공기를 냉각시켜 밀도를 증가시키는 효과를 이용한 것이다.

answer 66.③ 67.① 68.③ 69.② 70.③ 71.④ 72.③

73 **연료분사펌프 시험기로 각 실린더의 분사량을 측정하였더니 최대 분사량이 33[cc]이고, 최소 분사량이 29[cc]이며, 각 실린더의 평균 분사량이 30[cc]였다. (+)불균율[%]은?**

① 10　　② 15
③ 20　　④ 25

 해설 $(+)\text{불균율} = \dfrac{\text{최대분사량} - \text{평균분사량}}{\text{평균분사량}} \times 100$

$(-)\text{불균율} = \dfrac{\text{평균분사량} - \text{최소분사량}}{\text{평균분사량}} \times 100$

$\therefore (+)\text{불균율} = \dfrac{33-30}{30} \times 100 = 10[\%]$

74 **디젤기관용 연료의 발화성 척도를 나타내는 세탄가에 관계되는 성분들은 어느 것인가?**

① 노말헵탄과 이소옥탄
② α메틸 나프탈린과 헵탄
③ 세탄과 이소옥탄
④ α메틸 나프탈린과 세탄

해설 세탄가는 α-메틸 나프탈렌과 세탄의 혼합물 중 세탄의 비율로 나타낸다.

75 **전자제어 디젤연료 분사장치 중 하나인 유닛 인젝터의 특징을 바르게 설명한 것은?**

① 노즐과 펌프는 각각 독립되어 장착된다.
② 크랭크 케이스 내에 직접 장착된다.
③ 분사펌프와 인젝터의 거리가 가까워 분사 정밀도가 좋다.
④ 소음이 증가한다.

해설 유닛 인젝터[unit injector]의 특징은 분사펌프와 인젝터의 거리가 가까워 분사 정밀도가 좋고 펌프, 인젝터 및 분사 밸브를 일체로 하여 실린더 헤드에 설치되어 있으며, 공급 펌프에 의해 인젝터까지 압송된 연료는 로커 암이 펌프를 누를 때 연료를 분사한다.

76 **디젤기관 연료장치에서 연료의 분사량 결정으로 가장 적절한 것은?**

① 플런저의 유효행정에 의하여
② 플런저의 행정에 의하여
③ 플런저의 유효리드의 종류에 의하여
④ 플런저의 홈의 길이에 의하여

해설 디젤기관 연료장치에서 연료의 분사량은 플런저 유효행정에 의해 결정 된다.

77 **디젤기관의 연료 분사시기가 빠르면 어떤 결과가 일어나는가를 기술하였다. 틀린 것은?**

① 분사압력이 증가한다.
② 배기가스가 흑색을 띤다.
③ 기관의 출력이 저하된다.
④ 노크를 일으키고, 노크 음이 강하다.

해설 디젤기관의 연료 분사시기가 빠를 때 노크를 일으킬 수 있고, 노크 음이 강하고, 배기가스의 색이 흑색이며, 배기가스의 양도 많아지며, 기관의 출력이 저하되고, 저속회전이 잘 안 된다.

78 **디젤 커먼레일 기관의 인젝터 점검사항과 가장 관련이 없는 것은?**

① 리턴 연료량을 확인한다.
② 인젝터 구동전압을 확인한다.
③ 기관의 파워밸런스를 측정한다.
④ 분사 홀의 막힘 여부를 점검한다.

해설 디젤 커먼레일 기관의 인젝터 점검사항은 리턴 연료량 확인, 분사 홀(hole)의 막힘 여부 점검, 기관의 파워밸런스 측정 등이 있다.

79 **매연 측정기 사용법 중 해당되지 않는 항목은?**

① 표준가스를 주입한다.
② 에어버튼을 누른다.
③ 여과지 레버를 아래로 누른 후 여과지 장착부에 깨끗한 여과지 1매를 넣는다.

answer 73.① 74.④ 75.③ 76.① 77.① 78.② 79.①

④ 가속 스위치를 가속페달 위에 올려놓고 힘껏 밟는다.

해설 표준가스를 주입하는 테스터는 가솔린 기관의 배출가스 CO, HC 테스터이다.

80 **다음 중 배압이 기관에 미치는 영향이 아닌 것은?**

① 출력저하 ② 냉각수 온도 저하
③ 피스톤운동 방해 ④ 기관과열

해설 배압은 배기가스의 압력을 말하며, 배압이 기관에 미치는 영향은 출력저하, 기관 과열, 피스톤운동 방해 등이다.

81 **디젤기관 연소과정 중 흰색연기가 나올 때의 원인에 해당되는 것은?**

① 흡입호스 불량
② 연료 분사시기가 너무 빠름
③ 공기 청정기 여과 망 막힘
④ 엔진오일이 유입되어 연소

해설 연소과정 중 흰색연기가 나올 때는 엔진오일이 연소실에 유입되어 연소하면 흰색연기가 배출된다.

82 **디젤기관의 분사노즐에 대한 시험항목이 아닌 것은?**

① 연료의 분무상태 ② 연료의 분사각도
③ 연료의 분사량 ④ 연료의 분사압력

해설 분사노즐 시험항목은 연료의 분사각도, 연료의 분무상태, 연료의 분사압력, 연료의 후적 유무 등이 있다.

83 **터보 차져(turbo charger)가 장착된 엔진에서 출력부족 및 매연이 발생한다면 원인으로 알맞지 않은 것은?**

① 에어 클리너가 오염되었다.
② 흡기 매니폴드에서 누설이 되고 있다.
③ 터보 차져 마운팅 플랜지에서 누설이 있다.
④ 발전기의 충전전류가 발생하지 않는다.

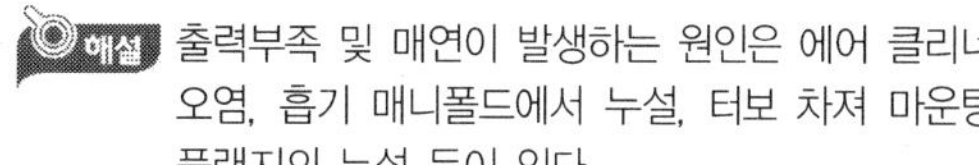
해설 출력부족 및 매연이 발생하는 원인은 에어 클리너 오염, 흡기 매니폴드에서 누설, 터보 차져 마운팅 플랜지의 누설 등이 있다.

84 **디젤기관의 분사시기, 회전속도를 점검하기 위하여 타이밍 라이트(Timing Light)를 사용한다. 이때 타이밍 라이트 시험기의 배선 연결 방법이 맞는 것은?**

① 축전지와 배선 케이블, 접지
② 축전지와 1번 점화 플러그 케이블, 접지
③ 축전지와 1번 분사노즐 파이프, 접지
④ 2분 분사노즐 파이프와 축전지 케이블, 접지

해설 디젤기관에서 타이밍 라이트(Timing Light) 배선 연결 방법은 축전지에 연결하여 배터리 전압을 확인하고, 1번 분사노즐 파이프(고압 파이프)에 연결하여 연료 분사시기를 확인하고, 접지 연결을 한다.

85 **디젤엔진에서 매연이 과다하게 발생할 때 기본적으로 가장 먼저 점검해야 할 내용은?**

① 밸브간극 점검 ② 연료필터 점검
③ 노즐의 분사압력 ④ 에어 엘리먼트 점검

해설 디젤엔진에서 매연이 과다하게 발생하면 가장 먼저 에어 클리너 엘리먼트 막힘 여부 및 공기 흡입라인 막힘 여부를 점검한다.

86 **디젤기관의 매연 발생과 관계 없는 것은?**

① 앵글라이히 장치 ② 가열 플러그
③ 딜리버리 밸브 ④ 분사노즐

해설 가열(예열) 플러그는 한랭한 상태에서 디젤기관의 연소실을 예열하여 시동을 보조해 주는 부품이다.

87 **LPG 차량에서 베이퍼라이저의 주요기능이 아닌 것은?**

① 감압 ② 분사
③ 기화량 조절 ④ 기화

해설 베이퍼라이저는 감압, 기화, 기화량 조절의 역할을 한다.

answer 80.② 81.④ 82.③ 83.④ 84.③ 85.④ 86.② 87.②

88 **LPG자동차에서 기체 또는 액체의 연료를 차단 및 공급하는 역할을 하는 것은?**

① 첵밸브 ② 솔레노이드 밸브
③ 영구 자석 ④ 감압밸브

해설 LPG 엔진에서 ECU는 냉각수 온도가 15[℃] 이하일 경우에는 기체 솔레노이드 밸브를, 냉각수 온도가 15[℃] 이상일 경우에는 액체 솔레노이드를 작동시키는 액, 기상 솔레노이드 밸브가 있다.

89 **다음 중 전자제어 LPG차량에 장착되어 있지 않는 부품은?**

① T.P.S ② 캐니스터
③ 산소센서 ④ 솔레노이드 밸브

해설 캐니스터는 가솔린 연료증발가스(주성분: HC) 포집장치이다.
※ **연료증발가스 제어장치** : 차콜 캐니스터, PCSV 등이 있다.

90 **LPG 자동차에 대한 설명으로 틀린 것은?**

① LPG는 영하의 온도에서는 기화되지 않는다.
② 탱크는 밀폐 방식으로 되어 있다.
③ 배기량이 같은 경우 가솔린 엔진에 비해 출력이 낮다.
④ 일반적으로 NOx는 가솔린 엔진에 비해 많이 배출된다.

해설 LPG는 영하의 온도에서도 기화된다.

91 **LPG차량에서 공전 회전수의 안정성을 확보하기 위해 혼합된 연료를 믹서의 스로틀 바이패스를 통하여 혼합기로 보내 추가로 보상하는 것은?**

① 공전속도 조절밸브
② 대시포트
③ 아이들 업 솔레노이드 밸브
④ 스로틀 위치 센서

해설 아이들 업 솔레노이드 밸브는 LPG엔진에서 공전할 때 동력조향장치의 조작, 에어컨 ON, 전조등 ON 등으로 인해 부하가 많이 걸리면 아이들 업(idle up)구멍을 열어 회전속도를 상승시켜 주는 밸브이다.

92 **액상 LPG의 압력을 낮추어 기체 상태로 변환시켜 공급하는 역할을 하는 장치는?**

① 믹서(mixer)
② 베이퍼라이저(vaporizer)
③ 대시 포트(dash pot)
④ 봄베(bombe)

해설 베이퍼라이저(Vaporizer, 감압 기화 장치)는 액상 LPG의 압력을 낮추어 기체 상태로 변환시켜 공급하는 역할을 한다.

93 **다음 중 LPG차량에서 LPG를 충전하기 위한 고압용기는?**

① 봄베
② 연료 유니온
③ 베이퍼라이저
④ 슬로 컷 솔레노이드

해설 ㉠ **봄베** : LPG를 충전하기 위한 고압용기로 봄베라 한다.
㉡ **베이퍼라이저** : 감압 기화장치라 한다.
㉢ **슬로 컷 솔레노이드** : 저속에서 LPG 공급을 차단하는 부품이다.

94 **LPG엔진의 특징을 옳게 설명한 것은?**

① 겨울철 시동이 쉽다.
② 베이퍼 록이나 퍼컬레이션이 일어나기 쉽다.
③ 기화하기 쉬워 연소가 균일하다.
④ 배기가스에 의한 배기관, 소음기 부식이 쉽다.

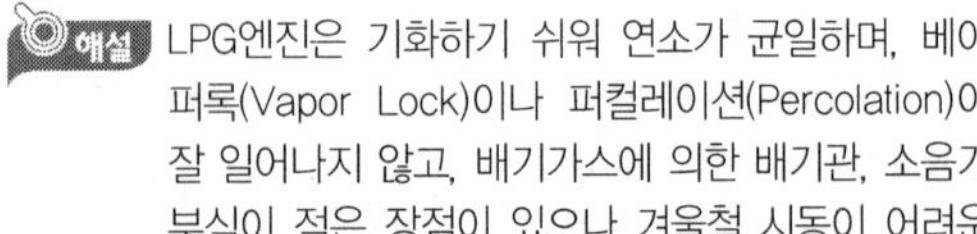

해설 LPG엔진은 기화하기 쉬워 연소가 균일하며, 베이퍼록(Vapor Lock)이나 퍼컬레이션(Percolation)이 잘 일어나지 않고, 배기가스에 의한 배기관, 소음기 부식이 적은 장점이 있으나 겨울철 시동이 어려운

answer 88.② 89.② 90.① 91.① 92.② 93.① 94.③

결점이 있다.

㉠ **베이퍼 록**(Vapor Lock) : 파이프나 호스 속을 흐르는 액체가 파이프 속에서 가열, 기화되어 압력이 변화하고 이 때문에 액체의 흐름이나 운동력 전달을 저해하는 현상이다.

㉡ **퍼컬레이션**(Percolation) : 기화기의 플로트실 내의 연료가 과열하여 비등함으로써 엔진의 운전을 원활하지 못하게 하는 현상을 말한다.

95 **LPG차량에서 믹서의 스로틀밸브 개도량을 감지하여 ECU장치에 신호를 보내는 것은?**

① 대시포트
② 공전속도 조절밸브
③ 스로틀 위치 센서
④ 아이들 업 솔레노이드

96 **LP가스 자동차의 연료계통으로 맞는 것은?**

① 봄베→액 송출밸브→역류 차단밸브→베이퍼라이저→믹서→실린더
② 봄베→역류 차단밸브→액 송출밸브→베이퍼라이저→믹서→실린더
③ 봄베→역류 차단밸브→베이퍼라이저→믹서→액 송출밸브→실린더
④ 봄베→액 송출밸브→베이퍼라이저→역류 차단밸브→믹서→실린더

06 배출가스 제어장치

1 **O_2센서의 사용상 주의사항을 설명한 것으로 틀린 것은?**

① 무연 가솔린을 사용할 것
② 출력전압을 쇼트시키지 말 것
③ 전압을 측정할 경우에는 디지털 멀티미터를 사용할 것
④ O_2센서의 내부저항을 자주 측정하여 이상 유무를 확인할 것

해설 O_2센서의 사용상 주의사항은 다음과 같다. 무연 가솔린을 사용할 것, O_2센서의 내부저항을 측정하지 말 것, 전압을 측정할 경우에는 디지털 멀티미터를 사용할 것, 출력전압을 쇼트시키지 말 것 등이 있다.

2 **배기가스 일부가 재순환하며 연소온도를 낮춰 NOx 감소 기능을 하는 밸브는?**

① P.C.S.V(purge control solenoid valve)
② 리듀싱 밸브(reducing valve)
③ E.G.R밸브(exhaust gas recirculation)
④ 공기밸브(air valve)

해설 E.G.R밸브(exhaust gas recirculation)는 배기가스의 일부를 배기계통에서 흡기계통으로 재순환시켜 연소실의 최고 온도를 낮추어 질소산화물(NOx) 생성을 억제시킨다.

3 **가솔린기관에서 연료증발가스의 배출을 감소시키기 위한 장치는?**

① 캐니스터
② 산소센서
③ 배기가스 재순환장치
④ 촉매 변환기

해설 가솔린기관에서 캐니스터는 연료증발가스인 탄화수소(HC)를 포집하였다가 기관이 정상온도가 되면 PCSV(Purge control solenoid valve)를 통해 흡입계통으로 보내어 연소되도록 한다.

4 **공해방지 대책의 한 방법인 자동차의 PCV(positive crank-case ventilation)장치는 무엇을 제거하기 위한 것인가?**

① 아황산가스(SO_2)
② 이산화탄소(CO_2)
③ 일산화탄소(CO)
④ 블로우 바이 가스(blow-by gas)

해설 PCV(positive crank-case ventilation)는 블로우 바이 가스를 제거하기 위한 장치이다.

answer 95.③ 96.① / 1.④ 2.③ 3.① 4.④

5 **가솔린을 완전 연소시키면 발생되는 화합물은?**

① 일산화탄소와 물
② 이산화탄소와 물
③ 일산화탄소와 이산화탄소
④ 이산화탄소와 아황산

해설 가솔린기관에서 가솔린을 완전 연소시키면 이산화탄소(CO_2)와 물(H_2O)이 발생된다.

6 **차량이 정지하였을 때 CO, HC 가스를 한 곳에 포집하였다가 엔진이 워밍업 되었을 때 적절히 배출시키는 기능을 갖고 있는 것은?**

① 흡기온도 센서 ② 산소센서
③ 캐니스터 ④ 대기압력 센서

해설 차콜 캐니스터는 차량이 정지하였을 때 가솔린에서 발생하는 연료 증발가스의 CO, HC 가스를 한 곳에 포집하였다가 엔진이 워밍업 되었을 때 적절히 배출시키는 기능을 지니고 있다.

7 **O_2센서의 출력전압이 1[V]에 가깝게 나타난다면 공연비가 어떤 상태인가?**

① 농후하다.
② 희박하다.
③ 14.7 : 1(공기 : 연료)을 나타낸다.
④ 농후하다가 희박한 상태로 되는 경우이다.

해설 O_2센서의 출력전압이 1[V]에 가깝게 나타난다면 공연비가 농후한 상태이다. 반대로 0[V]에 가깝게 나타나면 공연비가 희박한 상태이다.

8 **전자제어 엔진에서 주로 질소산화물을 감소시키기 위해 설치한 장치는?**

① PCV장치 ② EGR장치
③ PCSV장치 ④ ECS장치

해설 배기가스 재순환장치(EGR)는 EGR밸브를 이용하여 연소실의 최고온도를 낮추어 질소산화물(NOx) 저감과 광화학스모그 현상 발생을 방지한다. 그리고 PCV(positive crankcase ventilation)는 블로우 바이 가스 제어장치이며, PCSV는 연료 증발가스 제어장치이다.

9 **산소센서의 주된 재료로 쓰이는 것은?**

① 실리콘 ② 니켈
③ 질코니아 ④ 피에조

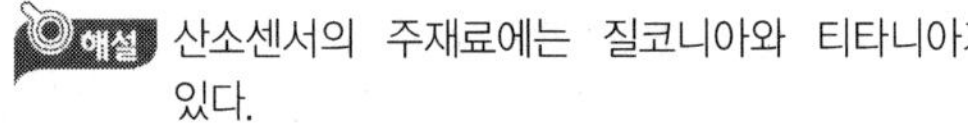
해설 산소센서의 주재료에는 질코니아와 티타니아가 있다.

10 **자동차 배출가스 중 유해가스 저감을 위해 사용되는 부품이 아닌 것은?**

① 삼원 촉매장치
② 차콜 캐니스터
③ 인젝터
④ EGR 장치

해설 **유해가스 저감을 위한 부품** : 차콜 캐니스터, PCV 밸브, PCSV, 삼원촉매 장치, EGR 장치 등이 있다.

11 **크랭크 케이스에서 발생되어 나오는 가스를 가장 적절하게 표현한 가스는?**

① 질소산화물 가스
② 배기가스
③ 블로우 바이 가스
④ 연료 증발가스

해설 **블로우 바이 가스** : 크랭크 케이스에서 증발되어 나오는 가스이다.

12 **가솔린기관에서 배출되는 가스를 열거한 것이다. 이중 인체에 해가 가장 적은 것은?**

① NOx ② SO_2
③ CO ④ CO_2

해설 인체에 해가 가장 적은 가스는 이산화탄소(CO_2) 이다.

13 **다음 배출가스 중 탄화수소(HC)의 생성 원인으로 맞지 않는 것은?**

① 배기 머플러가 샜을 때
② 농후한 연료로 인한 불완전 연소

answer 5.② 6.③ 7.① 8.② 9.③ 10.③ 11.③ 12.④ 13.①

③ 화염전파 후 연소실 내의 냉각작용으로 타다 남은 혼합기
④ 희박한 혼합기에서 점화 실화로 인한 원인

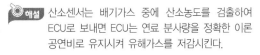

해설 탄화수소(HC) 생성 원인은 공기와 연료의 농후한 혼합비로 인한 불완전 연소, 화염전파 후 연소실내의 냉각작용으로 타다 남은 혼합기, 희박한 혼합기에서 점화 실화로 인한 원인 등이다.

14 자동차로부터 배출되는 유해 물질의 발생장소와 배출가스를 짝지은 것 중 틀린 것은?

① 블로우 바이 가스 – HC
② 로커암 커버 – NOx
③ 연료탱크 – HC
④ 배기가스 – CO, HC, NOx

15 산소센서의 튜브에 카본이 많이 끼었을 때 현상으로 맞는 것은?

① 출력전압이 높아진다.
② 피드백 제어로 공연비를 정확하게 제어한다.
③ ECU는 혼합기가 희박한 것으로 판단한다.
④ 출력 신호를 듀티 제어하므로 기관에 미치는 악영향은 없다.

해설 산소센서의 튜브에 카본이 많이 끼면 출력전압이 높아진다.

16 아래 그래프는 혼합비와 배출가스 발생량의 관계를 나타낸 것이다. ㉠, ㉡, ㉢의 배출가스 명칭은?

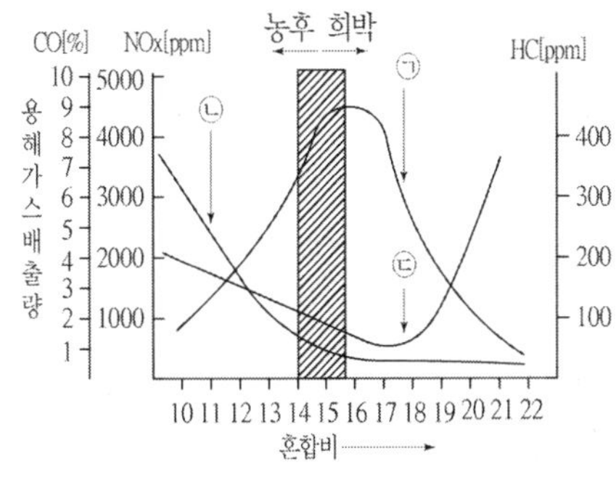

① ㉠ – CO, ㉡ – NOx, ㉢ – HC
② ㉠ – HC, ㉡ – NOx, ㉢ – CO
③ ㉠ – CO, ㉡ – HC, ㉢ – NOx
④ ㉠ – NOx, ㉡ – CO, ㉢ – HC

해설 ㉠라인은 질소산화물(NOx), ㉡라인은 일산화탄소(CO), ㉢라인은 탄화수소(HC)이다.

17 삼원 촉매장치에서 정화되는 과정을 보인 것 중 잘못된 것은?

① NOx → CO + H_2O
② CO + O_2 → CO_2
③ HC + O_2 → CO_2 + H_2O
④ NOx → H_2O, CO_2 → N_2

18 배출가스 정화계통에 속하지 않는 것은?

① 대기압센서 ② 캐니스터
③ 삼원촉매 ④ EGR밸브

19 다음 중 산소센서를 설치하는 목적은?

① 컨트롤 릴레이를 제어하기 위해서
② 정확한 공연비 제어를 위해서
③ 인젝터의 작동을 정확히 하기 위해서
④ 연료펌프의 작동을 위해서

해설 산소센서는 배기가스 중에 산소농도를 검출하여 ECU로 보내면 ECU는 연료 분사량을 정확한 이론 공연비로 유지시켜 유해가스를 저감시킨다.

20 전자제어 연료분사장치의 System 중에서 유해 배기가스를 감소시킬 수 있는 기능과 가장 거리가 먼 것은?

① 연료의 분배가 균일하다.
② 감속할 때 연료차단을 할 수 있다.
③ 운전조건에 따라 연료 공급이 가능하다.
④ 혼합기의 이론 공연비 설정이 가능하다.

해설 유해 배기가스를 감소시킬 수 있는 기능으로는 혼합기의 이론 공연비 설정, 감속 시 연료차단, 운전 조건에 따라 연료 공급이 가능하게 하는 기능이 있다.

answer 14.② 15.① 16.④ 17.① 18.① 19.② 20.①

21 **배기가스 재순환(EGR) 밸브가 열려 있다. 이 경우 발생하는 현상으로 올바른 것은?**

① 질소산화물(NOx)의 배출량이 증가한다.
② 연소실의 온도가 상승한다.
③ 기관의 출력이 감소한다.
④ 공기 흡입량이 증가한다.

해설 배기가스 재순환(EGR) 밸브가 열려 있는 경우에는 연소실의 온도가 낮아져 질소산화물 배출량과 기관의 출력이 감소한다.

22 **다음의 배기가스 중에서 인체의 혈액 속에 있는 헤모글로빈과의 결합성이 크기 때문에 수족마비, 정신분열 등을 일으키는 것은?**

① HC ② NOx
③ CO ④ H_2

해설 일산화탄소(CO)를 흡입하면 인체의 혈액 속에 있는 헤모글로빈과 결합하기 때문에 수족마비, 정신분열 등을 일으킨다.

23 **차량에서 발생되는 배출가스 중 지구 온난화를 유발하는 주요원인은?**

① CO ② HC
③ CO_2 ④ O_2

해설 자동차에서 발생되는 배출가스 중 지구온난화를 유발하는 주요원인은 이산화탄소(CO_2)이다.

24 **배기가스에 관련된 피드백 제어에 필요한 주 센서는?**

① O_2센서 ② 흡기온도 센서
③ 대기압 센서 ④ 수온 센서

25 **희박상태일 때 질코니아 고체 전해질에 정(+)의 전류를 흐르게 하여 산소를 펌핑 셀 내로 받아들이고, 그 산소는 외측 전극에서 일산화탄소(CO) 및 이산화탄소(CO_2)를 환원하는 특징을 가진 것은?**

① 티타니아 산소센서
② 전영역 산소센서
③ 압력 산소센서
④ 질코니아 산소센서

전영역 산소센서는 희박상태일 때 질코니아 고체 전해질에 정(+)의 전류를 흐르게 하여 산소를 펌핑 셀 내로 받아들이고, 그 산소는 외측 전극에서 일산화탄소(CO) 및 이산화탄소(CO_2)를 환원하는 특징을 가지고 있다.

26 **산소센서의 기전력은 희박한 상태일 때 몇 볼트 [V]를 나타내는가?** (단, 산소센서는 질코니아 센서이다)

① 0.1 ~ 0.4 ② 0.4 ~ 0.6
③ 0.6 ~ 0.8 ④ 0.8 ~ 1.0

27 **질코니아 소자의 산소(O_2)센서 기능 중 맞지 않는 것은?**

① 산소의 농도 차이에 따라 출력전압이 변화한다.
② 연료혼합비(A/F)가 희박할 때는 약 0.1[V]의 전압이 나온다.
③ 연료혼합비(A/F)가 농후할 때는 약 0.9[V] 정도가 된다.
④ 연료혼합의 피드백(feed back control)보정은 할 수 없다.

해설 산소(O_2)센서 기능은 연료혼합비(A/F)가 희박할 때는 약 0.1[V]의 전압이 나오며, 연료혼합비(A/F)가 농후할 때는 약 0.9[V] 정도가 된다. 즉 배기가스 중의 산소의 농도 차이에 따라 출력전압이 변화하며, 지속적인 연료 분사량 피드백(feed back control)제어에 사용된다.

28 **일산화탄소 측정기 정도 검사시 준비사항이다. 틀린 것은?**

① 측정기의 전원을 켠다.
② 측정기의 0점 볼륨을 맞춘다.

answer 21.③ 22.③ 23.③ 24.① 25.② 26.① 27.④ 28.④

③ 측정기의 워밍업을 충분히 시킨다.

④ 측정기의 펌프스위치를 작동시킨다.

29 **CO, HC, NOx를 줄이기 위한 목적으로 사용되는 장치는?**

① 삼원 촉매장치

② 보조 흡기밸브

③ 연료 증발가스 제어장치

④ 블로우 바이 가스 재순환 장치

해설 삼원 촉매장치에서 삼원이란 배기가스 중 유독 성분인 CO, HC, NOx을 말하며, 이 장치는 3개의 유독 성분을 산화 및 환원시키는 역할을 한다. 촉매로는 백금(Pt)과 로듐(Rh)이 사용되며, CO와 HC는 CO_2와 H_2O로 산화시키고 NOx은 N_2로 환원시켜 배출한다.

30 **MPI기관에서 산소센서를 점검하니 출력전압이 항상 높게 나온다. 그 원인으로 가장 알맞은 것은?**

① 공기의 유입이 많다.

② ISC 밸브의 고장이다.

③ 인젝터에서 연료가 샌다.

④ 퍼지 컨트롤밸브의 고장이다.

해설 산소센서의 출력전압은 혼합가스가 농후하면 출력전압이 높고(약 0.9[V]), 혼합가스가 희박하면 출력전압이 낮아진다(약 0.1[V]).

31 **가솔린 전자제어 엔진에서 삼원 촉매(catalytic converter rhodium)가 산화 반응하는 필요조건에 해당하지 않는 것은?**

① 반응에 필요한 산소가 충분해야 할 것

② 촉매작용이 충분히 발휘될 수 있어야 할 것

③ 반응에 필요한 체류시간이 충분히 있어야 할 것

④ 촉매작용이 원활하도록 혼합기 유입이 충분할 것

해설 삼원 촉매(catalytic converter rhodium)가 산화 반응하는 필요조건은 다음과 같다. 반응에 필요한 산소가 충분할 것, 촉매작용이 충분히 발휘될 수 있을 것, 반응에 필요한 체류시간이 충분할 것등이 있다.

32 **배기 다기관의 기능으로 틀린 것은?**

① 배압을 최소화한다.

② 배기 간섭을 최소화한다.

③ 열용량을 최대화한다.

④ 각 실린더에서 배출된 연소가스를 모은다.

33 **EGR 제어량 지표를 나타내는 EGR율에 대하여 바르게 나타낸 것은?**

① $\text{EGR율} = \dfrac{\text{EGR 가스유량}}{\text{흡입 공기량}} \times 100$

② $\text{EGR율} = \dfrac{\text{흡입 공기량}}{\text{EGR 가스유량}} \times 100$

③ $\text{EGR율} = \dfrac{\text{EGR 가스유량}}{\text{흡입 공기량} + \text{EGR 가스유량}} \times 100$

④ $\text{EGR율} = \dfrac{\text{흡입 공기량} + \text{EGR 가스유량}}{\text{EGR 가스유량}} \times 100$

해설 $\text{EGR율} = \dfrac{\text{EGR 가스유량}}{\text{흡입공기량} + \text{EGR 가스유량}} \times 100$

07 전자제어 가솔린 연료장치

1 **가솔린기관의 노킹(knocking) 방지책이 아닌 것은?**

① 연소 속도가 빠른 연료를 사용한다.

② 자연 발화온도가 높은 연료를 사용한다.

③ 화염의 전파거리를 길게 하는 연소실 형상을 사용한다.

④ 동일 압축비에서 혼합기의 온도를 낮추는 연소실 형상을 사용한다.

answer 29.① 30.③ 31.④ 32.③ 33.③ / 1.③

해설 가솔린 기관의 노킹(knocking) 방지책
㉠ 화염 전파거리를 짧게 하는 연소실 형상을 사용한다.
㉡ 자연 발화온도가 높은 연료를 사용한다.
㉢ 동일 압축비에서 혼합기의 온도를 낮추는 연소실 형상을 사용한다.
㉣ 연소속도가 빠른 연료를 사용한다.
㉤ 점화시기를 지연시킨다.
㉥ 연소실에 퇴적된 카본제거, 고옥탄가의 가솔린을 사용한다.

2 **가솔린기관의 공연비에 관한 설명이다. 옳은 것은?**

① 배기관 속 공기에 대한 가솔린의 비율이다.
② 실린더 내에 흡입된 점화전 공기와 연료의 질량이다.
③ 혼합기가 기관에 흡입되는 속도이다.
④ 흡입공기와 연료의 속도비이다.

해설 가솔린기관의 공연비란 점화전 실린더 내에 흡입된 공기와 연료의 질량이다.

3 **다음 중 노크(Combustion knock)에 의하여 발생하는 현상이 아닌 것은?**

① 실린더의 과열
② 배기 밸브나 피스톤 등의 소손(燒損)
③ 배기 온도의 상승
④ 출력의 감소

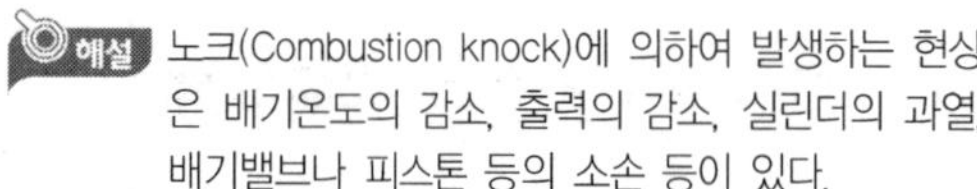

해설 노크(Combustion knock)에 의하여 발생하는 현상은 배기온도의 감소, 출력의 감소, 실린더의 과열, 배기밸브나 피스톤 등의 소손 등이 있다.

4 **전자제어 연료 분사방식에서 공기량을 측정할 때 질량유량에 의해 측정하는 방식은?**

① 칼만 와류식(karmann vortex)
② 맵 센서식(Map sensor)
③ 핫 와이어식(hot wire)
④ 에어 밸브식(Air valve)

해설 흡입 공기량을 측정할 때 질량유량에 의해 측정하는 방식은 핫 와이어식(hot wire)이다.
※ LH–jetronic : 흡입 공기량을 열선(Hot wire), 열막(Hot film)을 이용하여 질량, 유량으로 직접 검출하는 방식

5 **전자제어 연료분사장치에서 인젝터 펄스(pulse)의 단위는 무엇인가?**

① 분(minute) ② 밀리 세컨드(ms)
③ 드웰(dwell) ④ 초(sec)

해설 전자제어 연료분사장치에서 인젝터 펄스(pulse)의 단위는 밀리 세컨드(ms)이며, 인젝터 연료 분사 시간을 나타낸다.

6 **전자제어 기관에서 대시포트의 역할로 가장 적절한 표현은?**

① 가속페달을 놓았을 때 공기가 갑자기 차단되는 것을 방지하기 위하여
② 감속시 공기 유입을 차단하기 위하여
③ 엔진을 가속시킬 때 공기를 많이 유입시키기 위하여
④ 가속방지를 위하여

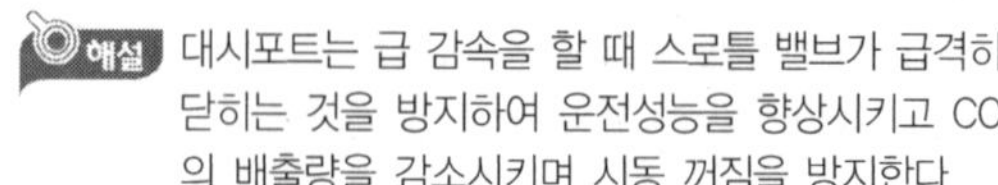

해설 대시포트는 급 감속을 할 때 스로틀 밸브가 급격히 닫히는 것을 방지하여 운전성능을 향상시키고 CO의 배출량을 감소시키며 시동 꺼짐을 방지한다.

7 **전자제어 엔진에서 사용하는 흡입공기 검출방식은?**

① 유온계측 방식
② 수온계측 방식
③ 회전감지 방식
④ 직접계측 방식

해설 흡입공기량의 계측방법
㉠ **직접 계측 방식**
• 체적 검출 : 베인식, 칼만 와류식
• 질량 검출 : 열막(Hot film)식, 열선(Hot wire)식
㉡ **간접 계측 방식** : MAP 센서 방식으로 흡기다기관의 절대 압력으로 흡입공기량을 계측

answer 2.② 3.③ 4.③ 5.② 6.① 7.④

8 **에어 플로센서(AFS)의 기능을 설명한 것이다. 알맞은 것은?**

① 엔진에 공급되는 흡입 공기압력을 계측하여 컴퓨터(ECU)에 보낸다.
② 엔진에 공급되는 흡입 공기량을 계측하여 컴퓨터(ECU)에 보낸다.
③ 엔진에 공급되는 흡입 공기온도를 계측하여 컴퓨터(ECU)에 보낸다.
④ 엔진에 공급되는 흡입 공기의 절대압력과 절대온도를 계측하여 컴퓨터(ECU)에 보낸다.

9 **전자제어 엔진의 공회전 속도를 적절히 유지해 주는 부품은?**

① 스로틀 포지션 센서
② 스텝모터
③ 스로틀밸브 스위치
④ 분사밸브

해설 공회전 속도조절 장치의 종류에는 로터리밸브 엑추에이터, ISC(Idle speed control) ISA(Idle speed adjust), 전자 스로틀 시스템, 스텝모터 등이 있다.

10 **전자제어 연료분사방식의 공기 흡입량 감지방식이 아닌 것은?**

① 열막식 에어 플로센서(hot-film type air flow sensor)
② 맵 센서(map sensor)
③ 베인식 에어 플로미터(vane type air flow meter)
④ 스로틀 센서식 에어 플로미터(throttle sensor type air flow meter)

해설 흡입공기량 계측방식에 의한 분류
㉠ **스피드 덴시티 방식**(속도밀도 방식) : 흡기다기관 내의 절대압력(대기압력+진공압력), 스로틀 밸브의 열림 정도, 기관의 회전속도로부터 흡입공기량을 간접 계측하는 방식이며 D-Jetronic이 여기에 속한다. 흡기다기관 내의 압력측정은 피에조(Piezo) 반도체 소자를 이용한 MAP센서를 사용한다.
㉡ **매스 플로 방식**(질량유량 방식) : 공기유량센서가 직접 흡입공기량을 계측하고 이것을 전기적 신호로 변화시켜 ECU로 보내 연료분사량을 결정하는 방식이다. 공기유량센서의 종류에는 베인 방식, 칼만 와류방식, 열선 방식, 열막방식 등이 있다.

11 **다음의 센서 중 ECU 내에 페일 세이프 기능이 없는 것은?**

① 대기압 센서 ② 흡기온 센서
③ 냉각수온 센서 ④ 크랭크 각 센서

12 **다음 그림은 전자제어 연료분사 차량의 흡기다기관 압력 센서(MAP 센서)의 전압 변동 파형을 이차트리거(1번 실린더 점화시점)하여 나타낸 것이다. 설명이 틀린 것은?**

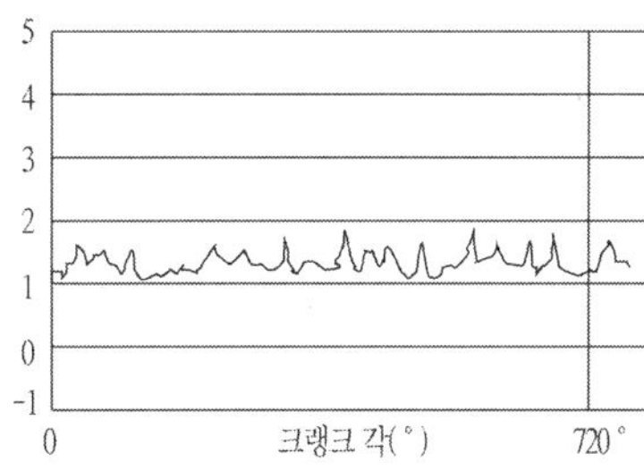

① 급가속하면 파형이 내려간다.
② 키 스위치만 ON한 상태에서는 파형이 올라간다.
③ 그림의 상태는 공회전 상태이다.
④ 가속을 계속하고 있는 상태에서도 유사한 높이에서 파형이 나온다.

해설 급가속하면 파형이 올라간다.

13 **흡입 매니폴드 압력변화를 피에조(Piezo) 저항에 의해 감지하는 센서는?**

① 차량속도센서 ② 크랭크 포지션 센서
③ MAP센서 ④ 수온센서

answer 8.② 9.② 10.④ 11.④ 12.① 13.③

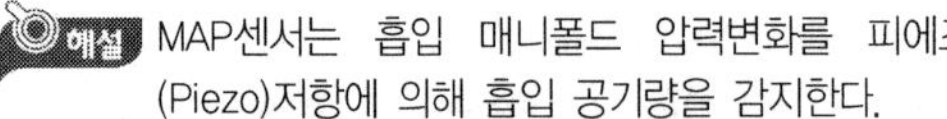
해설 MAP센서는 흡입 매니폴드 압력변화를 피에조(Piezo)저항에 의해 흡입 공기량을 감지한다.

※ **스피드 덴시티 방식**(속도밀도 방식) : 흡기다기관 내의 절대압력(대기압력+진공압력), 스로틀 밸브의 열림 정도, 기관의 회전속도로부터 흡입 공기량을 간접 계측하는 방식이며 D- Jetronic이 여기에 속한다. 흡기다기관 내의 압력측정은 피에조(Piezo) 반도체 소자를 이용한 MAP센서를 사용한다.

14 맵 센서(MAP sensor)의 출력 특성으로 알맞은 것은?

①
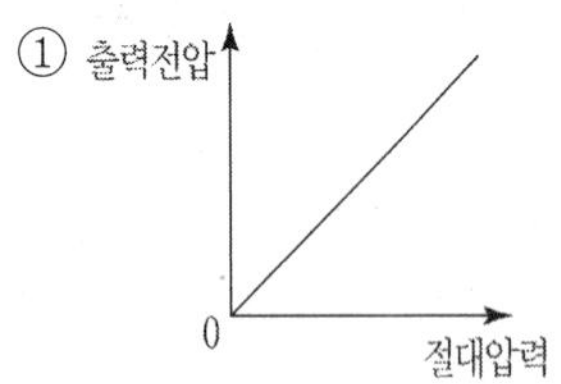

②
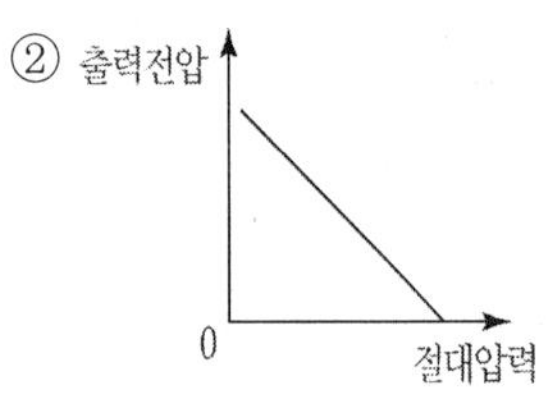

③
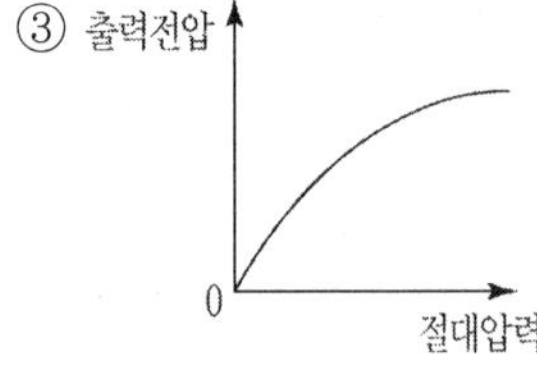

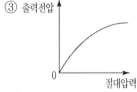

④
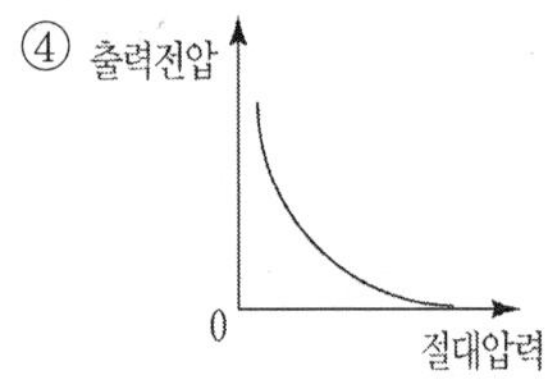

해설 MAP센서는 흡기 다기관의 압력 변동에 따라 흡입 공기량을 검출하며, 진공도가 크면(절대압력이 작으면) 출력 전압은 낮아지고, 진공도가 작으면(절대압력이 크면) 출력 전압은 커진다.

15 전자제어 엔진에서 연료압력 점검시 연료압력 조절기 진공호스를 연결하였을 때 연료압력[kgf/cm²]은 대략 얼마인가?

① 1.55 ② 2.55
② 3.55 ④ 4.55

해설 연료압력 조절기는 연료의 압력을 흡기다기관의 진공도에 대하여 약 2.2～2.6[kgf/cm²]의 차이를 유지시켜 연료의 분사압력을 항상 일정하게 유지시킨다.

16 전자제어 연료분사 장치를 장착한 기관에서 압력조절기(pressure regulator)의 고장으로 발생하는 현상은?

① 흡기관의 압력이 높아진다.
② 분사시간이 일정해도 연료 분사량이 달라진다.
③ 연료펌프의 압력이 상승한다.
④ 인젝터에서의 연료 분사시간이 다르다.

해설 연료압력 조절기(pressure regulator)가 고장나면 분사시간이 일정해도 연료 압력이 다르기 때문에 연료 분사량이 달라진다.

17 다음 중 대기압 센서에 대하여 올바르게 설명 것은?

① 압력을 저항으로 변환시키는 반도체 피에조 저항형 센서이다.
② 온도에 따라 전압이 변화되는 저항형 센서이다.
③ 압력의 변화에 따라 저항이 변하는 슬라이드 저항체이다.
④ 습도에 따라 전압이 변동되는 반도체 소자이다.

해설 대기압 센서는 압력을 저항으로 변환시키는 반도체 피에조 저항형 센서이다.

18 전자제어 연료분사장치에서 분사량의 제어는 무엇으로 하는가?

① 압력조절 밸브로 제어한다.
② 인젝터의 분사압력으로 제어한다.

answer 14.① 15.② 16.② 17.① 18.③

③ 인젝터의 니들밸브가 열리는 시간으로 제어한다.

④ 기관의 회전속도에 따라 연료펌프가 조정한다.

해설 전자제어 연료분사장치에서 분사량의 제어는 인젝터의 솔레노이드 코일 통전시간에 의한 니들밸브가 열리는 시간으로 제어한다.

19 **다음 센서 중 난기운전 및 기관에 가해지는 부하가 증가됨에 따라서 공전속도를 증가시키는 역할을 하는 센서는 무엇인가?**

① 수온센서 ② 대기압센서

③ 흡기온도센서 ④ 공전조절서보

해설 난기 운전 및 기관에 가해지는 부하가 증가됨에 따라서 공전속도를 증가시키는 역할을 하는 센서는 공전조절서보이다.

20 **다음 중 어떤 타입의 센서(sensor)가 연료 잔량 경고등에 쓰이는가?**

① 피에조 센서 ② 서미스터

③ 가변저항 ④ 포텐숀 미터

해설 연료 잔량 경고등에는 서미스터를 사용하며, 서미스터는 온도에 따라 저항 값이 변하는 반도체 소자로, 온도가 올라갈 때 저항 값이 커지면 정특성(PTC) 서미스터이고, 반대로 저항 값이 내려가면 부특성(NTC) 서미스터라 한다.

21 **흡기 온도 센서가 장착되어 있는 곳으로 가장 적합한 위치는?**

① 오일센서 부근

② 라디에이터 호스 부근

③ 에어클리너 공기유입 부근

④ 운전석 부근

22 **기관에서 매니폴드 안의 압력변화에 다른 분사량의 변화를 방지하며 다이어프램 스프링에 의해 연료압력과 흡기매니폴드와의 차압을 항상 일정하게 유지하는 것은?**

① 연료압력 조정기 ② 에어플로 미터

③ 연료 댐퍼 ④ 연료여과기

해설 연료압력 조정기의 역할은 기관에서 흡기매니폴드 안의 압력변화에 따른 분사량의 변화를 방지하며 다이어프램 스프링에 의해 연료압력과 흡기매니폴드와의 차압을 항상 일정하게 유지한다.

23 **엔진에서 패스트 아이들 기능(Fast Idle Function)의 역할을 바르게 설명한 것은?**

① 기관이 워밍업되기 전에 급가속하면 기관이 정지되는 현상을 방지하기 위한 기능이다.

② 기관을 신속히 워밍업하기 위해 공전속도를 높이는 기능을 말한다.

③ 고속 주행 후 급감속시 연료의 비등을 방지한다.

④ 연료계통 내의 빙결을 방지한다.

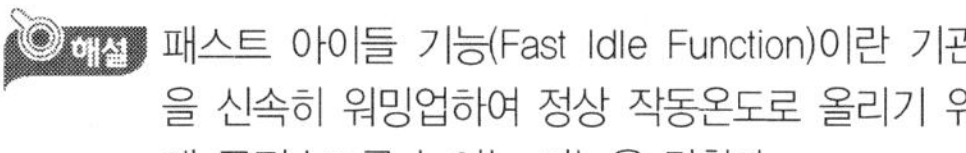
해설 패스트 아이들 기능(Fast Idle Function)이란 기관을 신속히 워밍업하여 정상 작동온도로 올리기 위해 공전속도를 높이는 기능을 말한다.

24 **전자제어 연료분사 차량의 설명이다. 가장 옳지 않은 것은?**

① 인젝터의 연료 분사량은 니들밸브의 개방시간(솔레노이드의 통전시간)에 비례한다.

② 인젝터의 기본 구동시간은 공기유량 센서, 크랭크 각 센서, 산소센서의 정보에 의해 결정된다.

③ 최적의 주행상태를 위하여 인젝터 구동시간은 각종 센서에 의해 보정된다.

④ 인젝터의 기본 구동시간은 수온센서, 모터 포지션센서(MPS)에 의해 결정된다.

해설 인젝터의 작동은 컴퓨터의 제어신호에 의해 연료를 분사시키며, 연료의 분사량은 니들밸브의 개방시간(솔레노이드의 통전시간)에 비례한다. 또 인젝터의 기본 구동시간은 공기유량센서, 크랭크 각 센서, 산소센서의 신호를 받아 ECU에서 출력되는 신호에 의해 결정된다.

answer 19.④ 20.② 21.③ 22.① 23.② 24.④

25 **전자제어 연료분사장치에서 연료분사시간에 해당되지 않는 것은?**

① 보정계수　　② 임의분사시간
③ 기본분사시간　　④ 무효분사시간

해설 전자제어 연료분사장치에서 연료분사시간에는 기본분사시간, 보정계수, 무효분사시간 등이 있다.

26 **탱크 내장형 연료펌프의 구성부품 중 체크밸브의 역할로 맞지 않는 것은?**

① 재시동 성능을 향상시킨다.
② 고온일 때 베이퍼 록 현상을 방지한다.
③ 압력이 상승할 때 연료가 누설되는 것을 방지한다.
④ 잔압을 유지시켜 준다.

해설 **체크 밸브의 역할** : 역류 방지, 잔압 유지, 베이퍼 록 방지, 재시동성 향상
※ **밸브의 종류와 역할**
㉠ **안전밸브** : 규정 이상의 압력에 달하면 작동하여 배출
㉡ **체크밸브** : 잔류 압력을 일정하게 유지(잔압 유지)
㉢ **릴리프밸브** : 안전밸브와 같은 역할을 하며, 압력이 규정 압력에 도달하면 일부 또는 전부를 배출하여 압력을 규정 이하로 유지하는 역할을 하여 내부 압력이 규정 압력 이상으로 올라가지 않도록 한다.

27 **전자제어 연료분사 장치에서 ECU로 입력되는 신호가 아닌 것은?**

① 스로틀밸브 위치신호
② 엔진 회전수 신호
③ 공회전 스텝모터 작동신호
④ P.N 스위치 신호(자동변속기 차량)

해설 **전자제어 분사장치 ECU 입·출력 요소**
㉠ **입력계통** : 공기유량센서, 흡기온도센서, 대기압센서, 1번 실린더 TDC센서, 스로틀 위치센서, 크랭크각 센서, 수온센서, 맵 센서, 인히비터 스위치 등
㉡ **출력계통** : 인젝터, 연료펌프제어, 공전속도제어, 컨트롤릴레이 제어신호, 노킹제어, 냉각팬 제어 등

28 **인젝터(injector)의 분사량 결정에 영향을 미치는 요소에 해당되지 않는 것은?**

① 분사구의 면적
② 분사장소의 크기
③ 니들밸브의 행정
④ 솔레노이드 코일의 통전시간

해설 인젝터(injector)의 분사량 결정에 영향을 미치는 요소에는 니들밸브의 행정, 솔레노이드 코일의 통전시간, 분사구멍의 면적 등이다.

29 **전자제어 기관(MPI)의 연료 분사방식에 해당되지 않는 것은?**

① 독립분사 방식　　② 그룹분사 방식
③ 예분사 방식　　④ 동시분사 방식

해설 **전자제어 기관(MPI)의 연료 분사방식** : 동기분사(독립분사, 순차분사), 그룹분사, 동시분사(비동기분사)방식 등이 있다.

30 **인젝터에서 통전시간을 A, 비통전시간을 B로 나타낼 때 듀티비(duty ratio)의 공식으로 알맞은 것은?**

① 듀티비$=\dfrac{A+B}{A}\times 100$

② 듀티비$=\dfrac{A+B}{B}\times 100$

③ 듀티비 $=\dfrac{A}{A+B}\times 100$

④ 듀티비$=\dfrac{B}{A+B}\times 100$

해설 인젝터에서 통전 시간을 A, 비통전 시간을 B로 나타낼 때 듀티비(Duty Ratio) 공식은

듀티비$=\dfrac{A}{A+B}\times 100$으로 나타낸다.

31 **다음 중 전자 제어 엔진의 인젝터 점검 사항에 해당되지 않는 것은?**

① 내부 진공도를 측정한다.
② 내부저항을 측정한다.

answer 25.② 26.③ 27.③ 28.② 29.③ 30.③ 31.①

③ 작동음을 들어본다.
④ 분사량을 측정한다.

해설 인젝터 기본 점검사항은 저항 값, 분사량, 작동음 등이다.

32 **인젝터의 분사펄스 폭은 엔진 rpm 센서와 매니폴드 압력센서(MAP)의 정보에 의해 ECU가 인젝터 분사시간을 제어하게 되어 있다. 이 때 연관되는 센서 중 가장 거리가 먼 것은?**

① Fuel Pump Check Sensor
② Air Temperature Sensor
③ Water Temperature Sensor
④ Throttle Position Sensor

해설 인젝터의 분사펄스 폭은 엔진 rpm 센서와 매니폴드 압력센서(MAP)의 정보에 의해 ECU가 인젝터 분사시간을 제어하게 되는데 이 때 연관되는 센서로는 Air Temperature Sensor(흡기온도 센서), Water Temperature Sensor(수온센서), Throttle Position Sensor(스로틀 포지션 센서) 등이 있다.

33 **전자제어 연료분사 방식에서 연료 컷(Fuel cut) 영역을 잘 나타낸 것은?**

① 브레이크시 연료 컷, 과충전시 연료 컷
② 감속시 연료 컷, 고회전시 연료 컷
③ 과충전시 연료 컷, 감속시 연료 컷
④ 고회전시 연료 컷, 브레이크시 연료 컷

해설 연료차단(fuel cut)영역은 감속할 때와 최고 속력으로 회전할 경우이다.

34 **전자제어 연료 분사차량 센서 중에서 기관을 시동할 때 기본 연료분사 시간과 관계가 없는 것은?**

① 스로틀 위치 센서(throttle position sensor)
② 에어 플로 센서(A.F.S)
③ 수온센서(W.T.S)
④ 산소센서(O_2 sensor)

해설 산소센서(O_2 sensor)는 배기가스 중의 산소농도에 따라 기전력이 변화되어 혼합기의 희박, 농후 여부를 판단하는 피드 백 센서이다.

35 **전자제어 엔진에서의 연료 컷(fuel cut)에 대한 내용으로 틀린 것은?**

① 기관(enging)의 고속회전이 가능하도록 하기 위함이다.
② 인젝터 분사신호의 정지이다.
③ 연비를 개선하기 위함이다.
④ 배출가스를 정화하기 위함이다.

해설 연료차단(fuel cut)기능은 인젝터 분사정지 신호이며, 기관(engine)의 고속회전을 방지하고, 연비 개선 및 배출가스를 점화하기 위해 사용한다.

36 **전자제어 엔진에서 초기 시동을 할 때 웅–웅거리며 엔진회전수가 오르락내리락 한다. 예상되는 고장원인과 가장 관련이 없는 것은?** (단, 공전조정 가능 차량)

① 크랭크 각 센서 불량
② 공전 회전수 조정불량
③ 냉각수온센서 불량
④ 공전스위치 불량

해설 전자제어 엔진에서 초기 시동을 할 때 웅–웅거리며 엔진 회전수가 오르락내리락 할 때 예상되는 고장원인은 공전 회전수 조정불량, 냉각수온센서 불량, 공전스위치 불량 등이다.

37 **전자제어식 연료분사 장치에는 연료차단 기능이 있는데 그 기능을 수행할 때가 아닌 것은?**

① 워밍업시
② 차속이 일정속도 이상인 경우
③ 고회전시
④ 엔진 브레이크시

해설 자동차를 관성 운전할 경우(기어 중립상태), 엔진 브레이크를 사용, 주행속도가 일정속도 이상일 때, 엔진 회전수가 레드 존(고속 회전)일 경우 연료공급을 차단한다.

38 **엔진 크랭킹시 연료 분사가 되지 않을 경우의 원인에 해당되지 않는 것은?**

answer 32.① 33.② 34.④ 35.① 36.① 37.① 38.①

① 아이들 스위치의 불량이다.
② 엔진 컴퓨터에 이상이 있다.
③ 컨트롤 릴레이에 이상이 있다.
④ 크랭크 각 및 1번 상사점 센서의 불량이다.

해설 엔진을 크랭킹할 때 연료 분사가 되지 않는 원인은 ECU 이상, 컨트롤 릴레이 이상, 크랭크 각 및 1번 상사점 센서의 불량이다.

39 **가솔린엔진에서 불규칙한 진동이 일어날 경우의 정비사항 중 틀린 것은?**

① 진공의 누설 여부 점검
② 마운팅 인슐레이터 손상 유·무 점검
③ 점화플러그 손상 유·무 점검
④ 연료펌프의 압력 불규칙 점검

해설 가솔린엔진에서 불규칙한 진동이 일어날 경우의 정비사항은 마운팅 인슐레이터 손상 유·무 점검, 진공의 누설 여부 점검, 연료펌프의 압력 불규칙 점검 등이 있다.

40 **기관의 각기 다른 운전 상태에 적합한 혼합기는 전자제어 연료 분사장치의 기본 시스템 외에 특별한 보상장치를 필요로 할 때가 있다. 다음 중 이와 거리가 먼 것은?**

① 배기가스 유해물질 저감
② 냉 시동시의 운전특성 개선
③ 고속 주행성능의 향상
④ 기관의 출력증대

해설 보상장치가 필요한 경우는 배기가스 유해물질 저감, 냉간 상태의 시동에서 운전특성 개선, 고속 주행성능의 향상등 있다.

41 **가솔린 엔진 연료 분사장치에서 기본 분사량을 결정하는 것으로 맞는 것은?**

① 에어플로 센서와 스로틀 보디
② 흡기온 센서와 냉각수온 센서
③ 냉각수온 센서와 크랭크 각 센서
④ 크랭크 각 센서와 에어플로 센서

가솔린 엔진의 연료 분사장치에서 기본 분사량을 결정하는 것은 크랭크 각 센서(CAS)와 에어플로 센서(AFS)이다.

42 **자동차에 쓰이는 일반적인 수온센서의 특징으로 알맞은 것은?**

① 온도상승과 비례하여 저항 값도 올라간다.
② 온도가 올라가면 저항 값은 떨어진다.
③ 온도가 상승하면 물재킷 부근의 온도는 내려갈 수 있다.
④ 온도와 저항과의 관계는 관련 없다.

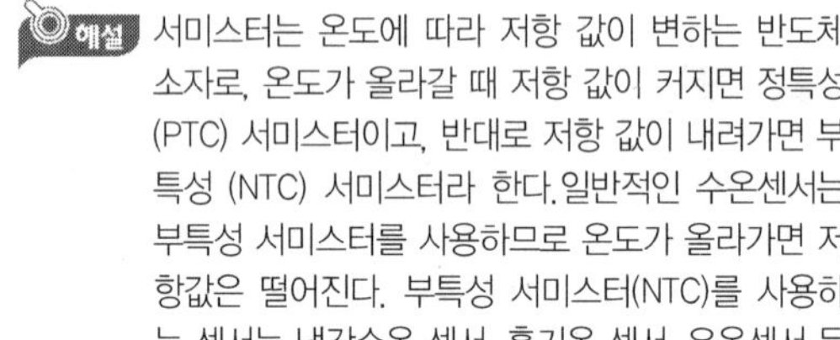
해설 서미스터는 온도에 따라 저항 값이 변하는 반도체 소자로, 온도가 올라갈 때 저항 값이 커지면 정특성(PTC) 서미스터이고, 반대로 저항 값이 내려가면 부특성 (NTC) 서미스터라 한다. 일반적인 수온센서는 부특성 서미스터를 사용하므로 온도가 올라가면 저항값은 떨어진다. 부특성 서미스터(NTC)를 사용하는 센서는 냉각수온 센서, 흡기온 센서, 유온센서 등이 있다.

43 **자동차에서 사용하는 LPG의 특성 중 잘못 설명한 것은?**

① 연소효율이 좋고 엔진 운전이 정숙하다.
② 엔진의 윤활유가 잘 더러워지지 않으므로 엔진의 수명이 길다.
③ 대기오염이 적으며, 위생적이고 경제적이다.
④ 증기폐쇄(Vapor Lock)가 잘 일어난다.

해설 LPG 기관의 특징
㉠ 오일의 오염이 적어 엔진 수명이 길다.
㉡ 연소실에 카본부착이 없어 점화플러그 수명이 길어진다.
㉢ 연소효율이 좋고, 엔진이 정숙하다.
㉣ 대기오염이 적고, 위생적이며 경제적이다.
㉤ 옥탄가가 높고 노킹이 적어 점화시기를 앞당길 수 있다.
㉥ 증기폐쇄(Vapor Lock) 및 퍼컬레이션 발생이 잘 일어나지 않는다.

answer 39.③ 40.④ 41.④ 42.② 43.④

44 수온센서가 고장일 경우 나타나는 현상이 아닌 것은?

① 공전속도가 불안정하다.
② CO 및 HC가 증가한다.
③ 엔진이 정지된다.
④ 워밍업을 할 때 검은 연기가 배출된다.

해설 수온센서 고장 시 공전속도가 불안정, 워밍업 시 검은색 연기가 배출되며, CO 및 HC가 증가한다.

45 2000[rpm] 이상 운전 중 스로틀 밸브를 완전히 닫을 때 연료 분사량은?

① 분사량 증가 ② 분사일시 중단
③ 분사량 감소 ④ 변함없다.

해설 2000[rpm] 이상으로 운전 중 스로틀 밸브를 완전히 닫으면 연료 컷 기능에 의해 분사가 일시 중단된다.

46 전자제어 기관에서 ECU에 기억된 결함코드를 읽기 위해 자기진단(self-diagnosis)을 하고자 한다. 틀린 것은?

① 결함코드는 고장 순서대로 표출한다.
② 자기진단 터미널의 K 단자에서 신호가 나온다.
③ 코드번호 확인을 위해 L-wire를 접지시킨다.
④ 엔진 key를 ON에 놓고 OBD 램프를 관찰했을 때 결함 코드가 없으면 잠시 후 소등된다.

해설 전자제어 기관의 자기진단(self-diagnosis)
㉠ 자기진단 터미널의 K단자에서 신호가 나온다.
㉡ 코드번호 확인을 위해 L-wire를 접지시킨다.
㉢ 엔진 key를 ON에 놓고 OBD램프를 관찰했을 때 결함 코드가 없으면 잠시 후 소등된다.
㉣ 결함코드가 출력될 때는 작은 번호부터 큰 번호 순서로 표출된다.

47 자기진단 장비(스캔 툴) 사용 설명 중 틀린 것은?

① 에어백 장치의 자기진단은 가능하나 기억 소거는 할 수 없다.
② 엔진 자기진단과 센서 출력 값을 점검할 수 있다.
③ 전자제어 자동변속기의 자기진단과 센서 출력 값을 점검할 수 있다.
④ 오실로스코프 기능이 있어 센서의 출력 값을 파형을 통한 분석을 할 수 있다.

해설 자기진단 장비(스캔 툴)의 특징
㉠ 엔진 자기진단과 센서 출력 값을 점검할 수 있다.
㉡ 전자제어 자동변속기의 자기진단과 센서 출력 값을 점검할 수 있다.
㉢ 오실로스코프 기능이 있어 센서의 출력 값에 대해서 파형을 통한 분석을 할 수 있다.
㉣ 에어백 장치뿐만 아니라 기타 전자제어 장치의 자기 진단과 고장기억 소거도 가능하다.

48 전자제어 연료 분사장치 차량에서 급 가속할 때 역화 현상이 발생했다면, 그 원인으로 다음 중 가장 적합한 것은?

① 연료 분사량이 농후하다.
② 인젝터의 막힘
③ 냉각수온 센서의 고장
④ 연료압력이 지나치게 높다.

해설 전자제어 연료 분사장치 차량에서 인젝터가 막히면 급 가속할 때 역화 현상이 발생할 수 있다.

49 노크센서(knock sensor)에 대한 내용으로 관계가 없는 것은?

① 주로 은으로 코팅하여 사용한다.
② 실린더 블록에 부착한다.
③ 특정 주파수의 진동을 감지한다.
④ 사용온도 범위는 130[℃] 정도이다.

해설 노크 센서(knock sensor)의 사용온도 범위는 130℃ 정도이며, 특정 주파수의 진동을 감지하여 전기적인 신호로 변환시켜 ECU로 보내면 ECU는 노크센서의 신호에 따라 점화시기를 지각시킨다.

answer 44.③ 45.② 46.① 47.① 48.② 49.①

50 **LPG 자동차에서 기체 또는 액체의 연료를 차단 및 공급하는 역할을 하는 것은?**

① 체크밸브 ② 감압밸브
③ 솔레노이드 밸브 ④ 영구 자석

해설 LPG 자동차에서 솔레노이드 밸브는 기체 또는 액체의 연료를 차단 및 공급하는 역할을 한다.

51 **전자제어 연료분사장치가 이상이 있어 아날로그 전압계를 이용하여 자기진단을 실시할 때 설명이다. 틀린 것은?**

① 점화 스위치를 ON시켰을 때 ECU에 기억된 코드가 출력
② 비정상 코드가 출력될 때는 큰 번호부터 작은 번호 순서로 표출
③ 출력된 비정상 코드를 기록한 후 자기 진단표에 있는 항목 수리
④ 고장부위를 수리한 후 축전지(−)단자를 15초 이상 분리

52 **시동 후 수온센서(부특성)의 출력전압은 시간이 지남에 따라 어떻게 변화하는가?**

① 크게 상 · 하로 움직인다.
② 계속 상승하다 일정하게 된다.
③ 엔진온도 상승에 따라 전압 값이 감소한다.
④ 변화없다.

해설 NTC저항체란 부특성 서미스터로 온도가 올라가면 저항값이 내려가는 반도체 소자이다. 수온센서는 엔진 시동 후에는 냉각수온도가 상승하기 때문에 서미스터의 저항값이 감소되므로 전압 값이 감소한다.

answer 50.③ 51.② 52.③

자동차 전기

2-1 기초 전기, 전자

2-2 시동, 점화, 충전장치

2-3 계기 및 보안장치

2-4 안전 및 편의장치

2-5 안자동차 전기 안전기준 및 검사

– 단원핵심문제

CHAPTER 02 자동차 전기

2-1 기초 전기, 전자

❶ 전기 일반

(1) 전류의 3대 작용

① 발열작용 : 전구, 전열기, 열선

② 화학작용 : 도금, 축전기

③ 자기작용 : 모터, 솔레노이드, 릴레이

(2) 저항

전류의 흐름을 방해하는 요소이며 기호는 R, 단위는 [Ω]이다. 그리고 1[V]의 전압을 가했을 때 1[A]의 전류가 흐를 수 있는 저항을 1[Ω]이라 한다. 도체저항은 도체 본래의 저항으로, 도체의 단면적에 반비례하고, 도체의 길이에 비례한다.

(3) 옴의 법칙

독일의 옴이라는 사람이 정립하였으며 도체에 흐르는 전류의 크기는 그 도체의 저항에 반비례하고 도체에 가해진 전압에 정비례한다.

$$I = \frac{V}{R}[\mathrm{A}]$$

$$R = \frac{V}{I}[\Omega]$$

$$V = IR\,[\mathrm{V}]$$

(4) 전력 및 전력량

① 전력

㉠ 전기가 하는 일의 크기이며, 전력은 전압이나 전류가 클수록 크게 된다. 기호는 P, 단위는

W(watt)로 나타내며 공식은 아래와 같다.

$$P = V \times I[\mathrm{W}] = I^2 \times R$$

$$P = \frac{V^2}{R}$$

$$V = \frac{P}{R}$$

$$I = \frac{P}{V}$$

㉡ **전력과 마력** : 1[PS] = 75[kg · m/s]= 736[W]= 0.736[kW]

(5) 키르히호프의 법칙

① **제1법칙** : 임의의 한 점에 유입된 전류의 총합과 유출된 전류의 총합은 같다.

$$I_1 + I_2 = I_3 + I_4$$

$$(I_1 + I_2) - (I_3 + I_4) = 0 \text{ 즉 } \sum I = 0$$

② **제2법칙** : 임의의 폐회로에 있어서 기전력의 총합과 전압 강하의 총합은 같다.

(6) 줄의 법칙

① 전류가 도체 속을 흐를 때 발생하는 열량은 도체의 저항과 전류의 제곱의 곱에 비례한다.

② 기호 = H

$$H = 0.24 I^2 RT[\mathrm{cal}], \ 1[\mathrm{cal}] = 4.2[\mathrm{J}]$$

❷ 전자 일반

(1) 정의

① **반도체** : 도체와 절연체의 중간 성질로 조건에 따라 저항 값이 변한다. 따라서 다른 원소를 함유하면 전기저항이 크게 변한다.

② **불순물 반도체** : 진성 반도체에 어떤 특성을 주기 위하여 적은 양의 불순물을 첨가한 반도체를 불순물 반도체라 한다. 불순물 반도체는 전자의 결합상태에 따라 전기적 성질이 다르게 된다. 대표적인으로 P형 및 N형 반도체가 있다.

㉠ **P형 반도체** : 전자가 4인 원소(실리콘)와 전자가 3인 원소(알루미늄 : Al, 인듐 : In) 등을 결합시키면 공유 결합을 하여도 1개의 전자가 부족하게 된다. 이 부족한 자리는 홀로 남게 되어 (+)성질을 지니게 된다. 이것을 정공이라 한다. 이러한 반도체를 P형 반도체라 한다.

㉡ **N형 반도체** : 전자가 4인 원소(실리콘)와 전자가 5인 원소(비소 : As, 안티몬 : Sb, 인 : P) 등을

결합하면 1개의 전자가 남게 된다. 이 전자는 구속력이 극히 약하여 자유로이 이동할 수 있다. 따라서 전자의 수가 많으므로 (−)성질을 지니게 된다. 이것을 자유전자라 한다. 이러한 반도체를 N형 반도체라 한다.

③ 불순물 반도체의 결합

㉠ (실리콘)**다이오드** : P형 반도체 1개와 N형 반도체 1개를 단일 접합한 것으로 정방향으로는 전류가 흐르나 역방향으로는 전류가 흐르지 않는다. 교류발전기, 경보장치 등에 활용된다.

㉡ **제너 다이오드** : 순방향 특성은 다이오드와 같으나 역방향 특성에서 일정 전압 이상이 가해지면 역방향으로도 전류가 흐른다. 역방향으로 전류가 흐르는 현상을 제너현상, 이때의 전압을 제너전압(항복전압)이라 한다. 발전기의 전압 조정기나 트랜지스터식 점화장치의 트랜지스터 보호용으로 활용된다.

㉢ **트랜지스터**(TR) : 불순물 반도체 3개를 접합한 것으로 PNP형과 NPN형의 2가지가 있으며 이미터, 컬렉터, 베이스의 단자 3개를 갖는다. 트랜지스터의 종류에 따라 전류 흐름의 특징은 다음과 같다.

- PNP형 : 이미터에서 베이스로 전류가 흐르면 이미터에서 컬렉터로 전류가 흐른다.
- NPN형 : 베이스에서 이미터로 전류가 흐르면 컬렉터에서 이미터로 전류가 흐른다.
- 트랜지스터의 작용

– 스위칭 작용 : 베이스에 흐르는 전류를 단속하면 이미터나 컬렉터에 전류가 단속된다.

– 증폭작용 : 베이스에 흐르는 전류는 총 전류의 2[%]로 작동이 되며 나머지 98[%]가 컬렉터로 흐른다. 즉, 작은 전류로 큰 전류를 제어하는 것을 말한다.

㉣ **사이리스터**(thyristor : SCR) : PN 정션의 다이오드 2개를 접합한 상태로 PNPN의 형태를 나타내며 PNP형 1개와 NPN형 1개의 트랜지스터 2개를 합친 것과 같은 작용을 한다.

- 종류 : P게이트형과 N게이트형이 있다.
- 구성 : 애노드, 캐소드, 게이트로 구성되어 있으며 애노드에서 캐소드로 전류가 흐르도록 접속한 것을 순방향이라 한다. 게이트에 전류가 흐르면 다이오드의 특성과 같이 작용한다.

㉤ **서미스터**(thermistor) : 온도에 따라 저항값이 크게 변하는 반도체이며 수온센서, 연료센서, 온도 감지기(온도 센서)에 사용된다. 일반적으로 온도에 따라 저항값이 반비례하는 부특성(NTC) 서미스터를 사용한다.

㉥ **발광 다이오드**(LED) : 순방향으로 전류를 흐르게 하였을 때 빛이 발생하는 다이오드이며 발열이 거의 없으며 수명이 백열전구의 10배 이상이고 배전기 내의 크랭크 각 센서로 이용된다.

㉦ **포토 다이오드**(photo diode) : 접합부에 입사광선을 쬐면 빛에 의해 자유전자가 되어 전자가 이동하며 역방향으로도 전류가 흐른다. 크랭크 각 1번 TDC센서에 사용되고 소형이며, 취급이 용이하고 광출력 전류가 매우 적은 특징이 있다.

(3) 논리회로

① **아날로그 회로** : 아날로그 회로는 시간의 변화에 따라 직선적으로 변화되는 신호의 형태로서 축전지 전압, 발전기 파형, 산소 센서의 출력전압, 교류 등의 신호를 일컫는다.

② **디지털(digital) 회로** : 전압의 변화가 시간의 변화에 대비해 계단형식의 값을 취하는 경우 이러한 회로를 디지털 신호라 한다.

㉠ **논리곱(AND, 직렬 회로)** : AND 회로는 TR로도 구성이 될 수 있고 다이오드로도 구성될 수 있다. 입력 A와 B 모두가 1이 되어야 출력도 1이 된다.

㉡ **논리합(OR, 병렬 회로)** : OR는 AND와 달리 두 개의 조건 중 하나만 만족시켜도 출력이 나온다. AND와 마찬가지로 OR도 TR 또는 다이오드로도 구성이 가능하다.

㉢ **논리부정(NOT)** : NOT은 입력이 1이면 출력은 0, 즉 입력과 반대의 성질을 가지고 있다.

㉣ **논리곱 부정(NAND)** : NAND는 AND의 부정을 의미하여 NAND의 출력은 진리표가 나타내는 것과 같이 AND출력의 반대를 가지고 있다. NAND로서 NOT와 AND 또는 OR를 만들 수 있다.

㉤ **논리합 부정(NOR)** : NOR 역시 OR의 반대 출력이 나온다. 이러한 NAND나 NOR는 회로 설계 시에 설계자의 하드웨어(hard were) 제작에 참고가 된다.

(4) IC(integrated circuit : 집적회로)

IC의 소자는 몇 개에서 수천 개의 트랜지스터를 가로, 세로가 몇 [mm]인 실리콘 칩 위에 형성한 것이며 세라믹이나 플라스틱의 패키지 속에 들어 있다.

2-2 시동, 점화, 충전장치

❶ 축전지

축전지는 전류의 화학적 작용을 이용한 장치이며 양극판, 음극판 그리고 전해액으로 구성되어 있다. 각 극판의 작용물질과 전해액이 가지는 화학적 에너지를 전기적 에너지로 바꿀 수 있고(이것을 방전이라고 한다), 또 전기적 에너지를 주면 화학적 에너지로 저장(이것을 충전이라고 한다)할 수 있는 장치이다.

(1) 축전지의 기능

축전지의 기능은 시동 시 전기적 부하를 담당하고 발전기 고장 시 주행전원으로 작용하며 발전기 출력과 부하와의 언밸런스를 조정한다.

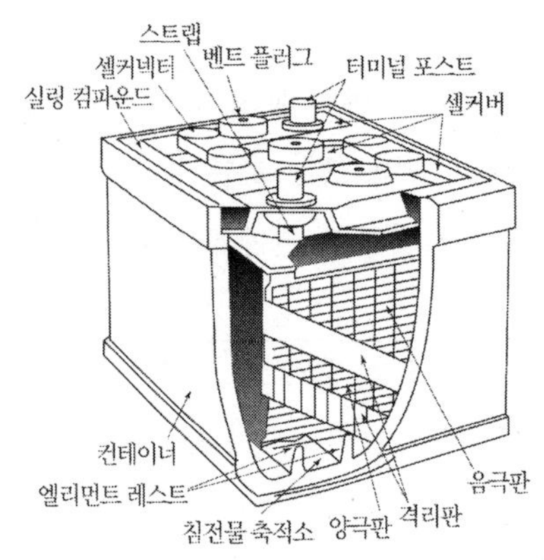

▲ 축전지의 구조

(2) 축전지의 작용

① 작용물질

㉠ 양(+)극판 : 과산화납(PbO_2)

㉡ 음(−)극판 : 해면상납(Pb)

㉢ 전해액 : 묽은 황산($2H_2SO_4$)

② 충·방전 중의 화학 작용

PbO_2(양극판 : 과산화납) + $2H_2SO_4$(전해액 : 묽은 황산) + Pb(음극판 : 해면상납) $\underset{충\,전}{\overset{방\,전}{\rightleftarrows}}$

$PbSO_4$(양극판 : 황산납) + $2H_2O$(전해액 : 물) + $PbSO_4$(음극판 : 황산납)

(3) 축전지의 구조 및 기능

축전지의 구조는 케이스에 12V 축전지의 경우에는 6개의 셀(cell : 단전지)이 있고, 이 셀 속에 양극판, 음극판, 전해액이 들어 있으며 이들이 화학적 반응을 하여 셀마다 약 2.1V의 기전력을 발생시킨다. 양극판이 음극판보다 더 활성적이기 때문에 양극판의 화학적 평형을 고려하여 음극판이 1장 더 많다.

① 극판(plate)

㉠ 양극판

- 재질 : 과산화납
- 색깔 : 암갈색
- 특질 : 다공성으로 화학작용이 활발하다.
- 수량 : 셀 당 13 ~ 14장

㉡ 음극판

- 재질 : 해면상납
- 색깔 : 회색

• 수량 : 음극판에 비해 양극판이 활성적이라 두 극판 사이의 화학적 평형을 고려하여 셀당 음극판을 양극판보다 1장 더 둔다.

② **격리판**(separators)

㉠ **기능** : 양(+)극판과 음(−)극판 사이에 끼워져 양쪽 극판이 단락되는 것을 방지하는 일을 하며, 양쪽 극판이 단락(short)되면 축전지 내에 저장되었던 전기적 에너지가 소멸된다.

㉡ **구비조건**

• 다공성이며 비전도성일 것
• 전해액의 확산이 잘 될 것
• 전해액에 부식되지 않을 것
• 기계적 강도가 있을 것
• 극판에 나쁜 물질을 내뿜지 않을 것

③ **케이스 및 극판군**(또는 단전지, 엘리먼트 : plate group or element)

㉠ **케이스** : 재질은 합성수지로 일체 성형하고 엘리먼트 레스트(브릿지)는 작용물질의 탈락 또는 불순물의 침전에 의한 극판의 단락을 방지한다.

㉡ **극판군**(단전지)

• 기능은 몇 장의 극판을 단자 기둥과 함께 접속시킨 것으로 단전지(셀)는 축전지에 통상 6개의 셀로 구성된다(셀당 단자 전압 : 2.1[V], 단전지 6개를 직렬로 연결하면 12.6[V], 통상 12[V]라 한다).

④ **커넥터와 단자 기둥**(terminal plate)

㉠ **정의** : 커넥터는 단전지와 단전지를 직렬로 연결하는 것이며 납 합금으로 되어 있다. 단자기둥도 납 합금으로 되어 있고 외부 회로와 접속할 수 있도록 한 것이다.

㉡ **단자 기둥 식별법**

• 직경 : 양(+)극 단자가 음(−)극보다 더 굵고 길이는 같다.
• 단자색 : 양(+)극은 적갈색, 음(−)극은 흑색이다.
• 문자 : '+', '−' 또는 P(POS), N(NEG)로 표시된다.
• 위치 : 용량이 표시된 쪽이 (+)이다.

⑤ **전해액**(electrolyte)

㉠ **기능 및 구성** : 순수한 황산 + 순수한 물(증류수) = 묽은 황산($H_{42}SO_4$)으로 되어 있으며 극판과 접촉하여 화학작용을 발생(전류 생성, 전류 저장)한다. 또한 단전지(셀) 내부의 전류 전도 작용도 한다.

㉡ **온도와 비중의 변화** : 전해액의 온도가 1[℃] 변화함에 따라 비중은 0.00074 변화되며 온도가 올라가면 비중은 작아지고, 온도가 낮아지면 비중은 커진다. 표준 온도 = 20[℃] 또는 25[℃]에서 표준 온도로의 비중 환산 공식은 다음과 같다.

$$S_{20} = S_t + 0.00074(t-20)$$

$$S_{25} = S_t + 0.00074(t-25)$$

⑥ 방전 종지 전압

㉠ 정의 : 축전지를 어떤 전압 이하로 방전하여서는 안 되는 전압을 말한다.

㉡ **방전 종지 전압의 크기** : 단전지(셀)당 1.75[V] (1.7 ~ 1.8[V])이며 단자전압은 10.5[V]이다.

㉢ 축전지를 방전종지 전압 이하로 방전하게 되면 설페이션 현상이 발생한다.

⑦ 축전지 용량

㉠ 완전 충전된 축전지를 방전시 방전 종지 전압이 될 때까지 방전시킬 수 있는 용량을 말한다.

㉡ 단위는 AH(Ampere hour rate : 암페어시 용량)로 시간당 방전량과 방전시간으로 나타낸다.

㉢ **축전지 용량의 크기를 결정하는 요소** : 축전지 용량의 크기는 셀당 극판의 수, 극판의 크기(면적), 전해액(황산)의 양에 의해 결정된다.

㉣ **용량표시 방법** : 20시간율, 25A율, 냉간율 등이 있다.

⑧ 자기 방전

㉠ **원인** : 자기 방전이 일어나는 원인은 구조상 부득이하게 음극판의 작용물질(Pb)이 황산과의 화학작용으로 황산납이 되면서 자기방전이 되며 이때 수소 가스를 발생시킨다.

- 불순물에 의한 것 : 전해액에 포함된 불순 금속 때문에 국부 전지가 형성되어 방전된다.
- 내부 단락에 의한 것 : 탈락한 극판의 작용물질이 축전지 내부의 밑이나 옆에 퇴적되거나 격리판이 파손되어 양극판이 단락되어 방전된다.
- 누전 : 축전지 커버 윗면에 부착된 전해액이나 먼지 등에 의한 누전의 경우도 있다.

㉡ **자기 방전량** : 축전지 용량에 대한 백분율(%)로 표시되며, 24시간 동안 실용량의 0.3~1.5[%] 정도이며 전해액의 온도가 높을수록, 불순물이 많을수록, 전해액의 비중이 클수록 크다.

⑨ 축전지의 수명

㉠ **설페이션 현상(황화현상)** : 극판이 영구황산납이 되는 현상을 말한다. 설페이션의 원인은 장시간 방전 상태로 방치, 전해액 양의 부족, 내부 단락, 과방전 등의 원인이 있다.

㉡ **사이클링 쇠약** : 사이클링 쇠약은 극판의 다공성이 상실되어 화학작용이 일어나지 않거나 극판의 작용물질, 특히 양극판이 탈락되어 화학작용이 일어나지 않는 현상을 말한다.

(4) 기타 축전지

① 알칼리 축전지

㉠ **양(+)극판** : 수산화니켈 분말 + 흑연

㉡ **음(−)극판** : 카드뮴을 주제로 한 배합 물질

㉢ **전해액** : 수산화칼리 용액(KOH)

㉣ **특징** : 가격이 고가이나, 수명은 길고 냉간 시동성능 및 내구성이 좋다.

② **MF축전지**(Maintenance free battery)

㉠ **기능** : 자기방전이나 화학반응을 할 때 발생되는 가스로 인하여 전해액의 감소를 줄이기 위하여 개발된 축전지이다.

㉡ **특징** : 증류수를 보충할 필요가 없고 장기간 보존할 수 있다(자기방전이 적다). 또한 저안티몬 합금의 격자(grid)로 사용한다.

㉢ **구조** : 양(+)극판은 납과 저안티몬 합금, 음(−)극판은 납과 칼슘 합금으로 되어 있으며 벤트플러그는 밀봉되어 있어, 플러그에 촉매제를 보관한다.

(5) 축전지 충전법

① **정전류 충전법** : 충전 전류를 일정하게 설정하고 충전한다.

② **정전압 충전** : 충전 전압을 일정하게 설정한 충전방법이다.

③ **단별 전류 충전법**

㉠ 정전류 충전법의 변형이다.

㉡ 충전 중의 전류의 용량을 단계적으로 감소시켜 과충전을 방지한다.

④ **급속 충전법** : 시간적 여유가 없을 때 실시하는 방법이다.

❷ 시동(기동)장치

(1) 시동장치의 개요

엔진은 자기 기동을 할 수 없기 때문에 실린더 안에서 최초의 폭발 연소를 일으켜 기관을 회전시키려면 축전지 전류의 힘으로 크랭크축을 돌려주어야 하는데(크랭킹), 이 일을 하는 것이 시동장치이다.

(2) 전동기의 종류

① **직권 전동기**

㉠ 전기자(아마추어)와 계자(필드)가 직렬로 연결되어 있다.

㉡ 시동 회전력은 크나 부하에 따라 회전 속도의 변화가 심하다.

② **분권 전동기**

㉠ 전기자(아마추어)와 계자(필드)가 병렬로 연결되어 있다.

㉡ 시동 회전력은 작으나 회전 속도가 일정하다.

③ **복권 전동기**

㉠ 전기자(아마추어)와 계자(필드)가 직렬과 병렬로 연결되어 있다.

㉡ 직권과 분권의 공통 특성을 가지고 있다.

(3) 기동(시동) 전동기의 구조

① **전동기 부분** : 전동기 부분은 회전운동을 하는 부분, 즉 전기자와 정류자 그리고 고정된 부분, 즉

계자코일, 계자철심, 브러시 등으로 구성되어 있다.

② **회전 운동을 하는 부분**

㉠ **전기자**(아마추어 : armature) : 전기자는 축, 전기자 철심, 전기자 코일, 정류자로 구성되어 있고 축의 재질은 특수강이며, 피니언 섭동부에는 스플라인이 파져 있다. 전기자 철심은 자력선을 잘 통과시키고 맴돌이 전류를 감소시키기 위하여 0.35~1.0[mm]의 얇은 철판을 각각 절연하여 겹쳐 만들었으며, 바깥 둘레에는 전기자 코일이 들어가는 홈이 파져 있다.

㉡ **정류자**(commutator) : 정류자는 경동으로 만든 정류자편을 절연체로 싸서 원형으로 제작한 것이며, 작용은 브러시에서의 전류를 일정한 방향으로만 전기자 코일로 흐르게 한다.

④ **고정된 부분**

㉠ **브러시와 브러시 홀더**(brush and brush holder) : 브러시는 정류자를 통하여 전기자 코일에 전류를 출입시키는 일을 하며, 보통 4개가 설치되는데 2개는 절연된 홀더에 지지되어 정류자와 접속되고 다른 2개는 접지된 홀드에 지지되어 정류자와 접속된다. 이 스프링의 장력은 0.5~1.0[kg/cm^2] 정도이며, 브러시가 표준길이에서 1/3 이상 마모되면 교환한다.

㉡ **계자 코일**(Field coil) : 계자철심에 감겨져 자력을 일으키는 코일이며, 큰 전류가 흐르기 때문에 평각 구리선이 사용된다. 코일의 바깥쪽은 테이프를 감거나 합성수지 등에 담가 막을 만든다.

㉢ **계철**(계철 하우징) **및 계자 철심**(yoke and pole core) : 계철은 자력선의 통로와 기동 전동기의 틀이 되는 부분이며, 안쪽 면에 계자 코일을 지지하여 자극이 되는 계자 철심이 나사로 고정되어 있다.

⑤ **동력전달기구**

㉠ **기능** : 동력전달기구는 기동 전동기에 발생한 회전력을 기관의 플라이 휠 링기어에 전달하여 기관을 회전시키는 것이다. 플라이 휠 링기어와 피니언의 감속비는 보통 10 ~ 15 : 1로 되어 있다.

㉡ 피니언을 링 기어에 물리는 방식은 벤딕스식(bendix type : 관성 섭동식), 전기자 섭동식(armature shift type), 피니언 섭동식(sliding gear type)이 있다.

❸ 점화장치

(1) 트랜지스터

① **축전기 방전 점화장치**(CDI : Condenser Discharge Igniter) : CDI 점화장치는 축전기에 400[V] 정도의 직류 전압을 충전시켜 놓고 점화 시에 점화 코일의 1차 코일을 통하여 급격히 방전시켜 2차 코일에 고전압을 발생시키는 점화장치를 말한다.

② **고에너지식 점화장치**(H.E.I : High Energy Ignition) : 고에너지식 점화장치는 폐자로형 점화 코일을 사용하며, 케이스가 없고 철심이 밖으로 노출되어 냉각이 양호하다. 1차 코일을 더욱 굵은 선으로 사용할 수 있어 권수비가 작아도 된다. 그리고 2차 코일을 바깥쪽에 설치할 수 있으며 고속에서 성능이 양호하다.

③ **점화 코일** : 폐자로(ㅁ자형 : 몰드형)형 철심을 이용하여 자기유도작용에 의해 생성되는 자속이 외부로 방출되는 것을 방지하기 위해 철심을 통해 자속으로 흐르도록 한 것이다. 1차 코일의 저항을 감소시키기 위해 코일의 굵기를 굵게 하여 더욱 큰 자속이 형성될 수 있으므로 2차 고전압을 발생시킬 수 있다. 구조가 간단하여 내열성 및 방열성이 우수하므로 성능 저하가 일어나지 않는다.

④ **파워 트랜지스터** : 파워 트랜지스터는 ECU와 연결되는 베이스 단자(B)와 점화코일에 접속된 컬렉터 단자(C) 및 접지되는 애미터(E)로 구성되며, ECU에 의해 제어되어 점화 1차 코일에 흐르는 전류를 단속한다. 즉, 접점식 점화장치의 접점과 같은 기능을 한다. 그리고 파워 트랜지스터의 위치에 따라 점화장치는 TR 외장형, TR ECU 내장형, TR 코일 내장형이 있다.

⑤ **전자배전 방식**(DLI : Distributor Less Ignition = 배전기 없는 점화장치) : 전자제어의 방식에 따라 전자배전방식을 분류하면 코일 배분식과 다이오드 배분식이 있으며, 코일 분배식에는 동시점화식과 독립점화식이 있는데 예전에는 동시점화식을 많이 사용하였지만 최근에는 독립점화방식을 채택하고 있다.

㉠ **코일 분배식** : 고전압을 점화코일에서 점화플러그로 직접 배전하는 방식이다.

㉡ **다이오드 분배식** : 고전압의 방향을 다이오드로 제어하는 방식이며, 일종의 동시점화방식이다.

㉢ **특징**

- 배전기에서 누전이 없다.
- 로터와 배전기 캡 전극 사이의 고전압 에너지 손실이 없다.
- 배전기 캡에서 발생하는 전파잡음이 없다.
- 진각(advance)폭의 제한이 없다.
- 고전압 출력을 감소하여도 방전 유효에너지 감소가 없다.
- 내구성이 크다.
- 전파방해가 없어 다른 전자제어장치에도 유리하다.

(3) 점화 플러그(spark plug)

① **구조**

㉠ **전극**

- 중심 전극과 접지 전극으로 구성
- 규정 간극 : 0.5(0.6) ~ 0.8[mm] 정도
- 재질 : 니켈합금 또는 백금

㉡ **셀** : 외곽 부분을 이루는 강제을 말한다.

㉢ **절연체** : 내열성, 절연성이 큰 자기를 말한다.

㉣ **개스킷** : 기밀 유지를 위한 것으로 점화플러그 설치 시 꼭 있어야 한다.

② **자기 청정 온도**(self cleaning temperature) : 운전 시 전극 부분의 온도를 말하며 전극 부분의 온도가 높으면(800[℃] 이상) 조기점화 현상이 발생하고 전극 부분의 온도가 낮으면(400[℃] 이

하) 카본이 발생한다. 최적의 온도는 450~600[℃]이며, 이 온도를 자기 청정 온도라 한다.

③ **열값**(heat range : 열가) : 점화플러그의 열방산 정도를 나타낸 것으로 절연체 아래 부분의 끝에서부터 아래 실(low seal)까지의 길이에 따라 결정된다. 길이가 짧고 열 방산이 잘 되는 형식을 냉형(cold type), 길이가 길고 열 방산이 늦은 형식을 열형(hot type)이라 한다. 중간형은 냉형과 열형의 중간 성질로 가장 많이 사용된다.

(4) 점화장치 점검 및 정비

① 점화시기가 지나치게 빠를 경우 일어나는 현상

㉠ 기관에서 노킹이 일어난다.

㉡ 기관의 동력이 저하된다.

㉢ 피스톤 헤드 등이 파손되는 일이 있다.

㉣ 피스톤 및 실린더가 손상되고 파손된다.

㉤ 커넥팅로드 및 크랭크축에 변형이 생기고 심할 때는 베어링이 파손된다.

㉥ 기관의 수명이 단축되고 연료소비량이 증대된다.

② 점화시기가 너무 늦을 경우 일어나는 현상

㉠ 기관의 동력 감소

㉡ 연료 소비량의 증대

㉢ 기관의 과열

㉣ 배기관에 다량의 카본 퇴적

㉤ 실린더 벽 및 피스톤 스커트부의 손상

㉥ 기관의 수명 단축

③ 스파크가 일어나지 않을 때

㉠ 축전지의 용량부족 또는 단자의 접촉 불량

㉡ 저압 회로부의 단선 또는 점화 코일의 불량

㉢ 포인트가 닫히지 않거나 닫힌 그대로일 때 접촉 불량

④ 스파크가 약할 때

㉠ 축전지 단자의 체결 불량

㉡ 점화키로부터 점화코일 배전기까지의 체결 불량

㉢ 포인트의 접촉 불량 또는 간극부정

㉣ 각 배선의 단자의 접촉 불량, 점화코일의 기능불량

⑤ 타이밍 라이트로 시험할 수 있는 항목

㉠ 조기 점화시기 점검

㉡ 점화진각 시험

❹ 충전장치

(1) 발전기의 원리

자계 내에 도체를 설치하고 도체를 움직여 자장을 수직으로 끊으면 도체에 기전력이 유도되고 발전기의 유도 기전력 발생 방향은 플레밍의 오른손 법칙에 따라 발생한다. 유도 기전력의 크기는 자력선의 크기와 자력선을 끊는 횟수에 비례하여 발생한다. 따라서 발전기는 분권식(계자 코일과 전기자 코일의 병렬연결)을 응용한다.

(2) 교류발전기(alternator system)

① **개요** : 교류발전기는 전기자에 해당하는 스테이터를 고정하고 계자에 해당하는 로터를 회전시킨다. 따라서 정류자는 없고, 정류기(실리콘 다이오드)를 이용하여 정류한다.

② **특징**

㉠ 저속에서도 충전이 가능하다.

㉡ 고속회전에 잘 견딘다.

㉢ 회전부에 정류자가 없어 허용회전속도의 한계가 높다.

㉣ 반도체(실리콘 다이오드)로 정류하므로 전기적 용량이 높다.

㉤ 소형이며, 경량이다.

㉥ 브러시 수명이 길다.

㉦ 전압 조정기만 필요하다.

③ **고정 부분**

㉠ **스테이터**(stator) : DC발전기 전기자에 해당되며 성층한 철심에 독립된 3개의 코일(3상 코일)이 감겨 있고 3상 교류가 유도된다.

㉡ **결선의 종류**

• Y결선(직렬결선)

– 3개의 코일 한쪽을 공통점(중성점)으로 접속하고 다른 쪽을 출력선으로 끌어낸 것이다.

– 저속 회전시 높은 전압이 발생되고 중성점의 전압(선간 전압의 약 1/2)을 활용할 수 있다.

– 선간 전압은 상전압의 $\sqrt{3}$ 배이다. $V_l = \sqrt{3}\ V_p$

• Δ(델타) 결선(= 4결선, 병렬결선)

– 3개의 코일을 2개씩 차례로 접속하고 각각의 접속점을 출력선으로 끌어낸 것이다.

– 선간 전류는 상전류의 $\sqrt{3}$ 배이다.

– 선간 전압은 상전압과 같다.

④ **회전 부분**

㉠ **로터**(rotor) : 로터는 직류발전기의 계자코일과 계자철심에 상당하며, 자극을 만든다. 로터의 자극편은 코일에 여자전류가 흐르면 N극과 S극이 형성되어 자화되며, 로터가 회전함에 따라 스테이

터 코일이 이 자력선을 끊기 때문에 전압이 유기된다.

㉡ **슬립 링**(slip ring)은 축과 절연되어 있으며 각각 로터 코일의 양끝과 연결되어 있다. 이 슬립 링 위를 브러시가 섭동하면서 로터 코일에 여자전류를 공급한다.

⑤ **정류기**(실리콘 다이오드) : 스테이터에 유도된 교류를 직류로 전환시키고 정류자를 사용하지 못하기 때문에 정류기를 사용하며 실리콘 다이오드를 주로 사용한다. 다이오드는 (+)다이오드 3개, (−)다이오드 3개로 모두 6개의 다이오드를 사용하며 최근에는 여자 다이오드를 3개 더 두고 있다. 다이오드는 히트 싱크(다이오드 홀더)에 결합되어 있어 다이오드에 발생된 열을 방열시킨다. 그리고 엔드 프레임에 설치되어 있다.

2-3 계기 및 보안장치

❶ 등화장치

(1) 전선

① **배선방식** : 배선방식은 인입선(+) 한 개의 선으로 연결된 것으로 접지선(−)은 몸체가 차체와의 접촉으로 활용하는 단선식과, 인입선(+)과 접지선(−) 두 개의 선으로 구성된 것으로 전력의 소모가 많거나, 몸체가 절연 물질일 때 사용하는 복선식이 있다.

② **용어 정리**

㉠ **광속** : 빛의 다발(루멘 : Lm)

㉡ **광도** : 광원의 세기(칸델라 : Cd)

㉢ **조도** : 피조면의 밝기(룩스 : Lx, Lux)

> **보충정리**
>
> ▸조도는 광도가 일정할 때 거리의 2승에 반비례한다.
> 조도 = Lx, 광도 = Cd, 거리 = r일 때
>
> $$Lx = \frac{Cd}{r^2}$$

(2) 전조등(head light)

① **실드빔형**(sealed beam type)

㉠ 반사경에 필라멘트를 붙이고 여기에 렌즈를 녹여 붙인 후 내부에 불활성 가스를 넣어 그 자체가 하나의 전구가 되게 한 형식이다.

㉡ **특징**

• 대기의 조건에 따라 반사경이 흐려지지 않는다.

• 사용에 따르는 광도의 변화가 적다.
• 필라멘트가 절단되면 렌즈나 반사경에 이상이 없어도 전체를 교환하여야 한다.

② **세미 실드빔형**(semi sealed beam type) : 렌즈와 반사경은 녹여 붙여 일체로 되고 전구는 별개로 설치하는 형식으로 필라멘트가 절단되면 전구만 교환하면 된다. 그러나 전구 설치부로 약간의 공기 유동이 있어 반사경이 흐려지기 쉽다.

③ **분할형** : 반사경, 렌즈, 필라멘트가 전부 별개로 된 것으로 잘 사용되지 않는다.

(3) 방향지시등(turn signal lamp)

좌우 방향 전환 시 작동되며 1분 동안에 60 ~ 120회 점멸하고 릴레이(플래셔 유닛)를 사용하여 점멸시킨다.

❷ 계기장치

(1) 속도계(speed meter)

속도계는 1시간당의 주행거리[km/h]로 표시되며 변속기 출력축에서 속도계 구동 케이블을 통하여 구동된다. 종류는 원심력식과 자기식이 있으며 자기식의 작동은 영구 자석이 회전하면 로터에는 전자유도 작용에 의해 맴돌이 전류가 발생하며 이 맴돌이 전류와 영구 자석의 자속과의 상호작용으로 로터에는 영구 자석의 회전과 같은 방향으로 회전력이 발생한다. 따라서 로터는 헤어 스프링(hair spring)의 장력과 평형이 되는 점까지 회전하며 이 회전각도 만큼 바늘이 움직여 속도를 표시한다.

(2) 타코미터

타코미터는 기관의 회전속도를 나타내는 것으로 자석식, 발전기식, 펄스식으로 분류되는데 최근에 많이 사용되는 것은 펄스식이다.

2-4 안전 및 편의장치

❶ 냉 · 난방장치

(1) 차량의 열부하

① **승원부하** : 탑승 인원에 따른 열부하(1인당 100[kcal/h])

② **복사부하** : 태양열에 의한 열부하(복사부하 970[kcal/h], 전도부하 180~200[kcal/h])

③ **관류부하** : 열의 대류현상에 의한 열부하(190[kcal/h])

④ **환기부하** : 실내 환기에 의한 열부하(230[kcal/h])

(2) 냉방장치(에어컨디셔너)

① **작동원리** : 카르노사이클을 이용하여 4가지 작용을 반복하여 작동한다. 증발→압축→응축→팽창의 작용을 말한다.

② **주요 구성품**

㉠ **냉매**(refrigerant) : 냉동에서 냉동효과를 얻기 위해 사용되는 물질이며, 최근에는 R-134a를 사용한다.

㉡ **압축기**(compressor) : 압축기는 증발기에서 저압 기체로 된 냉매를 고압으로 압축시켜 응축기(condenser)로 보낸다.

㉢ **전자클러치**(magnetic clutch) : 풀리와 압축기를 조건에 따라 접속 또는 분리한다.

㉣ **응축기**(condenser) : 압축기에 의해 유입된 고온(고열), 고압의 기체를 액체로 만드는 방열기이다.

㉤ **건조기**(리시버 드라이어 : Receiver drier) : 응축기에서 보내온 냉매를 저장하거나 팽창밸브로 보내는 것으로 내부에 건조제를 봉입하여 냉매 속의 수분을 흡수한다. 기능은 다음과 같다.

- 저장 기능
- 수분 제거 기능
- 압력 조정 기능
- 냉매량 점검 기능
- 기포 분리 기능

㉥ **팽창밸브**(expansion valve) : 냉방장치가 정상적으로 작동하는 동안 냉매는 중간 정도의 온도와 고압의 액체 상태에서 팽창밸브로 유입되어 오리피스 밸브를 통과하므로 저온, 저압이 된다. 이 액체 상태의 냉매는 공기 중의 열을 흡수하여 기체 상태가 되어 증발기를 빠져나간다.

㉦ **증발기**(evaporator) : 액체 상태의 저온 냉매가 기체 상태로 기화 증발하는 곳으로 열교환이 이루어진다.

❷ 기타 편의장치

(1) 에어백 시스템

에어백은 충격센서와 에어백 제어 모듈을 통하여 운전자와 탑승자를 보호하기 위한 충격완화 장치이다. 특히 자동차 사고 시 일어나는 충격에 의해 운전자나 탑승자가 심한 부상을 입거나 심지어 목숨까지 잃는 경우가 일어나자 이 충격을 조금이나마 완충할 수 있는 안전 벨트 보조장치(SRS)를 개발한 것이다.

(2) ETACS 제어

ETACS(electric time ans alarm control system)란 시간과 경보에 관련된 부품들을 하나의 컴퓨터에 의해 제어하는 시스템을 말한다. 자동차 전기장치 중 시간에 의해 작동하는 장치가 경보를 발생하여 운전자에게 알려주는 장치를 통합해서 부른다.

2-5 자동차 전기 안전기준 및 검사

❶ 전기장치 안전기준

자동차의 전기장치는 다음의 기준에 적합하여야 한다.

① 자동차의 전기배선은 모두 절연물질로 덮어 씌우고, 차체에 고정시킬 것

② 차실 안의 전기단자 및 전기개폐기는 적절히 절연물질로 덮어 씌울 것

③ 축전지는 자동차의 진동 또는 충격 등에 의하여 이완되거나 손상되지 아니하도록 고정시키고, 차실안에 설치하는 축전지는 절연물질로 덮어씌울 것

❷ 전조등 안전기준

① 자동차(피견인자동차를 제외한다)의 앞면에는 다음의 기준에 적합한 전조등을 좌우에 각각 1개(4등식의 경우에는 2개를 1개로 본다)씩 설치하여야 한다.

㉠ 등광색은 백색으로 할 것

㉡ 1등당 광도(최대광도점의 광도를 말한다. 이하 같다)는 주행빔은 1만5천칸델라(4등식 중 주행빔과 변환빔이 동시에 점등되는 형식은 1만2천칸델라) 이상 11만2천5백칸델라 이하이고, 변환빔은 3천칸델라 이상 4만5천칸델라 이하일 것.

㉢ 주행빔의 비추는 방향은 자동차의 진행방향 또는 진행하려는 방향과 같아야 하고, 전방10미터 거리에서 주광축의 좌우측 진폭은 300밀리미터 이내, 상향진폭은 100밀리미터 이내, 하향 진폭은 등화설치높이의 10분의3 이내일 것.

㉣ 등화의 중심점은 차량중심선을 기준으로 좌우가 대칭이 되고, 공차상태에서 지상 500밀리미터 이상 1,200밀리미터 이내가 되게 설치할 것.

㉤ 주행빔의 최고광도의 합(자동차에 설치된 각각의 전조등에 대한 주행빔의 최고광도의 총합을 말한다)은 22만5천칸델라 이하일 것

❸ 안개등 안전기준

① 자동차의 앞면에 안개등을 설치할 경우에는 다음의 기준에 적합하게 설치하여야 한다.

㉠ 비추는 방향은 앞면 진행방향을 향하도록 하고, 양쪽에 1개씩 설치할 것

㉡ 1등당 광도는 940칸델라 이상 1만칸델라 이하일 것

㉢ 등광색은 백색 또는 황색으로 하고, 양쪽의 등광색을 동일하게 할 것

㉣ 등화의 중심점은 차량중심선을 기준으로 좌우가 대칭이 되고, 공차상태에서 발광면의 가장 아래쪽이 지상 25센티미터 이상이어야 하며, 발광면의 가장 위쪽이 변환빔 전조등 발광면의 가장 위쪽과 같거나 그 보다 낮게 설치할 것

㉤ 후미등이 점등된 상태에서 전조등과 별도로 점등 또는 소등할 수 있는 구조일 것

② 자동차의 뒷면에 안개등을 설치할 경우에는 다음의 기준에 적합하게 설치하여야 한다.

㉠ 2개 이하로 설치할 것

㉡ 등화의 중심점은 차량중심선을 기준으로 좌 · 우가 대칭이 되게 설치할 것. 다만 1개를 설치할 경우에는 차량중심선이나 차량중심선의 왼쪽에 설치하여야 한다.

㉢ 1등당 광도는 150칸델라 이상 300칸델라 이하일 것

㉣ 등광색은 적색일 것

㉤ 등화의 중심점은 공차상태에서 지상 25센티미터 이상 100센티미터 이하의 위치에 설치할 것

㉥ 1등당 유효조광면적은 140제곱센티미터 이하일 것

❹ 제동등 안전기준

① 자동차의 뒷면 양쪽에는 다음의 기준에 적합한 제동등을 설치하여야 한다.

㉠ 제15조 제8항 및 제9항에 따라 작동될 것

㉡ 등광색은 적색으로 할 것

㉢ 1등당 광도는 40칸델라 이상 420칸델라 이하일 것

㉣ 다른 등화와 겸용하는 제동등은 제동조작을 할 경우 그 광도가 3배 이상으로 증가할 것

㉤ 등화의 중심점은 공차상태에서 지상 35센티미터 이상 200센티미터 이하의 높이로 하고 차량중심선을 기준으로 좌우대칭이 되도록 설치할 것

㉥ 등화의 중심점을 기준으로 자동차 외측의 수평각 45도에서 볼 때에 투영면적이 1등당 12.5제곱센티미터(후부반사기와 겸용하는 경우에는 후부반사기의 면적을 제외한다) 이상일 것

㉦ 1등당 유효조광면적은 22제곱센티미터 이상일 것

❺ 방향지시등 안전기준

자동차에는 다음 각 호의 기준에 적합한 방향지시등을 설치하여야 하며, 보조방향지시등을 설치할 수 있다. [개정 1995.7.21, 2008.12.8]

1. 자동차의 앞 · 뒷면(피견인자동차의 경우에는 앞면을 제외한다) 양쪽 또는 옆면에 차량중심선을 기준으로 좌우대칭이 되고, 등화의 중심점은 공차상태에서 지상 35센티미터 이상 200센티미터 이하의 높이가 되게 할 것. 다만, 옆면에 보조방향지시등을 설치할 경우에는 길이가 600센티미터 미만의 자동차에 있어서는 자동차의 가장 앞에서 200센티미터 이내, 길이가 600센티미터 이상의 자동차에 있어서는 자동차의 가장 앞에서 자동차 길이의 60퍼센트 이내의 위치에 설치하여야 한다.
2. 차량중심선과 평행한 등화의 중심점을 기준으로 자동차외측의 수평각 45도에서의 1등당 투영면적이 12.5제곱센티미터 이상일 것

3. 등화의 유효조광면적은 다음 각목의 기준에 적합할 것
   가. 앞면 : 1등당 22제곱센티미터 이상
   나. 뒷면 : 1등당 37.5제곱센티미터 이상
4. 차체너비의 50퍼센트 이상의 간격을 두고 설치할 것
5. 매분 60회 이상 120회 이하의 일정한 주기로 점멸하거나 광도가 증감하는 구조일 것
6. 등광색은 황색 또는 호박색으로 할 것
7. 1등당 광도는 50칸델라 이상 1천50칸델라 이하일 것. 다만, 제1호 단서의 규정에 의한 보조방향지시등의 경우에는 0.3칸델라 이상 300칸델라 이하이어야 한다.

❻ 속도계 및 주행거리계 안전기준

① 자동차에는 다음의 기준에 적합한 속도계 및 주행거리계를 설치하여야 한다.
   ㉠ 속도계는 평탄한 수평노면에서의 속도가 시속 40킬로미터(최고속도가 시속 40킬로미터 미만인 자동차에 있어서는 그 최고속도)인 경우 그 지시오차가 정 25퍼센트, 부 10퍼센트 이내일 것
   ㉡ 주행거리계는 통산 운행거리를 표시할 수 있는 구조일 것
② 다음의 자동차(긴급자동차와 당해 자동차의 최고속도가 제3항의 규정에서 정한 속도를 초과하지 아니하는 구조의 자동차를 제외한다)에는 최고속도제한장치를 설치하여야 한다.
   ㉠ 차량총중량이 10톤 이상인 승합자동차
   ㉡ 차량총중량이 16톤 이상 또는 최대적재량이 8톤 이상인 화물자동차 및 특수자동차(피견인차를 연결한 경우에는 연결한 견인자동차를 포함한다)
   ㉢ 「고압가스 안전관리법 시행령」 제2조의 규정에 의한 고압가스를 운송하기 위하여 필요한 탱크를 설치한 화물자동차(피견인자동차를 연결한 경우에는 이를 연결한 견인자동차를 포함한다)
③ 제2항의 규정에 의한 최고 속도제한장치는 자동차의 최고속도가 다음의 기준을 초과하지 아니하는 구조이어야 한다.
   ㉠ 제2항제1호의 규정에 의한 자동차 : 매시 110킬로미터
   ㉡ 제2항제2호 및 제3호의 규정에 의한 자동차 : 매시 90킬로미터
④ 최고 속도제한장치의 구조는 다음의 기준에 적합하여야 한다.
   ㉠ 최고속도제한장치는 제어장치 · 작동장치 · 와이어링 등 연결장치를 포함하여 봉인할 것
   ㉡ 자동차가 정지한 상태에서 작동 여부를 확인할 수 있을 것

❼ 소음방지장치 안전기준

자동차의 소음방지장치는 「소음 · 진동규제법」 제30조 및 제35조에 따른 자동차의 소음허용기준에 적합하여야 한다.

제 2 장

자동차 전기

단원핵심문제

01 기초 전기, 전자

1 **"회로 내의 어떠한 점에 유입한 전류의 총합과 유출한 전류의 총합은 같다."에 해당되는 법칙은?**

① 줄의 법칙
② 옴의 법칙
③ 뉴턴 제1법칙
④ 키르히호프의 제1법칙

해설 키르히호프의 제1법칙 : "회로망 중에서 어떤 접속점에서는 그 점에 유입되는 전류의 총합과 유출되는 전류의 총합은 같다(전류법칙)."는 법칙이다.

2 **그림과 같은 회로에서 가장 적당한 퓨즈는?**

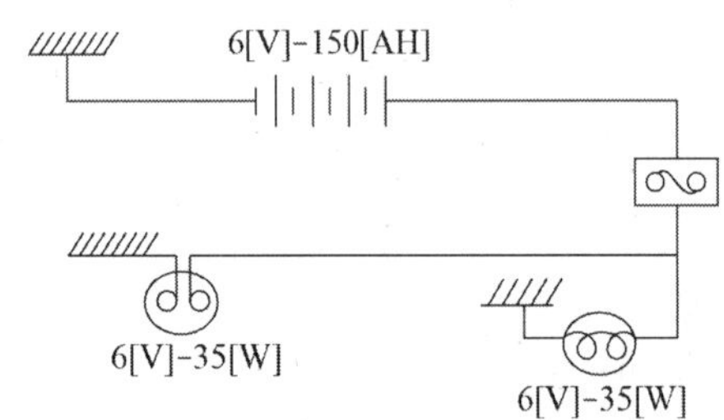

① 10[A] ② 30[A]
③ 25[A] ④ 15[A]

해설 $I[\mathrm{A}] = \dfrac{P}{V}$

I : 전류[A], P : 전력[W], V : 전압[V]

$\therefore \dfrac{35+35}{6} = 11.67[\mathrm{A}]$

따라서 퓨즈는 11.67[A]보다 크면서 바로 위의 15[A]를 사용하여야 한다.

3 **전류의 자기작용을 응용한 예를 설명한 것으로 틀린 것은?**

① 릴레이의 작동
② 시가라이터의 작동
③ 스타터 모터의 작동
④ 솔레노이드의 작동

해설 시가라이터는 전류의 3대 작용 중에 발열작용을 응용한 것이다.

4 **그림과 같이 12[V]-12[W]의 전구 2개를 병렬로 연결할 때 전류계 A에 흐르는 전류는?**

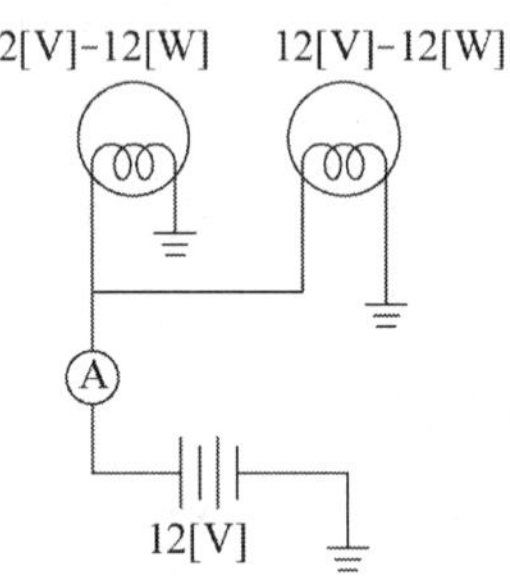

① 1[A] ② 2[A]
③ 3[A] ④ 4[A]

해설 $P = V \cdot I,\ P = I^2 \cdot R,\ P = \dfrac{V^2}{R}$

P : 전력[W = J/sec], V : 전압[V], I : 전류[A]

R : 저항[Ω]에서

$I = \dfrac{P}{V} = \dfrac{12[\mathrm{W}] \times 2}{12[\mathrm{V}]} = 2[\mathrm{A}]$

answer 1.④ 2.④ 3.② 4.②

5 **전압이 15[V], 출력전류 30[A]인 자동차용 발전기의 출력은 몇 W인가?**

① 450　　② 144
③ 288　　④ 525

$P = VI$[W]에서
∴ 전력$= 15 \times 30 = 450$[W]

6 **물체의 전기저항 특성에 대한 설명 중 틀린 것은?**

① 단면적이 증가하면 저항은 감소한다.
② 도체의 저항은 온도에 따라서 변한다.
③ 보통의 금속은 온도상승에 따라 저항이 감소한다.
④ 온도가 상승하면 전기저항이 감소되는 재료를 NTC라 한다.

 보통의 금속은 온도상승에 따라 저항이 상승(PTC 소자)하지만 반도체, 절연체 등은 온도가 상승함에 따라 저항값이 감소하며 이러한 소자를 NTC라 한다.

7 **폐회로의 전류에 대한 법칙에 해당되는 것은?**

① 옴의 제1법칙
② 키르히호프의 제1법칙
③ 옴의 제2법칙
④ 키르히호프의 제2법칙

 폐회로의 전류에 대한 법칙은 키르히호프의 제2법칙이다. 즉, 주어진 전기 회로 안의 어떤 폐회로에서도 하나의 폐회로에 포함되는 기전력의 대수합은 그 폐회로에 포함되는 전압 강하의 대수합과 같다(전압에 관한 법칙).

8 **누설전류를 측정하기 위해 12[V] 배터리를 떼어내고 절연체의 저항을 측정하였더니 1[MΩ]이었다. 누설전류(A)는 얼마인가?** 2012

① 0.006 [mA]　　② 0.008 [mA]
③ 0.010 [mA]　　④ 0.012 [mA]

해설 $I = \frac{V}{R} = \frac{12[V]}{1000000[\Omega]} \times 1000 = 0.012[mA]$

9 **그림에서 2[Ω]와 4[Ω] 사이의 전선에 걸리는 전압은 얼마인가?**

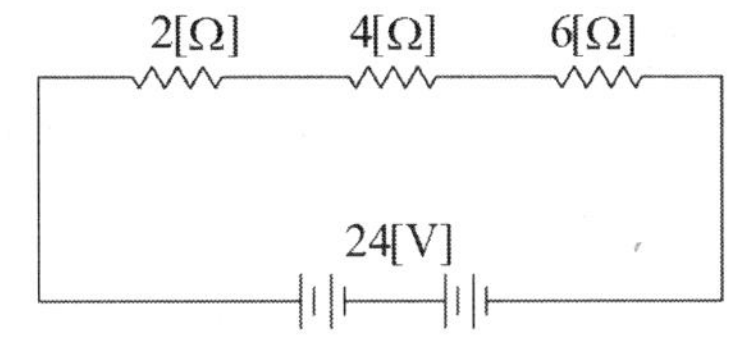

① 2[V]　　② 4[V]
③ 8[V]　　④ 12[V]

 ① $I = \frac{24[V]}{2[\Omega] + 4[\Omega] + 6[\Omega]} = 2[A]$
② $V = 2[A] \times 2[\Omega] = 4[V]$

10 **다음 중 전류의 3대 작용을 설명한 것으로 잘못된 것은?**

① 릴레이나 모터의 전류에 따라 홀 작용을 한다.
② 축전지의 전해액과 같이 화학작용에 의해 기전력이 발생한다.
③ 코일에 전류가 흐르면 자계가 형성되는 자기작용을 한다.
④ 전구와 같이 열에너지로 인해 발열하는 작용을 한다.

해설 전류의 3대 작용
㉠ 발열작용 : 전구, 열선, 시가라이터
㉡ 화학작용 : 축전기
㉢ 자기작용 : 모터, 솔레노이드, 릴레이

11 **20[Ω]저항의 양 끝에 전압을 가할 때 2[A]의 전류가 흐른다고 하면 이 저항에 걸리는 전압은?**

① 10[V]　　② 20[V]
③ 30[V]　　④ 40[V]

 $V = I \times R = 2[A] \times 20[\Omega]$
$= 40[V]$

answer 5.① 6.③ 7.④ 8.④ 9.② 10.① 11.④

12 **다음은 전류와 저항, 전압에 관한 설명이다. 틀린 것은?**

① 저항을 통하여 흐르는 전류는 저항을 통과한 후에는 적어진다.
② 각각의 회로에서 전압 강하의 총합은 회로의 공급 전압과 같다.
③ 저항이 일정한 경우 전압이 높을수록 전류는 커진다.
④ 전류가 크고 저항이 클수록 전압 강하도 커진다.

해설 전류와 저항, 전압의 관계는 전류가 크고 저항이 클수록 전압 강하도 커지고, 각각의 회로에서 전압 강하의 총합은 회로의 공급 전압과 같다. 그리고 저항이 일정할 경우 전압이 높을수록 전류는 커진다.

13 **다음 중에서 전기저항이 가장 큰 전구는?**

① 12[V]용 24[W]　② 12[V]용 12[W]
③ 12[V]용 6[W]　④ 12[V]용 36[W]

해설 $R[\Omega] = \frac{V^2}{P}$ 에서

① $\frac{12^2}{24} = 6[\Omega]$　② $\frac{12^2}{12} = 12[\Omega]$
③ $\frac{12^2}{6} = 24[\Omega]$　④ $\frac{12^2}{36} = 4[\Omega]$

즉, 같은 전압용 전구에서 전력이 작을수록 전기저항이 크다.

14 **다음 그림에서 $I_1 = 1[A]$, $I_2 = 2[A]$, $I_3 = 3[A]$, $I_4 = 4[A]$로 전류가 흐를 때 I_5에 흐르는 전류는 몇 [A]인가?**

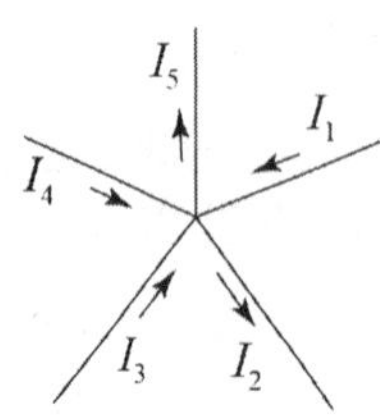

① 2[A]　② 4[A]
③ 6[A]　④ 8[A]

해설 키르히호프의 제1법칙에 의해 유입되는 전류 $(I_1 + I_2 + I_3)$의 총합과 유출되는 전류$(I_2 + I_5)$의 총합은 같으므로

$1+3+4 = 2+I_5$

$I_5 = 6[A]$

15 **다음 회로의 합성저항은 몇 Ω 인가?**

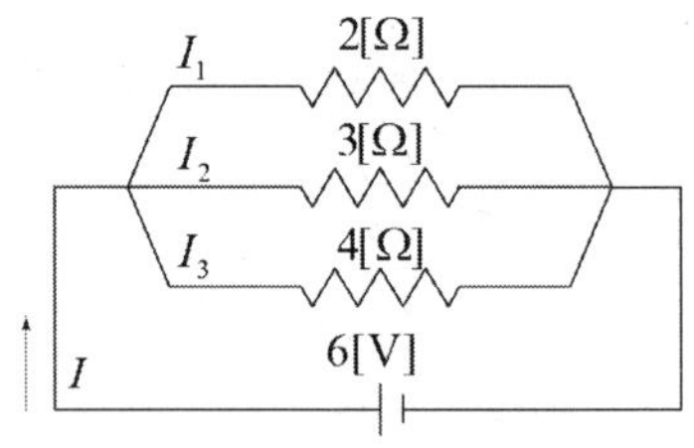

① 0.81[Ω]　② 0.92[Ω]
③ 1.50[Ω]　④ 2.50[Ω]

해설

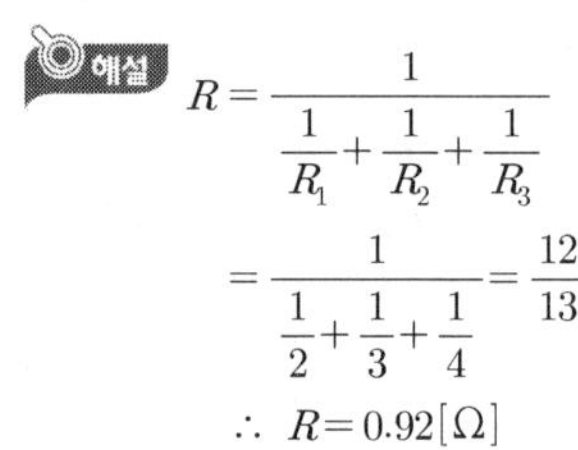

$$R = \frac{1}{\frac{1}{R_1}+\frac{1}{R_2}+\frac{1}{R_3}} = \frac{1}{\frac{1}{2}+\frac{1}{3}+\frac{1}{4}} = \frac{12}{13}$$

$\therefore R = 0.92[\Omega]$

16 **다음 중 반도체의 장점이 아닌 것은?**

① 수명이 길다.
② 내부 전력손실이 적다.
③ 극히 소형이고 가볍다.
④ 온도 상승시 특성이 좋아진다.

해설 반도체의 장점
㉠ 극히 소형이고 가볍다.
㉡ 내부 전력손실이 적다.
㉢ 기계적으로 강하고 수명이 길다.
※ 반도체는 온도 특성이 나쁜 결점이 있다.

17 **단반향 3단자 사이리스터(Silicon Controlled Rectifier thyristor : SCR)는 애노드(A), 캐소드(K), 게이트(G)로 이루어지는데, 다음 중 전류의 흐름방향을 설명한 것으로 틀린 것은?**

answer　12.① 13.③ 14.③ 15.② 16.④ 17.①

① 순방향은 언제나 전류가 흐른다.
② A에서 K로 흐르는 전류가 순방향이다.
③ G에 (+), K에 (−)전류를 흘려보내면 A와 K사이가 순간적으로 도통된다.
④ A와 K 사이가 도통된 것은 G전류를 제거해도 계속 도통이 유지되며, A전위를 0으로 만들어야 해제된다.

해설 **사이리스터**(thyristor)
㉠ 사이리스터는 PNPN 또는 NPNP의 4층 구조로 된 제어 정류기의 일종이며, 일반적으로 SCR을 가리킨다.
㉡ (+)쪽을 애노드(A), (−)쪽을 캐소드(K), 제어단자를 게이트(G)라 하며 애노드(A)에서 캐소드(K)로 흐르는 전류가 순방향이다.
㉢ 게이트(G)에 (+), 캐소드(K)에 (−)전류를 흘려보내면 애노드(A)와 캐소드(K) 사이가 순간적으로 도통된다.
㉣ 애노드(A)와 캐소드(K) 사이가 도통된 후 게이트(G) 전류를 제거해도 계속 도통이 유지되며, 애노드(A) 전위를 0으로 만들어야 해제된다.

18 **축전기에 12[V]의 전압을 인가하여 0.00003C의 전기량이 충전되었다면 축전기의 용량은?**

① 1.5[μF] ② 2.5[μF]
③ 3.0[μF] ④ 4.5[μF]

$C[\text{F}] = \frac{Q}{V}$에서

$= \frac{0.00003}{12} = 0.0000025[\text{F}] = 2.5[\mu\text{F}]$

C : 축전기 용량[F], Q : 축적된 전하량[C], V : 전압[V]

19 **교류발전기의 3상 전파 정류회로에서 출력전압의 조절에 사용되는 다이오드는?** 2012

① 제너 다이오드
② 포토 다이오드
③ 가변 용량 다이오드
④ 발광 다이오드(LED)

20 **다음 중 수광 다이오드(photo diode)의 기호는?**

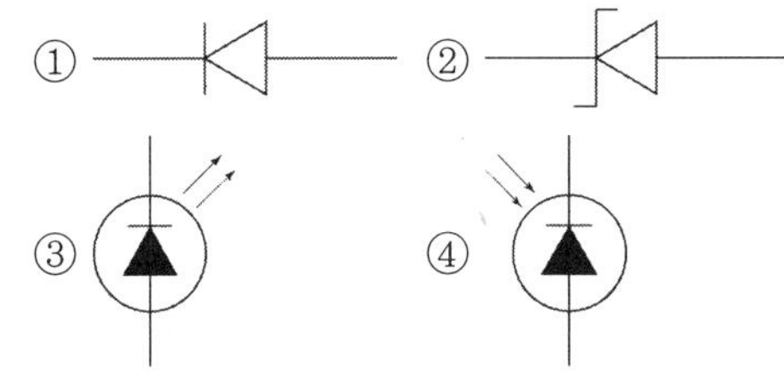

해설 ① 다이오드
② 제너 다이오드
③ 발광 다이오드

21 **트랜지스터의 기능에 대한 설명으로 틀린 것은?**

① 증폭 작용을 한다.
② 스위칭 작용을 한다.
③ 이미터, 베이스, 컬렉터 세 개의 리드로 구성된 반도체 구성부품이다.
④ 아날로그 신호를 디지털 신호로 변환하여 ECU로 보낸다.

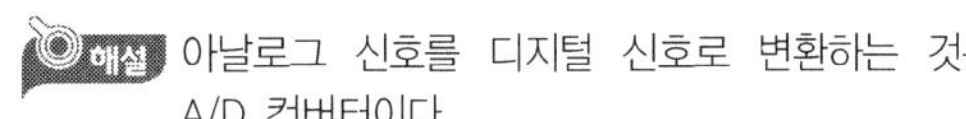

해설 아날로그 신호를 디지털 신호로 변환하는 것은 A/D 컨버터이다.

22 **다음 중 어떤 타입의 센서가 연료잔량 경고등에 쓰이는가?**

① 서미스터 ② 가변저항
③ 피에조 센서 ④ 포텐시오 미터

23 **트랜지스터의 일종으로 베이스가 없이 빛을 받아서 컬렉터 전류가 제어되고 광량 측정, 광 스위치, 각종 sensor에 사용되는 반도체는?**

① 사이리스터 ② 포토 TR
③ 다링톤 TR ④ 서미스터

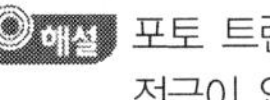

해설 포토 트랜지스터는 트랜지스터의 일종으로 베이스 전극이 없고 빛을 받으면 컬렉터 전류가 제어되고 소형이며 취급이 쉽다. 따라서 광량 측정, 광 스위치, 각종 sensor에 사용하는 반도체이다.

answer 18.② 19.① 20.④ 21.④ 22.① 23.②

24 **자동차에서 발광 다이오드를 사용하지 않는 부품은?**

① 차고센서
② 전압 조정기
③ 조향 휠 각속도 센서
④ 배전기식 크랭크 앵글센서

해설 자동차에서 발광 다이오드를 사용하는 부품 : 배전기식 크랭크 앵글센서, 조향 휠 각속도 센서, 차고센서 등이 있다.
※ 발광 다이오드(LED)는 PN 접합면에 순방향 전압을 인가하면 전류가 흘러 캐리어가 가지고 있는 에너지의 일부가 빛으로 되어 외부에 발산하는 다이오드이다.

25 **다음 중 한쪽 방향에 대해서는 전류를 흐르게 하고 반대방향에 대해서는 전류의 흐름을 저지하는 것은?**

① 전구 ② 컬렉터
③ 콘덴서 ④ 다이오드

(실리콘)다이오드 : P형 반도체 1개와 N형 반도체 1개를 단일 접합한 것으로 정방향으로는 전류가 흐르나 역방향으로는 전류가 흐르지 않는다. 교류발전기, 경보장치 등에 활용된다.

26 **다음 그림은 TR을 표기한 것인데 단자(A)의 이름은 무엇이라 하는가?**

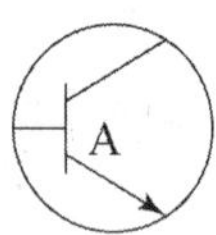

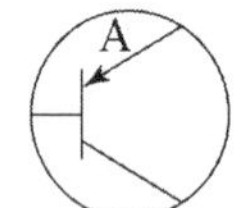

① 다이오드 ② 이미터
③ 베이스 ④ 콜렉터

27 **두 개의 영구 자석 사이에 도체를 직각으로 설치하고 도체에 전류를 공급하면 도체의 한 면에는 전자가 과잉되고 다른 면에는 전자가 부족되어 도체 양면을 가로질러 전압이 발생된다. 이러한 현상을 무엇이라고 하는가?**

① 칼만 볼텍스 ② 렌쯔의 현상
③ 홀 효과 ④ 자기 유도

홀 효과(hall effect)란 두 개의 영구 자석 사이에 도체를 직각으로 설치하고 도체에 전류를 공급하면 도체의 한 면에는 전자가 과잉되고 다른 면에는 전자가 부족하게 되어 도체 양면을 가로질러 전압이 발생되는 현상으로, 1879년 미국의 물리학자인 에드윈 홀(Edwin Hall)이 발견하였다.

28 **제너 다이오드에 대한 다음 설명 중 잘못된 것은?**

① 정전압 다이오드라고도 한다.
② 발전기의 전압 조정기에 사용하기도 한다.
③ 순방향으로 가한 일정한 전압을 제너 전압이라 한다.
④ 어떤 전압 하에서는 역방향으로도 전류가 흐른다.

제너 다이오드는 일반 PN 접합 다이오드의 역방향 특성을 이용한 일종의 실리콘 다이오드의 일종이며, 역방향의 전압이 어떤 값에 이르면 역 방향으로 전류가 통할 수 있도록 제작된 것이다. 또 정전압 다이오드라고도 하며, 발전기의 전압 조정기, 트랜지스터식 점화장치 트랜지스터 보호용으로 사용되며, 제너 전압 이하에서는 역방향 전류가 "0"이 된다.

29 **다음 센서 중 서미스터(thermistor)에 해당되는 것으로 나열된 것은?**

① 냉각수온 센서, 산소센서
② 냉각수온 센서, 흡기온 센서
③ 산소센서, 스로틀 포지션 센서
④ 스로틀 포지션 센서, 크랭크 앵글 센서

30 **NPN형 트랜지스터에서 접지되는 단자는?**

① 컬렉터 ② 베이스
③ 트랜지스터 몸체 ④ 이미터

해설 NPN형 트랜지스터에서 접지되는 단자는 이미터이다.

answer 24.② 25.④ 26.② 27.③ 28.③ 29.② 30.④

31 빛을 받으면 전류가 흐르지만 빛이 없으면 전류가 흐르지 않는 전기소자는?

① 발광 다이오드 ② 포토 다이오드
③ 제너 다이오드 ④ PN 접합 다이오드

해설 포토 다이오드는 빛을 받으면 전류가 역방향으로 흐르지만 빛이 없는 경우에는 전류가 흐르지 않는다.

32 전자력에 대한 설명으로 틀린 것은?

① 전자력은 자계방향과 전류의 방향이 평행일 때 가장 크다.
② 전자력은 자력에 의해 도체가 움직이는 힘이다.
③ 전자력은 자계의 세기에 비례한다.
④ 전자력은 도체의 길이, 전류의 크기에 비례한다.

해설 전자력의 특징
㉠ 전계와 전류 사이에 작용하는 힘이 전자력이다.
㉡ 전자력은 자계방향과 전류의 방향이 직각일 때 가장 크다.
㉢ 전자력은 자계의 세기, 도체의 길이, 전류의 크기에 비례하여 증가한다.

33 최근 자동차에 사용되는 센서를 설명하였다. 틀린 것은?

① 온도센서, 압력센서, 차속센서 등이 있다.
② 온도변화나 압력변화 등에 상관없이 저항이 일정하다.
③ 복잡한 제어장치에 사용되며 주위상황이나 운전상태 등을 감지한다.
④ 온도변화나 압력변화 등의 물리량을 전압이나 전류 등의 전기량으로 변화시킨다.

해설 센서의 기능은 온도변화나 압력변화 등의 물리량을 전압이나 전류 등의 전기량으로 변화시키며, 온도센서, 압력센서, 차속센서 등이 있다. 또 복잡한 제어장치에 사용되며 주위상황이나 운전상태 등을 감지한다.

34 다링톤 트랜지스터를 설명한 것 중 옳은 것은?

① 전류 증폭도가 낮다.
② 베이스 전류가 50[A] 정도 소요된다.
③ 트랜지스터보다 작동 전류가 적다.
④ 2개의 트랜지스터를 하나로 결합하여 전류 증폭도가 높다.

해설 다링톤 트랜지스터는 2개의 트랜지스터를 하나로 결합하여 전류 증폭도가 높다.

35 제너 다이오드에 대한 설명으로 틀린 것은?

① 실리콘 다이오드의 일종이다.
② 자동차용 정전압 회로에 사용된다.
③ 트랜지스터식 발전기 전압 조정용으로 사용된다.
④ 제너 전압 이상에서는 역방향 전류가 "0"이 된다.

제너 다이오드는 일반 PN 접합 다이오드의 역방향 특성을 이용한 일종의 실리콘 다이오드의 일종이며, 정전압 다이오드라고도 한다. 발전기의 전압 조정기, 트랜지스터식 점화장치의 트랜지스터 보호용으로 사용되며, 제너 전압 이하에서는 역방향 전류가 "0"이 된다.

36 반도체에 관한 설명 중 틀린 것은?

① PN 접합형 반도체를 다이오드라고 한다.
② 부특성 서미스터는 온도가 상승하면 저항이 증가하는 반도체 소자이다.
③ 트랜지스터는 이미터, 컬렉터, 베이스로 되어 있다.
④ 요구되지 않은 높은 전압이 인가되었을 때 차단되었던 전압을 통과시켜 소자를 보호하는 것을 제너 다이오드라고 한다.

해설 부특성 서미스터는 온도가 상승하면 저항이 감소하는 반도체 소자이다.

answer 31.② 32.① 33.② 34.④ 35.④ 36.②

37 **반도체의 성질로서 틀린 것은?**

① 불순물의 유입에 의해 저항을 바꿀 수 있다.
② 온도가 높아지면 저항이 증가하는 정 온도 계수의 물질이다.
③ 자력을 받으면 도전도가 변하는 홀(Hall) 효과가 있다.
④ 빛을 받으면 고유저항이 변화하는 광진 효과가 있다.

해설 반도체는 진성반도체와 불순물의 유입에 의해 저항을 바꿀 수 있는 불순물 반도체가 있으며, 빛을 받으면 고유저항이 변화하는 광전 효과가 있는 포토다이오드가 있다. 그리고 자력을 받으면 도전도가 변하는 홀(Hall) 효과가 있는 홀 센서가 있다. 대표적인 센서가 캠축 포지션 센서이다. 또한 온도가 높아지면 저항값이 감소하는 부특성 온도계수의 물질(NTC 저항체)이 있다.

38 **얇은 P형 반도체를 중심으로 양쪽에 N형 반도체를 접한 트랜지스터를 무엇이라 하는가?**

① PNPN형 TR ② NPN형 TR
③ PNP형 TR ④ NPNP형 TR

해설 NPN형 TR은 얇은 P형 반도체를 중심으로 양쪽에 N형 반도체를 접한 트랜지스터이다.

39 **다음 회로에서 저항을 통과하여 흐르는 전류는 A, B, C 각 점에서 어떻게 나타나는가?**

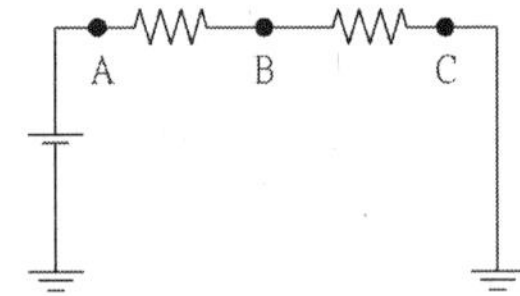

① A, B, C의 전류가 모두 같다.
② B에서 가장 전류가 크고 A, C는 같다.
③ A에서 가장 전류가 크고, B, C로 갈수록 전류가 작아진다.
④ A에서 가장 전류가 작고 B, C로 갈수록 전류가 커진다.

해설 직렬연결인 경우 각 저항에 흐르는 전류는 일정하며 저항양단의 걸리는 전압강하는 공급되는 전압과 같다.

40 **다음 중 홀 효과(hall effect)를 이용한 센서로 가장 적당한 것은?**

① 차량 속도 센서
② 냉각수 온도센서
③ 흡입매디폴드 압력센서
④ 스로틀 포지션 센서

해설 홀 효과란 자기를 받으면 통전 성능이 변화하는 것을 말하며, 차량속도 센서 등에서 사용된다.

41 **자화된 철편에서 외부 자력을 제거한 후에도 자기가 잔류하는 현상?**

① 자기 포화 현상
② 전자 유도 현상
③ 자기 유도 현상
④ 자기 히스테리스 현상

해설 ㉠ **자기 포화 현상** : 철을 자화하는 경우에 자화력을 점점 증가시키면 자속 밀도도 일반적으로 증가하는데, 어느 점에 이르면 자화력을 증가시켜도 자속 밀도가 증가하지 않는 현상을 말한다.
㉡ **자기 유도 현상** : 자성체를 자계 안에 두었을 때, 자성체가 자화되는 현상 또는 코일에 교류전류가 흐를 때 코일 자체에 유도 기전력이 발생하는 현상을 말한다.
㉢ **전자 유도 현상** : 코일 속을 통과하는 자속이 변하면, 코일에 기전력이 생기는 현상 또는 도체가 자속을 끊었을 때, 도체에 기전력이 생기는 현상을 말한다.

42 **정류회로에 있어서 맥동하는 출력을 평활하기 위해서 쓰이는 부품은?** 2013

① 다이오드 ② 저항
③ 콘덴서 ④ 트랜지스터

answer 37.② 38.② 39.① 40.① 41.④ 42.③

43 그림의 회로와 논리기호를 나타내는 것은?

2012

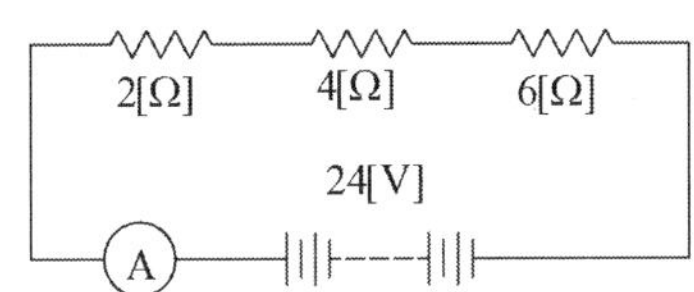

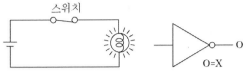

① AND(논리곱) 회로
② OR(논리합) 회로
③ NOT(논리부정)회로
④ NAND(논리곱부정)회로

44 그림과 같이 24[V]의 축전지에 저항 3개를 직렬로 연결했을 때 전류계의 값은?

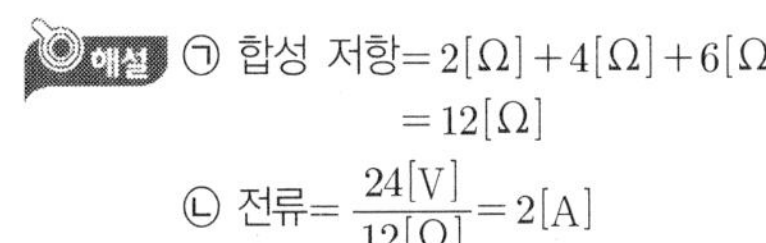

① 1[A]　② 2[A]
③ 4[A]　④ 6[A]

해설 ㉠ 합성 저항 $=2[\Omega]+4[\Omega]+6[\Omega]$
$=12[\Omega]$
㉡ 전류 $=\dfrac{24[V]}{12[\Omega]}=2[A]$

45 논리회로에서 AND게이트의 출력이 HIGH로 되는 것은 어떤 조건일 때인가?

① 양쪽의 입력이 HIGH일 때
② 양쪽의 입력이 LOW일 때
③ 한쪽의 입력이 HIGH일 때
④ 최소한 한쪽의 입력이 LOW일 때

해설 논리회로에서 AND게이트의 출력이 HIGH로 되는 것은 양쪽의 입력이 HIGH일 때이다.

46 전기저항과 관련된 설명 중 틀린 것은?

① 크기를 나타내는 단위는 옴(Ohm)을 사용한다.
② 원자핵의 구조, 물질의 형상, 온도에 따라 변한다.
③ 전자가 이동할 때 물질 내의 원자와 충돌하여 발생한다.
④ 도체의 저항은 그 길이에 반비례하고 단면적에 비례한다.

해설 전기저항은 전자가 이동할 때 물질 내의 원자와 충돌하여 일어나는 것이며, 원자핵의 구조, 물질의 형상, 온도에 따라 변한다. 크기를 나타내는 단위는 옴(Ohm)을 사용하며, 도체의 저항은 그 길이에 비례하고 단면적에 반비례한다.

$$R=\rho\times\frac{l}{A}$$

R: 저항[Ω], A : 도체의 단면적[m^2],
ρ: 도체의 고유저항[Ωcm], l : 길이[cm]

47 다음 중 저항에 관한 설명으로 맞는 것은?

① 저항이 0[Ω]이라는 것은 저항이 없는 것을 말한다.
② 저항이 ∞[Ω]이라는 것은 전선과 같이 저항이 없는 도체를 말한다.
③ 저항이 0[Ω]이라는 것은 나무와 같이 전류가 흐를 수 없는 부도체를 말한다.
④ 저항이 ∞[Ω]이라는 것은 저항이 너무 적어 저항 테스터로 측정할 수 없는 값을 말한다.

해설 저항이 0[Ω]이라는 것은 저항이 없는 것을 말하며, 반대로 저항이 ∞[Ω]이라는 것은 저항이 너무 커 저항 테스터로 측정할 수 없는 값을 말한다.

answer 43.③ 44.② 45.① 46.④ 47.①

48 **배터리측에서 암 전류(방전전류)를 측정하는 방법으로 옳은 것은?** 2013

① 배터리 (+)측과 (−)측 무관하게 한 단자를 탈거하고 멀티 미터를 직렬로 연결한다.
② 디지털 멀티 미터를 사용하여 암전류를 점검할 경우 탐침을 배터리 (+)측에서 병렬로 연결한다.
③ 클램프 타입 전류계를 이용할 경우 배터리 (+)측과 (−)측 배선 모두 클램프 안에 넣어야 한다.
④ 배터리 (+)측과 (−)측의 전류가 서로 다르기 때문에 반드시 배터리 (+)측에서만 측정하여야 한다.

해설 암 전류를 측정하는 방법
㉠ 점화스위치를 OFF한 상태에서 점검한다.
㉡ 전류계는 배터리와 직렬 접속하여 측정한다.
㉢ 암 전류 규정치는 약 20~40[mA]이다.
㉣ 암 전류과다는 배터리와 발전기의 손상을 가져온다.
㉤ 전류측정은 회로에 직렬로 연결하여 측정하므로 배터리 (+)측과 (−)측 무관하게 한 단자를 탈거하고 멀티 미터를 직렬로 연결하면 된다. 그리고 클램프 타입 전류계를 이용할 경우 배터리 (+)측을 클램프 안에 넣고 화살표 방향은 전류가 나가는 방향으로 한다.

49 **다음 그림과 같은 회로가 있다. 논리회로로 표현한다면 어떤 회로에 해당되겠는가?**

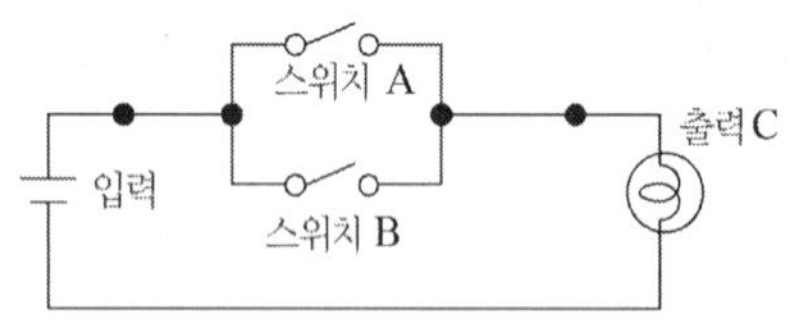

스위치 : ON = 1 OFF = 0
출력 : 점등 = 1 소등 = 0

① AND(논리적)회로 ② NAND회로
③ NOT(부정)회로 ④ OR(논리합)회로

50 **다음 회로에서 전류(I)와 소비전력(P)을 계산한 것으로 맞는 것은?** 2010

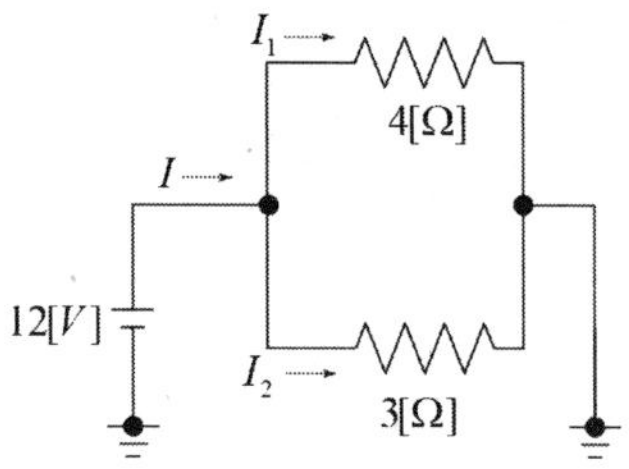

① $I=7[A]$, $P=84[W]$
② $I=5.8[A]$, $P=89[W]$
③ $I=0.58[A]$, $P=5.8[W]$
④ $I=70[A]$, $P=840[W]$

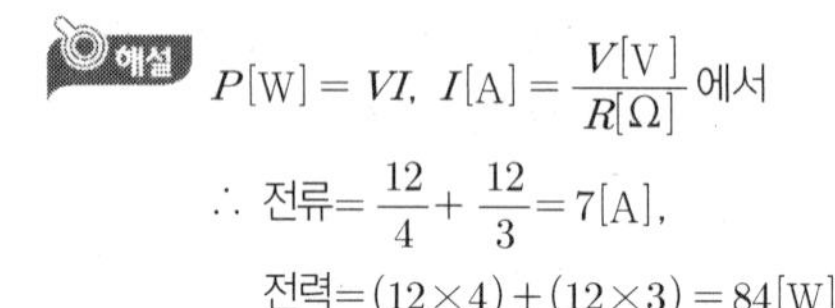

해설 $P[W]=VI$, $I[A]=\frac{V[V]}{R[\Omega]}$에서

∴ 전류$=\frac{12}{4}+\frac{12}{3}=7[A]$,
전력$=(12\times4)+(12\times3)=84[W]$

51 **다음은 전기회로 정비작업을 할 때의 설명이다. 틀린 것은?**

① 배선 연결회로에서 접촉이 불량하면 열이 발생한다.
② 차량에 외부 전기장치를 장착할 때는 전원 부분에 반드시 퓨즈를 설치한다.
③ 전기회로 배선작업을 할 때 진동, 간섭 등에 주의하여 배선을 정리한다.
④ 연결 접촉부가 있는 회로에서 선간작업이 5[V] 이하일 때에는 문제가 되지 않는다.

해설 연결 접촉부가 있는 회로에서는 전압강하가 발생되면 안된다.

52 **반도체의 접합이 이중 접합인 것은?**

① 서미스터 ② 광전도 셀
③ 제너 다이오드 ④ 발광 다이오드

answer 48.① 49.④ 50.① 51.④ 52.④

53 아날로그 회로 시험기를 이용하여 NPN형 트랜지스터를 점검하는 방법으로 옳은 것은?

① 베이스 단자에 적색 리드선을, 컬렉터에 흑색 리드선을 연결했을 때 도통이어야 한다.
② 베이스 단자에 흑색 리드선을, TR 바디(body)에 적색 리드선을 연결했을 때 도통이어야 한다.
③ 베이스 단자에 적색 리드선을, 이미터 단자에 흑색 리드선을 연결했을 때 도통이어야 한다.
④ 베이스 단자에 흑색 리드선을, 이미터 단자에 적색 리드선을 연결했을 때 도통이어야 한다.

해설 아날로그 시험기의 적색 리드선이 (−)이고 흑색 리드선이 (+)이다. 따라서 이 시험은 B 단자와 E 단자간의 순방향 저항시험이다.

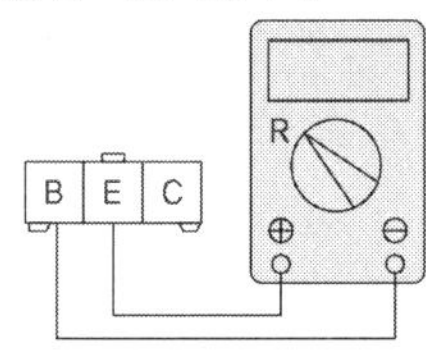

54 그림의 논리회로에서 A=1, B=0일 때 출력 C는 얼마가 되는가?

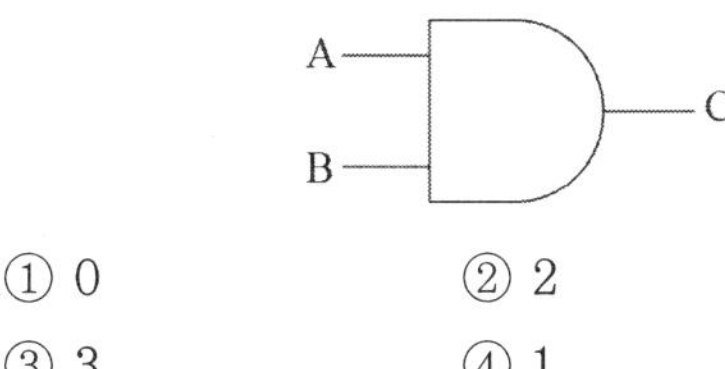

① 0　　② 2
③ 3　　④ 1

해설 논리회로에서 A=1, B=0일 때 출력 C는 0이다.

55 그림과 같은 다이오드와 저항을 사용하여 스위치회로를 구성하였다. 이 회로와 일치하는 논리기호는?

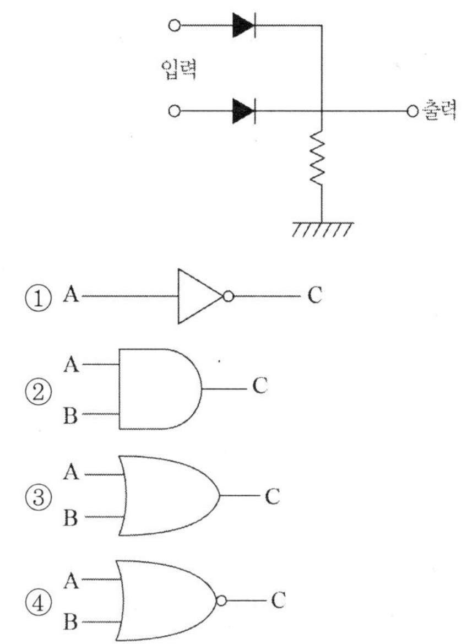

56 회로의 임의의 접속점에서 유입하는 전류의 합과 유출하는 전류의 합은 같다는 법칙은?

① 옴의 법칙
② 줄의 법칙
③ 뉴턴의 제1법칙
④ 키르히호프의 제1법칙

해설 키르히호프의 제1법칙은 회로의 임의의 한 점에 유입된 전류의 합과 유출된 전류의 합은 같다는 법칙이다.
※ **키르히호프의 제2법칙** : 임의의 폐회로에 있어서 기전력의 총합과 전압 강하의 총합이 같다는 법칙이다.

57 컴퓨터의 논리회로에서 논리적(AND)에 해당되는 것은? 2010

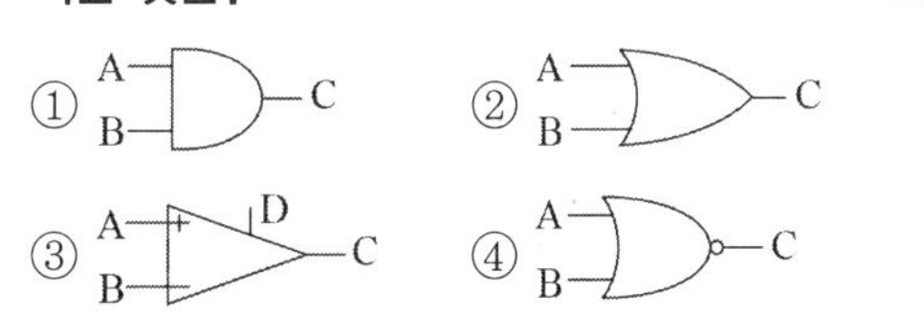

해설 ② 논리합
③ 비교기
④ 논리합의 부정

answer 53.④ 54.① 55.③ 56.④ 57.①

58 **다음 중 NOT 게이트의 기호로 옳은 것은?**

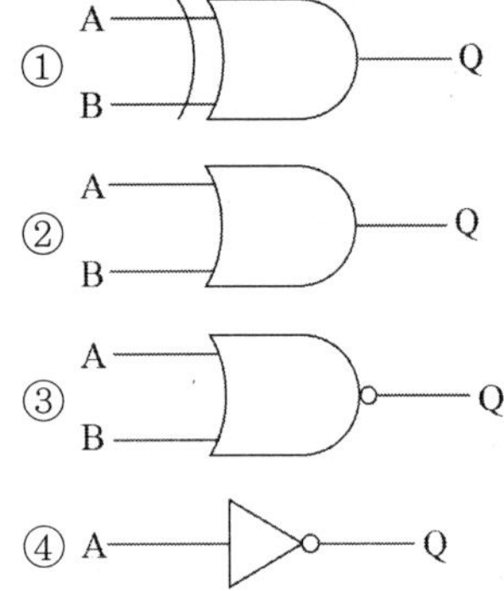

59 **병렬회로에서 $R_1 = 1[\Omega]$, $R_2 = 3[\Omega]$, $R_3 = 5[\Omega]$이면 합성저항은 얼마인가?**

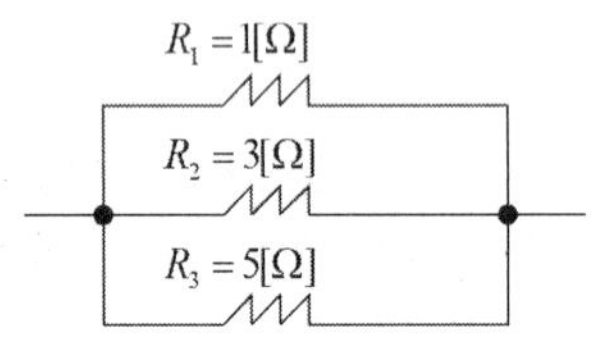

① $1\frac{8}{15}[\Omega]$ ② $\frac{9}{15}[\Omega]$

③ $\frac{9}{8}[\Omega]$ ④ $\frac{15}{23}[\Omega]$

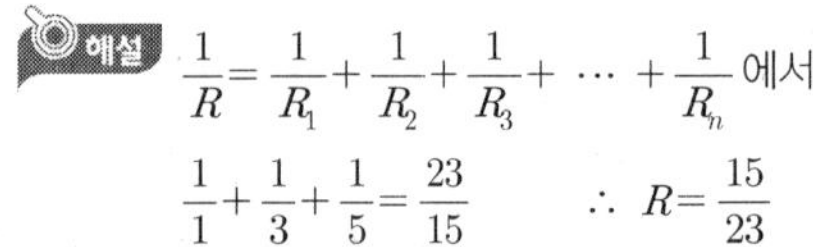

해설 $\frac{1}{R} = \frac{1}{R_1} + \frac{1}{R_2} + \frac{1}{R_3} + \cdots + \frac{1}{R_n}$ 에서

$\frac{1}{1} + \frac{1}{3} + \frac{1}{5} = \frac{23}{15}$ $\therefore R = \frac{15}{23}$

60 **회로에서 포토 TR에 빛이 인가될 때 점 A의 전압은? (단, 전원의 전압은 5[V]이다.)** 2010

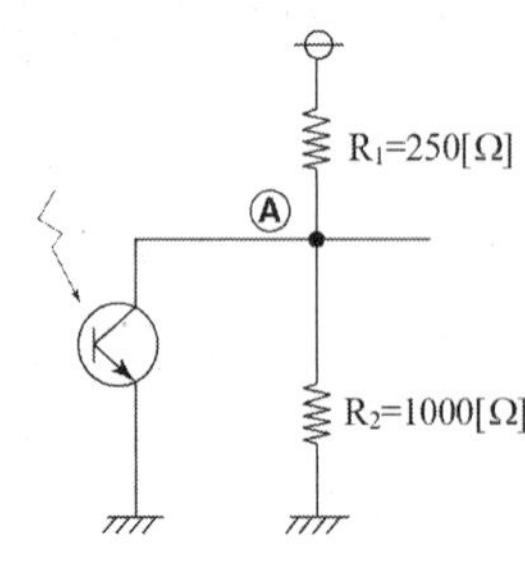

① 0[V] ② 2.5[V]

③ 4[V] ④ 5[V]

해설 포트 트랜지스터가 빛을 받아 ON상태이므로 A지점의 전압은 0[V]이다.

61 **순방향으로 전류를 흐르게 하면 전류가 가시광선으로 변형시켜 빛을 발생하는 다이오드로 N형 반도체의 과잉 전자와 P형 반도체의 정공이 결합되어 있는 소자는?**

① 포토 다이오드

② 제너 다이오드

③ 발광 다이오드

④ 정류 다이오드

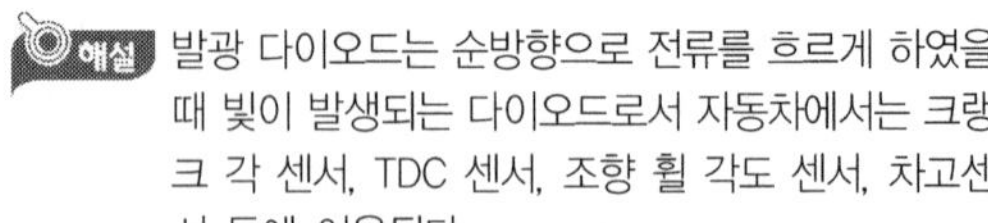

해설 발광 다이오드는 순방향으로 전류를 흐르게 하였을 때 빛이 발생되는 다이오드로서 자동차에서는 크랭크 각 센서, TDC 센서, 조향 휠 각도 센서, 차고센서 등에 이용된다.

62 **자동차용 퓨즈의 단선원인이 아닌 것은?**

① 퓨즈가 부식되었을 때

② 퓨즈가 접촉이 불량할 때

③ 동일한 용량의 퓨즈 12[V]용을 24[V]에 끼웠을 때

④ 회로의 합선에 의해 과도한 전류가 흘렀을 때

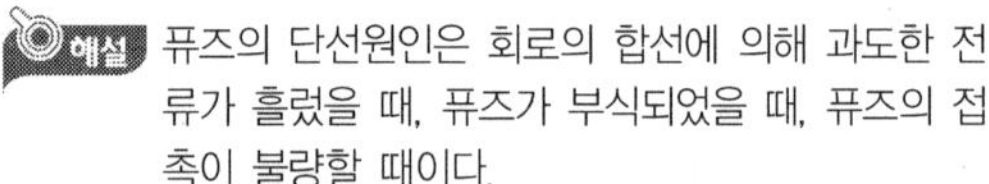

해설 퓨즈의 단선원인은 회로의 합선에 의해 과도한 전류가 흘렀을 때, 퓨즈가 부식되었을 때, 퓨즈의 접촉이 불량할 때이다.

63 **트랜지스터의 설명 중 장점이 아닌 것은?**

① 예열하지 않고 곧 작동한다.

② 내부의 전압강하가 매우 높다.

③ 수명이 길고 내부에서 전력손실이 적다.

④ 소형 · 경량이며 기계적으로 강하다.

해설 트랜지스터의 장점은 내부의 전압강하가 매우 낮고, 소형 · 경량이며 기계적으로 강하며, 수명이 길고, 내부에서 전력손실이 적다. 또 예열하지 않고 곧 작동한다.

answer 58.④ 59.④ 60.① 61.③ 62.③ 63.②

64 디지털 회로 시험기를 저항 모드에 두고 그림과 같이 다이오드를 점검하였을 때 양부 판정이 틀린 것은?

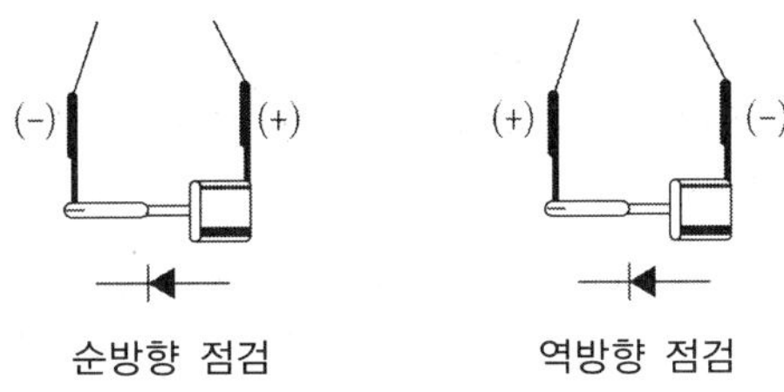

① 순방향 및 역방향 모두 저항값이 나타나면 정상이다.
② 역방향을 점검하였을 때 저항값이 나타나면 단선이다.
③ 순방향을 점검하였을 때 저항값이 나타나면 정상이다.
④ 순방향 및 역방향 모두 저항값이 나타나지 않으면 단선이다.

해설 다이오드 점검에서 순방향 및 역방향 모두 저항 값이 나타나면 단선된 경우이다.

65 다음 중 포토 다이오드를 표시한 것은 무엇인가?

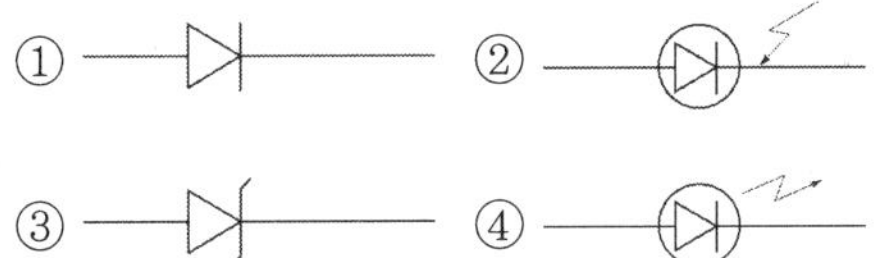

해설 ① 다이오드, ② 포토 다이오드, ③ 제너 다이오드, ④ 발광 다이오드

66 아래 회로를 보고 작동상태를 바르게 설명한 것은?

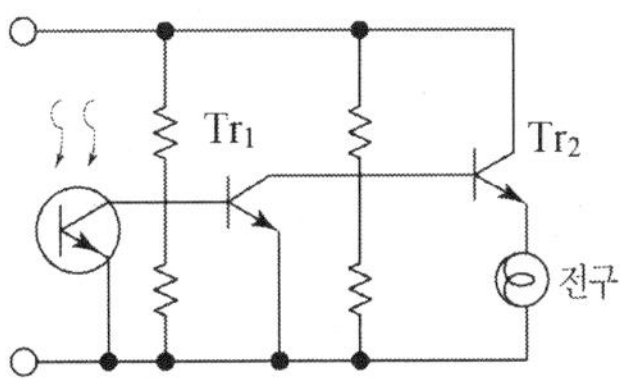

① 환해지면 전구가 점등한다.
② 어두워지면 전구가 점등한다.
③ 열을 가하면 전구가 작동한다.
④ 열을 가하면 전구가 소등한다.

67 순반향 접속에서만 전류가 흐르는 특성을 지니고 자동차에서는 교류발전기, 축전지의 충전기 등에 사용하여 교류전기를 직류전기로 변화하는 다이오드는?

① 제너 다이오드　② 정류 다이오드
③ 포토 다이오드　④ 발광 다이오드

해설 정류 다이오드는 순방향 접속에서만 전류가 흐르는 특성을 지니고 있으며, 자동차에서는 교류발전기, 축전지의 충전기 등에 사용하여 교류전기를 직류전기로 변화하는 다이오드이다.

68 발전기의 전압 조정기에 사용되기도 하며, 일정치 이상의 역방향 전류가 흐르면 순방향처럼 어느 순간 통전이 되는 역방향 통전 특성을 갖고 있는 것은?

① 제너 다이오드　② 포토 다이오드
③ 발광 다이오드　④ 가변 다이오드

해설 제너 다이오드는 발전기의 전압 조정기에 사용되기도 하며, 일정치 이상의 역방향 전류가 흐르면 순방향처럼 어느 순간 통전이 되는 역방향 통전 특성을 갖고 있다.

69 외부온도에 따라 저항 값이 변하는 소자로서 수온센서 등 온도감지용으로 쓰이는 반도체는?

① 실리콘(silicone)
② 게르마늄(germanium)
③ 서미스터(thermistor)
④ 인코넬(inconel)

해설 서미스터(thermistor)는 수온센서, 흡기온도 센서 등 온도 감지용으로 쓰이는 반도체이다.

answer 64.① 65.② 66.① 67.② 68.① 69.③

02 시동, 점화, 충전장치

1 **축전지의 전해액 비중은 온도 1[℃]의 변화에 대해 얼마나 변화하는가?** 2011

① 0.0005 ② 0.0007
③ 0.0009 ④ 0.0010

축전지의 전해액 비중은 온도 1[℃]의 변화에 대해 0.0007이 변화한다.

2 **납산 축전지가 방전할 때 축전지 내에서 일어나는 변화로 틀린 것은?**

① 전해액의 비중은 점차로 증가한다.
② 음극판은 납에서 황산납으로 된다.
③ 전해액은 황산에서 점차로 묽어져 물로 된다.
④ 양극판은 과산화납에서 황산납으로 된다.

납산 축전지가 방전하면 전해액은 황산에서 점차로 묽어져 물로 되므로 전해액의 비중은 점차로 감소한다.

3 **축전지의 정전류 충전에 대한 설명으로 틀린 것은?** 2012

① 표준 충전전류는 축전지 용량의 10[%]이다.
② 최소 충전전류는 축전지 용량의 5[%]이다.
③ 최대 충전전류는 축전지 용량의 20[%]이다.
④ 이론 충전전류는 축전지 용량의 50[%]이다.

해설 축전지의 정전류 충전전류는 ①, ②, ③이며 급속충전시 충전전류는 축전지 용량의 50[%]이다.

4 **축전지 격리판의 필요조건이 아닌 것은?**

① 다공성일 것
② 전도성일 것
③ 전해액의 확산이 잘 될 것
④ 전해액에 부식되지 않을 것

해설 축전지 격리판의 필요조건은 비전도성, 다공성, 전해액에 부식되지 않을 것, 전해액의 확산이 잘 될 것 등이 있다.

5 **일반적으로 사용되는 축전지의 용량 표시방법이 아닌 것은?**

① 냉간율 ② 25암페어율
③ 20시간율 ④ 50시간 방전율

해설 축전지 용량 표시법
㉠ 20시간율 : 일정전류를 방전 종지 전압(1.75[V])에 이를 때까지의 용량
㉡ 25[A]율 : 80[℉]에서 25[A]로 방전하여 방전 종지 전압에 이를 때까지의 용량
㉢ 냉간율 : 0[℉]에서 300[A]로 방전하여 셀당 전압이 1[V]가 될 때까지의 용량

6 **다음 중 플레밍의 왼손 법칙을 이용한 것은?**

① 충전기 ② 전동기
③ AC 발전기 ④ DC 발전기

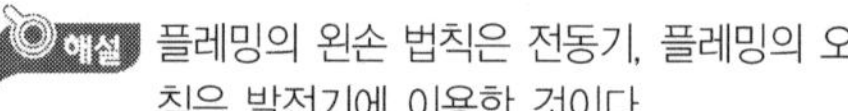
플레밍의 왼손 법칙은 전동기, 플레밍의 오른손 법칙은 발전기에 이용한 것이다.

7 **축전지의 자기 방전량에 대한 설명이다. 가장 거리가 먼 것은?**

① 자기 방전량은 전해액의 온도가 높을수록 크다.
② 자기 방전량은 밝은 곳보다 어두운 곳에서 커진다.
③ 자기 방전량은 전해액의 비중이 낮을수록 크다.
④ 자기 방전량을 충전 후 시간의 경과에 따라 점차 작아진다.

축전지의 자기 방전량은 전해액의 온도가 높을수록, 전해액의 비중이 높을수록 크고 밝은 곳보다 어두운 곳에서 커지며, 충전 후 시간의 경과에 따라 점차 작아진다.

answer 1.② 2.① 3.④ 4.② 5.④ 6.② 7.③

8 자동차용 납산 축전지에서 기전력을 발생시킬 때 어떤 화학반응을 통해 발생시키는가?

① 이온결합을 통해서
② 전자결합을 통해서
③ 원자결합을 통해서
④ 전해결합을 통해서

 납산 축전지에서 기전력을 발생시킬 때에는 이온결합을 통해서 발생시킨다.

9 축전지의 셀페이션(유화)의 원인이 아닌 것은?

① 과충전인 경우
② 전해액의 비중이 너무 높거나 낮을 때
③ 전해액에 불순물이 포함되어 있을 때
④ 장기간 방전상태로 방치하였을 때

 축전지의 셀페이션(유화)의 원인은 장기간 방전상태로 방치하였거나 전해액의 비중이 너무 높거나 낮을 때, 전해액에 불순물이 포함되어 있을 때와 과방전인 경우 등이 있다.

10 축전지에 대한 설명 중 틀린 것은?

① 극판수가 많으면 용량이 증가한다.
② 전해액 온도가 낮아지면 전압은 높아진다.
③ 온도가 높으면 자기방전량이 많아진다.
④ 전해액 온도가 올라가면 비중은 낮아진다.

 전해액 온도가 낮아지면 비중이 낮아져 전압도 낮아진다.

11 축전지를 급속 충전할 때 축전지의 접지단자에서 케이블을 떼어내는 이유는?

① 과충전을 방지하기 위함이다.
② 충전기를 보호하기 위함이다.
③ 조정기의 접점을 보호하기 위함이다.
④ 발전기의 다이오드를 보호하기 위함이다.

12 다음 중 배터리의 전해액을 만들 때 반드시 해야 할 것은?

① 황산을 가열하여야 한다.
② 물을 황산에 부어야 한다.
③ 철제의 용기를 사용한다.
④ 황산을 물에 부어야 한다.

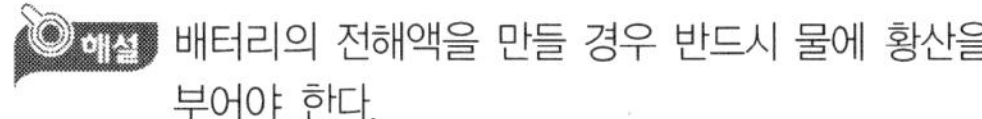 배터리의 전해액을 만들 경우 반드시 물에 황산을 부어야 한다.

13 축전지 셀의 음극과 양극의 판수는?

① 음극판이 1장 더 많다.
② 양극판이 1장 더 많다.
③ 음극판이 2장 더 많다.
④ 각각 같은 수다.

해설 축전지 셀 속의 극판 수는 화학적 평형을 고려하여 음극판이 양극판보다 1장 더 많다.

14 축전지를 급속 충전할 때 주의사항이 아닌 것은?

① 통풍이 잘 되는 곳에서 충전한다.
② 전해액의 온도가 45[℃]가 넘지 않도록 한다.
③ 축전지의 (+), (−)케이블을 자동차에 연결한 상태로 충전한다.
④ 충전 중인 축전지에 충격을 가하지 않도록 한다.

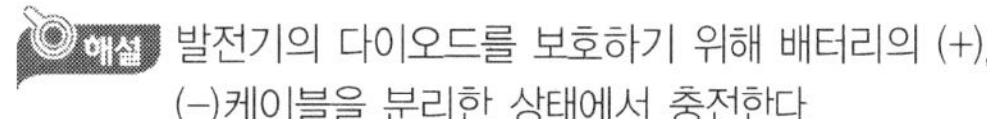 발전기의 다이오드를 보호하기 위해 배터리의 (+), (−)케이블을 분리한 상태에서 충전한다.

15 축전지 셀에 극판의 면적을 크게 하면 다음 중 옳은 것은?

① 전압이 높게 된다.
② 저항이 크게 된다.
③ 이용전류가 증가한다.
④ 전해액의 비중이 높게 된다.

해설 축전지 셀에 극판의 면적을 크게 하면 이용전류가 증가(축전지 용량이 증가)한다.

answer 8.① 9.① 10.② 11.④ 12.④ 13.① 14.③ 15.③

16 자동차용 일반 축전지에 관한 설명으로 맞는 것은?

① 전해액의 황산비율이 증가하면 비중은 높아진다.
② 일반적으로 축전지의 음극단자는 양극단자보다 크다.
③ 정전류 충전이란 일정한 충전전압으로 충전하는 것을 말한다.
④ 일반적으로 충전시킬 때는 [+]단자는 수소가, [−]단자는 산소가 발생한다.

해설 일반 축전지는 음극단자가 양극단자보다 가늘며, 정전류 충전이란 일정한 충전전류로 충전하는 것을 말하고 충전시킬 때는 [+]단자에서는 산소가, [−]단자에서는 수소가 발생한다.

17 자동차용 배터리의 충전 · 방전에 관한 화학반응으로 틀린 것은?

① 배터리 충전시 (−)극판에는 산소가, (+)극판에는 수소를 발생시킨다.
② 배터리 방전시 (+)극판의 과산화납은 황산납으로 변한다.
③ 배터리 충전시 (+)극판의 황산납은 점점 과산화납으로 변한다.
④ 배터리 충전시 물은 묽은 황산으로 변한다.

해설 배터리를 충전할 때 (−)극판에서는 수소가, (+)극판에서는 산소를 발생시키고 납산 축전지가 완전히 충전된 상태에서 (+)극판은 과산화납(PbO_2)이고 (−)극판은 해면상납(Pb)이다.

$$PbO_2 + 2H_2SO_4 + Pb \underset{\text{충전}}{\overset{\text{방전}}{\rightleftarrows}} PbSO_4 + 2H_2O + PbSO_4$$

18 축전지의 충 · 방전 화학식이다. ( )속에 해당되는 것은?

PbO_2 + ( ) + Pb ↔ $PbSO_4$ + $2H_2O$ + $PbSO_4$

① H_2O
② $2H_2O$
③ $2PbSO_4$
④ $2H_2SO_4$

해설 배터리를 충전할 때 (−)극판에서는 수소가, (+)극판에서는 산소를 발생시키고 납산 축전지가 완전히 충전된 상태에서 (+)극판은 과산화납(PbO_2)이고 (−)극판은 해면상납(Pb)이다.

$$PbO_2 + 2H_2SO_4 + Pb \underset{\text{충전}}{\overset{\text{방전}}{\rightleftarrows}} PbSO_4 + 2H_2O + PbSO_4$$

19 실측한 전해액의 비중이 1.286이고, 이때 전해액의 온도가 26[℃]일 때 20[℃]에서 전해액의 비중은?

① 1.282
② 1.2902
③ 1.300
④ 1.3102

해설 전해액 비중환산 : 전해액의 비중은 온도가 높아지면 팽창으로 인하여 작아지고 낮으면 커진다.

$S_{20} = S_t + 0.0007(t - 20)$

S_{20} : 표준온도 20℃로 환산한 비중
S_t : t℃에서 실측한 비중
t : 측정시액의 온도(℃)
∴ 1.286 + 0.0007(26 − 20) = 1.2902

20 다음 중 표현이 잘못된 것은 어느 것인가?

① 전류계로 전류를 측정할 때에는 회로에 직렬로 연결한다.
② 충전 중 전해액의 온도는 45℃를 넘지 않도록 한다.
③ 축전지의 용량은 전해액의 온도가 내려가면 증가한다.
④ 충전 때 발생하는 가스는 주로 수소가스이다.

해설 축전지의 용량은 전해액 온도가 낮아지면 감소하고 온도가 올라가면 증가한다.

21 축전지를 과방전 상태로 오래 두면 못쓰게 되는 이유는?

① 극판에 수소가 형성된다.
② 극판이 산화납이 되기 때문이다.
③ 황산이 증류수가 되기 때문이다.
④ 극판이 영구 황산납이 되기 때문이다.

answer 16.① 17.① 18.④ 19.② 20.③ 21.④

해설 축전지를 과방전 상태로 오래 두면 극판이 영구 황산납이 되기 때문에 재충전이 되지 않는다.

22 극판의 크기, 판의 수 및 황산 양에 의해서 결정되는 것은?

① 축전지의 전압 ② 축전지의 용량
③ 축전지의 전류 ④ 축전지의 전력

해설 극판의 크기, 판의 수 및 황산 양은 축전지 용량을 결정하게 된다.

23 축전지의 전해액 비중이 온도변화에 따라 어떻게 변하는지를 설명한 것으로 맞는 것은?

① 비중은 온도와는 상관없다.
② 온도가 올라가면 비중은 내려간다.
③ 온도가 올라가면 비중도 올라간다.
④ 일정온도 이상에서만 비중이 올라간다.

해설 전해액 온도가 낮아지면 비중이 낮아져 전압도 낮아진다.

24 축전지에서 온도가 내려가면 일어나는 현상으로 틀린 것은?

① 동결하기 쉽다.
② 전압이 내려간다.
③ 사용 용량이 줄어든다.
④ 전해액의 비중이 내려간다.

해설 축전지에서 온도가 내려가면 전압이 내려가고 사용 용량이 줄어든다. 또, 전해액의 비중은 올라가고 동결하기 쉽다.

25 기동전동기의 필요 회전력에 대한 수식은?

① 크랭크축 회전력 × $\frac{\text{피니언의 잇수}}{\text{링 기어 잇수}}$

② 캠축 회전력 × $\frac{\text{피니언의 잇수}}{\text{링 기어 잇수}}$

③ 크랭크축 회전력 × $\frac{\text{링 기어 잇수}}{\text{피니언의 잇수}}$

④ 캠축 회전력 × $\frac{\text{링 기어 잇수}}{\text{피니언의 잇수}}$

해설 기동전동기의 필요 회전력[kgf · m]
=엔진의 기동 가능 회전력(회전저항=크랭크축 회전력) × $\frac{\text{기동 전동기의 피니언 잇수}}{\text{플라이 휠의 링 기어 잇수}}$

26 기동전동기의 작동원리로 맞는 것은?

① 앙페르의 법칙
② 렌쯔의 법칙
③ 플레밍의 왼손 법칙
④ 플레밍의 오른손 법칙

해설 기동전동기는 플레밍의 왼손 법칙의 원리를 응용한 것이다.

27 기동전동기의 구성부품 중 단지 한쪽 방향으로 토크를 전달하는 일명 일방향 클러치라고도 하는 것은?

① 솔레노이드 ② 스타터 릴레이
③ 시프트 레버 ④ 오버 러닝 클러치

해설 오버 러닝 클러치는 한쪽 방향으로 토크로 전달하는 것으로 일방향 클러치라고도 한다.

28 기동전동기에 흐르는 전류 값과 회전수를 측정하여 기동전동기의 고장 여부를 판단하는 시험은?

① 단선 시험 ② 단락 시험
③ 접지 시험 ④ 무부하 시험

29 기동전동기에서 회전하는 부분이 아닌 것은?

① 계자 코일 ② 정류자
③ 오버 러닝 클러치 ④ 전기자 철심

해설 기동전동기에서 회전하는 부분은 전기자, 정류자, 오버 러닝 클러치 등이 있으며, 고정된 부분은 계자 철심과 계자 코일, 브러시와 브러시 홀더 등이다.

answer 22.② 23.② 24.④ 25.① 26.③ 27.④ 28.④ 29.①

30 다음은 자동차용 기동전동기의 특징을 열거한 것이다. 틀린 것은?

① 역 기전력은 회전수에 비례한다.
② 부하가 커지면 회전력은 작아진다.
③ 일반적으로 직권 전동기를 사용한다.
④ 부하를 크게 하면 회전속도가 작아진다.

해설 기동전동기의 특징은 일반적으로 직권전동기를 사용하며 특징은 다음과 같다.
㉠ 역 기전력은 회전속도에 비례한다.
㉡ 부하를 크게 하면 회전속도가 낮아지고 흐르는 전류는 증가하여 회전력은 커진다.
㉢ 직권식 전동기이므로 전기자 코일과 계자 코일이 직렬로 접속되어 있다.

31 자동차 시동(크랭킹)회로에 대한 설명으로 틀린 것은?

① 축전지 접지가 좋지 않더라도 (+)선의 접촉이 좋으면 기동전동기의 작동에는 지장이 없다.
② B단자와 ST단자를 연결해 주는 것은 점화스위치이다.
③ 기동전동기의 B단자와 M단자를 연결해 주는 것은 기동전동기 마그네틱 스위치이다.
④ B단자까지의 배선은 굵은 것을 사용해야 한다.

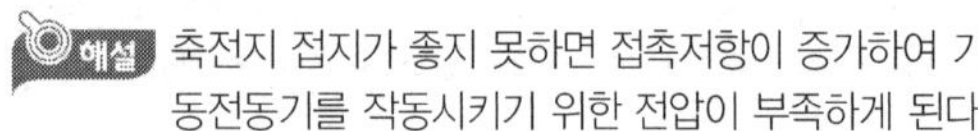

해설 축전지 접지가 좋지 못하면 접촉저항이 증가하여 기동전동기를 작동시키기 위한 전압이 부족하게 된다.

32 직권 기동전동기의 계자코일과 전기자 코일의 접속방법은?

① 직렬접속 ② 병렬접속
③ 직 · 병렬접속 ④ 각각 접속

해설 직권 기동전동기는 계자 코일과 전기자 코일이 접속은 직렬로 접속되어 있다.

33 기동전동기의 전기자 코일에 항상 일정한 방향으로 전류가 흐르도록 하기 위해 설치한 것은?

① 슬립 링 ② 로터
③ 다이오드 ④ 정류자

해설 정류자는 기동전동기의 전기자 코일에 항상 일정한 방향으로 전류가 흐르도록 한다.

34 전기자를 시험하고자 한다. 어떤 시험기가 필요한가?

① 회로 시험기 ② 오실로스코프
③ 전류계 ④ 그로울러 시험기

해설 그로울러 시험기는 기동전동기의 전기자 코일의 단선, 단락, 접지 시험을 하기 위한 시험기이다.

35 기동전동기에 많은 전류가 흐르게 되는 고장원인은?

① 내부접지
② 높은 내부저항
③ 전기자 코일의 단선
④ 계자 코일의 단선

36 기동전동기에서 오버러닝 클러치의 구조에 해당되지 않는 것은?

① 롤러식 ② 스프래그식
③ 기어식 ④ 다판 클러치식

해설 기동전동기의 오버 러닝 클러치의 종류 : 롤러식, 스프래그식, 다판 클러치식 등이 있다.

37 기동전동기의 조립이 끝나면 성능시험을 한다. 이에 속하지 않는 것은?

① 무부하 시험 ② 토크 시험
③ 저항 시험 ④ 접지 시험

해설 기동전동기의 성능시험 : 무부하 시험, 토크 시험, 저항 시험 등이 있다.

answer 30.② 31.① 32.① 33.④ 34.④ 35.① 36.③ 37.④

38 기동전동기의 시험과 관계없는 것은?

① 저항 시험 ② 회전력 시험
③ 고부하 시험 ④ 무부하 시험

해설 **기동전동기 시험항목** : 저항 시험, 회전력 시험, 무부하 시험의 3가지가 있다.

39 기본 점화시기 및 연료 분사시기와 가장 밀접한 관계가 있는 센서는?

① 수온 센서 ② 대기압 센서
③ 크랭크 각 센서 ④ 흡기온 센서

해설 크랭크 각 센서는 기본 점화시기 및 연료 분사시기와 가장 밀접한 관계가 있다.

40 하나의 전기회로에 자력선의 변화가 생겼을 때 그 변화를 방해하려고 다른 전기 회로에 기전력이 발생되는 현상을 무엇이라 하는가?

① 상호 유도작용 ② 자기 유도작용
③ 전자 유도작용 ④ 히스테리시스 작용

해설 **상호 유도작용** : 두 코일 중 한쪽 코일(1차 코일)에 전류를 변화시키면 다른 쪽 코일(2차 코일)에 기전력이 유도되는 작용을 말한다. 이때 상호 유도 기전력은 1차 코일의 전류 변화속도에 비례한다.

41 점화코일의 1차 전류 차단방식 중 TR을 이용하는 방식의 특징으로 옳은 것은?

① 원심, 진공 진각기구를 사용한다.
② 노킹이 발생할 때 대응이 불가능하다.
③ 고속회전에서 채터링 현상으로 기관부조가 발생한다.
④ 기관 상태에 따른 적절한 점화시기 조절이 가능하다.

해설 TR(트랜지스터)을 이용하는 방식은 원심, 진공 진각기구를 사용하지 않아도 되고, 고속회전에서 채터링 현상으로 인한 기관부조 발생이 없으며, 노킹이 발생할 때 대응이 신속한 특징이 있다.

42 DLI(distributor less ignition)시스템의 장점으로 틀린 것은?

① 스파크 플러스 수명이 길어진다.
② 고전압 에너지 손실이 적다.
③ 진각(advance)폭의 제한이 적다.
④ 점화 에너지를 크게 할 수 있다.

해설 DLI(Distributor Less Ignition) 시스템의 장점은 점화 에너지를 크게 할 수 있고, 고전압의 에너지 손실이 적어 실화가 적다. 또 전자적으로 진각시켜 점화 진각(advance)폭의 제한이 적어 점화시기가 정확하고 고압 배전부 및 배전기가 없기 때문에 누전 및 전파 장해의 발생이 없다. 내구성이 크고, 전파 방해가 없어 다른 전자제어 장치에도 유리하고, 실린더 별 점화시기 제어가 가능하고 엔진의 회전수에 관계없이 2차 전압이 일정하다.

43 전자제어 분사 차량의 크랭크 각 센서에 대한 설명 중 틀린 것은?

① 기관 RPM을 컴퓨터로 알리는 역할도 한다.
② 이 센서의 신호가 안 나오면 고속에서 실화한다.
③ 이 신호를 컴퓨터가 받으면 연료펌프 릴레이를 구동한다.
④ 분사 및 점화시점을 설정하기 위한 기준신호이다.

해설 크랭크 각 센서가 고장나면 연료가 분사되지 않아 기관 작동이 정지된다.

44 배전기의 1번 실린더 TDC센서 및 크랭크 각 센서에 대한 설명이다. 옳지 않은 것은?

① 크랭크 각 센서용 4개의 슬릿과 내측에 1번 실린더 TDC센서용 1개의 슬릿이 설치되어 있다.
② 발광 다이오드에서 방출된 빛은 슬릿을 통하여 포토 다이오드에 전달되며 전류는 포토 다이오드의 순방향으로 흘러 비교기에 약 5[V]의 전압이 감지된다.

answer 38.③ 39.③ 40.① 41.④ 42.① 43.② 44.②

③ 2종류의 슬릿을 검출하기 때문에 발광 다이오드 2개와 포토 다이오드 2개가 내장되어 있다.

④ 배전기가 회전하여 디스크가 빛을 차단하면 비교기 단자는 0볼트(V)가 된다.

해설 발광 다이오드에서 방출된 빛은 슬릿을 통하여 포토 다이오드에 전달되며 전류는 포토 다이오드의 역방향으로 흘러 비교기에 약 5V의 전압이 감지된다.

45 한 개의 코일에 흐르는 전류를 단속하면 코일에 유도전압이 발생하는 작용은?

① 자기 유도작용　② 상호 유도작용
③ 자력선 변화작용　④ 배력 유도작용

해설 **자기**(자체) **유도작용** : 코일 자신에 유도기 전력이 유도되는 현상을 말한다.

46 오실로스코프에서 다음과 같은 신호가 검출되었다면 다음 중 어느 센서인가?

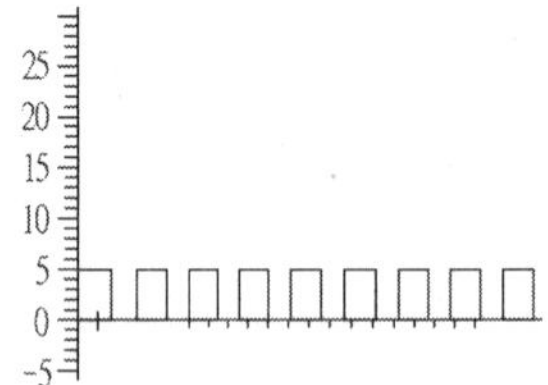

① 냉각수 온도 센서
② 산소 센서
③ 크랭크 각 센서
④ 스로틀 포지션 센서

47 전자제어 가솔린 분사장치에서 일반적으로 사용되는 점화방식은?

① 전자파 발전식　② 접점식 점화방식
③ 자석식 점화방식　④ 고에너지 점화방식

해설 전자제어 가솔린 분사장치에서는 일반적으로 고에너지 점화방식(HEI) 또는 전자 배전방식(DLI, DIS)을 사용한다.

48 점화회로에서 파워 트랜지스터의 베이스를 차단하는 것은?

① 다이오드　② 제너 다이오드
③ ECU　④ 콘덴서

 파워 트랜지스터의 구조는 ECU(컴퓨터)에 의해 제어되는 베이스 단자, 점화코일의 1차 코일과 연결되는 컬렉터 단자, 접지와 연결되는 이미터 단자로 구성되어 있다.

49 DLI(distributor less ignition) 점화방식에서 점화시기를 결정하는데 기본이 되는 것은?

① 크랭크 각 센서　② 파워 트랜지스터
③ 발광 다이오드　④ 시그널 로터

 DLI(Distributor Less Ignition) 점화방식에서 점화시기를 결정하는데 기본이 되는 센서는 크랭크 각 센서이다.

50 다음 중 점화코일 1차 전류 제어방식이 아닌 것은?

① 접점방식　② 핫 와이어방식
③ CDI방식　④ 트랜지스터방식

해설 핫 와이어방식은 공기량 계측 방식이다.

51 기관을 크랭킹 할 때 가장 기본적으로 작동되어야 하는 센서는?

① 대기압 센서　② 수온 센서
③ 산소 센서　④ 크랭크 각 센서

해설 크랭크 각 센서는 기본 점화시기 및 연료 분사시기와 가장 밀접한 관계가 있다.

52 다음 중 점화코일의 성능상 중요한 특성이 아닌 것은?

① 속도특성　② 온도특성
③ 절연특성　④ 점화특성

answer　45.①　46.③　47.④　48.③　49.①　50.②　51.④　52.④

53 **점화코일에서 고전압을 얻도록 유도하는 공식으로 바른 것은?**

E_1 : 1차 코일에 유도된 전압 E_2 : 2차 코일에 유도된 전압 N_1 : 1차 코일의 유효권수 N_2 : 2차 코일의 유효권수

① $E_2 = \frac{N_2}{N_1}E_1$

② $E_2 = \frac{N_1}{N_2}E_1$

③ $E_2 = N_1 \times N_2 = E_1$

④ $E_2 = N_2 + (N_1 \times E_1)$

54 **HEI코일(폐자로형 코일)에 대한 설명 중 틀린 것은?**

① 유도작용에 의해 생성되는 자속이 외부로 방출되지 않는다.

② 1차 코일의 굵기를 크게 하여 큰 전류가 통과할 수 있다.

③ 코일 방열을 위해 내부에 절연유가 들어 있다.

④ 1차 코일과 2차 코일은 연결되어 있다.

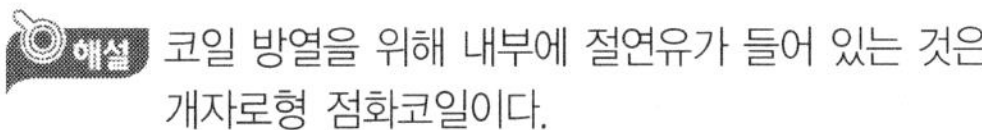 코일 방열을 위해 내부에 절연유가 들어 있는 것은 개자로형 점화코일이다.

55 **DLI(무배전기 점화) 방식의 종류에 해당되지 않는 것은?**

① 독립점화형 전자 배전방식

② 동시점화형 코일 분배방식

③ 로터 접점형 배전방식

④ 동시점화형 다이오드 분배방식

56 **트랜지스터 점화장치의 점화신호로 쓰이는 크랭크 각 센서 종류가 아닌 것은?**

① 광학형 크랭크 각 센서

② 유도형 크랭크 각 센서

③ 홀 센서형 크랭크 각 센서

④ 전류 차단형 크랭크 각 센서

57 **다음은 점화플러그에 대한 설명이다. 틀린 것은?** 2013

① 열가는 점화플러그의 열방산 정도를 수치로 나타낸 것이다.

② 고부하 고속회전이 많은 기관에서는 열형 플러그를 사용하는 것이 좋다.

③ 전극의 온도가 자기청정온도 이하가 되면 실화가 발생한다.

④ 방열효과가 낮은 특성의 플러그를 열형 플러그라고 한다.

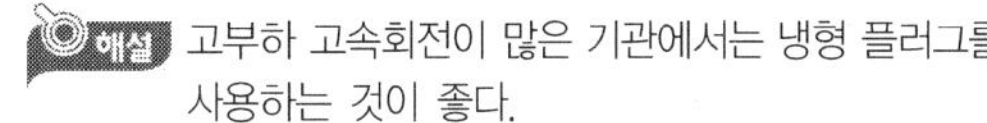 고부하 고속회전이 많은 기관에서는 냉형 플러그를 사용하는 것이 좋다.

58 **기관에서 점화 진각에 대한 설명 중 가장 거리가 먼 것은?**

① 엔진의 회전속도가 빠를수록 진각시킨다.

② 노킹이 발생되면 지각시킨다.

③ 흡기다기관의 부압이 높을수록 진각시킨다.

④ 공회전시 연소를 원활히 하기 위하여 진각시킨다.

해설 회전속도가 빠를수록, 흡기다기관의 부압이 높을수록 진각시키며, 노킹이 발생되면 지각시킨다. 그리고 공회전시에는 연소를 원활히 하기 위해 진각하지 않는다.

59 **가솔린기관의 점화장치에서 전자 배전 점화장치(DLI)의 특징이 아닌 것은?**

① 배전기에 의한 배전 누전이 없다.

② 배전기 캡에서 발생하는 전파잡음이 없다.

answer 53.① 54.③ 55.③ 56.④ 57.② 58.④ 59.④

③ 배전기식은 로터와 접지전극 사이로부터 진각 쪽의 제한을 받지만 DLI는 진각 폭에 따른 제한이 없다.

④ 고전압 출력을 작게 해도 방전 유효에너지는 감소한다.

해설 전자 배전 점화장치(DLI)는 고전압 출력을 작게 해도 방전 유효에너지는 감소하지 않는다.

60 **다음 중 크랭크축은 회전하나 기관이 시동되지 않는 원인으로 적합하지 않은 것은?** 2011

① 냉각수의 부족

② 점화장치 불량

③ 연료펌프의 작동불량

④ No.1 TDC 센서의 불량

해설 크랭크축은 회전하나 기관이 시동되지 않는 원인은 No.1 TDC 센서의 불량, 크랭크 각 센서 불량, 점화장치 불량, 연료펌프 작동불량 등이고 냉각수가 부족하면 엔진이 과열된다.

61 **트랜지스터 점화장치는 트랜지스터의 무슨 작용을 이용하여 2차 전압을 유기시키는가?**

① 자기 유도작용 ② 스위칭작용

③ 충 · 방전작용 ④ 상호 유도작용

해설 트랜지스터(TR) 점화장치는 ECU의 신호에 의해 트랜지스터(TR)의 베이스 신호가 차단되면 스위칭 작용을 하여 점화 1차 코일에 흐르는 전류를 단속하여 2차 측에 높은 전압을 유기시킨다.

62 **무배전기식 점화장치의 드웰 시간(dwell time)이 짧아도 되는 이유는?**

① 파워 트랜지스터를 이용하여 단속하기 때문이다.

② 배전기가 없어 손실이 적어 전압이 낮아도 되기 때문이다.

③ 1차 전류 회복시간이 짧기 때문이다.

④ 점화코일의 2차 코일을 감은 수가 많기 때문이다.

63 **점화플러그의 품번 BP6ESR에서 "6"에 해당되는 것은?**

① 열가 ② 플러그형

③ 제품 ④ 나사의 지름

해설 점화플러그의 표시(예 : BP6ESR)

㉠ B = 나사 부분의 지름(A = 18[mm], B = 14[mm], C = 10[mm], D = 12[mm])

㉡ P = 자기 돌출형 점화플러그

㉢ 6 = 열값(4, 5, 6, 7, 8, 9 : 숫자가 작을수록 열형, 클수록 냉형)

㉣ I = 나사 부분의 길이(E = 19[mm], H = 1.27[mm])

㉤ S = 개조형 또는 신형

㉥ R = 저항 플러그

64 **전자제어 연료분사 장치에서 연료분사가 안 되는 현상과 점화코일에서 고전압이 발생하지 않는 현상이 발생할 때 제일 먼저 점검해야 할 항목은?**

① 크랭크 각 센서

② 매니폴드 압력센서

③ 스로틀 포지션 센서

④ 냉각수 온도 센서

해설 전자제어 연료분사 장치에서 연료분사가 안 되는 현상과 점화코일에서 고전압이 발생하지 않는 현상이 발생할 때 제일 먼저 크랭크 각 센서를 점검한다.

65 **파워 TR을 통전 시험을 할 때 가장 적합한 계기장치는? (단, 단품 점검)**

① 오실로스코프

② 기관 자기진단기

③ 아날로그 타입 멀티미터

④ 배선을 쇼트시키면서 점검

66 **다음은 DOHC DLI 동시점화방식의 점화 2차 파형을 측정하기 위해 1번 고압 케이블에만 스코프 프로브를 연결한 그림이다. 이에 대한 판단의 설명 중 맞는 것은?**

answer 60.① 61.② 62.③ 63.① 64.① 65.③ 66.②

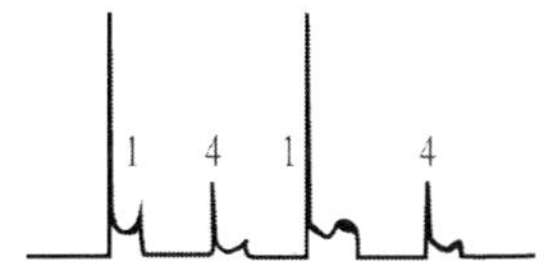

① 1, 4 순서이므로 4번이 불량이다.
② 1번은 압축 상사점이고 4번은 배기 행정이기에 차이가 난 것이다.
③ 1번은 역 극성이므로 높고, 낮은 것은 정 극성이기 때문이다.
④ 높은 것은 1번이므로 정 극성이고 낮은 4번은 역 극성이기 때문이다.

해설 DLI 동시점화방식에서 점화 2차 파형을 측정하기 위해 1번 고압 케이블에만 스코프 프로브를 연결하여 측정하면 1번 실린더 파형은 실린더 내의 압력이 높은 압축 상사점이므로 점화전압이 높게 나오고, 4번 실린더 파형은 배기 행정이므로 점화전압이 낮게 나타난다.

67 파워 TR의 점검방법에서 필요 없는 것은?

① 타이밍 라이트
② 1.5V 건전지
③ 파형 분석기
④ 아날로그 회로시험기

해설 타이밍 라이트는 점화시기와 엔진회전수 측정에 사용된다.

68 아래의 회로는 점화장치 1차 회로를 표현한 것이다. TR이 ON일 때 측정점 V의 선간 전압은 어떻게 나와야 하는가?

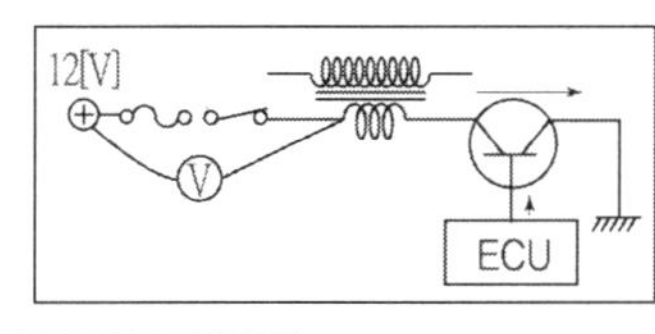

① 약 1.2[V]
② 12[V]
③
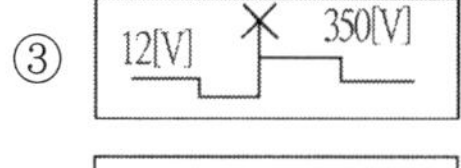

④ 약 1.2[V]

해설 TR이 ON되었을 때 선간 전압은 최고 1.2[V] 이하가 되어야 한다.

69 점화플러그에서 자기 청정온도가 정상보다 높아졌을 때 나타날 수 있는 현상은?

① 실화 ② 후화
③ 조기점화 ④ 역화

해설 점화플러그의 자기 청정온도(450~600[℃])가 정상보다 높아지면 조기점화의 원인이 된다.

70 고압축비 고속기관에 가장 많이 사용하는 점화플러그는?

① 저속형 ② 중간형
③ 열형 ④ 냉형

해설 냉형 점화플러그는 고압축비 고속기관에서 사용하고, 열형 점화플러그는 저압축비 및 저속기관에서 사용한다.

71 전자제어 가솔린기관에 대한 다음 설명 중 틀린 것은? 2011

① 점화시기는 점화 2차 코일의 전류를 크랭크각 센서가 제어한다.
② 흡기 온도센서 신호는 연료 증량시 보정신호로 사용된다.
③ 공회전 속도제어를 위해 스텝모터를 사용하기도 한다.
④ 산소 센서의 출력 전압은 혼합기 농도에 따라 변화하며, 희박할 때보다 농후할 때 전압이 높다.

answer 67.① 68.① 69.③ 70.④ 71.①

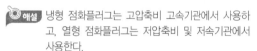

해설 전자제어 가솔린기관 제어
㉠ 흡기 온도센서 신호는 연료를 증량시킬 때 보정 신호로 사용된다.
㉡ 공전 속도제어를 위해 스텝모터를 사용하기도 한다.
㉢ 산소센서의 출력 전압은 혼합가스 농도에 따라 변화하며, 희박할 때보다 농후할 때 전압이 높다.
㉣ 점화시기는 크랭크 각 센서의 신호를 이용하여 ECU가 파워 트랜지스터의 베이스 전류를 제어함으로써 이루어진다.

72 **고에너지 점화방식(H.E.I)에서 점화계통의 작동순서로 옳은 것은?**

① 크랭크 각 센서 → 파워TR → ECU → 점화코일
② 크랭크 각 센서 → ECU → 파워TR → 점화코일
③ ECU → 크랭크 각 센서 → 파워TR → 점화코일
④ ECU → 점화코일 → 크랭크 각 센서 → 파워TR

해설 고에너지 점화장치(H.E.I)에서 점화장치의 작동회로는 '크랭크 각 센서 → ECU → 파워TR → 점화코일'이다.

73 **전자제어 연료 분사장치의 점화계통 회로와 거리가 먼 것은?**

① 체크밸브 ② 파워 트랜지스터
③ 점화코일 ④ 크랭크 앵글 센서

74 **MPI 기관에서 점화 계통의 파워 트랜지스터가 작동하려면 ECU(컴퓨터)에서 점화순서에 의하여 전압이 나와야 한다. ECU(컴퓨터)는 어느 센서의 신호를 받아 파워 트랜지스터에 전압을 주는가?**

① 흡기온 센서 ② 크랭크 각 센서
③ 냉각수온 센서 ④ 대기압 센서

해설 ECU는 크랭크 각 센서의 신호를 받아 파워 트랜지스터에 전압을 준다.

75 **전자제어 가솔린 엔진에서 크랭킹은 되나 시동이 안 되는 원인 중 맞지 않는 사항은?**

① ECU의 결함
② 발전기 다이오드의 결함
③ 점화 1차 코일의 단선
④ 파워 트랜지스터(Power TR)의 결함

해설 전자제어 가솔린 엔진에서 크랭킹은 되나 시동이 안 되는 원인은 파워 트랜지스터(Power TR)의 결함, 점화 1차 코일의 단선, ECU의 결함 등이 있다.

76 **전자제어 차량에서 #1 TDC 센서의 고장 발생 시 예상되는 증상과 거리가 먼 것은?**

① 연료소모는 관계가 없다.
② 주행 중 시동 꺼짐이 있을 수 있다.
③ 주행시 가속력이 떨어진다.
④ 공회전시 엔진 부조현상이 발생한다.

77 **전자 점화시기 조정 차량들은 점화시기 조정시 점검 단자를 접지시킨다. 이러한 이유로 적당한 것은?**

① 연료 압력을 규정 값으로 하기 위해
② 컴퓨터의 점화시기 진각 보정을 차단하기 위해
③ 엔진을 공회전 상태로 유지하기 위해
④ 자기진단 내용을 보면서 점화시기를 조정하기 위해

78 **전자제어 엔진에서 점화코일의 1차 전류를 단속하는 기능을 갖는 부품은 무엇인가?**

① 발광 다이오드
② 포토 다이오드
③ 크랭크 각 센서
④ 파워 트랜지스터

해설 전자제어 엔진에서 점화코일의 1차 전류를 단속하는 부품은 파워 트랜지스터이며 ECU의 신호에 의해 작동한다.

answer 72.② 73.① 74.② 75.② 76.① 77.② 78.④

79 **점화플러그에서 불꽃이 발생하지 않는 원인으로 틀린 것은?**

① 점화코일 불량　② 파워 TR 불량
③ 밸브 간극 불량　④ 고압 케이블 불량

해설 점화플러그에서 불꽃이 발생하지 않는 원인은 점화코일 불량, 파워 TR 불량, 고압 케이블 불량, ECU 불량 등이 있다.

80 **가동 중의 기관에서 실화하는 실린더를 찾는 방법 중 옳은 것은 어느 것인가?**

① 해당 실린더 고압케이블을 어스시킬 때 기관 속도가 빨라진다.
② 해당 실린더 고압케이블을 어스시킬 때 기관의 속도가 처음에는 빨라지다가 늦어진다.
③ 해당 실린더 고압케이블을 어스시킬 때 기관의 속도가 늦어진다.
④ 해당 실린더 고압케이블을 어스시킬 때 기관 속도는 변함이 없다.

81 **다음 그림 중 ㉮는 정상적인 점화 2차 파형이다. ㉯와 같은 파형이 나올 경우의 설명은?**

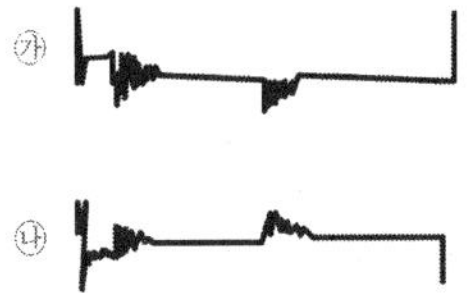

① 점화플러그 선이 바뀌었다.
② 점화플러그가 파손됐다.
③ 점화코일 1차 극성이 바뀌었다.
④ 점화 2차 코일 내부 절연이 파괴됐다.

 ㉮와 ㉯의 파형을 분석해 보면 두 파형이 서로 반대로 나타난 것을 알 수 있다. 이것은 점화 1차 코일의 극성이 바뀌었기 때문이다.

82 **점화 2차 회로 절연상태를 파악하기 위해서는 스코프 파형의 어느 부분을 관찰하여야 하는가?**

① 코일 최대 출력 파형의 상향부분
② 코일 최대 출력 파형의 하향부분
③ 2차 파형의 1차 감쇄진동 부분
④ 2차 파형의 2차 감쇄진동 부분

해설 오실로스코프 파형으로 점화 2차 회로 절연상태를 파악하기 위해서는 코일 최대 출력 파형의 하향부분을 관찰하여야 한다.

83 **스파크 플러그의 그을림 오손의 원인과 거리가 먼 것은 어느 것인가?**

① 에어 클리너 막힘
② 장시간 저속운전
③ 플러그 열가 부적당
④ 점화시기 진각

 스파크 플러그의 그을림 오손의 원인은 점화시기 지각, 장시간 저속운전, 점화플러그 열가 부적당, 에어 클리너 막힘 등이 있다.

84 **가솔린 분사장치의 점화시기 제어에 필요한 입력신호와 관계없는 것은?**

① 기관 회전속도　② 스로틀밸브 개도
③ 상사점　④ O_2센서 전압

해설 O_2센서 전압은 배기가스(CO)제어와 관련이 있다.

85 **자동차의 회로 부품 중에서 일반적으로 "ACC 회로"에 포함된 것은?**

① 경음기　② 카스테레오
③ 와이퍼 모터　④ 전조등

해설 "ACC 회로"는 자동차의 시계, 카스테레오, 라디오 등과 같이 자동차의 악세서리 전원에 사용된다.

86 **자동차에 사용되는 3상 교류발전기에서 가장 많이 이용되는 결선방법은?** 2013

① Y 결선　② 델타 결선
③ 이중 결선　④ 독립 결선

answer 79.③ 80.④ 81.③ 82.② 83.④ 84.④ 85.② 86.①

해설 Y결선(스타 결선)

㉠ 3개의 코일 한쪽을 공통점(중성점)으로 접속하고 다른 쪽을 출력선으로 끌어낸 것이다.

㉡ 저속 회전시 높은 전압이 발생되고 중성점의 전압(선간 전압의 약 1/2)을 활용할 수 있다.

㉢ 선간 전압은 상전압의 $\sqrt{3}$ 배이다.

$V_l = \sqrt{3}\,V_p$

87 스코프를 통하여 발전기의 출력 파형 시험을 하였다. 다이오드 2개(같은 상)가 단락된 경우는?

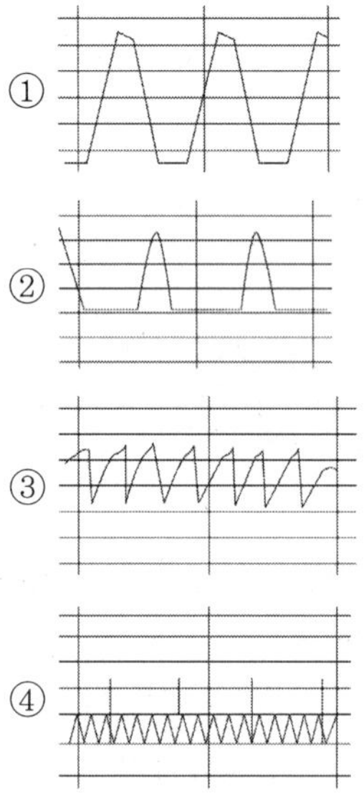

88 충전장치에서 점화스위치를 ON(IG_1)했을 때 발전기 내부에서 자석이 되는 것은? 2012

① 정류기 ② 로터
③ 스테이터 ④ 전기자

해설 로터는 슬립 링에 접촉된 브러시를 통하여 로터코일에 전류가 흐르면 축 방향으로 자계가 형성된다.

89 교류발전기의 스테이터에 대한 설명으로 가장 거리가 먼 것은?

① 스테이터 코일의 감는 방법에 따라 파권과 중권이 있다.
② 스테이터 철심은 교류를 직류로 바꾸어 주는 역할을 한다.
③ 스테이터 코일은 결선된 구리선을 철심의 홈에 끼워 넣은 구조로 되어 있다.
④ 스테이터 코일은 Y결선 또는 Δ결선 방식으로 결선한다.

해설 교류발전기에서 교류를 직류로 바꾸어 주는 역할은 실리콘 다이오드가 한다.

90 충전회로에서 발전기 L단자에 대한 설명이다. 거리가 먼 것은?

① L단자는 충전 경고등 작동선이다.
② ECS 장착차량에서는 L단자 신호를 사용한다.
③ L단자 회로가 단선되면 충전 경고등이 점등한다.
④ 엔진 시동 후 L단자에서는 13.8~14.8[V]로 출력된다.

해설 발전기 L단자는 충전 경고등 작동선으로 단선되면 경고등이 점등되지 않는다.

91 발전기 출력이 낮고 축전지 전압이 낮을 때의 원인으로 맞지 않는 것은?

① 충전회로에 높은 저항이 걸려있을 때
② 발전기 조정전압이 낮을 때
③ 축전지 터미널에 접촉이 불량할 때
④ 다이오드가 단락 및 단선이 되었을 때

92 다음 중 플레밍의 오른손 법칙을 이용한 것은?

① 축전기 ② 발전기
③ 트랜지스터 ④ 전동기

해설 발전기는 플레밍의 오른손 법칙, 전동기는 플레밍의 왼손 법칙을 이용한 것이다.

answer 87.② 88.② 89.② 90.③ 91.③ 92.②

93 **교류 발전기의 특징이 아닌 것은?**

① 잡음이 적다.
② 브러시 수명이 길다.
③ 전류조정기만 있으면 된다.
④ 경량이고 출력이 크다.

해설 교류(AC) 발전기는 경량이고 출력이 크다. 또한, 잡음이 적고 브러시 수명이 길며 전압조정기만 있으면 된다.

94 **직류발전기보다 교류발전기를 많이 사용하는 이유가 아닌 것은?**

① 크기가 작고 가볍다.
② 정류자에서 불꽃 발생이 크다.
③ 내구성이 있고 공회전이나 저속에도 충전이 가능하다.
④ 출력 전류의 제어작용을 하고 조정기의 구조가 간단하다.

해설 교류발전기의 특징
㉠ 직류발전기에 비해 크기가 작고 가볍다.
㉡ 내구성이 크고 공전이나 저속에도 충전이 가능하다.
㉢ 출력전류의 제어작용을 하고 발전 조정기는 전압 조정기 뿐이라 조정기의 구조가 간단하다.
㉣ 정류가가 없기 때문에 브러시 수명이 길다.

95 **자동차에 사용되는 교류발전기용 조정기에 대한 설명 중 관계가 없는 것은?**

① 교류발전기 6개의 다이오드는 3상 교류를 직류로 바꾸는 일을 한다.
② 전류용 다이오드가 축전지로부터 역류를 방지하기 때문에 컷 아웃 릴레이가 필요하지 않다.
③ 교류발전기용 조정기로는 전압 조정기만으로 충분하다.
④ 발전기 자신이 전류 제한작용을 하지 않기 때문에 전류 제한기가 필요하다.

해설 교류발전기는 발전기 자체에서 전류 제한작용을 하기 때문에 전류 제한기가 필요 없다. 교류발전기의 스테이터에서 발생하는 전류는 교류전류이며, 실리콘 다이오드에 의해 직류로 정류되어 출력된다.

96 **자동차 충전장치에 대한 설명으로 틀린 것은?**

① 다이오드는 교류를 직류로 변환시키는 역할을 한다.
② 배터리의 극성을 역으로 접속하면 다이오드가 손상되고 발전기 고장의 원인이 된다.
③ 출력 전류를 제어하는 것은 제너 다이오드이다.
④ 발전기에서 발생하는 3상 교류를 전파 정류하면 교류에 가까운 전류를 얻을 수 있다.

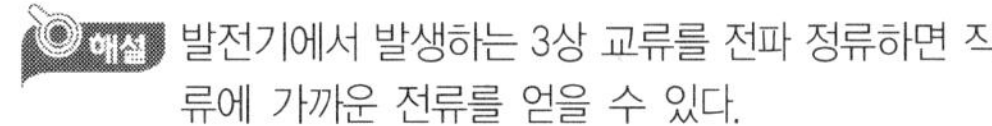
해설 발전기에서 발생하는 3상 교류를 전파 정류하면 직류에 가까운 전류를 얻을 수 있다.

97 **자동차용 교류 발전기에서 일반적으로 Y결선을 많이 사용하는 이유에 해당되지 않는 것은?**

① 결선이 간단하다.
② 대용량의 전력을 얻을 수 있다.
③ 중심점(뉴트럴)을 이용할 수 있기 때문이다.
④ 저속에서도 높은 전압을 얻을 수 있다.

해설 교류발전기에서 Y결선을 많이 사용하는 이유
㉠ 저속에서도 높은 전압을 얻을 수 있다.
㉡ 결선이 간단하다.
㉢ 중심점(뉴트럴)을 이용할 수 있다.
㉣ 선간 전압은 상전압의 $\sqrt{3}$ 배로 높다.
㉤ 고전압, 소전류용 발전기 제작시 사용된다.

98 **플레밍의 오른손 법칙에서 엄지손가락은 어느 방향을 가리키는가?**

① 자력선의 방향 ② 전류의 방향
③ 기전력의 방향 ④ 도선의 운동방향

해설 **자력선의 방향** : 중지
도선의 운동방향 : 엄지
기전력의 방향 : 인지

answer 93.③ 94.② 95.④ 96.④ 97.② 98.④

99 **전압 15[V], 출력전류 30[A]인 자동차용 발전기의 출력은 몇 [W] 인가?**

① 144　　② 288
③ 450　　④ 525

$P[\mathrm{W}] = V \times I$
P : 출력[W], V : 전압[V], I : 전류[A]
$\therefore$ 출력 $P = 15 \times 30 = 450[\mathrm{W}]$

03 계기 및 보안장치

1 **전자식 디스플레이 방식의 계기판에 대한 설명으로 틀린 것은?**

① 음극선관(CRT)은 전자빔의 원리로 작동하며, 동작 전압은 수 kV이다.
② 액정(LCD)은 전계 내에서 액정을 이용하여 빛의 흡수와 전달을 제어하는 것으로 동작전압은 12~14[V] 정도이고, 색깔은 단색이지만 필터를 사용하면 여러가지 색이 가능하다.
③ 발광 다이오드(LED)는 반도체의 PN접합의 순방향에서 전하의 재결합원리를 응용한 것으로, 동작전압은 2~3[V]로 낮으며 적, 황, 녹, 오렌지색 등 다양한 색깔을 나타낸다.
④ 플라스마(PD)는 충돌이온으로 가스를 방전시키는 원리를 이용한 것으로 동작전압은 200[V]정도이다.

2 **15000[Cd]의 광원에서 10[m] 떨어진 위치의 조도는?**

① 150[Lux]　　② 1000[Lux]
③ 500[Lux]　　④ 1500[Lux]

해설
$$조도 = \frac{광도[Cd]}{(거리[m])^2} = \frac{15000}{10^2} = 150[Lux]$$

3 **전조등의 조정 및 점검 시험을 할 때 유의 사항이 아닌 것은?**

① 광도는 안전기준에 맞아야 한다.
② 타이어 공기압력과는 관계가 없다.
③ 광도를 측정할 때는 헤드라이트를 깨끗이 닦아야 한다.
④ 퓨즈는 항상 정격용량의 것을 사용해야 한다.

해설 전조등을 조정 및 점검할 때 타이어 공기압력은 규정 값으로 한다.

4 **방향지시등이 깜빡거리지 않고 점등된 채로 있다면 예상되는 고장원인으로 적당한 것은?**

① 전구의 용량이 과다
② 전구의 접지불량
③ 플래셔 유닛의 접지불량
④ 퓨즈 또는 배선의 접촉불량

5 **자동차용 전조등에 사용되는 조도에 관한 설명으로 맞는 것은?**

① 조도의 단위는 암페어이다.
② 조도는 전조등의 밝기를 나타내는 척도이다.
③ 조도는 광도에 반비례하고 광원과 피조면 사이의 거리에 비례한다.
④ $조도[Lux] = \frac{피조면의\ 단면적[m^2]}{피조면에\ 입사되는\ 광속[Lm]}$ 으로 나타낸다.

㉠ **조도** : 면의 밝기로, 단위는 룩스[Lux]이다.
㉡ **광도** : 광원의 세기로, 단위는 칸델라[Cd]이다.
$$Lux = \frac{Cd}{r^2}$$
Cd : 광도, Lux : 조도, r : 거리[m]
※ **1칸델라** : 백금의 용융점(1769[℃])에 있어서 표면 1[cm^2]에서 그 면에 수직한 방향으로 내고 있는 빛의 광도를 기준으로 하여 그 1/60의 광도를 말한다.
㉢ **광속** : 광원으로부터 단위 입체각에 방사되는 빛의 에너지로 빛의 다발을 말하며 단위는 루멘[Lm]이다.

answer 99.③ / 1.② 2.① 3.② 4.③ 5.②

6 **전조등 장치에 관한 설명 중 바른 것은?** 2015

① 전조등 회로는 좌우로 직렬 연결되어 있다.
② 실드 빔 전조등은 렌즈를 교환할 수 있는 구조로 되어 있다.
③ 실드 빔 전조등 형식은 내부에 불활성 가스가 봉입되어 있다.
④ 전조등 테스트를 실시코자 할 때 전조등과 시험기의 거리는 10[m]를 유지해야 한다.

해설 ① 전조등 회로는 좌우로 병렬 연결되어 있다.
② 실드 빔형은 렌즈, 반사경 및 필라멘트가 일체로 구성되어 있으며, 그 속에 불활성 가스가 들어 있다.
④ 전조등 테스트를 실시코자 할 때 전조등과 시험기의 거리는 집광식은 1[m], 투영식은 3[m]이다.

7 **최근에 전조등으로 많이 사용되고 있는 크세논(Xenon)가스방전 등에 관한 설명이다. 틀린 것은?**

① 크세논 가스등은 기존의 전구에 비해 광도가 약 2배 정도이다.
② 전원은 12~24[V]를 사용한다.
③ 전구의 가스 방전 실에는 크세논 가스가 봉입되어 있다.
④ 크세논 가스등의 발광색은 황색이다.

해설 크세논 가스등의 발광색은 밝은 흰색에 가깝다.

8 **다음 중 전조등의 성능을 유지하기 위한 방법으로 가장 좋은 것은?**

① 복선식으로 한다.
② 단선식으로 한다.
③ 굵은 선으로 한다.
④ 가는 배선을 여러 가닥 엮어 연결한다.

9 **전조등의 배선연결 방식으로 맞는 것은?**

① 직렬이다. ② 병렬이다.
③ 직 · 병렬이다. ④ 단식배선이다.

10 **방향지시등 램프의 점멸 횟수가 너무 빠를 때의 원인이 아닌 것은?**

① 스위치의 작동 여부
② 램프의 정격용량 여부
③ 램프의 단선 여부
④ 램프 용량에 맞는 릴레이의 여부

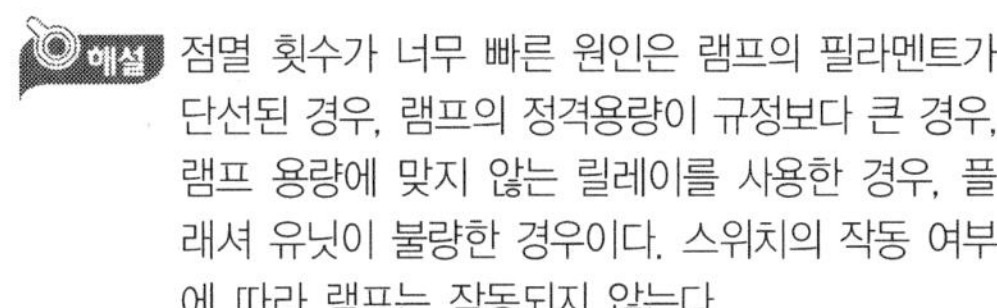
해설 점멸 횟수가 너무 빠른 원인은 램프의 필라멘트가 단선된 경우, 램프의 정격용량이 규정보다 큰 경우, 램프 용량에 맞지 않는 릴레이를 사용한 경우, 플래셔 유닛이 불량한 경우이다. 스위치의 작동 여부에 따라 램프는 작동되지 않는다.

11 **배선 회로도에 표시된 0.85RW의 W는 무엇을 나타내는가?**

① 단면적 ② 바탕색
③ 줄색 ④ 커넥터 수

해설 0.85RW에서 0.85는 전선의 단면적, R은 바탕색, W는 줄색을 나타낸다.

12 **도난 방지 차량에서 경계 상태가 되기 위한 입력요소가 아닌 것은?**

① 차속 스위치 ② 트렁크 스위치
③ 도어 스위치 ④ 후드 스위치

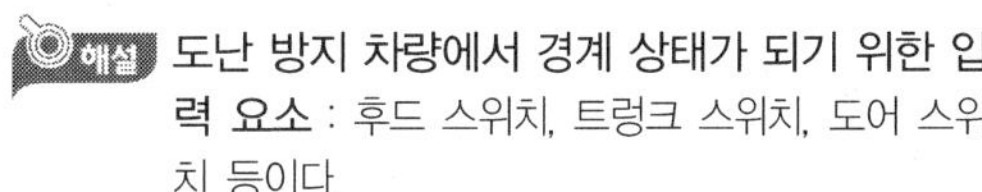
해설 도난 방지 차량에서 경계 상태가 되기 위한 입력 요소 : 후드 스위치, 트렁크 스위치, 도어 스위치 등이다.

13 **속도계 시험기(speed tester)를 취급할 때 주의할 사항이 아닌 것은?**

① 롤러의 이물질 부착 여부를 확인할 것
② 시험기는 정밀도 유지를 위해 정기적으로 정도검사를 받을 것
③ 시험기 설치는 수평면이어야 하고 청결할 것
④ 시험 중 안전을 위해 구동바퀴에 고임목을 설치할 것

answer 6.③ 7.④ 8.① 9.② 10.① 11.③ 12.① 13.④

14 **자동 헤트라이트장치의 구성부품이 아닌 것은?**

① 라이트 스위치　② 헤드램프 릴레이
③ 아이들 스위치　④ 컨트롤센서

15 **헤드라이트를 작동하면 엔진 회전속도가 증가하는 이유는 무엇인가?** (단, 공전상태일 때)

① 진공스위치에 의해서 엔진 회전속도가 증가한다.
② 가속페달의 액추에이터가 진공에 의해서 엔진 회전속도가 증가한다.
③ 전기부하를 받기 때문에 엔진 컴퓨터에서 전기 신호를 받아 공연비를 조정한다.
④ TPS값이 증가하면서 엔진 회전속도가 증가한다.

해설 공전상태에서 헤드라이트 작동, 에어컨 작동, 동력조향장치 오일 압력스위치 작동, 각종 전기부하 작동 등을 하면 엔진 컴퓨터(ECU)에서 전기신호를 받아 공연비를 조정하기 때문에 엔진 회전속도가 증가한다.

04 안전 및 편의장치

1 **에어컨의 구성부품 중 고압의 기체냉매를 냉각시켜 액화시키는 작용을 하는 것은?**

① 응축기　② 압축기
③ 팽창밸브　④ 증발기

2 **전자제어 오토 에어컨의 컨트롤 유닛에 입력되는 부품이 아닌 것은?**

① 외기 센서(ambient sensor)
② 콘덴서 센서(condensoer sensor)
③ 냉각수온 스위치(water thermo switch)
④ 일사 센서(sun load sensor)

해설 **전자제어 오토 에어컨의 컨트롤 유닛에 입력되는 부품** : 외기 센서(ambient sensor), 냉각수온 스위치(water thermo switch), 일사 센서(sun load sensor), 습도 센서(humidity sensor), AQS(air quality system : 공기 오염도가 높은 지역을 지나갈 때, 운전자가 별도의 스위치 조작을 하지 않더라도 외부 공기의 유입을 자동으로 차단하는 장치)센서, 내기(실내온도) 센서, 핀 서모 센서(에어컨 시스템 내의 온도를 감지하는 역할), 모드 선택 스위치 등이다.

3 **최근 자동차에 의한 환경문제가 심각하게 대두되고 있다. 그 중 에어컨의 냉매에 쓰이는 가스가 우리 인체에 영향을 미친다고 한다. 이것을 방지하기 위하여 최근 사용되고 있는 에어컨 냉매는 어느 것인가?**

① R-11　② R-12
③ R-13　④ R-134a

4 **전자제어 에어컨에서 자동차의 실내온도와 외부온도 그리고 증발기의 온도를 감지하기 위하여 쓰이는 센서의 종류는 무엇인가?**

① 솔레노이드　② 포텐쇼미터
③ 다이오드　④ 서미스터

서미스터(Thermal + Resister)란 온도에 따라 저항이 변하는 모든 소자를 말한다. 물론 모든 물질은 온도에 따라 전기 저항이 변하지만, 서미스터는 그 현상을 공업적으로 이용해서 만든 소자를 통칭한다. 일반적으로 NTC와 PTC로 나눌 수 있는데, NTC(Negative thermal coefficient)는 온도가 올라갈수록 저항이 감소하는 물질이고, PTC(Positive thermal coefficient)는 반대로 온도가 올라가면 저항이 증가하는 물질이다. 보통 금속은 온도가 올라갈수록 저항이 증가하고 세라믹재료는 저항이 감소한다. 여기서 일반적인 서미스터라 하면 세라믹 계통의 소자를 지칭한다.

5 **다음 중 신냉매(R-134a)의 특징을 잘못 설명한 것은?**

① 무색, 무취, 무미하다.
② 화학적으로 안정되고 내열성이 좋다.

answer 14.③ 15.③ / 1.① 2.② 3.④ 4.④ 5.③

③ 액화 및 증발이 되지 않아 오존층이 보호된다.

④ 오존 파괴계수가 0이고 온난화 계수가 구냉매(R-12)보다 낮다.

해설 냉동기의 특성상 신 냉매(R-134a)도 액화 및 증발이 일어난다.

6 **자동차 에어컨에서 익스팬션 밸브(expansion valve)는 어떤 역할을 하는가?**

① 냉매를 압축하여 고압으로 만든다.

② 팽창된 기체 상태의 냉매를 액화시키는 역할을 한다.

③ 냉매를 팽창시켜 고온, 고압의 기체로 만들기 위한 밸브이다.

④ 냉매를 급격히 팽창시켜 저온, 저압의 에어플(무화) 상태의 냉매로 만든다.

해설 **팽창밸브**(expansion valve) : 냉방장치가 정상적으로 작동하는 동안 냉매는 중간 정도의 온도와 고압의 액체 상태에서 팽창밸브로 유입되어 오리피스 밸브를 통과하므로 저온, 저압이 된다. 이 액체 상태의 냉매는 공기 중의 열을 흡수하여 기체 상태가 되어 증발기를 빠져나간다.

7 **가스 검출기로 냉매가스의 누출 여부를 점검하고자 한다. 틀린 것은?**

① 반드시 기관을 급가속상태에서 점검한다.

② 압축기, 서비스 피팅, 주입구멍, 증발기 등의 연결부위에서 누출 여부를 점검한다.

③ 냉매 가스는 공기보다 무겁기 때문에 가능한 한 낮은 위치에서 행한다.

④ O-링을 교환한 다음에는 질소가스를 넣어 다시 누출점검을 한다.

8 **충돌할 때 에어백 시스템의 작동에 관한 설명으로 틀린 것은?**

① 인플레이터가 작동하면 질소가스가 발생한다.

② 충격에 의해 센서가 작동하여 인플레이터에 전기신호를 보낸다.

③ 에어백은 질소가스에 의해 부풀려 있는 상태를 지속시킨다.

④ 질소가스가 백을 부풀리고 벤트 홀로 배출된다.

해설 에어백 시스템의 작동

㉠ 에어백 컨트롤 모듈은 충격에너지가 규정값 이상일 때 전기신호를 인플레이터에 보낸다.
㉡ 인플레이터에서는 공급된 전기 신호에 의해 가스 발생제가 연소되어 에어백을 팽창시킨다.
㉢ 에어백이 질소가스에 의해 팽창되어 운전자 및 승객에 전달되는 충격을 완화시킨다.
㉣ 질소가스가 백을 부풀리고 벤트 홀로 배출된다.

9 **에어컨 시스템에서 매니폴드 게이지를 연결하여 이상 유무를 판단한 것으로 맞는 것은?**

① 냉매가스 부족 : 고압 게이지-낮다, 저압 게이지-높다.

② 공기 유입 : 고압 게이지-낮다, 저압 게이지-낮다.

③ 냉매가스 과다 : 고압 게이지-높다, 저압 게이지-낮다.

④ 컴프레셔 불량 : 고압 게이지-낮다, 저압 게이지-높다.

해설 ① **냉매가스 부족** : 고압 게이지-낮다, 저압 게이지-낮다.
② **공기 유입** : 고압 게이지-높다, 저압 게이지-낮다.
③ **냉매가스 과다** : 고압 게이지-높다, 저압 게이지-높다.

10 **에어컨이나 히터에서 블로워 모터가 1단(저속)은 작동되는데 2단이 작동하지 않을 때 결함 가능성이 있는 부품은 어느 것인가?**

① 퓨즈 ② 블로워 저항

③ 블로워 모터 ④ 블로워 스위치

answer 6.④ 7.① 8.③ 9.④ 10.②

11 다음 중 에어백의 재료로 가장 부적합한 것은?

① 나일론　② 비닐
③ 폴리우레탄　④ 폴리에스테르

12 다음 중 자동차 에어컨의 순환과정으로 맞는 것은?

① 압축기 → 건조기 → 응축기 → 팽창밸브 → 증발기
② 압축기 → 응축기 → 건조기 → 팽창밸브 → 증발기
③ 압축기 → 팽창밸브 → 건조기 → 응축기 → 증발기
④ 압축기 → 건조기 → 팽창밸브 → 응축기 → 증발기

해설 에어컨의 순환과정

㉠ **압축기**(compressor) : 압축기는 증발기에서 저압 기체로 된 냉매를 고압으로 압축시켜 응축기(condenser)로 보낸다.
㉡ **전자클러치**((magnetic clutch) : 풀리와 압축기를 조건에 따라 접속 또는 분리한다.
㉢ **응축기**(condenser) : 압축기에 의해 유입된 고온(고열), 고압의 기체를 액체로 만드는 방열기이다.
㉣ **건조기**(리시버 디하이드레이터 : Receiver-Dehydrator) : 응축기에서 보내온 냉매를 저장하거나 팽창밸브로 보내는 것으로, 내부에 건조제를 봉입하여 냉매 속의 수분을 흡수한다. 용기, 여과기, 튜브, 건조제, 점검창 등으로 구성되어 있다.
㉤ **팽창밸브**(expansion valve) : 냉방장치가 정상적으로 작동하는 동안 냉매는 중간 정도의 온도와 고압의 액체 상태에서 팽창밸브로 유입되어 오리피스 밸브를 통과하므로 저온, 저압이 된다. 이 액체 상태의 냉매는 공기 중의 열을 흡수하여 기체 상태가 되어 증발기를 빠져나간다.
㉥ **증발기**(evaporator) : 액체 상태의 저온 냉매가 기체 상태로 기화 증발하는 곳으로 열교환이 이루어진다.

13 일반적으로 에어백(air bag)에 가장 많이 사용되는 가스는?

① 질소　② 이산화탄소
③ 수소　④ 산소

14 다음은 간헐위치에서 와이퍼가 작동되지 않는 요인이다. 해당되지 않는 것은?

① 간헐 와이퍼 릴레이가 고장이다.
② 와이어링 혹은 접지가 불량이다.
③ 와이퍼 모터가 고장이다.
④ 와이퍼 장착 스프링 장력이 약하다.

15 에어백 시스템을 구성하는 센서가 아닌 것은?

① 세핑 센서　② 센터 G센서
③ 맵 센서　④ 프런트 G센서

해설 **에어백 장치의 구성** : 프론트 G센서, 조향접속 케이블, 고장 경고등, 센터 G센서와 ECU, 세핑 센서, 팽창기와 에어백 등이다.

㉠ **세핑 센서**(shapping sensor) : 에어백의 오작동을 방지하는 역할을 한다.
㉡ **센터 G센서** : 감속도를 검출하여 컴퓨터에 입력시키는 역할을 한다.
㉢ **프런트 G센서** : 감속도를 검출하여 컴퓨터에 입력시키는 역할을 한다.
※ **맵 센서** : 공기량을 간접 계측하는 센서로 에어백 시스템과 무관하다.

16 에어백 진단 기기를 사용할 때 안전 및 유의사항이 아닌 것은?

① 에어백 장치에 대한 부품을 떼어 내든지 점검할 때에는 축전지 단자를 분리하지 않는다.
② 에어백 모듈의 분해, 수리, 납땜 등의 작업을 하지 않아야 한다.
③ 미 전개된 에어백은 모듈의 커버 면을 바깥쪽으로 하여 운반하여야 한다.
④ 인플레이터에 직접적인 전원 공급을 삼가야 한다.

answer 11.② 12.② 13.① 14.④ 15.③ 16.①

17 승객 보호장치 중 에어백 시스템에 관한 정비작업시 주의할 점으로 옳은 것은?

① 축전지 터미널 설치상태에서 작업한다.
② 축전지 (－)터미널 분리 후 즉시 작업한다.
③ 축전지 (－)터미널 분리 후 일정시간이 지나면 작업한다.
④ 축전지 전원과는 무관하다.

18 자동차의 편의장치(일명 : ETACS) 장착차량에서 제외되는 항목은?

① 차고 제어 ② 간헐 와이퍼 제어
③ 실내등 제어 ④ 시트벨트 경보 제어

ETACS(electric time ans alarm control system)란 시간과 경보에 관련된 부품들을 하나의 컴퓨터에 의해 제어하는 시스템을 말하며 실내등 제어, 간헐 와이퍼 제어, 시트벨트 경보 제어, 열선 스위치 제어, 각종 도어 스위치 제어, 와셔 연동 와이퍼 제어 등이 있다.

19 차량의 정면에 설치된 에어백에 관한 내용으로 잘못된 것은?

① 운전자의 안면부 충격을 완화시킨다.
② 부풀어 오른 에어백은 즉시 수축되면 안된다.
③ 차량의 측면, 후면 충돌시에는 작동하지 않는다.
④ 차량 전면에서 강한 충격력을 받으면 부풀어오른다.

20 에어백을 작업할 때 주의사항이다. 옳지 않은 것은?

① 에어백 저항을 테스터기로 측정하지 말 것
② 에어백 부품은 절대로 떨어뜨리지 말 것
③ 스티어링 휠을 장착할 때 클럭 스프링의 중립을 확인할 것
④ 에어백 관계의 정비작업을 할 때에는 반드시 배터리 전원을 연결할 것

answer 17.③ 18.① 19.② 20.④

자동차 섀시

CHAPTER 03 자동차 새시

3-1 동력전달장치

❶ 클러치

(1) 클러치의 필요성

클러치가 필요한 이유는 기관이 기동할 때에 기관을 무부하 상태로 하기 위해서, 변속기의 기어 변속 시 기관의 회전력을 일시 차단하기 위해서, 관성 주행하기 위해서이다.

(2) 클러치의 구비조건

① 동력 차단이 신속하고 확실하고 쉬워야 한다.
② 회전 부분의 평형이 좋아야 한다.
③ 회전 관성이 작아야 한다.
④ 방열이 양호하여 과열되지 않아야 한다.
⑤ 구조가 간단하고 고장이 적어야 한다.
⑥ 동력 전달을 시작할 경우에는 미끄러지면서 서서히 동력 전달을 시작하고 일단 접촉하면 절대로 미끄러지는 일이 없이 동력을 확실하게 전달하여야 한다.

(3) 클러치의 구조

① **클러치 판**(clutch plate or clutch disc) : 클러치 판은 플라이 휠과 압력판 사이에 끼워져 기관의 동력이 변속기 입력축을 통하여 변속기로 전달해 주는 마찰판이다. 원판 외주에는 쿠션 스프링(판 스프링)이 붙어 있고 이것의 양면에 마찰 물질로 된 라이닝(또는 페이싱)이 리벳 또는 접착제로 설치되어 있고, 중심부에는 허브(hub)가 있으며, 그 내부에 변속기 입력축을 끼우기 위한 스플라인이 만들어져 있다.
② **클러치 스프링** : 압력판에 힘을 가하여 마찰력을 발생하게 한다. 그 종류는 다음과 같다.
　㉠ **코일 스프링** : 중 · 대형 차량에서 많이 사용하고 통상 3~12개를 사용한다. 스프링 장력은 크나

고속 회전 시 스프링 장력이 감소되는 현상이 있다. 릴리스 레버와 분리된다.

㉡ **막 스프링** : 원뿔 형태의 스프링 강으로 제작하고 주로 소형 차량에서 사용한다. 스프링과 릴리스 레버가 일체되어 있고 릴리스 레버에 해당하는 핑거가 있다. 장력은 작으나 고속 회전 시 장력의 변화가 적고 평형이 좋다. 따라서 작은 힘으로 조작이 가능하고 작동 후 원상태로 복원시키기 위한 리트랙팅 스프링이 설치되어 있다.

③ **압력판**(pressure plate) : 클러치 스프링(또는 다이어프램 스프링)의 장력으로 클러치 판을 플라이 휠에 압착시키는 일을 한다.

④ **릴리스 레버**(release lever) : 압력판을 클러치로부터 분리하는 장치이며 굽히는 힘이 반복적으로 작용하는 장치이다.

(5) 클러치의 조작기구

① **기계식** : 클러치 페달을 밟는 힘을 로드나 케이블을 거쳐 릴리스 포크에 전달하여 릴리스 베어링을 움직이는 방식이다.

② **유압식** : 클러치 페달을 밟는 것에 의하여 유압이 발생되는 마스터 실린더(master cylinder)와 유압을 받아서 릴리스 포크를 움직이는 릴리스 실린더(또는 슬레이브 실린더)로 되어 있으며, 그 사이를 오일 파이프로 연결하고 있다.

③ **클러치 페달** : 운전석에 설치되어 있으며 와이어(기계식)나 푸시 로드(유압식)와 연결되어 있다.

④ **릴리스 베어링** : 릴리스 포크에 의해 클러치 축의 길이방향으로 움직이며, 회전 중인 릴리스 레버를 눌러 클러치의 동력을 차단하는 일을 하며 릴리스 베어링과 릴리스 레버 사이에는 약간의 간극을 둔다. 그리고 릴리스 베어링은 영구주유식(오일리스 베어링)으로 되어 있어 솔벤트 등의 세척액에 넣고 세척하여서는 안 된다. 베어링의 종류는 다음과 같다.

㉠ 볼베어링 형(ball bearing type)

㉡ 앵귤러 접촉 베어링 형(angular contact type)

㉢ 카본형(carbon type)

(6) 클러치의 용량

① **용량의 차이** : 클러치의 용량은 클러치가 전달할 수 있는 회전력의 크기로 엔진 회전력의 1.5 ~ 2.3배 정도이다. 용량이 크면 접촉시 충격이 크고, 심하면 엔진이 정지된다. 용량이 작으면 클러치가 미끄러져 클러치 디스크의 페이싱 마멸이 촉진되고 동력 전달이 불량해진다.

② **클러치의 용량에 관계되는 요소**

㉠ 클러치 라이닝의 면적

㉡ 클러치 라이닝의 마찰계수

㉢ 클러치 스프링의 장력

(7) 클러치의 고장진단 및 정비

① 클러치의 미끄러짐 현상

㉠ 클러치의 미끄러짐 원인(= 동력전달불량)

- 클러치 페달의 자유 유격 과소
- 라이닝(페이싱)의 마모
- 라이닝에 오일 부착
- 클러치 스프링의 장력 감소
- 플라이 휠 및 압력판의 변형 또는 손상
- 클러치 라이닝의 마찰계수 감소
- 압력 스프링이 약화
- 클러치 판에 오일부착

㉡ 클러치의 미끄러짐 발생시 나타나는 현상

- 엔진을 가속시켜도 차량의 속도는 증가하지 않는다.
- 연료소비량이 커진다.
- 등판능력이 저하된다.
- 라이닝이 마찰열로 손상된다(마찰계수의 저하).
- 기관이 과열되기도 한다.

㉢ 클러치가 미끄러지지 않을 조건

$$T_s f r \geq T_e$$

여기서, T_s : 클러치 스프링의 장력
f : 클러치 판의 마찰계수
r : 클러치 판의 유효 반경
T_e : 엔진의 회전력

② 클러치의 차단 불량

㉠ 변속시 기어 충돌음 발생
㉡ 클러치 페달의 자유 유격의 과다
㉢ 클러치 판의 과도한 런아웃
㉣ 클러치 각부의 과도한 마모
㉤ 유압식에서 오일 부족(누설) 또는 공기 혼입

❷ 수동변속기

(1) 변속기의 필요성

광범위하게 변화하는 자동차의 주행저항에 알맞게 하려면 구동축 사이에 회전력을 증대시키는 장치를 두어야 한다. 기관을 기동 시 변속레버를 중립으로 하면 클러치의 작용 없이도 기관을 무부하 상태로 둘 수 있다. 또한 역전용 기어장치를 변속기에 두어 자동차가 후진할 수 있도록 한다.

(2) 변속기의 구비조건

단계 없이 연속 조작이 가능해야 하고 조작이 용이하고 신속, 확실하며 정숙하게 행해져야 한다. 그리고 전달효율이 좋아야 하고 소형, 경량이어야 하며, 내구성이 크고 정비가 쉬워야 한다.

(3) 동기물림식(synchro-mesh type)

이 방식은 서로 물리는 기어의 원주속도를 일치시켜서 이의 물림을 쉽게 한 것이다. 변속시 소음이 거의 없고, 변속이 용이하고, 기어의 수명이 길며 하중부담능력이 크다.

(4) 변속기의 계산식

$$\text{변속비} = \frac{\text{엔진 회전수}}{\text{추진축의 회전수}} = \frac{\text{입력축 회전수}}{\text{출력축 회전수}} = \frac{\text{부축기어의 잇수}}{\text{주축기어의 잇수}} \times \frac{\text{주축기어의 잇수}}{\text{부축기어의 잇수}}$$

(5) 수동변속기의 고장진단 및 정비

① 기어 변속이 어려운 경우
- ㉠ 시프트 레일의 굽음
- ㉡ 변속 레버 및 시프트 레일의 마모
- ㉢ 인터록의 파손
- ㉣ 조작 링키지의 마멸 및 조정 불량
- ㉤ 시프트 포크의 마멸
- ㉥ 부축 스러스트 간극의 과대

② 기어 변속이 어렵고 기어 충돌음이 나는 경우
- ㉠ 클러치 페달 자유 유격이 크다.
- ㉡ 클러치 차단이 불량하다.
- ㉢ 싱크로나이저 링과 콘의 마모
- ㉣ 점도가 큰 오일의 사용

❸ 자동변속기(automatic transmission)

(1) 자동변속기의 개요

① 자동차의 주행 상태에 따라 자동으로 기어를 변속한다.
② 토크 컨버터와 조합하여 사용한다.
③ 유성기어 장치를 사용한다.
④ 유압으로 유성기어 장치를 제어한다.
⑤ 클러치 페달이 없다.

(3) 자동변속기의 구성

① **토크 컨버터**(torque convertor) : 토크 변환기란 기관의 토크를 유체적으로 증가시킨다는 뜻이며 토크란 비틀림, 컨버터란 변환을 의미이며 유체 클러치는 토크를 증대시킬 수 없으나 토크 변환기에서는 토크를 증대시킬 수 있다. 토크 변환기는 펌프, 터빈, 스테이터의 날개차가 케이스 내에 들어 있으며, 이 속에는 오일이 들어 있다. 펌프는 크랭크 축에 연결되고, 터빈은 변속기 입력축에 스플라인을 통하여 결합되어 있으며 스테이터는 변속기 케이스에 고정된 스테이터 축에 일방 클러치(프리 휠 : free wheel)를 통하여 부착되어 있다. 펌프와 터빈의 날개는 곡선 방사형이며, 스테이터는 오일의 흐름방향을 바꾸기 위해 곡면으로 되어 있다.

② **유성기어 장치**(planetary gear system)

㉠ 자동변속기에서 유체 클러치 또는 토크 컨버터와 조합하여 사용된다.

㉡ **구성** : 일반적으로 선기어, 링기어, 유성기어 캐리어, 유성 피니언 기어로 구성되어 있다.

㉢ **작동 원리** : 중립 3요소 중 어느 것도 고정되거나 결합되지 않은 상태로 동력을 전달할 수 없고 직결 3요소 중 2요소가 결합하여 같은 방향, 같은 속도로 회전하게 되면 3요소가 모두 일체가 되어 같은 방향, 같은 속도로 회전하게 되는 상태이다.

③ **유체 클러치**

㉠ **구조** : 날개차의 구동축을 펌프(pump 또는 임펠러)라 하고 피동측을 터빈(turbine 또는 러너)이라고 한다. 펌프 임펠러는 크랭크축(플라이 휠)에 설치되어 구동되며 오일에 압력을 가해 준다. 터빈 러너는 변속기 입력축 스프라인을 통하여 연결되며 펌프에서 보내진 오일에 의해 구동된다. 펌프와 터빈의 날개차는 전달효율을 좋게 하기 위하여 중심으로부터 바깥둘레를 향하여 직선 방사형으로 많은 날개를 붙이고 그 중간에 오일의 맴돌이 흐름(와류)을 방지하는 가이드 링(guide ring)을 두고 있고 전달 효율은 97 ~ 98[%], 토크 변환율은 1 : 1이다.

㉡ **드래그 토크** : 유체 클러치의 특성은 속도비 감소와 함께 회전력이 증가하고 속도비 0에서 최대값에 달하며 터빈의 회전속도가 0인 점을 스톨 포인트라 한다.

㉢ **유체 클러치 오일의 구비 조건**

- 점도가 낮을 것
- 비중이 클 것
- 착화점이 높을 것
- 내산성이 클 것
- 유성이 좋을 것
- 비점이 높을 것
- 응고점이 낮을 것
- 윤활성이 클 것

(4) 제어 장치 및 제어 밸브

① **오일펌프**(유압 펌프) : 오일 펌프는 내접 기어를 사용하며 토크 컨버터 하부에 연결되어 유압을 발생하고 자동변속기가 필요로 하는 오일을 변속기 각 부와 토크 컨버터에 보내주어 각 부의 윤활 및 유압제어 작동유압 등을 발생한다.

② **매뉴얼 밸브** : 운전석 내에 설치된 시프트 레버와 연동하여 작동하는 수동용 밸브이다. 시프트 레버(변속 레버)의 선택 위치에 따라 작동되며 P, R, N, D, L2, L1로 각 레인지를 바꾸어 준다.

③ **스로틀 밸브** : 기관의 부하에 따라 적절한 유압을 형성하는 밸브이며 한쪽에 라인 압력을 유도하여 그 유로를 기관의 부하에 따라 스풀이 이동하여 라인 압력을 변화시킨다.

④ **거버너 밸브** : 주행 속도에 적절한 유압을 만들기 위해 자동 변속기 출력축에 설치되어 있으며 작동은 원심추의 원심력에 의해 회전방향의 바깥쪽으로 이동시켜 밸브를 개폐한다.

⑤ **어큐뮬레이터** : 유성기어 유닛의 브레이크 밴드와 클러치 작동이 급격히 작동되는 것을 방지한다.

❹ 전자제어 자동변속기

(1) 전자제어 자동변속 센서의 종류 및 특징

① **스로틀 포지션 센서** : 엔진 전자 제어 장치와 공용으로 사용되며 스로틀 위치 센서는 단선 또는 단락이 되면 페일 세이프가 되지 않는다. 따라서 출력이 불량할 경우에는 변속점이 변화하여 출력이 80[%] 정도 밖에 나오지 않으며 변속 선도상의 킥 다운 구간이 없어지기 쉽다.

② **수온 센서**(WTS) : 엔진 냉각 온도가 50[℃] 미만에서는 OFF되고 그 이상에서는 ON되어 TCU로 입력시킨다.

③ **펄스 제너레이터 A** : 고속주행시 변속 레버 위치를 D위치에 선택하고 주행의 킥 다운 드럼의 회전수를 검출하여 TCU 또는 ECU에 보내준다.

④ **펄스 제너레이터 B** : 자동변속기 선택 레버 위치에 따라서 자동차의 주행속도를 파악하기 위해 드라이브 기어의 출력축 회전수를 검출하여 TCU로 입력시킨다.

⑤ **가속 스위치** : 가속 페달을 밟으면 OFF 놓으면 ON되어 이 신호를 컴퓨터로 보내면 주행속도 72 [km/h] 이하 스로틀 밸브가 완전히 닫혔을 때 크리프(creep)량이 적어 제2단으로 유도하기 위한 검출기이다.

⑥ **킥 다운 서보 스위치** : 운전자가 액셀레이터를 급격히 많이 밟을 때 킥 다운 밴드의 작동시점을 검출하는 스위치이다.

⑦ **오버 드라이브 스위치** : 시프트 레버 손잡이에 부착되며 ON, OFF에 따라 그 신호를 컴퓨터로 보내어 ON에서는 제4속까지 OFF에서는 제3속까지 변속된다.

⑧ **차속 센서** : 변속기 속도계 구동기어의 회전(주행속도)을 펄스 신호로 검출하여 펄스 제너레이터 B에 이상이 있을 때 페일 세이프 기능을 갖도록 한다.

⑨ **컴퓨터**(TCU : Transmission Control Unit) : 컴퓨터는 각종 센서에서 보내 온 신호를 받아 댐퍼 클러치 조절 솔레노이드 밸브, 시프트 조절 솔레노이드 밸브, 압력 조절 솔레노이드 밸브 등을 구동하여 댐퍼 클러치의 작동과 변속을 조절한다.

⑩ **인히비터 스위치** : 시프트 레버 P 또는 N레인지에서 시동이 가능하게 하고 R레인지에서 백 램프가 점등되게 한다. 그리고 D 또는 L레인지에서는 시동이 불가능하게 한다.

⑪ **댐퍼 클러치**(Damper clutch) **또는 록업 클러치**(Lock-up clutch)**가 작동하지 않을 때**

㉠ 제1속 및 후진할 때

㉡ 엔진 회전 속도가 800[rpm] 이하일 때

㉢ 엔진 브레이크가 작동할 때

㉣ 엔진 냉각수 온도가 50[℃] 이하일 때

㉤ 엔진 회전 속도가 2,000[rpm] 이하에서 스로틀 밸브의 열림이 클 때

(2) 자동변속기 성능검사

① 유압시험

㉠ 준비 사항

- 케이스를 청결하게 유지한다.
- 오일량을 점검하고 불량하면 교환한다.
- 매뉴얼 조절 케이블 및 스로틀 케이블을 점검한다.
- 오일의 온도가 50~80[℃]에서 점검한다.

㉡ 시험 결과 분석

- 라인 압력이 과다하면 시프트 레버를 D, 2, L 및 R 레인지로 선택할 때 충격이 일어난다.
- 라인 압력이 과소하면 D나 R레인지 스톨 포인트(stall point)가 높아져 클러치 미끄럼이 일어나 1 → 2, 2 → 3으로 시프트 업이 일어나지 않거나 시프트 업의 지연 또는 3 → 2 킥 다운될 때 충격이 커진다.
- 주행 중 업 시프트의 충격이 크거나 변속점이 높아지는 이유는 라인 압력 과다가 주원인이며 클러치나 제1속, 후진 브레이크에 미끄럼이 발생하는 것은 누유로 인한 라인 압력 과소에 있다.

② **스톨 시험**(stall test) : 스톨 시험이란 시프트 레버 D와 R레인지에서 엔진의 최대 회전속도를 측정하여 자동 변속기와 엔진의 종합적인 성능을 점검하는 시험이며 시험 시간은 5초 이내여야 한다.

㉠ 엔진의 회전속도가 규정보다 낮으면 엔진 출력이 부족하며 토크 컨버터의 일방향 클러치 작동이 불량해진다. 그리고 규정 값보다 600[rpm] 이상 낮으면 토크 컨버터의 결함을 의심해야 한다.

㉡ D레인지에서 스톨 속도가 규정 값보다 높으면 D레인지 제1속에서 작동되는 요소의 결함이며 다음과 같은 요속의 작동이 불량해진다.

- 오버 드라이브 클러치 또는 전진 클러치가 미끄러진다.

• 일방향 클러치(프리 휠) 작동이 불량해진다.
• 라인압력이 낮아진다.

㉢ R레인지에서 스톨 속도가 규정 값보다 높으면 R레인지에서 작동되는 요소의 결함이며 다음과 같은 요속의 작동이 불량해진다.

• 오버 드라이브 클러치 또는 후진 클러치가 미끄러진다.
• 라인압력이 낮아진다.
• 브레이크가 미끄러진다.

③ **자동 변속기 오일량 점검 방법** : 자동변속기 오일 레벨은 엔진을 구동시킨 다음 공회전 상태에서 점검한다.

㉠ 엔진을 워밍업시킨 후 약 10~15분 정도 공회전시키거나 주행한다.
㉡ 평평한 노면에 차를 주차시킨 후 주차브레이크를 작동시킨다.
㉢ 시동을 건 채로 브레이크 페달을 밟으면서 변속레버를 모든 위치(P↔R↔N↔D↔2↔1)별로 3초 간격으로 2~3차례 변환시킨 후 ‘P’ 또는 ‘N’ 위치에 고정시킨다.
㉣ 자동변속기 오일 레벨 게이지를 뽑아서 깨끗이 닦은 후 다시 끼운다.
㉤ 오일 레벨 게이지를 다시 뽑은 후 ‘HOT’ 범위 이내인가를 확인한다.
㉥ 오일이 부족한 경우에는 레벨 게이지를 빼낸 후 그 입구로 “HOT” 범위 이내가 되도록 오일을 보충한다.

❺ 무단 변속기(CVT)

(1) 개요

기존 기어 대신에 벨트를 사용하여 연속적인 변속비를 얻을 수 있는 변속기로 CVT라고 약칭한다. 일반적으로, 유단 변속기는 5단의 수동 변속기나 4단의 자동 변속기와 같이 일정한 변속비를 가지고 필요에 따라 조정할 수 있다. 이에 견주어, CVT는 일정한 범위 안에서 연속적으로 변속비를 변화시킬 수 있는 변속 장치이다.

(2) 특징

① 운전이 쉽고 변속 충역이 거의 없다.
② 최저 연료소모에 따라 주행하도록 변속 패턴이 설정되어 연비가 향상된다.
③ 자동차 주행 조건에 맞추어 변속되어 동력성능이 향상된다.
④ 엔진출력 특성을 최대한 고려한 파워트레인 종합제어의 기초가 된다.

❻ 드라이브 라인(Drive Line)

(1) 자재 이음(universal joint)

① 기능 : 자동차 주행 중 발생하는 추진축의 각도 변화를 흡수하는 역할을 한다.

② 종류

㉠ 십자축 자재 이음(유니버설 조인트 : cross and roller universal joint) : 십자축(스파이더)과 2개의 요크로 구성되어 있으며 요크는 추진축 앞, 뒤에 하나씩 설치되어 있다.

㉡ 볼 앤 트러니언 자재 이음(ball and trunion universal joint) : 자재 이음과 슬립 이음을 일체로 한 형식으로 슬립 이음이 따로 필요 없다.

㉢ 플렉시블 자재 이음(탄성 자재 이음 : flexible joint) : 이 형식은 세 갈래 요크 사이에 경질 고무로 만든 커플링을 끼우고 볼트로 조인 자재 이음으로 회전이 정숙하고 주유가 필요 없다.

(2) 슬립 이음

주행 중 뒤차축의 진동으로 인하여 추진축의 길이 방향의 변화가 발생하면 스플라인을 이용하여 길이변화를 흡수한다. 이 방식은 주로 뒤차축 형식에서 사용(앞바퀴 구동차량에는 없음)된다.

❼ 종감속 기어 장치

(1) 개요

변속기의 출력을 최종 감속하고 선회 시 원활한 회전 유도하며 차축의 중량을 지지함과 동시에 회전력을 구동 바퀴에 전달한다. 종감속 기어 장치, 차동기어 장치, 액슬 하우징 및 액슬축 등으로 구성되어 있다.

(2) 종감속비와 총감속비

① 종감속비 = $\dfrac{\text{링 기어 잇수}}{\text{구동피니언 기어 잇수}}$

② 총감속비 = 변속비(변속감속비) × 종감속비

③ 종감속비는 나누어 떨어지지 않는 값으로 한다(편마모 방지).

④ 자동차의 주행속도

$$\text{자동차의 주행속도}(V) = \pi D \times \text{바퀴의 회전수}\left(\frac{\text{엔진 회전수}}{\text{총감속비} = \text{변속비} \times \text{종감속비}}\right) \times \frac{60}{1000}$$

여기서, V : 자동차의 주행속도[km/h]
D : 바퀴의 직경[m]
60/1000 : V[m/min]을 [km/h]로 바꾸어 주기 위해

❽ 차동기어 장치(differential gear system)

자동차가 커브길을 선회할 때 양쪽 바퀴가 미끄러지지 않고 원활하게 돌려면 바깥쪽 바퀴가 안쪽 바퀴보다 더 많이 회전하여야 하며, 요철노면을 주행할 때에도 양쪽 바퀴의 회전수가 달라져야 한다. 즉, 차동기어장치의 작용은 자동차가 선회할 때 바깥쪽 바퀴의 회전속도를 안쪽 바퀴보다 빠르게 해주고, 노면의 저항이 적은 구동 바퀴 쪽으로 동력이 많이 전달되도록 해주는 장치이다.

❾ 자동제한 차동기어 장치(LSD)

이 장치는 미끄럼으로 공회전하고 있는 바퀴의 구동력을 감소시키고 반대쪽 저항이 큰 구동바퀴에 공전하고 있는 바퀴의 감소된 분량만큼의 동력을 더 전달시킴으로써 미끄럼에 따른 공전 없이 주행할 수 있도록 하는 장치이다.

❿ 차축(axle shaft)

최종 구동력을 구동 바퀴에 전달하는 구동축으로 안쪽은 차동사이드 기어의 스플라인에 설치되고, 바깥쪽은 구동 바퀴와 연결되어 있다.

3-2 현가장치 및 조향장치

❶ 현가장치(Suspension system)

현가장치란 주행 중 노면에서 받은 충격이나 진동을 완화하여 승차감과 주행 안전성을 향상시키고 자동차 부품의 내구성을 증대시키며 차축과 프레임(차대)을 연결하는 장치이다. 현가장치는 노면으로부터의 충격을 완화시키는 스프링(spring)과 스프링의 진동을 흡수하는 쇽업소버(shock absorber) 및 자동차가 옆으로 흔들리는 것을 방지하는 스테빌라이저(stabilizer) 등으로 구성된다.

(1) 현가장치의 종류

① **토션 바 스프링**(torsion bar spring) : 토션 바 스프링은 비틀었을 때 탄성에 의해 원위치하려는 성질을 이용한 스프링 강의 막대이다. 스프링의 힘은 바의 길이와 단면적에 따라 결정되며 코일 스프링과 같이 진동의 감쇠작용이 없어 쇽업소버를 병용해야 한다. 그러나 토션 바 스프링은 단위중량당 에너지 흡수율이 가장 크기 때문에 가볍게 할 수 있고 구조가 간단하다. 특징은 다음과 같다.

㉠ 비틀림 탄성을 이용한다.

㉡ 좌/우 구분이 되어 있으므로 설치 시 주의해야 한다.

㉢ 쇽업소버와 병용해야 한다.

㉣ 단위 중량당 에너지 흡수율이 크다.

② **쇽업소버**(shock absorber) : 쇽업소버는 노면에 의해 발생된 스프링의 진동을 재빨리 흡수하여 승차감을 향상시키고, 동시에 스프링의 피로를 줄이기 위해 설치하는 장치이다. 즉, 쇽업소버의 역할은 스프링의 상하운동 에너지를 열에너지로 변환시키고, 주행 중의 충격에 의해 발생된 스프링의 고유진동을 흡수하여 준다.

③ **스테빌라이저**(stabilizer) : 좌우 바퀴가 동시에 상하운동을 할 때에는 작용을 하지 않으나 좌우 바퀴가 서로 다르게 상하운동을 할 때 작용하여 차체의 기울기를 최소로 하는 장치이다. 즉, 차체의 롤링(rolling : 좌우진동)을 제어하는 장치이다. 스테빌라이저는 일종의 토션 바 스프링이며 양끝이 좌우의 아래 콘트롤 암에 연결되고 가운데는 프레임(또는 차체)에 설치된다.

(2) 현가장치의 분류

① 일체 차축 현가장치(solid axle suspension)

㉠ 일체 차축식 현가장치의 구성

- 차축의 형태가 일체로 된 것이다.
- 판 스프링을 주로 사용한다.
- 차축의 움직임(구동력)이 판 스프링을 통하여 차체에 전달한다.

㉡ 일체 차축식 현가장치의 장 · 단점

장 점	단 점
• 부품 수가 적고 구조가 간단하다. • 선회할 때 차체의 기울기가 적다.	• 스프링 아래쪽의 질량이 커 승차감이 좋지 못하다. • 앞바퀴에 시미(shimmy) 발생이 쉽다. • 유연한 스프링을 사용할 수가 없어 승차감이 좋지 못하다.

※ 일체 차축식 현가장치에서 스프링이 약해져도 바퀴의 캠버각은 변화가 없다.

② 독립 현가장치(independent suspension)

㉠ 독립 현가장치의 장 · 단점

장 점	단 점
• 스프링 밑 질량이 작기 때문에 승차감이 좋다. • 앞바퀴의 시미현상이 적고, 로드 홀딩(road holding)이 우수하다. • 스프링 정수가 작아도 된다.	• 구조가 복잡하고 가격이나 취급, 정비면에서 불량하다. • 볼 조인트 부분이 많아 그 마멸에 의해 앞바퀴 정렬이 틀려지기 쉽다. • 바퀴의 상하운동에 따라 윤거(tread)나 앞바퀴 정렬의 변화가 쉬워 타이어 마모가 빠르다.

㉡ 독립 현가장치의 종류

- 위시본 형식(wishbone type) : 위시본 형식은 위, 아래 컨트롤 암(또는 서스펜션 암), 조향너클, 코일 스프링 등으로 구성되어 있으며, 바퀴가 스프링에 의해 완충되면서 상하운동을 하게

되어 있다. 이 형식은 위, 아래 컨트롤 암의 길이에 따라 캠버 또는 윤거가 변화되며, 평행사변형 형식과 SLA 형식이 있다.

- 맥퍼슨 형식(macpherson type) : 이 형식은 조향너클과 일체로 되어 있으며, 쇽업소버가 속에 들어있는 스트러트(strut : 기둥) 및 볼 조인트, 컨트롤 암, 스프링 등으로 구성되어 있다. 스트러트 상부는 현가장치를 통해 차체에 설치되고, 현가장치에는 스러스트 베어링이 들어 있어 스트러트가 자유롭게 회전할 수 있다. 또, 하부에는 볼 조인트를 거쳐 현가 암이 설치되어 있다. 코일 스프링은 스트러트와 스프링 시트 사이에 설치되며, 스프링 시트는 현가장치의 스러스트 베어링과 접촉되어 있다. 따라서 자동차의 무게는 현가장치를 통하여 차체가 지지하고, 조향할 때에는 조향너클과 함께 스트러트가 회전한다.

(3) 현가 이론

① 스프링 위 질량의 진동은 차체의 진동이다.

㉠ 바운싱(bouncing : 상하진동) : 자동차의 축 방향과 평행운동을 하는 고유진동이다.

㉡ 롤링(rolling : 좌우 방향의 회전 진동) : 자동차가 X축을 중심으로 하여 회전운동을 하는 고유진동이다.

㉢ 피칭(Pitching : 앞뒤 방향의 회전 진동) : 자동차가 Y축을 중심으로 하여 회전운동을 하는 고유진동이다. 즉, 자동차가 앞, 뒤로 숙여지는 진동이다.

㉣ 요잉(yawing : 좌우 옆방향의 미끄럼 진동) : 자동차가 Z축을 중심으로 하여 회전운동을 하는 고유진동이다.

② 스프링 아래 질량의 진동은 액슬축의 진동이다.

㉠ 휠 업(호프)[wheel up(hop) : 수직 방향의 상하진동] : 액슬축이 Z방향의 상하 평행운동을 하는 진동이다.

㉡ 휠 트램프[wheel tramp : 좌우 방향의 회전 진동] : 액슬축이 X축을 중심으로 하여 회전운동을 하는 진동이다.

㉢ 와인드 업[wind up : 앞뒤 방향의 회전 진동] : 액슬축이 Y축을 중심으로 하여 회전운동을 하는 진동이다.

❷ 전자제어 현가장치(E.C.S)

전자제어 현가장치는 노면상태, 주행조건, 운전자의 선택과 같은 요소에 따라서 자동차의 높이와 현가특성(스프링 상수 및 감쇠력)이 ECU에 의하여 자동적으로 제어되는 현가장치이다.

(1) 전자제어 현가장치의 기능

운전자의 선택, 주행 조건, 노면 상태 등에 따라 차량의 높이와 스프링의 장력(댐핑력) 등이 자동적으로 조정되는 장치(압축공기를 이용)이며 특징은 다음과 같다.

① 급제동시 nose down 방지
② 급선회시 원심력에 의한 차체의 기울어짐 방지
③ 노면으로부터의 차의 높이 조정
④ 고속 주행시 차체를 낮추어 공기 저항을 감소
⑤ 안정성 및 승차감을 향상
⑥ 하중에 관계없이 차체의 수평을 유지

(2) 전자제어 현가장치의 구성 부품 및 기능

① **차속 센서** : 스프링 정수 및 감쇠력 제어를 이용하기 위한 주행 속도를 검출한다.

② **차고 센서** : 차량의 높이를 조정하기 위하여 차체와 차축의 위치를 검출한다. 설치는 자동차 앞, 뒤에 설치되어 있다.

③ **조향 핸들 각속도 센서** : 차체의 기울기를 방지하기 위해 조향 휠의 작동 속도를 감지하고 자동차 주행 중 급선회 상태를 감지하는 일을 한다.

④ **스로틀 위치 센서** : 스프링의 정수와 감쇠력 제어를 위해 급 가감속의 상태를 검출한다.

⑤ **중력 센서**(G 센서) : 감쇠력 제어를 위해 차체의 바운싱을 검출한다.

⑥ **액추에이터** : 유압이나 전기적 신호에 응답하여 어 작동을 하는 기구이며 공기 스프링의 상수와 쇽업소버의 감쇠력을 조절한다.

❸ 조향장치(Steering system)

(1) 조향장치의 원리

① **애커먼 장토식**(ackerman-jantoud type) : 애커먼 장토식의 원리는 선회하는 안쪽바퀴의 조향각이 바깥쪽 바퀴의 조향각보다 크게 되어 뒤차축 연장선상의 한 점 0점을 중심으로 동심원을 그리면서 선회하여 옆방향으로 미끄러지는 것을 방지할 수 있고, 조향핸들의 조작에 따른 저항을 줄일 수 있는 방식이다.

② **최소회전반경**(minimum radius of turning) : 조향각도를 최대로 하고 선회하였을 때 그려지는 동심원 중에서 가장 바깥쪽 바퀴의 원의 반지름을 최소 회전 반지름이라 한다.

㉠ 법규 = 12 m 이내

㉡ 최소회전반경 $= \dfrac{L}{\sin\alpha} + r$

여기서 L : 축거
$\sin\alpha$: 바깥쪽 앞바퀴의 조향각도
r : 캠버 옵셋(바퀴접지면 중심과 킹 핀과의 거리)

③ 조향장치의 구비조건

㉠ 조향 조작이 주행 진동이나 충격에 영향을 받지 않을 것

㉡ 조작이 쉽고 원활할 것

㉢ 회전 반경이 작을 것

㉣ 수명이 길고 정비가 용이할 것

(2) 조향장치의 구조와 작용

① **일체식 현가장치의 조향기구와 작동** : 일체식 현가장치의 조향기구는 조향핸들, 조향축, 조향기어상자, 피트먼 암, 드래그 링크, 타이로드, 조향너클 암으로 구성되어 있다.

② **독립식 현가장치의 조향기구와 작동** : 독립식 현가장치의 조향장치도 일체식 조향장치와 비슷하지만 다른 점은 독립식 현가장치의 조향장치는 드래그 링크가 없고, 타이로드가 둘로 분할되어 있다. 즉, 독립식 현가장치의 구조는 조향핸들, 조향축, 조향기어상자, 피트먼 암, 센터 링크(또는 릴레이 로드), 타이로드, 너클 암으로 되어 있다.

③ 조향 링키지(steering linkage)의 구성 및 기능

㉠ **조향 핸들**(steering handle, steering wheel) : 조향 핸들은 림(rim), 스포크(spoke), 허브(hub)로 구성되어 있으며 스포크나 림 내부에는 강이나 경합금 심으로 보강하였으며, 바깥쪽은 합성수지로 성형되어 있다.

㉡ **조향 기어 또는 조향 기어 상자**(steering gear box) : 조향 기어 상자는 조향 핸들의 운동방향을 바꾸고 동시에 감속하여 조향 조작력을 증대시켜 앞바퀴에 전달해주는 기구이다.

- 구비조건
  - 선회 시 반력을 이길 것
  - 조향바퀴의 상태를 알 수 있을 것
  - 복원 성능이 있을 것
- 조향 기어비(steering gear ratio)
  - 소형차 = 10~15 : 1
  - 대형차 = 20~30 : 1

㉢ **피트먼 암**(pitman arm or drop arm) : 피트먼 암은 조향 핸들의 움직을 드래그 링크(일체차축식 현가장치)나 센터 링크(독립식 현가장치의 경우)에 전달하는 장치이며, 그 한쪽 끝은 테이퍼의 세레이션(serration)을 통하여 섹터축에 설치되고 다른 한쪽 끝은 드래그 링크나 센터 링크에 연결하기 위한 볼 조인트로 되어 있다.

㉣ **타이로드(tie rod)와 타이로드 엔드** : 이것은 조향 너클 암과 연결하여 좌우 바퀴의 관계 위치를 정확하게 유지하는 역할을 한다. 그리고 노면의 장애물과 부딪치지 않도록 앞차축의 앞이나 뒤쪽으로 설치되어 있다. 주행할 때 압축력이나 인장력을 받으며 양쪽 끝에는 타이로드 엔드가 나사로 끼워져 있다. 타이로드 엔드의 한쪽은 오른나사이고, 다른 한쪽은 왼나사로 되어 있어 타이

로드를 돌려서 그 길이(토인)를 조정할 수 있다.

㉤ **조향 너클**(steering knuckle) : 조향너클은 킹 핀(king pin)을 통하여 액슬축과 연결되는 부분과 바퀴의 허브가 설치되는 스핀들(spindle)부로 되어 있어 킹 핀을 중심으로 회전하여 조향작용을 한다. 특징은 다음과 같다.

- 조향 링키지와 바퀴를 연결하고 바퀴를 지지한다.
- 다이로드와 연결되는 너클 암이 설치된다.
- 일체식에서는 킹 핀을 통하여 차축과 연결한다.
- 독립식에서는 볼 조인트를 통하여 차축 또는 차체와 연결한다.

㉥ **킹 핀**(king pin) : 앞차축에 대하여 규정의 각도를 두고 설치되어 앞차축과 조향 너클을 연결하여 고정볼트에 의해 앞차축에 고정된다.

❹ 동력 조향장치(power steering system)

(1) 동력식 조향장치의 장점 및 단점

① 장점

㉠ 조향 조작력이 작다(2 ~ 3[kg] 정도).

㉡ 조향 조작이 경쾌하고 신속하다.

㉢ 조향 핸들의 시미(shimmy)를 방지할 수 있다.

㉣ 노면에서 받는 충격 및 진동을 흡수한다.

㉤ 조향 조작력에 관계없이 조향 기어비를 선정할 수 있다.

② 단점

㉠ 구조가 복잡하다.

㉡ 가격이 비싸다.

㉢ 고장 시 정비가 어렵다.

(2) 동력식 조향장치의 종류

① **링키지형**(linkage type) : 동력 실린더를 조향 링키지 중간에 설치한 것이다.

② **일체형**(또는 내장형) : 동력 실린더를 조향 기어 박스 내부에 설치한 형식이다.

㉠ **인라인형**(in-line type) : 조향기어 하우징과 볼너트를 직접 동력기구로 사용한 것이다.

㉡ **오프셋형**(off-set type) : 인라인형(in-line type)과는 달리 동력 실린더(발생기구)를 따로 둔 형식이다.

(4) 동력식 조향장치의 고장 진단 및 점검

① 핸들조작이 무거운 경우

㉠ 유압이 낮을 때

㉡ 오일량의 부족
㉢ 회로 내에 공기 혼입
㉣ 피스톤 로드의 휨
㉤ 제어밸브의 고착
㉥ 타이어 공기압이 낮을 때

② **핸들의 복원이 나쁜 경우**
㉠ 피스톤 로드의 휨
㉡ 제어밸브의 고착 또는 손상 등의 불량
㉢ 유압의 저하

❺ 전자제어 파워 스티어링(Electronic power steering system)

(1) 전자제어 파워 스티어링의 개요

자동차의 조향력 어시스트에 전동 모터의 구동력을 직접 이용하는 장치로서 주행조건에 따라서 조향력과 회전속도, 차속 등에 대한 센서의 신호로 제어된다.

(2) 전자제어 파워 스티어링의 종류

① **유량 제어식** : 유량을 제어 또는 바이패스에 의해 동력 실린더에 가해지는 유압을 변화시키는 형식
② **반력 제어식** : 제어 밸브의 열림을 직접 조절하여 동력 실린더에 가해지는 유압을 변화시키는 형식

(3) 전자제어 파워 스티어링의 특징

① 공전 및 저속에서 핸들의 조작력이 작다.
② 고속 주행시에는 핸들의 조작력이 무거워진다.
③ 중속 이상에는 차량의 속도에 감응하여 조작력을 변화시킨다.
④ 차속 센서는 홀 소자를 이용한 것으로 변속기에 장착되어 있으며 디지털 펄스 신호로 출력된다.
⑤ ECU에 의해 제어되며 솔레노이드 밸브로 스로틀 면적을 변화시켜 오일 탱크로 복귀되는 오일량을 제어한다.

❻ 앞바퀴 정렬(Front wheel alignment)

(1) 앞바퀴 정렬의 필요성

① 조향 핸들의 조작을 작은 힘으로 쉽게 할 수 있게 해준다. → 캠버의 기능
② 조향 조작을 확실하게 하고 안정성을 준다. → 캐스터의 기능
③ 핸들의 복원성 및 직진성 → 캐스터와 킹 핀 경사각의 기능
④ 타이어의 마멸 최소 → 토인의 기능

(2) 앞바퀴 정렬의 요소

① 캠버(camber)

㉠ 정의 : 앞바퀴를 앞에서 보았을 때 바퀴의 윗부분이 아래 부분보다 더 벌어지게 설치되어 있는데 이것을 캠버라고 하고 벌어진 바퀴의 중심선과 수직선을 이룬 각도를 캠버각이라 한다.

㉡ 캠버의 구분

- 정(+) 캠버(positive camber) : 바퀴 윗쪽이 아래쪽보다 밖으로 벌어진 것
- '0'의 캠버(zero camber) : 바퀴가 수직으로 된 것(어느 쪽으로도 기울지 않고 수직을 이룬 것)
- 부(−) 캠버(negative camber) : 바퀴 윗쪽이 아래쪽보다 안으로 들어온 것

㉢ 캠버각 : 보통 +0.5°~+1.5°이다.

㉣ 특징

- 핸들 조작력이 감소된다(핸들 조작을 가볍게).
- 수직방향의 하중에 의한 앞차축 휨 방지 및 블록 노면에서 앞바퀴를 수직으로 둘 수 있다.

② 캐스터(caster)

㉠ 정의 : 자동차 앞바퀴를 옆에서 보면 앞바퀴를 액슬축에 설치하는 킹 핀이 수직선과 어떤 각도를 두고 설치되어 있다. 이것을 캐스터라고 하며, 그 각을 캐스터각이라고 한다.

㉡ 특징

- 주행 중 조향 바퀴에 방향성(직진성)을 부여한다.
- 킹 핀 경사각과 함께 조향하였을 때 직진방향으로 되돌아오는 복원성이 발생한다.

③ 토인(toe-in)

㉠ 정의 : 자동차의 앞바퀴를 위에서 보면 양쪽 바퀴의 중심선 간의 거리가 앞쪽이 뒤쪽보다 작게 되어 있는 것이다.

㉡ 특징

- 캠버에 의한 앞바퀴의 벌어짐 방지
- 조향 링키지 마모에 의한 앞바퀴의 벌어짐(토-아웃) 방지
- 앞바퀴의 미끄러짐과 마멸 방지
- 앞바퀴를 평행하게 회전
- 바퀴가 옆방향으로 미끄러지는 것(side slip)과 타이어의 마모를 방지
- 타이로드로 조정

④ 킹 핀(=조향 축) 경사각

㉠ 정의 : 자동차를 앞에서 보면 킹 핀(독립식 현가장치에서는 위 볼이음과 아래 볼이음)의 중심선이 수직에 대하여 어떤 각도를 두고 설치되어 있다. 이것을 킹 핀 경사라고 하며, 이 각을 킹 핀 경사각이라고 한다.

㉡ 특징

• 캠버와 함께 핸들 조작력 감소
• 캐스터와 함께 복원성 부여
• 바퀴의 시미 현상 방지

(3) 앞바퀴 정렬(얼라이먼트)의 점검

① 공차 상태
② 수평로에 위치
③ 타이어 공기압 점검
④ 현가장치 마모, 피로 절손 상태 점검
⑤ 조향 링키지 마모, 헐거움 상태 점검
⑥ 허브 베어링 마모 상태 점검

3-3 제동장치

❶ 유압 브레이크

(1) 유압 브레이크의 장·단점

① 장점
  ㉠ 제동력이 모든 바퀴에 균일하게 전달된다.
  ㉡ 마찰손실이 적다.
  ㉢ 조작력이 작아도 된다.

② 단점
  ㉠ 유압회로가 파손되어 오일이 새면 제동장치의 기능을 상실한다.
  ㉡ 유압회로에 공기가 침입하면 제동력이 감소된다.

(2) 유압 브레이크의 구조 및 기능

① **마스터 실린더**(master cylinder) : 마스터 실린더의 작용은 브레이크 페달을 밟는 것에 의하여 유압을 발생시키는 것이다.

② **휠 실린더**(wheel cylinder) : 휠 실린더의 기능은 마스터 실린더에서 보내준 유압으로 브레이크 슈를 드럼에 압착시키는 것이다.

③ **브레이크 슈**(break shoe) : 브레이크 슈는 휠 실린더의 피스톤에 의해 브레이크 드럼과 접속하여 제동력을 발생하는 부분이며, 테이블(table)에는 라이닝(lining)이 리벳이나 접착체에 의해 부착되어 있다.

④ **브레이크 드럼(break drum)**

㉠ 브레이크 드럼은 허브와 휠 사이의 휠 허브(wheel hub)에 볼트로 설치되어 바퀴와 함께 회전하며, 슈와의 마찰로 제동을 발생시키는 부분이다. 드럼의 재질은 특수주철, 강판 등이 사용되며 방열성을 높이고, 강성을 높이기 위해 원 둘레 방향이나 직각 방향에 핀(pin) 또는 리브(rib)를 두고 있다.

㉡ 드럼의 구비조건

- 회전 평형이 잡혀 있을 것
- 충분한 강성이 있을 것
- 내마멸성이 클 것
- 방열이 잘 될 것
- 가벼울 것
- 페이드 현상(마찰열에 의해서 제동력이 감소되는 현상)이 일어나지 말 것

⑤ **브레이크 오일**

㉠ 피마자 오일+알코올(식물성 오일)

㉡ 마스터 실린더 또는 휠 실린더를 세척시 알코올을 사용할 것

㉢ 구비조건

- 금속을 부식시키지 말 것
- 적당한 점도
- 낮은 빙점과 응고점
- 높은 인화점 및 착화점

❷ 디스크 브레이크(Disc brake)

(1) 특징

① 방열이 잘 되므로 베이퍼 록이나 페이드 현상의 발생이 적다.

② 회전 평형이 좋다.

③ 물에 젖어도 회복이 빠르다.

④ 한쪽만 브레이크 되는 일이 없다.

⑤ 고속에서 반복 사용하여도 안정된 제동력을 얻을 수 있다.

⑥ 패드와 디스크 사이의 간극 조정이 필요 없다.

⑦ 마찰면이 적어 조작력이 커야 한다.

⑧ 자기 작동이 발생되지 않고 정비가 비교적 빠르다.

❸ 배력식 브레이크(Servo brake)

배력식 브레이크는 유압 브레이크의 제동력을 증대시키기 위해 사용하는 것으로, 흡입 다기관의 부

압(부분 진공)과 대기 압력 차이를 이용하는 진동식 배력장치(하이드로 백)와 압축 공기와 대기 압력과의 압력 차이를 이용한 공기식 배력장치(하이드로 에어 백)가 있다. 승용차는 진공식 배력장치를 이용하고 트럭 등 대형 자동차는 공기식 배력장치를 이용한다.

❹ 공기 브레이크(Air brake)

(1) 공기 브레이크의 구조 및 기능

① **공기 압축기** : 엔진에 의해 구동되고 압축 공기를 생산한다.

② **공기탱크** : 압축 공기를 저장한다.

③ **압력 조정밸브** : 공기 압축기에서 발생된 압축 공기의 최고 압력을 제어하고 유지한다. 제동력을 크게 하기 위하여 조정하는 밸브이다.

④ **언로더 밸브** : 공기 압축기에서 발생된 압축공기의 압력이 높아지면 공기 압축기를 무부하 운전한다. 공기 압축기의 공기 압력을 제어하는 밸브이다.

⑤ **브레이크 밸브** : 브레이크 밟기 정도에 따라 릴레이 밸브를 작용한다.

⑥ **릴레이 밸브** : 브레이크 밸브에 보내오는 압력에 따라 공기탱크의 압력을 브레이크 첌버에 직접 공급한다.

⑦ **퀵 릴리스 밸브** : 제동력 해제시 브레이크 쳄버 내의 압축공기를 신속히 대기 중에 방출한다.

⑧ **브레이크 쳄버** : 휠 실린더와 같은 작용을 하며 브레이크 캠 레버를 작동한다.

(3) 장점 및 단점

① 장점

㉠ 차량 중량이 아무리 커도 사용할 수 있다.

㉡ 공기가 조금 새어도 브레이크 성능이 현저하게 저하되지 않아 안전도가 높다.

㉢ 베이퍼 록 발생 우려가 없다.

㉣ 브레이크 페달을 밟는 양에 따라 제동력이 커진다(유압식 브레이크는 페달을 밟는 힘에 비례하여 제동력이 증가).

㉤ 압축공기의 압력을 높이면 더 큰 제동력을 얻을 수 있다.

㉥ 경음기, 윈드 시일드 와이퍼, 공기스프링 등 압축공기에 의하여 작동하는 기기와 함께 사용할 수 있다.

② 단점

㉠ 공기압축기의 구동에 기관의 출력이 일부 소모된다.

㉡ 배관 등의 구조가 복잡하고 가격이 비싸다.

❺ ABS(Anti-lock Brake System or Anti -skid Brake System)

(1) ABS의 개요

일반적인 제동장치를 부착한 자동차에서 주행 중 급제동을 하면 각 바퀴가 고정되어 스키드(skid : 제동시에 바퀴가 구르지 않는 상태에서 자동차가 미끄러지는 현상)현상이 쉽게 발생한다. 이로 인하여 제동력이 급격히 저하되어 제동거리가 길어지며, 자동차가 가로방향으로 미끄러져 스핀(spin)을 일으키거나 조향핸들의 조작이 불가능해져 위험을 유발한다. ABS의 기본적인 작동은 바퀴의 회전속도를 휠 스피드 센서(wheel speed sensor)가 측정하여 그 정보를 ECU가 기억하고 있는 이상적인 제동조건으로 맞추어서 브레이크 계통을 조절해 준다. 설치목적은 다음과 같다.

① 전륜 고착의 경우 조향능력 상실 방지

② 후륜 고착의 경우 차에 스핀으로 인한 전복 방지

③ 제동 시 최대 안전성 확보

④ 제동 시 드럼이 슈에 고착되어 바퀴가 노면에 미끄러지는 현상을 방지

(2) ABS의 구조

① **모듈레이터(하이드롤릭 유닛)** : 모듈레이터는 ECU의 신호에 의해서 각 휠 실린더에 작용하는 유압을 조절해 준다. 조절상태는 정상상태, 감압상태, 유지상태, 증압상태의 4가지가 있다. 모듈레이터는 동력 공급원과 모듈레이터 밸브 블록으로 구성되고, 동력원은 무터에 의해 작동하며 동력은 바퀴속도 센서에 의해 감지되고 있는 오일 펌프에 의해 공급된다.

② **프로포셔닝 밸브**(proportioning valve : P 밸브) : ABS가 고장이 났을 때 평상시의 제동장치로 작동한다. 이때 뒷바퀴의 고정(lock)으로 인한 미끄러짐을 방지하기 위하여 프로포셔닝 밸브를 두고 있다.

❻ 제동장치의 점검 및 정비

① 공기빼기

㉠ 유압식 브레이크 : 마스터 실린더에서 먼 곳부터 작업한다.

㉡ 배력식 브레이크 : 마스터 실린더에서 가까운 곳부터 작업한다.

② 브레이크가 한쪽으로 쏠린 경우

㉠ 브레이크 슈의 조정 불량

㉡ 슈 리턴 스프링의 불량

㉢ 드럼의 불평형

㉣ 타이어 공기압이 다름

③ 페달의 유격이 큰 경우

㉠ 오일의 누설 및 부족

㉡ 라이닝의 마모
㉢ 회로 내의 잔압 저하
㉣ 회로 내 공기 혼입

④ **브레이크가 잘 풀리지 않는 경우**
㉠ 마스터 실린더 리턴 구멍의 막힘
㉡ 슈 리턴 스프링의 쇠손 또는 절손
㉢ 마스터 푸시로드의 조정 불량

3-4 자동차 새시 안전기준 검사

❶ 새시 안전기준

(1) 최소 회전반경

자동차의 최소 회전반경은 바깥쪽 앞바퀴자국의 중심선을 따라 측정할 때에 12미터를 초과하여서는 안 된다.

(2) 조향장치

① 자동차의 조향장치의 구조는 다음의 기준에 적합하여야 한다.
㉠ 조향장치의 각부는 조작시에 차대 및 차체 등 자동차의 다른 부분과 접촉되지 아니하고, 갈라지거나 금이 가고 파손되는 등의 손상이 없으며, 작동에 이상이 없을 것
㉡ 조향장치는 조작시에 운전자의 옷이나 장신구 등에 걸리지 아니할 것
㉢ 조향핸들의 회전조작력과 조향비는 좌우로 현저한 차이가 없을 것
㉣ 조향기능을 기계적으로 전달하는 부품을 제외한 부품의 고장이 발생한 경우에도 조향할 수 있어야 하며, 당해 자동차의 최고속도에서 조향기능에 심각한 영향을 주거나 관련부품 등이 파손될 수 있는 조향장치의 이상진동이 발생하지 아니하고 직선주행을 할 수 있을 것
㉤ 조향기능을 기계적으로 전달하는 부품을 제외한 부품의 고장이 발생한 경우 운전자가 확실히 알 수 있는 경고장치를 갖출 것. 단, 조향핸들의 회전조작력이 증가되는 구조인 경우에는 경고장치를 갖춘 것으로 본다.
㉥ 조향핸들의 회전각도와 조향바퀴의 조향각도 사이에는 연속적이고 일정한 관계가 유지될 것. 다만, 보조조향장치는 그러하지 아니하다.
㉦ 조향핸들축의 각도 등을 조절할 수 있는 조향핸들은 조절후 적절한 잠금장치에 의하여 완전히 고정될 것
㉧ 조향장치에 에너지를 공급하는 장치는 제동장치에도 이를 사용할 수 있으며, 에너지를 저장하는

장치의 오일의 기준유량(공기식의 경우에는 기준공기압을 말한다)이 부족할 경우 이를 알려 주는 경고장치를 갖출 것

㉫ 원동기 및 조향장치에 고장이 발생하지 아니한 경우에는 어떠한 경고신호도 작동하지 아니할 것. 단, 원동기 시동 후 에너지저장장치에 공기 등을 충전하는 동안에는 그러하지 아니하다.

② 적차상태의 자동차가 평탄한 포장노면에서 반지름 12미터의 원을 회전하는 데 소요되는 조향핸들의 회전조작력은 25킬로그램 이하이어야 한다.

③ 조향핸들의 유격(조향바퀴가 움직이기 직전까지 조향핸들이 움직인 거리를 말한다)은 당해 자동차의 조향핸들지름의 12.5퍼센트 이내이어야 한다.

④ 조향바퀴의 옆으로 미끄러짐이 1미터 주행에 좌우방향으로 각각 5밀리미터 이내이어야 하며, 각 바퀴의 정렬상태가 안전운행에 지장이 없어야 한다.

(3) 제동장치

① 자동차(피견인자동차를 제외한다)에는 주제동장치와 주차 중에 주로 사용하는 제동장치(주차제동장치)를 갖추어야 하며, 그 구조와 제동능력은 다음의 기준에 적합하여야 한다.

㉠ 주제동장치와 주차제동장치는 각각 독립적으로 작용할 수 있어야 하며, 주제동장치는 모든 바퀴를 동시에 제동하는 구조일 것

㉡ 주제동장치의 계통 중 하나의 계통에 고장이 발생하였을 때에는 그 고장에 의하여 영향을 받지 아니하는 주제동장치의 다른 계통 등으로 자동차를 정지시킬 수 있고, 제동력을 단계적으로 조절할 수 있으며 계속적으로 제동될 수 있는 구조일 것

㉢ 제동액 저장장치에는 제동액에 대한 권장규격을 표시할 것

㉣ 주제동장치에는 라이닝 등의 마모를 자동으로 조정할 수 있는 장치를 갖출 것. 단, 차량 총중량이 3.5톤을 초과하는 화물자동차 및 특수자동차로서 모든 바퀴로 구동할 수 있는 자동차의 주제동장치와 차량 총중량이 3.5톤 이하인 화물자동차 및 특수자동차의 후축의 주제동장치의 경우에는 그러하지 아니하다.

㉤ 주제동장치의 라이닝 마모상태를 운전자가 확인할 수 있도록 경고장치(경고음 또는 황색경고등을 말한다)를 설치하거나 자동차의 외부에서 육안으로 확인할 수 있는 구조일 것. 단, 승용자동차 및 경형승합자동차와 차량총중량이 3.5톤 이하인 화물자동차 및 특수자동차는 바퀴를 탈거하여 확인하는 구조로 할 수 있다.

㉥ 에너지 저장장치에 의하여 작동되는 주제동장치에는 2개(에너지 저장장치에 의하지 아니하고 운전자의 힘으로만 기계적으로 주제동장치가 작동될 수 있는 구조의 경우는 1개) 이상의 독립된 에너지 저장장치를 설치하여야 하고, 각 에너지 저장장치는 아래 ③의 기준에 적합한 경고장치를 설치할 것

㉦ 주차제동장치는 기계적인 장치에 의하여 잠김상태가 유지되는 구조일 것

㉧ 주차제동장치는 주행 중에도 제동을 시킬 수 있는 구조일 것

❷ 자동차 안전기준 시행 세칙

(1) 자동차의 조향륜의 옆미끄러짐량

① 적용범위 : 이 규정은 자동차의 조향륜의 옆미끄러짐량의 측정방법에 대하여 규정한다.

② 측정조건

㉠ 자동차는 공차상태의 자동차에 운전자 1인이 승차한 상태로 한다.

㉡ 타이어의 공기압은 표준공기압으로 하고 조향링크의 각부를 점검한다.

㉢ 측정기기는 사이드슬립 테스터로 하고 지시장치의 표시가 0점에 있는가를 확인한다.

③ 측정방법

㉠ 자동차를 측정기와 정면으로 대칭시킨다.

㉡ 측정기에 진입속도는 5[km/h]로 서행한다.

㉢ 조향핸들에서 손을 떼고 5[km/h]로 서행하면서 계기의 눈금을 타이어의 접지면이 측정기 답판을 통과 완료할 때 읽는다.

㉣ 옆미끄러짐량의 측정은 자동차가 1[m] 주행 시 옆미끄러짐량을 측정하는 것으로 한다.

(2) 운행자동차의 주제동 능력

① 적용범위 : 이 규정은 운행자동차의 주제동능력 측정방법에 대하여 규정한다.

② 측정조건

㉠ 자동차는 공차상태의 자동차에 운전자 1인이 승차한 상태로 한다.

㉡ 자동차는 바퀴의 흙, 먼지, 물 등의 이물질은 제거한 상태로 한다.

㉢ 자동차는 적절히 예비운전이 되어 있는 상태로 한다.

㉣ 타이어의 공기압은 표준공기압으로 한다.

③ 측정방법

㉠ 자동차를 제동시험기에 정면으로 대칭되도록 한다.

㉡ 측정자동차의 차축을 제동시험기에 얹혀 축중을 측정하고 롤러를 회전시켜 당해 차축의 제동능력, 좌우차륜의 제동력의 차이, 제동력의 복원상태를 측정한다.

㉢ ㉡의 측정방법에 따라 다음 차축에 대하여 반복 측정한다.

(3) 운행자동차의 주차제동 능력

① 적용범위 : 이 규정은 운행자동차의 주차제동능력 측정방법에 대하여 규정한다.

② 측정조건

㉠ 자동차는 공차상태의 자동차에 운전자 1인이 승차한 상태로 한다.

㉡ 자동차는 바퀴의 흙, 먼지, 물 등의 이물질은 제거한 상태로 한다.

㉢ 자동차는 적절히 예비운전이 되어 있는 상태로 한다.

㉣ 타이어의 공기압은 표준공기압으로 한다.

③ 측정방법

㉠ 자동차를 제동시험기에 정면으로 대칭되도록 한다.

㉡ 측정자동차의 차축을 제동시험기에 얹혀 축중을 측정하고 롤러를 회전시켜 당해 차축의 주차제동능력을 측정한다.

㉢ 2차 축 이상에 주차제동력이 작동되는 구조의 자동차는 ㉡의 측정방법에 따라 다음 차축에 대하여 반복 측정한다.

(4) 자동차 최소회전반경 측정

① 적용범위 : 이 규정은 사고예방을 위한 자동차의 최소 회전반경 측정방법에 대하여 규정한다.

② 측정조건

㉠ 측정자동차는 공차상태이어야 한다.

㉡ 측정자동차는 측정 전에 충분한 길들이기 운전을 하여야 한다.

㉢ 측정자동차는 측정 전 조향륜 정렬을 점검하여 조정한다.

㉣ 측정 장소는 평탄 수평하고 건조한 포장도로이어야 한다.

③ 측정방법

㉠ 변속기어를 전진 최하단에 두고 최대의 조향각도로 서행하며, 바깥쪽 타이어의 접지면 중심점이 이루는 궤적의 직경을 우회전 및 좌회전시켜 측정한다.

㉡ 측정 중에 타이어가 노면에 대한 미끄러짐 상태와 조향장치의 상태를 관찰한다.

㉢ 좌 및 우회전에서 구한 반경 중 큰 값을 당해 자동차의 최소 회전반경으로 하고 안전기준에 적합한지를 확인한다.

제 3 장

자동차 새시

단원핵심문제

01 동력전달장치

1 앞바퀴 구동 수동변속기 설치 차량에서 변속시 기어가 잘 물리지 않을 경우의 고장 원인이다. 부적절한 것은?

① 컨트롤 레버의 불량
② 싱크로나이저링의 마모
③ 오일실 O링 및 가스켓 파손
④ 싱크로나이저링 스프링의 약화

해설 변속할 때 기어가 잘 물리지 않는 원인 : 컨트롤 레버 또는 케이블의 불량, 싱크로나이저 링의 마모, 싱크로나이저링 스프링의 약화 또는 절손, 클러치 차단 불량 등이 있다.

2 자동 차동 제한장치(LSD)의 특징을 설명한 것으로 잘못된 것은?

① 타이어의 수명을 연장한다.
② 미끄러운 노면에서의 출발이 용이하다.
③ 고속 직진 주행시에 안전성이 없다.
④ 요철노면을 주행할 때 후부의 흔들림을 방지한다.

해설 자동 차동 제한장치(LSD) : 미끄럼으로 공회전하고 있는 바퀴의 구동력을 감소시키고 반대쪽 저항이 큰 구동바퀴에 공전하고 있는 바퀴의 감소된 분량만큼의 동력을 더 전달시킴으로써 미끄럼에 따른 공전 없이 주행할 수 있도록 하는 장치이다. 이 장치의 특징은 다음과 같다.
㉠ 미끄러운 노면에서의 출발을 용이하게 또는 미끄러짐 방지
㉡ 평탄로 주행시 후부 흔들림 방지
㉢ 타이어의 미끄러짐 감소로 타이어 수명 연장
㉣ 급가속 직진 주행에 안전성 부여

3 정속 주행장치가 작동 불량할 때 점검해야 할 사항이 아닌 것은?

① TCC 출력전압
② ECU 출력전압
③ 속도신호 입력전압
④ ECU 작동 전압 공급

해설 TCC : 토크 컨버터 클러치

4 자동변속기 관련 장치에서 가속페달을 급격히 밟으면 한 단계 낮은 단으로 변속되는 것과 가장 관계있는 것은?

① 거버너 밸브 ② 매뉴얼 밸브
③ 프리 휠링 ④ 킥 다운 스위치

5 클러치에 대한 설명 중 부적당한 것은?

① 페달의 유격은 클러치 미끄럼(Slip)을 방지하기 위하여 필요하다.
② 페달과 상판과의 간격이 과소하면 클러치 끊임이 나빠진다.
③ 건식 클러치에 있어서 디스크에 오일을 바르면 안 된다.
④ 페달의 리턴 스프링이 약하게 되면 클러치 차단이 불량하게 된다.

해설 페달의 리턴스프링이 약하면 클러치 페달을 놓아도 스프링 힘이 약하기 때문에 클러치를 어느 정도 눌러 미끄러지게 된다.

answer 1.③ 2.③ 3.① 4.④ 5.④

6 **자동변속기의 스톨 테스트로 알 수 없는 것은?**

① 기관의 출력 부족
② 거버너 압력
③ 토크컨버터의 성능
④ 클러치나 브레이크 밴드의 슬립

해설 스톨 테스트는 자동 변속기 자동차를 정차 상태에서 행하는 변속기 슬립(slip)시험으로, 브레이크를 작동시킨 후 바퀴에 고임목을 괸 상태에서 선택 레버를 L, D, R 등에 위치시킨 다음, 엔진을 가속시켰을 때의 rpm이 규정값에 있는가를 테스트하여 토크 컨버터, 오버 러닝 클러치의 작동과 자동변속기의 클러치 및 브레이크, 엔진 등의 전체 작동성능 등을 점검하는 테스트이다.

7 **유체클러치 오일의 구비조건이 아닌 것은 어느 것인가?**

① 착화점이 높을 것
② 점도가 클 것
③ 내산성이 클 것
④ 비점이 높을 것

해설 유체클러치 오일의 구비조건은 자동변속기 오일의 구비조건과 유사하며 점도가 낮을 것, 착화점이 높을 것, 내산성이 클 것, 비점이 높을 것, 비중이 클 것, 융점이 낮을 것, 윤활성이 클 것 등이 있다.

8 **동력전달 장치에 사용되는 종감속장치의 기능으로 틀린 것은?** 2010

① 축 방향 길이를 변화시킨다.
② 회전속도를 감소시킨다.
③ 회전토크를 증가시켜 전달한다.
④ 필요에 따라 동력전달 방향을 변환시킨다.

해설 추진축의 축 방향 길이를 변화시키는 것은 슬립이음이다.

9 **자동 트랜스 액슬에서 컴퓨터(TCU)의 입력 신호에 해당되지 않는 것은?**

① 수온 센서 신호
② 흡기 온도 센서 신호
③ 인히비터 스위치 신호
④ TPS 신호

해설 자동 트랜스 액슬의 컴퓨터(TCU)로 입력되는 신호에는 수온 센서 신호, 스로틀 위치 센서(TPS) 신호, 인히비터 스위치 신호, 펄스 제너레이터 A(킥다운 드럼의 회전수, 즉 입력축 회전수)를 검출 및 B(트랜스퍼 드라이브 기어의 회전수를 검출)신호, 점화 코일 신호, 가속 스위치 신호, 킥다운 서보 스위치 신호, 오버 드라이브 스위치 신호, 차속 센서 신호, 유온 센서 신호 등이다.

10 **다음 중 클러치 차단 불량의 원인이 될 수 있는 것은?**

① 자유간극 과소
② 릴리스 베어링 소손
③ 클러치 판 과다 마모
④ 스프링 장력약화

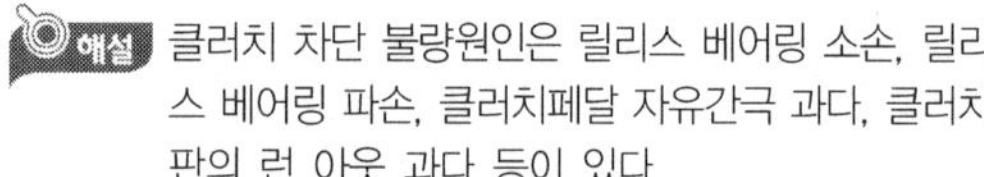

해설 클러치 차단 불량원인은 릴리스 베어링 소손, 릴리스 베어링 파손, 클러치페달 자유간극 과다, 클러치 판의 런 아웃 과다 등이 있다.

11 **수동변속기에서 기어 변속을 할 때 마찰음이 심한 원인으로 가장 적절한 것은?**

① 싱크로나이저의 고장
② 드라이브 키의 전단
③ 기관 크랭크축의 정렬 불량
④ 변속기 입력축의 정렬 불량

12 **다음 중 자동변속기와 관계가 없는 것은?**

① 전진 클러치
② 프로펠라 샤프트
③ 유성기어장치
④ 역전 및 고속 클러치

answer 6.② 7.② 8.① 9.② 10.② 11.① 12.②

13 전자제어 자동변속기 차량에서 스로틀 포지션 센서의 출력이 80[%] 밖에 나오지 않는다면 다음 중 어느 시스템의 작동이 안 되는가?

① 킥 다운
② 오버 드라이브
③ 2속으로 변속불가
④ 3속에서 4속으로 변속불가

14 클러치가 접속할 때 회전충격을 흡수하는 스프링은?

① 쿠션 스프링
② 리테이닝 스프링
③ 클러치 스프링
④ 비틀림 코일스프링

해설 클러치가 접속시 회전충격을 흡수하는 것은 비틀림 코일 스프링(댐퍼 스프링, 토션 스프링이라고도 함)이다.

15 기관의 동력을 주행 이외의 용도에 사용할 수 있도록 한 동력인출(power take off) 장치가 아닌 것은?

① 차동 기어장치
② 윈치 구동장치
③ 소방차 물펌프 구동장치
④ 덤프트럭 유압펌프 구동장치

16 다음 중 클러치 미끄러짐의 판별사항에 해당하지 않는 것은?

① 연료의 소비량이 적어진다.
② 자동차의 증속이 잘 되지 않는다.
③ 클러치에서 소음이 발생한다.
④ 등판할 때 클러치 디스크의 타는 냄새가 난다.

해설 **클러치 미끄러짐의 판별사항** : 연료 소비량이 커질 때, 등판할 때 클러치 디스크의 타는 냄새가 날 때, 클러치에서 소음이 발생할 때, 자동차의 증속이 잘 되지 않는 경우 클러치 미끄러짐을 확인한다.

17 클러치 릴리즈 베어링으로 쓰이는 것이 아닌 것은?

① 앵귤러 접촉형 ② 카본형
③ 볼 베어링형 ④ 평면 베어링형

해설 **클러치 릴리스 베어링의 종류** : 앵귤러 접촉형, 볼 베어링형, 카본형 등이 있다.

18 변속기와 차동 장치를 연결하여 두 축간의 충격을 완화하고 각도 변화가 있는 피구동체에 융통성 있게 동력을 전달하는 기구는?

① 드라이브 샤프트(drive shaft)
② 크로스 멤버(cross member)
③ 파워 시프트(power shift)
④ 유니버설 조인트(universal joint)

해설 **유니버설 조인트**(universal joint, 자재이음) : 구동축과 피구동축이 비교적 떨어진 위치에 있으며 두 축이 나란하지 않거나 피구동체가 유동적인 경우에 사용하는 동력전달장치이다. 이로 인해 2개의 축이 나란히 정렬되어 있지 않아도, 각도변화가 있는 피구동체에도 효율적으로 동력을 전달할 수 있다. 자재이음의 종류에는 십자축 자재이음, 볼앤 트러니언 자재이음, 플렉시블 자재이음, 등속도 자재이음 등이 있다.

19 변속기의 1단 기어를 선정할 때 우선적으로 고려해야 할 사항은?

① 차량의 목표 최고속도
② 엔진의 최고 회전수
③ 차량의 최대 등판능력
④ 일반적으로 등판능력이 최소 10[%] 이내

20 자동변속기 차량에서 유체의 운동에너지를 이용하여 토크를 전달시켜 주는 장치는?

① 토크컨버터 ② 록업장치
③ 유성기어 ④ 댐퍼 클러치

해설 토크컨버터는 자동변속기 차량에서 유체의 운동에너지를 이용하여 토크를 전달시켜 주는 장치이다.

answer 13.① 14.④ 15.① 16.① 17.④ 18.④ 19.③ 20.①

21 클러치 스프링의 장력을 T, 클러치 판과 압력 판 사이의 마찰계수를 f, 클러치 판의 평균반경을 γ이라 하고, c를 엔진의 회전력이라 하였을 때 클러치가 미끄러지지 않기 위한 조건식은?

① $T < \frac{c}{f\gamma}$　② $Tf\gamma \leqq c$
③ $Tf\gamma \geqq c$　④ $T > f\gamma c$

22 전자제어 자동변속기에서 변속점의 결정은 무엇을 기준으로 하는가?

① 차속과 유압
② 차속과 점화시기
③ 스로틀밸브의 위치와 차속
④ 스로틀밸브의 위치와 연료량

23 클러치 판의 비틀림 코일 스프링의 역할로 가장 알맞은 것은?

① 클러치 판의 밀착을 더 크게 한다.
② 클러치가 접촉될 때 회전충격을 흡수한다.
③ 구동 판과 피동 판의 마멸을 크게 한다.
④ 클러치 판과 압력 판의 마멸을 방지한다.

24 추진축의 토션 댐퍼(Torsion damper)가 하는 일은?

① 벤딩 진동을 한다.
② 불평형을 돕는다.
③ 완충작용을 한다.
④ 회전수를 높인다.

해설 토션 댐퍼는 중심 베어링 뒤에 설치되어 추진축의 비틀림 진동을 방지하는 장치이다. 스플라인 플랜지에 댐퍼고무(damper rubber)를 고정하고 그 바깥둘레에 플라이 휠이 조립되어 댐퍼고무와 플라이 휠과의 마찰력으로 진동을 완충한다.

25 클러치 압력 판의 역할로 다음 중 가장 적당한 것은?

① 견인력을 증가시킨다.
② 제동거리를 짧게 한다.
③ 기관의 동력을 받아 속도로 조절한다.
④ 클러치 판을 밀어서 플라이 휠에 압착시키는 역할을 한다.

26 클러치를 정비하여 설치한 후 소음검사를 할 때 자동차의 운전상태로 가장 적당한 것은?

① 가속 운전　② 감속 운전
③ 등속 운전　④ 공전 운전

27 가죽을 겹친 가용성 원판을 넣고 볼트로 고정한 축 이음은?

① 등속 조인트
② 플렉시블 조인트
③ 훅 조인트
④ 트러니언 조인트

해설 플렉시블 조인트는 세 갈래 요크 사이에 경질 고무로 만든 커플링을 끼우고 볼트로 조인 자재 이음으로 회전이 정숙하고 주유가 필요 없다. 설치각은 3~5°이고 보통 보조 이음으로 활용되며 각도 변화가 작은 일부의 소형차에 쓰이고 있다.

28 자동변속기의 토크컨버터에서 클러치 포인트일 때 스테이터, 터빈, 펌프의 속도와 방향은?

① 같은 속도와 반대방향으로 회전
② 펌프와 터빈만 다른 속도, 같은 방향으로 회전
③ 모두 다른 방향 틀린 속도로 회전
④ 스테이터, 펌프, 터빈이 같은 속도, 같은 방향으로 회전

answer　21.③ 22.③ 23.② 24.③ 25.④ 26.④ 27.② 28.④

29 기관속도가 일정할 때 토크 컨버터의 회전력이 가장 큰 경우는?

① 터빈의 속도가 느릴 때
② 임펠러의 속도가 느릴 때
③ 변환비가 1 : 1일 경우
④ 항상 일정함

30 자동변속기 장착 차량에서 가속페달을 스로틀 밸브가 완전히 열릴 때까지 갑자기 밟았을 때 강제적으로 다운 시프트되는 현상을 무엇이라고 하는가?

① 시프트 아웃　② 킥 다운
③ 스로틀 다운　④ 블로 다운

31 클러치 미끄럼이 가장 많이 일어날 수 있는 것은?

① 저속운전　② 가속운전
③ 감속운전　④ 기관을 시동할 때

32 클러치 유격을 바르게 설명한 것은?

① 클러치 페달을 밟은 상태에서 릴리스 베어링의 축방향 움직인 거리를 말한다.
② 클러치 페달을 밟지 않은 상태에서 릴리스 베어링이 왕복한 거리를 말한다.
③ 클러치 페달을 밟지 않은 상태에서 페달이 올라온 거리를 말한다.
④ 클러치 페달을 밟지 않은 상태에서 릴리스 베어링과 릴리스 레버 접촉면 사이의 간극을 말한다.

33 수동변속기에서 변속시 서로 다른 기어 속도를 동기화시켜 치합이 부드럽게 이루어지도록 하는 것은? 2011

① 록킹볼 장치　② 앤티롤 장치
③ 싱크로메시 기구　④ 이퀄라이저

해설 ㉠ **고정장치**(locking ball) : 일단 접속된 기어의 이탈방지 및 기어의 자리잡음을 위해 설치한다.
㉡ **앤티롤 장치**(antiroll system) : 마스터 실린더와 휠 실린더 사이에 설치되어 자동차가 오르막길에서 일시 정지하였다가 다시 출발할 때 뒤로 구르는 것을 방지하는 장치로 힐 홀더라고도 한다.
㉢ **싱크로메시 기구** : 기어가 동시에 맞물리는 장치의 뜻으로 동기 물림식은 서로 물리는 기어의 원주 속도를 강제적으로 일치시켜 이의 물림을 쉽게 한 형식으로 콘스턴트로드 형식과 이너셔록 형식이 있다.

34 유압식 클러치에서 유압 라인 내의 공기빼기 작업을 할 때 안전하지 못한 사항은?

① 작동오일이 차체의 도장 부분에 묻지 않도록 주의해야 한다.
② 차량을 들고 작업할 때에는 잭으로 간단하게 들어올린 상태에서 작업을 실시해야 한다.
③ 마스터 실린더의 오일 저장 탱크에 오일을 가득 채워 놓고 공기빼기 작업을 해야 한다.
④ 블리더 스크루 주변을 청결히 하여 이물질 유입이 되지 않도록 해야 한다.

해설 차량을 들고 작업할 때에는 잭으로 들어 올린 상태에서 스탠드를 고이고 작업을 실시해야 한다.

35 다음 중 자동변속기 오일의 구비조건이 아닌 것은?

① 기포가 발생하지 않을 것
② 저온 유동성이 좋을 것
③ 침전물 발생이 적을 것
④ 점도지수 변화가 클 것

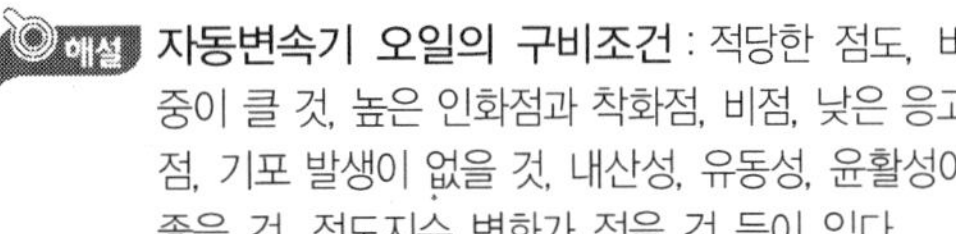
해설 **자동변속기 오일의 구비조건** : 적당한 점도, 비중이 클 것, 높은 인화점과 착화점, 비점, 낮은 응고점, 기포 발생이 없을 것, 내산성, 유동성, 윤활성이 좋을 것, 점도지수 변화가 적을 것 등이 있다.

answer 29.① 30.② 31.② 32.④ 33.③ 34.② 35.④

36 다음 중 클러치 페이싱의 마모가 촉진되는 가장 큰 원인은?

① 클러치 페달의 자유간극 부족
② 클러치 커버의 스프링 장력 과다
③ 스러스트 베어링에 기름 부족
④ 클러치 판 허브의 스플라인 마모

37 무단자동변속기(CVT)에 대한 설명 중 가장 거리가 먼 것은? 2010

① 변속충격이 크다.
② 큰 동력을 전달할 수 없다.
③ 벨트를 이용해 변속이 이루어진다.
④ 운전 중 용이하게 감속비를 변화시킬 수 있다.

무단자동변속기(CVT)의 특징은 벨트를 이용해 변속이 이루어지므로 큰 동력의 전달이 어려우나 변속충격이 적고 운전 중 감속비 변화가 용이하다.

38 자동변속기의 변속점은 ECU의 입출력 신호에 의해 제어된다. 다음 중 자동변속기 ECU의 입력 신호가 아닌 것은?

① 엔진 회전수
② 스로틀 개도 신호
③ 록업 클러치 제어신호
④ 변속기 출력축 회전속도

자동변속기 ECU의 입력신호에는 스로틀 포지션 센서, 수온센서, 펄스 제너레이터 A & B, 가속스위치, 킥 다운 서보 스위치, 오버 드라이브 스위치, 차속센서, 인히비터 스위치 신호 등이다. 그리고 록업 클러치(댐퍼 클러치)는 자동 변속기의 토크 컨버터 내부의 유체 클러치를 플라이 휠과 직결하여 유압에 의한 동력 손실을 방지하는 기계식 전동 장치이다.

39 댐퍼 클러치의 작동 조건이 될 수 있는 것은?

① 공회전시
② 제1속 및 후진시
③ 3-2 시프트 다운시
④ 냉각수 온도가 60[℃] 이상일 때

해설 댐퍼(록업) 클러치 작동조건
㉠ 전진레인지이며 2속 이상일 것(단, 2속에서 댐퍼 클러치 작동은 유온이 125[℃] 이상)
㉡ N→D, N→R 제어중이 아닐 것
㉢ 완전직결 시 유온이 50℃ 이상일 것
㉣ 미소슬립 시 유온이 70℃ 이상일 것
㉤ Fail Safe(3속 HOLD)상태가 아닐 것
※ 댐퍼(록업) 클러치가 작동되지 않는 조건
㉠ 제1속 및 후진할 때
㉡ 엔진 회전 속도가 800[rpm] 이하일 때
㉢ 엔진 브레이크가 작동할 때
㉣ 엔진 냉각수 온도가 50[℃] 이하일 때
㉤ 엔진 회전 속도가 2,000[rpm] 이하에서 스로틀 밸브의 열림이 클 때
㉥ 제3속에서 제2속으로 다운 시프트 될 때
㉦ ATF(Automatic Transmission Fluid)의 유온이 65[℃] 이하일 때 등

40 수동변속기에서 동기물림 변속기(synchro-mesh type)에 관한 설명이다. 틀린 것은? 2011

① 변속조작시 소리가 나는 단점이 있다.
② 변속 조작시 더블 클러치 조작이 필요 없다.
③ 일정 부하형은 완전 동기가 되지 않아도 변속기어가 물릴 수 있다.
④ 관성 고정형은 완전 동기가 되지 않으면 변속기어가 물릴 수 없다.

동기물림 변속기의 특징은 변속 조작할 때 소리가 나지 않고, 더블 클러치 조작이 필요 없다. 또 일정 부하형은 완전 동기되지 않아도 변속기어가 물릴 수 있어 경주용 자동차에 주로 사용되고, 관성 고정형은 완전 동기가 되지 않으면 변속기어가 물릴 수 없으며 일반적인 자동차에서 많이 사용한다.

answer 36.① 37.① 38.③ 39.④ 40.①

41 **클러치를 차단하고 아이들링(idling)할 때 소리가 난다. 그 원인은?**

① 릴리스 베어링의 마모
② 변속기어 백래시가 작은 경우
③ 클러치 스프링의 파손
④ 비틀림 코일 스프링 파손

42 **유체클러치에서 스톨 포인트에 대한 설명으로 가장 거리가 먼 것은?**

① 속도비가 '0'인 점이다.
② 스톨 포인트에서 회전력비가 최대가 된다.
③ 스톨 포인트에서 효율이 최대가 된다.
④ 펌프는 회전하나 터빈이 회전하지 않는 점이다.

43 **클러치 정비에 관한 설명으로 맞는 것은?**

① 릴리스 레버를 점검하여 불량한 것이 있으면 그것만 교환한다.
② 오번형 릴리스 레버를 분해할 때 정을 사용하여 핀을 뺀다.
③ 압력판을 연마 수정하면 스프링의 장력은 강하게 된다.
④ 베어링의 회전상태와 마모 등은 아웃 레이스를 돌려보거나 상하·좌우로 눌러 보아서 점검한다.

44 **다음 중 종감속비를 결정하는 요소가 아닌 것은?**

① 엔진의 출력　　② 차량중량
③ 제동성능　　④ 가속성능

 종감속비는 엔진의 출력, 차량중량, 가속성능, 등판능력 등에 의해 결정된다.

45 **각 변속 위치(shift position)를 TCU로 입력하는 것은?**

① 킥 다운 서보
② 오버 드라이브 유닛
③ 이그니션 펄스
④ 인히비터 스위치

46 **전자제어 자동변속기에서 주행 중 가속페달에서 발을 떼면 나타날 수 있는 현상은?**

① 스쿼트
② 킥 다운
③ 리프트 풋 업
④ 노즈 다운

해설 ① **스쿼트**(squart) : 급가속시 자동차의 앞쪽이 들리고 뒤쪽이 내려앉는 현상이다.
② **킥 다운**(kick down) : 자동변속기 장착 차량에서 가속페달을 스로틀 밸브가 완전히 열릴 때까지 갑자기 밟았을 때 강제적으로 다운 시프트되는 현상이다.
③ **리프트 풋 업**(lift foot up) : 스로틀 밸브를 많이 열어 놓은 주행 상태에서 갑자기 스로틀 밸브를 닫아 증속 패턴을 지나 고속 기어로 변속되는 변속 패턴을 말한다.
④ **노즈 다운**(nose down) : 급제동시 바퀴는 정지하고 차체는 관성에 의해 이동하려는 성질 때문에 앞 범퍼 부분이 내려가는 현상으로, 구동 방식이나 무게 중심의 변화에 따라 다르게 발생한다.

47 **추진축의 센터 베어링에 관한 설명으로 틀린 것은?**

① 볼 베어링을 고무제의 베어링 베드에 설치한다.
② 차체에 고정할 수 있는 구조이다.
③ 베어링 베드의 외주를 다시 원형 강판으로 감싼다.
④ 분할방식 추진축을 사용할 때는 설치되지 않는다.

answer 41.① 42.③ 43.④ 44.③ 45.④ 46.③ 47.④

해설 추진축의 센터 베어링은 앞뒤 추진축의 중간을 지지하는 것으로 프런트 추진축의 앞부분은 변속기 스플라인축에 설치되어 있고 뒷부분은 고무 부싱으로 감싼 센터 베어링에 의해 차체에 설치하고 있다. 중심베어링은 2본식(분할방식)을 사용하는 추진축에 사용하며 추진축이 처지는 것을 방지하고 회전력을 원활히 전달하기 위해 사용된다.

48 클러치의 구비조건이 아닌 것은?

① 회전관성이 클 것
② 냉각이 잘 되어 과열되지 않을 것
③ 회전부분의 평형이 좋을 것
④ 동력전달이 확실하고 신속할 것

해설 회전관성이 작을 것

49 전자식 자동변속기 차량에서 변속시기와 가장 관련이 있는 신호는?

① 엔진온도 신호
② 에어컨 작동 신호
③ 엔진토크 신호
④ 스로틀 개도 신호

해설 자동변속기 차량에서 스로틀 개도 신호(Throttle Position Sensor)는 변속시기와 킥다운 등과 관련있다.

50 자동 정속 주행장치에 해당되지 않는 부품은?

① 차속 센서(Speed Sensor)
② 복귀 스위치(Resume Switch)
③ 클러치 스위치(Clutch Switch)
④ 크랭크 앵글센서(Crank Angle Sensor)

51 전자제어 자동변속기 차량에서 가변 저항식으로 스로틀밸브의 열리는 정도를 검출하는 것은?

① TPS ② ECU
③ TCU ④ MPI

52 등속 자재이음의 등속원리를 바르게 설명한 것은?

① 횡축과 종축의 접촉점이 종축의 선 위에 있다.
② 횡축과 종축의 접촉점이 축과 만나는 각의 2등분 선상에 있다.
③ 구동축과 피동축의 접촉점이 구동축 선 위에 있다.
④ 구동축과 피동축의 접촉점이 축과 만나는 각의 2등분 선상에 있다.

해설 **등속 자재이음** : 이 형식은 동력 전달 각도에 의한 피동축의 속도 변화를 방지하고 볼과 관내를 이용하여 볼이 항상 축이 만나는 각의 2등분 상에 있게 한 것이다. 특징은 구동축과 피동축의 속도 변화가 없고 설치각은 29~30°이며 앞바퀴 구동차의 구동축 또는 전륜 구동차의 구동축에 사용된다.

53 자동변속기에서 운행 중 오일 온도가 상승할 수 있는 경우가 아닌 것은?

① 시내 주행
② 산악지역 운행
③ 록업 클러치 작동
④ 윈터 기능 과다사용

해설 **록업(댐퍼) 클러치** : 자동 변속기의 토크 컨버터 내부의 유체 클러치를 플라이 휠과 직결하여 유압에 의한 동력 손실을 방지하는 기계식 전동 장치이다.

54 그림과 같은 기어 변속기에서 감속비는 얼마인가?

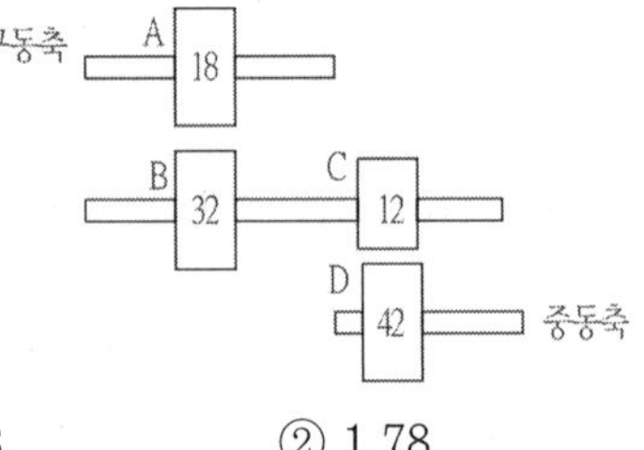

① 2.33 ② 1.78
③ 3.50 ④ 6.22

answer 48.① 49.④ 50.④ 51.① 52.④ 53.③ 54.④

해설 변속비 $= \dfrac{\text{피동 잇수}}{\text{구동 잇수}}$

$= \dfrac{\text{부축 기어의 잇수}}{\text{주축 기어의 잇수}} \times \dfrac{\text{주축 기어의 잇수}}{\text{부축 기어의 잇수}}$

$= \dfrac{32}{18} \times \dfrac{42}{12} = 6.22$

55 자동차가 300[m]를 통과하는데 20초 걸렸다면 이 자동차의 속도는 얼마인가?

① 54[km/h] ② 60[km/h]
③ 80[km/h] ④ 108[km/h]

속도(V) $= \dfrac{\text{이동한 거리}(s)}{\text{시간}(t)}$

V : 속도[m/s, m/min, km/h]
s : 이동한 거리[m, km]
t : 시간[sec, min, h]

속도 $= \dfrac{300 \times 3600}{20 \times 1000} = 54[\text{km/h}]$

56 전자제어 자동변속기에서 댐퍼 클러치가 공회전시에 작동된다면 나타날 수 있는 현상으로 옳은 것은? 2014

① 엔진시동이 꺼진다.
② 출력이 떨어진다.
③ 기어 변속이 안 된다.
④ 1단에서 2단으로 변속이 된다.

해설 댐퍼 클러치가 작동되지 않는 조건
㉠ 제1속 및 후진할 때
㉡ 엔진 회전 속도가 800[rpm] 이하일 때
㉢ 엔진 브레이크가 작동할 때
㉣ 엔진 냉각수 온도가 50[℃] 이하일 때
㉤ 엔진 회전 속도가 2,000[rpm] 이하에서 스로틀 밸브의 열림이 클 때
㉥ 제3속에서 제2속으로 다운 시프트 될 때
㉦ ATF(Automatic Transmission Fluid)의 유온이 65[℃] 이하일 때 등

57 다음 중 자동변속기의 고장 진단을 위한 준비과정이 아닌 것은?

① 자동변속기 오일량 점검
② 자동변속기 오일의 압력측정
③ 스로틀 케이블의 점검 및 조정
④ 자동변속기 오일의 정상온도 도달여부

58 자동변속기 차량의 자동 변속기를 D와 R위치에서 기관 회전수를 최대로 하여 자동변속기와 기관의 상태를 종합적으로 시험하는 것을 무엇이라 하는가?

① 로드 테스트 ② 킥다운 테스트
③ 유압 테스트 ④ 스톨 테스트

59 자동차 종감속장치에 주로 사용되는 기어 형식은?

① 더블헬리컬 기어 ② 하이포이드 기어
③ 스크루 기어 ④ 스퍼 기어

자동차 종감속장치에 주로 사용되는 기어형식은 하이포이드 기어이며 스파이럴 베벨기어의 변형으로 구동피니언 기어의 중심이 링기어의 중심 아래에 위치, 즉 오프셋량을 링기어 직경의 10~20[%] 정도로 하여 안정성 및 거주성이 향상되며 구동피니언 기어의 이를 크게 할 수 있어 강도가 증대된다.

60 자동 크루즈 컨트롤 시스템(Auto cruise control system)에서 정속주행 모드가 해제되는 경우이다. 이에 해당되지 않는 경우는?

① 자동차 속도가 80[km/h] 이하일 때
② 주행 중 브레이크를 밟을 때
③ 수동 변속기 차량에서 클러치를 차단할 때
④ 자동변속기 차량에서 인히비터 스위치를 P나 N 위치에 놓았을 때

해설 정속주행 모드가 해제되는 경우는 ②, ③, ④ 외에 자동차 주행속도가 40[km/h] 이하일 때이다.

answer 55.① 56.① 57.② 58.④ 59.② 60.①

61 **앞 엔진 뒤 구동 자동차용 자동 변속기에 사용되고 있는 어큐뮬레이터의 역할을 바르게 설명한 것은?**

① 1단→2단, 2단→1단으로 시프트 한다.
② 2단→3단, 3단→2단으로 시프트 한다.
③ P.R.I 레인지에서 No.3 브레이크 작동시 충격을 완화한다.
④ 브레이크 또는 클러치 작동시 변속 충격을 흡수한다.

62 **토크변환기의 펌프가 2800[rpm]이고, 속도비가 0.6, 토크비가 4.0인 토크 변환기 효율은?**

① 0.24 ② 0.4
③ 2.4 ④ 24

해설 토크 변환기 효율 = 속도비 × 토크비
$= 0.6 \times 4.0 = 2.4$

63 **어떤 자동차가 60[km/h]의 속도로 평탄한 도로를 주행하고 있다. 이때 변속비가 3, 종감속비가 2이고, 구동바퀴가 1회전하는데 2[m] 진행할 때, 3[km] 주행하는데 소요되는 시간은?** 2014

① 1분 ② 3분
③ 5분 ④ 7분

해설 60[km/h]를 분속으로 환산 시 1[km/min]이므로 3[km]를 주행하는데 3분이 소요된다.

64 **자동변속기의 타임래그 시험을 통해 알 수 있는 것은?**

① 오일 변속속도
② 엔진 출력
③ 변속시점
④ 입·출력 센서 작동 여부

65 **타이어의 반경이 0.3[m]인 자동차가 회전수 800[rpm]으로 달릴 때 회전력이 15[kgf-m]이라면 이 자동차의 구동력은 얼마인가?**

① 45[kgf] ② 50[kgf]
③ 55[kgf] ④ 60[kgf]

$$구동력(F) = \frac{바퀴의\ 토크[kgf-m]}{바퀴의\ 반경[m]}$$

$$\therefore F = \frac{15}{0.3} = 50[kgf]$$

66 **자동변속기에서 오일을 점검할 때 주의사항이다. 잘못된 것은?**

① 엔진시동을 걸고 점검한다.
② 엔진을 정상온도로 유지시킨다.
③ 엔진은 수평상태에서 시동을 끄고 점검한다.
④ 오일 레벨 게이지의 MIN선과 MAX선 사이에 있으면 정상이다.

자동변속기 오일 레벨은 엔진을 구동시킨 다음 공회전 상태에서 점검한다.

※ **자동변속기의 오일 점검방법**
㉠ 엔진을 워밍업시킨 후 약 10~15분 정도 공회전시키거나 주행한다.
㉡ 평평한 노면에 차를 주차시킨 후 주차브레이크를 작동시킨다.
㉢ 시동을 건 채로 브레이크 페달을 밟으면서 변속레버를 모든 위치(P↔R↔N↔D↔2↔1) 별로 3초 간격으로 2~3차례 변환시킨 후 'P' 또는 'N' 위치에 고정시킨다.
㉣ 자동변속기 오일 레벨 게이지를 뽑아서 깨끗이 닦은 후 다시 끼운다.
㉤ 오일 레벨 게이지를 다시 뽑은 후 'HOT' 범위 이내인가를 확인한다.
㉥ 오일이 부족한 경우에는 레벨 게이지를 빼낸 후 그 입구로 'HOT' 범위 이내가 되도록 오일을 보충한다.

answer 61.④ 62.③ 63.② 64.③ 65.② 66.③

02 현가장치 및 조향장치

1 **전자제어 현가장치(ECS)의 자세제어의 종류가 아닌 것은?**

① 다이브(dive) 제어
② 요잉(yawing) 제어
③ 롤링(rolling) 제어
④ 스쿼트(squat) 제어

해설 전자제어 현가장치의 자세제어의 종류

㉠ **앤티 스쿼트 제어**(Anti-squat control)
- 급출발 또는 급가속할 때 차체의 앞쪽은 들리고, 뒤쪽이 낮아지는 노스업(nose-up) 현상을 제어하는 것이다.
- 스로틀 위치센서의 신호와 초기 주행속도를 검출하여 급출발 또는 급가속 여부를 판정한다.
- 노스업(스쿼트) 방지를 위해 쇽업소버의 감쇠력을 증가시킨다.

㉡ **앤티 다이브 제어**(Anti-dive control)
- 주행 중 급제동시 차체 앞쪽 쏠림(노스다운 현상 : nose down)을 제어하는 것이다.
- 브레이크 오일 압력 스위치로 유압을 검출하여 쇽업소버의 감쇠력을 증가시킨다.

㉢ **앤티 롤링 제어** : 선회시 자동차의 좌우 방향으로 작용하는 횡가속도를 G센서로 감지하여 제어하는 것이다.

㉣ **앤티 바운싱 제어** : 자동차 차체의 바운싱을 G센서로 검출하고 바운싱이 발생하면 쇽업소버의 감쇠력은 soft에서 Medium 또는 Hard로 변환된다.

㉤ **앤티 셰이크 제어**(Anti-shake control)
- 사람이 자동차에 승하차할 때 하중의 변화에 따라 차체가 흔들리는 것을 셰이크라 한다.
- 자동차의 속도를 감속하여 규정 속도 이하가 되면 컴퓨터는 승하차에 대비해 쇽업소버의 감쇠력을 Hard로 변환시킨다.
- 자동차의 주행속도가 규정값 이상이 되면 쇽업소버의 감쇠력은 초기모드로 된다.

㉥ **주행속도 감응 제어**(vehicle speed control) : 자동차가 고속으로 주행할 때에는 차체의 안정성이 결여되기 쉬운 상태이므로 쇽업소버의 감쇠력은 soft에서 Medium이나 hard로 변환된다.

2 **현가장치의 종류 중 일체식 차축 현가장치의 장점을 설명한 것은?**

① 트램핑 현상이 쉽게 일어날 수 있다.
② 앞바퀴에 시미 현상이 일어나기 쉽다.
③ 스프링 질량이 크기 때문에 승차감이 좋지 않다.
④ 차축의 위치를 정하는 링크나 로드가 필요치 않아 부품수가 적고 구조가 간단하다.

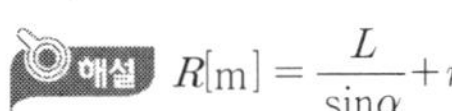
해설 일체 차축 현가장치의 특징

장점	단점
㉠ 부품수가 적고 구조가 간단하다. ㉡ 선회할 때 차체의 기울기가 적다.	㉠ 스프링 아래쪽의 질량이 커 승차감이 좋지 않다. ㉡ 앞바퀴에 시미(shimmy) 발생이 쉽다. ㉢ 유연한 스프링을 사용할 수가 없어 승차감이 좋지 못하다.

3 **어느 자동차에서 축거가 2.5[m]이고, 바퀴 접지 면과 킹 핀과의 거리가 20[cm], 바깥쪽 앞바퀴 조향각도가 30°일 때 이 자동차의 최소 회전 반경은?**

① 5[m]　　② 5.2[m]
③ 7.5[m]　　④ 12[m]

해설 $R[\text{m}] = \frac{L}{\sin\alpha} + r$

여기서, R : 최소회전반경[m], L : 축거[m], $\sin\alpha$: 바깥쪽 앞바퀴의 조향각도, r : 캠버 옵셋(바퀴접지면 중심과 킹 핀과의 거리)[m]

$R = \frac{2.5}{\sin 30°} + 0.2 = 5.2[\text{m}]$

4 **자동차의 바퀴에 캠버를 두는 이유로 가장 타당한 것은?**

① 조향바퀴에 방향성을 주기 위해
② 앞바퀴를 평행하게 회전시키기 위해
③ 회전했을 때 직진방향의 직진성을 주기 위해
④ 자동차의 하중으로 인한 앞차축의 휨을 방지하기 위해

answer 1.② 2.④ 3.② 4.④

해설 앞바퀴를 앞에서 보았을 때 바퀴의 윗부분이 아래 부분보다 더 벌어지게 설치되어 있는데 이것을 캠버라고 한다. 캠버의 필요성은 수직 하중에 의한 앞차축의 휨을 방지하고, 조향 조작력을 가볍게 하며, 회전 반지름을 작게 한다.

5 **아래 그림은 어떤 자동차의 뒤차축이다. 스프링 아래 질량의 고유진동 중 X축을 중심으로 회전하는 진동은?**

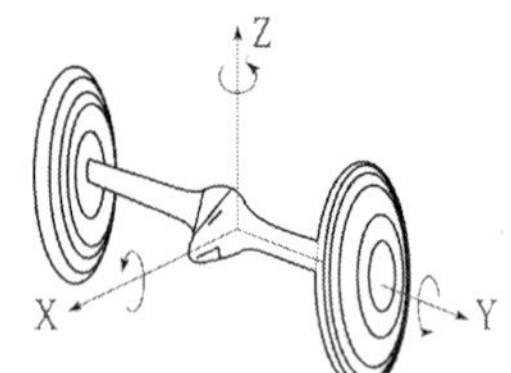

① 죠오　　② 와인드 업
③ 트램프　　④ 롤링

해설 ㉠ **휠 업**(호프)[wheel up(hop)] : 수직 방향의 상하 진동] : 액슬축(뒤차축)이 Z방향의 상하 평행운동을 하는 진동이다.
㉡ **휠 트램프**(wheel tramp : 좌/우 방향의 회전 진동) : 액슬축(뒤차축)이 X축을 중심으로 하여 회전운동을 하는 진동이다.
㉢ **와인드 업**(wind up : 앞뒤 방향의 회전 진동) : 액슬축(뒤차축)이 Y축을 중심으로 하여 회전운동을 하는 진동이다.

6 **조향기어의 종류로 사용되지 않는 것은?**

① 래크 & 피니언형
② 웜 섹터형
③ 볼 너트형
④ 래크 & 헬리컬형

해설 조형 기어의 종류에는 웜 섹터 롤러 형식, 웜 섹터 형식, 볼 너트 형식, 래크와 피니언 형식, 웜 핀 형식(캠레버 형식), 스크류 너트 형식, 스크류 볼 형식 등이 있다.

7 **앞 현가장치의 분류 중 독립 현가장치의 장점이 아닌 것은?**

① 차축의 구조가 간단하다.
② 바퀴의 시미(shimmy)현상이 적고 타이어와 노면의 접지성이 좋아진다.
③ 스프링 하부의 무게가 가벼우므로 승차감이 좋다.
④ 자동차의 높이를 낮게 할 수 있으므로 안전성이 향상된다.

해설 독립 현가장치의 특징

장점	단점
㉠ 스프링 밑 질량이 작기 때문에 승차감이 좋다.	㉠ 구조가 복잡하고 가격이나 취급, 정비면에서 불량하다.
㉡ 앞바퀴의 시미현상이 적고, 로드 홀딩(road holding)이 우수하다.	㉡ 볼 조인트 부분이 많아 그 마멸에 의해 앞바퀴 정렬이 틀려지기 쉽다.
㉢ 스프링 정수가 작아도 된다.	㉢ 바퀴의 상하운동에 따라 윤거(tread)나 앞바퀴 정렬의 변화가 쉬워 타이어 마모가 빠르다.

8 **전자제어 현가장치(ECS)에 관계되는 구성부품이 아닌 것은?**

① 버티컬 센서
② 래터럴 센서
③ 인플레이터
④ 댐퍼 솔레노이드 밸브

해설 인플레이터는 에어백에서 사용된다.

9 **현가장치에서 스프링 시스템이 갖추어야 할 기능이 아닌 것은?**

① 승차감　　② 원심력 향상
② 주행 안정성　　④ 선회 특성

10 **일체 차축 현가방식의 특징을 설명한 것이 아닌 것은?**

① 구조가 간단하다.
② 승차감이 좋지 못하다.

answer 5.③ 6.④ 7.① 8.③ 9.② 10.④

③ 선회시 차체의 기울기가 적다.

④ 로드 홀딩(road holding)이 우수하다.

해설 로드 홀딩(road holding)이 우수한 것은 독립 현가장치의 장점이며 일체 차축 현가장치의 특징은 다음과 같다.

장점	단점
㉠ 부품수가 적고 구조가 간단하다. ㉡ 선회할 때 차체의 기울기가 적다.	㉠ 스프링 아래쪽의 질량이 커 승차감이 좋지 않다. ㉡ 앞바퀴에 시미(shimmy) 발생이 쉽다. ㉢ 유연한 스프링을 사용할 수가 없어 승차감이 좋지 못하다.

11 전자제어 현가장치(E.C.S)의 기능이 아닌 것은?

① 차고 조정

② 주행조건 및 노면상태 적응

③ 스프링 상수와 댐핑력의 선택

④ 어피 컨트롤 암 제어

전자제어 현가장치의 기능은 운전자의 선택, 주행조건, 노면 상태 등에 따라 차량의 높이와 스프링의 장력(댐핑력) 등이 자동적으로 조정되는 장치(압축공기를 이용)이며 특징은 다음과 같다.

㉠ 급제동시 nose down 방지

㉡ 급선회시 원심력에 의한 차체의 기울어짐 방지

㉢ 노면으로부터의 차의 높이 조정

㉣ 고속 주행시 차체를 낮추어 공기 저항을 감소

㉤ 안정성 및 승차감 향상

㉥ 하중에 관계없이 차체의 수평을 유지

12 전자제어 현가장치 부품 중에서 선회시 차체의 기울어짐 방지와 가장 관계있는 것은? 2011

① 도어 스위치

② 조향 휠 각속도 센서

③ 헤드 램프 릴레이

④ 스톱 램프 스위치

조향 핸들 각속도 센서 : 차체의 기울기를 방지하기 위해 조향 휠의 작동 속도를 감지하고 자동차 주행 중 급선회 상태를 감지하는 일을 한다.

13 스프링을 검사할 때 스프링 상수가 10[kgf/ mm]의 코일 스프링을 400[kgf]으로 압축하였을 때 몇 [mm]가 압축되는가?

① 10 ② 20

③ 30 ④ 40

$$K = \frac{W}{\delta}[\text{kg/mm}]$$

K : 스프링 정수[kg/mm], W : 하중[kg],

δ : 변형[mm]

$$\therefore\ \delta = \frac{4000[\text{kgf}]}{10[\text{kgf/mm}]} = 40[\text{mm}]$$

14 전자제어 현가장치의 효과라고 할 수 있는 것은?

① 구동력 증대

② 쇽업소버와 스프링의 단독 작동 가능

③ 조정 안정성과 승차감의 불균형 해소

④ 회전할 때 내측의 상승효과로 인한 타이어 마모 방지

15 다음 중 독립 현가장치의 장점이 아닌 것은?

① 스프링 밑 질량이 작아 승차감이 좋다.

② 스프링의 상수가 작은 것을 사용할 수 있다.

③ 선회할 때 차체의 기울기가 적다.

④ 바퀴의 구조상 시미를 잘 일으키지 않고 도로 노면과 로드 홀딩이 우수하다.

해설 독립 현가장치의 특징

장점	단점
㉠ 스프링 밑 질량이 작기 때문에 승차감이 좋다. ㉡ 앞바퀴의 시미현상이 적고, 로드 홀딩(road holding)이 우수하다. ㉢ 스프링 정수가 작아도 된다.	㉠ 구조가 복잡하고 가격이나 취급, 정비면에서 불량하다. ㉡ 볼 조인트 부분이 많아 그 마멸에 의해 앞바퀴 정렬이 틀려지기 쉽다. ㉢ 바퀴의 상하운동에 따라 윤거(tread)나 앞바퀴 정렬의 변화가 쉬워 타이어 마모가 빠르다.

answer 11.④ 12.② 13.④ 14.③ 15.③

16 다음 중 드가르봉식 쇽업소버와 관계없는 것은?

① 유압식의 일종으로 프리 피스톤을 설치하고 위쪽에 오일이 내장되어 있다.
② 고압질소 가스의 압력은 약 30[kgf/cm^2]이다.
③ 좋지 않은 도로에서 격심한 충격을 받았을 때 캐비테이션에 의한 감쇠력의 차이가 적다.
④ 쇽업소버의 작동이 정지되면 프리 피스톤 아래쪽의 질소가스가 팽창하여 프리 피스톤을 압상시킴으로서 오일실의 오일이 감압한다.

해설 드가르봉식 쇽업소버

㉠ 기능
- 텔레스코핑형의 개량형으로 실린더가 하나로 되어 있으며 통상 복동식에 사용
- 내부에 질소가스를 30[kg/cm^2] 봉입
- 피스톤의 움직임으로 급격한 압력의 변화방지
- 질소가스와 프리 피스톤 작용으로 기포의 발생이 적어 댐핑력이 우수

㉡ 특징
- 작동할 때 오일에 기포가 쉽게 발생하지 않아 장기간 사용하여도 감쇠효과 저하가 적음
- 실린더가 1개이므로 방열 효과 양호
- 구조가 간단
- 내부에 압력이 걸려있어 분해하는 것은 위험
- 오일의 열화 등 발생 억제

17 다음 중 판 스프링에서 스팬의 길이를 변화시켜 주는 것은?

① 아이(eye) ② 닙(nip)
③ 섀클(shackle) ④ 캠버(camber)

해설 섀클(shackle)이란 스프링의 압축 인장 시 길이 방향으로 늘어나는 것을 보상하는 부분이고 판 스프링을 차체에 결합하는 장치이며 스팬의 변화를 가능하게 해주는 것이다.

18 앞바퀴 얼라인먼트의 요소에 대한 설명으로 가장 거리가 먼 것은?

① 캠버는 조향 핸들의 조작을 가볍게 한다.
② 캐스터는 주행 중 조향 바퀴에 방향성을 준다.
③ 캠버는 수직방향의 하중에 의한 앞차축의 휨을 방지한다.
④ 캐스터는 좌·우 앞바퀴를 평행하게 회전시킨다.

해설 자동차 앞바퀴를 옆에서 보면 앞바퀴를 액슬축에 설치하는 킹 핀이 수직선과 어떤 각도를 두고 설치되어 있다. 이것을 캐스터라고 하며 캐스터는 주행 중 조향 바퀴에 방향성 및 복원성을 준다.

19 조향 휠의 복원성이 나쁠 경우 가능한 원인인 것은?

① 타이어 공기압이 불량할 때
② 기어박스 내의 오일 점도가 낮을 때
③ 조향 휠 웜 샤프트의 프리로드 조정이 불량일 때
④ 조향계통의 각 조인트가 고착, 손상되었을 때

해설 복원성은 조향한 후 핸들을 놓았을 때 직진상태로 되돌아가려는 성질로서 타이어 공기압의 조정이 불량하면 조향 핸들이 무겁거나 주행 중 충격을 느끼게 된다.

20 전자제어 현가장치에 대한 다음 설명 중 틀린 것은?

① 차체의 자세제어가 가능하다.
② 스프링 상수를 가변시킬 수 있다.
③ 쇽업소버의 감쇠력 제어가 가능하다.
④ 고속 주행시 현가 특성을 부드럽게 하여 주행 안전성이 확보된다.

해설 ④ 고속 주행시 차체를 낮추어 공기 저항을 감소시킨다.

answer 16.④ 17.③ 18.④ 19.① 20.④

21 토션 바 스프링에 대하여 맞지 않는 것은?

① 쇽업소버를 병용해야 한다.
② 대형차에 적합하고, 현가 높이를 조정할 수 없다.
③ 구조가 간단하고, 가로 또는 세로로 자유로이 설치할 수 있다.
④ 단위 무게에 대한 에너지 흡수율이 다른 스프링에 비해 크기 때문에 가볍고 구조도 간단하다.

해설 토션 바 스프링은 비틀었을 때 탄성에 의해 원위치하려는 성질을 이용한 스프링 강의 막대이다. 스프링의 힘은 바의 길이와 단면적에 따라 결정되며 코일 스프링과 같이 진동의 감쇠작용이 없어 쇽업소버를 병용해야 한다. 그러나 토션 바 스프링은 단위중량당 에너지 흡수율이 가장 크기 때문에 가볍게 할 수 있고 구조가 간단하다.

22 독립 현가장치의 장점으로 가장 거리가 먼 것은?

① 스프링 정수가 적은 스프링을 사용할 수 있다.
② 스프링 아래 질량이 적어 승차감이 우수하다.
③ 하중에 관계없이 승차감은 차이가 없다.
④ 바퀴가 시미를 잘 일으키지 않고 로드 홀딩이 좋다.

해설 독립 현가장치의 장 · 단점

장 점	단 점
㉠ 스프링 밑 질량이 작기 때문에 승차감이 좋다.	㉠ 구조가 복잡하고 가격이나 취급, 정비면에서 불량하다.
㉡ 앞바퀴의 시미현상이 적고, 로드 홀딩(road holding)이 우수하다.	㉡ 볼 조인트 부분이 많아 그 마멸에 의해 앞바퀴 정렬이 틀려지기 쉽다.
㉢ 스프링 정수가 작아도 된다.	㉢ 바퀴의 상하운동에 따라 윤거(tread)나 앞바퀴 정렬의 변화가 쉬워 타이어 마모가 빠르다.

23 전자제어 현가장치(ECS)에 대한 설명 중 틀린 것은?

① 안정된 조향성을 준다.
② 험한 도로를 주행할 때 압력을 약하게 하여 쇼크 및 롤링을 없게 한다.
③ 자동차의 승차 인원(하중)이 변해도 자동차는 수평을 유지한다.
④ 고속으로 주행할 때 차체의 높이를 낮추어 공기저항을 적게 하고 승차감을 향상시킨다.

해설 전자제어 현가장치(ECS)는 운전자의 선택, 주행 조건, 노면 상태 등에 따라 차량의 높이와 스프링의 장력(댐핑력) 등이 자동적으로 조정되는 장치 (압축공기를 이용)이며 특징은 다음과 같다.
㉠ 급제동시 nose down 방지
㉡ 급선회시 원심력에 의한 차체의 기울어짐 방지
㉢ 노면으로부터의 차의 높이 조정
㉣ 고속 주행시 차체를 낮추어 공기 저항을 감소
㉤ 안정성 및 승차감 향상
㉥ 하중에 관계없이 차체의 수평 유지

24 맥퍼슨형 현가장치에 대한 설명 중 틀린 것은?

① 위스본형에 비해 구조가 간단하다.
② 위 컨트롤과 아래 컨트롤 암이 있다.
③ 스러스트가 조향시 회전한다.
④ 스프링 밑 질량이 작아 노면과 접촉이 우수하다.

해설 맥퍼슨형 현가장치의 특징
㉠ 현가장치와 조향 장치가 일체로 된 형식이다.
㉡ 앞바퀴에 시미가 일어난다.
㉢ 소형차에 주로 사용된다.
㉣ 구조가 간단하다.
㉤ 엔진실 유효면적(체적)을 넓게 할 수 있다.
㉥ 스프링 밑 질량이 작아 로드 홀딩이 우수하다.
㉦ 윤거는 약간 변하나 캠버는 변화가 없다.

25 전자제어 현가장치 차량의 컨트롤 유닛(ECU)에 입력되는 신호가 아닌 것은?

① 차량 속도 ② 핸들조향 각도
③ 브레이크 스위치 ④ 휠 스피드

answer 21.② 22.③ 23.② 24.② 25.④

해설 전자제어 현가장치 차량의 컨트롤 유닛(ECU)으로 입력되는 신호는 다음과 같다.
㉠ **차속 센서** : 스프링 정수 및 감쇠력 제어를 이용하기 위한 주행 속도를 검출한다.
㉡ **차고 센서** : 차량의 높이를 조정하기 위하여 차체와 차축의 위치를 검출한다. 설치는 자동차 앞, 뒤에 설치되어 있다.
㉢ **조향 핸들 각속도 센서** : 차체의 기울기를 방지하기 위해 조향 휠의 작동 속도를 감지하고 자동차 주행 중 급선회 상태를 감지하는 일을 한다.
㉣ **스로틀 위치 센서** : 스프링의 정수와 감쇄력 제어를 위해 급 가감속의 상태를 검출한다.
㉤ **중력 센서(G 센서)** : 감쇠력 제어를 위해 차체의 바운싱을 검출한다.
㉥ **전조등 릴레이** : 차고 조절을 위해 전조등의 ON, OFF 여부를 검출한다.
㉦ **발전기 L단자** : 차고 조절을 위해 엔진의 시동 여부를 검출한다.
㉧ **제동등 스위치** : 차고 조절을 위해 제동 여부를 검출한다.
㉨ **도어 스위치** : 차고 조절을 위해 도어 열림 상태 여부를 검출한다.

26 **앞차축 현가장치에서 맥퍼슨 형식의 특징이 아닌 것은?**

① 로드 홀딩이 좋다.
② 위시본 형식에 비하여 구조가 간단하다.
③ 엔진룸의 유효공간을 넓게 할 수 있다.
④ 스프링 아래 중량을 크게 할 수 있다.

해설 맥퍼슨 형식의 특징
㉠ 현가장치와 조향장치가 일체로 된 형식이다.
㉡ 앞바퀴에 시미가 일어난다.
㉢ 소형차에 주로 사용된다.
㉣ 구조가 간단하다.
㉤ 엔진실 유효면적(체적)을 넓게 할 수 있다.
㉥ 스프링 밑 질량이 작아 로드 홀딩이 우수하다.
㉦ 윤거는 약간 변하나 캠버는 변화가 없다.

27 **조향 휠이 한쪽으로 쏠리는 원인이 아닌 것은?**

① 조향기어 하우징의 풀림
② 쇽업소버 작동 불량
③ 앞바퀴 얼라인먼트 불량
④ 앞차축 한쪽 스프링의 절손

해설 조향 휠이 한쪽으로 쏠리는 원인은 앞바퀴 얼라인먼트 불량, 쇽업소버 작동 불량, 앞차축 한쪽 스프링의 절손, 타이어의 공기 압력이 양쪽 불균일한 경우 등이 있다.

28 **다음 중 전자제어 현가장치에서 앤티-셰이크(anti-shake) 제어를 설명한 것은?**

① 고속으로 주행할 때 차체의 안전성을 유지하기 위해 쇽업소버의 감쇠력의 폭을 크게 제어한다.
② 차량의 급출발할 때 무게 중심의 변화에 대응하여 제어하는 것이다.
③ 주행 중 급제동할 때 차체의 무게중심 변화에 대응하여 제어하는 것이다.
④ 승차자가 승/하차할 경우 하중의 변화에 의한 차체의 흔들림을 방지하기 위해 감쇠력을 딱딱하게 한다.

해설 앤티 셰이크 제어(Anti-shake control)
㉠ 사람이 자동차에 승하차할 때 하중의 변화에 따라 차체가 흔들리는 것을 셰이크라 한다.
㉡ 자동차의 속도를 감속하여 규정 속도 이하가 되면 컴퓨터는 승하차에 대비해 쇽업소버의 감쇠력을 Hard로 변환시킨다.
㉢ 자동차의 주행속도가 규정값 이상이 되면 쇽업소버의 감쇠력은 초기모드로 된다.

29 **다음 중 조향장치와 관계없는 것은?**

① 쇽업소버　② 피트먼 암
③ 타이로드　④ 스티어링 기어

30 **동력 조향장치의 장점을 설명한 것이다. 맞지 않은 것은?**

① 작은 조작력으로 조향 조작을 할 수 있다.
② 엔진의 동력에 의해 작동되므로 구조가 간단하다.
③ 굴곡이 있는 노면에서의 충격을 흡수하여 조향 핸들에 전달되는 것을 방지할 수 있다.
④ 조작력에 관계없이 조향 기어비를 선정할 수 있다.

answer 26.④ 27.① 28.④ 29.① 30.②

해설 동력 조향장치의 장점 및 단점

장 점	단 점
㉠ 조향 조작력이 작다(2~3[kg] 정도). ㉡ 조향 조작이 경쾌하고 신속하다. ㉢ 조향 핸들의 시미(shimmy)를 방지할 수 있다. ㉣ 노면에서 받는 충격 및 진동을 흡수한다. ㉤ 조향 조작력에 관계없이 조향 기어비를 선정할 수 있다.	㉠ 구조가 복잡하다. ㉡ 가격이 비싸다. ㉢ 고장시 정비가 어렵다.

31 전자제어 동력조향장치에서 조향 휠의 회전에 따라 동력 실린더에 공급되는 유량을 조절하는 구성부품은?

①분류밸브　　② 조향각 센서
③ 동력 피스톤　　④ 컨트롤밸브

32 독립 현가장치에서 자동차의 롤링을 작게 하고 빠른 평형 상태를 유지시키는 것은?

① 판 스프링　　② 쇽업소버
③ 토크 튜브　　④ 스테빌라이저 바

스테빌라이저 바 : 좌우 바퀴가 동시에 상하운동을 할 때에는 작용하지 않으나 좌우 바퀴가 서로 다르게 상하운동을 할 때 작용하여 차체의 기울기를 최소로 하는 장치이다. 즉, 차체의 롤링(rolling : 좌우진동)을 제어하는 장치이다. 스테빌라이저는 일종의 토션 바 스프링이며 양끝이 좌우의 아래 콘트롤 암에 연결되고 가운데는 프레임(또는 차체)에 설치된다.

33 다음은 공기식 전자제어 현가장치(ECS)의 대표적인 제어항목을 정비사 두 사람이 각각 설명한 것이다.

> • 정비사 A : ECS는 스프링 상수를 제어한다.
> • 정비사 B : ECS는 종류에 따라 완충력을 제어할 수 있고, 차고 제어도 가능하다.

다음 중 맞는 것은?

① A는 옳고, B는 틀리다.
② B는 옳고, A는 틀리다.
③ A, B 둘 다 옳다.
④ A, B 둘 다 틀리다.

해설 전자제어 현가장치의 기능은 운전자의 선택, 주행조건, 노면 상태 등에 따라 차량의 높이와 스프링의 장력(댐핑력) 등이 자동적으로 조정되는 장치(압축공기를 이용)이다.

34 전자제어 동력 조향장치(EPS)의 특성으로 틀린 것은?

① 공전과 저속에서 핸들 조작력이 작다.
② 중속 이상에서는 차량속도에 감응하여 핸들 조작력을 변화시킨다.
③ 동력 조향장치이므로 조향 기어는 필요 없다.
④ 솔레노이드 밸브로 스로틀 면적을 변화시켜 오일탱크로 복귀되는 오일량을 제어한다.

전자제어 동력 조향장치(EPS)도 조향 기어가 필요하다.

35 전자제어 현가장치에서 차고는 무엇에 의해 제어되는가?

① 공기 압력　　② 코일 스프링
③ 진공　　④ 특수 고무

해설 전자제어 현가장치에서 차고(자동차 높이)는 공기 압력으로 조정한다. 즉 공기 챔버의 체적과 쇽업소버의 길이를 증대시킨다.

36 일체식 앞차축의 설명 중 틀린 것은?

① 마몬형은 주로 소형차에 사용된다.
② 르모앙형은 구조상 차축의 높이가 낮다.
③ 역 엘리엇형의 킹 핀은 차축에 고정된다.
④ 엘리엇형은 앞차축의 양끝 부분이 요크로 되어 있다.

르모앙형(lemoine type)은 앞차축 아래쪽에 조향 너클이 설치되는 형식이며, 킹 핀을 위쪽으로 돌출시킨 것이다. 차체의 높이가 높다.

answer 31.④ 32.④ 33.③ 34.③ 35.① 36.②

37 전자제어 현가장치의 현가특성 제어에서 SOFT와 HARD의 판정조건에서 스쿼트(Squat)에 관한 설명이다. 맞는 것은?

① 발진 · 가속할 때 뒷바퀴가 내려감
② 제동할 때 앞바퀴가 내려감
③ 노면의 요철에 의해 자동차가 조금씩 상하로 진동함
④ 노면의 요철에 의해 자동차가 크게 상하로 진동함

해설 앤티 스쿼트 제어(Anti-squat control)
㉠ 급출발 또는 급가속할 때 차체의 앞쪽은 들리고, 뒤쪽이 낮아지는 노스업(nose-up) 현상을 제어하는 것이다.
㉡ 스로틀 위치센서의 신호와 초기 주행속도를 검출하여 급출발 또는 급가속 여부를 판정한다.
㉢ 노스업(스쿼트) 방지를 위해 쇽업소버의 감쇠력을 증가시킨다.

38 노면상태, 주행조건, 운전자의 선택상태 등에 의하여 차량의 높이와 스프링 상수 및 감쇠력 변화를 컴퓨터에서 자동으로 조절하는 장치를 무엇이라 하는가?

① 전자제어 현가장치(ECS)
② 뒤차축 현가장치(IRS)
③ 미끄럼 제한 브레이크(ABS)
④ 고에너지 점화장치(HEI)

39 자동차의 축거가 2.2[m], 전륜 외측 조향각이 36°, 전륜 내측 조향각이 39°이고 킹 핀과 타이어 중심거리가 30[cm]일 때 자동차의 최소 회전반경은?

① 3.74[m] ② 1.68[m]
③ 3.02[m] ④ 4.04[m]

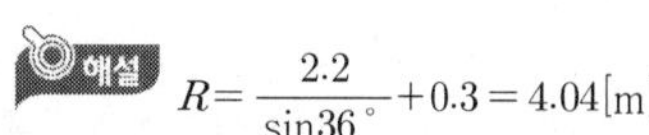
해설 $R=\frac{2.2}{\sin 36^{\circ}}+0.3=4.04[\mathrm{m}]$

40 차량속도와 기타 조향력에 필요한 정보에 의해 고속과 저속 모드에 필요한 유량으로 제어하는 조향장치에 해당되는 것은?

① 전동 펌프식 ② 공기 제어식
③ 유압반력 제어식 ④ 속도 감응식

41 전자제어 조향장치에서 고속으로 주행할 때 조향 휠에 요구되는 조작력은?

① 커진다.
② 작아진다.
③ 조작력과는 상관없다.
④ 처음에는 작아졌다가 다시 커진다.

42 조향 핸들(steering wheel)의 유격범위 내에서는 다음 중 어느 구성부품까지 움직이는가?

① 조향 너클 ② 피트먼 암
③ 조향 기어 ④ 드래그 링크

43 유압제어식 파워 스티어링의 3가지 주요 구성장치로서 맞는 것은?

① 동력장치, 작동장치, 제어장치
② 동력장치, 제어장치, 조향장치
③ 동력장치, 조향장치, 작동장치
④ 동력장치, 링키지장치, 작동장치

해설 동력식(파워) 조향장치의 3가지 주요 구성장치는 동력부(유압 펌프=오일 펌프), 작동부(유압 실린더=동력 실린더), 제어부(제어밸브)이다.
㉠ **동력부**(유압 펌프=오일 펌프)
- 베인 펌프를 사용하여 유압 발생
- 엔진의 동력을 직접 이용

㉡ **작동부**(유압 실린더=동력 실린더)
- 유압을 받아 보조력 발생
- 타이로드 또는 피트먼 암 등 조향 링키지와 접속
- 복동식 유압 실린더 사용

answer 37.① 38.① 39.④ 40.④ 41.① 42.③ 43.①

㉢ **제어부**(제어밸브)
- 압력조절밸브 : 최고 유압을 제어
- 유량조절밸브 : 작동 속도를 제어
- 안전체크밸브(safety check valve) : 작동은 기관이 정지되었을 때, 오일펌프의 고장 및 오일 누출 등의 원인으로 유압이 발생되지 못할 때 조향핸들의 조작을 수동으로 작동할 수 있도록 해 주는 장치

44 **선회할 때 조향 각도를 일정하게 유지하여도 선회 반지름이 작아지는 현상은?**

① 어퍼 스티어링 ② 오버 스티어링
③ 다운 스티어링 ④ 언더 스티어링

해설 ㉠ **언더 스티어링**(under steering, U.S.) : 자동차가 일정한 반경으로 선회를 할 때 선회반경이 정상의 선회반경보다 커지는 현상이다.
㉡ **오버 스티어링**(over steering, O.S.) : 자동차가 일정한 반경으로 선회를 할 때 선회반경이 정상의 선회반경보다 작아지는 현상이다.

45 **동력 조향장치(Power Steering)가 고장이 났을 때 수동조작을 쉽게 하기 위한 밸브는 어느 것인가?**

① 안전체크밸브 ② 압력조절밸브
③ 밸브 스풀 ④ 흐름제어밸브

46 **코너링 포스에 영향을 미치는 요소가 아닌 것은?**

① 타이어 압력 ② 수직하중
③ 주행속도 ④ 제동능력

해설 코너링 포스에 영향을 미치는 요소
㉠ 타이어 공기압력
㉡ 타이어의 수직 하중 및 타이어의 크기
㉢ 타이어 림 폭
㉣ 타이어 사이드 슬립 각도
㉤ 주행속도 등

47 **전자제어 현가장치(E.C.S)의 부품 중 차고조정 및 HARD/SOFT를 선택할 때 밸브개폐에 의하여 공기압력을 조정하는 것은?**

① 앞 솔레노이드 밸브
② 앞 차고센서
③ 앞 스트러트
④ 컴프레서

48 **다음은 전자제어 동력 조향장치(Electronic Power steering system)의 특성을 설명한 것이다. 해당되지 않는 것은?**

① 정지 및 저속에서 조작력 경감
② 급코너 조향할 때 추종성 향상
③ 중 · 고속에서 확실한 조향력 확보와 노면 피드백
④ 노면 요철 등에 의한 충격이나 진동흡수 능력저하

해설 전자제어 동력 조향 장치(EPS)의 특성
㉠ 정지 및 저속에서 조작력 경감
㉡ 급코너 조향할 때 추종성 향상
㉢ 노면 요철 등에 의한 충격이나 진동흡수 능력향상
㉣ 중 · 고속에서 확실한 조향력 확보와 노면 피드백
㉤ 조향 조작력에 관계없이 조향 기어비를 선정
㉥ 조향 핸들의 시미(shimmy) 방지

49 **다음 중 자동차의 앞차륜 정렬요소가 아닌 것은?**

① 캠버(camber) ② 토(toe)
③ 트램프(tramp) ④ 캐스터(caster)

해설 앞차륜 정렬요소
㉠ 캠버(camber)
㉡ 캐스터(caster)
㉢ 토인(ton-in)
㉣ 킹 핀 경사각(king pin inclination) 또는 조향축 경사각
㉤ 선회시 토-아웃(toe-out on turning)

50 **좌우 타이어가 동시에 상하운동을 할 때는 작용하지 않으며 차체의 기울기를 감소시키는 역할을 하는 것은?** 2004. 5

① 토션 바 ② 스테빌라이저
③ 쇽업소버 ④ 컨트롤 암

answer 44.② 45.① 46.④ 47.① 48.④ 49.③ 50.②

해설 스테빌라이저는 좌우 바퀴가 동시에 상하운동을 할 때에는 작용을 하지 않으나 좌우 바퀴가 서로 다르게 상하운동을 할 때 작용하여 차체의 기울기를 최소로 하는 장치이다.

51 휠 얼라인먼트 시험기의 측정항목이 아닌 것은?

① 토인　② 휠 밸런스
③ 킹 핀 경사각　④ 캐스터

해설 휠 얼라인먼트 요소에는 토인, 캐스터, 캠버, 킹 핀 경사각이 있다.

52 동력 조향장치를 장착한 차량이 운행 중 핸들이 한 쪽으로 쏠릴 경우 그 원인이 잘못된 것은?

① 파워 오일펌프 불량
② 토인 조정불량
③ 타이어의 편마모
④ 브레이크 슈 리턴 스프링의 불량

53 전자제어 파워 스티어링 중 차속 감응형에 대한 내용으로 틀린 것은?

① 자동차의 속도에 따라 핸들의 무게를 제어한다.
② 저속에서는 가볍고, 중·고속에서는 좀더 무거워진다.
③ 스로틀 포지션 센서(TPS)로 차속을 감지한다.
④ 차속이 증가할수록 파워 피스톤의 압력을 저하시킨다.

해설 차속 감응형의 특징
㉠ 자동차의 속도에 따라 핸들의 무게를 제어한다.
㉡ 저속에서는 가볍고, 중·고속에서는 좀더 무거워진다.
㉢ 차속이 증가할수록 파워 피스톤의 압력을 저하시킨다.
㉣ 차속 센서로 주행속도를 감지한다.

54 조향 핸들의 유격이 크게 되는 원인이다. 틀린 것은?

① 타이로드의 휨
② 볼 이음의 마멸
③ 조향 너클의 헐거움
④ 앞바퀴 베어링의 마멸

해설 조향 핸들의 유격이 크게 되는 원인은 볼이음 부분의 마멸, 조향 너클의 헐거움, 앞바퀴 베어링의 마멸, 조향 기어의 조정 불량, 허브 베어링의 마모 및 이완, 조향 기어의 백래시 과다, 조향 링키지의 이완 및 마모, 조향 너클의 베어링 마모, 과도한 타이어 공기압 등이 있다.

55 다음 중 조향 휠이 한 쪽으로 쏠리는 원인이 아닌 것은?

① 쇽업소버 작동불량
② 앞바퀴 얼라인먼트 불량
③ 타이어 공기압 불균일
④ 스티어링 휠 유격 과소

해설 주행 중 조향 휠이 쏠리는 원인
㉠ 타이어 공기압의 불균형
㉡ 브레이크 조정 불량
㉢ 전차륜 정렬의 불량
㉣ 현가 스프링의 절손, 쇠손
㉤ 쇽업소버의 불량
㉥ 휠의 불평형
㉦ 허브 베어링의 마모

56 앞바퀴 정렬 중 토인의 필요성이 아닌 것은?

① 조향 링키지 마멸에 의한 토-아웃 방지
② 앞바퀴 사이드슬립과 타이어 마멸 감소
③ 캠버에 의한 토-아웃 방지
④ 조향시에 바퀴의 복원력 발생

해설 토인의 필요성 및 특징
㉠ 캠버에 의한 앞바퀴의 벌어짐 방지
㉡ 조향 링키지 마모에 의한 앞바퀴의 벌어짐(토-아웃) 방지
㉢ 앞바퀴의 미끄러짐과 마멸 방지
㉣ 앞바퀴를 평행하게 회전
㉤ 바퀴가 옆방향으로 미끄러지는 것(side slip)과 타이어의 마모를 방지
㉥ 타이로드로 조정

answer　51.②　52.①　53.③　54.①　55.④　56.④

57 **동력 조향장치의 조향 핸들이 무거운 원인이 아닌 것은?**

① 조향 바퀴의 타이어 공기압력이 낮다.
② 휠 얼라인먼트 조정이 불량하다.
③ 파워 오일펌프 구동벨트가 슬립된다.
④ 조향바퀴의 타이어 공기압력이 높다.

해설 동력 조향장치의 조향 핸들이 무거운 원인
㉠ 타이어 공기압이 낮을 때
㉡ 현가장치가 불량할 때
㉢ 전차륜 정렬이 불량할 때
㉣ 주유가 부족할 때
㉤ 조향 기어가 불량할 때
㉥ 파워 오일펌프 구동벨트가 슬립될 때

58 **조향장치의 동력전달 순서로 바른 것은?**

① 핸들→조향 기어박스→섹터 축→피트먼 암
② 핸들→섹터 축→조향 기어박스→피트먼 암
③ 핸들→타이로드→조향 기어박스→피트먼 암
④ 핸들→섹터 축→조향 기어박스→타이로드

59 **캐스터에 의한 효과를 설명한 것 중 잘못된 것은?**

① 정(+)의 캐스터를 갖는 자동차는 선회할 때 차체 운동에 의한 바퀴 복원력이 발생한다.
② 캐스터에 의해 바퀴가 추종성(追從性)을 갖게 된다.
③ 정(正)의 캐스터를 갖는 자동차는 조향 핸들을 풀 때 직진 위치에서 멎지 않고 지나치게 되어 바퀴가 흔들리게 된다.
④ 부(負)의 캐스터를 갖는 자동차는 주행 중 조향 핸들이 급선회하기 쉬운 경향이 있다.

해설 부(負)의 캐스터를 갖는 자동차는 주행 중 조향 핸들이 급선회하기 쉬운 경향과 조향 핸들을 풀 때 직진 위치에서 정지하지 않고 지나치게 되어 바퀴가 흔들리게 된다. 그리고 주행 중 직진성이 없는 자동차의 캐스터에는 더욱 정(+)의 캐스터를 주어야 한다.

60 **스티어링 휠의 유격 과다시 가능한 원인이 아닌 것은?**

① 로암 부싱 손상
② 요크 플러그가 풀림
③ 스티어링 기어 장착볼트의 풀림
④ 타이로드 앤드의 스터드 마모, 풀림

로암 부싱 손상은 핸들이 한 쪽으로 쏠리는 원인이 된다.

61 **앞바퀴 얼라인먼트를 점검하기 전에 점검해야 할 사항 중 거리가 먼 것은?**

① 뒤 스프링의 모양 및 형식
② 타이어의 마모 및 공기압
③ 전후 및 좌우 바퀴의 흔들림
④ 조향 링키지 설치상태와 마멸

해설 휠 얼라인먼크 측정 전 점검사항
㉠ 모든 타이어의 공기압력을 규정값으로 주입하고, 트레드의 마모가 심한 것은 교환하여야 한다.
㉡ 휠 베어링의 헐거움, 볼 조인트 및 타이로드 엔드 헐거움이 있는가 점검한다.
㉢ 조향 링키지의 체결 상태 및 마모를 점검한다.
㉣ 쇽업소버의 오일 누출 및 현가 스프링의 쇠약등을 점검한다.

62 **어느 자동차의 앞 차축이 사고로 뒤틀어져서 왼쪽 캐스터 각이 0˚, 오른쪽 캐스터 각이 뒤쪽으로 5～6˚가 되었다. 조향 중 어떤 현상이 일어나겠는가?** 2013

① 오른쪽으로 끌리는 경향이 있다.
② 왼쪽으로 끌리는 경향이 있다.
③ 정상적으로 조향이 된다.
④ 도로사정에 따라서 달라진다.

해설 왼쪽 캐스터 각이 0˚이므로 왼쪽으로 끌린다.

answer 57.④ 58.① 59.③ 60.① 61.① 62.②

63 파워 스티어링 장착 차량이 급커브 길에서 시동이 자꾸 꺼지는 현상이 발생하는데 원인으로 맞는 것은?

① 엔진오일 부족
② 파워 스티어링 오일 누유
③ 파워 스티어링 오일 과다
④ 파워펌프 오일압력 스위치 단선

64 사이드슬립 시험기에서 지시값이 6이라면 주행 1[km]에 대해 앞바퀴가 옆 방향으로 얼마나 미끄러지는가?

① 6[m] ② 6[cm]
③ 6[mm] ④ 6[km]

 사이드슬립 시험기에서 지시값이 6이라면 주행 1[km]에 대해 앞바퀴가 옆 방향으로 6[m] 미끄러진다는 의미이다.

65 추진축이 기하학적 중심과 질량적 중심이 일치하지 않을 때 일어나는 현상은? 2010

① 롤링(rolling) ② 요잉(yawing)
③ 휠링(whirling) ④ 피칭(pitching)

 스프링 위 질량의 진동은 차체의 진동이다.
㉠ **롤링**(rolling : 좌/우 방향의 회전 진동) : 자동차가 X축을 중심으로 하여 회전운동을 하는 고유진동이다.
㉡ **요잉**(yawing : 좌/우 옆방향의 미끄럼 진동) : 자동차가 Z축을 중심으로 하여 회전운동을 하는 고유진동이다.
㉢ **피칭**(pitching : 앞/뒤 방향의 회전 진동) : 자동차가 Y축을 중심으로 하여 회전운동을 하는 고유진동이다. 즉, 자동차가 앞, 뒤로 숙여지는 진동이다
㉣ **바운싱**(bouncing : 상하진동) : 자동차의 축 방향과 평행운동을 하는 고유진동이다.

03 제동장치

1 디스크 브레이크에 관한 설명으로 맞는 것은?

① 드럼 브레이크에 비하여 한쪽만 브레이크 되는 일이 많다.
② 드럼 브레이크에 비하여 브레이크의 평형이 좋다.
③ 드럼 브레이크에 비하여 베이퍼 록이 일어나기 쉽다.
④ 드럼 브레이크에 비하여 페이드 현상이 일어나기 쉽다.

 디스크 브레이크는 드럼 브레이크에 비하여 한쪽만 브레이크 되는 일이 없고 베이퍼 록이나 페이드 현상의 발생이 적다.

2 ABS(Anti lock Brake System)의 장점으로 가장 거리가 먼 것은?

① 제동시 조향성을 확보해 준다.
② 제동시 방향 안전성을 유지할 수 있다.
③ 브레이크 라이닝의 마모를 감소시킨다.
④ 노면의 마찰계수가 최대의 상태에서 제동거리 단축의 효과가 있다.

3 제동 안전장치 중 안티 스키드 장치(Antiskid system)에 사용되는 밸브가 아닌 것은?

① 언로더 밸브(unloader valve)
② 이너셔 밸브(inertia valve)
③ 리미팅 밸브(limiting valve)
④ 프로포셔닝 밸브(proportioning valve)

 안티 스키드 장치(Antiskid system)에 사용되는 밸브에는 프로포셔닝 밸브(proportioning valve), 리미팅 밸브(limiting valve), 이너셔 밸브(inertia valve) 등이 있다.

answer 63.④ 64.① 65.③ / 1.② 2.③ 3.①

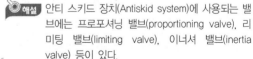

4 **브레이크 시스템의 라이닝에 발생하는 페이드 현상을 방지하는 조건이 아닌 것은?**

① 드럼의 방열성을 향상시킨다.

② 주제동장치의 과도한 사용을 금한다(엔진 브레이크 사용).

③ 열팽창이 적은 재질을 사용하고 드럼은 변형이 적은 형상으로 제작한다.

④ 마찰계수의 변화가 적으며, 마찰계수가 적은 라이닝을 사용한다.

해설 페이드 현상이란 마찰열에 의해서 제동력이 감소되는 현상을 말한다. 페이드현상을 방지하기 위해서는 열팽창이 적은 재질을 사용하고, 드럼은 변형이 적은 형상으로 제작하며, 마찰계수의 변화가 적고 마찰계수가 큰 라이닝을 사용하고, 드럼의 방열성을 향상시킨다. 또 주제동장치의 과도한 사용을 자제하고 엔진 브레이크을 사용한다.

5 **브레이크장치에서 베이퍼 록(vapor lock)이 생길 때 일어나는 현상으로 가장 옳은 것은?**

2012

① 브레이크 오일을 응고시킨다.

② 브레이크 오일이 누설된다.

③ 브레이크 성능에는 지장이 없다.

④ 브레이크 페달의 유격이 커진다.

6 **브레이크 오일이 비등하여 제동압력의 전달작용이 불가능하게 되는 현상은?**

① 브레이크 록 현상

② 페이드 현상

③ 사이클링 현상

④ 베이퍼 록 현상

해설 **베이퍼 록**(증기폐쇄현상 : vaper lock) : 브레이크 회로 내에 브레이크 오일이 비등 기화하여 증발되어 오일의 압력 전달 작용이 불가능하게 되는 현상을 말하며 원인은 다음과 같다.

㉠ 긴 내리막길에서 과도한 브레이크 사용

㉡ 마스터 실린더, 브레이크 슈 리턴 스프링 괴손에 의한 잔압 저하

㉢ 라이닝과 드럼의 끌림에 의한 가열

㉣ 브레이크 오일의 불량

㉤ 브레이크 오일의 비점 저하

7 **다음 중 제동장치의 유압회로 내에 잔압(residual pressure)을 유지시키는 이유로 볼 수 없는 것은?**

① 배력 작용

② 신속한 제동작용

③ 베이퍼 록 방지

④ 유압회로 내의 공기유입 방지

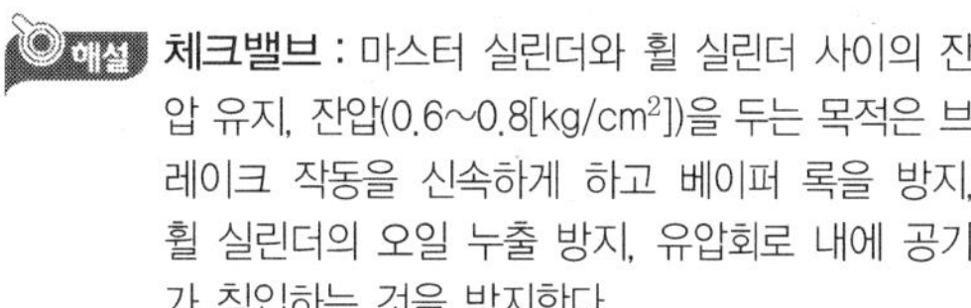

해설 **체크밸브** : 마스터 실린더와 휠 실린더 사이의 잔압 유지, 잔압(0.6~0.8[kg/cm^2])을 두는 목적은 브레이크 작동을 신속하게 하고 베이퍼 록을 방지, 휠 실린더의 오일 누출 방지, 유압회로 내에 공기가 침입하는 것을 방지한다.

8 **유압식 브레이크는 무슨 원리를 이용한 것인가?**

① 보일의 법칙　② 베르누이의 법칙

③ 파스칼의 원리　④ 아르키메데스의 원리

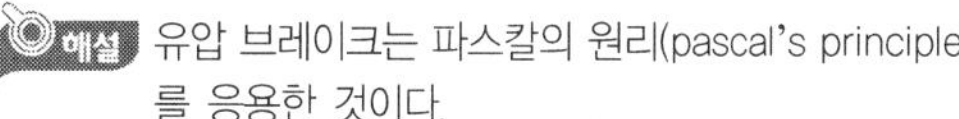

해설 유압 브레이크는 파스칼의 원리(pascal's principle)를 응용한 것이다.

9 **디스크 브레이크에 관한 설명으로 틀린 것은?**

① 캘리퍼 실린더를 두고 있다.

② 회전하는 디스크에 패드를 압착시키게 되어있다.

③ 대개의 경우 자기 작동 기구로 되어 있지 않다.

④ 브레이크 페이드 현상이 드럼 브레이크보다 현저하게 높다.

해설 디스크 브레이크의 특징은 드럼 브레이크에 비하여 한쪽만 브레이크 되는 일이 없고 베이퍼 록이나 페이드 현상의 발생이 적고 고속에서 반복적으로 사용하여도 제동력의 변화가 적고, 부품의 평형이 좋고 편제동 되는 경우가 거의 없으며, 디스크에 물이 묻어도 제동력의 회복이 빠르다. 또 디스크가 대기 중에 노출되어 회전하므로 방열성이 좋으며, 자기 배력 작용이 없기 때문에 필요한 조작력이 커지며, 패드의 누르는 힘을 크게 할 필요가 있다.

answer　4.④　5.④　6.④　7.①　8.③　9.④

10 **브레이크 계통의 고무 제품은 무엇으로 세척하는 것이 좋은가?**

① 등유 ② 경유
③ 알코올 ④ 휘발유

해설 브레이크 계통의 고무제품은 알코올(또는 세척용 오일)을 사용해 세척한다.

11 **현재 대부분의 자동차에서 2회로 유압 브레이크를 사용하는 주된 이유는?**

① 안전상의 이유 때문이다.
② 리턴회로를 통해 브레이크가 빠르게 풀리게 할 수 있다.
③ 더블 브레이크 효과를 얻을 수 있다.
④ 드럼 브레이크와 디스크 브레이크를 함께 사용할 수 있다.

해설 2회로 유압 브레이크(탠덤 마스터 실린더)는 제동 안전을 위하여 앞뒤 바퀴에 각각 독립적으로 작용하는 2계통의 회로를 둔 것으로 마스터 실린더 2개를 하나로 조합한 형태이다.

12 **브레이크장치의 파이프는 주로 무엇을 만들어 졌는가?**

① 강 ② 구리
③ 주철 ④ 플라스틱

해설 브레이크 파이프의 재질은 강철이다.

13 **디스크 브레이크의 특징이 아닌 것은?**

① 열변형에 의한 제동력 저하가 많다.
② 패드의 누르는 힘을 크게 할 필요가 있다.
③ 고속에서 반복 사용해도 제동력 변화가 적다.
④ 자기 배력작용이 없기 때문에 필요한 조작력이 커진다.

해설 디스크 브레이크의 특징
㉠ 방열이 잘 되므로 베이퍼 록이나 페이드 현상의 발생이 적다.
㉡ 회전 평형이 좋다.
㉢ 물에 젖어도 회복이 빠르다.
㉣ 한쪽만 브레이크 되는 일이 없다.
㉤ 고속에서 반복 사용하여도 안정된 제동력을 얻을 수 있다.
㉥ 패드와 디스크 사이의 간극 조정이 필요 없다.
㉦ 마찰면이 적어 조작력이 커야 한다.
㉧ 자기 작동이 발생되지 않고 정비가 비교적 빠르다.

14 **ABS에서 ECU 출력신호에 의해 각 휠 실린더 유압을 직접 제어하는 것은?**

① ECU
② 휠 스피드 센서
③ 페일 세이프
④ 하이드로릭 유닛

해설 하이드로릭 유닛(HCU, 모듈레이터, 유압 조절기)은 ECU의 신호에 의해서 각 휠 실린더에 작용하는 유압을 조절해 준다. 조절상태에는 정상상태, 감압상태, 유지상태, 증압상태의 4가지가 있으며, 모듈레이터는 동력 공급원과 모듈레이터 밸브 블록으로 구성되고, 동력원은 무터에 의해 작동하며 동력은 바퀴속도 센서에 의해 감지되고 있는 오일 펌프에 의해 공급된다.

15 **공기 브레이크에서 제동력을 크게 하기 위해서 조정하여야 할 밸브는?**

① 체크 밸브
② 안전 밸브
③ 브레이크 밸브
④ 언로더 밸브

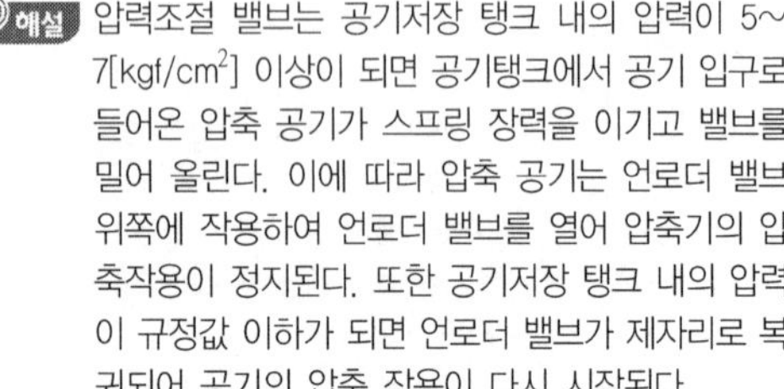

해설 압력조절 밸브는 공기저장 탱크 내의 압력이 5~7[kgf/cm^2] 이상이 되면 공기탱크에서 공기 입구로 들어온 압축 공기가 스프링 장력을 이기고 밸브를 밀어 올린다. 이에 따라 압축 공기는 언로더 밸브 위쪽에 작용하여 언로더 밸브를 열어 압축기의 압축작용이 정지된다. 또한 공기저장 탱크 내의 압력이 규정값 이하가 되면 언로더 밸브가 제자리로 복귀되어 공기의 압축 작용이 다시 시작된다.

answer 10.③ 11.① 12.① 13.① 14.④ 15.④

만약 보기에 압력조절 밸브와 언로더 밸브가 동시에 제시된 경우 압력조절 밸브의 기능은 압축공기의 압력을 일정하게 유지하는 역할을 하고 언로더 밸브의 기능은 압축기에 과부하가 걸리지 않도록 하는 역할을 한다. 따라서 공기 브레이크의 제동력을 증가(크게)시키기 위해서는 압력조절 밸브의 조정 압력을 조절하여야 하므로 압력조절 밸브가 답이 된다. 하지만 보기에 언로더 밸브만 제시된 경우 압력조절 밸브에 의해서 규정압 이상의 압축공기가 언로더 밸브에 작용하여 압축 공기의 압력을 조절하기 때문에 압력조절 밸브가 제시되지 않고 언로더 밸브만 제시되어 있기 때문에 답이 언로더 밸브가 된다.

16 **일반적으로 브레이크 드럼 재료는 무엇으로 만드는가?**

① 연강　② 주철
③ 청동　④ 켈밋 합금

17 **마스터 실린더의 단면적이 10[cm²]인 자동차의 브레이크에 20[N]의 힘으로 브레이크 페달을 밟았다. 휠 실린더의 단면적이 20[cm²]라면 이 때의 제동력은?**

① 20[N]　② 30[N]
③ 40[N]　④ 50[N]

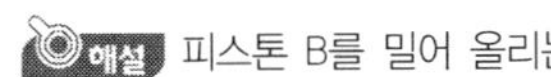

해설 피스톤 B를 밀어 올리는 힘

$$= \text{피스톤 A의 누르는 힘} \times \frac{\text{피스톤 } B\text{의 면적}}{\text{피스톤 } A\text{의 면적}}$$

$$\text{제동력} = \frac{20[cm^2]}{10[cm^2]} \times 20[N] = 40[N]$$

18 **공기 브레이크의 장점은?**

① 제작비가 유압 브레이크보다 싸다.
② 제동력이 페달을 밟는 힘에 비례한다.
③ 엔진의 흡입다기관 진공에 영향을 준다.
④ 공기가 약간 새나가도 제동력이 현저하게 저하되지 않는다.

해설 공기 브레이크의 장점 및 단점

장점	단점
㉠ 차량 중량이 아무리 커도 사용할 수 있다. ㉡ 공기가 조금 새어도 브레이크 성능이 현저하게 저하되지 않아 안전도가 높다. ㉢ 베이퍼 록 발생 우려가 없다. ㉣ 브레이크 페달을 밟는 양에 따라 제동력이 커진다(유압식 브레이크는 페달을 밟는 힘에 비례하여 제동력이 증가). ㉤ 압축공기의 압력을 높이면 더 큰 제동력을 얻을 수 있다. ㉥ 경음기, 윈드 시일드 와이퍼, 공기스프링 등 압축공기에 의하여 작동하는 기기와 함께 사용할 수 있다.	㉠ 공기압축기의 구동에 기관의 출력이 일부 소모된다. ㉡ 배관 등의 구조가 복잡하고 가격이 비싸다.

19 **다음 중 전자제어 제동장치(ABS)의 구성부품이 아닌 것은?**

① 하이드롤릭 유닛　② 차고 센서
③ 휠 스피드 센서　④ ABS컨트롤 유닛

해설 ABS의 구성부품은 바퀴의 회전속도를 검출하여 컨트롤 유닛(ECU)으로 입력하는 휠 스피드 센서, 컨트롤 유닛의 신호를 받아 유압을 유지, 감압, 증압으로 제어하는 하이드롤릭 유닛, ABS가 고장이 났을 때 평상시의 제동장치로 작동한다. 이때 뒷바퀴의 고정(lock)으로 인한 미끄러짐을 방지하기 위하여 프로포셔닝 밸브(proportioning valve : P 밸브) 등으로 구성되어 있다.

20 **브레이크 페이드현상이 가장 적게 나타나는 것은?**

① 디스크 브레이크
② 서보 브레이크
③ 넌 서보 브레이크
④ 2리딩 슈 브레이크

해설 디스크 브레이크는 방열이 잘되므로 베이퍼 록이나 페이드 현상의 발생이 적다.

answer　16.②　17.③　18.④　19.②　20.①

21 브레이크 페달의 지렛대 비가 그림과 같을 때 페달을 10[kgf]의 힘으로 밟았다. 이때 푸시로드에 작용하는 힘은?

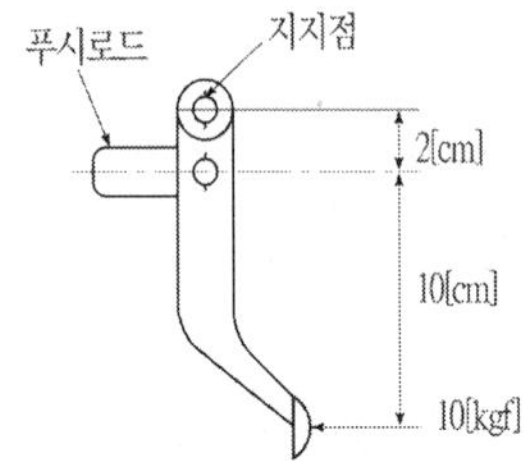

① 20[kgf] ② 40[kgf]
③ 50[kgf] ④ 60[kgf]

해설 마스터 실린더의 작용력

㉠ $\frac{B}{A} \times F = F'$

F : 페달에 가한 힘
F' : 마스터 실린더에 작용하는 힘

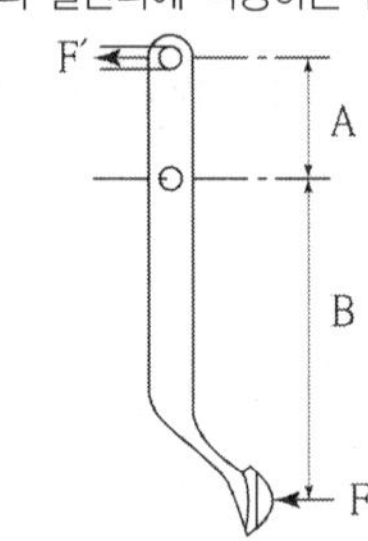

㉡ $\frac{A+B}{A} \times F = F'$

F : 페달에 가한 힘
F' : 마스터 실린더에 작용하는 힘

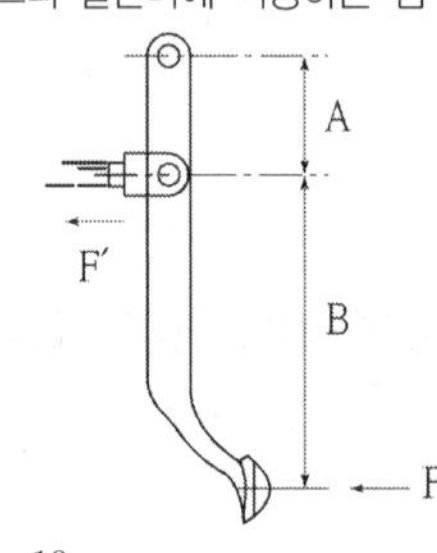

$F' = \frac{2 + 10}{2} \times 10 = 60[\text{kgf}]$

22 다음 중 공기 브레이크 구성부품과 관계없는 것은?

① 브레이크 밸브 ② 언로더 밸브
③ 릴레이 밸브 ④ 레벨링 밸브

해설 ㉠ **브레이크 밸브** : 브레이크 밟기 정도에 따라 릴레이 밸브를 작용시킨다.
㉡ **릴레이 밸브** : 브레이크 밸브에 보내오는 압력에 따라 공기탱크의 압력을 브레이크 쳄버에 직접 공급하는 역할을 한다.
㉢ **언로더 밸브** : 공기 압축기에서 발생된 압축공기의 압력이 높아지면 공기 압축기를 무부하 운전(공기 압축기의 공기 압력을 제어)을 하게 한다.
㉣ **압력 조정 밸브** : 공기 압축기에서 발생된 압축공기의 최고 압력을 제어하고 유지하는 밸브, 즉 제동력을 크게 하기 위하여 조정하는 밸브이다.
※ 레벨링 밸브는 공기 현가장치에서 차량의 높이를 일정하게 유지하는 작용을 하는 부품이다.

23 제동시 핸들을 빼앗길 정도로 브레이크가 한쪽만 듣는 경우의 원인이 아닌 것은?

① 백 플레이트의 풀림
② 허브 플레이트의 풀림
③ 양쪽 바퀴의 공기압력이 다름
④ 마스터 실린더의 리턴 포트가 막힘

해설 마스터 실린더의 리턴 포트가 막히면 브레이크가 풀리지 않는다.

24 전자제어 ABS제동장치가 정상적으로 작동되고 있을 때 나타나는 현상을 바르게 설명한 것은?

① 급제동시 조향 휠에서만 진동을 느낄 수 있다.
② 급제동시 브레이크 페달에서 맥동을 느끼거나 조향 휠에 진동이 없다.
③ 급제동시 브레이크 페달에서 맥동을 느끼거나 조향 휠에 진동을 느낀다.
④ 급제동시 브레이크 페달에서만 맥동을 느낄 수 있다.

25 제동력을 더욱 크게 하여 주는 배력장치의 작동 기본 원리로 적합한 것은 어느 것인가?

① 동력피스톤 좌·우의 압력 차이가 커지면 제동력은 감소한다.

answer 21.④ 22.④ 23.④ 24.③ 25.④

② 일정한 동력피스톤 단면적을 가진 공기식 배력장치에서 압축공기의 압력이 변하여도 제동력은 변하지 않는다.

③ 일정한 단면적을 가진 진공식 배력장치에서 흡기다기관의 압력이 높아질수록 제동력은 커진다.

④ 동일한 압력조건일 때 동력피스톤의 단면적이 커지면 제동력은 커진다.

해설 배력장치의 기본 작동원리는 동력피스톤 좌·우의 압력 차이가 커지면 제동력이 커지며, 동일한 압력조건일 때 동력피스톤의 단면적이 커지면 제동력이 크고, 일정한 단면적을 가진 진공식 배력장치에서 흡기다기관의 압력이 높아질수록 제동력은 작아지며, 일정한 동력 피스톤 단면적을 가진 공기식 배력장치에서 압축공기의 압력이 변하면 제동력이 변화된다.

26 **그림에서 브레이크 페달의 유격은 어느 부위에서 조정하는 것이 가장 올바른가?**

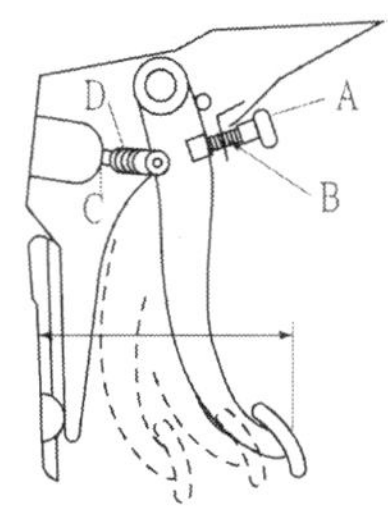

① A와 B　　② C와 B

③ B와 D　　④ D와 C

해설 브레이크 페달

A : 스톱 스위치

B : 브레이크 페달 조정 너트

C : 푸시로드

D : 고정너트

※ **브레이크 페달의 유격조정** : 푸시로드 로크너트를 풀고 푸시로드를 스패너나 조정렌치로 돌려 길이를 조정한다. 푸시로드 길이를 길게 하면 간극이 적어지고 길이를 짧게 하면 간극이 커진다.

27 **자동차의 브레이크 페달이 점점 딱딱해져서 제동성능이 저하되었다면 그 고장원인으로 적당한 것은?**

① 브레이크 오일이 부족한 경우

② 마스터 실린더 피스톤 캡이 고장난 경우

③ 마스터 실린더 바이패스 포트가 막혀있는 경우

④ 브레이크 슈 리턴 스프링 장력이 강한 경우

해설 마스터 실린더 바이패스 포트가 막혀 있는 경우 브레이크 페달이 점점 딱딱해져서 제동성능이 저하된다.

28 **자동차의 유압식 브레이크에서 브레이크 페달을 밟지 않았는데도 일부 바퀴에서 제동력이 잔류한다. 그 원인에 해당되지 않는 것은?**

① 브레이크 슈 리턴 스프링의 불량

② 브레이크 캘리퍼의 유동 불량

③ 휠 실린더 피스톤 컵의 탄력 저하

④ 브레이크 슈의 조정 불량

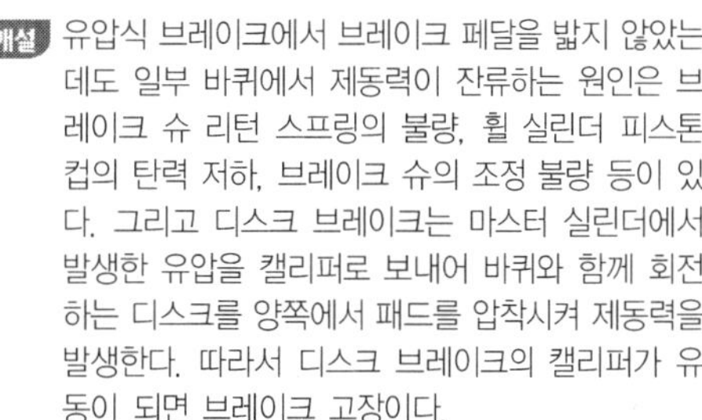
해설 유압식 브레이크에서 브레이크 페달을 밟지 않았는데도 일부 바퀴에서 제동력이 잔류하는 원인은 브레이크 슈 리턴 스프링의 불량, 휠 실린더 피스톤 컵의 탄력 저하, 브레이크 슈의 조정 불량 등이 있다. 그리고 디스크 브레이크는 마스터 실린더에서 발생한 유압을 캘리퍼로 보내어 바퀴와 함께 회전하는 디스크를 양쪽에서 패드를 압착시켜 제동력을 발생한다. 따라서 디스크 브레이크의 캘리퍼가 유동이 되면 브레이크 고장이다.

29 **ABS 브레이크 장치에 대한 설명이다. 옳은 것은?**

① ABS 휠 속도센서의 간극은 약 0.3~ 0.9[mm] 정도 된다.

② ABS 작동시 최대 마찰계수는 약 0.1 범위에 있다.

③ 휠 속도센서는 앞바퀴가 조향 휠이므로 뒷바퀴에만 각각 장착되어 있다.

④ ABS의 최대 장착 목적은 신속하게 휠을 고정시키기 위함이다.

answer 26.④ 27.③ 28.② 29.①

30 **디스크 브레이크의 장점이 아닌 것은?**

① 점검과 조정이 용이하고 간단하다.
② 페이드 현상이 잘 일어나지 않는다.
③ 낮은 유압으로 큰 제동력을 얻는다.
④ 편제동이 적어 방향의 안정성이 좋다.

해설 디스크 브레이크의 장점
㉠ 방열이 잘 되므로 베이퍼 록이나 페이드 현상의 발생이 적다.
㉡ 회전 평형이 좋다.
㉢ 물에 젖어도 회복이 빠르다.
㉣ 한쪽만 브레이크 되는 일이 없다.
㉤ 고속에서 반복 사용하여도 안정된 제동력을 얻을 수 있다.
㉥ 패드와 디스크 사이의 간극 조정이 필요 없다.
㉦ 마찰면이 적어 조작력이 커야 한다.
㉧ 자기 작동이 발생되지 않고 정비가 비교적 빠르다.

31 **브레이크 마스터 실린더의 직경이 5[cm], 푸시로드가 미는 힘이 100[kgf]일 때 브레이크 파이프 내의 압력은?**

① 0.19[kgf/cm^2]
② 4.00[kgf/cm^2]
③ 5.09[kgf/cm^2]
④ 25.47[kgf/cm^2]

해설 $P = \frac{F}{A}$
$F = P \times A$
F : 작용력[kgf]
P : 압력[Kgf/cm^2],
A : 단면적[$\frac{\pi D^2}{4}$ = [cm^2]
$P = \frac{100}{0.785 \times 5^2} = 5.09$[kgf/cm^2]

32 **브레이크 페달을 밟았을 때 소음이 나거나 떨리는 현상의 원인이 아닌 것은?**

① 프로포셔닝 밸브의 작동 불량
② 패드나 라이닝의 경화
③ 백킹 플레이트나 캘리퍼의 설치 볼트 이완
④ 디스크의 불균일한 마모 및 균열

프로포셔닝 밸브(proportioning valve : P 밸브) : ABS가 고장이 났을 때 평상시의 제동장치로 작동될 때 뒷바퀴의 고정(lock)으로 인한 미끄러짐을 방지하기 위하여 설치한다.

33 **다음은 ABS(anti-lock brake system)의 효과에 대한 설명이다. 가장 바르게 설명한 것은?**

① 급제동할 때 바퀴의 미끄러짐이 있다.
② 자동차의 코너링 상태에서만 작동한다.
③ 자동차를 제동할 때 바퀴의 미끄러짐이 없다.
④ 눈길 · 빗길 등의 미끄러운 노면에서는 작용이 안된다.

ABS(anti-lock brake system)의 설치목적
㉠ 전륜 고착의 경우 조향능력 상실 방지
㉡ 후륜 고착의 경우 차에 스핀으로 인한 전복 방지
㉢ 제동 시 최대 안전성 확보
㉣ 제동 시 드럼이 슈에 고착되어 바퀴가 노면을 미끄러지는 현상을 방지

34 **제동장치의 편제동 원인이 아닌 것은?**

① 브레이크 페달 유격이 크다.
② 타이어 공기압력이 불균일하다.
③ 휠 얼라인먼트가 불량하다.
④ 휠 실린더 1개가 고착되어 있었다.

편제동의 원인은 타이어 공기압력이 불균일할 때, 휠 실린더 1개가 고착되었을 때, 브레이크 드럼 간극이 불량할 때, 한쪽의 브레이크 패드에 오일이 부착되었을 때, 휠 얼라인먼트가 불량할 때 등이 있다.

35 **ABS의 장점이라고 할 수 없는 것은?** 2010

① 제동시 차체의 안정성을 확보한다.
② 급제동시 조향성능 유지가 용이하다.
③ 제동거리의 단축 효과를 얻을 수도 있다.
④ 제동압력을 크게 하여 노면과의 동적 마찰 효과를 얻는다.

answer 30.③ 31.③ 32.① 33.③ 34.① 35.④

 ABS(Anti-lock Brake System)의 장점

㉠ 전륜 고착의 경우 조향능력 상실 방지
㉡ 후륜 고착의 경우 차에 스핀으로 인한 전복 방지
㉢ 제동 시 최대 안전성 확보
㉣ 제동 시 드럼이 슈에 고착되어 바퀴가 노면을 미끄러지는 현상을 방지

36 **드럼 브레이크의 드럼이 갖추어야 할 조건을 설명한 것이다. 잘못 설명된 것은?**

① 방열성이 좋아야 한다.
② 마찰계수가 낮아야 한다.
③ 고온에서 내마모성이어야 한다.
④ 변형에 대응할 충분한 강성이 있어야 한다.

해설 드럼의 구비조건

㉠ 회전 평형이 잡혀 있을 것
㉡ 충분한 강성이 있을 것
㉢ 내마멸성이 클 것
㉣ 방열이 잘 될 것
㉤ 가벼워야 할 것
㉥ 페이드 현상이 일어나지 말 것

04 주행 및 구동장치

1 **자차, 타차의 교통, 도로환경 등의 상황에서 위험정도가 증대될 때 운전자를 보호해 주는 첨단 안전기술 장치가 장착된 것으로 가장 적절한 것은?**

① 페일 세이프
② 고장진단(Diagnostics)
③ LSD(Limited Slip Differential)
④ ASV(Advanced Safety Vehicle)

2 **TCS(traction control system)의 특징이 아닌 것은?** 2011

① 라인업 제어
② 슬립(slip) 제어
③ 선회 안정성 향상
④ 트레이스(trace) 제어

 TCS(traction control system)는 엔진의 여유출력을 제어하는 장치를 말하며, 눈길 등의 미끄러지기 쉬운 노면에서 가속성능 및 선회 안정성을 향상시키는 슬립제어(slip control)기능과 일반 도로에서 주행 중 선회가속할 때 자동차의 횡 가속도 과다로 인한 언더 스티어링이나 오버 스티어링을 방지하여 조향성능을 향상시키는 트레이스 제어(trace control)가 있다.

3 **타이어 구조의 명칭이 아닌 것은?**

① 비드 ② 카카스
③ 브레이커 ④ 앤티 스키드

 타이어는 트레드(tread), 브레이커(breaker), 카카스(carcass), 비드(bead) 등으로 구성되어 있다.

4 **타이어 트레드 한쪽 면만이 편 마멸되는 원인에 해당되지 않는 것은?**

① 휠이 런 아웃되었을 때
② 허브의 너클이 런 아웃되었을 때
③ 각 바퀴의 균일한 타이어 최고압력 주입
④ 베어링이 마멸되었거나 킹 핀의 유격이 큰 경우

 트레드 한쪽 면만이 편 마멸되는 원인은 휠(wheel)이 런 아웃(run out)되었을 때, 허브(hub)의 너클(knuckle)이 런 아웃되었을 때, 베어링이 마멸되었거나 킹 핀(king pin)의 유격이 클 때이다.

5 **노면과 직접 접촉은 하지 않으며, 주행 중 가장 많은 완충작용을 하는 부분으로서 타이어 규격과 기타 정보가 표시된 부분은?**

① 카카스(carcass)부
② 트레드(tread)부
③ 비드(bead)부
④ 사이드 월(side wall)부

answer 36.② / 1.④ 2.① 3.④ 4.③ 5.④

해설 ① **카카스(carcass)부** : 타이어의 뼈대가 되는 부분으로 공기압력을 견디어 일정한 체적을 유지하고 또 하중이나 충격에 따라 변형하여 완충작용도 한다.
② **트레드(tread)부** : 트레드는 노면과 직접 접착하는 부분이며, 내부의 카카스와 브레이커를 보호해 주는 부분으로 내마멸성이 두꺼운 고무로 되어 있다.
③ **비드(bead)부** : 타이어가 림에 접촉하는 부분이며 타이어가 림에서 빠지지 않도록 하고, 비드부가 늘어나는 것을 방지하기 위해 피아노선이 20~30개 정도가 들어가 있다.

6 **옆 방향 미끄럼에 대하여 저항이 크고 조향성이 좋으며 소음도 적기 때문에 포장도로를 주행하는데 적합한 타이어의 패턴은?**

① 러그 패턴(Lug Pattern)
② 블록 패턴(Block Pattern)
③ 오프 더 로드 패턴(Off the road Pattern)
④ 리브 패턴(Rib Pattern)

해설 ① **러그 패턴**(lug pattern) : 타이어의 회전방향으로 직각의 홈을 둔 것으로 전후 방향에 대해 견인력(tractive force)이 크고 타이어의 방열이 좋아 트럭, 버스에 사용된다.
② **볼록 패턴**(block pattern) : 견인력이 커서 고르지 못한 도로나 모래땅에 적합하다. 그러나 포장도로에서는 진동과 소음이 있다.
③ **오프 더 로드 패턴**(off the road pattern) : 러그패턴의 홈을 깊이하고 또 폭을 넓게 한 것 이며 좋지 않은 길이나 견인력이 강하기 때문에 진흙 길이나 험한 도로에 사용된다.

7 **타이어 접지면의 변형이 내압에 의하여 원래의 형태로 되돌아오는 속도보다 타이어 회전속도가 빠르면, 타이어의 변형이 원래의 상태로 복원되지 않고 물결모양이 남게 되는데 이것을 무엇이라고 하는가?**

① 타이어 웨이브 현상
② 스탠딩 웨이브 현상
③ 하이드로 플래닝 현상
④ 타이어 접지 변형 현상

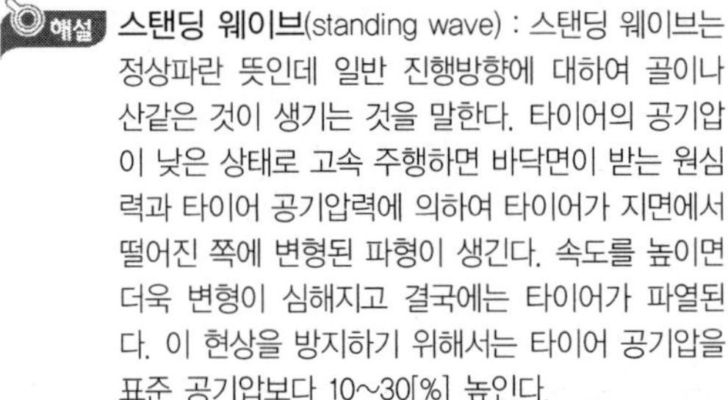
해설 **스탠딩 웨이브**(standing wave) : 스탠딩 웨이브는 정상파란 뜻인데 일반 진행방향에 대하여 골이나 산같은 것이 생기는 것을 말한다. 타이어의 공기압이 낮은 상태로 고속 주행하면 바닥면이 받는 원심력과 타이어 공기압력에 의하여 타이어가 지면에서 떨어진 쪽에 변형된 파형이 생긴다. 속도를 높이면 더욱 변형이 심해지고 결국에는 타이어가 파열된다. 이 현상을 방지하기 위해서는 타이어 공기압을 표준 공기압보다 10~30[%] 높인다.

8 **주행 중 물이 고인 도로를 고속 주행시 타이어 트레드가 물을 완전히 배출시키지 못해 노면과 타이어의 마찰력이 상실되는 현상은?**

① 하이드로 플래닝
② 스탠딩 웨이브
③ 타이어 매치 마운팅
④ 타이어 동적 밸런스

해설 **하이드로 플래닝**(hydro planing : 수막현상) : 물이 고인 도로를 고속으로 주행할 때 타이어 바닥면이 물을 완전히 밀어내지 못하고 물 위로 활주하는 상태로 되어 차의 조정이 불가능하게 된다. 이 현상을 하이드로 플래닝이라 한다. 이 현상의 방지 방법은 다음과 같다.
㉠ 바닥 무늬가 닳지 않은 타이어를 사용한다.
㉡ 타이어 공기압을 높인다.
㉢ 리브형 패턴을 사용한다.
㉣ 바닥 무늬에 카프 가공을 한 타이어를 사용한다.

9 **수막현상에 대하여 잘못 설명한 것은?**

① 빗길을 고속 주행할 때 발생한다.
② ABS를 장착하면 수막현상의 위험을 줄일 수 있다.
③ 타이어 폭이 좁을수록 잘 발생한다.
④ 타이어 홈의 깊이가 적을수록 잘 발생한다.

해설 수막현상은 빗길을 고속 주행할 때 발생하며, 타이어 폭이 넓을수록, 타이어 홈의 깊이가 적을수록 잘 발생한다.

answer 6.④ 7.② 8.① 9.③

10 자동차 공차시 또는 적재상태의 전 · 후 축중을 구할 때 무엇을 이용하는가?

① 평행방정식
② 쿨롱의 법칙
③ 파스칼의 원리
④ 애커먼 장토 원리

11 고무로 피복 된 코드를 여러 겹 겹친 층에 해당되며, 타이어에서 타이어 골격을 이루는 부분은?

① 트레드(tread)부
② 카카스(carcass)부
③ 숄더(shoulder)부
④ 비드(bead)부

카카스(carcass)는 고무로 피복된 코드를 여러 겹 겹친 층에 해당되며, 타이어에서 타이어 골격을 이루는 부분이다.

12 차량 총중량 4000[kgf]의 차량이 구배 6[%]의 자갈길을 30[km/h]의 속도로 올라갈 때(구름저항/구배저항)의 값은 얼마인가? (단, 구름저항 계수 : 0.04이다)

① 2
② $\frac{4}{3}$
③ $\frac{2}{3}$
④ $\frac{1}{2}$

구름저항/구배저항 $= \frac{0.04}{0.06} = \frac{2}{3}$

13 타이어의 트레드 패턴(Tread pattern)의 필요성에 합당하지 않은 것은?

① 타이어의 옆 방향에 대한 저항이 크고 조향성 향상
② 타이어의 열을 흡수
③ 트레드에 생긴 절상 등의 확대를 방지
④ 구동력이나 견인력의 향상

타이어의 트레드 패턴의 필요성
㉠ 주행 중 타이어가 옆방향이나 주행방향으로 미끄러지는 것을 방지한다.
㉡ 타이어 내부에 발생한 열을 방출해 준다.
㉢ 트레드부에 생긴 절상 등의 확산을 방지한다.
㉣ 구동력이나 선회성을 향상시킨다.

answer 10.① 11.② 12.③ 13.②

CHAPTER 04 안전관리

CHAPTER 04 안전관리

4-1 산업안전 일반

(1) 산업안전 관리의 필요성

① 생산성 향상과 손실을 최소화

② 사고의 발생을 방지

③ 산업 재해로부터 인간의 생명과 재산을 보호

㉠ 산업안전 사고예방 대책

㉡ 안전관리조직 결성

㉢ 안전사고 현상 파악

㉣ 안전사고 원인 규명

㉤ 안전사고 예방 대책 선정

㉥ 안전사고 예방 목표 달성

(2) 산업 재해의 직접 원인 중 인적 불안정 행위

① 불안전한 자세, 행동, 장난을 하는 경우

② 안전복장을 착용하지 않거나 보호구를 착용하지 않은 경우

③ 작동중인 기계에 주유, 점검, 수리, 청소 등을 하는 경우

④ 공구 대신 손을 사용하는 경우

(3) 재해 요인의 3요소

① 인위적 재해

② 물리적 재해

③ 자연적 재해

(4) 재해 예방의 원칙

① 예방가능의 원칙

② 대책선정의 원칙

③ 손실우연의 원칙

④ 원인연계의 원칙

(5) 재해율

① **강도율** : 안전 사고의 강도로 근로시간 1,000시간당의 재해에 의한 노동 손실 일수

$$강도율 = \frac{노동\ 손실\ 일수}{노동총시간} \times 1,000$$

② **연천인율** : 1년 동안 1,000명의 근로자가 작업할 때 발생하는 사상자의 비율

$$연천인율 = \frac{연간\ 재해\ 건수}{연간\ 재직근로자} \times 1,000$$

③ **도수율** : 안전사고 발생 빈도로 근로시간 100만 시간당 발생하는 사고건수

$$도수율 = \frac{사고\ 건수}{노동\ 총시간} \times 1,000,000$$

④ **천인율** : 평균 재직근로자에 대하여 발생한 재해자수를 나타내어 1000배 한 것

$$천인율 = \frac{재해자\ 수}{평균\ 근로자수} \times 1,000$$

(6) 안전점검을 실시할 때 유의사항

① 안전 점검 완료 후 강평을 실시하고 사소한 사항이라도 전달할 것

② 과거 재해 발생요인이 없어졌는지 확인할 것

③ 점검내용에 대해 상호 이해하고 시정책을 강구할 것

보충정리 안전사고의 발생원인

- 기계장치가 너무 좁은 장소에 설치되어 있을 때
- 사용에 적합한 공구를 사용하지 않을 때
- 주변의 정리 정돈이 불량할 때
- 조명장치의 설치 불량으로 가시성이 좋지 않을 때
- 안전보호 장치가 잘 되어 있지 않을 때

(7) 작업장의 조명

① 초정밀 작업 : 750[Lux] 이상

② 정밀 작업 : 300[Lux] 이상

③ 보통 작업 : 150[Lux] 이상

④ 기타 작업 : 75[Lux] 이상

⑤ 통로 : 보행에 지장이 없는 정도의 밝기

(8) 소화기

① 소화원리

㉠ 제거 소화법 : 가연물질 제거

㉡ 질식 소화법 : 산소 차단

㉢ 냉각 소화법 : 점화원 냉각

> 보충정리 연소의 3요소 : 공기, 가연물, 점화원

② 화재의 종류

㉠ A급 화재 : 종이, 섬유 등 일반 가연물에 의한 화재(백색 표시)

㉡ B급 화재 : 석유, 가솔린 등에 의한 유류화재(황색 표시)

㉢ C급 화재 : 전기 기구 등에 의한 전기화재(청색 표시)

㉣ D급 화재 : 마그네슘 등으로 인한 금속화재

㉤ E급 화재 : 가스 등으로 인한 가스화재

③ 화재 급별 소화기

㉠ A급 화재 : 수성 소화기

㉡ A, B급 화재 : 포말, 분말 소화기

㉢ B, C급 화재 : 탄산가스, 증발성 액체 소화기

㉣ B, C급, 전기화재 : 이산화탄소 소화기

(9) 안전 · 보건표지의 종류와 색채

① 종류

1 금지표지	101 출입금지	102 보행금지	103 차량통행금지	104 사용금지	105 탑승금지	106 금연	107 화기금지
108 물체이동금지	2 경고표지	201 인화성물질경고	202 산화성물질경고	203 폭발성물질경고	204 급성독성물질경고	205 부식성물질경고	206 방사성물질경고
207 고압전기경고	208 매달린물체경고	209 낙하물경고	210 고온경고	211 저온경고	212 몸균형상실경고	213 레이저광선경고	214 발암성·변이원성·생식독성·전신독성·호흡기과민성 물질 경고
215 위험장소경고	3 지시표지	301 보안경착용	302 방독마스크착용	303 방진마스크착용	304 보안면착용	305 안전모착용	306 귀마개착용
307 안전화착용	308 안전장갑착용	309 안전복착용	4 안내표지	401 녹십자표지	402 응급구호 표지	403 들것	404 세안장치
405 비상용 기구	406 비상구	407 좌측비상구	408 우측비상구	5 관계자외 출입금지	501 허가대상물질작업장		502 석면취급/해체작업장
503 금지대상물질의 취급 실험실 등		6 문자 추가시 예시문					

출처 : 안전보건공단(www.kosha.or.kr)

② 색채

㉠ 녹색 : 안전, 피난, 보호

㉡ 노란색 : 주의, 경고 표시

㉢ 파랑 : 지시, 수리 중, 유도

㉣ 자주(보라) : 방사능 위험

㉤ 주황 : 위험

4-2 작업상의 안전

(1) 작업복

① 작업복은 몸에 맞는 것을 입는다.

② 상의의 옷자락이 밖으로 나오지 않도록 한다.

③ 기름이 밴 작업복은 될 수 있는 한 입지 않는다.

④ 화기사용 장소에서는 방염, 불연성의 작업복을 사용한다.

⑤ 상의 끝, 바지 자락 등이 기계에 말리지 않게 한다.

⑥ 작업에 따라 보호구 및 기타 물건을 착용한다.

⑦ 작업복에 단추가 많이 부착된 것은 착용하지 않는다.

⑧ 작업장에서 작업복을 착용하는 이유는 재해로부터 작업자의 몸을 지키기 위함이다.

(2) 전기 기계의 취급방법

① 전기 계기는 용도별로 엄격히 구분되어 있으므로 용도에 맞게 사용하여야 한다.

② 정밀한 계기는 조심스럽게 취급한다.

③ 강한 자장이나 큰 전류가 흐르는 부근에서 사용하면 전기 기계에 방해가 될 수 있다.

④ 계기는 정밀하게 조정하여 사용한다.

> **보충정리** 수공구 사용 안전사고의 원인
> ㉠ 사용방법이 미숙하다.
> ㉡ 힘에 맞지 않는 공구를 사용하였다.
> ㉢ 사용공구 점검정비가 부족하다.
> ㉣ 수공구의 성능에 맞지 않게 선택하여 사용하였다.

(3) 일반 수공구 사용 시 유의사항

① 정비작업에 알맞은 수공구를 선택하여 사용한다.

② 작업자는 보호구를 착용한 후 작업한다.

③ 공구 이외의 목적에는 사용하지 않는다.

④ 공구의 사용법에 알맞게 사용한다.

⑤ 공구를 던져서 전달해서는 안 된다.

⑥ 작업 주위를 정리, 정돈한 후 작업한다.

⑦ 공구의 기름, 이물질 등을 제거하고 사용한다.

⑧ 작업 후에는 공구를 정비한 후 지정된 장소에 보관한다.

⑨ 전기 스위치 커넥터 코드는 작업 후 분리(off)시킨다.

(4) 일반 수공구 작업 방법

① 줄 작업

㉠ 줄의 균열 유무를 확인하고 사용한다.

㉡ 줄 작업시 절삭분을 입으로 불거나 손으로 제거하지 않는다.

㉢ 줄 작업을 할 때에는 반드시 손잡이를 끼워 사용한다.

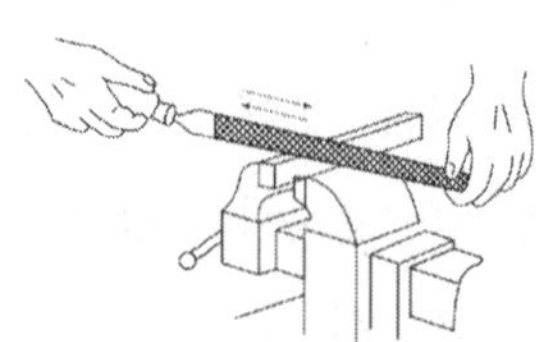

▲ 줄 작업

㉣ 줄 작업을 할 때에는 서로 마주보고 작업하지 않는다.

㉤ 줄 작업 높이는 팔꿈치 높이에서 한다.

㉥ 줄 작업을 할 때에는 전진운동을 할 때만 힘을 가한다.

② 정 작업

㉠ 정의 머리가 버섯머리인 경우는 그라인더로 연마 후에 사용한다.

㉡ 정 작업은 시작과 끝을 조심한다.

㉢ 정의 머리에 기름이 묻어 있으면 기름을 제거한 후 사용한다.

㉣ 담금질(열처리)한 재료는 정 작업을 하지 않는다.

㉤ 금속 깎기를 할 때는 보안경을 착용한다.

㉥ 쪼아내기 작업을 할 때에는 보안경을 착용한다.

㉦ 정 작업을 할 때에는 날 끝 부분에 시선을 두고 작업한다.

㉧ 정 작업을 할 때에는 마주보고 작업하지 않는다.

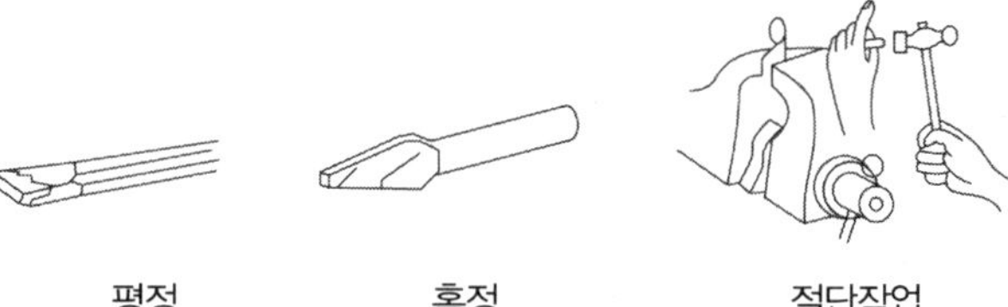

▲ 정의 종류 및 작업

③ 해머 작업

㉠ 쐐기를 박아서 해머가 빠지지 않도록 한다.

㉡ 해머 대용으로 다른 것을 사용하지 않는다.

㉢ 장갑을 끼거나 기름이 묻은 손으로 작업하지 않는다.

㉣ 타격하려는 곳에 시선을 고정하고 작업한다.

㉤ 해머의 타격면이 찌그러진 것을 사용하지 않는다.

㉥ 서로 마주보고 해머작업을 하지 않는다.

㉦ 손잡이는 튼튼한 것을 사용한다.

㉧ 처음과 마지막 해머 작업을 할 때에는 무리한 힘을 가하지 않는다.

㉨ 녹이 슬거나 깨지기 쉬운 작업을 할 경우에는 보안경을 착용한다.

㉩ 해머작업시 처음에는 타격면에 맞추도록 적게 흔들고 점차 크게 흔든다.

㉪ 해머작업시에는 주위를 살핀 후에 마주보고 작업하지 않는다.

㉫ 좁은 곳에서는 작업을 금한다.

④ 드릴 작업

㉠ 드릴 날은 재료의 재질에 알맞은 것을 선택하여 사용한다.

㉡ 칩 제거시 입으로 불거나 손으로 제거하지 않는다.

㉢ 반드시 보안경을 착용하고 작업한다.

㉣ 드릴의 탈거 부착은 회전이 멈춘 다음 행한다.

㉤ 작업 중 쇳가루를 입으로 불지 않는다.

㉥ 재료는 반드시 바이스나 고정 장치에 단단히 고정시키고 작업한다.

㉦ 큰 구멍을 뚫을 경우에는 먼저 작은 드릴 날을 사용하고 난 후에, 치수에 맞는 큰 드릴 날을 사용하여 뚫는다.

㉧ 구멍이 거의 뚫리면 힘을 약하게 조절하여 작업하고, 관통되면 회전을 멈추고 손으로 돌려 드릴을 빼낸다.

㉨ 드릴 작업에서 구멍을 뚫을 때는 클램프로 잡는다.

㉩ 드릴 작업은 장갑을 끼거나 소맷자락이 넓은 상의는 착용하지 않는다.

㉪ 공작물은 단단히 고정하여 따라 돌지 않게 한다.

㉫ 드릴 작업시 재료 밑에 나무판을 받쳐 작업하는 것이 좋다.

㉬ 드릴 작업에서 칩의 제거는 회전을 중지시킨 후 솔로 제거한다.

⑤ 리머 작업

㉠ 리머는 어떠한 경우에도 역회전시키면 안 된다.

㉡ 리머의 절삭량은 구멍의 지름 10[mm]에 대해 0.05[mm]가 적당하다.

㉢ 절삭유를 충분히 공급하여야 한다.

㉣ 리머의 진퇴는 항상 절삭방향의 회전으로 한다.

⑥ 드라이버 작업

㉠ 드라이버 날 끝은 편평한 것을 사용한다.

㉡ 드라이버의 날 끝이 홈의 너비와 길이에 맞는 것을 사용한다.

㉢ 나사를 조이거나 풀 때에는 홈에 수직으로 대고 한 손으로 작업한다.

㉣ 드라이버의 날이 빠지거나 둥근 것은 사용하지 않는다.

⑦ 스패너 작업

㉠ 스패너의 입이 볼트나 너트의 치수에 맞는 것을 사용한다.

㉡ 스패너 작업시에는 조금씩 몸 앞으로 당겨 작업한다.

㉢ 스패너에 이음대를 끼워 사용하지 않는다.

㉣ 스패너 작업시 몸의 균형을 잘 잡고 작업한다.

㉤ 스패너를 해머로 두드리거나 해머 대신 사용해서는 안 된다.

⑧ 렌치 작업

㉠ 볼트나 너트의 치수에 맞는 렌치를 사용한다.

㉡ 렌치를 잡아 당겨서 볼트나 너트를 조이거나 푼다.

㉢ 조정렌치는 조정 조에 힘이 가해져서는 안 된다(밀지 않는다).

㉣ 사용 후에는 건조한 헝겊으로 깨끗하게 닦아서 보관한다.

㉤ 렌치에 이음대를 끼워 사용하지 않는다.

㉥ 렌치를 해머에 두드리거나 해머 대신 사용해서는 안 된다.

▲ 조정 렌치 바른 사용법

⑨ 연삭기 작업

㉠ 연삭기의 장치와 시운전은 정해진 사람만이 한다.

㉡ 안전커버를 떼고서 작업해서는 안 된다.

㉢ 작업 전에 숫돌바퀴의 균열 여부를 확인한다.

㉣ 플랜지가 숫돌 차에 일정하게 밀착하도록 고정한다.

㉤ 반드시 숫돌 커버를 설치하고 사용한다.

㉥ 숫돌은 알맞은 속도로 회전시켜 작업한다.

㉦ 숫돌바퀴의 측면에 서서 숫돌의 정면을 이용하여 연삭한다.

㉧ 숫돌바퀴와 받침대의 간격은 3[mm] 이하로 유지시켜 작업한다.

㉨ 연삭 작업시에는 반드시 보안경을 착용한다.

⑩ 전기 용접 작업

㉠ 우천시에는 작업을 하지 않는다.

㉡ 인화되기 쉬운 물질을 몸에 지니고 작업하지 않는다.

㉢ 용접봉은 홀더의 클램프에 정확하게 끼워 빠지지 않도록 한다.

㉣ 헬멧, 용접장갑, 앞치마를 반드시 착용하고 작업한다.

㉤ 용접기의 리드 단자와 케이블을 절연물로 보호한다.

㉥ 작업이 끝나면 용접기를 끄고 주변을 정리한다.

㉦ 용접 중에 전류를 조정하지 않는다.

⑪ 산소-아세틸렌 용접 작업

㉠ 산소, 아세틸렌 용기는 안정되게 세워서 보관한다.

㉡ 밸브 및 연결 부분에 기름이 묻어서는 안 된다.

㉢ 점화는 직접 하지 않는다.

㉣ 보안경, 용접장갑, 앞치마를 반드시 착용하고 작업한다.
㉤ 아세틸렌 밸브를 열어서 점화한 후 산소밸브를 연다.
㉥ 역화 발생시 산소 밸브를 먼저 잠그고, 아세틸렌 밸브를 잠근다.
㉦ 산소 용기는 40[℃] 이하의 장소에서 안전하게 보관한다.
㉧ 아세틸렌은 1.0[kgf/cm^2] 이하로 사용한다.
㉨ 산소 용기는 고압으로 충전되어 있으므로 취급시 충격을 금한다.
㉩ 아세틸렌은 1.5기압 이상에서 폭발 위험성이 있으므로 주의한다.
㉪ 가스의 누출은 비눗물, 가스누설 감지기를 사용하여 점검한다.
㉫ 산소용 호스는 녹색, 아세틸렌용 호스는 적색을 사용한다.
㉬ 소화기를 준비한다.
㉭ 토치를 분해하지 않는다.
㉮ 용기를 운반할 때에는 전용 운반차를 이용한다.

4-3 자동차 안전관리

(1) 자동차 탈·부착 및 점검시 유의사항

① 실린더헤드를 분해할 때에는 대각선방향으로 바깥쪽으로 복스대로 분해한다.
② 실린더헤드를 조립할 때에는 대각선방향으로 안쪽에서 바깥쪽으로 토크렌치로 조립한다.
③ 실린더헤드의 변형도를 점검할 때에는 좌, 우, 대각선의 7군데 방향을 측정하여 점검한다.
④ 실린더블록 및 헤드의 평면도 측정은 곧은자와 필러게이지를 사용한다.
⑤ 기관의 볼트를 조일 때에는 규정된 토크 값으로 토크 렌치를 이용하여 8～8.5[kg·m](냉간시) 조인다.
⑥ v-belt를 점검할 때에는 기관이 정지한 상태에서 점검한다.
⑦ 회전 중인 냉각 팬이나 벨트에 손이나 옷자락이 접촉되지 않도록 주의한다.
⑧ 자동차를 잭으로 들어 올려서 작업할 때에는 반드시 스탠드로 지지하고 작업한다.
⑨ 자동차의 유압회로를 수리 또는 교환할 경우에는 반드시 공기빼기 작업을 실시한다.
⑩ 자동차 밑에서 하체 작업할 때에는 반드시 보안경을 착용하고 작업한다.
⑪ 자동차의 가스켓 오일 씰 등은 분해한 후에는 재사용이 불가하므로 반드시 새것으로 교환한다.
⑫ 자동변속기의 스톨 테스터는 D와 R 위치에서 5초 이내로 엔진과 변속기 유압시험을 실시한다.
⑬ 자동차의 전기장치를 점검할 때에는 축전지(−)터미널을 제거한 후 점검 및 탈부착한다.

(2) 엔진 오일 점검요령

① 자동차를 평탄한 곳에 주차시킨 후 점검한다.

② 기관을 정상 작동온도까지 워밍업(냉각수온도 85[℃] 이상)시킨 후 시동을 끄고 점검 및 교환한다.

③ 엔진 오일 레벨 게이지로 엔진 오일의 양을 확인한다(MAX와 MIN 사이 정상).

④ 오일의 오염여부와 점도, 오일량을 점검한다.

⑤ 계절 및 사용조건에 맞는 엔진 오일을 사용한다.

⑥ 오일은 정기적으로 점검 및 5,000～8,000[km]에서 필터와 함께 교환한다.

(3) 배터리 취급시 유의사항

① 베터리의 전해액은 묽은 황산이므로 옷이나 피부에 닿지 않도록 주의한다.

② 배터리 충전시에는 수소가스가 발생하므로 통풍이 잘 되는 곳에서 실시한다.

③ 배터리 충전 중 전해액의 온도가 45[℃] 이상이 되지 않도록 주의한다.

④ 충전하기 전에 배터리의 벤트 플러그를 열어 놓는다(수소가스 발생).

⑤ 충전 중에 배터리가 과열되거나 전해액이 넘칠 때에는 즉시 충전을 중단한다.

⑥ 전해액을 만들 때에는 물에 황산을 조금씩 부어 만든다.

⑦ 배터리 용량(부하)시험은 15초 이내로 하며, 부하 전류는 용량의 3배 이내로 한다.

⑧ 부식방지를 위해 배터리 단자에는 그리스를 발라 둔다.

⑨ 축전지 방전 시험시 전류계는 부하와 직렬 접속하고, 전압계는 병렬 접속한다.

⑩ 축전지 충전시에는 엔진에서 커넥터를 탈거한 후 충전을 한다.

(4) 연료탱크 정비시 주의사항

① 연료 탱크에 연결된 전선은 모두 제거한다.

② 연료 탱크 내에 남아있는 연료를 모두 제거한다(특히 연료증기는 반드시 없앨 것).

③ 연료 탱크의 작은 구멍 수리시에는 연료 탱크에 물을 반쯤 채워서 납땜으로 작업한다.

(5) 기타 주의사항

① 일반 기계를 사용할 때 주의 사항

㉠ 원동기의 기동 및 정지는 서로 신호에 의거한다.

㉡ 고장 중인 기기에는 반드시 표식을 한다.

㉢ 정전이 된 경우에는 반드시 표식을 한다.

② 기중기로 물건을 운반할 때 주의 사항

㉠ 규정 무게보다 초과하여 사용해서는 안 된다.

㉡ 적재물이 떨어지지 않도록 한다.

㉢ 로프 등의 안전 여부를 항상 점검한다.

㉣ 선회 작업을 할 때에는 사람이 다치지 않도록 한다.

③ **앤빌을 운반할 때의 주의 사항** : 앤빌은 금속을 타격하거나 기타 가공 변형시키는데 사용하는 받침쇠이며, 무거우므로 운반할 때에는 다음 사항에 주의한다.

㉠ 타인의 협조를 받아 조심성 있게 운반한다.

㉡ 운반 차량을 이용하는 것이 좋다.

㉢ 작업장에 내려놓을 때에는 주의하여 조용히 놓는다.

제 4 장

안전관리

단원핵심문제

01 산업안전 일반

1 다음 중 연소의 3요소에 해당되지 않는 것은? 2010

① 물 ② 공기(산소)
③ 점화원 ④ 가연물

해설 연소 3요소 : 공기, 점화원, 가연물

2 소화작업시 적당하지 않은 것은?

① 화재가 일어나면 먼저 인명구조를 해야 한다.
② 전기배선이 있는 곳을 소화할 때는 전기가 흐르는지 먼저 확인해야 한다.
③ 가스 밸브를 잠그고 전기 스위치를 끈다.
④ 카바이트 및 유류에는 물을 끼얹는다.

해설 카바이트 및 유류는 산소를 차단하여 소화한다.

3 다음 중 인화성 물질이 아닌 것은? 2010

① 가솔린 ② 프로판가스
③ 산소 ④ 아세틸렌가스

4 소화 작업의 기본요소가 아닌 것은?

① 가연 물질을 제거한다.
② 산소를 차단한다.
③ 연료를 기화시킨다.
④ 점화원을 냉각시킨다.

해설 소화작업의 3요소는 공기, 점화원, 가연물이다.

5 자동차에 사용되는 가솔린 연료 화재는 어느 화재에 속하는가?

① A급 화재 ② B급 화재
③ C급 화재 ④ D급 화재

해설 화재의 분류
① A급 화재 : 일반화재
② B급 화재 : 유류화재
③ C급 화재 : 전기화재
④ D급 화재 : 금속화재

6 유류 화재시 소화방법으로 적합하지 않은 것은?

① 분말소화기를 사용한다.
② 물을 부어 끈다.
③ 모래를 뿌린다.
④ ABC 소화기를 사용한다.

해설 유류화재는 ①, ③, ④항의 방법을 사용하고, 물을 사용하면 화재를 확대시킬 수 있으므로 사용하면 안 된다.

7 화재 현장에서 제일 먼저 하여야 할 조치는?

① 소화기 사용
② 화재 신고
③ 인명구조
④ 분말소화기 사용

해설 화재 현장에서는 인명구조를 제일 먼저 하여야 한다.

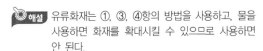

answer 1.① 2.④ 3.④ 4.③ 5.② 6.② 7.③

8 화재의 분류 중 B급 화재 물질로 옳은 것은?

① 종이　　② 휘발유
③ 목재　　④ 석탄

해설 화재의 분류

구분	일반	유류	전기	금속
화재 종류	A급	B급	C급	D급
표시	백색	황색	청색	–
적용 소화기	포말	분말	CO_2	모래
비고	목재, 종이	유류, 가스	전기 기구	가연성 금속
방법	냉각소화	질식소화	질식소화	피복에 의한 질식

9 위험성 정도에 따라 제2종으로 구분되는 유기용제의 색 표시는?

① 빨강　　② 파랑
③ 노랑　　④ 초록

해설 유기용제의 색 표시
제1종 유기용제 : 빨강색 바탕 검정글자 (적색)
제2종 유기용제 : 노랑색 바탕 검정글자 (황색)
제3종 유기용제 : 파랑색 바탕 검정글자 (청색)

10 카바이트 취급 시 주의할 점 중 잘못 설명한 것은?

① 밀봉하여 보관한다.
② 인화성이 없는 곳에 보관한다.
③ 저장소에 전등을 설치할 경우 방폭 구조로 한다.
④ 건조한 곳보다 약간 습기가 있는 곳에 보관한다.

해설 카바이트는 물과 반응하여 연소하므로 습기가 없는 건조한 곳에 보관하여야 안전하다.

11 근로자 500명인 직장에서 1년간 8건의 사상자를 냈다면 연 천인율은?

① 12　　② 14
③ 16　　④ 18

해설 천인율 : 평균 재직 근로자 1,000명에 대해 발생한 재해자의 수

$$천인율 = \frac{재해자수}{평생\ 근로자수} \times 100[\%]$$

$$= \frac{8 \times 1,000}{500} = 16$$

12 재해건수/연근로시간수×1,000,000의 식이 나타내는 것은?

① 강도율　　② 도수율
③ 휴업율　　④ 천인율

해설 도수율이란 연 근로시간 합계 100만 시간당 재해발생 건수로 표시

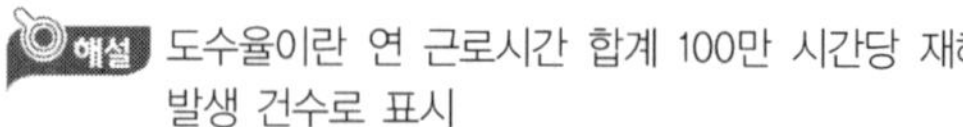

$$도수율 = \frac{재해건수}{연간\ 근로시간수} \times 1,000,000$$

13 연 근로시간 1,000시간 중에 발생한 재해로 인하여 손실된 일수로 나타내는 것을 무엇이라고 하는가?

① 연 천인율　　② 강도율
③ 도수율　　④ 손실율

해설 재해율
㉠ 연 천인율 : 연 근로자 1,000명당 1년간 발생하는 피해자 수로 표시한다.
㉡ 도수율 : 산업재해의 발생 빈도수를 나타내는 것으로 연 근로시간 합계 100만 시간당 재해발생 건 수로 표시한다.
㉢ 강도율 : 재해의 경중 즉, 강도를 나타내는 정도로 연 근로시간 1,000시간당 재해에 잃어버린 일 수로 표시한다.

14 산업안전 표시 중 주의 표시로 사용되는 색은?

① 백색　　② 적색
③ 황색　　④ 녹색

해설 안전표지의 색채
• 백색 : 보조색　　• 적색 : 금지
• 황색 : 주의, 경고　　• 녹색 : 안내

answer 8.② 9.③ 10.④ 11.③ 12.② 13.② 14.③

15 **안전표지에 사용되는 색채에서 보라색은 주로 어느 용도에 사용하는가?**

① 방화표시 ② 주의표시
③ 방향표시 ④ 방사능표시

해설 보라색은 주로 방사능 표시에 사용된다.

16 **다음 중 안전표지 색체의 연결이 맞는 것은?** 2012

① 주황색 – 화재의 방지에 관련되는 물건의 표시
② 흑색 – 방사능 표시
③ 노란색 – 충돌, 추락 주의 표시
④ 청색 – 위험, 구급 장소 표시

해설 빨간색 : 화재 방지에 관계되는 물건에 표시
자주색 : 방사능 표시
노란색 : 충돌, 추락 주의 표시
청색 : 지시, 수리 중, 유도 표시

17 **안전 · 보건표지의 종류와 형태에서 그림이 나타내는 것은?**

① 저온경고 ② 고온경고
③ 고압전기경고 ④ 방사성 물질경고

18 **안전 · 보건표지의 종류와 형태에서 그림이 나타내는 것은?**

① 직진 금지 ② 출입 금지
③ 보행 금지 ④ 차량통행 금지

해설 교통 표지판은 직진금지이지만 안전 · 보건표지에서는 출입금지 표지이다.

19 **고압가스 종류별 용기의 도색으로 틀린 것은?**

① 산소 – 녹색
② 수소 – 갈색
③ 아세틸렌 – 노란색
④ 액화 암모니아 – 흰색

해설 고압가스 종류별 용기의 도색
㉠ 산소 : 녹색
㉡ 아세틸렌 : 황색
㉢ 액화암모니아 : 백색
㉣ 수소 : 주황색
㉤ LPG : 회색
㉥ 액화염소 : 갈색
㉦ 그 밖의 가스 : 회색

20 **자동차에서 엔진 오일압력 경고등의 식별색상으로 가장 많이 사용되는 색은?**

① 녹색 ② 황색
③ 청색 ④ 적색

해설 안전 · 보건표지의 색채 참조

21 **작업시작 전의 안전점검에 관한 사항 중 잘못 짝지어진 것은?**

① 인적인면 – 건강상태, 기능상태
② 물적인면 – 기계기구설비, 공구
③ 관리적인면 – 작업내용, 작업순서
④ 환경적인면 – 작업방법, 안전수칙

해설 작업방법, 안전수칙은 사람과 관련된 문제이다.

22 **산업 재해는 직접 원인과 간접 원인으로 구분되는데 다음 직접 원인 중에서 인적 불안전 요인이 아닌 것은?**

① 작업 태도 불안전
② 위험한 장소의 출입
③ 기계공구의 결함
④ 부적당한 작업복의 착용

해설 기계공구의 결함은 물적 산업재해 원인으로 구분된다.

answer 15.④ 16.③ 17.③ 18.② 19.② 20.④ 21.④ 22.③

23 **안전장치 선정 시 고려사항 중 맞지 않는 것은?**

① 안전장치의 사용에 따라 방호가 안전할 것
② 안전장치의 기능 면에서 신뢰도가 클 것
③ 정기점검 시 이외에는 사람의 손으로 조정할 필요가 없을 것
④ 안전장치를 제거하거나 또는 기능의 정지를 용이하게 할 수 있을 것

해설 안전장치는 어떠한 상태에서도 제거해서는 안 된다.

24 **작업 중 분진방지에 특히 신경 써야 하는 작업은?**

① 도장 작업
② 타이어 교환 작업
③ 기관 분해조립 작업
④ 판금 작업

해설 도장작업은 도색 작업시 분진이 날리므로 주의하여야 한다.

25 **다음 중 사고로 인한 재해가 가장 많이 발생하는 기계장치는?**

① 타이어 ② 벨트와 풀리
③ 종감속기어 ④ 기동전동기

해설 사고로 인한 재해가 많이 발생하는 기계장치는 벨트와 관련 재해가 가장 많다.

26 **다음 중 안전 표시 색채의 연결이 맞는 것은?**

① 주황색 – 화재의 방지에 관계되는 물건에 표시
② 흑색 – 방사능 표시
③ 노란색 – 충돌, 추락 주의 표시
④ 청색 – 위험, 구급 장소 표시

해설 안전 · 보건표지의 색채

색채	용도	사용예
빨간색	금지	정지신호, 소화설비 및 그 장소, 유해행위의 금지
	경고	화학물질 취급장소에서의 유해 · 위험 경고
노란색	경고	화학물질 취급장소에서의 유해 · 위험경고 이외의 위험경고, 주의표지 또는 기계방호물
파란색	지시	특정 행위의 지시 및 사실의 고지
녹색	안내	비상구 및 피난소, 사람 또는 차량의 통행표지
흰색		파란색 또는 녹색에 대한 보조색
검은색		문자 및 빨간색 또는 노란색에 대한 보조색

02 작업상의 안전

1 **다음 중 작업복의 조건으로서 가장 알맞은 것은?**

① 작업자의 편안함을 위하여 자율적인 것이 좋다.
② 도면, 공구 등을 넣어야 하므로 주머니가 많아야 한다.
③ 작업에 지장이 없는 한, 손발이 노출되는 것이 간편하고 좋다.
④ 주머니가 적고 팔이나 발이 노출되지 않는 것이 좋다.

해설 작업 복장의 일반사항

㉠ 작업복은 신체에 맞고 가벼운 것으로 작업자의 편안함을 위하여 자율적인 것이 좋다.
㉡ 더운 계절이나 고온 작업시에도 재해로부터 작업자를 보호하기 위하여 작업복을 벗지 않는다.
㉢ 작업에 지장이 없는 한 손발이 노출되는 것이 간편하고 좋다.
㉣ 작업에 따라 물건을 착용할 수 있어야 하고, 단추가 달린 것은 되도록 피한다.
㉤ 작업복은 항상 깨끗이 하고 특히 기름 묻은 옷은 불이 붙기 쉬우므로 위험하다.

answer 23.④ 24.① 25.② 26.③ / 1.④

2 **기계가공 작업 중 갑자기 정전이 되었을 때 조치 사항으로 틀린 것은?**

① 전기가 들어오는 것을 알기 위해 스위치를 넣어둔다.
② 퓨즈를 점검한다.
③ 공작물과 공구를 떼어 놓는다.
④ 즉시 스위치를 끈다.

해설 정전 해제 시 갑작스러운 작동에 의한 사고 방지를 대비하여 정전 발생시 각종 모터의 스위치를 꺼둔다.

3 **무거운 짐을 이동할 때 적당하지 않은 것은?**

① 힘겨우면 기계를 이용한다.
② 기름이 묻은 장갑을 끼고 한다.
③ 지렛대를 이용한다.
④ 힘센 사람과 약한 사람과의 균형을 잡는다.

4 **안전한 작업을 하기 위하여 작업 복장을 선정할 때, 유의사항과 가장 거리가 먼 것은?**

① 화기사용 직장에서는 방염성, 부련성의 것을 사용하도록 한다.
② 착용자의 취미, 기호 등을 감안하여 적절한 스타일을 선정한다.
③ 작업복은 몸에 맞고 동작이 작업하기 편하도록 제작한다.
④ 상의의 끝이나 바지 자락 등이 기계에 말려 들어갈 위험이 없도록 한다.

5 **연삭기를 사용하여 작업할 시 맞지 않는 것은?**

① 숫돌 보호덮개를 튼튼한 것을 사용한다.
② 정상적일 플렌지를 사용한다.
③ 단단한 지석(砥石)을 사용한다.
④ 공작물을 연삭숫돌의 측면에서 연삭한다.

해설 연삭 작업시 주의사항
㉠ 숫돌과 받침대와의 간격은 3[mm] 이내로 유지한다.
㉡ 숫돌의 커버를 벗겨놓은 채 사용해서는 안 된다.
㉢ 숫돌의 원주면을 사용한다.
㉣ 소형 숫돌은 측압에 약하므로 측면 사용을 피한다.
㉤ 숫돌 설치전 나무 해머를 이용해 숫돌을 가볍게 두들겨 맑은 음이 나면 정상이다.

6 **안전상 보안경 착용의 적합성을 다음에서 모두 고른 것은?**

㉠ 유해 광선으로부터 눈을 보호하기 위해서 ㉡ 유해 약물로부터 눈을 보호하기 위해서 ㉢ 중량물이 떨어질 때 눈을 보호하기 위해서 ㉣ 칩의 비산으로부터 눈을 보호하기 위해서

① ㉠－㉡－㉢　② ㉡－㉢－㉣
③ ㉠－㉡－㉣　④ ㉠－㉡－㉢－㉣

해설 보안경 착용은 A, B, D항으로 부터의 재해를 방지하기 위함이다.

7 **작업현장에서 재해의 원인으로 가장 높은 것은?**

① 작업환경
② 불안전한 행동
③ 장비의 결함
④ 작업순서

해설 불안전한 행동은 재해의 직접적인 원인이 된다.

8 **중량물을 들어 올리거나 내릴 때 손이나 발이 중량물과 지면 등에 끼어 발생하는 재해는?**

① 낙하　② 충돌
③ 전도　④ 협착

해설 협착이란 중량물에 손이나 발이 끼어 발생되는 재해를 말한다.

answer 2.④ 3.② 4.② 5.④ 6.③ 7.② 8.④

9 **앤빌(anvil)과 같이 무거운 물건을 운반할 때의 안전사항 중 틀린 것은?**

① 인력으로 운반시 다른 사람과 협조하에 조심성 있게 운반한다.
② 체인블럭이나 리프트를 이용한다.
③ 반드시 혼자 힘으로 운반한다.
④ 작업장에 내려놓을 때에는 충격을 주지 않도록 주의한다.

해설 앤빌과 같이 무거운 물건을 운반할 때에는 다른 사람과 협조하거나 체인블록, 호이스트, 리프트 등을 이용한다.

10 **기관을 운반하기 위해 체인 블록을 사용할 때의 안전사항 중 가장 옳은 것은?** 2007. 1

① 기관은 반드시 체인으로만 묶어야 한다.
② 노끈 및 밧줄은 무조건 굵은 것을 사용한다.
③ 가는 철선이나 체인으로 기관을 묶어도 좋다.
④ 체인 및 리프팅을 중심부에 튼튼히 매어야 한다.

해설 체인 블록을 사용할 때에 체인 및 리프팅은 중심부에 고정시키고 작업한다.

11 **자동차 정비공장에서 호이스트 사용시 안전사항으로 틀린 것은?**

① 규정 하중의 이상으로 들지 않는다.
② 무게 중심은 들어 올리는 물체의 크기(size) 중심이다.
③ 사람이 매달려 운반하지 않는다.
④ 들어 올릴 때에는 천천히 올려 상태를 살핀 후 완전히 들어올린다.

해설 호이스트 점검시 유의사항
㉠ 사람이 매달려 운반하지 않는다.
㉡ 호이스트 바로 밑에서 조작하지 않는다.
㉢ 규정 하중 이상으로 들지 않는다.
㉣ 화물을 걸을 때에는 들어 올리는 화물 무게중심의 위치를 확인하고 건다.

12 **중량물 운반수레의 취급시 안전사항 중 틀린 것은?**

① 적재는 가능한 한 중심이 위로 오도록 한다.
② 화물은 자체에 앞뒤 또는 측면에 편중되지 않도록 한다.
③ 사용 전에 운반수레의 각 부를 점검한다.
④ 앞이 안 보일 정도로 화물을 적재하지 않는다.

해설 적재는 가능한 한 중심이 낮은 곳에 위치하도록 한다.

13 **지게차로 물건을 운반시 안전한 작업과 거리가 먼 것은?**

① 포크는 지상 약 20[cm] 높이로 운전한다.
② 포크를 사용하지 않을 때는 최저위치로 한다.
③ 모퉁이를 돌 때 천천히 회전반경을 크게 운전한다.
④ 짐을 싣고 급경사 길을 내려갈 때는 전진 운전한다.

해설 지게차로 짐을 싣고 급경사 길을 내려갈 때에는 짐이 떨어질 수 있으므로 후진 운전한다.

14 **차량 밑에서 정비할 경우 안전조치 사항으로 틀린 것은?**

① 차량은 반드시 평지에 받침목을 사용하여 세운다.
② 차를 들어 올리고 작업할 때에는 반드시 잭으로 들어 올린 다음 스탠드로 지지해야 한다.
③ 차량 밑에서 작업할 때에는 반드시 앞치마를 이용한다.
④ 차량 밑에서 작업할 때에는 반드시 보안경을 착용한다.

해설 차량 밑에서 정비시 안전조치 사항
㉠ 차를 들어 올리고 작업할 때에는 반드시 잭으로 들어 올린 다음 스탠드로 지지해야 한다.
㉡ 차량 밑에서 작업할 때에는 반드시 보안경을 착용한다.
㉢ 차량은 반드시 평지에 받침목을 사용하여 세운다.

answer 9.③ 10.④ 11.② 12.① 13.④ 14.③

15 **작업장에서 작업자가 가져야 할 태도 중 틀린 것은?**

① 작업장 환경 조성을 위해 노력한다.
② 작업에 임해서는 아무런 생각 없이 작업한다.
③ 자신의 안전과 동료의 안전을 고려한다.
④ 작업안전 사항을 준수한다.

해설 작업장에서는 작업에 집중하여야 안전사고를 예방할 수 있다.

16 **운반기계를 이용하여 운반 작업을 할 경우 틀린 사항은?**

① 무거운 것은 밑에, 가벼운 것은 위에 쌓는다.
② 긴 물건을 쌓을 때는 끝에 위험 표시를 한다.
③ 긴 물건이나 높은 화물을 실을 경우는 보조자가 편승한다.
④ 구르기 쉬운 짐은 로프로 반드시 묶는다.

해설 긴 물건이나 높은 화물을 실을 경우는 보조자가 적재함에 편승해서는 안 된다.

17 **자동차 정비공장에서 지켜야 할 안전수칙 중 틀린 것은?**

① 지정된 흡연 장소 외에서는 흡연을 못하도록 할 것
② 경중을 막론하고 입은 부상은 응급치료를 받고 감독자에게 보고할 것
③ 모든 잭은 적재 제한 별로 보관할 것
④ 공구나 부속품은 반드시 휘발유를 사용해서 세척하되 특정 장소에서 할 것

해설 휘발유는 인화점이 낮아 화재의 위험이 크므로 절대로 공구나 부속품 세척에 사용해서는 안 된다.

18 **정비공장에서 지켜야 할 안전수칙이 아닌 것은?**

① 작업중 입은 부상은 응급치료를 받고 즉시 보고한다.
② 밀폐된 실내에서는 시동을 걸지 않는다.
③ 통로나 마루바닥에 공구나 부품을 방치하지 않는다.
④ 기름걸레나 인화물질은 나무상자에 보관한다.

해설 기름걸레나 인화물질은 철제상자에 보관한다.

19 **정비 작업시 지켜야 할 안전수칙 중 잘못된 것은?**

① 작업에 맞는 공구를 사용한다.
② 작업장 바닥에는 오일을 떨어뜨리지 않는다.
③ 전기장치는 기름기 없이 작업을 한다.
④ 잭을 사용하여 차체를 올린 후 손잡이를 그대로 두고 작업한다.

해설 잭을 사용하여 차체를 올린 후 잭 손잡이는 걸리지 않도록 빼놓거나 세워 놓은 후 작업한다.

20 **정비사업상의 안전수칙 설명으로 틀린 것은?**

① 정비작업을 위하여 차를 받칠 때는 안전잭이나 고임목으로 고인다.
② 노즐시험기로 노즐분사상태를 점검할 때는 분사되는 연료에 손이 닿지 않도록 해야 한다.
③ 알칼리성 세척유가 눈에 들어갔을 때는 먼저 알칼리유로 씻어 중화한 뒤 깨끗한 물로 씻는다.
④ 기관 시동시에는 소화기를 비치해야 한다.

해설 알칼리성 세척유가 눈에 들어갔을 때는 먼저 깨끗한 물로 충분히 씻는다.

21 **다음 작업 중 보안경을 반드시 착용해야 하는 작업은?**

① 인젝터 파형 점검 작업
② 전조등 점검 작업
③ 클러치 탈착 작업
④ 스로틀 포지션 센서 점검 작업

answer 15.② 16.③ 17.④ 18.④ 19.④ 20.③ 21.③

해설 보안경 착용 : 클러치, 변속기 탈착 및 용접, 해머, 그라인더작업등 이물질에 의한 눈을 보호 할 때 착용해야 한다.

22 수공구의 사용방법 중 잘못된 것은?

① 공구를 청결한 상태에서 보관할 것
② 공구를 취급할 때에 올바른 방법으로 사용할 것
③ 공구는 지정된 장소에 보관할 것
④ 공구는 사용 전·후 오일을 발라둘 것

해설 사용 전·후 오일이 묻었으면 잘 닦아서 사용해야 미끄러짐이 없다.

23 정 작업에서 안전한 사용방법이 아닌 것은?

① 정 작업은 시작과 끝에 특히 조심한다.
② 안전을 위해서 정 작업은 마주보고 작업한다.
③ 열처리한 재료는 정으로 작업하지 않는다.
④ 정 작업시 버섯 머리는 그라인더로 갈아서 사용한다.

해설 정 작업시 주의사항
㉠ 정 작업은 시작과 끝에 특히 조심한다.
㉡ 정 작업시 버섯머리는 그라인더로 갈아서 사용한다.
㉢ 열처리한 재료는 정으로 작업하지 않는다.
㉣ 정 작업은 마주보고 하지 않는다.
㉤ 절삭 면을 손가락으로 만지지 않는다.
㉥ 공작물 재질에 따라 날 끝의 각도를 바꾼다.
㉦ 절삭 칩을 손으로 제거하지 않는다.

24 다음 중 볼트나 너트를 조이거나 풀 때 부적합한 공구는?

① 복스 렌치
② 소켓 렌치
③ 오픈 엔드 렌치
④ 바이스 그립 플라이어

해설 바이스 그립 플라이어는 물체를 잡을 때 사용한다.

25 스패너 작업시의 안전수칙에 알맞지 않은 것은?

① 주위를 살펴보고 조심성 있게 죌 것
② 스패너를 몸 바깥쪽으로 밀지 말고, 앞쪽으로 당길 것
③ 힘겨울 때는 스패너 자루에 파이프를 끼워서 작업할 것
④ 스패너는 조금씩 돌리며 사용할 것

해설 스패너는 파이프를 끼워서 사용하거나, 해머를 사용하여 작업하지 않는다.

26 그림의 화살표 방향으로 조정 렌치를 사용하여야 하는 가장 중요한 이유는?

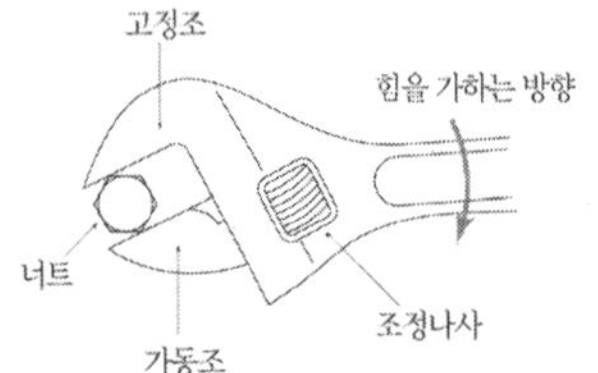

① 볼트나 너트의 머리 손상을 방지하기 위하여
② 작은 힘으로 풀거나 조이기 위해
③ 렌치의 파손을 방지하기 위함이며, 또 안전한 자세이기 때문에
④ 작업의 자세가 편리하기 때문에

해설 조정 렌치의 고정조에 힘이 많이 걸리도록 하는 이유는 안전한 자세로 렌치를 사용하고, 렌치의 파손을 방지하기 위함이다.

27 줄 작업시 주의사항이 아닌 것은?

① 뒤로 당길 때만 힘을 가한다.
② 공작물은 바이스에 확실히 고정한다.
③ 날이 메꾸어 지면 와이어 브러시로 털어낸다.
④ 절삭가루는 솔로 쓸어 낸다.

answer 22.④ 23.② 24.④ 25.③ 26.③ 27.①

해설 줄 작업시 주의사항

㉠ 줄은 끝을 가볍게 쥐고 앞으로 가볍게 밀어 사용한다.
㉡ 공작물은 바이스에 확실히 고정한다.
㉢ 칩은 반드시 브러시를 사용한다.
㉣ 줄에 균열이 있는지 잘 점검한다.
㉤ 줄 자루는 적당한 크기의 것으로 자루를 확실히 고정하여 사용한다.

28 전동공구를 사용하여 작업할 때의 준수사항이다. 올바른 것은?

① 코드는 방수제로 되어 있기 때문에 물이나 기름이 있는 곳에 놓아도 좋다.
② 무리하게 코드를 잡아당기지 않는다.
③ 드릴의 이동이나 교환시는 모터를 손으로 멈추게 한다.
④ 코드는 예리한 걸이에도 절단이나 파손이 안 되므로 걸어도 좋다.

해설 ①, ③, ④항은 절대 해서는 안되며, 코드를 무리하게 잡아당기지 않도록 한다.

29 드릴로 큰 구멍을 뚫으려고 할 때에 먼저 할 일은?

① 금속을 무르게 한다.
② 스핀들의 속도를 빠르게 한다.
③ 작은 구멍을 뚫는다.
④ 드릴 커팅 앵글을 증가시킨다.

해설 드릴로 큰 구멍을 뚫을 때에는 먼저 작은 구멍을 뚫고 작업한다.

30 드릴작업을 할 때 주의할 점으로 틀린 것은?

① 일감은 정확히 고정한다.
② 작은 일감은 손으로 잡고 작업한다.
③ 작업복을 입고 작업한다.
④ 테이블 위에 가공물을 고정시켜서 작업한다.

해설 드릴은 회전공구 이므로 절대 일감을 손으로 잡고 작업하지 않는다.

31 다음 중 탁상드릴로 둥근 공작물에 구멍을 뚫을 때 공작물 고정 방법으로 가장 적합한 것은?

① 손으로 잡는다.
② 바이스 플라이어로 잡는다.
③ V블록과 클램프로 잡는다.
④ 헝겊에 싸서 바이스로 고정한다.

해설 둥근 공작물을 탁상드릴로 구멍을 뚫을 때는 V블록과 클램프를 이용하여 공작물을 고정한다.

32 다음은 드릴 작업시의 주의사항이다. 틀린 것은?

① 작업복을 입고 작업한다.
② 드릴 구멍의 관통 여부는 봉을 넣어 조사한다.
③ 테이블 위에서 해머작업을 하지 않도록 한다.
④ 작은 일감은 손으로 붙잡고 작업한다.

해설 작은 물건은 바이스나 고정구로 고정하고, 직접 손으로 잡지 말아야 한다.

33 드릴링 머신의 안전수칙 설명 중 틀린 것은?

① 구멍뚫기를 시작하기 전에 자동 이송장치를 쓰지 말 것
② 드릴을 회전시킨 후 테이블을 조정하지 말 것
③ 드릴을 끼운 뒤에는 척키를 반드시 꽂아 놓을 것
④ 드릴 회전 중에는 쇳밥을 손으로 털거나 불지 말 것

해설 드릴 작업시 주의사항

㉠ 구멍뚫기를 시작하기 전에 자동이송장치를 쓰지 말 것
㉡ 드릴을 회전시킨 후 테이블을 조정하지 말 것
㉢ 드릴을 끼운 뒤에는 척키를 반드시 빼놓을 것
㉣ 드릴 회전 중 칩을 손으로 털거나 불어내지 말 것
㉤ 드릴을 회전시킨 후 테이블을 조정하지 말 것
㉥ 가공물에 구멍을 뚫을 때 가공물을 바이스에 물리고 작업할 것
㉦ 솔로 절삭유를 바를 경우에는 위에서 바를 것

answer 28.② 29.③ 30.② 31.③ 32.④ 33.③

34 **연삭 작업 시 안전사항 중 옳지 않은 것은?**

① 나무 해머로 연삭숫돌을 가볍게 두들겨 맑은 음이 나면 정상이다.

② 연삭숫돌의 표면이 심하게 변형된 것은 반드시 수정한다.

③ 받침대는 숫돌차의 중심선보다 낮게 한다.

④ 연삭숫돌과 받침대와의 간격은 3[mm] 이내로 유지한다.

해설 연삭 작업시 주의사항

㉠ 숫돌을 설치하기 전에 나무 해머로 숫돌을 가볍게 두들겨 맑은 음이 나면 정상이다.

㉡ 연삭숫돌의 표면이 심하게 변형된 것은 반드시 수정하여 사용한다.

㉢ 숫돌과 받침대와의 간격은 항상 3[mm] 이내로 유지한다.

㉣ 숫돌의 커버를 벗겨놓은 채 사용하지 않는다.

㉤ 숫돌의 원주면을 사용하여 연삭 작업을 한다.

35 **연삭작업 시 지켜야 할 안전수칙 중 잘못된 것은?**

① 보안경을 반드시 착용한다.

② 숫돌의 측면을 사용한다.

③ 숫돌차와 연삭대 간격은 3[mm] 이하로 한다.

④ 정상 회전속도에서 연삭을 시작한다.

해설 연삭작업은 ①, ③, ④ 항의 방법으로 하며, 숫돌의 원주면(회전면)을 사용한다.

answer 34.③ 35.②

CHAPTER 05 저공해자동차

5-1 저공해 자동차의 분류
5-2 CNG기관 연료장치
5-3 하이브리드 자동차 시스템
5-4 친환경 시스템 신기술
- 단원별핵심문제

CHAPTER 05 저공해자동차

1-1 저공해 자동차의 분류

우리 생활에 없어서는 안될 필수품으로 자리잡은 자동차는 최초에 자동차가 만들어진 이래 오랜 기간 동안 더 빠르고, 더 조용하고, 더 안전한 자동차를 만들기 위해 꾸준한 노력이 이어져 왔다. 그러나 최근에는 이에 덧붙여 얼마나 친환경적이고 고연비의 자동차를 만드느냐에 대한 노력이 더 집중되고 있다. 이것은 바로 환경 오염에 따른 자동차 배출가스 규제 강화와 곧 다가올 석유자원 고갈에 대비하기 위함이다. 이를 위해 자동차 업계에서는 전기자동차를 비롯하여 이를 응용한 태양광 자동차 및 연료전기 자동차, 이들의 단점을 보완하기 위한 하이브리드 자동차에 대한 연구와 개발에 박차를 가하여 현재 상용화가 되고 있다. 특히 전기자동차는 ULEV(Ultra Low Emission Vehicle, 초저공해차량) 규제, 즉 초저공해차량 규제를 만족시킬 수 있다는 점에서 현재 본격적인 상용화를 위한 개발이 진행되었다.

보충정리

- 저공해 자동차의 개발 배경
  - 산업의 발전에 따른 지구 온난화, 오존층 파괴, 산성비 등 대기오염의 악화와 지구 환경 파괴에 대한 우려
  - 세계 자동차 메이커는 석유자원 고갈에 대비한 대체에너지 개발은 필연적이라고 생각하고 있으며 현재로서는 석유자원의 활용과 대체에너지의 개발을 병행하여 진행하고 있는 추세
  - 환경 문제가 범세계적 관심사로 등장하면서 선진국을 중심으로 환경규제가 강화되고 있으며 특히 자동차 유해 배출가스를 감소시키기 위해 세계 여러 나라에서 유해 배출가스를 제도적으로 규제하고 있음

(1) 저공해 자동차의 개발 동향

대표적인 저공해 자동차의 종류에는 수소자동차, 천연가스 자동차, 태양광 자동차, 하이브리드 전기자동차, 전기자동차 등이 있다.

(2) 수소 자동차

수소를 자동차의 연료로 사용하는 연구는 오일쇼크와 자동차 배기가스 규제의 강화를 계기로 시작되었다. 지구 환경 보존 문제를 계기로 미래의 에너지로서 수소가 주목을 받는 지금, 수소를 자동차의

연료로 사용한다는 점에서 지구 환경문제에 대처하기 위해서는 매우 이상적이다. 그러나 수소의 대량 제조기술, 저장 및 수송 기술 등의 연료 공급 측의 문제를 해결해야 하는 과제로 남아 있다. 수소 자동차의 가장 큰 장점은 충전 편의성이다. 가솔린 자동차가 주유소에서 기름을 넣듯이 수소자동차는 충전기에서 수소를 충전하는데 3~5분이면 연료 탱크에 충전이 가능하다. 이와 달리 전기자동차는 배터리를 80[%] 가까이 충전하는데 약 30분 정도가 소요된다. 수소자동차는 이와 같은 충전의 편리함으로 인해서 실제 상용화될 경우 대중화될 가능성이 높은 장점을 지니고 있다.

(3) 천연가스 자동차

천연가스 자동차란 천연가스를 사용하는 엔진으로 구동되는 자동차를 말하며, 천연가스를 차량에 탑재하는 방식에 따라 크게 CNG(Compressed Natural Gas)와 LNG(Liquified Natural Gas)로 구분된다. CNG는 천연가스를 압축하여 고압용기(200~250기압)에 충전하여 이용하는 방법이고 LNG는 상온에서 기체상의 천연가스를 저온화(−162[℃] 이하)하여 액화시킨 후 단열용기에 저장하여 이용하는 방법이다.

천연가스 자동차의 장점으로는 자동차용 연료로서 천연가스는 석유계 대체연료로서 연료공급의 안정성으로 인한 저렴한 연료가격, 배출가스의 청정성뿐만 아니라 낮은 이산화탄소 배출율로 인해 지구온난화 방지대책으로 기대되며 기존 석유계 연료 연소기술의 활용이 가능하다는 점을 들 수 있다. 그러나 상온, 상압에서 기체이므로 연료의 운반성 및 엔진 출력이 석유계 액체연료에 비해 열세이며 1회 충전당 주행거리가 짧아 도시버스, 청소차 등에 국한되어 가능하다는 점 등의 단점이 있다.

(4) 태양광 자동차

태양광 자동차는 태양에너지를 전기에너지로 바꾸어 구동하는 방식의 자동차이다. 태양광 자동차의 특징은 고성능 태양전지(Solar Cell)를 사용하여 에너지 효율을 극대화하고, 차체를 초경량으로 설계하여 최고속도 120[km/h] 이상의 고성능을 발휘한다는 것이다. 또한, 에너지 전달 효율이 좋은 체인을 통해 뒷바퀴를 구동하는 방식을 사용한다. 그러나 태양광 자동차의 상용화에 어려운 점은 에너지 변환효율이 10[%]대여서 상용화하기엔 전지 효율이 떨어지고 태양광 전지의 비용이 너무 고가이며 충분한 태양이 없으면 제 성능을 발휘하기 어렵다.

(5) 하이브리드 자동차

하이브리드 자동차는 일반적으로 동력원인 전기모터와 내연기관을 조합, 연결하여 운행하는 자동차이다. 또한 낭비되는 엔진의 동력을 이용하여 축전지를 충전시키는 방법을 사용함으로 배기가스를 대폭 절감시킬 수 있다는 특징을 갖고 있다. 하이브리드 자동차의 장점은 전기모터의 작동으로 엔진에 걸리는 부하 및 작동 조건이 개선되고 엔진의 배기가스가 크게 줄어들어 차량의 사용 가능기간이 증가하는 점이다. 또한, 도시 소음을 줄이는데 효과가 크다.

(6) 전기자동차

전기자동차는 차량 구동 시 오염물질이 생성되지 않고 전기로 움직이기 때문에 엔진 소음이 없다. 하지만, 전지를 생산하는데 동력이 필요하며, 충전소의 확보가 어렵다는 제한점이 있다. 전기자동차는 일반 내연기관 자동차와 달리 고전압 배터리, 고전압 정션 박스, 완속 충전기, 전력제어장치, 모터, 감속기로 이루어져 있다. 고전압 배터리는 자동차 구동에 주 동력원이 되는 직류 전원을 보관한다. 고전압 정션 박스는 자동차 구동에 필요한 전기를 직접 구동, 제어하는 역할을 한다. 완속 충전기는 고전압 배터리에 충전할 경우 전원을 연결하기 위해 필요하다. 전력제어장치는 전기자동차의 핵심 제어기이다. 모터, 감속기는 전력을 받아서 회전력을 발생시키고 속도를 조절하는 역할을 한다.

① **고전압 배터리** : 자동차 구동에 주 동력원이 되는 직류 전원을 보관
② **고전압 정션 박스** : 자동차 구동에 필요한 전기를 직접 구동, 제어
③ **완속 충전기** : 고전압 배터리에 충전할 경우 전원을 연결
④ **전력제어장치** : 전기자동차의 핵심 제어기
⑤ **모터, 감속기** : 전력을 받아서 회전력을 발생시키고 속도 조절

5-2 CNG기관 연료장치

(1) 개요

① **CNG기관의 분류** : 연료를 저장하는 방법에 따라 압축 천연가스(CNG) 자동차, 액화 천연가스(LNG) 자동차, 흡착 천연가스(ANG) 자동차 등으로 분류된다. 천연가스는 연해 가정용 연료로 사용되고 있는 도시가스(주성분 : 메탄 ; CH_4)이다.

② **CNG기관의 장점**

㉠ 디젤기관과 비교하였을 때 매연이 100[%] 감소된다.
㉡ 가솔린기관과 비교하였을 때 이산화탄소 20 ~ 30[%], 일산화탄소가 30 ~ 50[%] 감소한다.
㉢ 저온에서의 시동성능이 좋으며, 옥탄가가 130으로 가솔린의 100보다 높다.
㉣ 질소산화물 등 오존영향 물질을 70[%] 이상 감소시킬 수 있다.
㉤ 기관의 작동소음을 낮출 수 있다.

(2) CNG엔진의 주요 구성

① **연료계측 밸브**(fuel metering valve) : 8개의 작은 인젝터로 구성되어 있으며, ECU로부터 구동 신호를 받아 기관에서 요구하는 연료량을 정확하게 흡기다기관에 분사한다.

② **가스 압력센서**(gas pressure sensor) : 가스 압력센서는 압력 변환기구이며, 연료계측 밸브에 설치되어 있어 분사 직전의 조정된 가스압력을 검출한다.

③ **가스 온도센서**(gas temperature sensor) : 가스 온도센서는 부특성 서미스터를 사용하며, 연료계측 밸브 내에 위치한다. 천연가스 온도를 측정하여 가스 온도센서의 압력을 함께 사용하여 인젝터의 연료농도를 계산한다.

④ **고압차단 밸브** : 고압차단 밸브는 탱크와 압력조절 기구 사이에 설치되어 있으며, 기관 정지 시 고압 연료라인을 차단한다.

⑤ **CNG탱크 압력센서** : 탱크에 있는 연료밀도를 산출하기 위해 탱크 온도센서와 함께 사용된다.

⑥ **CNG탱크 온도센서** : 탱크 온도센서는 탱크 속의 연료온도를 측정하기 위해 사용하는 부특성 서미스터이며, 탱크 위에 설치되어 있다.

⑦ **열 교환기구** : 압력 조절기구와 연료 미터링 밸브 사이에 설치되며, 감압할 때 냉각된 가스를 기관의 냉각수로 난기시킨다.

⑧ **연료온도 조절기구** : 열 교환기구와 연료계측 밸브 사이에 설치되며, 가스의 난기온도를 조절하기 위해 냉각수 흐름을 ON, OFF시킨다.

⑨ **압력조절 기구** : 고압차단 밸브와 열 교환기구 사이에 설치되며, CNG탱크 내의 200[bar]의 높은 압력의 천연가스를 기관에 필요한 8[bar]로 감압 조절한다.

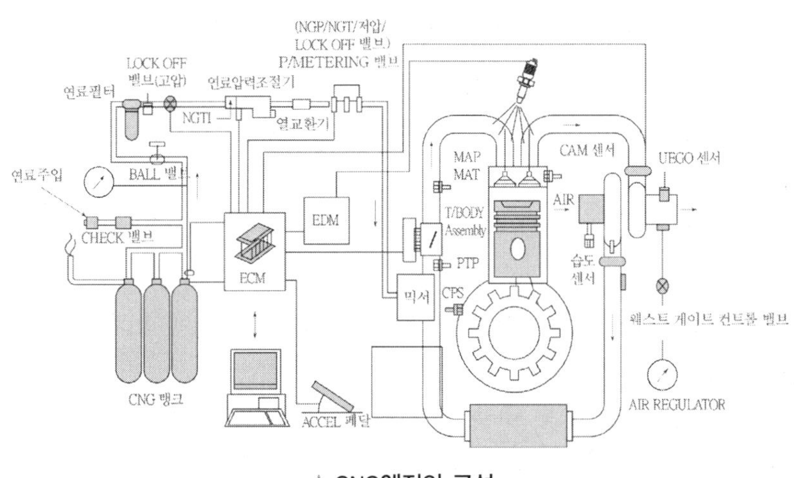

▲ CNG엔진의 구성

5-3 하이브리드 자동차 시스템

❶ 하이브리드 자동차의 개요

2개의 동력원(내연기관과 전기모터)을 이용하여 구동되는 자동차를 말하며, 가솔린엔진과 전기모터, 수소연소엔진과 연료전지, 천연가스와 가솔린엔진, 디젤엔진과 전기모터 등 2개의 동력원을 함께 쓰는 차를 말한다. 주로 가솔린엔진 및 디젤엔진과 전기모터를 함께 쓰는 방식을 많이 이용하고 있다.

(1) 하이브리드 일반

① 하이브리드 자동차의 필요성

㉠ 석유자원 고갈에 대한 대체 에너지 개발이 필요하다.

㉡ 배출가스 규제 대응 및 온난화 가스인 CO_2 배출량 감소가 의무화되었다.

㉢ CARB(California Air Resource Board)의 ZEV(Zero Emission Vehicle) 규격이 입법화되었다.

㉣ 2003년부터 무공해차 10[%]가 의무화되었다.

② 하이브리드 자동차의 장 · 단점

㉠ 엔진과 모터의 장점을 이용하여 효율을 증대시킨다.

㉡ 연비가 향상되고, 배기가스가 저감된다.

㉢ 복수의 동력을 탑제하므로 복잡하고 공간이 필요하다.

㉣ 배터리, 인버터 등 부품이 증가하므로 제작비용, 중량이 증가한다.

㉤ 대중화 되어 있지 않아 비싸다.

③ 하이브리드 자동차 원리의 3가지 핵심

㉠ 아이들 스탑(Idle Stop)

- 차량이 정지할 때 엔진을 정지시킴으로써 불필요한 연료소모를 방지한다.
- 전기모터를 이용하여 부드럽고 빠르게 엔진을 재시동시킬 수 있다.
- 일반 자동차는 엔진의 빠른 재시동이 불가능하므로 아이들 스탑 기능을 채용할 수 없다.

㉡ 전기모터 동력보조(Power Assist)

- 가속 및 등판 시 배터리에 저장된 전기에너지를 이용하여 모터를 구동하여 차량의 구동력을 증대한다.
- 모터의 동력 보조량만큼 엔진이 에너지를 덜 소모함으로써 연비 향상이 가능하다.

㉢ 회생제동(Regenerative Brake)

- 일반 자동차는 제동 시 차량의 에너지를 브레이크에서 마찰열로 소모한다.
- 하이브리드 전기자동차는 제동 시 모터를 발전기로 작동시켜 제동에너지를 전기에너지로 변환 후 배터리에 저장한다.
- 저장된 전기 에너지는 추후 전기모터의 구동에 사용된다.

④ 하이브리드 자동차의 기본 동력전달

㉠ **정지시** : 엔진이 자동으로 정지되어 연료소모량을 줄인다(Idle stop).

㉡ **정지상태에서 출발시** : 배터리를 이용하여 전기모터를 돌려 바퀴를 구동한다.

㉢ **일반 주행시** : 엔진과 전기모터 모두가 차량 바퀴를 움직인다. 엔진의 힘은 바퀴와 전기모터에 나누어 전달되며, 효율적인 측면에서 힘의 배분이 컨트롤된다.

㉣ **가속 및 고속 주행시** : 일반 주행에 더하여 배터리 전기를 이용하여 전기모터를 구동한다(동력 보조).

㉤ **감속시**(브레이크를 밟았을 때) : 브레이크 시 발생되는 열에너지를 전기모터가 발전기 역할을 하며 배터리를 충전한다(회생 브레이크).

(2) 하이브리드 자동차의 분류

① **탑재한 엔진에 따른 분류** : 내연기관과 모터의 조합 기준에 따른다.

㉠ 모터(배터리)+디젤 엔진

㉡ 모터(배터리)+가솔린 엔진

② **모터의 사용방법에 따른 분류**

㉠ **직렬형**(series ; 시리즈) **하이브리드** : 주요 구동장치는 전기모터이고, 가솔린 엔진은 발전을 위한 보조장치에 가깝게 만들어진 형태이다. 이 방식의 경우 가솔린 엔진은 전기를 생산하기 위한 장치이므로, 배기량이 큰 엔진을 사용하지 않아도 된다. 하지만, 전기모터와 배터리의 중량이 커지고, 부품 원가도 올라가며 공간도 많이 차지하는 단점이 있다.

㉡ **병렬형**(parallel ; 패러렐) **하이브리드** : 직렬형과 반대로 가솔린 엔진이 주요 구동장치 역할을 하고, 전기모터가 보조 역할을 하는 방식이다. 많은 힘을 내야 할 때는 가솔린 엔진에 전기 모터의 힘을 더하여 사용하고, 저속 운전을 할 경우는 전기모터만으로도 구동이 가능하다.

㉢ **직 · 병렬형**(시리즈-패러렐 ; combine) **하이브리드** : 복합형 하이브리드는 1개의 엔진과 2개의 모터를 사용하는 방식이다. 전기모터 중 하나는 엔진의 동력을 전기로 바꾸는 발전기 역할을 하며, 여기서 나온 전기로 배터리를 충전하거나 또 다른 전기모터를 구동시켜 동력을 얻게 한다. 가솔린 엔진과 모터 및 발전기를 효율적으로 이용하므로 효율이 우수하고 연비가 좋다.

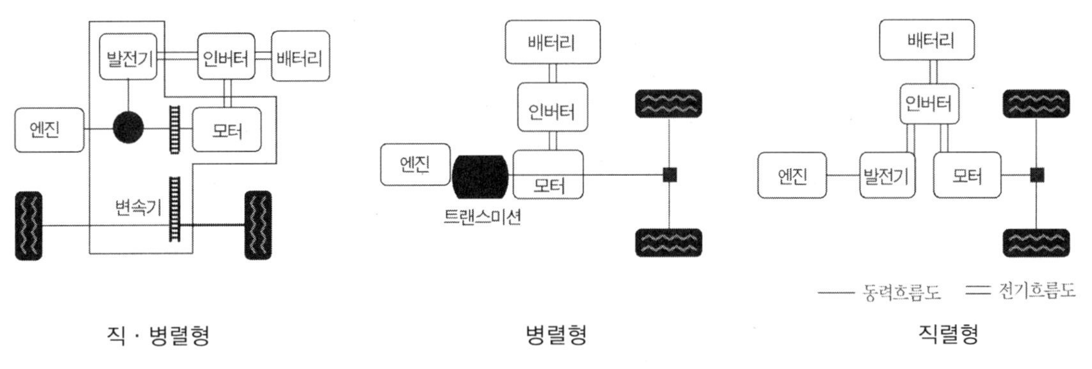

▲ 모터의 사용방법에 따른 분류

③ 주행동력 및 충전 방법에 따른 분류

㉠ **소프트 타입**(soft type, FMED) : 초기의 방식으로 엔진과 변속기 사이에 모터가 있고 모터가 엔진쪽으로 장착되어 전기모터에 의한 시동, 동력보조, 제동시 생기는 회전력으로 회생 제동을 할 수 있다. 이 방식은 엔진과 모터가 직결되어 전기차모드(EV모드)는 불가능하다. 적은용량의 모터를 탑재하여 소프트 타입 이라고 불린다. 우리나라의 대표적인 차량이 베르나, 아반떼, 프라이드, 클릭 등이 있다.

㉡ **하드 타입**(hard type, TMED) : 하드 타입은 기술이 발전되고 모터의 용량도 커졌고 전기모터가 변속기에 직결되어 있고 엔진과는 별도의 클러치 장치를 이용하여 구동을 분리할 수 있으며 전기차 주행모드가 가능하다. 엔진은 시동이 꺼지고 전기모터가 변속기를 회전시켜 구동을 할 수 있다. 이렇게 엔진의 동력을 끄고 전기모터로 주행하는 방식을 하드타입이라고 한다. 대표적인 차량은 최근 소나타, 그랜저, K5, K7 등이 있다. 따라서, 소트프 타입은 모터가 출발과 가속 등판주행시 엔진을 보조하여 동력을 전달하고 제동시 모터는 발전기의 역활을 하여 고전압 배터리를 충전하는 회생 제동을 한다. 그리고 중간에 엔진동력을 잠시 꺼두는 아이들 스탑 기능이 있고 출발시 시동모터가 아닌 전기모터에 의해 시동을 걸어 부드럽게 출발이 가능하다. 하드 타입도 동일하나 출발과 부하가 적은 영역에서는 엔진시동 없이 전기차모드로 주행하여 연료소비를 줄여준다. 정리하면 소프트 타입과 하드 타입의 분류는 엔진시동 없이 주행이 가능한지 아닌지에 달려있다. 소프트 타입은 엔진이 계속 구동되고 하드 타입은 상황에 따라 엔진이 정지하고 모터로만 구동을 한다.

㉢ **플러그 인 타입**(PHEV) : 하이브리드 자동차는 배터리가 충분히 충전되지 않은 경우 내연기관을 사용하는 비중이 늘어나게 된다. 플러그 인 하이브리드는 전기모터 가동률을 높이기 위해 외부 전원을 이용해 배터리를 충전할 수 있도록 만든 하이브리드를 일컫는 말이다. 연료 주입구 외에 충전할 수 있는 플러그가 있다면 플러그 인 하이브리드 자동차다.

❷ 하이브리드 자동차의 구성 및 취급방법

(1) 하이브리드 자동차 시스템의 구성

HEV 자동차는 내연기관과 고출력 전기모터로부터 동력을 발생시켜서 구동을 하는 자동차로서, 전기에너지를 구동에 필요한 운동에너지로 변환하기 위해서 고출력 전기모터, 고전압 배터리, BMS, MCU(Inverter) 및 LDC 등과 같은 새로운 부품이 장착되어 있다.

① 하이브리드 자동차 시스템의 모터 시동

㉠ **하이브리드 모터 시동** : 하이브리드 모터에 의한 시동과 시동 모터를 이용한 시동의 두 가지가 있다.

㉡ **하이브리드 모터에 의한 시동 조건** : P나 N단에서 하이브리드 모터에 의한 시동과 아이들 스탑 해제에 따른 시동의 두 가지가 있다.

㉢ 특이 사항

• 모터 시동 금지시는 Key 시동시 스타터로 시동

• 아이들 스탑 중 금지조건 발생시 아이들 스탑을 즉각 해제하고 모터 시동

㉣ 하이브리드 모터 시동 금지조건

• 고전압 배터리의 온도가 약 -10[℃] 이하인 경우 또는 배터리 온도가 약 45[℃] 이상인 경우

• 모터 컨트롤MCU) 인버터(Inverter) 온도가 94[℃] 이상인 경우

• 고전압 배터리 충전량(SOC)이 18[%] 이하인 경우

• 엔진 냉각수 온도가 -10[℃] 이하인 경우

• ECU/MCU/BMS/HCU 고장이 감지된 경우

㉤ 시동 RPM 조정

• ECU 아이들 RPM 이상으로 설정

• 장시간 아이들 스탑 후 시동시 CVT 유압발생을 위하여 시동 RPM을 상승시킨다.

② 하이브리드 자동차의 용어 설명

약 어	영 문	국 문
HEV	Hybrid Electric Vehicle	하이브리드 자동차
HCU	Hybrid Control Unit	하이브리드 종합 제어기
MCU	Motor Control Unit	모터 컴퓨터(인버터)
BMS	Battery Management System	고전압 배터리 관리 시스템
LDC	Low DC-DC Converter	DC-DC 변환기
IFB	Inter Face Box	LPI 컴퓨터
TMK	Tire Mobility Kit	타이어 펑크 수리 키트
CAS	Creep Aid System	밀림 방지 시스템
MDPS	Motor Driven Power Steering	전동식 모터 조향장치
FMED	Flywheel Mounted Electric Device	플라이 휠에 장착된 모터(소프트 타입 의미)
TMED	Transmission Mounted Electric Device	변속기에 장착된 모터(하드 타입 의미)
SOC	State Of Charge	배터리 충전 상태
HSG	Hybrid Starter Generator	엔진을 시동하거나 배터리 충전만을 위한 모터-발전기
PRA	Power Relay Assembly	고전압 릴레이 어셈블리
IPM	Integrated Package Module	배터리, 인버터 LDC 통합 패키지 모듈
Ni-MH	Nikel Metal Hybride	니켈-수소 배터리
LI-PB	Lithium Ion Polymer	리듐-이온 폴리머 배터리
레졸버	resolver	모터 내부에 장착되어 있는 모터위치센서
안전플러그	safety plug	IPM 내부에 장착된 고전압 차단 플러그
플러그-인	Plug-In	가정용 전기로 충전하는 HEV

(2) 하이브리드 자동차 정비시 주의사항

하이브리드 시스템은 일반 배터리(12[V])도 있지만, 고전압(140 ~ 380[V]) 시스템으로 구성되어 쇼트, 감전 및 누전에 주의한다.

① 작업 전 준비사항

㉠ 안전복, 절연장갑, 고무장갑, 보호안경 및 안전화를 준비

㉡ ABC 소화기를 준비

㉢ 전해질을 닦을 수 있는 수건을 준비

② 하이브리드 자동차 고전압 시스템 점검시 주의사항

㉠ 취급기술자는 고전압 시스템에 대한 검사와 서비스 교육이 선행될 것

㉡ 모든 고전압 시스템을 취급하는 단품에는 고전압 라벨이 붙어 있다.

㉢ 절연장갑을 착용하고, 차량 고전압 차단을 위한 고전압 안전스위치를 OFF할 것

㉣ 안전 스위치 OFF 후 5분 경과 후 작업할 것(MCU 방전시간 필요)

㉤ 작업시 금속성 물질(시계, 반지, 목걸이, 금속성 필기구 등)을 제거할 것

㉥ 고전압 케이블 금속부 작업시 반드시 전압계를 이용하여 0.1[V] 이하인지 확인할 것

㉦ 고전압 터미널 체결시 반드시 규정토크 준수할 것

㉧ 정비 및 점검시 "주의 : 고전압 흐름, 촉수금지" 경고판을 설치하여 알릴 필요가 있다.

③ 하이브리드 자동차 정비 시 작업 순서

㉠ 이그니션 스위치를 "OFF"한다.

㉡ 뒷좌석 시트 등받이를 제거한다.

㉢ 절연장갑 착용상태에서 12[V] 배터리 케이블을 탈거한다.

㉣ 서비스 플러그(안전 스위치)를 제거한다(OFF).

㉤ 서비스 플러그(안전 스위치)를 제거한(OFF) 후, 고전압 부품 취급 전에 5 ~ 10분 이상 대기한다.

④ 하이브리드 자동차 사고 시 조치사항

㉠ 고전압 케이블(절연피복이 벗겨진 상태)은 손대지 말 것

㉡ 차량 화재시 ABC 소화기로 진압할 것

㉢ 차량이 반쯤 침수되었을 경우 차량의 서비스 플러그(안전 스위치) 등 일체의 접근을 금지할 것

㉣ 차량에 손 댈 경우, 차량을 물에서 완전히 안전한 곳으로 이동 후 조치할 것

㉤ 고전압 배터리 전해질 누수 발생 시 피부에 접촉하지 말 것

㉥ 리튬 이온 폴리머 배터리는 겔(Gel) 타입의 전해질이 피부 접촉 시 비눗물로 깨끗이 씻을 것

㉦ **차량 파손으로 고전압 차단이 필요하면, 다음 순서대로 조치할 것**

- 차량 정지 후 P단으로 하고, 사이드 브레이크를 작동시킬 것
- IG Key 제거 후 보조배터리 접지(−)를 탈거할 것

• 절연장갑을 착용한 후, 서비스 플러그(안전 스위치)를 제거할 것. 하지만 차량 파손으로 불가능할 경우는 IG 릴레이 또는 배터리 퓨저를 탈거할 것

5-4 친환경 시스템 신기술

(1) 액티브 에코 드라이브 시스템

액티브 에코 드라이브 시스템(active economic drive system)은 차량의 엔진, 변속기, 에어컨 제어를 통해 연비를 향상시키도록 도움을 주는 장치이며, 운전자가 액티브 에코 버튼을 누르면 계기판에 녹색 표시등(ECO)이 켜지며 경제 운전 모드로 전환된다. 또한, 액티브 에코 작동 중 다음과 같은 상황이 발생될 경우 표시등은 변화가 없으나 작동이 제한될 수 있다.

참고 미 작동 조건 : 냉각수 온도가 낮을 때, 오르막길을 주행할 때, 스포츠 모드를 사용할 때

(2) ISG시스템

ISG(Idle Stop & Go)시스템은 엔진이 동작하고 있으면 차가 멈춰 있더라도 연료가 계속 소모된다.

운전 중 건널목과 같이 차를 일시적으로 정차할 때는 보통 시동을 끄지 않고 유지하는데 연료 소모가 문제지만 공회전으로 인한 배기가스 배출량도 만만치 않다. 이러한 문제점을 해결하기 위해 개발된 장치가 바로 ISG(Idle Stop and Go) 시스템이다. 이 장치는 브레이크 페달을 밟은 상태에서 차속이 "0[km/h]"가 되면 엔진이 자동으로 정지되어 연료를 아낄 수 있게 해주는 장치이다. 이렇게 엔진이 정지된 후 브레이크 페달에서 발을 떼면 엔진이 자동으로 재시동된다. 또한 차량 정지 후 변속 레버를 「N」(중립), 「P」(주차)에 두고 브레이크 페달에서 발을 떼고 있는 상태에서는 브레이크 페달을 다시 밟으면 엔진이 재시동된다. 이 장치 덕분에 신호 대기가 많은 시내주행 시 적지 않은 연료를 아낄 수 있다. 하이브리드 자동차(hybrid vehicle)와 동일한 Auto Stop 기능이지만 하이브리드 자동차의 경우에는 구동을 하지만, ISG는 기동전동기로 기관 시동을 한다.

(3) 기타

① Kappa 1.0 T-GDI Engine : 신세대 소형 터보 가솔린 엔진의 첫 주자인 카파 998[cc] 터보 GDI 엔진은 3기통 카파 1.0MPI를 바탕으로 동력성능을 획기적으로 높여주는 터보와 연비 향상 및 배출가스 저감 효과가 있는 직분사(GDI) 기술을 결합해 저중속 · 중고부하 영역 및 실용 운전 영역에서의 연비를 개선했으며, 저중속에서의 높은 성능과 빠른 응답성 및 다양한 운전 조건에서의 우수한 동력성능을 구현했다. 소형 싱글 스크롤 터보차저와 200바 GDI 인젝터, 전자제어 웨이스트 게이트를 채용했으며 유로 6c를 충족시킨다. 120마력의 힘을 내 1.2~1.6[l] 자연흡기 엔진을 대체하는 다운사이징 엔진이다.

② Kappa 1.4 T-GDI Engine & CNG Bi-Fuel : 카파 1,352[cc] 4기통 터보 가솔린 엔진은 기존 감마 1.4리터 엔진보다 14[kg] 가벼운 87[kg]에 불과하다. 고압 싱글 스크롤 터보차저를 배기매니폴드에 통합해 스로틀 반응 시간을 단축하고 저회전 토크를 향상시켰다. 이 가솔린 엔진에 CNG를 조합한 바이퓨얼 시스템은 CNG를 주로 사용하고 가스 소진 시, 또는 주행 상황에 따라 보조적으로 가솔린을 사용하는 방식으로 작동된다. CNG 모드에서 최고출력 117마력, 최대토크 206[Nm](21.0[kg · m])의 힘을 낼 수 있으며, 7단 DCT와 조합해 i30에 탑재한 경우 CO_2 배출량을 87[g/km]으로 크게 감축할 수 있다.

③ 7 Speed Dual Clutch Transmission : 2개의 건식 클러치와 각 클러치용 액추에이터로 구성되며, 2개의 클러치는 각각 홀수단 및 짝수단 동력 전달을 담당해 변속함으로써, 클러치가 하나만 있을 때보다 변속 충격이 적고 동력 손실도 줄일 수 있다. 효율적인 변속을 통한 연료 소비 및 CO_2 배출량 절감에 효과적이다. 하반기 미국시장에 출시된 쏘나타 에코(ECO)의 경우 177마력 감마 1.6 터보 엔진에 7단 DCT를 조합해 2.4리터 쎄타II 엔진과 6단 자동변속기를 탑재한 쏘나타보다 10[%] 향상된 연비를 제공한다.

④ Nu 2.0 HEV 6 Speed Automatic Transmission : 전륜구동 하이브리드카의 6단 자동변속기로, 기계식 오일펌프를 제거하고 고전압 전동식 오일펌프의 제어를 최적화하여 개선된 연비, 부드러운 변속감, 역동적인 주행감을 구현한 것이 특징이다.

⑤ 48V Hybrid & T-Hybrid : 1.7[l] U-2 디젤 엔진에 48[V] 배터리와 소형 전기모터, 컨버터 등이 조합된 마일드 하이브리드 시스템이다. 감속할 때 버려지는 엔진의 동력 에너지를 벨트구동 방식의 전기모터를 통해 전기에너지로 변환해 48[V] 배터리를 충전한 후, 가속할 때 다시 동력에너지로 전환함으로써 파워트레인의 효율을 높인다. 기존 양산 디젤 모델에 비해 CO_2 배출과 연료 소비를 최대 15[%] 가량 감소시키면서도 엔진의 저중속 회전 영역에서의 성능은 15[%] 가량 높여, CO_2 배출량은 100[g/km] 이하로 유지하면서 최고출력 155[ps], 최대토크 360[Nm](36.7[kg · m])의 힘을 발휘한다. 가격 대비 높은 연비 효율, 빠른 충전 속도, 작은 크기와 46[kg]에 불과한 무게 또한 장점이다. 기존 내연기관차의 구조 변경을 최소화함으로써 양산차에 광범위하게 활용될 수 있는 차세대 친환경차 시스템이다.

제 5 편

저공해자동차

단원핵심문제

1 다음 중 하이브리드 자동차에서 기동발전기(hybrid starter & generator)의 교환 방법으로 틀린 것은? 2014

① 점화 스위치를 OFF하고 보조 배터리의 (-) 케이블은 분리하지 않는다.

② HSG 교환 후 반드시 냉각수 보충과 공기빼기를 실시한다.

③ HSG 교환 후 진단장비를 통해 HSG 위치 센서(레졸버)를 보정한다.

④ 안전 스위치를 OFF하고 5분 이상 대기한다.

해설 하이브리드 자동차 기동발전기 교환방법
㉠ 점화 스위치 OFF 및 배터리(-) 케이블 분리
㉡ 안전 스위치 OFF 후 5분 이상 대기
㉢ UVW 상간 전압 0[V]를 확인
㉣ 기동발전기교환
㉤ 냉각수 보충 후 공기빼기
㉥ 진단장비를 이용하여 기동발전기 위치 센서 보정작업

2 다음 중 하이브리드 시스템을 제어하는 컴퓨터의 종류가 아닌 것은? 2013

① 모터 컨트롤 유닛

② 통합제어 유닛

③ 배터리 컨트롤 유닛

④ 하이드로릭 컨트롤 유닛

해설 하이브리드 시스템을 제어하는 컴퓨터의 종류
㉠ **모터 컨트롤 유닛**(Motor Control Unit) : 구동모터 즉 하이브리드 모터를 제어하는 시스템이다.
㉡ **배터리 컨트롤 유닛**(Battery Control Unit) : 배터리의 충·방전을 제어하는 시스템이다.
㉢ **통합제어 유닛**(Hybrid Control Unit) : 하이브리드 전체 시스템을 제어한다.
㉣ **보조배터리 충전 컨트롤 유닛** : 자동차의 벌브 및 각종 전기장치의 구동은 일반 자동차에 사용하는 12[V]의 배터리(보조배터리)를 사용하므로 이 배터리의 충전을 관장하는 시스템이다.

3 하이브리드 자동차에서 회생제동의 시기는? 2016

① 출발할 때 ② 감속할 때

③ 급가속 할 때 ④ 정속주행할 때

해설 하이브리드 자동차의 주행 모드
㉠ **시동 모드**
- 구동 모터에 의해 시동한다.
- 모터는 엔진 크랭크축에 직접 연결된다.
- 시동시 기존의 내연기관에 비하여 동력전달 효율이 우수하다.
- 배터리의 충전용량이 낮거나 모터 제어기에 문제가 발생할 경우 기존의 12[V]용 전동기로 직접 시동한다.

㉡ **가속 모드**
- 가속시나 등판길과 같이 큰 동력이 요구될 경우 가속(동력보조) 모드로 운행된다.
- 가속 모드시에는 엔진과 모터에서 동시에 동력을 전달한다.
- 만약 배터리의 충전지수가 낮은 경우에는 모터는 동력전달을 하지 않고 내연기관에 의해서만 동력이 전달된다.

㉢ **회생제동 모드**(감속 모드)
- 차량 감속시 모터는 바퀴에 의해 회전하여 발전기 역할을 한다.
- 모터는 자동차의 감속 시에 발생되는 운동에너지를 전기에너지로 전환하여 배터리를 충전한다.
- 배터리의 충전이 일정 이상일 경우 과충전 방지를 위하여 충전하지 않는다.

㉣ **아이들 스톱**(idle stop) **모드** : 불필요한 아이들 시 발생되는 연료소비와 배출가스 저감을 위하여 자동차가 일시 정지하고 일정 조건을 만족할 경우 엔진을 정지시키는 작동 모드이다.

answer 1.① 2.④ 3②

4 **다음은 하이브리드 자동차에서 사용하고 있는 캐패시터(capacitor)의 특징을 나열한 것이다. 틀린 것은?** 2015

① 출력밀도가 낮다.
② 충전시간이 짧다.
③ 전지와 같이 열화가 거의 없다.
④ 단자 전압으로 남아있는 전기량을 알 수 있다.

해설 캐패시터 : 축전기 또는 콘덴서란 전기회로에서 전기 용량을 전기적 퍼텐셜 에너지로 저장하는 장치이다. 축전기 내부는 두 도체판이 떨어져 있는 구조로 되어 있고, 사이에는 보통 절연체가 들어간다. 각 판의 표면과 절연체의 경계 부분에 전하가 비축되고, 양 표면에 모이는 전하량의 크기는 같지만 부호는 반대이다. 즉, 두 도체판 사이에 전압을 걸면 음극에는 (−)전하가, 양극에는 (+)전하가 유도되는데, 이로 인해 전기적 인력이 발생하게 된다. 이 인력에 의하여 전하들이 모여있게 되므로 에너지가 저장된다. 특징은 충전시간이 짧고, 출력밀도가 높고, 전지와 같이 열화가 거의 없으며, 단자 전압으로 남아있는 전기량을 알 수 있다.

5 **하이브리드 자동차의 전원제어 시스템에 대한 두 정비사의 의견 중 옳은 것은?** 2015

- 정비사 KIM : 인버터는 열을 발생하므로 냉각이 중요하다.
- 정비사 LEE : 컨버터는 고전압의 전원을 12[V]로 변환하는 역할을 한다.

① 정비사 KIM만 옳다.
② 정비사 LEE만 옳다.
③ 두 정비사 모두 옳다.
④ 두 정비사 모두 틀리다.

6 **병렬형(Parallel) TMED(Transmission Mounted Electric Device)방식의 하이브리드 자동차(HEV)의 주행 패턴에 대한 설명으로 틀린 것은?**

① 엔진 OFF시에는 EOP(Electric Oil Pump)를 작동해 자동변속기 구동에 필요한 유압을 만든다.
② 엔진 단독 구동 시에는 엔진 클러치를 연결하여 변속기에 동력을 전달한다.
③ HEV 주행 모드로 전환할 때 엔진 회전속도를 느리게 하여 HEV 모터 회전 속도와 동기화 되도록 한다.
④ EV 모드 주행 중 HEV 주행 모드로 전환할 때 엔진동력을 연결하는 순간 쇼크가 발생할 수 있다.

해설 TMED(Transmission Mounted Electric Device)의 특징
㉠ Hard type / Full HEV type이라고 불린다.
㉡ 모터가 변속기에 직결되어 있고 EV 모드(모터 단독 구동)를 위해 엔진과는 클러치로 분리되어 있다.
㉢ FMED 방식 대비 연비가 우수한 이유도 EV 모드 구동이 가능하기 때문이다.
㉣ 기존 변속기를 사용하고 있기 때문에 투자비용을 절감할 수 있으나, 정밀한 클러치 제어가 요구된다.
㉤ 모터가 엔진과 분리되어 있어 주행 중 엔진시동을 위해 별도의 Starter(HSG)가 필요하다.

7 **하이브리드에 적용되는 오토 스톱 기능에 대한 설명으로 옳은 것은?** 2014

① 정차 시 엔진을 정지시켜 연료소비 및 배출가스 저감
② 위험물 감지 시 엔진을 정지시켜 위험을 방지
③ 엔진에 이상이 발생 시 안전을 위해 엔진을 정지
④ 모터 주행을 위해 엔진을 정지

해설 하이브리드 자동차는 시동 모드, 가속 모드, 감속 모드(회생재생 모드), 아이들 스톱 모드로 나뉜다.

8 **하이브리드 자동차 계기판에 있는 오토 스톱(Auto Stop)의 기능에 대한 설명으로 옳은 것은?** 2014

① 배출가스 저감
② 엔진 시동성 향상
③ 냉각수 온도 상승 방지
④ 엔진오일 온도 상승 방지

answer 4. ① 5. ③ 6. ③ 7. ① 8. ②

해설 오토 스톱(AUTO STOP) 기능 : 오토 스톱 스위치를 OFF하게 되면 경제적인 운전을 하지 않겠다는 운전자의 의지를 나타내는 것이다. 오토 스톱이 점등되면 하이브리드 자동차는 운행 중 엔진이 정지한다. 이 기능을 오토 스톱이라고 하며, 동작 시 계기판에 "AUTO STOP"이 점등된다. 단, 주행 중에는 엔진이 꺼지지 않는다. 오토 스톱 기능은 차량이 정지한 후 연료소비 및 배출가스를 저감시키기 위하여 엔진을 자동으로 정지시키는 기능으로 ECO 스위치에 의해 작동 영역이 틀려진다.

9 **다음 중 하이브리드 자동차에 적용된 이모빌라이져 시스템의 구성품이 아닌 것은?** 2013

① 스마트 키 유닛(Samrt Key Unit)
② 트랜스폰더(Transponder)
③ 코일 안테나(Coil Antenna)
④ 스마트라(Smatra)

해설 이모빌라이져 시스템 : 무선통신 방식으로 키의 기계적인 일치뿐만 아니라 무선으로 통신되는 암호 코드가 키와 차량이 일치하는 경우에만 시동이 걸리도록 한 도난 방지 장치이다. 즉, 암호 코드가 일치하지 않으면 크랭킹은 가능하지만 엔진 ECU에서 연료 펌프 및 인젝터 등을 제어하여 시동이 불가능하게 하는 장치이다. 시스템 구성요소는 손잡이 부분에 내장되어 IG ON시 에너지를 수신하여 무선에 의해 암호관련 데이터를 연산하고 결과를 전송하는 트랜스폰더(Transponder)와 트랜스폰더에 에너지를 공급하고 트랜스폰더에서 출력되는 시그널을 수신하여 스마트라(BCM)로 전달하는 코일 안테나(Coil Antenna)가 있으며, 스마트라(BCM)에서 전송된 데이터를 읽고 판독하여 동일한 암호일 경우에만 시동이 가능하도록 하는 엔진 ECU가 있다.

10 **하이브리드 자동차에서 직류(DC)전압을 다른 직류(DC)전압으로 바꾸어주는 장치는?** 2013

① 리졸버 ② DC-AC 컨버터
③ DC-DC 컨버터 ④ 캐패시터

해설 ㉠ 캐패시터 : 축전기 또는 콘덴서란 전기회로에서 전기 용량을 전기적 퍼텐셜 에너지로 저장하는 장치이다. 축전기 내부는 두 도체판이 떨어져 있는 구조로 되어 있고, 사이에는 보통 절연체가 들어간다. 각 판의 표면과 절연체의 경계 부분에 전하가 비축되고, 양 표면에 모이는 전하량의 크기는 같지만 부호는 반대이다. 즉, 두 도체판 사이에 전압을 걸면 음극에는 (-)전하가, 양극에는 (+)전하가 유도되는데, 이로 인해 전기적 인력이 발생하게 된다. 이 인력에 의하여 전하들이 모여있게 되므로 에너지가 저장된다.
㉡ DC-DC 컨버터 : 어떤 전압의 직류 전원에서 다른 전압의 직류 전원으로 변환하는 전자회로 장치를 말한다.
㉢ DC-AC 인버터 : 직류(DC)전압을 교류(AC)전압으로 바꾸어주는 장치이다.
㉣ 리졸버(resolver) : 고정자와 회전자에 각각 2상(相)권선을 가진 각도 센서로, 각도 센서로써 뿐 아니라 연산요소, 특히 삼각함수의 연산요소로서 사용된다.

11 **주행중인 하이브리드 자동차에서 제동시에 발생된 에너지를 회수(충전)하는 제어 모드는?**

① 시동 모드 ② 가속 모드
③ 발진 모드 ④ 회생제동 모드

해설 회생제동 모드(감속 모드)
㉠ 차량 감속 시 모터는 바퀴에 의해 회전하여 발전기 역할을 한다.
㉡ 모터는 자동차의 감속 시에 발생되는 운동에너지를 전기에너지로 전환하여 배터리를 충전한다.
㉢ 배터리의 충전이 일정 이상일 경우 과충전 방지를 위하여 충전하지 않는다.

12 **병렬형(Parallel) TMED(Transmission Mounted Electric Device)방식의 하이브리드 자동차(HEV)에 대한 설명으로 틀린 것은?** 2015

① 모터 단독 구동이 가능하다.
② 모터가 변속기에 직결되어 있다.
③ 모터가 엔진과 연결되어 있다.
④ 주행 중 엔진 시동을 위한 HSG가 있다.

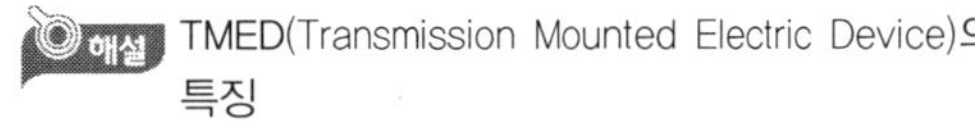

해설 TMED(Transmission Mounted Electric Device)의 특징
㉠ Hard type / Full HEV type이라고 불린다.
㉡ 모터가 변속기에 직결되어 있고 EV 모드(모터 단독 구동)를 위해 엔진과는 클러치로 분리되어 있다.
㉢ FMED 방식 대비 연비가 우수한 이유도 EV 모드 구동이 가능하기 때문이다.

answer 9. ① 10. ③ 11. ④ 12. ③

㉣ 기존 변속기를 사용하고 있기 때문에 투자비용을 절감할 수 있으나, 정밀한 클러치 제어가 요구된다.
㉤ 모터가 엔진과 분리되어 있어 주행 중 엔진시동을 위해 별도의 Starter(HSG)가 필요하다.

13 **하이브리드 자동차에서 엔진정지 금지조건이 아닌 것은?** 2013

① 브레이크 부압이 낮은 경우
② D레인지에서 차속이 발생한 경우
③ 엔진의 냉각수 온도가 낮은 경우
④ 하이브리드 모터 시스템이 고장인 경우

해설 오토 스톱 금지조건(엔진 재시동)
㉠ 엔진 냉각수온이 50[℃] 이하이거나 CVT 유온이 30[℃] 이하일 경우
㉡ 오토스톱 스위치가 off인 경우
㉢ 가속페달을 밟거나 변속레버가 P 또는 R단일 경우
㉣ 하이브리드 시스템의 문제로 결함이 검출될 경우
㉤ 차량이 급감속하거나 ABS가 작동하고 있을 경우
㉥ 브레이크 마스터 백의 부압이 낮은 경우 (500[mmHg] 이하)일 경우
㉦ 엔진의 전기부하가 크거나 12[V]의 배터리 전압이 낮은 경우

14 **하이브리드 자동차의 전기장치 정비 시 반드시 지켜야 할 내용이 아닌 것은?** 2013 · 2016

① 절연장갑을 착용하고 작업한다.
② 하이브리드 컴퓨터의 커넥터를 분리하여야 한다.
③ 전원을 차단하고 일정 시간이 경과한 후 작업한다.
④ 서비스플러그(안전플러그)를 제거한다.

해설 고전압 시스템을 작업하기 전에는 반드시 아래 사항을 실시한다.
㉠ 항시 절연장갑을 착용하고, 절연공구를 사용한다.
㉡ 절연장갑이 찢어졌거나 파손되었는지 확인한다.
㉢ 절연장갑의 물기를 완전히 제거한 후 착용한다.
㉣ 금속성 물질은 고전압 단락을 유발하여 인명과 차량을 손상시킬 수 있으므로, 작업 전에 반드시 몸에서 제거한다(금속성 물질 : 시계, 반지, 기타 금속성 제품 등).
㉤ 고전압을 차단한다.
㉥ 고전압 케이블의 커넥터를 분리한 후 전압계를 이용하여 각 강 사이의 전압이 0[V]인지 확인한다.
㉦ 서비스 플러그(안전 플러그)를 제거한다.
㉧ 전원을 차단하고 일정 시간이 경과한 후 작업한다.

15 **다음은 하이브리드 자동차의 계기판(Cluster)에 대한 설명이다. 틀린 것은?** 2013

① 계기판에 "READY" 램프가 소등(OFF)시 주행이 안 된다.
② 계기판에 "READY" 램프가 점등(ON)시 정상 주행이 가능하다.
③ 계기판에 "READY" 램프가 점멸(BLINK-ING) 시 비상모드 주행이 가능하다.
④ EV램프는 HEV(Hybrid Electric Vehicle) 모터에 의한 주행시 소등된다.

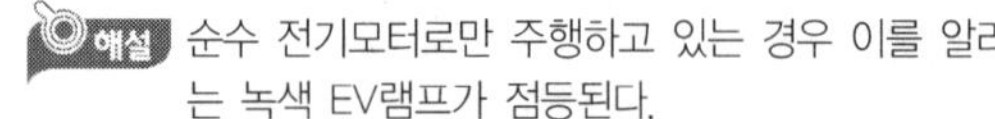
해설 순수 전기모터로만 주행하고 있는 경우 이를 알리는 녹색 EV램프가 점등된다.

16 **하이브리드 자동차(HEV)에 대한 설명으로 거리가 먼 것은?** 2015

① 병렬형(Parallel)은 엔진과 변속기가 기계적으로 연결되어 있다.
② TMED(Transmission Mounted Electric Device)는 모터가 변속기 측에 장착되어 있다.
③ FMED(Fly wheel Mounted Electric Device) 방식은 모터가 엔진 측에 장착되어 있다.
④ 병렬형(Parallel)은 구동용 모터 용량을 크게 할 수 있는 장점이 있다.

해설 하이브리드 자동차의 구동형식에 따른 분류
㉠ **직렬형** : 기관을 가동해 얻은 전기를 배터리에 저장하고, 차체는 전동기의 힘만으로 구동하는 시스템으로, 엔진기관은 바퀴를 구동하는 것이 아닌 배터리를 충전하기 위한 것이다.
㉡ **병렬형** : 병렬형 방식은 기관과 변속기가 직접적으로 연결되어 바퀴를 구동시키는 방식으로 발전기를 사용하지 않는다. 그리고 구동방식에 따라 소프트방식(FMED)과 하드 방식(TMED), 플러그인 방식으로 나누어진다.

answer 13. ② 14. ② 15 ④ 16. ④

17 **하이브리드 자동차에서 고전압 배터리 제어기(Battery Management System)의 역할을 설명한 것으로 틀린 것은?** 2014

① 냉각 제어 ② 파워 제한
③ 충전상태 제어 ④ 저전압 릴레이 제어

해설 고전압 배터리 제어기(Battery Management System) : 고전압 배터리 유닛은 하이브리드 자동차의 배터리 충전상태, 배터리 전동팬 등의 상태를 HV ECU로 전달하고 제어한다. 인버터(INVERTER)는 DC와 AC의 변환을 하며, 부스트 컨버터(BOOST CONVERTER)는 변압기 역할을 한다. 또 시스템 메인 릴레이, 하이브리드 배터리와 인버터 어셈블리 사이의 고전압을 연결 또는 차단한다.

18 **하이브리드 차량의 정비 시 전원을 차단하는 과정에서 안전플러그를 제거 후 고전압 부품을 취급하기 전에 5~10분 이상 대기시간을 갖는 이유 중 가장 알맞은 것은?** 2015

① 고전압 배터리 내의 셀의 안정화를 위해서
② 제어모듈 내부의 메모리 공간의 확보를 위해서
③ 저전압(12[V]) 배터리에 서지전압이 인가되지 않기 위해서
④ 인버터 내의 컨덴서에 충전되어 있는 고전압을 방전시키기 위해서

해설 하이브리드 차량의 정비 시 전원을 차단하는 과정에서 안전플러그를 제거 후 고전압부품을 취급하기 전에 5～10분 이상 대기시간을 갖는 이유는 인버터 내의 컨덴서에 충전되어 있는 고전압을 방전시키기 위함이다.

19 **하이브리드 자동차의 보조 배터리가 방전으로 시동 불량일 때 고장원인 또는 조치방법에 대한 설명으로 틀린 것은?** 2016

① 단시간에 방전이 되었다면 암전류 과다 발생이 원인이 될 수도 있다.
② 장시간 주행 후 바로 재시동시 불량하면 LDC 불량일 가능성이 있다.
③ 보조 배터리가 방전이 되었어도 고전압 배터리로 시동이 가능하다.
④ 보조 배터리를 점프 시동하여 주행 가능하다.

해설 보조 배터리란 일반 자동차에서 사용하는 배터리를 말하며 하이브리드 자동차의 경우 고전압 배터리를 이용하여 동력에 사용하고 일반 전기장치의 경우는 보조 배터리를 통해서 전원을 공급받는다.

20 **하이브리드 전기자동차에서 언덕길을 내려갈 때 배터리를 충전시키는 모드는?** 2014

① 회생제동 모드 ② 공회전 모드
③ 가속 모드 ④ 정속주행 모드

해설 하이브리드 자동차의 회생제동 모드
㉠ 차량 감속시 모터는 바퀴에 의해 회전하여 발전기 역할을 한다.
㉡ 모터는 자동차의 감속시에 발생되는 운동에너지를 전기에너지로 전환하여 배터리를 충전한다.
㉢ 배터리의 충전이 일정 이상일 경우 과충전 방지를 위하여 충전하지 않는다.

21 **병렬형(Parallel) TMED(Transmission Mounted Electric Device)방식의 하이브리드 자동차의 HSG(Hybrid Starter Generator)에 대한 설명 중 틀린 것은?** 2016

① 엔진 시동 기능과 발전 기능을 수행한다.
② 감속시 발생되는 운동에너지를 전기에너지로 전환하여 배터리를 충전한다.
③ EV 모드에서 HEV(Hybrid Electric Vehicle) 모드로 전환시 엔진을 시동한다.
④ 소프트 랜딩(Soft Landing)제어로 시동 ON 시 엔진 진동을 최소화하기 위해 엔진 회전수를 제어한다.

해설 HSG(Hybrid Starter Generator)는 영문의 의미와 같이 하이브리드카의 엔진 크랭크축과 연동되어 엔진을 시동할 때에는 전동기로, 발전을 해야 할때에는 발전기로 동작한다. 일반적으로 엔진룸을 보면 좌측 상단 앞쪽에 일반 차량의 알터네이터보다 약간 큰 모양이며 크랭크축과 밸트로 연결되어 있는 부품을 볼 수 있다. 이것이 바로 HSG이다. 일반 차

answer 17. ④ 18. ④ 19. ③ 20. ① 21. ④

량의 스타터는 시동시에만 마그네틱 클러치를 이용하여 엔진에 접속 후 시동을 거는데, 하이브리드자동차와 같이 잦은 시동을 걸어야 하는 경우에는 적용하기가 어렵다. 따라서 부드럽게 시동을 걸어야 할 필요에 따라 일반 전동기와 같은 형태의 스타터를 적용한 것으로 생각한다. 또한, 모터의 축을 다른 동력원으로 돌려주면 모터는 발전기가 되기 때문에, 하이브리드 자동차에서는 이러한 원리에 따라 HSG를 적용하여 시동전동기와 발전기의 두 개 부품을 하나로 줄여 쓰는 것이다. 또한, 차량이 정차 중이거나 EV 모드로 동작할 경우 배터리를 충전할 필요가 있을 때에는 엔진을 구동하여 HSG로 발전을 하는 것이다.

22 하이브리드 자동차의 전기장치 정비시 반드시 지켜야 할 내용이 아닌 것은? 2016

① 절연장갑을 착용하고 작업한다.
② 서비스플러그(안전플러그)를 제거한다.
③ 전원을 차단하고 일정 시간이 경과 후 작업한다.
④ 하이브리드 컴퓨터의 커넥터를 분리하여야 한다.

해설 고전압 시스템 작업 전 체크사항
㉠ 항시 절연장갑을 착용하고, 절연 공구를 사용한다.
㉡ 절연장갑이 찢어졌거나 파손되었는지 확인한다.
㉢ 절연장갑의 물기를 완전히 제거한 후 착용한다.
㉣ 금속성 물질은 고전압 단락을 유발하여 인명과 차량을 손상시킬 수 있으므로, 작업 전에 반드시 몸에서 제거한다(시계, 반지, 기타 금속성 제품 등).
㉤ 고전압을 차단한다.
㉥ 고전압 케이블의 커넥터를 분리 후 전압계를 이용하여 각 장 사이의 전압이 0[V]인지 확인한다.
㉦ 서비스플러그(안전플러그)를 제거한다.
㉧ 전원을 차단하고 일정 시간이 경과 후 작업한다.

23 하이브리드 시스템에 대한 설명 중 틀린 것은? 2016

① 직렬형 하이브리드는 소프트 타입과 하드 타입이 있다.
② 소프트 타입은 순수 EV(전기차) 주행 모드가 없다.
③ 하드 타입은 소프트 타입에 비해 연비가 향상된다.
④ 플러그-인 타입은 외부 전원을 이용하여 배터리를 충전한다.

해설 **하이브리드 자동차** : 2개의 동력원(내연기관과 전기모터)을 이용하여 구동되는 자동차를 말하며, 가솔린엔진과 전기모터, 수소연소엔진과 연료전지, 천연가스와 가솔린엔진, 디젤엔진과 전기모터 등 2개의 동력원을 함께 쓰는 차를 말한다. 주로 가솔린엔진 및 디젤엔진과 전기모터를 함께 쓰는 방식을 많이 이용하고 있다.

answer 22. ④ 23. ①

CHAPTER 06 부록

1회~15회 기출복원 및 실전모의고사

제 1 회

자동차정비기능사

기출복원 및 실전모의고사

1 가솔린 성분 중 이소옥탄이 80[%], 노멀 헵탄이 20[%] 일 때 옥탄가[%]는?

① 80 ② 70
③ 40 ④ 20

해설 $$옥탄가 = \frac{이소옥탄}{이소옥탄 + 노멀헵탄} \times 100[\%]$$

$$= \frac{80}{80+20} \times 100 = 80[\%]$$

2 가솔린 자동차에서 배출되는 유해 배출 가스 중 규제 대상이 아닌 것은?

① CO ② SO_2
③ HC ④ NOx

해설 유해 배기가스는 일산화탄소(CO), 탄화수소(HC), 질소산화물(NOx)이다.

3 분사 펌프의 캠축에 의해 연료 송출 기간의 시작은 일정하고 분사 끝이 변화하는 플런저의 리드 형식은?

① 양리드형 ② 변리드형
③ 정리드형 ④ 역리드형

해설 플런저 리드 방식
㉠ 정리드형: 분사 초기의 분사 시기 일정, 분사 말기는 변화
㉡ 역리드형: 분사 초기 분사 시기 변화, 분사 말기는 일정
㉢ 양리드형: 분사 초기와 말기 모두 변화

4 라디에이터의 점검에서 누설 실험을 하기 위한 공기압[kgf/cm^2]은?

① 1 ② 3
③ 5 ④ 7

해설 라디에이터 누설 시험 시 압축 공기 압력은 0.5 ~ 2[kg_f/cm^2]이다.

5 최대 적재량이 15[t]인 일반형 화물 자동차를 15,000[L] 휘발유 탱크로리로 구조 변경 승인을 얻은 후 구조 변경 검사를 시행할 경우 검사하여야 할 항목이 아닌 것은?

① 제동 장치 ② 물품 적재 장치
③ 조향 장치 ④ 제원 측정

해설 구조 변경 검사는 승인된 내용대로 변경하였는지의 여부를 신규 검사 기준 및 방법에 따라 실시한다. 조향장치는 변경 내용이 아니므로 검사하지 않는다.

6 점화 순서가 1-3-4-2인 직렬 4기통 기관에서 1번 실린더가 흡입 중일 때 4번 실린더는?

① 배기 행정 ② 동력 행정
③ 압축 행정 ④ 흡입 행정

해설 행정기관
㉠ **4행정 기관**: 점화순서 1-3-4-2에서 원을 그리고 내부에 수직된 십자가를 그린다. 1시 방향부터 흡입, 압축, 폭발, 배기를 차례로 시계 방향으로 적는다. 이때, 1번 실린더가 흡입이므로 흡입 위에 숫자 1을 적고 반시계 방향으로 점화순서를 적어 행정을 찾는다.
㉡ **6행정 기관**: 연료 분사 시기 1-5-3-6-2-4에서

answer 1.① 2.② 3.③ 4.① 5.③ 6.②

원을 그리고 내부에 수직된 십자가를 그린다. 1시 방향부터 흡입, 압축, 폭발, 배기를 차례로 시계 방향으로 적는다. 그리고 원을 따라 흡입, 압축, 폭발, 배기를 각각 3개로 나누어 초 · 중 · 말을 적는다. 1번이 흡입 초행정이라면 5번은 반시계 방향으로 2칸을 건너뛴 배기 중 행정이 된다.

7 **부특성 흡기 온도 센서(ATS)에 대한 설명으로 틀린 것은?**

① 흡기 온도가 낮으면 저항값이 커지고, 흡기 온도가 높으면 저항값은 작아진다.
② 흡기 온도의 변화에 따라 컴퓨터는 연료 분사 시간을 증감시켜주는 역할을 한다.
③ 흡기 온도 변화에 따라 컴퓨터는 점화 시기를 변화시키는 역할을 한다.
④ 흡기 온도를 뜨겁게 감지하면 출력 전압이 커진다.

해설 흡기 온도가 높으면 저항값은 작아지며 출력 전압은 낮아진다.

8 **인젝터의 점검 사항 중 오실로스코프로 측정해야 하는 것은?**

① 저항 ② 작동음
③ 분사 시간 ④ 분사량

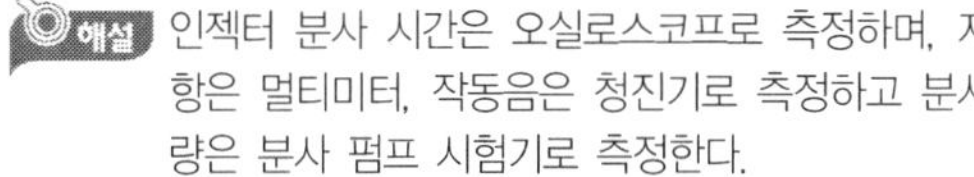
해설 인젝터 분사 시간은 오실로스코프로 측정하며, 저항은 멀티미터, 작동음은 청진기로 측정하고 분사량은 분사 펌프 시험기로 측정한다.

9 **옥탄가를 측정하기 위하여 특별히 장치한 기관으로서, 압축비를 임의로 변경시킬 수 있는 기관은?**

① LPG ② CFR 기관
③ 디젤 기관 ④ 오토 기관

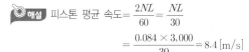

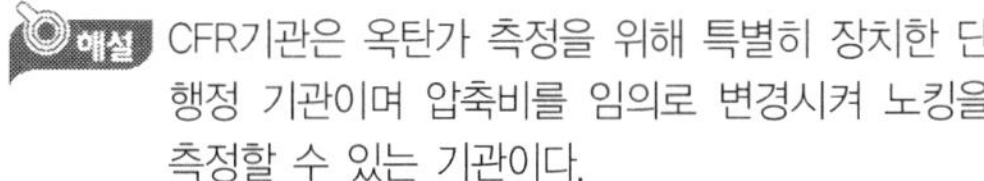
해설 CFR기관은 옥탄가 측정을 위해 특별히 장치한 단행정 기관이며 압축비를 임의로 변경시켜 노킹을 측정할 수 있는 기관이다.

10 **다음 중 기관의 오일 펌프 사용 종류로 적합하지 않은 것은?**

① 기어 펌프 ② 피드 펌프
③ 베인 펌프 ④ 로터리 펌프

해설 오일 펌프의 종류
㉠ 기어 펌프
㉡ 플런저 펌프
㉢ 베인 펌프
㉣ 로터리 펌프

11 **피스톤 행정이 84 [mm], 기관의 회전수가 3,000 [rpm] 인 4행정 사이클 기관의 피스톤 평균 속도 [m/s]는 얼마인가?**

① 7.4 ② 8.4
③ 9.4 ④ 10.4

해설 피스톤 평균 속도 $= \frac{2NL}{60} = \frac{NL}{30}$

$= \frac{0.084 \times 3,000}{30} = 8.4\,[\mathrm{m/s}]$

여기서, N : 기관 회전수 [rpm]
L : 피스톤 행정 [m]

12 **엔진 출력과 최고 회전 속도와의 관계에 대한 설명으로 옳은 것은?**

① 고회전 시 흡기의 유속이 음속에 달하면 흡기량이 증가되어 출력이 증가한다.
② 동일한 배기량으로 단위 시간당 폭발 횟수를 증가시키면 출력은 커진다.
③ 평균 피스톤 속도가 커지면 왕복운동 부분의 관성력이 증대되어 출력 또한 커진다.
④ 출력을 증대시키는 방법으로 행정을 길게 하고 회전 속도를 높이는 것이 유리하다.

해설 동일 배기량에서 단위 시간당 폭발 횟수 증가하면 출력이 커진다.
※ 출력을 증대시키기 위해서는 피스톤행정을 내경보다 작게 하여 피스톤 평균속도를 높이지 않고 회전속도를 빠르게 할 수 있다. 이것을 단행정 기관(Over square engine : L/D <1)이라 부른다.

answer 7.④ 8.③ 9.② 10.③ 11.② 12.③

13 LPG 기관에서 액체 LPG를 기체 LPG로 전환시키는 장치는?

① 믹서 ② 연료 봄베
③ 솔레노이드 밸브 ④ 베이퍼라이저

해설 베이퍼라이저는 LPG 기관에서 액체 LPG를 기체 LPG로 전환시키는 장치이며, 감압 · 기화 및 압력 조절 작용을 한다.

14 흡입 공기량을 간접적으로 검출하기 위해 흡기 매니폴드의 압력 변화를 감지하는 센서는?

① 대기압 센서 ② 노트 센서
③ MAP 센서 ④ TPS

해설 MAP 센서는 흡기 다기관 절대 압력(진공)을 측정하여 흡입 공기량을 간접 계측하는 방식이다.

15 실린더 헤드의 평면도 점검 방법으로 옳은 것은?

① 마이크로미터로 평면도를 측정 · 점검한다.
② 곧은 자와 틈새 게이지로 측정 · 점검한다.
③ 실린더 헤드를 3개 방향으로 측정 · 점검한다.
④ 틈새가 0.02 [mm] 이상이면 연삭한다.

해설 실린더 헤드 평면도 점검은 직각자(곧은 자)와 간극(필러, 틈새, 시크니스) 게이지로 측정 · 점검한다.

16 고속 회전을 목적으로 하는 기관에서 흡기 밸브와 배기 밸브 중 어느 것이 더 크게 만들어져 있는가?

① 흡기 밸브 ② 배기 밸브
③ 동일하다. ④ 1번 배기 밸브

해설 흡입 효율 향상을 위해 흡기밸브 지름을 더 크게 하거나 흡기 밸브 2개, 배기 밸브 1개를 사용하기도 한다.
※ SOH와 DOHC는 실린더 헤드에 캠축의 개수로 구분한다.
㉠ SOHC(Solo Over Head Cam) : 캠축 1개, 흡 · 배기 밸브 각각 1개(MPI 엔진)이다.
㉡ DOHC(Double Over Head Cam) : 캠축 2개, 흡 · 배기 밸브 각각 2개 이상으로 여러개 흡 · 배기 효율이 좋고 출력도 20~30 [%] 향상된다.

17 활성탄 캐니스터(charcoal canister)는 무엇을 제어하기 위해 설치하는가?

① CO_2 증발 가스 ② HC 증발 가스
③ NOx 증발 가스 ④ CO 증발 가스

해설 캐니스터는 연료 증발 가스인 탄화수소(HC)를 포집하였다가 기관이 정상 온도가 되면 PCSV(Purge Control Solenoid Valve)를 통해 흡입 계통으로 보내어 연소되도록 한다.

18 자동차 기관의 실린더 벽 마모량 측정 기기로 사용할 수 없는 것은?

① 실린더 보어 게이지
② 내측 마이크로미터
③ 텔레스코핑 게이지와 외측 마이크로미터
④ 사인바 게이지

해설 사인바 게이지 : 각도 측정 시 사용한다.

19 흡기 다기관 진공도 시험으로 알아 낼 수 없는 것은?

① 밸브 작동의 불량
② 점화 시기의 틀림
③ 흡 · 배기 밸브의 밀착 상태
④ 연소실 카본 누적

해설 진공계로 알 수 있는 사항
㉠ 점화 시기의 밸브의 밀착 불량 여부
㉡ 점화 플러그 실화 상태
㉢ 배기 장치 막힘
㉣ 압축 압력 저하
④ 연소실 카본 누적은 압축 압력 시험으로 알 수 있다.

answer 13.④ 14.③ 15.② 16.① 17.② 18.④ 19.④

20 100 [PS]의 엔진이 적합한 기구(마찰을 무시)를 통하여 25,000 [kg_f]의 무게를 3 [m] 올리려면 몇 초[s] 소요되는가?

① 1　　② 5
③ 10　　④ 15

일 = 동력 × 시간
1[PS] = 75 [kg · m/s]

$$시간 = \frac{일}{동력} = \frac{일}{마력 \times 75}$$

$$= \frac{2,500 \times 3}{100 \times 75} = 1[s]$$

21 전자 제어 가솔린 분사 장치 기관에서 스로틀 바디 인젝터(TBI) 방식 차량의 인젝터 설치 위치로 가장 적합한 곳은?

① 스로틀 밸브 상부
② 스로틀 밸브 하부
③ 흡기 밸브 전단
④ 흡기 다기관 중앙

스로틀 바디 인젝터 방식 차량의 인젝터는 스로틀 밸브 상부에 설치되어 있다.

22 디젤 기관용 연료의 구비 조건으로 틀린 것은?

① 착화성이 좋을 것
② 부식성이 좋을 것
③ 인화성이 좋을 것
④ 적당한 점도를 가질 것

디젤 연료의 조건
㉠ 착화 온도가 낮을 것
㉡ 기화성이 작을 것
㉢ 발열량이 클 것
㉣ 점도가 적당할 것
㉤ 세탄가가 높을 것
㉥ 부식성이 작을 것

23 기계식 분사 시스템으로 공기 유량을 기계적 변위로 변환하여 연료가 인젝터에서 연속적으로 분사되는 시스템은?

① K 제트로닉　　② D 제트로닉
③ L 제트로닉　　④ Mono 제트로닉

① **K 제트로닉**: 연속 분사란 의미로, 크랭크 축 회전에 따라 연속적으로 연료를 분사하는 기계식 분사 시스템이다.
② **D 제트로닉**: 흡입 부압 감지 전자 제어식 연료 분사(MAP)이다.
③ **L 제트로닉**: 공기량 감지식 전자 제어 연료 분사 장치로, D 제트로닉을 약간 변형시킨 것으로, 기관의 불균일한 품질, EGR이나 촉매 장착으로 인한 배압의 영향을 받지 않는다.

24 전자 제어 현가 장치의 관련 내용으로 틀린 것은?

① 급제동 시 노즈 다운 현상 방지
② 고속 주행 시 차량의 높이를 낮춰 안정성 확보
③ 제동 시 휠 로킹 현상을 방지해 안정성 증대
④ 주행 조건에 따라 현가 장치의 감쇠력 조절

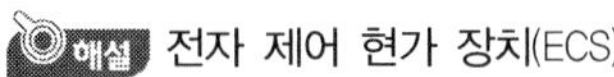
전자 제어 현가 장치(ECS)
㉠ 급제동 시 노즈다운(nose down) 방지
㉡ 급선회 시 구심력 발생 방지
㉢ 노면으로부터 차량 높이 조절
㉣ 노면 상태에 따라 승차감 조절
㉤ 급출발, 급제동 및 선회 시 차체 전·후 진동 억제

25 현가 장치에서 스프링 강으로 만든 가늘고 긴 막대 모양으로, 비틀림 탄성을 이용하여 완충 작용을 하는 부품은?

① 공기 스프링　　② 토션 바 스프링
③ 판 스프링　　④ 코일 스프링

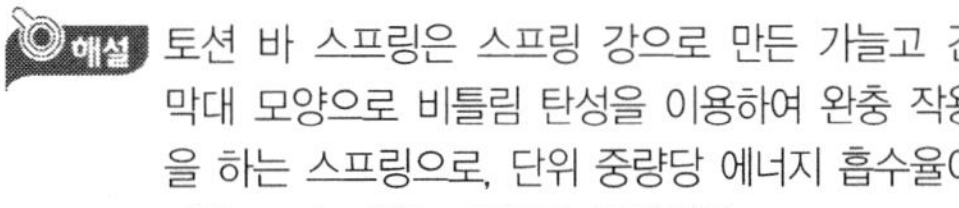
토션 바 스프링은 스프링 강으로 만든 가늘고 긴 막대 모양으로 비틀림 탄성을 이용하여 완충 작용을 하는 스프링으로, 단위 중량당 에너지 흡수율이 매우 크며 가볍고 구조가 간단하다.

answer　20.①　21.①　22.③　23.①　24.③　25.②

26 **선회 주행 시 뒷바퀴 원심력이 작용하여 일정한 조향 각도로 회전해도 자동차의 선회 반지름이 작아지는 현상을 무엇이라고 하는가?**

① 코너링 포스 현상
② 언더 스티어 현상
③ 캐스터 현상
④ 오버 스티어 현상

해설 ① **코너링 포스** : 조향시 타이어에서 조향 방향으로 작용하는 힘
② **언더 스티어링** : 선회 시 조향 각도를 일정하게 하여도 선회 반지름이 커지는 현상(뒷바퀴 반지름이 커짐)
④ **오버 스티어링** : 선회 시 조향 각도를 일정하게 하여도 선회 반지름이 작아지는 현상(뒷바퀴 반지름이 작아짐)

27 **전자 제어식 자동 변속기에서 사용되는 센서와 가장 거리가 먼 것은?**

① 휠 스피드 센서 ② 펄스 제너레이터
③ 차속 센서 ④ 스로틀 포지션 센서

TCU로 입력되는 신호
㉠ TPS
㉡ 기관 회전수
㉢ 인히비터 스위치
㉣ 펄스 제너레이터 A, B(입력 및 출력축 속도 센서)
㉤ 수온 센서
㉥ 유온 센서
㉦ 가속 스위치
㉧ 오버드라이브 스위치
㉨ 킥다운 서보
㉩ 차속 센서 등
① 휠 스피드 센서는 ABS에 사용되는 센서이다.

28 **공기식 제동 장치에 해당하지 않는 부품은?**

① 릴레이 밸브 ② 브레이크 밸브
③ 브레이크 챔버 ④ 마스터 백

해설 마스터 백은 대기압과 진공의 압력 차를 이용한 배력 브레이크로 유압식 제동 장치 부품이다.

29 **다음 중 조향 핸들의 유격이 크게 되는 원인으로 틀린 것은?**

① 볼 이음의 마멸
② 타이로드의 휨
③ 조향 너클의 헐거움
④ 앞바퀴 베어링의 마멸

조향 핸들 유격이 커지는 이유
㉠ 볼 이음 부분이 마멸되었다.
㉡ 조향 너클 장착이 헐겁다.
㉢ 앞바퀴 허브 베어링이 마모되었다.
㉣ 조향 기어의 백래시가 크다.
㉤ 조향 링키지의 접속부가 헐겁다.

30 **브레이크 장치에서 급제동 시 마스터 실린더에 발생된 유압이 일정 압력 이상이 되면 휠 실린더 쪽으로 전달되는 유압 상승을 제어하여 차량의 쏠림을 방지하는 장치는?**

① 하이드로릭 유닛(hydraulic unit)
② 리미팅 밸브(limiting valve)
③ 스피드 센서(speed sensor)
④ 솔레노이드 밸브(solenoid valve)

리미팅 밸브는 급제동 시 유압이 규정 압력 이상이 되면 후륜측 유압이 상승하지 않도록 제한하여 후륜이 먼저 로크되지 않도록 해 차량의 쏠림을 방지한다.

31 **클러치 구비 조건이 아닌 것은?**

① 회전 관성이 클 것
② 회전 부분의 평형이 좋을 것
③ 구조가 간단할 것
④ 동력을 차단할 경우 신속하고 확실할 것

해설 클러치 구비 조건
㉠ 회전 관성이 작을 것
㉡ 방열이 잘 되어 과열되지 않을 것
㉢ 회전 부분 평형이 좋을 것
㉣ 동력 전달과 차단이 확실하고 신속할 것

answer 26.④ 27.① 28.,④ 29.② 30.② 31.①

32 전자 제어 조향 장치의 ECU 입력 요소로 틀린 것은?

① 스로틀 위치 센서
② 차속 센서
③ 조향 각 센서
④ 전류 센서

 전자 제어 조향 장치의 ECU 입력 요소
㉠ 차속 센서
㉡ TPS
㉢ 조향 각 센서
㉣ 엔진 회전 속도 센서

33 자동 변속기에서 기관 속도가 상승하면 오일 펌프에서 발생되는 유압도 상승한다. 이때 유압을 적절한 압력으로 조절하는 밸브는?

① 매뉴얼 밸브　② 스로틀 밸브
③ 압력 조절 밸브　④ 거버너 밸브

해설 압력 조절 밸브는 오일 펌프에서 발생한 유압을 일정하게 조절하는 역할을 한다.

34 십자형 자재 이음에 대한 설명 중 틀린 것은?

① 주로 후륜 구동식 자동차의 추진축에 사용된다.
② 십자 축과 두 개의 요크로 구성되어 있다.
③ 롤러 베어링을 사이에 두고 축과 요크가 설치되어 있다.
④ 자재 이음과 슬립 이음 역할을 동시에 하는 형식이다.

해설 ④ 슬립 이음의 역할은 슬립 조인트가 한다.
십자형 자재 이음은 후륜 구동 차량의 추진축에서 사용되며 중심 부분의 십자 축과 2개의 요크로 되어 있으며, 십자 축과 요크는 니들 롤러 베어링을 사이에 두고 연결되어 있다.

35 기관 회전수가 5,500 [rpm]이고 기관 출력이 70 [PS]이며 총감속비가 5.5일 때 뒤 액슬축의 회전수 [rpm]는?

① 800　② 1,000
③ 1,200　④ 1,400

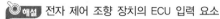

 $\text{후차축 회전수} = \frac{\text{엔진 회전수}}{\text{총 감속비}}$

$= \frac{5,500}{5.5} = 1,000[\text{rpm}]$

36 자동차의 타이어에서 60 또는 70시리즈라고 할 때 시리즈란?

① 단면 폭　② 단면 높이
③ 편평비　④ 최대 속도 표시

해설 편평비는 타이어 높이를 폭으로 나눈 값으로, 0.6일 경우 60시리즈라 한다.

37 주축 기어와 부축 기어가 항상 맞물려 공전하면서 클러치 기어를 이용해 축상과 고정시키는 변속기 형식은?

① 점진 기어식　② 섭동 물림식
③ 상시 물림식　④ 유성 기어식

해설 변속기의 형식
㉠ 동기 물림식: 싱크로 메시(원뿔형, 감속비가 다른 기어의 회전수를 맞히기 위해 사용) 기구를 이용한 변속기 방식
㉡ 상시 물림식: 주축 기어와 부축 기어가 항상 맞물려 공전하면서 싱크로 메시 기구를 이용하여 축상을 섭동하면서 기어를 변속시키는 방식

38 전자 제어 제동 장치(ABS)의 적용 목적이 아닌 것은?

① 차량의 스핀 방지
② 휠 잠김(lock) 유지
③ 차량의 방향성 확보
④ 차량의 조종성 확보

해설 ABS의 목적
㉠ 조종, 방향 안정성 부여
㉡ 제동 거리 단축
㉢ 제동 시 미끄럼 방지
㉣ 조향 능력 상실 방지
㉤ 차체 안전성 확보(스핀 방지)

answer 32.④ 33.③ 34.④ 35.② 36.③ 37.③ 38.②

39 자동차 주행 속도를 감지하는 센서는?

① 차속 센서 ② 크랭크 각 센서
③ TDC 센서 ④ 경사각 센서

해설 센서의 역할
㉠ TDC 센서 : 1번 실린더 상사점 감지
㉡ 경사각 센서 : 차량의 기울기 감지
㉢ 차속 센서 : 차량 주행 속도 감지
㉣ 크랭크 각 센서 : 엔진 회전수 감지 · 연산

40 아래 그림과 같은 브레이크 장치에서 페달을 40 [kgf]의 힘으로 밟았을 때 푸시 로드에 작용되는 힘 [kgf]은?

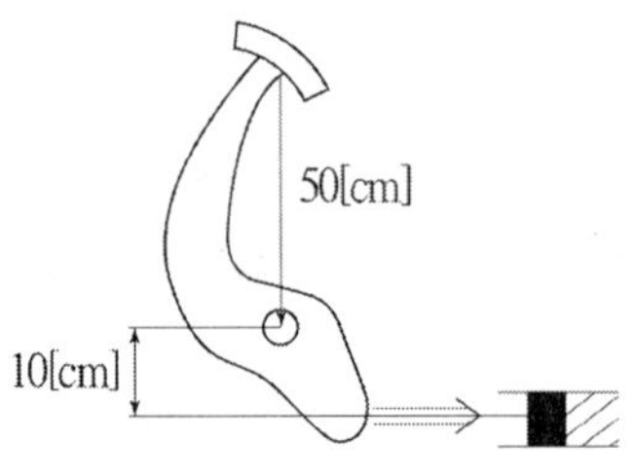

① 100 ② 200
③ 250 ④ 300

해설 힘의 평형식에 의해 $50 \times 40 = 10 \times F$
$\therefore \ F = 200 \ [kg_f]$

41 전자 제어 점화 장치에서 점화 시기를 제어하는 순서로 옳은 것은?

① 각종 센서 – ECU – 파워 트랜지스터 – 점화 코일
② 각종 센서 – ECU – 점화 코일 – 파워 트랜지스터
③ 파워 트랜지스터 – 점화 코일 – ECU – 각종 센서
④ 파워 트랜지스터 – ECU – 각종 센서 – 점화 코일

해설 전자 제어 점화 장치의 점화 시기 제어 순서 : 센서 – ECU – 파워 트랜지스터 – 점화 코일

42 PTC 서미스터에서 온도와 저항값의 변화 관계가 맞는 것은?

① 온도 증가와 저항값은 관련없다.
② 온도 증가에 따라 저항값이 감소한다.
③ 온도 증가에 따라 저항값이 증가한다.
④ 온도 증가에 따라 저항값이 증가 · 감소를 반복한다.

해설 서미스터는 온도에 따라 저항값이 변하는 반도체 소자로, 온도가 올라갈 때 저항값이 커지면 정특성(PTC) 서미스터이고, 반대로 저항값이 내려가면 부특성(NTC) 서미스터라 한다.

43 점화키 홀 조명 기능에 대한 설명 중 틀린 것은?

① 야간에 운전자의 편의를 제공한다.
② 야간 주행 시 사각지대를 없애준다.
③ 이그니션 키 주변에 일정 시간 동안 램프가 점등된다.
④ 이그니션 키 홈을 쉽게 찾을 수 있도록 도와준다.

44 자동차 등화 장치에서 12 [V], 축전지에서 30 [W]의 전구를 사용하였다면 저항 [Ω]은?

① 4.8 ② 5.4
③ 6.3 ④ 7.6

해설 $R = \frac{E^2}{P} = \frac{12^2}{30} = 4.8 [\Omega]$
여기서, R : 저항, E : 전압, P : 전력

45 몇 개의 저항을 병렬 접속했을 때 설명으로 틀린 것은?

① 각 저항을 통하여 흐르는 전류의 합은 전원에서 흐르는 전류의 크기와 같다.
② 합성 저항은 각 저항의 어느 것보다도 작다.
③ 각 저항에 가해지는 전압 합의 전원 전압과 같다.
④ 어느 저항에서나 동일한 전압이 가해진다.

answer 39.① 40.② 41.① 42.③ 43.② 44.① 45.③

해설 병렬 접속의 특징
㉠ 어느 저항에서나 똑같은 전압이 가해진다.
㉡ 합성 저항은 각 저항의 어느 것 보다도 작다 $\left(\frac{1}{R}+\frac{1}{R}\right)$.
㉢ 병렬 접속에서 저항이 감소하는 것은 전류가 나누어져 저항속을 흐르기 때문이다.
㉣ 각 회로에 흐르는 전류는 다른 회로의 저항에 영향을 받지 않으므로 양끝에 걸리는 전류는 상승한다.
㉤ 큰 저항과 작은 저항을 연결하면 큰 저항은 무시된다.

46 와셔 연동 와이퍼의 기능으로 틀린 것은?

① 와셔 액의 분사와 같이 와이퍼가 작동한다.
② 연료를 절약하기 위해서이다.
③ 전면 유리에 이물질 제거를 위해서이다.
④ 와이퍼 스위치를 별도로 작동하여야 하는 불편을 해소하기 위해서이다.

해설 와셔 연동 와이퍼는 운전자 편의 장치로, 연료가 절약되는 것은 아니다.

47 암 전류(parasitic current)에 대한 설명으로 틀린 것은?

① 전자 제어 장치 차량에서는 차종마다 정해진 규정값 내에서 암 전류가 있는 것이 정상이다.
② 일반적으로 암 전류의 측정은 모든 전기 장치를 OFF하고, 전체 도어를 닫은 상태에서 실시한다.
③ 배터리 자체에서 저절로 소모되는 전류이다.
④ 암 전류가 큰 경우 배터리 방전의 요인이 된다.

해설 배터리 자체에서 소모되는 전류는 자기 방전에 관한 설명이다.

48 자동차용 배터리의 급속 충전 시 주의 사항으로 틀린 것은?

① 배터리를 자동차에 연결한 채 충전할 경우 접지(−) 터미널을 떼어 놓는다.
② 잘 밀폐된 곳에서 충전한다.
③ 충전 중 축전지에 충격을 가하지 않는다.
④ 전해액 온도가 45 [℃] 넘지 않도록 한다.

해설 배터리 충전은 환기가 잘되는 곳에서 한다.

49 교류 발전기에서 직류 발전기 컷아웃 릴레이와 같은 일을 하는 것은?

① 다이오드　② 로터
③ 전압 조정기　④ 브러시

해설 교류(AC) 발전기의 다이오드는 축전지에서 발전기로의 전류가 역류하는 것을 방지하고 교류를 직류로 정류 작용을 한다.

50 기동 전동기의 시험과 관계없는 것은?

① 저항 시험　② 회전력 시험
③ 고부하 시험　④ 무부하 시험

해설 **기동 전동기 시험 항목**: 무부하 시험, 회전력 시험, 저항 시험

51 연삭기를 사용하여 작업할 때 맞지 않는 것은?

① 숫돌 보호 덮개를 튼튼한 것을 사용한다.
② 정상적일 플렌지를 사용한다.
③ 단단한 지석(砥石)을 사용한다.
④ 공작물을 연삭 숫돌의 측면에서 연삭한다.

해설 연삭 작업 시 주의 사항
㉠ 숫돌과 받침대와의 간격은 3[mm] 이내로 유지한다.
㉡ 숫돌의 커버를 벗겨놓은 채 사용해서는 안 된다.
㉢ 숫돌의 원주면을 사용한다.
㉣ 소형 숫돌은 측압에 약하므로 측면 사용을 피한다.
㉤ 숫돌 설치 전 나무 해머를 이용해 숫돌을 가볍게 두들겨 맑은 음이 나면 정상이다.

answer 46.② 47.③ 48.② 49.① 50.③ 51.④

52 기계 가공 작업 중 갑자기 정전이 되었을 때 조치 사항으로 틀린 것은?

① 전기가 들어오는 것을 알기 위해 스위치를 넣어둔다.
② 퓨즈를 점검한다.
③ 공작물과 공구를 떼어 놓는다.
④ 즉시 스위치를 끈다.

해설 정전 해제 시 갑작스러운 작동에 의한 사고 방지를 대비하여 정전 발생 시 각종 모터의 스위치를 꺼둔다.

53 작업 현장에서 재해 원인으로 가장 높은 것은?

① 작업 환경 ② 장비의 결함
③ 작업 순서 ④ 불안전한 행동

해설 불안전한 행동은 재해의 직접적인 원인이 된다.

54 렌치 사용 시 주의 사항으로 틀린 것은?

① 렌치는 너트가 손상 안 되도록 가급적 얕게 물린다.
② 해머 대용으로 사용해서는 안 된다.
③ 렌치를 몸 안쪽으로 잡아당겨 움직이게 한다.
④ 렌치에 파이프 등의 연장대를 끼우고 사용해서는 안 된다.

해설 스패너 및 렌치 작업 시 주의 사항
㉠ 렌치를 해머 대신 사용하지 않는다.
㉡ 렌치와 너트 사이에 다른 물건을 끼우지 않는다.
㉢ 렌치는 몸 앞으로 조금씩 당겨 사용한다.
㉣ 렌치에 파이프 등의 연장대를 끼우고 사용하지 않는다.
㉤ 조정 렌치의 조정 조에 힘을 가하지 않는다.
㉥ 볼트 너트를 풀거나 조일 때 볼트 및 너트 머리에 꼭 끼워져야 한다.

55 다음 중 안전 표지 색체 연결이 맞는 것은?

① 주황색 – 화재 방지에 관련되는 물건의 표시
② 흑색 – 방사능 표시
③ 노란색 – 충돌 · 추락 주의 표시
④ 청색 – 위험 · 구급 장소 표시

해설 안전 표시 색체
㉠ 빨간색: 화재 방지에 관계되는 물건에 표시
㉡ 자주색: 방사능 표시
㉢ 노란색: 충돌 · 추락 주의 표시
㉣ 청색: 지시, 수리 중, 유도 표시

56 엔진 블록에 균열이 생길 때 가장 안전한 검사 방법은?

① 자기 탐상법이나 염색법으로 확인한다.
② 공전 상태에서 소리를 듣는다.
③ 공전 상태에서 해머로 두들겨 본다.
④ 정지 상태로 놓고 해머로 가볍게 두들겨 확인한다.

해설 엔진 블록 균열은 자기 탐상법이나 염색법을 이용하여 검사한다.

57 전조등의 조정 및 점검 시험 시 유의 사항이 아닌 것은?

① 광도는 안전 기준에 맞아야 한다.
② 광도를 측정할 때는 헤드라이트를 깨끗이 닦아야 한다.
③ 타이어 공기압과는 관계없다.
④ 퓨즈는 항상 정격 용량의 것을 사용해야 한다.

해설 전조등 점검 및 조정 유의 사항
㉠ 광도는 안전 기준에 맞아야 한다.
㉡ 광도 측정 시 헤드 램프를 깨끗이 닦아야 한다.
㉢ 타이어는 규정 공기 압력으로 맞춘다(광축과 관계).
㉣ 퓨즈는 정격 용량의 것을 사용한다.
㉤ 바닥이 수평이어야 한다.

58 자동차 정비 공장에서 호이스트를 사용할 때 안전 사항으로 틀린 것은?

① 규정 하중 이상으로 들지 않는다.
② 무게 중심은 들어 올리는 물체의 크기(size) 중심이다.
③ 사람이 매달려 운반하지 않는다.
④ 들어 올릴 때에는 천천히 올려 상태를 살핀 후 완전히 들어올린다.

answer 52.① 53.④ 54.① 55.③ 56.① 57.③ 58.②

해설 호이스트 점검 시 유의 사항
㉠ 사람이 매달려 운반하지 않는다.
㉡ 호이스트 바로 밑에서 조작하지 않는다.
㉢ 규정 하중 이상으로 들지 않는다.
㉣ 화물을 걸을 때에는 들어 올리는 화물 무게 중심의 위치를 확인하고 건다.

59 **작업장에서 작업자가 가져야 할 태도 중 옳지 않은 것은?**

① 작업장 환경 조성을 위해 노력한다.
② 작업에 임해서는 아무런 생각 없이 작업한다.
③ 자신의 안전과 동료의 안전을 고려한다.
④ 작업 안전 사항을 준수한다.

해설 작업장에서는 작업에 집중하여야 안전 사고를 예방할 수 있다.

60 **차량 밑에서 정비할 경우 안전 조치 사항으로 틀린 것은?**

① 차량은 반드시 평지에 받침목을 사용해 세운다.
② 차를 들어 올리고 작업할 때에는 반드시 잭으로 들어 올린 다음 스탠드로 지지해야 한다.
③ 차량 밑에서 작업할 때에는 반드시 앞치마를 이용한다.
④ 차량 밑에서 작업할 때에는 반드시 보안경을 착용한다.

 차량 밑 정비 시 안전 조치 사항
㉠ 차를 들어 올리고 작업할 때에는 반드시 잭으로 들어 올린 다음 스탠드로 지지해야 한다.
㉡ 차량 밑에서 작업할 때에는 반드시 보안경을 착용한다.
㉢ 차량은 반드시 평지에 받침목을 사용하여 세운다.

answer 59.② 60.③

제 2 회

자동차정비기능사

기출복원 및 실전모의고사

1 **CRDI 디젤 엔진에서 기계식 저압 펌프의 연료 공급 경로가 맞는 것은?**

① 연료 탱크 – 저압 펌프 – 연료 필터 – 고압 펌프 – 커먼레일 – 인젝터
② 연료 탱크 – 연료 필터 – 저압 펌프 – 고압 펌프 – 커먼레일 – 인젝터
③ 연료 탱크 – 저압 펌프 – 연료 필터 – 커먼레일 – 고압 펌프 – 인젝터
④ 연료 탱크 – 연료 필터 – 저압 펌프 – 커먼레일 – 고압 펌프 – 인젝터

해설 CRDI 디젤엔진의 연료 공급 경로 : 연료 탱크 – 연료 필터 – 저압펌프 – 고압 펌프 – 커먼레일 – 인젝터

2 **실린더 헤드를 떼어낼 때 볼트를 바르게 푸는 방법은?**

① 풀기 쉬운 곳부터 푼다.
② 중앙에서 바깥을 향하여 대각선으로 푼다.
③ 바깥에서 안쪽으로 향하여 대각선으로 푼다.
④ 실린더 보어를 먼저 제거하고 실린더 헤드를 떼어낸다.

해설 실린더 헤드 볼트의 분해 · 조립
㉠ 실린더 헤드의 분해 : 바깥에서 안쪽으로 대각선 방향으로 분해
㉡ 실린더 헤드의 조립 : 안쪽에서 바깥으로 대각선 방향으로 조립

3 **기관 회전력 71.6 [kgf · m]에서 200 [PS]의 축 출력을 냈다면 이 기관의 회전 속도 [rpm]는?**

① 1,000　　② 1,500
③ 2,000　　④ 2,500

해설 제동 마력 $= \frac{2\pi TN}{75 \times 60} = \frac{TN}{716}$

$\therefore N = \frac{716 \times PS}{T}$

$= \frac{716 \times 200}{71.6} = 2,000\,[\text{rpm}]$

여기서, T : 회전력 [kg_f · m]
N : 기관 회전 속도 [rpm]

4 **EGR(배기가스 재순환 장치)과 관계있는 배기가스는?**

① CO　　② HC
③ NO_x　　④ H_2O

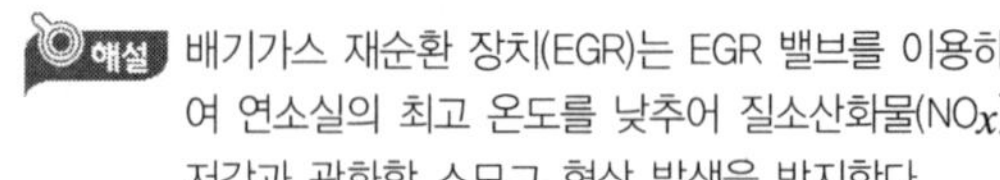
해설 배기가스 재순환 장치(EGR)는 EGR 밸브를 이용하여 연소실의 최고 온도를 낮추어 질소산화물(NO_x) 저감과 광화학 스모그 현상 발생을 방지한다.

5 **디젤 기관의 연료 여과 장치 설치 개소로 적절하지 않은 것은?**

① 연료 공급 펌프 입구
② 연료 탱크와 연료 공급 펌프 사이
③ 연료 분사 펌프 입구
④ 흡입 다기관 입구

해설 연료 여과 장치
㉠ 연료의 수분과 불순물 제거의 역할을 하며, 주로 연료 라인에 설치된다.
㉡ 디젤 기관의 연료 여과 장치 설치 개소
• 연료 탱크와 연료 공급 펌프 사이
• 연료 공급 펌프 입구
• 연료 분사 펌프 입구

answer 1.② 2.③ 3.③ 4.③ 5.④

6 **엔진 조립 시 피스톤링 절개구 방향은?**

① 피스톤 사이드 스러스트 방향을 피하는 것이 좋다.
② 피스톤 사이드 스러스트 방향으로 두는 것이 좋다.
③ 크랭크 축 방향으로 두는 것이 좋다.
④ 절개구의 방향은 관계없다.

해설 엔진 조립 시 피스톤링 절개구 방향은 측압에 의해 피스톤링 절개부로 압축 및 가스의 누출 우려가 있으므로 측압을 받는 부분은 피하는 것이 좋고, 사이드 스러스트 방향(보스와 직각 : 크랭크축과 직각)을 피해 120～180°로 한다.

7 **LPG 기관 피드백 믹서 장치에서 ECU의 출력 신호에 해당하는 것은?**

① 산소 센서
② 파워스티어링 스위치
③ 맵 센서
④ 메인 듀티 솔레노이드

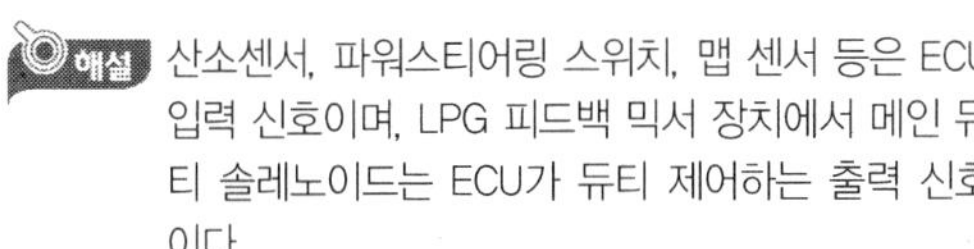
해설 산소센서, 파워스티어링 스위치, 맵 센서 등은 ECU 입력 신호이며, LPG 피드백 믹서 장치에서 메인 듀티 솔레노이드는 ECU가 듀티 제어하는 출력 신호이다.

8 **크랭크케이스 내의 배출 가스 제어 장치는 어떤 유해가스를 저감시키는가?**

① HC ② CO
③ NOx ④ CO_2

해설 실린더의 압축 행정 시 실린더와 피스톤 사이로 누출되는 미연소 가스인 탄화수소(HC)를 블로바이 가스라 하며, 이러한 미연소 가스가 지속적으로 축적되는 것을 저감시키는 장치를 블로바이 가스 제어 장치라 한다.

9 **실린더 블록이나 헤드의 평면도 측정에 알맞은 게이지는?**

① 마이크로미터
② 다이얼 게이지
③ 버니어 캘리퍼스
④ 직각자와 필러 게이지

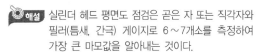

해설 실린더 헤드 평면도 점검은 곧은 자 또는 직각자와 필러(틈새, 간극) 게이지로 6～7개소를 측정하여 가장 큰 마모값을 알아내는 것이다.

10 **각종 센서의 내부 구조 및 원리에 대한 설명으로 거리가 먼 것은?**

① 냉각수 온도 센서 : NTC를 이용한 서미스터 전압값의 변화
② 맵 센서 : 진공으로 저항(피에조)값을 변화
③ 지르코니아 산소 센서 : 온도에 의한 전류값을 변화
④ 스로틀(밸브) 위치 센서 : 가변 저항을 이용한 전압값 변화

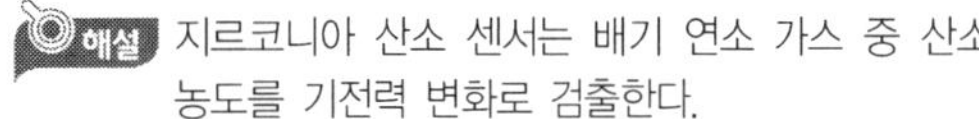
해설 지르코니아 산소 센서는 배기 연소 가스 중 산소 농도를 기전력 변화로 검출한다.

11 **다음 중 윤활유의 역할이 아닌 것은?**

① 밀봉 작용 ② 냉각 작용
③ 팽창 작용 ④ 방청 작용

해설 윤활유의 작용
㉠ 감마 작용
㉡ 냉각 작용
㉢ 밀봉 작용
㉣ 세척 작용
㉤ 방청 작용
㉥ 응력 분산 작용

12 **다음 중 디젤 연료의 발화 촉진제로 적당하지 않은 것은?**

① 아황산에틸 ② 아질산아밀
③ 질산에틸 ④ 질산아밀

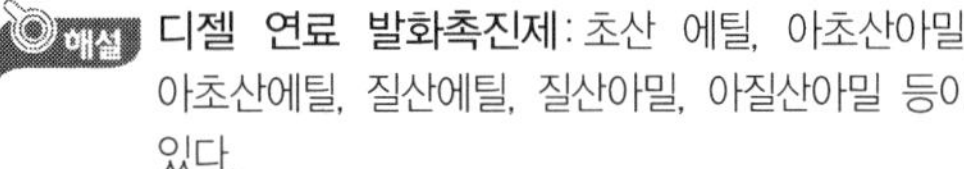
해설 **디젤 연료 발화촉진제** : 초산 에틸, 아초산아밀, 아초산에틸, 질산에틸, 질산아밀, 아질산아밀 등이 있다.

answer 6.① 7.④ 8.① 9.④ 10.③ 11.③ 12.①

13 **냉각수 온도 센서 고장 시 엔진에 미치는 영향으로 틀린 것은?**

① 공회전 상태가 불안정하게 된다.
② 워밍업 시기에 검은 연기가 배출될 수 있다.
③ 배기가스 중에 CO 및 HC가 증가된다.
④ 냉간 시동성이 양호하다.

해설 냉각 수온 센서 결함 시 발생 현상
㉠ 공회전 불안정
㉡ 기관 워밍업 시 흑색 연기 배출
㉢ 배기가스 중 CO 및 HC 증가
㉣ 냉간 시동성 불량

14 **연료 탱크의 주입구 및 가스 배출구는 노출된 전기 단자로부터 (㉠) [mm] 이상, 배기관의 끝으로부터 (㉡) [mm] 이상 떨어져 있어야 한다. ( ) 안에 알맞은 것은?**

① ㉠ : 300, ㉡ : 200
② ㉠ : 200, ㉡ : 300
③ ㉠ : 250, ㉡ : 200
④ ㉠ : 200, ㉡ : 250

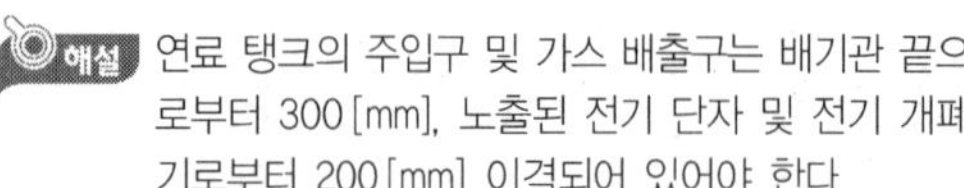
해설 연료 탱크의 주입구 및 가스 배출구는 배기관 끝으로부터 300 [mm], 노출된 전기 단자 및 전기 개폐기로부터 200 [mm] 이격되어 있어야 한다.

15 **연료의 저위 발열량이 10,250 [kcal/kgf]일 경우 제동 연료 소비율 [kgf/PSh]은?** (단, 제동 연료 소비율 = 26.2 [%])

① 약 220　　② 약 235
③ 약 250　　④ 약 275

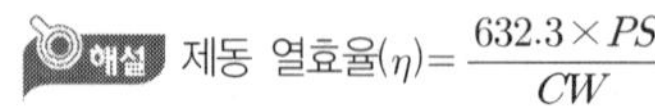
해설 제동 열효율(η) = $\dfrac{632.3 \times PS}{CW}$

시간당 연료소비량(W) = $\dfrac{632.3 \times 1}{0.262 \times 10,250}$ = 0.235 [kg_f]

제동 연료 소비율 = $\dfrac{\text{연료 소비량}}{PS}$ = 235 [kgf/PS－h]

여기서, C: 연료의 저위 발열량 [kcal/kgf]
W: 연료 소비량 [kgf]
PS : 마력(1[PS] = 632.3 [kcal/h]

16 **디젤 기관에서 실린더 내의 연소 압력이 최대가 되는 기간은?**

① 직접 연소 기간
② 화염 전파 기간
③ 착화 늦음 기간
④ 후기 연소 기간

해설 디젤 기관에서 연소 압력이 최대가 되는 구간은 직접 연소(제어 연소) 기간으로, 분사된 연료가 화염 전파 시간에서 발생한 화염으로 분사와 거의 동시 연소하는 기간이고, 연소 압력이 가장 높다.

17 **전자 제어 점화 장치에서 전자 제어 모듈(ECM)에 입력되는 정보로 거리가 먼 것은?**

① 엔진 회전수 신호
② 흡기 매니폴드 압력 센서
③ 엔진 오일 압력 센서
④ 수온 센서

해설 엔진 오일 압력 센서는 엔진 오일 경고등 작동에 사용되며 점화 장치와 관련없다.

18 **내연 기관의 일반적인 내용으로 맞는 것은?**

① 2행정 사이클 엔진의 인젝션 펌프 회전 속도는 크랭크 축 회전 속도의 2배이다.
② 엔진 오일은 일반적으로 계절마다 교환한다.
③ 크롬 도금한 라이너에는 크롬 도금된 피스톤링을 사용하지 않는다.
④ 가입식 라디에이터 부압 밸브가 밀착 불량이면 라디에이터를 손상하는 원인이 된다.

해설 ① 2행정 사이클 엔진의 인젝션 펌프 회전 속도는 크랭크축 회전 속도와 같다.
② 엔진오일은 일정 주행거리마다 교환한다.
③ 가압식 라디에이터 부압 밸브가 열리지 않으면 라디에이터가 손상되는 원인이 된다.

answer　13.④　14.②　15.②　16.①　17.③　18.③

19 밸브 스프링의 점검 항목 및 점검 기준으로 틀린 것은?

① 장력 : 스프링 장력의 감소는 표준값의 10 [%] 이내일 것
② 자유고 : 자유고의 낮아짐 변화량은 3 [%] 이내일 것
③ 직각도 : 직각도는 자유 높이 100 [mm]당 3 [mm] 이내일 것
④ 접촉면의 상태는 2/3 이상 수평일 것

해설 밸브 스프링의 점검
㉠ 스프링 장력 : 규정의 15 [%] 이내
㉡ 직각도, 자유고 : 3 [%] 이내

20 소음기(muffler)의 소음 방법으로 틀린 것은?

① 흡음재를 사용하는 방법
② 튜브의 단면적으로 어느 길이만큼 작게 하는 방법
③ 음파를 간섭시키는 방법과 공명에 의한 방법
④ 압력의 감소와 배기가스를 냉각시키는 방법

해설 소음기의 소음 방법
㉠ 흡음재를 사용하는 방법
㉡ 음파를 간섭시키는 방법
㉢ 튜브 단면적을 어느 길이만큼 크게 하는 방법
㉣ 공명에 의한 방법, 배기가스를 냉각시키는 방법

21 라디에이터의 코어 튜브가 파열되었다면 그 원인은?

① 물 펌프에서 냉각수 누수일 때
② 팬 벨트가 헐거울 때
③ 수온 조절기가 제 기능을 발휘하지 못할 때
④ 오버플로어 파이프가 막혔을 때

해설 방열기 코어 튜브는 오버플로어 파이프가 막혔을 때 팽창 압력에 의해 파열된다.

22 실린더 1개당 총마찰력이 6 [kg_f], 피스톤의 평균 속도가 15 [m/s]일 때 마찰로 인한 기관의 손실 마력 [PS]은?

① 0.4 ② 1.2
③ 2.5 ④ 9.0

해설

$$F_{PS} = \frac{P \times S}{75} = \frac{6 \times 15}{75} = 1.2\,[\text{PS}]$$

여기서, F_{PS} : 손실 마력
P : 피스톤링의 마찰력 [kgf]
S : 피스톤 평균 속도 [m/s]

23 전자 제어 가솔린기관 인젝터에서 연료가 분사되지 않는 이유 중 틀린 것은?

① 크랭크각 센서 불량
② ECU 불량
③ 인젝터 불량
④ 파워 TR 불량

해설 파워 TR은 점화 계통 부품으로, 파워 TR 불량 시 연료분사 시기 불량 등의 문제로 인해 인젝터에서 연료는 분사되나 엔진 시동이 안 된다.

24 ABS(Anti-Lock Brake System)의 주요 구성품이 아닌 것은?

① 휠 속도 센서 ② ECU
③ 하이드로닉 ④ 차고 센서

해설 ABS의 구성 부품
㉠ 휠 스피드 센서 : 차륜의 회전 상태를 검출
㉡ 전자 제어 컨트롤 유니트(ABS ECU) : 휠 스피드 센서의 신호를 받아 ABS 제어
㉢ 하이드롤릭 유니트 : ECU의 신호에 따라 휠 실린더에 공급되는 유압 제어
㉣ 프로포셔닝 벨브 : 브레이크를 밟았을 때 뒷바퀴가 조기에 고착되지 않도록 뒷바퀴 유압 제어
④ 차고 센서는 ECS(전자 제어 현가 장치) 부품이다.

answer 19.① 20.② 21.④ 22.② 23.④ 24.④

25 20 [km/h]로 주행하는 차가 급가속하여 10 [s] 후에 56 [km/h]가 되었을 때 가속도 [m/s^2]는?

① 1　　② 2
③ 5　　④ 8

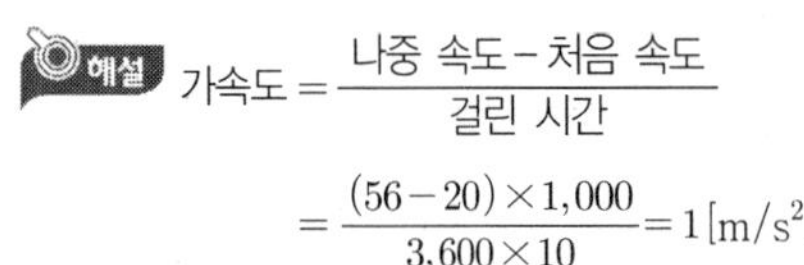

해설 가속도 = $\frac{\text{나중 속도} - \text{처음 속도}}{\text{걸린 시간}}$

$= \frac{(56-20)\times1{,}000}{3{,}600\times10} = 1\,[\text{m/s}^2]$

26 변속 보조 장치 중 도로 조건이 불량한 곳에서 운행되는 차량에 더 많은 견인력을 공급해주기 위해 앞 차축에도 구동력을 전달해 주는 장치는?

① 동력 변속 증감 장치(POVS)
② 트랜스퍼 케이스(transfer case)
③ 주차 도움 장치
④ 동력 인출 장치(power take off system)

해설 트랜스퍼 케이스는 견인력 증대 목적으로 장착 · 사용 된다.

27 동력 조향 장치의 스티어링 휠 조작이 무겁다. 의심되는 고장 부위 중 가장 거리가 먼 것은?

① 랙 피스톤 손상으로 인한 내부 유압 작동 불량
② 스티어링 기어 박스의 과다한 백래시
③ 오일 탱크의 오일 부족
④ 오일 펌프의 결함

해설 ①, ③, ④항이 고장이면 스티어링 휠 조작이 무거워지며, ②항과 같이 스티어링 기어 박스(파워 스티어링 기어)의 백래시가 너무 크면(기어가 마모되면) 조향 핸들의 유격이 커지고, 유격이 크게 되어 핸들 조작이 헐겁다.

28 주행 중인 차량에서 트램핑 현상이 발생하는 원인으로 적당하지 않은 것은?

① 앞 브레이크 디스크의 불량
② 타이어의 불량
③ 휠 허브의 불량
④ 파워 펌프의 불량

해설 트램핑 현상은 타이어가 상 · 하 진동하는 현상이므로 파워 펌프 불량은 관계없다.

29 다음 중 브레이크 페달의 유격이 과다한 이유로 틀린 것은?

① 드럼 브레이크 형식에서 브레이크슈의 조정 불량
② 브레이크 페달의 조정 불량
③ 타이어 공기압의 불균형
④ 마스터 실린더 피스톤과 브레이크 부스터 푸시 로드의 간극 불량

해설 브레이크 페달 유격이 과다한 이유
㉠ 브레이크슈의 조정이 불량하다.
㉡ 브레이크 페달의 조정이 불량하다.
㉢ 마스터 실린더의 피스톤 컵이 파손되었다.
㉣ 유압 회로에 공기가 유입되었다.
㉤ 휠 실린더의 피스톤이 파손되었다.
㉥ 마스터 실린더의 피스톤과 브레이크 부스터 푸시로드의 간극이 불량하다.

30 자동 변속기에서 스로틀 개도의 일정한 차속으로 주행 중 스로틀 개도를 갑자기 증가시키면 (약 85 [%] 이상) 감속 변속되어 큰 구동력을 얻을 수 있는 변속 형태는?

① 킥 다운　　② 다운 시프트
③ 리프트 풋 업　　④ 업 시프트

해설 킥 다운이란 자동 변속기에서 스로틀 개도의 일정한 차속으로 주행 중 스로틀 개도를 갑자기 증가시키면 (약 85 [%] 이상) 강제로 시프트 다운(감속 변속)되어 큰 구동력을 얻을 수 있는 변속 형태이다.

answer 25.① 26.② 27.② 28.④ 29.③ 30.①

31 공기식 제동 장치의 구성 요소로 틀린 것은?

① 언로더 밸브 ② 릴레이 밸브
③ 브레이크 챔버 ④ EGR 밸브

 EGR 밸브는 배기가스 재순환 장치로서, 질소산화물(NO_X)을 저감시키는 장치이다.

32 클러치의 역할을 만족시키기 위한 조건으로 틀린 것은?

① 동력을 끊을 때 차단이 신속할 것
② 회전 부분의 밸런스가 좋을 것
③ 회전 관성이 클 것
④ 방열이 잘 되고 과열되지 않을 것

 클러치의 구비 조건
㉠ 회전 관성이 작을 것
㉡ 동력 전달과 차단이 신속하고 확실할 것
㉢ 방열이 잘 되어 과열되지 않을 것
㉣ 회전 부분 평형이 좋을 것

33 디스크 브레이크에서 패드 접촉면에 오일이 묻었을 때 나타나는 현상은?

① 패드가 과냉되어 제동력이 증가된다.
② 브레이크가 잘 듣지 않는다.
③ 브레이크 작동이 원활하게 되어 제동이 잘된다.
④ 디스크 표면의 마찰이 증대된다.

 브레이크 패드에 오일이 묻었을 때는 마찰력이 작아져 브레이크 성능이 저하된다.

34 주행 중 조향 휠의 떨림 현상 발생 원인으로 틀린 것은?

① 휠 얼라이먼트 불량
② 허브 너트의 풀림
③ 타이로드 엔드의 손상
④ 브레이크 패드 또는 라이닝 간격 과다

 주행 중 조향 휠의 떨리는 원인
㉠ 휠 얼라이먼트 불량
㉡ 허브 너트의 풀림
㉢ 쇽업소버의 작동불량
㉣ 조향 기어의 백래시가 큼
㉤ 앞 바퀴 휠 베어링의 마멸
④ 브레이크 패드 또는 라이닝 간격이 과다하면 제동이 늦는 경우가 발생된다.

35 주행 거리 1.6 [km]를 주행하는 데 40 [s]가 걸렸다. 이 자동차의 주행 속도를 초속과 시속으로 표시하면?

① 40 [m/s], 144 [km/h]
② 40 [m/s], 11.1[km/h]
③ 25 [m/s], 14.4[km/h]
④ 64 [m/s], 230.4[km/h]

$$\text{속도[km/h]} = \frac{\text{주행 거리}}{\text{주행 시간}}$$

$$\text{초속} = \frac{1.6 \times 1,000}{40} = 40[m/s]$$

$$\text{시속} = \frac{1.6 \times 3,600}{40} = 144\,[km/h]$$

36 전자 제어 현가 장치의 출력부가 아닌 것은?

① TPS ② 지시등, 경고등
③ 액추에이터 ④ 고장 코드

 ECS 장치에서 TPS 신호는 급감속 · 급가속을 감지하여 감쇠력 제어에 이용되는 입력 신호이다.

37 전동식 동력 조향 장치(EPS)의 구성에서 비접촉 광학식 센서를 주로 사용하여 운전자의 조향 휠 조작력을 검출하는 센서는?

① 스로틀 포지션 센서
② 전동기 회전 각도 센서
③ 차속 센서
④ 토크 센서

해설 토크 센서는 비접촉 광학식 센서를 주로 사용하며, 조향 핸들을 돌려 조향 칼럼을 통해 래크와 피니언 그리고 바퀴를 돌릴 때 발생하는 토크를 측정하여 운전자의 핸들 조작력을 검출하는 센서이다.

answer 31.④ 32.③ 33.② 34.④ 35.① 36.① 37.④

38 현가 장치가 갖추어야 할 기능이 아닌 것은?

① 승차감 향상을 위해 상하 움직임에 적당한 유연성이 있어야 한다.
② 원심력이 발생되어야 한다.
③ 주행 안정성이 있어야 한다.
④ 구동력 및 제동력 발생 시 적당한 강성이 있어야 한다.

해설 현가 장치가치의 구비 조건
㉠ 주행 안정성을 갖추어야 한다.
㉡ 구동력 및 제동력 발생 시 적당한 강성이 있어야 한다.
㉢ 승차감 향상을 위해 상하 움직임에 대한 적당한 유연성이 있어야 한다.
㉣ 선회 시 원심력을 이겨낼 수 있도록 수평 방향의 연결이 견고해야 한다.

39 자동 변속기 유압 시험을 하는 방법으로 거리가 먼 것은?

① 오일 온도가 약 70～80[℃]가 되도록 워밍업시킨다.
② 잭으로 들고 앞바퀴쪽을 들어 올려 차량 고정용 스탠드를 설치한다.
③ 엔진 타코미터를 설치하여 엔진 회전수를 선택한다.
④ 선택 레버를 'D'위치에 놓고 가속 페달을 완전히 밟은 상태에서 엔진의 최대 회전수를 측정한다.

해설 자동 변속기의 유압 시험 방법
㉠ 규정 오일을 사용하고 오일량이 적당한지 확인한다.
㉡ 앞바퀴를 들어올려 차량 고정용 스탠드를 설치한다.
㉢ 엔진을 웜-업시켜 오일 온도가 규정 온도일 때 실시한다.
㉣ 엔진 타코미터를 이용하여 엔진 회전수를 선택한다.
㉤ 유압계 선택에 주의하여 측정한다.
㉥ 스톨테스트 방법으로 D 위치에서 약 2,000～2,500[rpm]에서 유압 시험을 한다.

40 후륜 구동 차량에서 바퀴를 빼지 않고 차축을 탈거할 수 있는 방식은?

① 반부동식 ② 3/4 부동식
㉰ 전부동식 ④ 배부동식

해설 액슬축 지지 방식
㉠ 3/4 부동식 : 액슬축이 1/4, 하우징이 3/4의 하중을 부담한다.
㉡ 반부동식 : 액슬축과 하우징이 반반씩 하중을 부담한다.
㉢ 전부동식 : 하우징이 하중을 전부 부담하므로 액슬축은 자유로워 바퀴를 빼지 않고 차축을 탈거할 수 있다.

41 자동차문이 닫히자마자 실내가 어두워지는 것을 방지해주는 램프는?

① 도어 램프 ② 테일 램프
③ 패널 램프 ④ 감광식 룸 램프

해설 **감광식 룸 램프** : 에탁스 명령 신호로 도어를 열고 닫을 때 실내등이 즉시 소등되지 않고 천천히 소등되도록 하여 실내가 즉시 어두워지는 것을 방지해주는 편의 장치이다.

42 자동차 에어컨 장치의 순환 과정으로 맞는 것은?

① 압축기 → 응축기 → 건조기 → 팽창 밸브 → 증발기
② 압축기 → 응축기 → 팽창 밸브 → 건조기 → 증발기
③ 압축기 → 팽창 밸브 → 건조기 → 응축기 → 증발기
④ 압축기 → 건조기 → 팽창 밸브 → 응축기 → 증발기

해설 **에어컨 순환과정** : 압축기(compressor) – 응축기(condenser) – 건조기(receiver drier) – 팽창 밸브(expansion valve) – 증발기(evaporator)

answer 38.② 39.④ 40.③ 41.④ 42.①

43 기동 전동기를 기관에서 떼어내고 분해하여 결함 부분을 점검하는 그림이다. 옳은 것은?

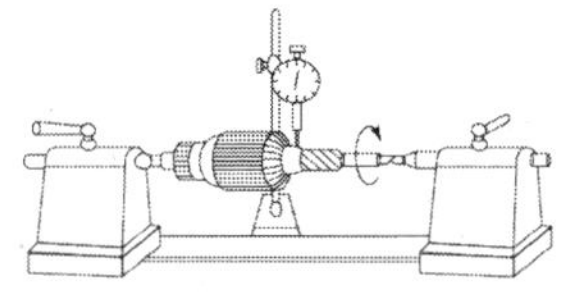

① 전기자 축의 휨 상태점검
② 전기자 축의 마멸 점검
③ 전기자 코일 단락 점검
④ 전기자 코일 단선 점검

해설 다이얼 게이지를 이용하여 전기자 축의 휨 상태를 점검하는 시험이다.

44 전조등 회로의 구성 부품이 아닌 것은?

① 라이트 스위치 ② 전조등 릴레이
③ 스테이터 ④ 딤머 스위치

해설 스테이터는 AC(교류) 발전기 부품 명칭이다.

45 힘을 받으면 기전력이 발생하는 반도체의 성질은 무엇인가?

① 펠티에 효과 ② 피에조 효과
③ 제베크 효과 ④ 홀 효과

해설 ① **펠티에 효과**: 직류 전원을 공급하면 한쪽면에서는 냉각이 되고 다른 면은 가열되는 열전 반도체 소자
② **피에조 효과**: 힘을 받으면 기전력이 발생하는 반도체 효과
③ **제베크 효과**: 열을 받으면 전기 저항값이 변화하는 효과
④ **홀 효과**: 자기를 받으면 통전 성능이 변화하는 효과

46 전자 배전 점화 장치(DLI)의 내용으로 틀린 것은?

① 코일 분배 방식과 다이오드 분배 방식이 있다.
② 독립 점화 방식과 동시 점화 방식이 있다.
③ 배전기 내부 전극이 에어 갭 조정이 불량하면 에너지 손실이 생긴다.
④ 기통 판별 센서가 필요하다.

해설 DLI(Distributor Less Ignition) 또는 DIS 방식 엔진에는 배전기가 없다.

47 다음 중 저항이 병렬로 연결된 회로의 설명으로 맞는 것은?

① 총저항은 각 저항의 합과 같다.
② 각 회로에 동일한 저항이 가해지므로 전압은 다르다.
③ 각 회로에 동일한 전압이 가해지므로 입력 전압은 일정하다.
④ 전압은 한 개일 때와 같으며 전류도 같다.

해설 병렬 접속의 특징
㉠ 어느 저항에서나 똑같은 전압이 가해진다.
㉡ 합성 저항은 각 저항의 어느 것보다도 작다.
㉢ 병렬 접속에서 저항이 감소하는 것은 전류가 나누어져 저항 속을 흐르기 때문이다.

48 교류 발전기에서 축전지의 역류를 방지하는 컷아웃 릴레이가 없는 이유는?

① 트랜지스터가 있기 때문이다.
② 점화 스위치가 있기 때문이다.
③ 실리콘 다이오드가 있기 때문이다.
④ 전압 릴레이가 있기 때문이다.

해설 AC 발전기에는 실리콘 다이오드가 교류의 정류 작용과 역류 방지 작용을 한다.

49 축전지를 구성하는 요소가 아닌 것은?

① 양극판 ② 음극판
③ 정류자 ④ 전해액

해설 정류자는 기동 전동기 부품 명칭이다.

answer 43.① 44.③ 45.② 46.③ 47.③ 48.③ 49.③

50 저항에 12 [V]를 가했더니 전류계에 3 [A]로 나타났다. 이 저항의 값 [Ω]은?

① 2 ② 4
③ 6 ④ 8

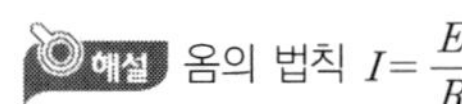

해설 옴의 법칙 $I=\frac{E}{R}$

$R=\frac{E}{I}=\frac{12}{3}=4\,[\Omega]$

여기서, I : 전류, E : 전압, R : 저항

51 다음 안전 장치 선정 시 고려 사항 중 맞지 않는 것은?

① 안전 장치의 사용에 따라 방호가 완전할 것
② 안전 장치의 기능면에서 신뢰도가 클 것
③ 정기 점검 시 이외에는 사람의 손으로 조정할 필요가 없을 것
④ 안전 장치를 제거하거나 또는 기능의 정지를 쉽게 할 수 있을 것

해설 안전 장치를 어떠한 상황에서도 제거하고 작업하면 안 된다.

52 기관 점검 시 운전 상태로 점검해야 하는 것이 아닌 것은?

① 클러치의 상태 ② 매연 상태
③ 기어의 소음 상태 ④ 급유 상태

해설 급유 상태는 엔진 정지 상태에서 한다.

53 자동차 적재함 밖으로 물건이 나온 상태로 운반할 경우 위험 표시 색깔은 무엇으로 하는가?

① 청색 ② 흰색
③ 적색 ④ 흑색

해설 긴 물건 또는 적재함 밖으로 나온 물건의 운반 시 적색 천을 물건 끝에 묶어서 운행한다.

54 드릴 작업의 안전 사항 중 틀린 것은?

① 장갑을 끼고 작업하였다.
② 머리가 긴 경우 단정하게 하여 작업모를 착용하였다.
③ 작업 중 쇳가루를 입으로 불어서는 안 된다.
④ 공작물은 단단히 고정시켜 따라서 돌지 않게 한다.

해설 드릴 작업 시 장갑을 착용하면 장갑이 드릴과 함께 회전하여 감겨 들어갈 수 있으므로 위험하다.

55 오픈 렌치 사용으로 바르지 않은 것은?

① 오픈 렌치와 너트의 크기가 맞지 않으면 쐐기를 넣어 사용한다.
② 오픈 렌치를 해머 대신에 써서는 안 된다.
③ 오픈 렌치에 파이프를 끼우든가 해머로 두들겨서 사용하지 않는다.
④ 오픈 렌치는 올바르게 끼우고 작업자 앞으로 잡아당겨 사용한다.

해설 공구에 쐐기를 넣어 사용하지 않으며, 렌치는 볼트 너트를 풀거나 조일 때 볼트 너트에 꼭 맞게 끼워져야 한다.

56 전기 장치의 배선 커넥터 분리 및 연결 시 잘못된 작업은?

① 배선을 분리할 때는 잠금 장치를 누른 상태에서 커넥터를 분리한다.
② 배선 커넥터 접속은 커넥터 부위를 잡고 커넥터를 끼운다.
③ 배선 커넥터는 딸깍 소리가 날 때까지는 확실히 접속시킨다.
④ 배선을 분리할 때는 배선을 이용하여 흔들면서 잡아당긴다.

해설 배선 분리 시 배선을 잡지말고 커넥터 고정키를 누른다음 커넥터를 잡아당겨 해제시킨다.

answer 50.② 51.④ 52.④ 54.③ 54.① 55.① 56.④

57 다음 작업 중 보안경을 반드시 착용해야 하는 작업은?

① 인젝터 파형 점검 작업
② 전조등 점검 작업
③ 클러치 탈착 작업
④ 스로틀 포지션 센서 점검 작업

해설 **보안경 착용**: 클러치 · 변속기 탈착 및 용접, 해머, 그라인더 작업 등 이물질에 의한 눈을 보호 할 때 착용해야 한다.

58 다음 중 자동차 배터리 충전 시 주의 사항으로 틀린 것은?

① 배터리 단자에서 터미널을 분리시킨 후 충전한다.
② 충전을 할 때는 환기가 잘 되는 장소에서 실시한다.
③ 충전시 배터리 주위에 화기를 가까이 해서는 안 된다.
④ 배터리 벤트플러그가 잘 닫혀 있는지 확인 후 충전한다.

해설 납산축전지 벤트플러그를 모두 개방 후 전해액을 극판 위 10 ~ 13 [mm] 정도 보충 후에 충전한다.

59 부품을 분해 정비 시 반드시 새것으로 교환하여야 할 부품이 아닌 것은?

① 오일 실　② 볼트 및 너트
③ 개스킷　④ 오링

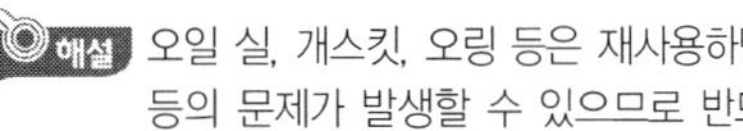

해설 오일 실, 개스킷, 오링 등은 재사용하면 누수 · 누유 등의 문제가 발생할 수 있으므로 반드시 교환하여야 한다. 볼트, 너트는 재사용할 수 있다.

60 화학 세척제를 사용하여 방열기(라디에이터)를 세척하는 방법으로 틀린 것은?

① 방열기의 냉각수를 완전히 뺀다.
② 세척제 용액을 냉각 장치 내 가득히 넣는다.
③ 기관을 기동하고, 냉각수 온도를 80 [℃] 이상으로 한다.
④ 기관을 정지하고 바로 방열기 캡을 연다.

해설 방열기를 세척할 때 기관을 정지하고, 엔진이 냉각된 후에 캡을 천으로 눌러서 서서히 개방한다.

answer　57.③　58.④　59.②　60.④

제 3 회

자동차정비기능사

기출복원 및 실전모의고사

1 **자동차 전조등 주광축의 진폭 측정 시 10 [m] 위치에서 우측 우향 진폭 기준은 몇 [cm] 이내이어야 하는가?**

① 10　　② 20
③ 30　　④ 39

해설 전조등 진폭 측정 시 기준
㉠ 좌측 전조등
• 좌진폭 : 15 [cm]
• 우진폭 : 30 [cm]
㉡ 우측 전조등
• 좌진폭 : 30 [cm]
• 우진폭 : 30 [cm]
㉢ 상향 진폭 : 10 [cm]
㉣ 하향 진폭 : 30 [cm]

2 **디젤 기관에서 전자 제어식 고압 펌프의 특징이 아닌 것은?**

① 동력 성능의 향상 ② 쾌적성 향상
③ 부가 장치 필요　④ 가속 시 스모크 저감

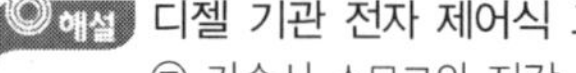

해설 디젤 기관 전자 제어식 고압 펌프의 특징
㉠ 가속시 스모크의 저감
㉡ 쾌적성 향상
㉢ 동력 성능의 향상

3 **다음 중 크랭크 축 메인 저널 베어링 마모를 점검하는 방법은?**

① 파일러 게이지 방법
② 심(seam) 방법
③ 직각자 방법
④ 플라스틱 게이지 방법

해설 오일 간극 점검 방법 : 마이크로미터 측정, 플라스틱 게이지, 심스톡 방법 등이 있으며, 플라스틱 게이지가 가장 적합하다.

4 **차량용 엔진의 엔진 성능에 영향을 미치는 여러 인자에 대한 설명으로 옳은 것은?**

① 흡입 효율, 체적 효율, 충전 효율이 있다.
② 압축비는 기관 성능에 영향을 미치지 못한다.
③ 점화 시기는 기관 특성에 영향을 미치지 못한다.
④ 냉각수 온도, 마찰은 제외한다.

해설 엔진 성능 향상 인자는 체적·흡입·충전 효율이며, 압축비와 점화 시기 및 냉각수 온도도 엔진의 성능에 영향을 미친다.

5 **어떤 기관의 열효율을 측정하는 데 열정산에서 냉각에 의한 손실이 29 [%], 배기와 복사에 의한 손실이 31 [%] 이고, 기계 효율이 80 [%] 라면 정미 열효율 [%]은?**

① 40　　② 36
③ 34　　④ 32

해설 지시 열효율
= 100 − (냉각 손실 + 배기 및 복사에 의한 손실)
= 100 − (29 + 31) = 40 [%]
정미 열효율
= 지시열효율 × 기계 효율
= (0.4 × 0.8) × 100 = 32 [%]

answer 1.③ 2.③ 3.④ 4.① 5.④

6 **실린더가 정상적인 마모를 할 때 마모량이 가장 큰 부분은?**

① 실린더 윗부분　② 실린더 중간 부분
③ 실린더 밑부분　④ 실린더 헤드

실린더가 동력 행정에서 폭발 압력에 의해 피스톤 헤드가 받는 압력이 가장 크므로 실린더 윗부분 상사점 축의 직각 방향이 가장 큰 마멸이 일어나고, 실린더 밑부분이 가장 작은 마멸이 일어난다.

7 **다음 중 전자 제어 가솔린 연료 분사 방식의 특징이 아닌 것은?**

① 기관의 응답 및 주행성 향상
② 기관 출력의 향상
③ CO, HC 등의 배출 가스 감소
④ 간단한 구조

전자 제어 가솔린 분사 기관의 특징
㉠ 공기 흐름에 따른 관성 질량이 작아 응답 및 주행성이 향상된다.
㉡ 기관 출력 증대 및 연료 소비율이 감소한다.
㉢ CO, HC 등의 유해 배출 가스 감소 효과가 있다.
㉣ 각 실린더에 동일한 양의 연료 공급이 가능하다.
㉤ 구조가 복잡하고 가격이 비싸다(DOHC).
㉥ 저온 시동성이 향상된다.

8 **디젤 엔진에서 플런저의 유효 행정을 크게 하였을 때 일어나는 것은?**

① 송출 압력이 커진다.
② 송출 압력이 작아진다.
③ 연료 송출량이 많아진다.
④ 연료 송출량이 적어진다.

해설 분사 노즐의 플런저 유효 행정 크기와 분사량은 비례한다. 또한, 플런저의 예행정을 크게 하면 분사 시기가 변화한다.

9 **고속 디젤 기관의 열역학적 사이클은 어느 것에 해당하는가?**

① 오토 사이클　② 디젤 사이클
③ 정적 사이클　④ 복합 사이클

해설 ① **정적(오토) 사이클**: 가솔린 기관
② **정압(디젤) 사이클**: 저속 · 중속 디젤 기관
④ **복합(사바테) 사이클**: 고속 디젤 기관

10 **연료 1 [kg]을 연소시키는 데 드는 이론적 공기량과 실제로 드는 공기량과의 비를 무엇이라고 하는가?**

① 중량비　② 공기율
③ 중량도　④ 공기 과잉률

해설 공기 과잉률이란 연료 1 [kg]을 연소시키는 데 필요한 이론적 공기량과 실제 필요한 공기량과의 비율, 즉 $\frac{\text{실제 혼합비}}{\text{이론 혼합비}}$ 이다.

11 **LPG 기관에서 믹서의 스로틀 밸브 개도량을 감지하여 ECU에 신호를 보내는 것은?**

① 아이들 업 솔레노이드
② 대시포트
③ 공전 속도 조절 밸브
④ 스로틀 위치 센서

해설 LPG 기관의 스로틀 위치 센서(TPS)는 믹서의 액셀레이터 슬랩 개도량을 검출하는 가변 저항형 센서이다.

12 **배기 장치에 관한 설명으로 맞는 것은?**

① 배기 소음기는 온도는 낮추고 압력을 높여 배기 소음을 감쇠한다.
② 배기 다기관에서 배출되는 가스는 저온 · 저압으로 급격한 팽창으로 폭발음이 발생한다.
③ 단실린더에도 배기 다기관을 설치하여 배기가스를 모아 방출해야 한다.
④ 소음 효과를 높이기 위해 소음기의 저항을 크게 하면 배압이 커 기관 출력이 줄어든다.

answer 6.① 7.④ 8.③ 9.④ 10.④ 11.④ 12.④

해설 소음기 저항을 크게 하면 배압에 의해 엔진 출력이 저하된다.
배기 다기관에서 배출되는 고온 · 고압 가스의 팽창에 의한 폭발음은 소음기를 이용하여 배기가스의 온도와 압력을 낮추어 배기 소음을 감쇠시킨다.

13 가솔린 기관의 유해 가스 저감 장치 중 질소산화물(NO_x) 발생을 감소시키는 장치는?

① EGR 시스템(배기가스 재순환 장치)
② 퍼지컨트롤 시스템
③ 블로우 바이 가스 환원 장치
④ 감속 시 연료 차단 장치

해설 배기가스 재순환 장치(EGR)는 배기가스의 일부를 배기 계통에서 흡기 계통으로 재순환시켜 연소실의 최고 온도를 낮추어 질소산화물(NO_x) 생성을 억제시킨다.

14 냉각 장치에서 냉각수의 비등점을 올리기 위한 방식으로 맞는 것은?

① 압력 캡식 ② 진공 캡식
③ 밀봉 캡식 ④ 순환 캡식

해설 방열기의 압력식 캡은 냉각 범위를 넓게 냉각 효과를 크게 하기 위하여 사용하며, 보통 0.2 ~ 0.9 [kg_f/cm^2]의 압력을 걸어 냉각수의 비점을 112 ~ 119 [℃]로 올린다. 또한, 압력 밸브는 방열기 내 압력이 규정값 이상되면 열려 과잉 압력의 수증기를 배출한다.

15 기관 회전수를 계산하는 데 사용하는 센서는?

① 스로틀 포지션 센서
② 맵 센서
③ 크랭크 포지션 센서
④ 노크 센서

해설 센서의 역할
㉠ 크랭크 포지션 센서 : 기관의 회전 속도와 크랭크 축의 위치를 검출하며, 연료 분사 순서와 분사 시기 및 기본 점화 시기에 영향을 주며, 고장이 나면 기관이 정지된다.
㉡ 스로틀 포지션 센서 : 스로틀 밸브의 개도를 검출하여 엔진 운전 모드를 판정하여 가속과 감속 상태에 따른 연료 분사량을 보정한다.
㉢ 맵 센서 : 흡입 공기량을 매니홀드의 유입된 공기 압력을 통해 간접적으로 측정하여 ECU에서 계산한다.
㉣ 노크 센서 : 엔진의 노킹을 감지하여 이를 전압으로 변환해 ECU로 보내 이 신호를 근거로 점화 시기를 변화시킨다.

16 전자 제어 가솔린 기관에서 워밍업 후 공회전 부조가 발생했다. 그 원인이 아닌 것은?

① 스로틀 밸브의 걸림 현상
② ISC(아이들 스피드 컨트롤) 장치 고장
③ 수온 센서 배선 단선
④ 액셀케이블 유격의 과다

해설 액셀케이블 유격이 과다하면 가속이 늦게 작용한다.

17 스로틀 포지션 센서(TPS)의 설명 중 틀린 것은?

① 공기 유량 센서(AFS) 고장 시 TPS 신호에 의해 분사량을 결정한다.
② 자동 속기에서는 변속 시기를 결정해주는 역할도 한다.
③ 검출 전압의 범위는 약 0 ~ 12 [V]까지 이다.
④ 가변 저항기이고 스로틀 밸브의 개도량을 검출한다.

해설 스로틀 포지션 센서(TPS)의 기준값 범위는 약 0.4 ~ 0.6 [V] 정도이다.

18 배출 가스 중 유해 가스에 해당하지 않는 것은?

① 질소 ② 일산화탄소
③ 탄화수소 ④ 질소산화물

해설 자동차에서 배출되는 대표 유해가스는 탄화수소(HC), 일산화탄소(CO), 질소산화물(NO_X) 이다.

answer 13.① 14.① 15.③ 16.④ 17.③ 18.①

19 **다음 중 윤활 장치에서 유압이 높아지는 이유로 맞는 것은?**

① 릴리프 밸브 스프링의 장력이 클 때
② 엔진 오일과 가솔린의 희석
③ 베어링의 마멸
④ 오일 펌프의 마멸

해설 유압 상승의 원인
㉠ 유압 조정 밸브(릴리프 밸브-최대 압력 이상으로 압력이 올라가는 것을 방지) 스프링의 장력이 강할 때
㉡ 윤활 계통의 일부가 막혔을 때
㉢ 윤활유의 점도가 높을 때
㉣ 오일 간극이 작을 때

20 **자동차 연료로 사용하는 휘발유는 주로 어떤 원소들로 구성되는가?**

① 탄소와 황　　② 산소와 수소
③ 탄소와 수소　　④ 탄소와 4-에틸납

자동차 연료 중 휘발유는 탄소와 수소로 이루어진 화합물이다.

21 **피스톤 핀의 고정 방법에 해당하지 않는 것은?**

① 전부동식　　② 반부동식
③ 4분의 3 부동식　　④ 고정식

피스톤 핀의 설치 방법(고정 방식)
㉠ 고정식
㉡ 반부동식(요동식)
㉢ 전부동식
③ 3/4 부동식은 뒤 차축 지지 방식이다.

22 **디젤 연소실의 구비 조건 중 틀린 것은?**

① 연소 시간이 짧을 것
② 열효율이 높을 것
③ 평균 유효 압력이 낮을 것
④ 디젤 노크가 작을 것

해설 디젤 연소실의 구비 조건
㉠ 열효율이 높을 것
㉡ 디젤 노크가 작을 것
㉢ 연소 시간이 짧을 것

23 **다음 보기의 조건에서 밸브 오버랩 각도는 몇 도인가?**

• 흡입 밸브
 – 열림 BTDC 18°
 – 닫힘 ABDC 46°
• 배기 밸브
 – 열림 BBDC 54°
 – 닫힘 ATDC 10°

① 8°　　② 28°
③ 44°　　④ 64°

밸브 오버랩
= 흡입 밸브 열림 각도 + 배기 밸브 닫힘 각도
= 흡기밸브 열림 전 18°+배기 닫힘 후 10°
= 28°

24 **구동 피니언의 잇수 6, 링기어의 잇수 30, 추진축의 회전수 1,000 [rpm]일 때 왼쪽 바퀴가 150 [rpm]으로 회전한다면 오른쪽 바퀴의 회전수 [rpm]는?**

① 250　　② 300
③ 350　　④ 400

한쪽 바퀴 회전수(N_w)

$$N_w = \frac{\text{추진축 회전수}}{\text{종감속비}} \times 2 - \text{다른 쪽 바퀴 회전수}$$

$$\text{종감속비} = \frac{\text{링 기어 잇수}}{\text{구동 피니언 잇수}}$$

$$\therefore \text{한쪽 바퀴 회전수} = \frac{1,000}{\frac{30}{6}} \times 2 - 150 = 250\,[\text{rpm}]$$

answer 19.① 20.③ 21.③ 22.③ 23.② 24.①

25 **정(+)의 캠버란 다음 중 어떤 것을 말하는가?**

① 바퀴의 아래쪽이 위쪽보다 좁은 것을 말한다.
② 앞바퀴의 앞쪽이 뒤쪽보다 좁은 것을 말한다.
③ 앞바퀴 킹핀이 뒤쪽으로 기울어진 각을 말한다.
④ 앞바퀴의 위쪽이 아래쪽보다 좁은 것을 말한다.

해설 자동차 앞 정면에서 보았을 때 앞바퀴의 위쪽이 아래쪽보다 넓은 것을 캠버라 하는데 이것을 정(+)의 캠버라 하고, 아래쪽이 넓은 것을 부(−)의 캠버라 한다.

26 **조향 장치에서 조향 기어비를 나타낸 것으로 맞는 것은?**

① 조향 기어비 = $\frac{\text{조향휠 회전각도}}{\text{피트먼암 선회각도}}$
② 조향 기어비 = 조향 휠 회전 각도 + 피트먼암 선회 각도
③ 조향 기어비 = 피트먼암 선회 각도 − 조향 휠 회전 각도
④ 조향 기어비 = 피트먼암 선회 각도 × 조향 휠 회전 각도

해설 조향 기어비 = $\frac{\text{핸들 회전 각도}}{\text{피트먼암 회전 각도}}$

- 승용차 조향 기어비 − 10 ~ 15 : 1
- 중형 − 15 ~ 20 : 1
- 대형 − 20 ~ 30 : 1

27 **전자 제어 현가 장치(electronic control suspension)의 구성품이 아닌 것은?**

① 가속도 센서
② 차고 센서
③ 맵 센서
④ 전자 제어 현가 장치 지시등

해설 MAP 센서는 D-jetronic(공기량 간접 계측 방식)에서 흡기 다기관의 부압에 따른 흡입 공기량을 간접 계측하는 센서이다.

28 **마스터 실린더에서 피스톤 1차 컵이 하는 일은?**

① 오일 누출 방지 ② 유압 발생
③ 잔압 형성 ④ 베이퍼록 방지

해설 마스터 실린더에서 피스톤 1차 컵의 기능은 유압 발생이고, 2차 컵은 오일 누출 방지 역할을 하며, ①·②·③항은 체크 밸브를 이용하여 잔압을 두는 목적이다.

29 **타이어의 뼈대가 되는 부분으로, 튜브의 공기압에 견디면서 일정한 체적을 유지하고 하중이나 충격에 변형되면서 완충 작용을 하며 내열성 고무로 밀착시킨 구조로 되어 있는 것은?**

① 비드(bead) ② 브레이커(breaker)
③ 트레드(tread) ④ 카커스(carcass)

해설 타이어의 구조

㉠ 비드 : 타이어가 림에 접촉하는 부분으로, 타이어가 빠지는 것을 방지하기 위해 몇 줄의 피아노선을 넣어 놓은 것
㉡ 브레이커 : 트레드와 카커스 사이에서 분리를 방지하고 노면에서의 완충 작용을 하는 것
㉢ 트레드 : 노면과 직접 접촉하는 부분으로, 제동력 및 구동력과 옆방향 미끄럼 방지, 승차감 향상 등의 역할을 하는 것
㉣ 카커스 : 고무로 피복된 코드를 여러 겹 겹친 층이며, 타이어의 뼈대가 되는 부분으로, 공기 압력을 견디어 일정한 체적을 유지하고 하중이나 충격에 따라 변형하여 완충 작용을 하는 것

30 **자동차의 축간 거리가 2.3 [m], 바퀴 접지면의 중심과 킹핀과의 거리가 20 [cm] 인 자동차를 좌회전할 때 우측 바퀴의 조향각은 30°, 좌측 바퀴의 조향각은 32° 이었을 때 최소 회전 반경 [m]은 얼마인가?**

① 3.3 ② 4.8
③ 5.6 ④ 6.5

answer 25.① 26.① 27.③ 28.② 29.④ 30.②

해설 최소 회전 반경 $R=\dfrac{L}{\sin\alpha}+r$

$$=\frac{2.3}{\sin30^{\circ}}+0.2=4.8[\mathrm{m}]$$

여기서, α : 외측 바퀴 회전 각도[°]

L : 축거리[m]

r : 타이어 중심과 킹핀과의 거리[m]

31 동력 조향 장치가 고장일 때 핸들을 수동으로 조작할 수 있도록 하는 것은?

① 오일 펌프 ② 파워 실린더

③ 안전 체크 밸브 ④ 시프트 레버

해설 안전 체크 밸브의 기능

㉠ 안전 체크 밸브는 압력차에 의해 자동으로 열리게 된다.

㉡ 안전 체크 밸브는 컨트롤 밸브에 설치되어 있다.

㉢ 안전 체크 밸브는 기관의 정지, 오일 펌프의 고장 등 유압이 발생할 수 없는 경우 기계적으로 작동이 가능하게 해준다.

32 단순 유성 기어 장치에서 선기어, 캐리어, 링기어의 3요소 중 2요소를 입력 요소로 하면 동력 전달은?

① 증속 ② 감속

③ 직결 ④ 역전

해설 유성 기어의 3요소 중 2요소를 입력 요소로 하면 동력 전달은 직결되고, 아무런 입력이 없으면 공전된다.

33 공기 브레이크에서 공기압을 기계적 운동으로 바꾸어 주는 장치는?

① 릴레이 밸브 ② 브레이크 슈

③ 브레이크 밸브 ④ 브레이크 챔버

해설 공기 브레이크 장치에서 브레이크 페달에 의해 밸브가 열리면 릴레이 밸브를 거쳐 브레이크 챔버로 공기 압력이 전달되고 푸시 로드를 통해 기계적 운동으로 바뀌어 브레이크 슈를 작동시킨다.

34 변속기의 전진 기어 중 가장 큰 토크를 발생하는 변속단은?

① 오버드라이브 ② 1단

③ 2단 ④ 직결단

해설 변속기의 1단 기어에서 토크비가 가장 크다. 단수가 클수록 토크는 떨어지고, 회전 속도는 증가된다.

35 유압 제어 장치와 관계없는 것은?

① 오일 펌프 ② 유압 조정 밸브바디

③ 어큐뮬레이터 ③ 유성 장치

해설 유성 장치란 유성 기어로 이루어진 기계적인 장치이며, OD(Over Drive) 엔진 여유 구동력 증대를 위한 장치이다.

36 고속 주행할 때 바퀴가 상하로 진동하는 현상을 무엇이라 하는가?

① 요잉 ② 트램핑

③ 롤링 ④ 킥다운

해설 상하 진동을 트램핑이라 하며, 트램핑이란 타이어 앞부분의 동적 평형이 맞지 않아 고속 주행 시 바퀴가 상하로 심한 진동이 발생되는 현상을 말한다.

37 자동 변속기에서 작동유의 흐름으로 옳은 것은?

① 오일 펌프 → 토크 컨버터 → 밸브바디

② 토크 컨버터 → 오일 펌프 → 밸브바디

③ 오일 펌프 → 밸브바디 → 토크 컨버터

④ 토크 컨버터 → 밸브바디 → 오일 펌프

해설 자동 변속기 유체 흐름 제어 순서 : 오일 펌프 – 밸브바디 – 토크 컨버터

answer 31.③ 32.③ 33.④ 34.② 35.④ 36.② 37.③

38 차동 장치에서 차동 피니언과 사이드 기어의 백래시 조정은?

① 축받이 차축의 왼쪽 조정심을 가감하여 조정한다.
② 축받이 차축의 오른쪽 조정심을 가감하여 조정한다.
③ 차동 장치의 링기어 조정 장치를 조정한다.
④ 스러스트 와셔의 두께를 가감하여 조정한다.

해설 차동 기어 장치에서 차동 사이드 기어의 백래시 조정은 스러스트 심 두께를 가감하여 조정한다.

39 싱크로나이저 슬리브 및 허브 검사에 대한 설명이다. 가장 거리가 먼 것은?

① 싱크로나이저와 슬리브를 끼우고 부드럽게 돌아가는지 점검한다.
② 슬리브의 안쪽 앞부분과 뒤쪽 끝이 손상되지 않았는지 점검한다.
③ 허브 앞쪽 끝부분이 마모되지 않았는지 점검한다.
④ 싱크로나이저 허브와 슬리브는 이상있는 부위만 교환한다.

해설 싱크로나이저 허브 및 슬리브는 이상 변형 및 손상이 발생되면 전체 부품을 교환한다.

40 전자 제어 제동 장치(ABS)에서 휠 스피드 센서의 역할은?

① 휠의 회전 속도 감지
② 휠의 감속 상태 감지
③ 휠의 속도 비교 평가
④ 휠의 제동 압력 감지

해설 전자 제어 제동 장치(ABS)에서 휠 스피드 센서는 휠의 회전속도를 자력선 변화로 감지하여 이를 전기적 신호(교류 펄스)로 바꾸어 ABS 컨트롤 유니트(ECU)로 보내며, 바퀴가 고정(잠김)되는 것을 검출하는 역할을 하는 센서이다.

41 AQS(Air Quality System)의 기능에 대한 설명 중 틀린 것은?

① 차실 내에 유해 가스의 유입을 차단한다.
② 차실 내로 청정 공기만을 유입시킨다.
③ 승차 공간 내의 공기 청정도와 환기 상태를 최적으로 유지시킨다.
④ 차실 내의 온도와 습도를 조절한다.

해설 AQS는 차실 내에 유해 가스의 유입을 차단하고, 청정 공기만 유입시키며, 승차 공간 내의 공기 청정도와 환기 상태를 최적으로 유지시키며, 온도·습도 조절은 온도 센서와 습도 센서가 하게 된다.

42 어떤 기준 전압 이상이 되면 역방향으로 큰 전류가 흐르게 되는 반도체는?

① PNP형 트랜지스터
② NPN형 트랜지스터
③ 포토 다이오드
④ 제너 다이오드

해설 제너 다이오드는 발전기의 전압 조정기 등 정전압 회로에 사용되며, 어떤 기준 전압 이상이 되면 역방향으로 큰 전류가 흐르는 반도체이다.

43 다음 중 교류 발전기의 구성 요소가 아닌 것은?

① 자계를 발생시키는 로터
② 전압을 유도하는 스테이터
③ 정류기
④ 컷 아웃 릴레이

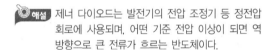

해설 로터, 스테이터, 정류기 등은 교류 발전기의 구성 부품이며, 컷 아웃 릴레이는 직류 발전기 부품이다.

44 회로에서 12 [V] 배터리에 저항 3개를 직렬로 연결하였을 때 전류계 A에 흐르는 전류 [A]는?

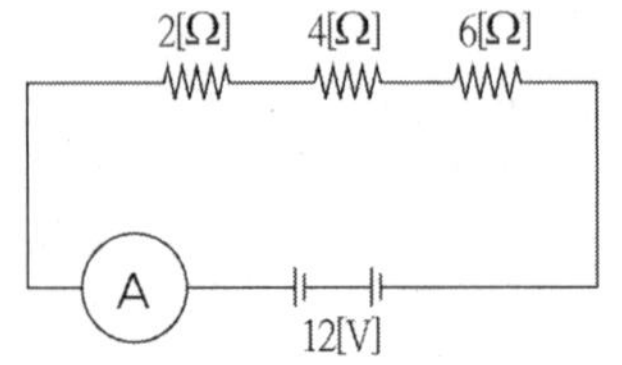

answer 38.④ 39.④ 40.① 41.④ 42.④ 43.④ 44.①

① 1　　② 2
③ 3　　④ 4

 직렬 합성 저항 $R=R_1+R_2+\cdots+R_n$
$=2[\Omega]+4[\Omega]+6[\Omega]$
$=12[\Omega]$

옴의 법칙 $I=\frac{E}{R}$

$E=IR$

$R=\frac{E}{I}$

$\therefore\ I=\frac{E}{R}=\frac{12[\mathrm{V}]}{12[\Omega]}=1[\mathrm{A}]$

여기서, I: 전류, E: 전압, R: 저항

45 점화 코일의 2차쪽에서 발생되는 불꽃 전압의 크기에 영향을 미치는 요소가 아닌 것은?

① 점화 플러그의 전극 형상
② 전극의 간극
③ 오일 압력
④ 혼합기 압력

 점화 전압에 영향을 주는 요인
㉠ 점화 플러그 전극의 간극
㉡ 혼합기 압력
㉢ 점화 플러그 전극의 형상
③ 오일 압력은 불꽃 전압 크기에 영향을 미치는 요소가 아니다.

46 축전지의 충전 상태를 측정하는 계기는?

① 온도계　　② 기압계
③ 저항계　　④ 비중계

 축전지의 충전 상태 측정은 비중계로 하며, 전해액의 비중을 비중계로 측정하였을 때 20[℃]에서 1,280이면 완전히 충전된 상태이다.

47 다음 중 자동차 에어컨 냉매 가스 순환 과정으로 맞는 것은?

① 압축기 → 건조기 → 응축기 → 팽창 밸브 → 증발기
② 압축기 → 팽창 밸브 → 건조기 → 응축기 → 증발기
③ 압축기 → 응축기 → 건조기 → 팽창 밸브 → 증발기
④ 압축기 → 건조기 → 팽창 밸브 → 응축기 → 증발기

해설 에어컨 순환 과정: 압축기(compressor) – 응축기(condenser) – 건조기(receiver drier) – 팽창 밸브(expansion valve) – 증발기(evaporator)

48 기동 전동기를 주요 부분으로 구분한 것이 아닌 것은?

① 회전력을 발생하는 부분
② 무부하 전력을 측정하는 부분
③ 회전력을 기관에 전달하는 부분
④ 피니언을 링기어에 물리게 하는 부분

해설 기동 전동기 주요 부분
㉠ 회전력을 발생하는 전기자
㉡ 회전력을 기관(플라이 휠)에 전달하는 피니언 기어
㉢ 피니언을 링기어에 물리게 하는 부분(마그네틱 스위치)
② 직류 직권식 전동기에서 전력은 측정하지 않는다.

49 옴의 법칙으로 맞는 것은? (단, I : 전류, E : 전압, R : 저항)

① $I=RE$　　② $E=IR$
③ $I=R/E$　　④ $E=2R/I$

해설 옴의 법칙
$I=\frac{E}{R}$, $E=IR$, $R=\frac{E}{I}$
여기서, I: 전류, E: 전압, R: 저항

50 배선에 있어서 기호와 색 연결이 틀린 것은?

① Gr : 보라　　② G : 녹색
③ R : 적색　　④ Y : 노랑

answer 45.③ 46.④ 47.③ 48.② 49.② 50.①

해설 배선 색상에 따른 약어

약어	배선 색상	약어	배선 색상
B	검정색(Black)	T	황갈색(Tawny)
Y	노랑색(Yellow)	O	오렌지색(Orange)
G	초록색(Green)	Br	갈색(Brown)
L	파랑색(Blue)	Lg	연두색(Light green)
R	빨간색(Red)	Gr	회색(Gray)
W	흰색(White)	Pp	자주색(Purple)
P	분홍색(Pink)	Ll	하늘색(Light blue)

51 **이동식 및 휴대용 전동 기기의 안전한 작업 방법으로 틀린 것은?**

① 전동기의 코드선은 접지선이 설치된 것을 사용한다.
② 회로 시험기로 절연 상태를 점검한다.
③ 감전 방지용 누전 차단기를 접속하고 동작 상태를 점검한다.
④ 감전 사고 위험이 높은 곳에서는 1중 절연 구조의 전기 기기를 사용한다.

해설 전기 작업을 할 때에는 반드시 절연용 보호구를 사용하여야 하며, 감전 사고의 위험이 높은 곳에서는 다중 절연 구조의 전기 기기를 사용한다.

52 **산업 재해는 생산 활동을 행하는 중에 에너지와 충돌하여 생명의 기능이나 ( )를 상실하는 현상을 말한다. ( )에 알맞은 말은?**

① 작업상 업무 ② 작업 조건
③ 노동 능력 ④ 노동 환경

해설 산업 재해는 생산 활동 중 생명을 잃거나 노동 능력을 상실하는 것을 말한다.

53 **기관 분해 조립 시 스패너 사용 자세 중 옳지 않은 것은?**

① 몸의 중심을 유지하게 한 손은 작업물을 지지한다.
② 스패너 자루에 파이프를 끼우고 발로 민다.
③ 너트에 스패너를 깊이 물리고 조금씩 앞으로 당기는 식으로 풀고, 조인다.
④ 몸은 항상 균형을 잡아 넘어지는 것을 방지한다.

해설 스패너 자루에 휘거나 파손되기 쉬운 파이프 등을 끼우고 작업해서는 안 된다.

54 **연삭 작업 시 안전 사항 중 틀린 것은?**

① 나무 해머로 연삭숫돌을 가볍게 두들겨 맑은 음이 나면 정상이다.
② 연삭숫돌의 표면이 심하게 변형된 것은 반드시 수정한다.
③ 받침대는 숫돌차의 중심선보다 낮게 한다.
④ 연삭숫돌과 받침대와의 간격은 3 [mm] 이내로 유지한다.

해설 받침대는 숫돌차의 중심선보다 높게 하며 연삭숫돌과 받침대의 간격은 3 [mm] 이내로 한다. 또한, 숫돌 작업은 측면에 서서 숫돌의 정면을 이용해야 한다.

55 **화재의 분류 중 B급 화재 물질로 옳은 것은?**

① 종이 ② 휘발유
③ 목재 ④ 석탄

해설 화재의 분류

구분	일반	유류	전기	금속
화재 종류	A급	B급	C급	D급
표시	백색	황색	청색	–
적용 소화기	포말	분말	CO_2	모래
비고	목재, 종이	유류, 가스	전기 기구	가연성 금속
방법	냉각소화	질식소화	질식소화	피복에 의한 질식

answer 51.④ 52.③ 53.② 54.③ 55.②

56 타이어의 공기압에 대한 설명으로 틀린 것은?

① 공기압이 낮으면 일반 포장도로에서 미끄러지기 쉽다.
② 좌 · 우 공기압에 편차가 발생하면 브레이크 작동 시 위험을 초래한다.
③ 공기압이 낮으면 트레드 양단의 마모가 많다.
④ 좌 · 우 공기압에 편차가 발생하면 차동 사이드 기어의 마모가 촉진된다.

해설 공기압이 낮을 때보다 공기압이 높을 때 타이어와 지면의 마찰 면적이 작아져 일반 도로에서 더 미끄럽게 제동된다.

57 자동차에 사용하는 부동액 사용 시 주의할 점으로 틀린 것은?

① 부동액은 원액으로 사용하지 않는다.
② 품질 불량한 부동액은 사용하지 않는다.
③ 부동액을 도료 부분에 떨어지지 않도록 주의해야 한다.
④ 부동액은 입으로 맛을 보아 품질을 구별할 수 있다.

해설 부동액은 냉각수의 동결을 방지하기 위해 에틸렌글리콜과 부식 방지제가 첨가되어 있으므로 맛을 보면 안 된다.

58 감전 위험이 있는 곳에 전기를 차단하여 우선 점검을 할 때의 조치와 관계없는 것은?

① 스위치 박스에 통전 장치를 한다.
② 위험에 대한 방지 장치를 한다.
③ 스위치에 안전 장치를 한다.
④ 필요한 곳에 통전 금지 기간에 관한 사항을 게시한다.

해설 스위치 박스에는 통전 장치를 하지 않는다.

59 감전 사고를 방지하는 방법이 아닌 것은?

① 차광용 안경을 착용한다.
② 반드시 절연 장갑을 착용한다.
③ 물기가 있는 손으로 작업하지 않는다.
④ 고압이 흐르는 부품에는 표시를 한다.

해설 고압 · 저압 모두 물기에 주의하고, 절연 장갑을 착용한다. 또한, 차광용 안경은 빛이나 비산에 대한 방지용이다.

60 에어백 장치를 점검 · 정비할 때 안전하지 못한 행동은?

① 조향 휠을 탈거할 때 에어백 모듈 인플레이터 단자는 반드시 분리한다.
② 조향 휠을 장착할 때 클록 스프링의 중립 위치를 확인한다.
③ 에어백 장치는 축전지 전원을 차단하고 일정 시간이 지난 후 정비한다.
④ 인플레이터의 저항은 절대 측정하지 않는다.

해설 에어백 탈거 시 점화 스위치를 OFF하고, 배터리 (—)를 분리시킨 뒤에 탈거하며, 인플레이터 스위치가 위쪽으로 가도록 놓으며, 반드시 분리할 필요는 없다.

answer 56.① 57.④ 58.① 59.① 60.①

제 4 회

자동차정비기능사

기출복원 및 실전모의고사

1 **자동차 기관에서 과급을 하는 주된 목적은?**

① 기관의 윤활유 소비를 줄인다.
② 기관의 회전수를 빠르게 한다.
③ 기관의 회전수를 일정하게 한다.
④ 기관의 출력을 증대시킨다.

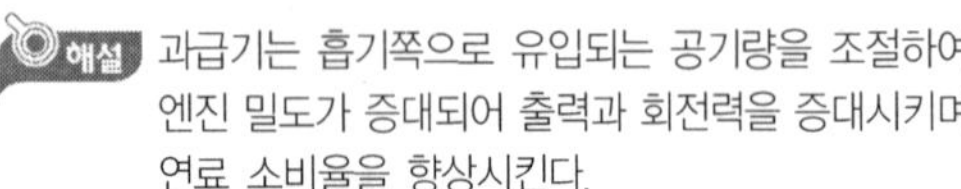

해설 과급기는 흡기쪽으로 유입되는 공기량을 조절하여 엔진 밀도가 증대되어 출력과 회전력을 증대시키며 연료 소비율을 향상시킨다.

2 **커넥팅 로드의 비틀림이 엔진에 미치는 영향에 대한 설명으로 옳지 않은 것은?**

① 압축압력의 저하
② 타이밍 기어의 백래시 촉진
③ 회전에 무리를 초래
④ 저널 베어링의 마멸

해설 커넥팅 로드가 비틀어지면 기관 회전에 무리를 초래하고, 저널 베어링이 마멸되며 압축 압력이 저하된다.

3 **최적의 공연비를 바르게 나타낸 것은?**

① 공전 시 연소 가능 범위의 연비
② 이론적으로 완전 연소 가능한 공연비
③ 희박한 공연비
④ 농후한 공연비

해설 최적의 공연비란 이론적으로 완전히 연소되는 데 필요한 공연비(공기와 연료 혼합비)를 말하며 14.7 : 1을 의미한다.

4 **피스톤의 평균 속도를 올리지 않고 회전수를 높일 수 있으며 단위 체적당 출력을 크게 할 수 있는 기관은?**

① 장행정 기관　　② 정방형 기관
③ 단행정 기관　　④ 고속형 기관

해설 단행정 기관

㉠ **단행정 기관(over square engine)의 장점**
- 행정이 내경보다 작으며 피스톤 평균 속도를 높이지 않고 회전 속도를 높일 수 있어 출력을 크게 할 수 있다.
- 단위 체적당 출력을 크게 할 수 있다.
- 흡·배기 밸브의 지름을 크게 할 수 있어 흡입 효율을 증대시킨다.
- 내경에 비해 행정이 작아지므로 기관의 높이를 낮게 할 수 있다.
- 내경이 커서 피스톤이 과열되기 쉽고, 베어링 하중이 증가한다.

㉡ **단행정 기관(over square engine)의 단점**
- 피스톤의 과열이 심하고 전압력이 커서 베어링을 크게 하여야 한다.
- 엔진의 길이가 길어지고 진동이 커진다.

5 **어떤 기관의 크랭크 축 회전수가 2,400 [rpm], 회전반경이 40 [mm]일 때 피스톤의 평균 속도 [m/s]는?**

① 1.6　　② 3.3
③ 6.4　　④ 9.6

해설 피스톤 평균 속도 $= \frac{2NL}{60} = \frac{NL}{30}$

$$= \frac{2,400 \times 0.08}{30} = 6.4\,[\mathrm{m/s}]$$

여기서, L: 행정[m], N: 엔진 회전수[rpm]
크랭크 축의 회전 반경이 40 [mm]이므로 행정 거리는 80 [mm]이다.

answer　1.④　2.②　3.②　4.③　5.③

6 4행정 사이클 6실린더 기관의 지름이 100 [mm], 행정이 100 [mm], 기관 회전수 2,500 [rpm], 지시 평균 유효 압력이 8 [kg_f/cm^2]이라면 지시 마력은 약 몇 [PS]인가?

① 80 ② 93
③ 105 ④ 150

 지시(도시) 마력

$$= \frac{PALRN}{75 \times 60}$$

$$= \frac{PVZN}{75 \times 60 \times 100}$$

$$= \frac{8 \times 0.785 \times 10^2 \times 0.1 \times 2,500 \times 6}{75 \times 60 \times 2}$$

$$= 104.75 [PS]$$

여기서, P: 지시 평균 유효 압력 [kg_f/cm^2]
A: 실린더 단면적 [cm^2], L: 행정 [m]
V: 배기량 [cm^3], Z: 실린더수
N: 엔진 회전수 [rpm]
(2행정 기관: N, 4행정 기관: $\frac{N}{2}$)

7 배기량이 785 [cc], 연소실 체적이 157 [cc]인 자동차 기관의 압축비는?

① 3 : 1 ② 4 : 1
③ 5 : 1 ④ 6 : 1

 압축비 $\varepsilon = \frac{\text{실린더 체적}}{\text{연소실 체적}}$

$$= 1 + \frac{\text{행정 체적(배기량)}}{\text{연소실 체적}}$$

$$= 1 + \frac{785}{157} = 6$$

8 기관이 1,500 [rpm] 에서 20 [m · kgf]의 회전력을 낼 때 기관 출력은 41.87 [PS]이다. 기관 출력을 일정하게 하고 회전수를 2,500 [rpm]으로 하였을 때 얼마의 회전력 [m · kgf]을 내는가?

① 약 12 ② 약 25
③ 약 35 ④ 약 45

해설 제동 마력 $= \frac{2\pi TN}{75 \times 60} = \frac{TN}{716}$

$$T = \frac{716 \times B_{PS}}{R}$$

$$= \frac{716 \times 41.87}{2,500} = 11.99 [\text{kgf} \cdot \text{m}]$$

여기서, T: 회전력 [kgf · m]
N: 기관 회전 속도 [rpm]

9 고속 디젤 기관의 기본 사이클에 해당되는 것은?

① 복합 사이클 ② 디젤 사이클
③ 정적 사이클 ④ 정압 사이클

 ① 복합 사이클(사바테 사이클): 고속 디젤 엔진에 사용
③ 정적 사이클(오토 사이클): 가솔린 및 가스 엔진에 사용
④ 정압 사이클(디젤 사이클): 저속 디젤 엔진에 사용

10 디젤 기관에서 냉각 장치로 흡수되는 열은 연료 전체 발열량의 약 몇 [%] 정도인가?

① 30 ~ 35 ② 45 ~ 55
③ 55 ~ 65 ④ 70 ~ 80

 열평형(heat balance)
㉠ 가솔린 기관
• 냉각 손실: 25 ~ 30 [%]
• 배기 손실: 30 ~ 35% [%]
• 기계 손실: 5 ~ 10 [%]
• 유효일: 25 ~ 28 [%]
㉡ 디젤 기관
• 냉각 손실: 30 ~ 31 [%]
• 배기 손실: 25 ~ 32 [%]
• 기계 손실: 5 ~ 7 [%]
• 유효일: 30 ~ 34 [%]
따라서, 냉각 장치에 흡수되는 열량은 30~35 [%] 정도이다.

11 디젤 기관의 예열 장치에서 연소실 내의 압축 공기를 직접 예열하는 형식은?

① 히터 레인지식 ② 예열 플러그식
③ 흡기 가열식 ④ 흡기 히터식

answer 6.③ 7.④ 8.① 9.① 10.① 11.②

해설 디젤 기관의 예열 장치에는 일반적으로 직접 분사식에 사용하는 흡기 가열식과 복실식(예연소실식, 와류실식, 공기실식)은 흡기 다기관에서 가열하는 방식이고, 연소실에 직접 직렬 연결하여 사용하는 예열 플러그식은 연소실 내의 압축 공기를 예열하는 방식이다.

12 **가솔린 엔진의 배기가스 중 인체에 유해 성분이 가장 적은 것은?**

① 탄화수소　② 일산화탄소
③ 질소산화물　④ 이산화탄소

해설 자동차에서 배출되는 대표적 유해가스는 일산화탄소(CO), 탄화수소(HC), 질소산화물(NO_x)이다. 이산화탄소(CO_2)는 온실 효과의 주원인이 된다.

13 **가솔린의 안티 노크성을 표시하는 것은?**

① 세탄가　② 헵탄가
③ 옥탄가　④ 프로판가

가솔린의 성질은 옥탄가로 표시하며 폭발에 견딜 수 있는 내폭성 정도를 나타내는 것이다.

14 **LPG 기관 중 피드백 믹서 방식의 특징이 아닌 것은?**

① 경제성이 좋다.
② 연료 분사 펌프가 있다.
③ 대기 오염이 적다.
④ 엔진 오일의 수명이 길다.

피드백 믹서는 액체 LPG 연료를 기체 상태로 기화시키는 베이퍼 라이저에서 대기압보다 약간 낮은 상태로 기화된 연료를 공기 흡입구를 통해 흡기계로 흡입된 공기와 혼합하여 연소에 적합한 혼합기를 연소실로 공급하는 역할을 한다.

LPG 기관의 특징
㉠ 오일의 오염이 작아 엔진 수명이 길다.
㉡ 연소실에 카본 부착이 없어 점화 플러그 수명이 길어진다.
㉢ 연소 효율이 좋고, 엔진이 정숙하다.
㉣ 대기오염이 적고, 위생적이며 경제적이다.
㉤ 옥탄가가 높고 노킹이 작아 점화 시기를 앞당길 수 있다.

15 **ISC(Idle Speed Control) 서보 기구에서 컴퓨터 신호에 따른 기능으로 가장 타당한 것은?**

① 공전 속도 제어　② 공전 연료량 증가
③ 가속 속도 증가　④ 가속 공기량 조절

해설 ISC-Servo는 각종 센서들의 신호를 근거로 하여 기관 상태를 적당한 공전 속도로 제어해 안정적인 공전 속도로 유지시키는 장치이다.

16 **전자 제어 가솔린 기관의 진공식 연료 압력 조절기에 대한 설명으로 옳은 것은?**

① 급가속 순간 흡기 다기관의 진공은 대기압에 가까워 연료 압력은 낮아진다.
② 흡기관의 절대 압력과 연료 분배관의 압력차를 항상 일정하게 유지시킨다.
③ 대기압이 변화하면 흡기관의 절대 압력과 연료 분배관의 압력차도 같이 변화한다.
④ 공전 시 진공 호스를 빼면 연료 압력은 낮아지고 다시 호스를 꼽으면 높아진다.

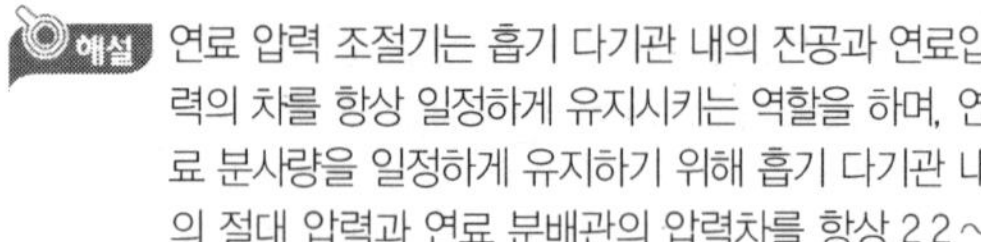
해설 연료 압력 조절기는 흡기 다기관 내의 진공과 연료압력의 차를 항상 일정하게 유지시키는 역할을 하며, 연료 분사량을 일정하게 유지하기 위해 흡기 다기관 내의 절대 압력과 연료 분배관의 압력차를 항상 2.2 ~ 2.6 [kgf/cm^2]로 일정하게 유지시키는 역할을 한다.

17 **전자 제어 엔진에서 냉간 시 점화 시기 제어 및 연료 분사량 제어를 하는 센서는?**

① 대기압 센서　② 흡기온 센서
③ 수온 센서　④ 공기량 센서

① **대기압 센서** : 외부의 대기압을 측정하여 연료 분사량 및 점화 시기를 보정한다.
② **흡기온 센서** : 흡입 공기 온도를 검출하는 일종의 저항기[부특성(NTC) 서미스터]로, 연료 분사량을 보정한다.
③ **수온 센서** : 냉각수 온도를 측정, 냉간 시 점화 시기 및 연료 분사량 제어를 한다.
④ **공기량 센서** : 흡입 관로에 설치되며 공기량을 계측하여 기본 연료 분사 시간과 점화 시기를 결정한다.

answer　12.④　13.③　14.②　15.①　16.②　17.③

18 컴퓨터 제어 계통 중 입력 계통과 가장 거리가 먼 것은?

① 산소 센서 ② 차속 센서
③ 공전 속도 제어 ④ 대기압 센서

해설 컴퓨터 제어 계통
㉠ 입력 계통 : 공기 유량 센서, 흡기 온도 센서, 대기압 센서, 1번 실린더 TDC 센서, 스로틀 위치 센서, 크랭크 각 센서, 수온 센서, 맵 센서 등
㉡ 출력 계통 : 인젝터, 연료 펌프 제어, 공전 속도 제어, 컨트롤릴레이 제어 신호 등

19 밸브 스프링 자유 높이의 감소는 표준 치수에 대하여 몇 [%] 이내이어야 하는가?

① 3 ② 8
③ 10 ④ 12

해설 스프링의 높이 감소
㉠ 직각도 : 스프링 자유고의 3[%] 이하일 것
㉡ 자유고 : 스프링 규정 자유고의 3[%] 이하일 것
㉢ 스프링 장력 : 스프링 규정 장력의 15[%] 이하일 것

20 윤활유의 주요기능으로 틀린 것은?

① 마찰 작용, 방수 작용
② 기밀 유지 작용, 부식 방지 작용
③ 윤활 작용, 냉각 작용
④ 소음 감소 작용, 세척 작용

해설 윤활유의 작용
㉠ 감마 작용 : 마찰을 감소시켜 동력의 손실을 최소화
㉡ 냉각 작용 : 마찰로 인한 열을 흡수하여 냉각
㉢ 밀봉 작용 : 유막(오일막)을 형성하여 기밀을 유지
㉣ 세척 작용 : 먼지 및 카본 등의 불순물을 흡수하여 오일을 세척
㉤ 방청 작용 : 부식과 침식을 예방
㉥ 응력 분산 작용 : 충격을 분산시켜 응력을 최소화

21 유압식 동력 조향 장치와 비교하여 전동식 동력 조향 장치의 특징으로 틀린 것은?

① 유압 제어를 하지 않으므로 오일이 필요없다.
② 유압 제어 방식에 비해 연비를 향상시킬 수 없다.
③ 유압 베어 방식은 전자 제어 조향 장치보다 부품수가 적다.
④ 유압 제어를 하지 않으므로 오일 펌프가 필요없다.

해설 전동식 동력 조향 장치의 장점
㉠ 연료 소비율이 향상된다.
㉡ 에너지 소비가 적으며, 구조가 간단하다.
㉢ 엔진의 가동이 정지된 때에도 조향 조작력 증대가 가능하다.
㉣ 조향 특성 튜닝이 쉽다.
㉤ 엔진룸 레이아웃(ray-out) 설정 및 모듈화가 쉽다.
㉥ 유압 제어 장치가 없어 환경 친화적이다.

22 다음 중 추진축의 자재이음은 어떤 변화를 가능하게 하는가?

① 축의 길이 ② 회전 속도
③ 회전축의 각도 ④ 회전 토크

해설 추진축의 이음방법
㉠ 추진축 : 회전력 전달
㉡ 자재 이음 : 구동 회전 각도 변화
㉢ 슬립 이음 : 길이 변화

23 공기 현가 장치의 특징에 속하지 않는 것은?

① 스프링 정수가 자동적으로 조정되므로 하중 증감에 관계없이 고유 진동수를 거의 일정하게 유지할 수 있다.
② 고유 진동수를 높일 수 있으므로 스프링 효과를 유연하게 할 수 있다.
③ 공기 스프링 자체에 감쇠성이 있으므로 작은 진동을 흡수하는 효과가 있다.
④ 하중 증감에 관계없이 차체 높이를 일정하게 유지하며 앞뒤 · 좌우의 기울기를 방지할 수 있다.

answer 18.③ 19.① 20.① 21.② 22.③ 23.②

해설 공기식 현가 장치의 특성

㉠ 하중 증감에 관계없이 차체 높이를 항상 일정하게 유지하며 앞뒤·좌우의 기울기를 방지할 수 있다.

㉡ 스프링 정수가 자동적으로 조정되므로 하중의 증감에 관계없이 고유 진동수를 거의 일정하게 유지할 수 있다.

㉢ 고유 진동수를 낮출 수 있으므로 스프링 효과를 유연하게 할 수 있다.

㉣ 공기 스프링 자체에 감쇠성이 있으므로 작은 진동을 흡수하는 효과가 있다.

24 디젤 기관의 연소실 형식 중 연소실 표면적이 작아 냉각 손실이 작은 특징이 있고, 시동성이 양호한 형식은?

① 와류실식 ② 공기실식

③ 직접 분사실식 ④ 예연소실식

해설 디젤 기관 연소실의 특징

㉠ 예연소실식: 예연소실의 체적은 전압축 체적의 30 ~ 40 [%]이다.

㉡ 와류실식: 와류실의 체적은 전압축 체적의 50~70 [%] 이다.

㉢ 공기실식: 공기실 체적은 전압축 체적의 6.5 ~ 20 [%] 이다.

㉣ 직접 분사실식: 연소실 구조가 간단하고 표면적이 작기 때문에 열손실이 작고 연료 소비가 적다.

25 압력식 라디에이터 캡을 사용하므로 얻어지는 장점과 거리가 먼 것은?

① 라디에이터를 소형화할 수 있다.

② 비등점을 올려 냉각 효율을 높일 수 있다.

③ 냉각 장치 내의 압력을 0.3 ~ 0.7 [kgf/cm^2] 정도 올릴 수 있다.

④ 라디에이터의 무게를 크게 할 수 있다.

해설 압력식 라디에이터 캡의 장점

㉠ 라디에이터 압력식 캡은 라디에이터 내의 압력 변화에 따른 냉각수의 양을 조정하는 기능을 한다.

㉡ 냉각 장치 내 비등점을 높이고, 냉각 범위를 넓히기 위해 사용한다.

㉢ 라디에이터를 소형화할 수 있어 무게를 줄일 수 있다.

26 클러치가 미끄러지는 원인으로 틀린 것은?

① 페달 자유 간극 과대

② 마찰면의 경화, 오일 부착

③ 클러치 압력 스프링 쇠약, 절손

④ 압력판 및 플라이휠 손상

해설 클러치가 미끄러지는 원인

㉠ 크랭크 축 뒤 오일실 마모로 오일이 누유될 때

㉡ 클러치판에 오일이 묻었을 때

㉢ 압력 스프링이 약할 때

㉣ 클러치판이 마모되었을 때

㉤ 클러치 페달의 자유 간극이 작을 때

㉥ 압력판, 플라이휠의 손상

27 변속기의 변속비가 1.5, 링기어의 잇수 36, 구동피니언의 잇수 6인 자동차를 오른쪽 바퀴만을 들어서 회전하도록 하였을 때 오른쪽 바퀴의 회전수 [rpm]는? (단, 추진축의 회전수 = 2,100 [rpm])

① 350 ② 450

③ 600 ④ 700

해설 한쪽 바퀴 회전수(N_w)

$$N_w = \frac{\text{추진축 회전수}}{\text{종감속비}} \times 2 - \text{다른 쪽 바퀴 회전수}$$

$$= \frac{2,100}{\frac{36}{6}} \times 2 - 0 = 700\,[\text{rpm}]$$

28 수동 변속기에서 싱크로 메시(synchro mesh) 기구의 기능이 작용하는 시기는?

① 클러치 페달을 놓을 때

② 클러치 페달을 밟을 때

③ 변속 기어가 물릴 때

④ 변속 기어가 물려 있을 때

해설 **싱크로 메시**: 싱크로 메시 기구는 변속기어가 물릴 때 주축 기어와 부축 기어의 회전 속도를 동기시켜 원활한 치합이 이루어지게 하는 장치이다.

answer 24.③ 25.④ 26.① 27.④ 28.③

29 자동 변속기에서 밸브 보디에 있는 매뉴얼 밸브의 역할은?

① 변속 단수의 위치를 컴퓨터로 전달한다.
② 오일 압력을 부하에 알맞은 압력으로 조정한다.
③ 차속이나 엔진 부하에 따라 변속 단수를 결정한다.
④ 변속 레버의 위치에 따라 유로를 변경한다.

해설 밸브 보디의 역할 : 매뉴얼 밸브는 자동 변속기를 장착한 자동차에서 변속 레버의 조작을 받아 변속 레인지를 결정하는 밸브 보디의 구성 요소이다. 즉, 변속 레버의 움직임에 따라 PRND 등의 각 레인지로 변환하여 유로를 변경한다.

30 자동 변속기 차량에서 토크 컨버터 내에 있는 스테이터의 기능은?

① 터빈의 회전력을 감소시킨다.
② 터빈의 회전력을 증대시킨다.
③ 바퀴의 회전력을 감소시킨다.
④ 펌프의 회전력을 증대시킨다.

해설 토크 컨버터의 스테이터는 작동 유체(오일)의 흐름 방향을 변환시키며, 터빈의 회전력(토크)을 증대시킨다.

31 다음 중 브레이크 드럼이 갖추어야 할 조건과 관계가 없는 것은?

① 방열이 잘 되어야 한다.
② 강성과 내마모성이 있어야 한다.
③ 동적 · 정적 평형이 되어야 한다.
④ 무거워야 한다.

해설 브레이크 드럼의 구비 조건
㉠ 정적 · 동적 평형이 잡혀 있을 것
㉡ 슈와 마찰면에 내마멸성이 있을 것
㉢ 방열이 잘 될 것
㉣ 강성이 있을 것
㉤ 무게가 가벼울 것

32 브레이크액의 특성으로서 장점이 아닌 것은?

① 높은 비등점　② 낮은 응고점
③ 강한 흡습성　④ 큰 점도 지수

해설 브레이크액의 특성
㉠ 비점은 높고, 빙점은 낮을 것
㉡ 금속이나 고무를 부식시키지 않을 것
㉢ 온도 변화가 많아도 점도는 항상 일정할 것
㉣ 공기 중의 수분 흡습성이 낮을 것
㉤ 내부 마찰이 작고, 적당한 윤활성이 있을 것
㉥ 고온에서도 안정성이 있고, 장기간 사용하여도 특성이 변하지 않을 것
㉦ 침전물을 발생시키지 않을 것

33 조향 장치가 갖추어야 할 조건 중 적당하지 않은 사항은?

① 적당한 회전 감각이 있을 것
② 고속 주행에서도 조향 핸들이 안정될 것
③ 조향 휠의 회전과 구동 휠의 선회차가 클 것
④ 선회 시 저항이 작고 선회 후 복원성이 좋을 것

해설 조향 장치의 구비 조건
㉠ 조향 조작이 주행 중의 충격에 영향받지 않을 것
㉡ 조작이 쉽고 방향 전환이 원활할 것
㉢ 고속 주행에서도 조향 핸들이 안전할 것
㉣ 회전 반경이 작아서 좁은 곳에서도 방향 전환이 용이할 것
㉤ 조향 핸들의 회전과 바퀴 선회의 차가 크지 않을 것

34 킹핀 경사각과 함께 앞바퀴에 복원성을 주어 직진 위치로 쉽게 돌아오게 하는 앞바퀴 정렬과 관련이 가장 큰 것은?

① 캠버　② 캐스터
③ 토　④ 셋백

해설 캐스터
㉠ 킹핀 경사각과 함께 앞바퀴에 복원성을 주어 직진 위치로 쉽게 돌아오게 한다.
㉡ 조향 바퀴(앞바퀴)에 직진성을 부여한다.

answer 29.④ 30.② 31.④ 32.③ 33.③ 34.②

35 **스프링의 진동 중 스프링 위 질량의 진동과 관계없는 것은?**

① 바운싱　② 피칭
③ 휠 트램프　④ 롤링

해설 스프링의 진동
㉠ 바운싱 : Z축을 중심으로 한 병진 운동(차체의 전체가 아래 · 위로 진동)
㉡ 피칭 : Y축을 중심으로 한 회전 운동(차체의 앞과 뒤쪽이 아래 · 위로 진동)
㉢ 롤링 : X축을 중심으로 한 회전 운동(차체가 좌우로 흔들리는 회전운동)
㉣ 요잉 : Z축을 중심으로 한 회전 운동(차체의 뒤폭이 좌 · 우 회전하는 진동)

36 **요철이 있는 노면을 주행할 경우 스티어링 휠에 전달되는 충격을 무엇이라 하는가?**

① 시미 현상　② 웨이브 현상
③ 스카이 훅 현상　④ 킥백 현상

해설 ① **시미 현상** : 타이어의 동적 불평형으로 인한 바퀴의 좌우 진동 현상
② **웨이브 현상** : 타이어가 고속 회전을 하면 변형된 부분이 환원이 되기도 전에 반복되는 변형으로, 타이어 트레드가 물결 모양으로 떠는 현상
③ **스카이 훅 현상** : 자동차 주행 시 가장 안정된 자세는 새가 날개를 펴고 지면에 착지할 때의 경우로, 이 자세가 스카이 훅이다.
④ **킥백 현상** : 요철이 있는 노면 주행 시 스티어링 휠에 전달되는 충격

37 **타이어의 뼈대가 되는 부분으로서, 공기 압력을 견디어 일정한 체적을 유지하고 또 하중이나 충격에 따라 변형하여 완충 작용을 하는 것은?**

① 트레드　② 비드부
③ 브레이커　④ 카커스

해설 타이어의 구조
㉠ 비드 : 타이어가 림에 접촉하는 부분으로, 타이어가 빠지는 것을 방지하기 위해 몇 줄의 피아노선을 넣어 놓은 것
㉡ 브레이커 : 트레드와 카커스 사이에서 분리를 방지하고 노면에서의 완충 작용을 하는 것
㉢ 트레드 : 노면과 직접 접촉하는 부분으로, 제동력 및 구동력과 옆방향 미끄럼 방지, 승차감 향상 등의 역할을 하는 것
㉣ 카커스 : 고무로 피복된 코드를 여러 겹 겹친 층이며, 타이어의 뼈대가 되는 부분으로, 공기 압력을 견디어 일정한 체적을 유지하고 하중이나 충격에 따라 변형하여 완충 작용을 하는 것
㉤ 사이드 월 : 타이어의 옆부분으로 승차감을 유지시키는 역할을 하며 각종 정보를 표시하는 부분

38 **흡기관로에 설치되어 칼만 와류 현상을 이용하여 흡입 공기량을 측정하는 것은?**

① 대기압 센서　② 스로틀 포지션 센서
③ 공기 유량 센서　④ 흡기 온도 센서

해설 센서의 기능
㉠ 흡기온 센서 : 흡입 공기 온도를 검출하는 일종의 저항기(부특성(NTC) 서미스터)로, 연료 분사량을 보정한다.
㉡ 스로틀 포지션 센서 : 스로틀 밸브의 개도를 검출하여 엔진 운전 모드를 판정하여 가속과 감속 상태에 따른 연료 분사량을 보정한다.
㉢ 대기압 센서 : 외부의 대기압을 측정하여 연료 분사량 및 점화 시기를 보정한다.
㉣ 공기량 센서 : 흡입 관로에 설치되며 공기량을 계측하여 기본 연료 분사 시간과 점화 시기를 결정한다.

39 **다음 중 전자 제어 제동 장치(ABS)의 구성 요소로 틀린 것은?**

① 하이드로릭 유니트
② 크랭크 앵글 센서
③ 휠 스피드 센서
④ 컨트롤 유니트

해설 전자 제어 제동 장치(ABS)의 구성 부품
㉠ 휠 스피드 센서 : 차륜의 회전 상태 검출
㉡ 전자 제어 컨트롤 유니트(ECU) : 휠 스피드 센서의 신호를 받아 ABS 제어
㉢ 하이드로릭 유니트 : ECU의 신호에 따라 휠 실린더에 공급되는 유압 제어
㉣ 프로포셔닝 밸브 : 제동 시 뒷바퀴가 조기에 고착되지 않도록 뒷바퀴의 유압 제어

answer　35.③　36.④　37.④　38.③　39.②

40 그림과 같은 마스터 실린더의 푸시 로드에는 몇 [kgf]의 힘이 작용하는가?

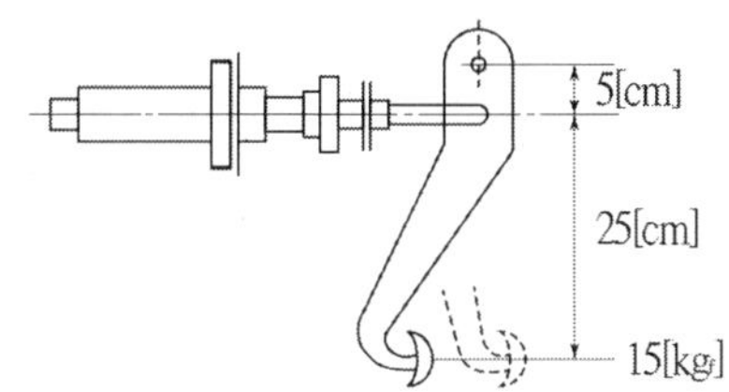

① 75　② 90
③ 120　④ 140

 지렛대 비 $= (25+5) : 5 = 6 : 1$
푸시 로드의 작용 힘 = 지렛대 비 × 페달 밟는 힘
$= 6 \times 15\,[\text{kgf}] = 90\,[\text{kgf}]$

41 반도체의 장점으로 틀린 것은?

① 고온에서도 안정적으로 동작한다.
② 예열을 요구하지 않고 곧바로 작동한다.
③ 내부 전력 손실이 매우 작다.
④ 극히 소형이고 경량이다.

 반도체의 특징
㉠ 반도체의 장점
• 소형이고, 가볍고 기계적으로 강하다.
• 예열 시간이 불필요하다.
• 내부 전력 손실이 작다.
• 내진성이 크고, 수명이 길다.
• 내부의 전압 강하가 작다.
㉡ 반도체의 단점
• 온도가 상승하면 그 특성이 매우 나빠진다.
• 역내압이 매우 낮다(역방향으로 전압이 발생하여 일정 전압에 이르면 통전되면서 반도체 파괴됨).
• 정격값 실리콘 150[℃] 이상 시 파손되기 쉽다.

42 다음 중 P형 반도체와 N형 반도체를 마주대고 결합한 것은?

① 캐리어　② 홀
③ 다이오드　④ 스위칭

해설 다이오드는 P형 반도체와 N형 반도체를 접합시킨 것이다.

43 자동차용 AC 발전기에서 자속을 만드는 부분은?

① 로터　② 스테이터
③ 브러시　④ 다이오드

해설 로터(회전자)는 브러시로부터 여자전류를 공급받아 자속을 만든다.

44 기동 전동기에서 회전하는 부분이 아닌 것은?

① 오버러닝 클러치　② 정류자
③ 계자 코일　④ 전기자 철심

해설 기동 전동기의 움직임
㉠ 회전 부분 : 전기자 코일, 전기자 철심, 정류자, 오버러닝 클러치
㉡ 고정 부분 : 계자 코일과 계자 철심, 브러시, 브러시 홀더

45 축전지 전해액의 비중을 측정하였더니 1.180이었다. 이 축전지의 방전율[%]은? (단, 완전 충전 시 비중값 = 1.280이고 완전 방전 시의 비중값 = 1.080)

① 20　② 30
② 50　④ 70

해설 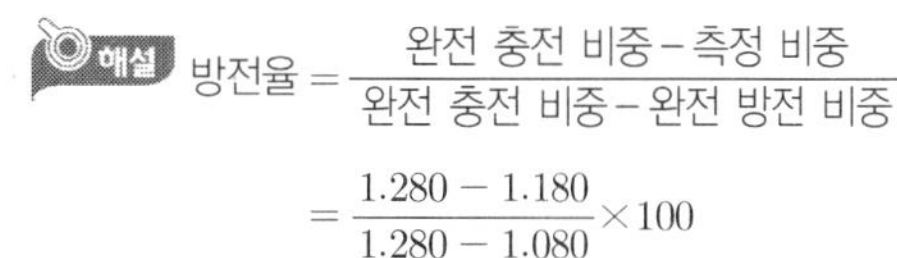

$$방전율 = \frac{완전\ 충전\ 비중 - 측정\ 비중}{완전\ 충전\ 비중 - 완전\ 방전\ 비중} = \frac{1.280 - 1.180}{1.280 - 1.080} \times 100 = 50\,[\%]$$

46 자동차의 IMS에 대한 설명으로 옳은 것은?

① 배터리 교환 주기를 알려주는 시스템이다.
② 스위치 조작으로 설정해둔 시트 위치로 재생시킨다.
③ 편의 장치로서, 장거리 운행 시 자동 운행 시스템이다.
④ 도난을 예방하기 위한 시스템이다.

answer 40.② 41.① 42.③ 43.① 44.③ 45.③ 46.②

해설 IMS는 운전자가 자신에게 맞는 최적의 시트 위치, 사이드 미러 위치 및 조향 핸들의 위치 등을 IMS 컴퓨터에 입력시킬 수 있으며, 다른 운전자가 운전하여 위치가 변경되었을 경우 컴퓨터가 기억시킨 위치로 자동 복귀시켜주는 장치이다.

47 **편의 장치에서 중앙 집중식 제어 장치(ETACS 또는 ISU)의 입·출력 요소 역할에 대한 설명으로 틀린 것은?**

① 모든 도어스위치 : 각 도어 잠김 여부 감지
② INT 스위치 : 와셔 작동 여부 감지
③ 핸들 록 스위치 : 키 삽입 여부 감지
④ 열선 스위치 : 열선 작동 여부 감지

해설 **INT 스위치** : 운전자의 의지인 와이퍼 볼륨의 위치를 검출한다.

48 **점화 코일에서 고전압을 얻도록 유도하는 공식으로 옳은 것은?** (단, E_1 : 1차 코일의 유도 전압, E_2 : 2차 코일의 유도 전압, N_1 : 1차 코일의 유도 전압, N_2 : 2차 코일의 유도 전압)

① $E_2 = \frac{N_1}{N_2}E_1$

② $E_2 = N_1 \times N_2 \times E_1$

② $E_2 = \frac{N_2}{N_1}E_1$

④ $E_2 = N_2 + (N_1 \times E_1)$

해설 점화 코일 유도 전압$(E_2) = \frac{N_2}{N_1} \cdot E_1$
2차 코일에서의 유도 전압은 1·2차 코일 사이의 권수비에 비례한다.

49 **축전지 극판의 작용 물질이 동일한 조건에서 비중이 감소되면 용량은?**

① 증가한다.
② 변화없다.
③ 비례하여 증가한다.
④ 감소한다.

해설 극판의 작용 물질이 동일한 조건에서 비중이 저하되면 용량은 감소된다.

50 **그림과 같이 테스트 램프를 사용하여 릴레이 회로의 각 단자(B, L, S_1, S_2)를 점검하였을 때 테스트 램프의 작동이 틀린 것은?** (단, 테스트 램프 전구는 LED 전구이며, 테스트 램프의 접지는 차체 접지)

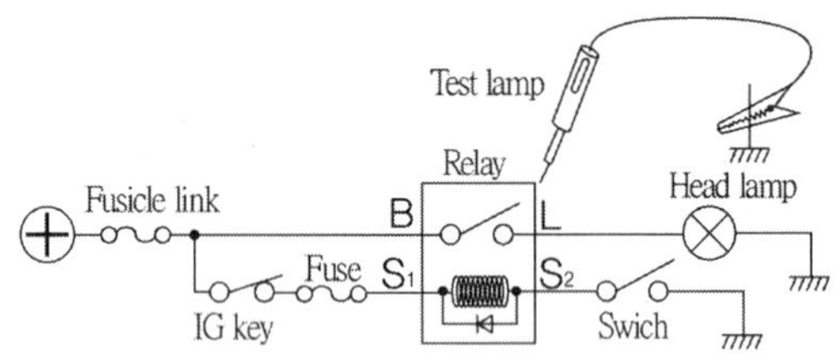

① B단자는 점등된다.
② L단자는 점등되지 않는다.
③ S_1단자는 점등된다.
④ S_2단자는 점등되지 않는다.

해설 B, S_1, S_2 단자는 점등되고, L단자는 점등되지 않는다.

51 **구급 처치 중 환자의 상태를 확인하는 사항과 관련없는 것은?**

① 의식　② 상처
③ 출혈　④ 안정

해설 환자가 의식, 상처, 출혈 등이 있는지 상태를 확인한다. 안정은 관련이 없다.

52 **다음 중 제동력 시험기 사용 시 주의할 사항으로 틀린 것은?**

① 타이어 트레드의 표면에 습기를 제거한다.
② 롤러 표면은 항상 그리스로 충분히 윤활시킨다.
③ 브레이크 페달을 확실히 밟은 상태에서 측정한다.
④ 시험 중 타이어와 가이드 롤러와의 접촉이 없도록 한다.

answer 47.② 48.③ 49.④ 50.④ 51.④ 52.②

해설 제동력 시험기 사용 시 유의 사항
㉠ 롤러 표면에 이물질이 없게 한다.
㉡ 타이어 표면의 물기·습기를 제거한다.
㉢ 브레이크 페달을 확실히 밟은 상태에서 측정한다.
㉣ 시험 중 타이어와 가이드 롤러와의 접촉이 없도록 한다.

53 기동 전동기의 분해 조립 시 주의할 사항이 아닌 것은?

① 관통 볼트 조립 시 브러시 선과의 접촉에 주의할 것
② 브러시 배선과 하우징과의 배선을 확실히 연결할 것
③ 레버의 방향과 스프링, 홀더의 순서를 혼동하지 말 것
④ 마그네틱 스위치의 B단자와 M(또는 F)단자의 구분에 주의할 것

해설 기동 전동기 분해 조립 시 주의 사항
㉠ 솔레노이드 SW의 B단자와 M단자의 식별에 주의한다.
㉡ 관통 볼트 조립시 브러시 배선과의 간섭에 주의하여 조립한다.
㉢ 시프트 레버의 방향과 스프링, 홀더의 순서에 주의한다.
㉣ 전기자의 뒷면에 와셔가 있는 것이 있으므로 주의한다.

54 다음 중 기관을 운전 상태에서 점검하는 부분이 아닌 것은?

① 배기가스의 색을 관찰하는 일
② 오일 압력 경고등을 관찰하는 일
③ 오일 팬의 오일량을 측정하는 일
④ 엔진의 이상음을 관찰하는 일

해설 오일 팬의 오일량을 측정·관찰하는 일은 차량의 정지상태, 수평한 노면인 상태에서 측정한다.

55 다음 중 다이얼 게이지 사용 시 유의 사항으로 틀린 것은?

① 분해 청소나 조정을 함부로 하지 않는다.
② 게이지에 어떤 충격도 가해서는 안 된다.
③ 게이지를 설치할 때에는 지지대의 암을 될 수 있는 대로 짧게 하고 확실하게 고정해야 한다.
④ 스핀들에 주유하거나 그리스를 발라서 보관한다.

해설 다이얼 게이지 취급 시 주의 사항
㉠ 게이지 눈금은 0점 조정하여 사용한다.
㉡ 게이지 설치 시 지지대의 암을 가능한 짧게 하고 확실하게 고정해야 한다.
㉢ 게이지는 측정면에 직각으로 설치한다.
㉣ 충격은 절대로 금한다.
㉤ 분해 청소나 조절을 함부로 하지 않는다.
㉥ 스핀들에 주유하거나 그리스를 바르지 않는다.

56 일반 공구 사용에서 안전한 사용법이 아닌 것은?

① 렌치에 파이프 등의 연장대를 끼워서 사용해서는 안 된다.
② 녹이 생긴 볼트나 너트에는 오일을 넣어 스며들게 한 다음 돌린다.
③ 조정 조에 잡아당기는 힘이 가해져야 한다.
④ 언제나 깨끗한 상태로 보관한다.

해설 조정 조(jaw)에 잡아당기는 힘이 가해져서는 안 되고, 고정 조(jaw)에 힘이 가해지도록 한다.

57 다음 중 드릴로 큰 구멍을 뚫으려고 할 때 먼저 할 일은?

① 작은 구멍을 뚫는다.
② 금속을 무르게 한다.
③ 드릴 커팅 앵글을 증가시킨다.
④ 스핀들의 속도를 빠르게 한다.

해설 드릴 작업 시 장갑은 착용하지 말고 큰 구멍을 뚫으려고 할 때는 먼저 작은 치수의 구멍으로 먼저 작업한다.

answer 53.② 54.③ 55.④ 56.③ 57.①

58 산업 안전 보건 표지의 종류와 형태에서 아래 그림이 나타내는 표시는?

① 탑승 금지 ② 보행 금지
③ 접촉 금지 ④ 출입 금지

 안전 · 보건표지 종류와 형태 그림 참조

① 

③ 

④ 

59 귀마개를 착용하여야 하는 작업과 가장 거리가 먼 것은?

① 단조 작업
② 제관 작업
③ 공기 압축기가 가동되는 기계실 내의 작업
④ 디젤 엔진 정비 작업

 디젤 엔진 정비 작업은 엔진의 가동 여부를 들어야 하므로 귀마개를 착용하면 안 된다.

60 전자 제어 시스템 정비할 때 점검 방법 중 올바른 것을 모두 고른 것은?

ⓐ 배터리 전압이 낮으면 고장 진단이 발견되지 않을 수도 있으므로 점검하기 전에 배터리 전압 상태를 점검한다.
ⓑ 배터리 또는 ECU 커넥터를 분리하면 고장항목이 지워질 수 있으므로 고장 진단 결과를 완전히 읽기 전에는 배터리를 분리시키지 않는다.
ⓒ 점검 및 정비를 완료한 후에는 배터리 (−)단자를 15 [s] 이상 분리시킨 후 다시 연결하고 고장 코드가 지워졌는지를 확인한다.

① ⓑ, ⓒ ② ⓐ, ⓑ
③ ⓐ, ⓒ ④ ⓐ, ⓑ, ⓒ

해설 ⓐ · ⓑ · ⓒ항 모두 전자 제어 시스템 점검에 올바른 방법이다.

answer 58.② 59.④ 60.④

제 5 회

자동차정비기능사

기출복원 및 실전모의고사

1 다음 중 EGR(Exhaust Gas Recirculation) 밸브의 구성 및 기능에 대한 설명으로 틀린 것은?

① 배기가스 재순환 장치
② 연료 증발 가스(HC) 발생 억제장치
③ 질소화합물(NOx) 발생 감소장치
④ EGR 파이프, EGR 밸브 및 서모 밸브로 구성

해설 배기가스 재순환 장치(EGR)
㉠ 배기가스 재순환 장치(EGR)는 배기가스의 일부를 배기 계통에서 흡기 계통으로 재순환시켜 연소실의 최고 온도를 낮추어 질소산화물(NOx) 생성을 억제시키는 역할을 한다.
㉡ EGR 파이프, EGR 밸브, 서모 밸브로 구성된다.
㉢ 연소된 가스가 흡입되므로 엔진의 출력이 저하된다.
㉣ 엔진의 냉각수 온도가 낮을 때는 작동하지 않는다.
② 연료 증발 가스(HC) 발생 억제는 차콜 캐니스터와 PCSV 장치를 이용하여 재연소시킨다.

2 전자 제어 차량의 인젝터가 갖추어야 될 기본 요건이 아닌 것은?

① 정확한 분사량
② 내부식성
③ 기밀 유지
④ 저항값은 무한대(∞)일 것

해설 인젝터의 기본요건
㉠ 최근 사용하는 인젝터의 저항값은 12～17[Ω], 20[℃]이다.
㉡ 모든 작동 조건(냉간 시동, 고온 시동 등)에서 정확한 작동
㉢ 정확한 분사량과 분사 각도 및 분사 모양
㉣ 내부식성 및 기밀 유지

3 과급기가 설치된 엔진에 장착된 센서로서, 급속 및 증속에서 ECU로 신호를 보내주는 센서는?

① 부스터 센서 ② 노크 센서
③ 산소 센서 ④ 수온 센서

해설 ② **노크 센서**: 실린더 블록에 장착되어 엔진에서 발생되는 노킹을 감지하여 ECU로 신호를 보낸다.
③ **산소 센서**: 배기가스 내의 산소 농도를 감지하여 이론 혼합비로 제어하기 위한 피드백 센서이다.
④ **수온 센서**: 전자 제어 엔진에서 냉간 시 점화시기 제어 및 연료 분사량 제어를 하는 센서이다.

4 화물 자동차 및 특수자동차의 차량 총중량은 몇 [t]을 초과해서는 안 되는가?

① 20 ② 30
③ 40 ④ 50

해설 자동차의 차량 총중량은 20[t](화물 자동차 및 특수자동차의 경우 40[t]), 축중은 10[t], 윤중은 5[t]을 초과하여서는 안 된다.

5 자동차가 24 [km/h]의 속도에서 가속하여 60 [km/h]의 속도를 내는데 5[s]초 걸렸다. 평균 가속도 [m/s²]는?

① 10 ② 5
③ 2 ④ 1.5

해설

$$\text{가속도} = \frac{\text{나중 속도} - \text{처음 속도}}{\text{걸린 시간}}$$

$$= \frac{(60-24)\times 1,000}{3,600\times 5} = 2\,[\text{m/s}^2]$$

answer 1.② 2.④ 3.① 4.③ 5.③

6 어떤 물체가 초속도 10 [m/s]로 마루면을 미끄러진다면 몇 [m]를 진행하고 멈추는가? (단, 물체와 마루면 사이의 마찰 계수 = 0.5)

① 0.51　　② 5.1
③ 10.2　　④ 20.4

제동 거리 $S = \frac{v^2}{2\mu g}$

$= \frac{10^2}{2 \times 0.5 \times 9.8} = 10.2\,[\mathrm{m}]$

여기서, V: 초속도 [m/s]
μ: 마찰 계수
g: 중력 가속도(9.8 [m/s²])

7 탄소 1 [kg]을 완전 연소시키기 위한 순수 산소의 양 [kg]은?

① 약 1.67　　② 약 2.67
③ 약 2.89　　④ 약 5.56

12 [kg]의 탄소가 완전 연소하기 위해서는 산소 32 [kg]이 필요하다.

$\frac{32}{12} \times 1 = 2.666\,[\mathrm{kg}]$

즉, 탄소 1[kg]을 완전 연소시키기 위한 순수 산소의 양은 약 2.67[kg]이다.

8 제동 마력(BHP)을 지시 마력(IHP)으로 나눈 값은?

① 기계 효율　　② 열 효율
③ 체적 효율　　④ 전달 효율

기계 효율 $= \frac{\text{제동 마력}}{\text{지시 마력}} \times 100\,[\%]$

② **열효율**: 연료의 연소에 의해서 얻은 전열량과 실제의 동력으로 바뀐 유효한 일을 한 열량의 비
③ **체적 효율**: 실제로 실린더로 흡입된 공기의 양을 그 때의 대기 상태 체적으로 환산하여 행정 체적으로 나눈 값
④ **전달 효율**: 최종 출력을 동력 발생원의 출력으로 나눈 값

9 규정값이 내경 78 [mm]인 실린더를 실린더 보어 게이지로 측정한 결과 0.35 [mm]가 마모되었다. 실린더 내경을 얼마로 수정해야 하는가?

① 실린더 내경을 78.35 [mm]로 수정한다.
② 실린더 내경을 78.50 [mm]로 수정한다.
③ 실린더 내경을 78.75 [mm]로 수정한다.
④ 실린더 내경을 79.00 [mm]로 수정한다.

해설 최대 측정값은 78 [mm]+0.35=78.35 [mm]이다. 따라서 수정값은 최대 측정값 +0.2 [mm](수정 절삭량)이므로 78.35+0.2=78.55 [mm]이다. 그러나 피스톤 오버 사이즈에 맞지 않으므로 오버 사이즈에 맞는 값인 78.75 [mm]로 보링한다.

10 PCV(positive Crankcase Ventilation)에 대한 설명으로 옳은 것은?

① 블로바이(blow by) 가스를 대기 중으로 방출하는 시스템이다.
② 고부하 때에는 블로바이 가스가 공기 청정기에서 헤드 커버 내로 공기가 도입된다.
③ 흡기 다기관이 부압일 때는 크랭크 케이스에서 헤드 커버를 통해 공기 청정기로 유입된다.
④ 헤드 커버 안의 블로바이 가스는 부하와 관계없이 서지 탱크로 흡입되어 연소된다.

해설 헤드 커버 안의 블로바이 가스는 PCV(Positive Crank case Ventilation) 밸브를 이용해 블로바이 가스를 대기로 방출하지 않고 재연소시키기 위해 크랭크 케이스에서 흡기 다기관으로 흐르게 하여 재연소하여 HC를 감소시킨다.

11 분사 펌프에서 딜리버리 밸브의 작용 중 틀린 것은?

① 연료의 역류 방지
② 노즐에서의 후적 방지
③ 분사 시기 조정
④ 연료 라인의 잔압 유지

answer 6.③ 7.② 8.① 9.③ 10.④ 11.③

해설 딜리버리 밸브는 플런저의 유효 행정이 완료되어 배럴 내의 압력이 급격히 낮아지면 스프링 장력에 의해 신속히 닫혀 연료의 역류(분사 노즐에서 펌프로의 흐름)를 방지하고, 분사 파이프 내의 연료 압력을 낮춰 분사 노즐의 후적을 방지하며 분사 파이프 내 잔압을 유지시킨다.

12 흡기관 내 압력의 변화를 측정하여 흡입 공기량을 간접으로 검출하는 방식은?

① K jetronic ② D jetronic
③ L jetronic ④ LH jetronic

해설 공기량 계측 방식
㉠ K jetronic : 공기량 계량과 연료 분배기를 이용하여 기계적으로 체적을 검출하는 방식(기계식 계측 방식)
㉡ D jetronic : 흡기 다기관의 절대 압력(MAP 센서)을 측정하여 흡입공기량을 간접 계측하는 방식(간접 계측 방식)
㉢ L jetronic : 질량 검출 방식의 흡입 공기량 직접 검출 방식
㉣ LH jetronic : 흡입 공기량을 열선(hot wire), 열막(hot film)을 이용하여 질량·유량으로 직접 검출하는 방식

13 디젤 노크와 관련이 없는 것은?

① 연료 분사량 ② 연료 분사 시기
③ 흡기 온도 ④ 엔진 오일량

 디젤 노크의 원인
㉠ 연료의 세탄가가 낮다.
㉡ 엔진의 온도가 낮고 회전 속도가 느리다.
㉢ 연료 분사 상태가 나쁘다.
㉣ 착화 지연 시간이 길다.
㉤ 분사 시기가 늦다.
㉥ 실린더 연소실 압축비, 압축 압력, 흡기 온도가 낮다.

14 디젤 기관에서 연료 분사 펌프의 거버너는 어떤 작용을 하는가?

① 분사량을 조정한다.
② 분사 시기를 조정한다.
③ 분사 압력을 조정한다.
④ 착화 시기를 조정한다.

 거버너(조속기)는 분사 펌프에 장착되어 기간의 부하변동에 따라 연료 분사량의 증감을 자동적으로 조정하여 최고 회전 속도를 제어하여 과속(over run)을 방지한다.

15 피스톤 평균 속도를 높이지 않고 엔진 회전 속도를 높이려면?

① 행정을 작게 한다.
② 실린더 지름을 작게 한다.
③ 행정을 크게 한다.
④ 실린더 지름을 크게 한다.

 피스톤의 평균속도를 높이지 않고 엔진 회전 속도를 높이려면 피스톤 행정이 실린더 지름보다 작은 단 행정 기관으로 하여야 한다.

16 윤활유의 성질에서 요구되는 사항이 아닌 것은?

① 비중이 적당할 것
② 인화점 및 발화점이 낮을 것
③ 점성과 온도와의 관계가 양호할 것
④ 카본 생성이 적으며, 강인한 유막을 형성할 것

해설 윤활유의 구비 조건
㉠ 점도가 적당할 것
㉡ 열과 산에 대한 안정성이 있을 것
㉢ 응고점이 낮을 것
㉣ 인화점과 발화점이 높을 것
㉤ 온도에 따른 점도 변화가 작을 것
㉥ 카본 생성이 적으며 강한 유막을 형성할 것

17 캠 축과 크랭크 축의 타이밍 전동 방식이 아닌 것은?

① 유압 전동 방식 ② 기어 전동 방식
③ 벨트 전동 방식 ④ 체인 전동 방식

 캠 축과 크랭크 축의 타이밍 전동 방식에는 벨트 전동 방식, 체인 전동 방식, 기어 전동 방식 등이 있다.

answer 12.② 13.④ 14.① 15.① 16.② 17.①

18 **기동 전동기가 정상 회전하지만 엔진이 시동되지 않는 원인과 관련있는 사항은?**

① 밸브 타이밍이 맞지 않을 때
② 조향 핸들 유격이 맞지 않을 때
③ 현가 장치에 문제가 있을 때
④ 산소 센서의 작동이 불량할 때

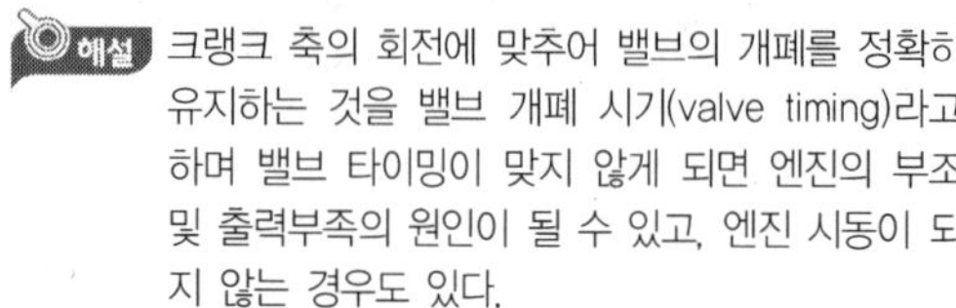

해설 크랭크 축의 회전에 맞추어 밸브의 개폐를 정확히 유지하는 것을 밸브 개폐 시기(valve timing)라고 하며 밸브 타이밍이 맞지 않게 되면 엔진의 부조 및 출력부족의 원인이 될 수 있고, 엔진 시동이 되지 않는 경우도 있다.

19 **실린더 벽이 마멸되었을 때 나타나는 현상 중 틀린 것은?**

① 연료 소모 저하 및 엔진 출력 저하
② 피스톤 슬랩 현상 발생
③ 압축 압력 저하 및 블로바이 가스 발생
④ 엔진 오일의 희석 및 소모

해설 실린더 벽 마멸 현상
㉠ 엔진 오일이 연료로 희석된다.
㉡ 피스톤 슬랩 현상이 발생한다.
㉢ 압축 압력 저하 및 블로바이가 과다하게 발생한다.
㉣ 기관의 출력 저하 및 연료 소모가 증가한다.
㉤ 열효율이 저하된다.

20 **인젝터 회로의 정상적인 파형이 그림과 같을 때 본선의 접속 불량 시 나올 수 있는 파형 중 맞는 것은?**

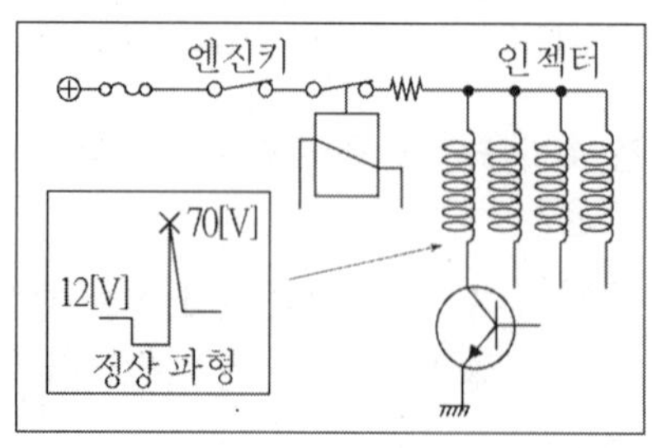

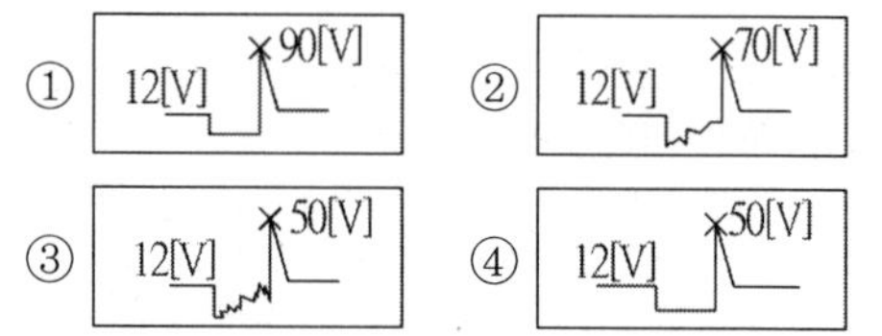

해설 본선 접속 불량 시 코일에 흐르는 전류가 감소하여 서지 전압이 낮아진다.

21 **다음 중 기관 과열의 원인이 아닌 것은?**

① 수온 조절기 불량
② 냉각수 량 과다
③ 냉각팬 모터 고장
④ 라디에이터 캡 불량

해설 기관 과열의 원인
㉠ 냉각수 부족
㉡ 냉각팬 불량
㉢ 수온 조절기 작동 불량
㉣ 라디에이터 코어 20[%] 이상 막힘
㉤ 라디에이터 파손
㉥ 라디에이터 캡 불량
㉦ 워터 펌프의 작동 불량
㉧ 팬벨트 마모 또는 이완
㉨ 냉각수의 통로 막힘

22 **변속기의 변속비(기어비)를 구하는 식은?**

① 엔진의 회전수를 추진축의 회전수로 나눈다.
② 부축의 회전수를 엔진의 회전수로 나눈다.
③ 입력축의 회전수를 변속단 카운터 축의 회전수로 곱한다.
④ 카운터 기어 잇수를 변속단 카운터 기어 잇수로 곱한다.

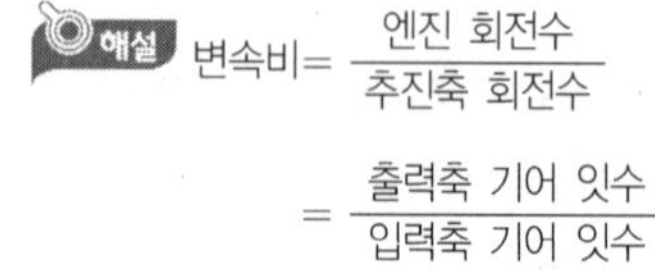

해설 $변속비 = \dfrac{엔진\ 회전수}{추진축\ 회전수} = \dfrac{출력축\ 기어\ 잇수}{입력축\ 기어\ 잇수}$

answer 18.① 19.① 20.④ 21.② 22.①

23 **자동 변속기에서 유성 기어 캐리어를 한 방향으로만 회전하게 하는 것은?**

① 원웨이 클러치 ② 프론트 클러치
③ 리어 클러치 ④ 엔드 클러치

해설 자동 변속기 클러치의 종류
㉠ 프론트 클러치: 구동판은 드럼 내면의 스플라인에 설치하고, 피동판은 선 기어 구동축 스플라인에 설치하여 유압에 의해 연결되어 링 기어를 구동하거나 차단한다.
㉡ 리어 클러치: 유압에 의해 피스톤이 작동되면 다판 클러치가 작동하여 토크 컨버터 터빈과 연결되어 있는 입력축으로부터의 구동력을 포워드 선기어에 전달한다.
㉢ 엔드 클러치: 유압에 의해 피스톤이 작동하면 다판 클러치가 작동하여 토크 컨버터 터빈과 연결되어 있는 입력축으로부터의 구동력을 유성 기어 캐리어에 전달한다.
① 유성 기어 캐리어를 한쪽 방향으로만 회전하도록 하는 것은 원웨이 클러치(일방향 클러치, 프리휠)이다.

24 **클러치 디스크의 런아웃이 클 때 나타날 수 있는 현상으로 가장 적합한 것은?**

① 클러치의 단속이 불량해진다.
② 클러치 페달의 유격에 변화가 생긴다.
③ 주행 중 소리가 난다.
④ 클러치 스프링이 파손된다.

런아웃(run-out)이란 디스크 평면이 휘어진 상태를 말하며, 클러치의 런아웃이 크면 클러치 단속이 불량해지고, 연결 시 떨림이 발생한다.

25 **동력 조향 장치 정비 시 안전 및 유의 사항으로 틀린 것은?**

① 자동차 하부에서 작업할 때는 시야 확보를 위해 보안경을 벗는다.
② 공간이 좁으므로 다치지 않게 주의한다.
③ 제작사의 정비 지침서를 참고하여 점검 · 정비 한다.
④ 각종 볼트 너트는 규정 토크로 조인다.

해설 차량 밑에서 작업하는 경우, 즉 클러치나 변속기 등을 떼어 낼 때에는 반드시 보안경을 착용한다.

26 **실린더와 피스톤 사이의 틈새로 가스가 누출되어 크랭크실로 유입된 가스를 연소실로 유도하여 재연소시키는 배출 가스 정화 장치는?**

① 촉매 변환기
② 연료 증발 가스 배출 억제 장치
③ 배기가스 재순환 장치
④ 블로바이 가스 환원 장치

블로바이 가스 환원 장치는 실린더와 피스톤 사이의 틈새로 가스가 누출되어 크랭크실로 유입된 가스를 연소실로 유도하여 다시 연소시켜 탄화수소(HC)의 배출을 줄이기 위한 배출 가스 정화 장치이다.

27 **전동식 전자 제어 동력 조향 장치에서 토크 센서의 역할은?**

① 차속에 따라 최적의 조향력을 실현하기 위한 기준 신호로 사용된다.
② 조향 휠을 돌릴 때 조향력을 연산할 수 있도록 기본 신호를 컨트롤 유니트에 보낸다.
③ 모터 작동 시 발생되는 부하를 보상하기 위한 보상 신호로 사용된다.
④ 모터 내의 로터 위치를 검출하여 모터 출력의 위상을 결정하기 위해 사용된다.

해설 전자 제어 동력 조향 장치(MDPS)에서 토크 센서는 비접촉 광학식 센서를 주로 사용하며, 조향 핸들을 돌려 조향 칼럼을 통해 래크와 피니언 그리고 바퀴를 돌릴 때 발생하는 토크(휠 조작력)를 측정하여 컴퓨터로 입력시킨다.

answer 23.① 24.① 25.① 26.④ 27.②

28 **전자 제어 동력 조향 장치의 특성으로 틀린 것은?**

① 공전과 저속에서 핸들 조작력이 작다.
② 중속 이상에서는 차량 속도에 감응하여 핸들 조작력을 변화시킨다.
③ 차량 속도가 고속이 될수록 큰 조작력을 필요로 한다.
④ 동력 조향 장치이므로 조향 기어는 필요없다.

전자 제어 동력 조향 장치의 특성
㉠ 앞바퀴 시미 현상이 감소한다.
㉡ 저속 시 휠 조작력을 적게 한다.
㉢ 고속 시 조작력을 크게 한다.
㉣ 중속 이상에서 차량 속도에 감응하여 핸들 조작력을 변화시킨다.

29 **다음 중 자동차 앞차륜 독립 현가 장치에 속하지 않는 것은?**

① 트레일링 암 형식(trailling arm type)
② 위시본 형식(wishbone type)
③ 맥퍼슨 형식(macpherson type)
④ SLA 형식(Short Long Arm type)

앞차륜 독립 현가 장치에는 위시본형, 더블 위시본형, 맥퍼슨형, SLA 형식 등이 있으며, 후륜 구동 방식 현가 장치에는 트레일링 암형, 세미 트레일링 암형으로 나누어진다.

30 **전차륜 정렬에 관계되는 요소가 아닌 것은?**

① 타이어의 이상 마모를 방지한다.
② 정지 상태에서 조향력을 가볍게 한다.
③ 조향 핸들의 복원성을 준다.
④ 조향 방향의 안정성을 준다.

해설 앞바퀴 정렬(얼라이먼트)의 역할
㉠ 조향 핸들의 조작을 작은 힘으로 할 수 있게 한다.
㉡ 조향 조작이 확실하고 안정성을 준다.
㉢ 타이어 마모를 최소화한다.
㉣ 조향 핸들에 복원성을 준다.

31 **추진축 스플라인부의 마모가 심할 때의 현상으로 가장 적절한 것은?**

① 차동기의 드라이브 피니언과 링기어의 치합이 불량하게 된다.
② 차동기의 드라이브 피니언 베어링의 조임이 헐겁게 된다.
③ 동력을 전달할 때 충격 흡수가 잘 된다.
④ 주행 중 소음을 내고 추진축이 진동한다.

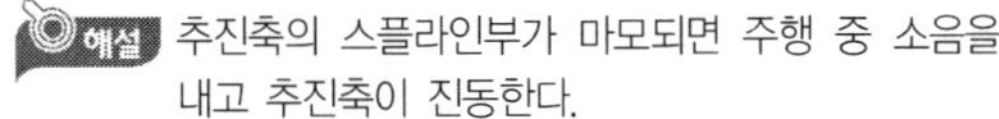
추진축의 스플라인부가 마모되면 주행 중 소음을 내고 추진축이 진동한다.

32 **다음 중 앞차축 현가 장치에서 맥퍼슨형의 특징이 아닌 것은?**

① 위시본형에 비하여 구조가 간단하다.
② 로드 홀딩이 좋다.
③ 엔진 룸의 유효 공간을 넓게 할 수 있다.
④ 스프링 아래 중량을 크게 할 수 있다.

해설 맥퍼슨 형식의 특징
㉠ 구조가 간단하고 고장이 작으며 정비가 쉽다
㉡ 스프링 아래 질량이 작아 로드홀딩이 좋다.
㉢ 엔진 룸의 유효 공간을 넓게 할 수 있다.
㉣ 진동 흡수율이 커 승차감이 좋다.

33 **드럼식 브레이크에서 브레이크슈의 작동 형식에 의한 분류에 해당하지 않는 것은?**

① 3리딩 슈 형식
② 리딩 트레일링슈 형식
③ 서보 형식
④ 듀오 서보식

해설 브레이크슈의 작동 형식에 의한 분류
㉠ 서보 브레이크
- 2앵커 브레이크
- 앵커 링크 단동
- 2리딩 슈 복동
- 2리딩 슈
㉡ 넌서보 브레이크 : 리딩 트레일링 슈 형식

answer 28.④ 29.① 30.② 31.④ 32.④ 33.①

34 **브레이크 장치에서 슈 리턴 스프링의 작용에 해당되지 않는 것은?**

① 오일이 휠 실린더에서 마스터 실린더로 되돌아가게 한다.
② 슈와 드럼 간의 간극을 유지해준다.
③ 페달력을 보강해준다.
④ 슈의 위치를 확보한다.

해설 브레이크슈 리턴 스프링은 페달을 놓으면 오일이 휠 실린더에서 마스터 실린더로 되돌아가게 하며, 슈의 위치를 확보하여 슈와 드럼의 간극을 유지해 준다.

35 **자동차의 전자 제어 제동 장치(ABS) 특징으로 올바른 것은?**

① 바퀴가 로크되는 것을 방지하여 조향 안정성 유지
② 스핀 현상을 발생시켜 안정성 유지
③ 제동 시 한쪽 쏠림 현상을 발생시켜 안정성 유지
④ 제동 거리를 증가시켜 안정성 유지

해설 ABS의 설치 목적
㉠ 제동 거리를 단축시킨다.
㉡ 미끄러짐을 방지하여 차체 안정성을 유지한다.
㉢ ECU에 의해 브레이크를 컨트롤하여 조종성을 확보한다.
㉣ 앞바퀴의 잠김 방지에 따른 조향 능력 상실을 방지한다.
㉤ 뒷바퀴의 잠김을 방지하여 차체 스핀에 의한 전복을 방지한다.

36 **공기 브레이크 장치에서 앞바퀴로 압축 공기가 공급되는 순서는?**

① 공기 탱크 – 퀵 릴리스 밸브 – 브레이크 밸브 – 브레이크 챔버
② 공기 탱크 – 브레이크 챔버 – 브레이크 밸브 – 브레이크 슈
③ 공기 탱크 – 브레이크 밸브 – 퀵 릴리스 밸브 – 브레이크 챔버
④ 브레이크 밸브 – 공기 탱크 – 퀵 릴리스 밸브 – 브레이크 챔버

해설 공기 브레이크는 브레이크를 밟으면 공기 탱크의 압축 공기가 브레이크 밸브와 퀵 릴리스 밸브를 거쳐서 브레이크 챔버로 유입된다. 이때 공기의 압력이 기계적 힘으로 변하여 푸시 로드를 밀면 캠이 움직여 브레이크슈를 확장하여 브레이크가 작동하며 제동이 가능하게 된다.

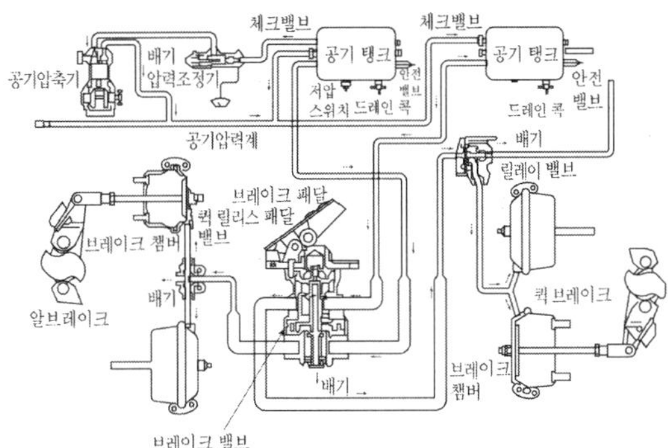

37 **LPG의 특징 중 틀린 것은?**

① 공기보다 가볍다.
② 기체 상태의 비중은 1.5 ~ 2.0이다.
③ 무색 · 무취이다.
④ 액체 상태의 비중은 0.5이다.

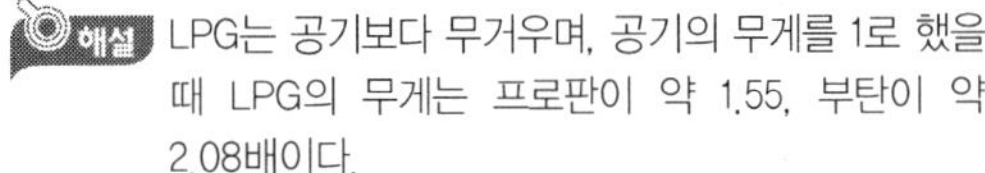
해설 LPG는 공기보다 무거우며, 공기의 무게를 1로 했을 때 LPG의 무게는 프로판이 약 1.55, 부탄이 약 2.08배이다.

38 **토크 컨버터의 토크 변환율은?**

① 0.1 ~ 1배 ② 2 ~ 3배
③ 4 ~ 5배 ④ 6 ~ 7배

해설 **토크 컨버터**: 유체 클러치의 개량형으로, 동력 전달 효율은 97 ~ 98 [%]이고, 토크컨버터의 토크 변환율은 2 ~ 3 : 1이다.

answer 34.③ 35.① 36.③ 37.① 38.②

39 마스터 실린더 푸시 로드에 작용하는 힘이 120 [kgf]이고, 피스톤 단면적이 3 [cm^2]일 때 발생 유압 [kgf/cm^2]은?

① 30　② 40
③ 50　④ 60

해설 $압력[kgf/cm^2] = \frac{하중(W)}{단면적(A)}$

$= \frac{120}{3} = 40[kgf/cm^2]$

40 기관 rpm이 3,570이고, 변속비가 3.5, 종감속비가 3일 때 오른쪽 바퀴가 420 [rpm] 이면 왼쪽 바퀴 회전수[rpm]는?

① 340　② 1,480
③ 2.7　④ 260

해설 한쪽 바퀴 회전수(N_w)

$N_w = \frac{추진축\ 회전수}{종\ 감속비} \times 2 - 다른\ 쪽\ 바퀴\ 회전수$

$= \frac{3,570}{35 \times 3} \times 2 - 420 = 260[rpm]$

41 드릴링 머신 작업할 때 주의 사항으로 틀린 것은?

① 드릴의 날이 무디어 이상한 소리가 날 때는 회전을 멈추고 드릴을 교환하거나 연마한다.
② 공작물을 제거할 때는 회전을 완전히 멈추고 한다.
③ 가공 중에 드릴이 관통했는지를 손으로 확인한 후 기계를 멈춘다.
④ 드릴은 주축에 튼튼하게 장치하여 사용한다.

해설 드릴 작업 시 주의 사항
㉠ 드릴을 끼운 뒤 척키를 반드시 빼놓는다.
㉡ 드릴은 주축에 튼튼하게 장치하여 사용한다.
㉢ 드릴 회전 후 테이블을 조정하지 않는다.
㉣ 드릴의 날이 무디어 이상한 소리가 날 때는 회전을 멈추고 드릴을 교환하거나 연마한다.
㉤ 드릴 회전 중 칩을 손으로 털거나 바람으로 불지 않는다.
㉥ 가공물에 구멍을 뚫을 때 회전에 의한 사고에 대비하여 가공물을 바이스에 물리고 작업한다.

42 큰 구멍을 가공할 때 가장 먼저 해야 할 작업은?

① 스핀들의 속도를 증가시킨다.
② 금속을 연하게 한다.
③ 강한 힘으로 작업한다.
④ 작은 치수의 구멍으로 먼저 작업한다.

해설 드릴로 큰 구멍을 뚫으려고 할 때는 먼저 작은 치수의 구멍으로 작업한다.

43 스패너 작업 시 유의할 점으로 틀린 것은?

① 스패너의 입이 너트의 치수에 맞는 것을 사용해야 한다.
② 스패너의 자루에 파이프를 이어서 사용해서는 안 된다.
③ 스패너와 너트 사이에는 쐐기를 넣고 사용하는 것이 편리하다.
④ 너트에 스패너를 깊이 올리고 조금씩 앞으로 당기는 식으로 풀고 조인다.

해설 스패너 작업 시 주의 사항
㉠ 스패너와 너트 사이에 다른 물건을 끼우지 말 것
㉡ 스패너는 몸 앞으로 당겨서 사용할 것
㉢ 스패너와 너트 및 볼트의 치수가 맞는 것을 사용할 것
㉣ 스패너가 벗겨지더라도 넘어지지 않는 자세를 취할 것
㉤ 스패너에 파이프 등을 이어서 사용하지 말 것
㉥ 스패너를 해머 등으로 두들기지 말 것
㉦ 스패너는 깊이 물리고 조금씩 당기는 식으로 풀고 조일 것

answer 39.② 40.④ 41.③ 42.④ 43.③

44 변속기를 탈착할 때 가장 안전하지 않은 작업 방법은?

① 자동차 밑에서 작업 시 보안경을 착용한다.
② 잭으로 올릴 때 물체를 흔들어 중심을 확인한다.
③ 잭으로 올린 후 스탠드로 고정한다.
④ 사용 목적에 적합한 공구를 사용한다.

해설 변속기 탈착 작업 주의 사항
㉠ 보안경을 착용한다.
㉡ 잭과 스탠드를 받치고 작업한다.
㉢ 사용 목적에 적합한 공구를 사용한다.
㉣ 잭에 물체가 올라와 있을 경우 흔들면 잭의 중심과 물체의 중심이 맞지 않아 잭이 바깥으로 튀어 나갈 수 있으니 흔들리지 않도록 주의한다.

45 축전지 점검 시 육안 점검 사항이 아닌 것은?

① 전해액의 비중 측정
② 케이스 외부 전해액 누출 상태
③ 케이스의 균열 점검
④ 단자의 부식 상태

해설 축전지의 상태를 판단하기 위하여 전해액 비중을 측정하는데 그 기구에는 흡입식 비중계나 광선 굴절식 비중계를 사용한다.

46 축전지 급속 충전할 때 주의 사항이 아닌 것은?

① 통풍이 잘 되는 곳에서 충전한다.
② 축전지의 +, − 케이블을 자동차에 연결한 상태로 충전한다.
③ 전해액의 온도가 45 [℃]가 넘지 않도록 한다.
④ 충전 중인 축전지에 충격을 가하지 않는다.

해설 축전지 급속 충전 시 주의 사항
㉠ 통풍이 잘 되는 곳에서 충전한다.
㉡ 충전 중인 축전지에 충격을 가하지 않는다.
㉢ 전해액 온도가 45 [℃] 넘지 않도록 한다.
㉣ 축전지 접지 케이블을 분리한 상태에서 축전지 용량의 50 [%] 전류로 충전하기 때문에 충전 시간은 짧게 하여야 한다.
㉤ 충전 중인 축전지에 충격을 가하지 않는다.

47 모터(기동 전동기)의 형식을 맞게 나열한 것은?

① 직렬형, 병렬형, 복합형
② 직렬형, 복렬형, 병렬형
③ 직권형, 복권형, 복합형
④ 직권형, 분권형, 복권형

해설 전동기의 종류
㉠ 직권형: 계자 코일과 전기자 코일이 직렬 연결
㉡ 분권형: 계자 코일과 전기자 코일이 병렬 연결
㉢ 복권형: 계자 코일과 전기자 코일이 직·병렬로 연결

48 파워 윈도우 타이머 제어에 관한 설명으로 틀린 것은?

① IG ON에서 파워 윈도우 릴레이를 ON한다.
② IG OFF에서 파워 윈도우 릴레이를 일정 시간 동안 ON한다.
③ 키를 뺏을 때 윈도우가 열려 있다면 다시 키를 꽂지 않아도 일정 시간 이내 윈도우를 닫을 수 있는 기능이다.
④ 파워 윈도우 타이머 제어 중 전조등을 작동시키면 출력을 즉시 OFF한다.

해설 파워 윈도우 타이머 기능은 시동을 OFF한 상태에서도 일정 시간 파워 윈도우를 UP/DOWN 시킬 수 있는 기능이다.

49 자동차 타이어 공기압에 대한 설명으로 적합한 것은?

① 비오는 날 빗길 주행 시 공기압을 15 [%] 정도 낮춘다.
② 좌·우 바퀴의 공기압이 차이가 날 경우 제동력 편차가 발생할 수 있다.
③ 모래길 등 자동차 바퀴가 빠질 우려가 있을 때는 공기압을 15 [%] 정도 높인다.
④ 공기압이 높으면 트레드 양단이 마모된다.

answer 44.② 45.① 46.② 47.④ 48.④ 49.②

해설 상황에 따른 공기압
㉠ 비오는 날 빗길 주행 시 공기압을 적정값보다 약간 높여준다.
㉡ 모래길 등 자동차 바퀴가 빠질 우려가 있을 때는 공기압을 낮춘다.
㉢ 공기압이 높으면 접지면 중앙부가 조기 마모된다.

50 **자동차 소모품에 대한 설명이 잘못된 것은?**

① 부동액은 차체 도색 부분을 손상시킬 수 있다.
② 전해액은 차체를 부식시킨다.
③ 냉각수는 경수를 사용하는 것이 좋다.
④ 자동 변속기 오일은 제작회사의 추천 오일을 사용한다.

해설 냉각수는 증류수, 수돗물, 빗물 등 연수를 사용해야 한다.

51 **계기판의 충전 경고등은 어느 때 점등되는가?**

① 배터리 전압이 10.5 [V] 이하일 때
② 알터네이터에서 충전이 안 될 때
③ 알터네이터에서 충전되는 전압이 높을 때
④ 배터리 전압이 14.7 [V] 이상일 때

해설 배터리 충전 경고등은 교류 발전기에서 충전이 안 될 때 점등된다. 충전이 안 되는 경우는 발전기와 연결된 팬벨트가 끊어지거나 발전기 자체 고장일 때이다.

52 **와이퍼 모터 제어와 관련된 입력 요소들을 나열한 것으로 틀린 것은?**

① 와이퍼 INT 스위치
② 와셔 스위치
③ 와이퍼 HI 스위치
④ 전조등 HI 스위치

해설 와이퍼 모터 입력 요소
㉠ 와이퍼 LO 스위치
㉡ 와이퍼 HI 스위치
㉢ 와이퍼 INT 스위치
㉣ 와셔 스위치

53 **자동차의 종합 경보 장치에 포함되지 않는 제어 기능은?**

① 도어록 제어 기능
② 감광식 룸램프 제어 기능
③ 엔진 고장 지시 제어 기능
④ 도어 열림 경고 제어 기능

해설 종합 경보 제어 장치는 편의 장치(ETACS)와 관련된 제어 기능이다.
에탁스(ETACS) 제어 기능
㉠ 감광식 룸램프 제어
㉡ 와셔 연동 와이퍼 제어
㉢ 간헐 와이퍼(INT) 제어
㉣ 이그니션 키 홀 조명 제어
㉤ 파워 윈도우 타이머 제어
㉥ 점화키 회수 제어
㉦ 오토 도어록 제어
㉧ 중앙 집중식 도어 잠금 장치 제어
㉨ 도어 열림 경고 제어

54 **점화 플러그에 불꽃이 튀지 않는 이유 중 틀린 것은?**

① 파워 TR 불량　② 점화코일 불량
③ TPS 불량　④ ECU 불량

해설 점화 플러그 불꽃이 발생하지 않는 원인
㉠ 점화 코일 불량
㉡ 파워 TR 불량
㉢ 고압 케이블 불량
㉣ ECU 불량

55 **작업장의 환경을 개선하면 나타나는 현상으로 틀린 것은?**

① 작업 능률을 향상시킬 수 있다.
② 피로를 경감시킬 수 있다.
③ 좋은 품질의 생산품을 얻을 수 있다.
④ 기계 소모가 많고 동력 손실이 크다.

해설 작업장 환경을 개선하면 작업의 능률이 오르고 생산성이 향상되는 효과가 있으며, 기계 소모가 많고 동력 손실이 큰 것과는 관계가 없다.

answer 50.③ 51.② 52.④ 53.③ 54.③ 55.④

56 다음 중 연소의 3요소에 해당되지 않는 것은?

① 물 ② 공기(산소)
③ 점화원 ④ 가연물

해설 연소 3요소 : 공기, 점화원, 가연물

57 사이드 슬립 시험기 사용 시 주의 사항 중 틀린 것은?

① 시험기의 운동 부분은 항상 청결하여야 한다.
② 시험기에 대하여 직각 방향으로 진입시킨다.
③ 시험기의 답판 및 타이어에 부착된 수분 · 기름 · 흙 등을 제거한다.
④ 답판 위에서 차속이 빠르면 브레이크를 사용하여 차속을 맞춘다.

해설 사이드 슬립 시험기 사용시 주의 사항
㉠ 차량을 시험기에 대하여 직각 방향으로 진입시킨다.
㉡ 시험기의 운동부는 항상 청결하여야 한다.
㉢ 시험기와 타이어에 수분 · 기름 등의 이물질을 제거한 후 시험한다.
㉣ 차량이 답판을 통과할 때 핸들에서 손을 뗀 상태로 서서히 멈추지 않고 통과한다.

58 다음 중 옴의 법칙을 바르게 표시한 것은? (단, E : 전압, I : 전류, R : 저항)

① $R = IE$ ② $R = \frac{I}{E}$
③ $R = \frac{I}{E^2}$ ④ $R = \frac{E}{I}$

해설 옴의 법칙 $I = \frac{E}{R}$

$E = IR$

$R = \frac{E}{I}$

여기서, I : 전류, E : 전압, R : 저항

59 20 [℃]에서 양호한 상태인 100 [Ah]의 축전지는 200 [A]의 전기를 얼마 동안 발생시킬 수 있는가?

① 20[min] ② 30[min]
③ 1[h] ④ 2[h]

해설 축전지 용량[Ah]=방전 전류[A]×방전 시간[h]

$$[h] = \frac{[Ah]}{[A]} = \frac{100[Ah]}{200[A]} = 0.5[h] = 30[\text{min}]$$

60 논리 회로에서 OR + NOT에 대한 출력의 진리값으로 틀린 것은? (단, 입력 : A, B, 출력 : C)

① 입력 A가 0이고, 입력 B가 1이면 출력 C는 0 이 된다.
② 입력 A가 0이고, 입력 B가 0이면 출력 C는 0 이 된다.
③ 입력 A가 1이고, 입력 B가 1이면 출력 C는 0 이 된다.
④ 입력 A가 1이고, 입력 B가 0이면 출력 C는 0 이 된다.

해설 논리회로

OR 회로 (논리합 회로)	입력 A, B → 출력 C 입력측의 어느 쪽(A나 B) 또는 양방에서 1이 들어오면 출력측 C에서 1이 나온다.
AND 회로 (논리곱 회로)	입력 A, B → 출력 C 입력측 두 개의 단자(A와 B)에 1이 들어오지 않으면 출력측에 1이 나오지 않는다.
NOT 회로 (부정 회로)	입력 A → 출력 C 입력측에 1이 들어오면 출력측에 0이 입력측에 0이 들어오면 출력측에 1이 나온다.

answer 56.① 57.④ 58.④ 59.② 60.②

제 6 회

자동차정비기능사

기출복원 및 실전모의고사

1 **기관의 압축 압력 측정 시험 방법에 대한 설명으로 틀린 것은?**

① 기관을 정상 작동 온도로 한다.
② 점화 플러그를 전부 뺀다.
③ 엔진 오일을 넣고도 측정한다.
④ 기관의 회전을 1,000[rpm]으로 한다.

해설 압축 압력의 측정 방법
㉠ 기관을 정상 작동 온도로 한다.
㉡ 축전지는 완전 충전된 것을 사용한다.
㉢ 점화 회로를 차단하고 점화 플러그를 모두 탈거한다.
㉣ 연료 공급을 차단한다.
㉤ 기관을 크랭킹시키며 측정한다.
㉥ 기관에 오일을 넣고도 측정한다(습식 시험의 경우).

2 **전자 제어 가솔린 기관에서 흡기 다기관의 압력과 인젝터에 공급되는 연료 압력 편차를 일정하게 유지시키는 것은?**

① 릴리프 밸브 ② MAP 센서
③ 압력 조절기 ④ 체크 밸브

해설 연료 압력 조절기는 흡기 다기관 내의 압력 변화에 대응하여 연료 분사량을 일정하게 유지하기 위해 인젝터에 걸리는 연료 압력(2.55[kg_f]/을 일정하게 조절한다.

3 **자동차 배출 가스 구분에 속하지 않는 것은?**

① 블로바이 가스 ② 연료 증발 가스
③ 배기가스 ④ 탄산 가스

해설 배출 가스 제어 장치의 종류
㉠ 블로바이 가스 제어장치 : PCV 밸브, 브리더 호스
㉡ 연료 증발 가스 제어장치 : 차콜 캐니스터, PCSV
㉢ 배기 가스 제어 장치 : 산소(O_2) 센서, EGR 장치, 삼원촉매

4 **4행정 기관의 행정과 관계없는 것은?**

① 흡기 행정 ② 소기 행정
③ 배기 행정 ④ 압축 행정

해설 소기 행정이란 잔류 배기가스를 내보내고 새로운 공기를 실린더 내에 공급하는 것을 말하며, 2행정 사이클 기관에만 해당되는 과정(행정)이다.

5 **흡기 다기관의 진공 시험 결과 진공계의 바늘이 20 ~ 40 [cm · Hg] 사이에서 정지되었다면 가장 올바른 분석은?**

① 엔진이 정상일 때
② 피스톤링이 마멸되었을 때
③ 밸브가 소손되었을 때
④ 밸브 타이밍이 맞지 않을 때

해설 흡기 다기관의 진공도 시험
㉠ 정상 : 45 ~ 50 [cm · Hg] 사이에서 조용히 흔들린다.
㉡ 밸브 밀착 불량, 점화 시기 틀림 : 정상보다 5 ~ 8 [cm · Hg] 낮다.
㉢ 밸브 타이밍이 맞지 않을 때 : 20 ~ 40 [cm · Hg] 사이에서 조용히 흔들린다.
㉣ 실린더 벽, 피스톤 링 마멸 : 30 ~ 40 [cm · Hg] 사이에서 조용히 흔들린다.
㉤ 배기 장치 막힘 : 기관이 급가속 후 닫히면 0으로 하강 후 38 ~ 45 [cm · Hg]에서 흔들린다.

answer 1.④ 2.③ 3.④ 4.② 5.④

6 **커넥팅 로드의 길이가 150 [mm] 피스톤 행정이 100 [mm]라면 커넥팅 로드의 길이는 크랭크 회전 반지름의 몇 배가 되는가?**

① 1.5배　　② 3.0배
③ 3.5배　　④ 6배

해설 크랭크 회전 반경의 비율$(C_r) = \dfrac{C_l \times 2}{L}$

$= \dfrac{150 \times 2}{100} = 3$

여기서, C_r : 크랭크 회전반경의 비율
C_l : 커넥팅 로드의 길이
L : 피스톤 행정

7 **부특성 서미스터에 해당되는 것으로 나열된 것은?**

① 냉각수온 센서, 흡기온 센서
② 냉각수온 센서, 산소 센서
③ 산소 센서, 스로틀 포지션 센서
④ 스로틀 포지션 센서, 크랭크 앵글 센서

해설 부특성 서미스터(NTC)를 사용하는 센서는 냉각수온 센서, 흡기온 센서, 유온 센서 등이 있다.

8 **다음 중 기관 연소실 설계 시 고려할 사항으로 틀린 것은?**

① 화염 전파에 요하는 시간을 가능한 한 짧게 한다.
② 가열되기 쉬운 돌출부를 두지 않는다.
③ 연소실의 표면적이 최대가 되게 한다.
④ 압축 행정에서 혼합기에 와류를 일으키게 한다.

해설 연소실 설계 시 고려 사항
㉠ 화염 전파 시간이 짧을 것
㉡ 연소실 내 표면적을 최소화시킬 것
㉢ 돌출 부분이 없을 것
㉣ 흡·배기 작용이 원활하게 될 것
㉤ 압축 행정에서 와류가 일어나지 않을 것
㉥ 배기가스 유해 성분이 적을 것
㉦ 출력 및 열효율이 높을 것
㉧ 노크를 일으키지 않을 것

9 **LPG 기관에서 액체 상태의 연료를 기체 상태의 연료로 전환시키는 장치는?**

① 베이퍼라이저　　② 솔레이노드밸브 유닛
③ 봄베　　④ 믹서

해설 베이퍼라이저는 감압·기화·압력 조절의 기능을 하며 봄베로부터 압송된 높은 압력의 액체 LPG를 베이퍼라이저에서 압력을 낮춘 후 기체 LPG로 기화시켜 엔진 출력 및 연료 소비량에 만족할 수 있도록 압력을 조절한다.

10 **4행정 기관의 밸브 개폐 시기가 다음과 같다. 흡기 행정 기간과 밸브 오버랩은 각각 몇 도인가?** (단, 흡기 밸브 열림 : 상사점 전 18°, 흡기 밸브 닫힘 : 하사점 후 48°, 배기밸브 열림 : 하사점 전 48°, 배기밸브 닫힘 : 상사점 후 13°)

① 흡기 행정 기간 : 246°, 밸브 오버랩 18°
② 흡기 행정 기간 : 241°, 밸브 오버랩 18°
③ 흡기 행정 기간 : 180°, 밸브 오버랩 31°
④ 흡기 행정 기간 : 246°, 밸브 오버랩 31°

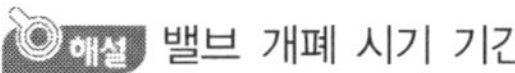
해설 밸브 개폐 시기 기간
㉠ 밸브 오버랩 : 흡기 밸브 열림 각도 + 배기 밸브 닫힘 각도
㉡ 흡기 행정 기간 : 흡기 밸브 열림 각도 + 흡기 밸브 닫힘 각도 + 180
㉢ 배기 행정 기간 : 배기 밸브 열림 각도 + 배기 밸브 닫힘 각도 + 180
흡기 행정 기간 = 18° + 180° + 48° = 246°
밸브 오버랩 = 18° + 13° = 31°

11 **전자 제어 가솔린 차량에서 급감속 시 CO의 배출량을 감소시키고 시동 꺼짐을 방지하는 기능은?**

① 퓨얼 커트(fuel cut)
② 대시 포트(dash pot)
③ 킥 다운(kick down)
④ 패스트 아이들(fast idle) 제어

해설 대시 포트는 급감속을 할 때 스로틀 밸브가 급격히 닫히는 것을 방지하여 운전 성능을 향상시키고 CO의 배출량을 감소시키며 시동 꺼짐을 방지한다.

answer 6.② 7.① 8.③ 9.① 10.④ 11.②

12 크랭크 핀 축받이 오일 간극이 커졌을 때 나타나는 현상으로 옳은 것은?

① 유압이 높아진다.
② 유압이 낮아진다.
③ 실린더 벽에 뿜어지는 오일이 부족해진다.
④ 연소실에 올라가는 오일의 양이 적어진다.

해설 큰 간극 시 현상
㉠ 운전 중 심한 타격 소음이 발생할 수 있다.
㉡ 윤활유가 연소되어 백색 연기가 배출된다.
㉢ 윤활유 소비량이 많다.
㉣ 유압이 낮아진다.

13 다음 중 흡입 공기량을 계량하는 센서는?

① 에어플로 센서 ② 흡기 온도 센서
③ 대기압 센서 ④ 기관 회전 속도 센서

해설 센서의 역할
㉠ 크랭크 포지션 센서: 기관의 회전 속도와 크랭크 축의 위치를 검출하며, 연료 분사 순서와 분사 시기 및 기본 점화 시기에 영향을 주며, 고장이 나면 기관이 정지된다.
㉡ 스로틀 포지션 센서: 스로틀 밸브의 개도를 검출하여 엔진 운전 모드를 판정하여 가속과 감속 상태에 따른 연료 분사량을 보정한다.
㉢ 맵 센서: 흡입 공기량을 매니홀드의 유입된 공기 압력을 통해 간접적으로 측정하여 ECU에서 계산한다.
㉣ 노크 센서: 엔진의 노킹을 감지하여 이를 전압으로 변환해서 ECU로 보내 이 신호를 근거로 점화시기를 변화시킨다.
㉤ 흡기온 센서: 흡입 공기 온도를 검출하는 일종의 저항기(부특성(NTC) 서미스터)로 연료 분사량을 보정한다.
㉥ **대기압 센서**: 외부의 대기압을 측정하여 연료 분사량 및 점화 시기 보정한다.
㉦ **공기량 센서**: 흡입 관로에 설치되며 공기량을 계측하여 기본 연료 분사 시간과 점화 시기를 결정한다.
㉧ **수온 센서**: 냉각수 온도를 측정, 냉간 시 점화 시기 및 연료 분사량 제어를 한다.

14 전자 제어 분사 장치의 제어 계통에서 엔진 ECU로 입력하는 센서가 아닌 것은?

① 공기 유량 센서 ② 대기압 센서
③ 휠스피드 센서 ④ 흡기온 센서

해설 전자 제어 분사 장치 ECU 입·출력 요소
㉠ 입력 계통: 공기 유량 센서, 흡기 온도 센서, 대기압 센서, 1번 실린더 TDC 센서, 스로틀 위치 센서, 크랭크 각 센서, 수온 센서, 맵 센서 등
㉡ 출력 계통: 인젝터, 연료 펌프 제어, 공전 속도 제어, 컨트롤 릴레이 제어 신호, 노킹 제어, 냉각팬 제어 등
③ 휠 스피드 센서는 ABS ECU 입력 요소이다.

15 기관의 실린더(cylinder) 마멸량이란?

① 실린더 안지름의 최대 마멸량
② 실린더 안지름의 최대 마멸량과 최소 마멸량의 차이값
③ 실린더 안지름의 최소 마멸량
④ 실린더 안지름의 최대 마멸량과 최소 마멸량의 평균값

해설 실린더의 마멸량은 실린더 안지름의 최대 마멸량과 최소 마멸량의 차이값이다.

16 디젤 분사 펌프 시험기로 시험할 수 없는 것은?

① 연료 분사량 시험
② 조속기 작동 시험
③ 분사 시기 조정 시험
④ 디젤 기관의 출력 시험

해설 디젤 분사 펌프 시험기 측정 항목
㉠ 연료 분사량 시험
㉡ 조속기 작동 시험
㉢ 분사 시기 조정 시험
㉣ 연료 공급 펌프 시험
㉤ 자동 타이머 조정

answer 12.② 13.① 14.③ 15.② 16.④

17 가솔린 옥탄가를 측정하기 위한 가변 압축비 기관은?

① 카르노 기관 ② CFR 기관
③ 린번 기관 ④ 오토사이클 기관

해설 가솔린 옥탄가 측정을 위한 가변 압축비 기관을 CFR 기관이라 한다.

18 윤활 장치 내의 압력이 지나치게 올라가는 것을 방지하여 회로 내의 유압을 일정하게 유지하는 기능을 하는 것은?

① 오일 펌프 ② 유압 조절기
③ 오일 여과기 ④ 오일 냉각기

해설 유압 조절기(릴리프 밸브)는 윤활 회로 내의 유압이 과도하게 상승하는 것을 방지하고 일정하게 유지한다.

19 배기가스 중의 일부를 흡기 다기관으로 재순환시킴으로서 연소 온도를 낮춰 NO*x*의 배출량을 감소시키는 것은?

① EGR 장치 ② 캐니스터
③ 촉매 컨버터 ④ 과급기

해설 배기가스 재순환 장치(EGR)
㉠ 연소 가스를 재순환시켜 연소실 내의 연소 온도를 낮춰 유해 가스 배출을 억제한다.
㉡ 질소산화물(NO*x*)을 저감시키기 위한 장치이다.
㉢ 연소된 가스가 흡입되므로 엔진의 출력이 저하된다.
㉣ 엔진의 냉각수 온도가 낮을 때는 작동하지 않는다.

20 다음 중 디젤 기관의 분사 노즐에 관한 설명으로 옳은 것은?

① 분사 개시 압력이 낮으면 연소실 내에 카본 퇴적이 생기기 쉽다.
② 직접 분사실식의 분사 개시 압력은 일반적으로 100~120 [kgf/cm^2]이다.
③ 연료 공급 펌프의 송유 압력이 저하하면 연료 분사 압력이 저하한다.
④ 분사 개시 압력이 높으면 노즐의 후적이 생기기 쉽다.

해설 디젤 기관의 분사 노즐 특징
㉠ 직접 분사실식의 분사 개시 압력은 일반적으로 200 ~ 300 [kgf/cm^2]이며, 분사 개시 압력이 낮으면 연소실 내에 카본 퇴적이 생기기 쉽다.
㉡ 연료 분사 압력은 노즐 스프링의 장력으로 조정한다.
㉢ 분사 펌프의 딜리버리 밸브의 밀착이 불량하면 후적이 생기기 쉽다.

21 자동차 현가 장치에 사용하는 토션 바 스프링에 대하여 틀린 것은?

① 단위 무게에 대한 에너지 흡수율이 다른 스프링에 비해 크며 가볍고 구조도 간단하다.
② 스프링의 힘은 바의 길이 및 단면적에 반비례한다.
③ 구조가 간단하고 가로 또는 세로로 자유로이 설치할 수 있다.
④ 진동의 감쇠 작용이 없어 쇽업소버를 병용하여야 한다.

해설 토션 바 스프링의 특징
㉠ 스프링 장력은 토션 바의 길이와 단면적으로 결정된다.
㉡ 구조가 간단하고 단위 중량당 에너지 흡수율이 크다.
㉢ 좌 · 우가 구분되며, 쇽업쇼버를 병용하여야 한다.
㉣ 현가 장치의 높이를 조절할 수 없다.

22 전자 제어 동력 조향 장치와 관계없는 센서는?

① 일사 센서
② 차속 센서
③ 스로틀 포지션 센서
④ 조향각 센서

answer 17.② 18.② 19.① 20.① 21.③ 22.①

해설 동력 조향 장치의 입력 센서
㉠ 스로틀 포지션 센서 : 운전자의 가속페달 밟는 정도를 검출한다.
㉡ 차속 센서 : 차량의 속도를 검출하여 ECU로 입력한다.
㉢ 조향각 센서 : 조향 속도를 측정하여 파워 스티어링의 catch up 현상을 보상한다.
④ 일사 센서는 일사량(햇빛)을 감지하여 AUTO A/C 및 차 실내 온도 측정 등의 작동에 관계된다.

23 전자 제어식 동력 조향 장치(EPS)의 관련된 설명으로 틀린 것은?

① 저속 주행에서는 조향력을 가볍게 고속 주행에서는 무겁게 되도록 한다.
② 저속 주행에서는 조향력을 무겁게 고속 주행에서는 가볍게 되도록 한다.
③ 제어 방식에서 차속 감응과 엔진 회전수 감응 방식이 있다.
④ 급조향 시 조향 방향으로 잡아당기는 현상을 방지하는 효과가 있다.

해설 전자 제어 파워 스티어링(ESP)의 작용
㉠ 조향 핸들의 조작력은 저속에서는 가볍고, 고속에서는 무거워야 한다.
㉡ 기관 회전수에 따라 조향력을 변화시키는 회전수 감응식이 있다.
㉢ 차량 속도가 고속이 될수록 조향 조작력이 커진다.
㉣ 차속에 따라 조향력을 변화시키는 차속 감응식이 있다.
㉤ 급조향을 할 때 조향 방향으로 잡아당기는 현상을 방지하는 효과가 있다.

24 유압식 동력 조향 장치의 구성 요소로 틀린 것은?

① 브레이크 스위치
② 오일 펌프
③ 스티어링 기어 박스
④ 압력 스위치

해설 브레이크 스위치는 동력 조향 장치와 무관하다.

25 동력 전달 장치에서 추진축이 진동하는 원인으로 가장 거리가 먼 것은?

① 요크 방향이 다르다.
② 밸런스 웨이트가 떨어졌다
③ 중간 베어링이 마모되었다.
④ 플랜지부를 너무 조였다.

해설 추진축에 진동이 생기는 원인
㉠ 요크 방향이 다르거나 밸런스 웨이트가 떨어졌다.
㉡ 중간 베어링 및 십자축 베어링이 마모되었다.
㉢ 플랜지부가 풀렸거나 추진축이 휘었다.

26 구동 바퀴가 자동차를 미는 힘을 구동력이라 하며 이때 구동력의 단위는?

① kgf ② kgf · m
③ PS ④ kgf · m/s

해설 단위
㉠ kgf : 힘(구동력)의 단위
㉡ kgf · m : 일의 단위
㉢ ps, kgf · m/s : 일률(마력)의 단위

27 변속기의 1단 감속비가 4 : 1이고 종감속 기어의 감속비는 5 : 1일 때 감속비는?

① 0.8 : 1 ② 1.25 : 1
③ 20 : 1 ④ 30 : 1

해설 총감속비 = 변속비 × 종감속비
$= 4 \times 5 = 20$

28 자동 변속기 오일 펌프에서 발생한 라인 압력을 일정하게 조정하는 밸브는?

① 체크 밸브 ② 거버너 밸브
③ 매뉴얼 밸브 ④ 레귤레이터 밸브

해설 레귤레이터 밸브는 오일 펌프에서 발생한 라인의 압력을 일정하게 조정하는 역할을 한다.

answer 23.② 24.① 25.④ 26.① 27.③ 28.④

29 **전자 제어 현가 장치에서 입력 신호가 아닌 것은?**

① 브레이크 스위치
② 감쇠력 모드 전환 스위치
③ 스로틀 포지션 센서
④ 대기압 센서

해설 전자 제어 현가 장치의 요소
㉠ 전자 제어 현가 장치의 입력 요소
- 차고센서
- 조향 핸들 각속도 센서
- G(중력 가속도) 센서
- 인히비터 스위치
- 차속센서
- TPS
- 고압 및 저압 스위치
- 전조등 릴레이
- 도어 스위치
- 제동등 스위치
- 공전 스위치(ISA, ISC 등)

㉡ 전자 제어 현가 장치의 출력 요소
- 스텝 모터(엑츄에이터)
- 유량 변환 밸브
- 앞뒤 공기 공급 밸브
- 앞뒤 공기 배출 밸브
- 공기 압축기와 릴레이
- 리턴 펌프 릴레이
- 전자 제어 현가 장치 계기판 모드 표시

30 **전자 제어 제동 장치(ABS)에서 ECU로부터 신호를 받아 각 휠 실린더의 유압을 조절하는 구성품은?**

① 유압 모듈레이터 ② 휠 스피드 센서
③ 프로포셔닝 밸브 ④ 앤티 롤 장치

해설 유압 모듈레이터는 ECU로부터 신호를 받아 각 휠 실린더의 유압을 증감 · 감압 · 유지 등으로 조절한다.

31 **스프링 정수가 2 [kgf/mm]인 자동차 코일 스프링을 3 [cm]로 압축하려면 필요한 힘 [kgf]은?**

① 6 ② 60
③ 600 ④ 6,000

해설 스프링 상수$(k) = \dfrac{W\,[\mathrm{kgf}]}{l\,[\mathrm{mm}]}$

$k \times l = 2\,[\mathrm{kgf/mm}] \times 30\,[\mathrm{mm}] = 60\,[\mathrm{kgf}]$

여기서, W: 힘
l : 길이 [mm]
k : 스프링 상수 [kgf/mm]

32 **사용 중인 라디에이터에 물을 넣으니 총 14 [L]가 들어갔다. 이 라디에이터와 동일 제품의 신품 용량은 20 [L]라고 하면 이 라디에이터 코어 막힘은 몇 [%]인가?**

① 20 ② 25
③ 30 ④ 35

해설 코어 막힘률

$$= \frac{\text{신품 용량} - \text{사용품 용량}}{\text{신품 용량}} \times 100\,[\%]$$

$$= \frac{20 - 14}{20} \times 100 = 30\,[\%]$$

33 **디젤 기관에 사용되는 경유의 구비 조건은?**

① 점도가 낮을 것
② 세탄가가 낮을 것
③ 유황분이 많을 것
④ 착화성이 좋을 것

해설 디젤 기관 연료의 구비 조건
㉠ 착화 온도(자연 발화점)가 낮을 것
㉡ 기화성이 작고, 점도가 적당할 것
㉢ 세탄가가 높고, 발열량이 클 것
㉣ 유황분이 적고, 내부식성이 클 것

34 **브레이크 장치의 유압 회로에서 발생하는 베이퍼록의 원인이 아닌 것은?**

① 긴 내리막길에서 과도한 브레이크 사용
② 비점이 높은 브레이크액을 사용했을 때
③ 드럼과 라이닝의 끌림에 의한 가열
④ 브레이크슈 리턴 스프링의 쇠손에 의한 잔압 저하

answer 29.④ 30.① 31.② 32.③ 33.④ 34.②

해설 베이퍼록 발생 원인
㉠ 긴 내리막길에서 과도한 브레이크 사용
㉡ 비점이 낮은 브레이크 오일을 사용하였을 때
㉢ 드럼과 라이닝의 끌림에 의한 가열
㉣ 브레이크 슈 리턴 스프링의 쇠손에 의한 잔압 저하
㉤ 브레이크 슈 라이닝 간극이 너무 작을 때
㉥ 불량 오일을 사용하거나 다른 오일의 혼용

35 전자 제어 자동 변속기에서 변속단 결정에 가장 중요한 역할을 하는 센서는?

① 스로틀 포지션 센서
② 공기 유량 센서
③ 레인 센서
④ 산소 센서

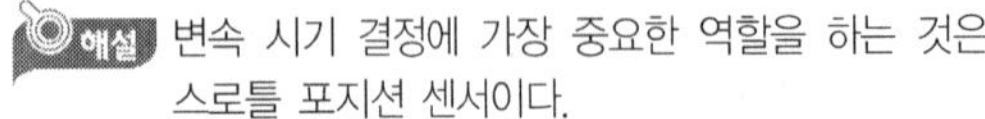
해설 변속 시기 결정에 가장 중요한 역할을 하는 것은 스로틀 포지션 센서이다.

36 기관 최고 출력이 70 [PS]인 자동차가 직진하고 있을 때 변속기 출력축의 회전수가 4,800 [rpm], 종감속비가 2.4이면 뒤 액슬의 회전 속도 [rpm]는?

① 1,000　　② 2,000
③ 2,500　　④ 3,000

해설 $\text{후차축 회전수} = \dfrac{\text{엔진 회전수}}{\text{총 감속비}}$

$$\therefore \text{액슬축 회전수} = \frac{4,800\,[\text{rpm}]}{2.4} = 3,000\,[\text{rpm}]$$

37 앞바퀴를 위에서 아래로 보았을 때 앞쪽이 뒤쪽보다 좁게 되어져 있는 상태를 무엇이라 하는가?

① 킹핀(king-pin) 경사각
② 캠버(camber)
③ 토인(toe in)
④ 캐스터(caster)

해설 ① 토인: 앞바퀴를 위에서 아래로 보았을 때 앞쪽이 뒤쪽보다 좁게 되어져 있는 상태
② 토 아웃: 앞바퀴를 위에서 아래로 보았을 때 앞쪽이 뒤쪽보다 넓게 되어져 있는 상태
③ 캠버: 앞바퀴를 앞에서 보았을 때 위쪽이 안쪽으로 들어가거나 나간 상태
④ 캐스터: 앞바퀴를 옆에서 보았을 때 앞이나 뒤로 기울어진 상태

38 브레이크슈의 리턴 스프링에 관한 설명으로 거리가 먼 것은?

① 리턴 스프링이 약하면 휠 실린더 내의 잔압이 높아진다.
② 리턴 스프링이 약하면 드럼을 과열시키는 원인이 될 수도 있다.
③ 리턴 스프링이 강하면 드럼과 라이닝의 접촉이 신속히 해제된다.
④ 리턴 스프링이 약하면 브레이크슈의 마멸이 촉진될 수 있다.

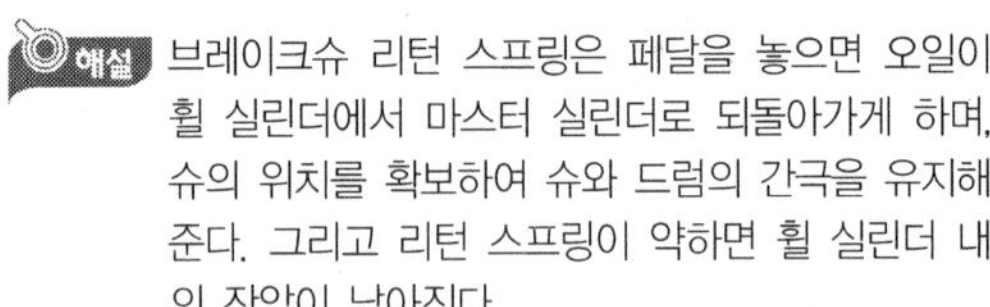
해설 브레이크슈 리턴 스프링은 페달을 놓으면 오일이 휠 실린더에서 마스터 실린더로 되돌아가게 하며, 슈의 위치를 확보하여 슈와 드럼의 간극을 유지해 준다. 그리고 리턴 스프링이 약하면 휠 실린더 내의 잔압이 낮아진다.

39 공기 브레이크의 구성 부품이 아닌 것은?

① 공기 압축기　　② 브레이크 챔버
③ 퀵 릴리스 밸브　　④ 브레이크 휠 실린더

해설 휠 실린더는 유압식 브레이크의 구성 부품이다.

40 클러치 페달을 밟을 때 무겁고, 자유 간극이 없다면 나타나는 현상으로 거리가 먼 것은?

① 연료 소비량이 증대된다.
② 기관이 과냉된다.
③ 주행 중 가속 페달을 밟아도 차가 가속되지 않는다.
④ 등판 성능이 저하된다.

answer 35.① 36.② 37.③ 38.① 39.④ 40.②

해설 클러치가 미끄러질 때의 영향
㉠ 연료 소비량이 커진다.
㉡ 등판성능이 떨어지고 클러치 디스크의 타는 냄새가 난다.
㉢ 클러치에서 소음이 발생하며 기관이 과열한다.
㉣ 자동차의 증속이 잘 되지 않는다.

41 **산업 재해 예방을 위한 안전 시설 점검의 가장 큰 이유는?**

① 위해 요소를 사전 점검하여 조치한다.
② 시설 장비의 가동 상태를 점검한다.
③ 공장의 시설 및 설비 레이아웃을 점검한다.
④ 작업자의 안전 교육 여부를 점검한다.

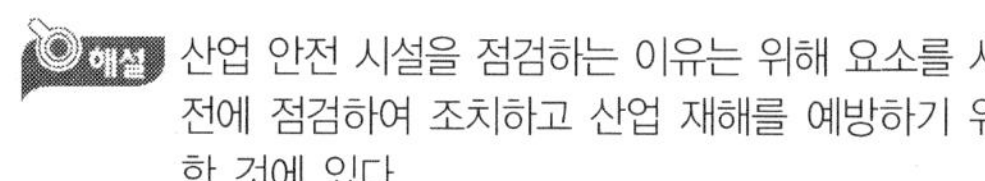

해설 산업 안전 시설을 점검하는 이유는 위해 요소를 사전에 점검하여 조치하고 산업 재해를 예방하기 위한 것에 있다.

42 **임팩트 렌치의 사용 시 안전 수칙으로 거리가 먼 것은?**

① 렌치 사용 시 헐거운 옷은 착용하지 않는다.
② 위험 요소를 항상 점검한다.
③ 에어 호스를 몸에 감고 작업한다.
④ 가급적 회전부에 떨어져서 작업한다.

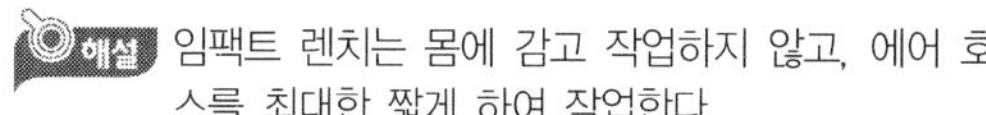

해설 임팩트 렌치는 몸에 감고 작업하지 않고, 에어 호스를 최대한 짧게 하여 작업한다.

43 **조정 렌치의 사용 방법이 틀린 것은?**

① 조정 너트를 돌려 조(jaw)가 볼트에 꼭 끼게 한다.
② 고정 조에 힘이 가해지도록 사용해야 한다.
③ 큰 볼트를 풀 때는 렌치 끝에 파이프를 끼워서 세게 돌린다.
④ 볼트 너트의 크기에 따라 조의 크기를 조절하여 사용한다.

해설 조정 렌치 작업 시 주의 사항
㉠ 볼트 및 너트의 크기에 따라 조의 크기를 조절한다.
㉡ 고정 조에 힘이 가해지도록 사용한다.
㉢ 조정 너트를 돌려 조(jaw)가 볼트에 꼭 끼게 한다.
㉣ 렌치를 해머 대신 사용하지 않는다.
㉤ 렌치는 몸 앞으로 당겨서 사용한다.
㉥ 렌치에 연장대를 끼우고 사용하지 않는다.

44 **작업 현장의 안전 표시 색채에서 재해나 상해가 발생하는 장소의 위험 표시로 사용되는 색채는?**

① 녹색 ② 파랑색
③ 주황색 ④ 보라색

해설 작업 현장 안전 표시 색채
㉠ 녹색 : 안전, 피난, 보호
㉡ 노란색 : 주의, 경고 표시
㉢ 파랑 : 지시, 수리 중, 유도
㉣ 자주(보라) : 방사능 위험
㉤ 주황 : 위험

45 **일반적인 기계 동력 전달 장치에서 안전상 주의 사항으로 틀린 것은?**

① 기어가 회전하고 있는 곳은 뚜껑으로 잘 덮어 위험을 방지한다.
② 천천히 움직이는 벨트라도 손으로 잡지 않는다.
③ 회전하고 있는 벨트나 기어에 필요없는 접근을 금한다.
④ 동력 전달을 빨리하기 위해 벨트를 회전하는 풀리에 손으로 걸어도 좋다.

해설 벨트를 풀리에 걸 때는 기관을 정지시킨 후 한다.

46 **ECS(전자 제어 현가 장치) 정비 작업 시 안전 작업 방법으로 틀린 것은?**

① 차고 조정은 공회전 상태로 평탄하고 수평인 곳에서 한다.
② 배터리 접지 단자를 분리하고 작업한다.
③ 부품 교환은 시동이 켜진 상태에서 작업한다.
④ 공기는 드라이어에서 나온 공기를 사용한다.

해설 부품의 교환은 시동이 꺼진 상태에서 작업한다.

answer 41.① 42.③ 43.③ 44.③ 45.④ 46.③

47 타이어 압력 모니터링 장치(TPMS)의 점검 · 정비 시 잘못된 것은?

① 타이어 압력 센서는 공기 주입 밸브와 일체로 되어 있다.
② 타이어 압력 센서 장착용 휠은 일반 휠과 다르다.
③ 타이어 분리 시 타이어 압력 센서가 파손되지 않게 한다.
④ 타이어 압력 센서용 배터리 수명은 영구적이다.

해설 타이어 압력 센서용 배터리의 보증 수명은 제조사별로 상이하나 대략 10년 정도이다.

48 다음 중 자동차 정비 작업 시 작업복 상태로 적합한 것은?

① 가급적 주머니가 많이 붙어 있는 것이 좋다.
② 가급적 소매가 넓어 편한 것이 좋다.
③ 가급적 소매가 없거나 짧은 것이 좋다.
④ 가급적 폭이 넓지 않은 긴 바지가 좋다.

해설 자동차 정비 작업의 작업복은 폭이 넓지 않은 긴 바지가 좋다.

49 회로 시험기로 전기 회로의 측정 점검 시 주의 사항으로 틀린 것은?

① 테스트 리드의 적색은 +단자에, 흑색은 −단자에 연결한다.
② 전류 측정 시는 테스터를 병렬로 연결하여야 한다.
③ 각 측정 범위의 변경은 큰 쪽에서 작은 쪽으로 한다.
④ 저항 측정 시에는 회로 전원을 끄고 단품은 탈거한 후 측정한다.

해설 전류를 측정할 때에는 그 회로에 직렬로 테스터를 연결하여야 한다.

50 전자 제어 가솔린 기관의 실린더 헤드 볼트를 규정대로 조이지 않았을 때 발생하는 현상으로 틀린 것은?

① 냉각수의 누출
② 스로틀 밸브의 고착
③ 실린더 헤드의 변형
④ 압축 가스의 누설

해설 헤드 볼트를 규정 토크로 조이지 않을 때 현상
㉠ 압축 압력 및 폭발 압력이 낮아진다.
㉡ 냉각수가 실린더로 유입된다.
㉢ 엔진 오일이 냉각수와 섞인다.
㉣ 기관 출력이 저하된다.
㉤ 실린더 헤드가 변형되기 쉽다.
㉥ 냉각수 및 엔진 오일이 누출된다.
㉦ 헤드 가스켓이 파손된다.

51 오버러닝 클러치 형식의 기동 전동기에서 기관이 시동 된 후에도 계속해서 키 스위치를 작동시키면 어떻게 되는가?

① 기동 전동기의 전기자가 타기 시작해 소손된다.
② 기동 전동기의 전기자는 무부하 상태로 공회전한다.
③ 기동 전동기의 전기자가 정지된다.
④ 기동 전동기의 전기자가 기관 회전보다 고속 회전한다.

해설 오버러닝 클러치 형식의 기동 전동기에서 기관이 시동된 후 계속해서 스위치를 작동시키면 기동 전동기의 전기자는 무부하 상태로 공회전하고 피니언은 고속 회전한다.

52 자동차에서 배터리의 역할이 아닌 것은?

① 기동 장치의 전기적 부하를 담당한다.
② 캐니스터를 작동시키는 전원을 공급한다.
③ 컴퓨터(ECU)를 작동시킬 수 있는 전원을 공급한다.
④ 주행 상태에 따른 발전기의 출력과 부하와의 불균형을 조정한다.

answer 47.④ 48.④ 49.② 50.② 51.② 52.②

해설 배터리의 역할
㉠ 시동 시 기동 장치의 전기적 부하를 담당한다.
㉡ 컴퓨터를 작동시킬 수 있는 전원을 공급한다.
㉢ 발전기가 고장일 때 일시적인 전원을 공급한다.
㉣ 주행 상태에 따른 발전기의 출력과 부하와의 불균형을 조정한다.

53 다음 HEI 코일(폐자로형 코일)에 대한 설명 중 틀린 것은?

① 유도 작용에 의해 생성되는 자속이 외부로 방출되지 않는다.
② 1차 코일을 굵게 하면 큰 전류가 통과할 수 있다.
③ 1차 코일과 2차 코일은 연결되어 있다.
④ 코일 방열을 위해 내부에 절연유가 들어 있다.

해설 HEI(폐자로)형 점화 코일의 특징
㉠ 1차 코일의 굵기를 크게 하여 큰 전류가 통과할 수 있다.
㉡ 유도 작용에 의해 생성되는 자속이 외부로 방출되지 않는다.
㉢ 1차 코일과 2차 코일은 연결되어 있다.
㉣ 구조가 간단하고, 내성성과 방열성이 커 성능 저하가 없다.

54 쿨롱의 법칙에서 자극의 강도에 대한 내용으로 틀린 것은?

① 자석의 양끝을 자극이라 한다.
② 두 자극 세기의 곱에 비례한다.
③ 자극의 세기는 자기량의 크기에 따라 다르다.
④ 거리에 반비례한다.

해설 쿨롱의 법칙 $F=k\frac{q_1 \times q_2}{r^2}$
쿨롱의 법칙이란 자석의 흡입력 또는 반발력은 거리의 2승에 반비례하고, 자극 세기의 상승곱에 비례한다.

55 에어컨 냉매 R-134a를 잘못 설명한 것은?

① 액화 및 증발이 되지 않아 오존층이 보호된다.
② 무미 · 무취하다.
③ 화학적으로 안정되고 내열성이 좋다.
④ 온난화 지수가 R-12보다 낮다.

해설 신냉매(R-134a)의 특징
㉠ 다른 물질과 쉽게 반응하지 않는다.
㉡ R-12(구냉매)와 유사한 열역학적 성질이 있다.
㉢ 오존을 파괴하는 염소가 없다.
㉣ 불연성이고 독성은 없다.

56 다음 중 발광 다이오드의 특징을 설명한 것이 아닌 것은?

① 배전기의 크랭크 각 센서 등에서 사용된다.
② 발광할 때는 10 [mA] 정도의 전류가 필요하다.
③ 가시광선으로부터 적외선까지 다양한 빛을 발생한다.
④ 역방향으로 전류를 흐르게 하면 빛이 발생된다.

해설 발광 다이오드
㉠ 순방향으로 전류를 흐르게 하였을 때 캐리어가 가지고 있는 에너지의 일부가 빛으로 되어 외부에 방사하는 다이오드이며, 자동차에서는 크랭크 각 센서, TDC 센서, 조향 휠 각도 센서, 차고 센서 등에 사용된다.
㉡ 발광 다이오드의 특징
- 발광할 때는 10 [mA] 정도의 전류가 필요하다.
- 가시광선으로부터 적외선까지 여러 가지 빛이 발생한다.
- 순방향으로 전류를 흐르면 빛이 발생한다.

57 자동차용 축전지의 비중 30 [℃]에서 1.276이었다. 기준 온도 20 [℃]에서의 비중은?

① 1.269 ② 1.275
③ 1.283 ④ 1.290

answer 53.④ 54.④ 55.① 56.④ 57.③

해설 $S_{20} = S_t + 0.0007(t-20)$
$= 1.276 + 0.0007(30-20) = 1.283$
여기서, S_{20} : 20[℃]에서의 전해액 비중
S_t : 측정 온도에서의 비중
t : 측정 시 온도

58 커먼레일 디젤 엔진 차량의 계기판에서 경고등 및 지시등의 종류가 아닌 것은?

① DPF 경고등
② 예열 플러그 작동 지시등
③ 연료 수분 감지 경고등
④ 연료 차단 지시등

해설 커먼레일 디젤 엔진(CRDI) 경고등 및 지시등
㉠ DPF 경고등 : 매연 입자가 일정량 이상 모이면 점등
㉡ 예열 플러그 작동 지시등 : 예열 플러그 작동 시간동안 점등
㉢ 연료 수분 감지 경고등 : 디젤 연료 필터에 수분이 일정량 이상 있을 때 점등

59 다음 중 발전기의 기전력 발생에 관한 설명으로 틀린 것은?

① 로터의 회전이 빠르면 기전력은 커진다.
② 로터 코일을 통해 흐르는 여자 전류가 크면 기전력은 커진다.
③ 코일의 권수와 도선의 길이가 길면 기전력은 커진다.
④ 자극의 수가 많아지면 여자되는 시간이 짧아져 기전력이 작아진다.

해설 기전력 상승시키는 방법
㉠ 자극의 수를 많게 한다.
㉡ 여자 전류를 크게 한다.
㉢ 로터의 회전을 빠르게 한다.
㉣ 코일의 권수와 도선의 길이를 길게 한다.

60 계기판의 주차 브레이크등이 점등되는 조건이 아닌 것은?

① 주차 브레이크가 당겨져 있을 때
② 브레이크액이 부족할 때
③ 브레이크 페이드 현상이 발생했을 때
④ EBD 시스템에 결함이 발생했을 때

해설 계기판의 주차 브레이크등 점등 조건
㉠ 브레이크액의 부족
㉡ 주차 브레이크가 당겨져 있을 때
㉢ EBD 시스템의 결함 발생
※ **페이드 현상** : 내리막길 등에서 브레이크 페달을 계속 밟고 있으면 마찰열로 인한 마찰력 저하로 브레이크의 미끄럼 현상

answer 58.④ 59.④ 60.③

제 7 회

자동차정비기능사

기출복원 및 실전모의고사

1 공회전 속도 조절 장치라 할 수 없는 것은?

① 전자 스로틀 시스템
② 아이들 스피드 액추에이터
③ 스텝 모터
④ 가변 흡기 제어 장치

공회전 속도 조절 장치의 종류에는 로터리 밸브 액추에이터, ISC(Idle Speed Control) ISA(Idle Speed Adjust), 전자 스로틀 시스템 등이 있다.
④ 가변 흡기 제어 장치(variable intake system)란 엔진 회전수와 부하에 따라 흡기 다기관의 길이를 변화시켜 전 운전 영역에서 엔진 성능을 향상시키는 시스템이다.

2 석유를 사용하는 자동차의 대체 에너지에 해당되지 않는 것은?

① 알코올 ② 전기
③ 중유 ④ 수소

자동차에 사용될 대체 에너지로는 태양열, 풍력, 수소, 연료 전지, 바이오 에너지 등이 있다.

3 직접 고압 분사 방식(CRDI) 디젤 엔진에서 예비 분사를 실시하지 않는 경우로 틀린 것은?

① 엔진 회전수가 고속인 경우
② 분사량의 보정 제어 중인 경우
③ 연료 압력이 너무 낮은 경우
④ 예비 분사가 주분사를 너무 앞지르는 경우

예비 분사
㉠ 주 분사가 이루어지기 전에 연료를 분사하여 연소가 원활히 되도록 하기 위한 것이며, 예비 분사 분사 실시 여부에 따라 기관의 소음과 진동을 줄일 수 있다.
㉡ 예비 분사 금지 조건
• 예비 분사가 주분사를 너무 앞지르는 경우
• 기관 회전 속도가 3,200 [rpm] 이상인 경우
• 연료 분사량이 너무 많은 경우
• 주분사를 할 때 연료 분사량이 불충분한 경우
• 기관 가동 중단에 오류가 발생한 경우
• 연료 압력이 최솟값(약 100 [bar]) 이하인 경우

4 실린더 내경 50 [mm], 행정 100 [mm]인 4실린더 기관의 압축비가 11일 때 연소실 체적 [cc]은?

① 약 40.1 ② 약 30.1
③ 약 15.6 ④ 약 19.6

해설 행정 체적(배기량) $V=\frac{\pi}{4}\times D^2\times L$

$$=\frac{3.14}{4}\times 5^2\times 10=196.25\,[cc]$$

여기서, L: 행정 [cm]
D: 내경 [cm]

$$압축비=1+\frac{행정\ 체적(배기량)}{연소실\ 체적}$$

$$압축비\ 체적=\frac{행정\ 체적(배기량)}{압축비-1}$$

$$=\frac{196.25}{11-1}=19.6\,[cc]$$

5 4행정 6기통 기관에서 폭발 순서가 1-5-3-6-2-4인 엔진의 2번 실린더가 흡기 행정 중간이라면 5번 실린더는?

① 폭발 행정 중 ② 배기 행정 초
③ 흡기 행정 중 ④ 압축 행정 말

answer 1.④ 2.③ 3.② 4.④ 5.①

해설 각 기통 기관 폭발 순서에 따른 행정

㉠ 4기통 기관 폭발순서에 따른 행정: 그림과 같이 행정 순서는 시계방향, 폭발 순서는 반시계 방향으로 적어서 폭발 순서에 따른 행정을 찾을 수 있다.

예 폭발 순서가 1-3-4-2인 엔진에서 1번 실린더가 폭발 행정이면 3번은 압축, 4번은 흡입, 2번은 배기 행정이다.

㉡ 6기통 기관 폭발 순서에 따른 행정: 그림과 같이 행정 순서는 시계 방향, 폭발 순서는 반시계 방향으로 적어서 폭발 순서에 따른 행정을 찾을 수 있다.

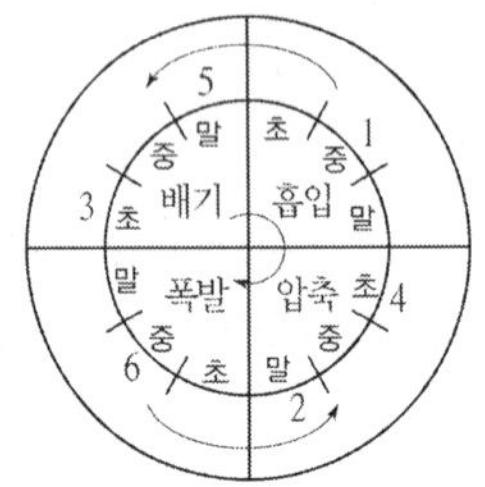

예 폭발 순서가 1-5-3-6-2-4인 엔진에서 1번 실린더가 배기 중 행정이면 5번은 폭발 말, 3번은 폭발 초, 6번은 압축 중 2번은 흡입 말, 4번은 흡입 초 행정이다.

6 다음 중 디젤 기관에서 과급기의 사용 목적으로 틀린 것은?

① 엔진의 출력이 증대된다.
② 체적 효율이 작아진다.
③ 평균 유효 압력이 향상된다.
④ 회전력이 증가한다.

해설 과급기: 흡기쪽으로 유입되는 공기량을 조절하여 엔진 밀도가 증대되어 출력과 회전력을 증대시키며 연료 소비율을 향상시킨다.

7 가솔린 기관에서 완전 연소 시 배출되는 연소가스 중 체적 비율로 가장 많은 가스는?

① 산소 ② 이산화탄소
③ 탄화수소 ④ 질소

해설 공기 중에는 질소가 70[%]이므로, 배출되는 연소가스 중 체적비가 가장 많은 가스는 질소이다.

8 자동차 기관의 크랭크 축 베어링에 대한 구비 조건으로 틀린 것은?

① 하중 부담 능력이 있을 것
② 매입성이 있을 것
③ 내식성이 있을 것
④ 내피로성이 작을 것

해설 크랭크 축 베어링의 구비 조건
㉠ 하중 부담 능력이 있을 것
㉡ 내식성이 있을 것
㉢ 내피로성이 클 것
㉣ 매입성이 있을 것
㉤ 길들임성이 좋을 것
㉥ 강도가 클 것
㉦ 마찰 저항이 작을 것

9 배기가스 재순환 장치는 주로 어떤 물질의 생성을 억제하기 위한 것인가?

① 탄소 ② 이산화탄소
③ 일산화탄소 ④ 질소 산화물

해설 배기가스 재순환 장치(EGR)
㉠ 배기가스를 재순환시켜 연소실의 연소 온도를 낮춰 질소 산화물(NO_x)를 저감시키기 위한 장치이다.
㉡ EGR 파이프, EGR 밸브, 서모 밸브로 구성된다.
㉢ 연소된 가스가 흡입되므로 엔진출력이 저하된다.
㉣ 엔진의 냉각수 온도가 낮을 때는 작동하지 않는다.

10 LPG 기관에서 액체를 기체로 변화시키는 것을 주목적으로 설치된 것은?

① 솔레노이드 스위치
② 베이퍼라이저
③ 봄베
④ 기상 솔레노이드 밸브

answer 6.② 7.④ 8.④ 9.④ 10.②

베이퍼라이저는 감압, 기화, 압력 조절 등의 기능을 하며, 봄베로부터 압송된 높은 압력의 액체 LPG를 베이퍼라이저에서 압력을 낮춘 후 기체 LPG로 기화시켜 엔진 출력 및 연료 소비량에 만족할 수 있도록 압력을 조절한다.

11 열선식 흡입 공기량 센서에서 흡입 공기량이 많아질 경우 변화하는 물리량은?

① 열량　② 시간
③ 전류　④ 주파수

열선식 흡입 공기량 센서는 흡기 관로에 설치되어 공기 통로에 설치된 발열체인 열선이 공기에 의해 냉각되면 전류량을 증가시켜 규정 온도가 되도록 상승시켜 흡입 공기량을 직접 측정한다.

12 승용차에서 전자 제어식 가솔린 분사 기관을 채택하는 이유로 거리가 먼 것은?

① 고속 회전수 향상
② 유해 배출 가스 저감
③ 연료 소비율 개선
④ 신속한 응답성

전자 제어 연료 분사 기관의 장점
㉠ 출력의 향상
㉡ 연료 소비율의 향상
㉢ 유해 배기가스의 저감
㉣ 응답성의 향상
㉤ 작은 공기 흐름 저항
㉥ 저온 시동성 향상

13 기관의 총배기량을 구하는 식은?

① 총배기량 = 피스톤 단면적 × 행정
② 총배기량 = 피스톤 단면적 × 행정 × 실린더수
③ 총배기량 = 피스톤의 길이 × 행정
④ 총배기량 = 피스톤의 길이 × 행정 × 실린더수

해설 총배기량 $V=\frac{\pi}{4}\times D^2\times L\times Z$
여기서, L: 행정[cm], Z: 실린더수, D: 내경[cm]

14 기관의 윤활유 점도 지수(viscosity index) 또는 점도에 대한 설명으로 틀린 것은?

① 온도 변화에 의한 점도가 작을 경우 점도 지수가 높다.
② 추운 지방에서는 점도가 큰 것일수록 좋다.
③ 점도 지수는 온도 변화에 대한 점도의 변화 정도를 표시한 것이다.
④ 점도란 윤활유의 끈적끈적한 정도를 나타내는 척도이다.

해설 추운 지방에서는 점도가 낮은 것일수록 좋다.

15 그림과 같은 커먼레일 인젝터 파형에서 주분사 구간을 가장 알맞게 표시한 것은?

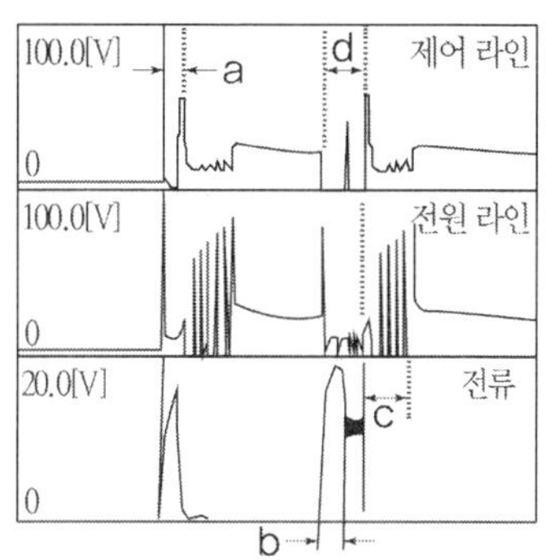

① a　② b
③ c　④ d

해설 인젝터 파형
• a : 예비 분사 구간
• b : 주분사 풀인 전류 구간
• c : 진동 감쇠 구간
• d : 주분사 구간(전압)

16 실린더 내경 75[mm], 행정 75[mm], 압축비가 8 : 1인 4실린더 기관의 총연소실 체적[cc]은?

① 약 239.3　② 약 159.3
③ 약 189.3　④ 약 318.3

answer 11.③ 12.① 13.② 14.② 15.④ 16.③

해설 $압축비 = 1 + \frac{행정\ 체적(배기량)}{연소실\ 체적}$

$$압축비\ 체적 = \frac{행정\ 체적(배기량)}{압축비 - 1}$$

$$= \frac{0.785 \times 7.5^2 \times 7.5 \times 4}{(8-1)} = 189.24\,[cc]$$

17 **자동차 기관의 기본 사이클이 아닌 것은?**

① 역 브레이튼 사이클
② 정적 사이클
③ 정압 사이클
④ 복합 사이클

해설 자동차 기관의 기본 사이클
㉠ 정적 사이클(오토 사이클) : 가솔린 및 가스 엔진에 사용
㉡ 정압 사이클(디젤 사이클) : 저속 디젤 엔진에 사용
㉢ 복합 사이클(사바테 사이클) : 고속 디젤 엔진에 사용

18 **밸브 스프링의 서징현상에 대한 설명으로 옳은 것은?**

① 밸브가 열릴 때 천천히 열리는 현상
② 흡·배기 밸브가 동시에 열리는 현상
③ 밸브가 고속 회전에서 저속으로 변화할 때 스프링 장력의 차가 생기는 현상
④ 밸브 스프링의 고유 진동수와 캠 회전수가 공명에 의해 밸브 스프링이 공진하는 현상

해설 밸브 스프링 서징(surging) 현상
㉠ 밸브 스프링의 고유 진동수와 캠 회전수가 공명에 의해 밸브 스프링이 공진하는 현상이다.
㉡ 서징 방지법
• 스프링 정수를 크게 한다.
• 2중 스프링을 사용한다.
• 부등 피치 스프링을 사용한다
• 원뿔형 스프링을 사용한다.

19 **기관이 과열하는 원인으로 틀린 것은?**

① 냉각팬의 파손
② 냉각수 흐름 저항 감소
③ 냉각수 이물질 혼입
④ 라디에이터의 코어 파손

해설 기관의 과열 원인
㉠ 냉각수 부족
㉡ 냉각팬 불량
㉢ 수온 조절기 작동 불량
㉣ 라디에이터 코어가 20 [%] 이상 막힘
㉤ 라디에이터 파손
㉥ 라디에이터 캡 불량
㉦ 워터 펌프의 작동 불량
㉧ 팬벨트 마모 또는 이완
㉨ 냉각수 통로의 막힘
② 냉각수 흐름 저항 감소 는 냉각수가 저항(방해)없이 잘 순환한다는 의미로 좋은 현상을 말한다.

20 **자동차의 안전 기준에서 제동등이 다른 등화와 겸용하는 경우 제동 조작 시 그 광도가 몇 배 이상 증가하여야 하는가?**

① 2배 ② 3배
③ 4배 ④ 5배

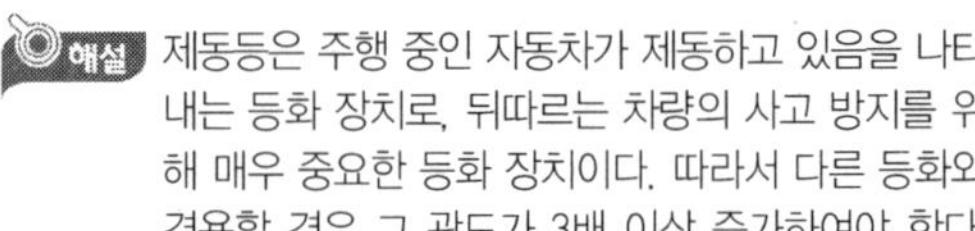

해설 제동등은 주행 중인 자동차가 제동하고 있음을 나타내는 등화 장치로, 뒤따르는 차량의 사고 방지를 위해 매우 중요한 등화 장치이다. 따라서 다른 등화와 겸용할 경우 그 광도가 3배 이상 증가하여야 한다.

21 **수동 변속기 차량에서 클러치의 필요 조건으로 틀린 것은?**

① 회전 관성이 커야 한다.
② 내열성이 좋아야 한다.
③ 방열이 잘 되어 과열되지 않아야 한다.
④ 회전 부분의 평형이 좋아야 한다.

해설 클러치의 구비 조건
㉠ 회전 관성이 작을 것
㉡ 동력 전달이 확실하고 신속할 것
㉢ 방열이 잘 되어 과열되지 않을 것
㉣ 회전 부분의 평형이 좋을 것
㉤ 동력 차단 시 신속하고 확실할 것

answer 17.① 18.④ 19.② 20.② 21.①

22 **조향 장치에서 차륜 정렬의 목적으로 틀린 것은?**

① 조향 휠의 조작 안정성을 준다.
② 조향 휠의 주행 안정성을 준다.
③ 타이어의 수명을 연장시켜 준다.
④ 조향 휠의 복원성을 경감시킨다.

해설 앞바퀴 정렬(얼라이 먼트)의 역할
㉠ 조향 핸들의 조작을 작은 힘으로 할 수 있게 한다.
㉡ 조향 조작이 확실하고 안정성을 준다.
㉢ 타이어 마모를 최소화한다.
㉣ 조향 핸들에 복원성을 준다.

23 **자동 변속기에서 차속 센서와 함께 연산하여 변속시기를 결정하는 주요 입력 신호는?**

① 캠축 포지션 센서
② 스로틀 포지션 센서
③ 유온 센서
④ 수온 센서

해설 자동 변속기에서 변속은 변속 레버 위치, 스로틀의 개도, 자동차 속도에 의해 이루어진다.

24 **종감속 기어의 감속비가 5 : 1일 때 링기어가 2회전하려면 구동 피니언은 몇 회전하는가?**

① 12회전 ② 10회전
③ 5회전 ④ 1회전

해설 링기어 회전수 $= \dfrac{\text{피니언 회전수}}{\text{종 감속비}}$

피니언 회전수 = 종감속비 × 링기어 회전수
$= 5 \times 2 = 10$회전

25 **유압식 동력 조향 장치에서 주행 중 핸들이 한쪽으로 쏠리는 원인으로 틀린 것은?**

① 토인 조정 불량
② 좌우 타이어의 이종 사양
③ 타이어 편 마모
④ 파워 오일 펌프 불량

해설 주행 중 조향 핸들이 한쪽 방향으로 쏠리는 원인
㉠ 브레이크 라이닝 간극 조정이 불량하다.
㉡ 휠이 불평형하다.
㉢ 쇽업쇼버의 작동이 불량하다.
㉣ 타이어 공기 압력이 불균일하다.
㉤ 앞바퀴 정렬(얼라이먼트)이 불량하다.
㉥ 한쪽 휠 실린더의 작동이 불량하다.
㉦ 좌우 타이어의 이종 사양을 사용하였다.
④ 파워 오일 펌프 불량 시 핸들이 수동으로 작동하게 되어 핸들이 무거워진다.

26 **산소 센서에 대한 설명으로 옳은 것은?**

① 농후한 혼합기가 연소된 경우 센서 내부에서 외부쪽으로 산소 이온이 이동한다.
② 산소 센서의 내부에는 배기가스와 같은 성분의 가스가 봉입되어 있다.
③ 촉매 전 · 후의 산소 센서는 서로 같은 기전력을 발생하는 것이 정상이다.
④ 광역 산소 센서에서 히팅 코일 접지와 신호 접지 라인은 항상 0 [V]이다.

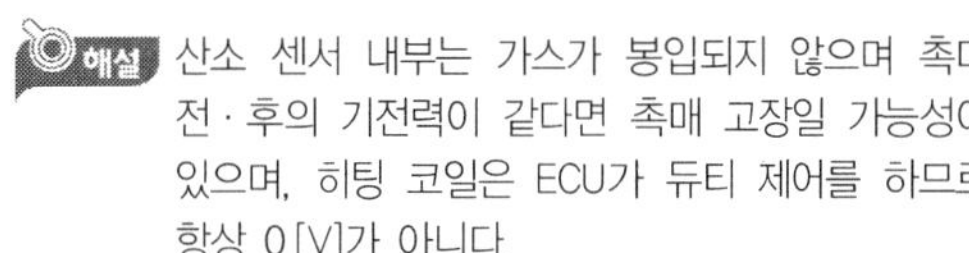
해설 산소 센서 내부는 가스가 봉입되지 않으며 촉매 전 · 후의 기전력이 같다면 촉매 고장일 가능성이 있으며, 히팅 코일은 ECU가 듀티 제어를 하므로 항상 0 [V]가 아니다.

27 **유압식 동력 조향 장치에서 안전밸브(safety check valve)의 기능은?**

① 조향 조작력을 가볍게 하기 위한 것이다.
② 코너링 포스를 유지하기 위한 것이다.
③ 유압이 발생하지 않을 때 수동 조작으로 대처할 수 있도록 하는 것이다.
④ 조향 조작력을 무겁게 하기 위한 것이다.

해설 유압식 동력 조향 장치에서 안전 체크 밸브(safety check valve)는 갑작스러운 엔진의 정지, 오일 펌프 고장 등으로 파워스티어링 오일 펌프에서 유압이 발생하지 않을 때 수동으로 작동이 가능하게 해준다.

answer 22.④ 23.② 24.② 25.④ 26.① 27.③

28 기관에서 블로바이 가스의 주성분은?

① N_2　　② HC
③ CO　　④ NOx

 피스톤과 실린더 사이에서 누출된 미연소 가스를 블로바이 가스라 하며 블로바이 가스의 주성분은 탄화수소(HC)이다.

29 주행 저항 중 자동차의 중량과 관계없는 것은?

① 구름 저항　　② 구배 저항
③ 가속 저항　　④ 공기 저항

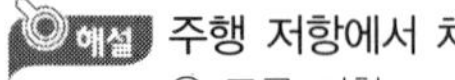 주행 저항에서 차량의 중량과 관계있는 저항
㉠ 구름 저항
㉡ 가속 저항
㉢ 구배 저항
④ 공기 저항은 자동차가 주행할 때 받는 저항으로, 자동차의 앞면 투영 면적과 관계있다.

30 4행정 디젤 기관에서 실린더 내경 100 [mm], 행정 127 [mm], 회전수 1,200 [rpm], 도시 평균 유효 압력 7 [kg/mm²], 실린더수가 6이라면 도시마력 [PS]은?

① 약 49　　② 약 56
③ 약 80　　④ 약 112

 지시(도시) 마력 $= \frac{PALRN}{75 \times 60} = \frac{PVZN}{75 \times 60 \times 100}$

$= \frac{7 \times 0.785 \times 10^2 \times 12.7 \times 1,200 \times 6}{75 \times 60 \times 2 \times 100}$

$= 56[\text{PS}]$

여기서, P : 지시 평균 유효압력 [kgf/cm²]
A : 실린더 단면적 [cm²]
L : 행정 [m]
V : 배기량 [cm³]
Z : 실린더 수
N : 엔진회전수 [rpm]
(2행정 기관 : N, 4행정 기관 : $\frac{N}{2}$)

31 주행 중 가속 페달 작동에 따라 출력 전압의 변화가 일어나는 센서는?

① 공기 온도 센서　　② 수온 센서
③ 유온 센서　　④ 스로틀 포지션 센서

해설 센서의 역할
㉠ 크랭크 포지션 센서 : 기관의 회전 속도와 크랭크축의 위치를 검출하며, 연료 분사 순서와 분사 시기 및 기본 점화 시기에 영향을 주며, 고장이 나면 기관이 정지된다.
㉡ 스로틀 포지션 센서 : 스로틀 밸브의 개도를 검출하여 엔진 운전 모드를 판정하여 가속과 감속 상태에 따른 연료 분사량을 보정한다.
㉢ 유온 센서 : 현재 오일 온도를 감지하여 ECU로 보낸다.
㉣ 맵 센서 : 흡입 공기량을 매니홀드의 유입된 공기 압력을 통해 간접적으로 측정하여 ECU에서 계산한다.
㉤ 노크 센서 : 엔진의 노킹을 감지하여 이를 전압으로 변환해서 ECU로 보내 이 신호를 근거로 점화 시기를 변화시킨다.
㉥ 흡기온 센서 : 흡입 공기 온도를 검출하는 일종의 저항기(부특성(NTC) 서미스터)로 연료 분사량을 보정한다.
㉦ 대기압 센서 : 외부의 대기압을 측정하여 연료 분사량 및 점화 시기를 보정한다.
㉧ 공기량 센서 : 흡입 관로에 설치되며 공기량을 계측하여 기본 연료 분사 시간과 점화 시기를 결정한다.
㉨ 수온 센서 : 냉각수 온도를 측정하고, 냉간 시 점화 시기 및 연료 분사량 제어를 한다.

32 전자 제어 현가 장치의 장점으로 틀린 것은?

① 고속 주행 시 안정성이 있다.
② 조향 시 차체가 쏠리는 경우가 있다.
③ 승차감이 좋다.
④ 지면으로부터의 충격을 감소한다.

해설 전자 제어 현가 장치의 장점(ECS)
㉠ 고속 주행 시 안전성이 있다.
㉡ 충격을 감소시켜 승차감이 좋다.
㉢ 고속 주행 시 차체 높이를 낮추어 공기 저항을 작게 한다.
㉣ 조종 안정성을 향상시킨다.
㉤ 스프링 상수 및 댐핑력을 제어한다.
㉥ 굴곡 심한 노면 주행 시 흔들림이 작다.
㉦ 노면으로부터 차의 높이를 조정한다.
㉧ 급제동 시 노즈 다운(nose down)을 방지한다.

answer 28.② 29.④ 30.② 31.④ 32.②

33 수동 변속기 내부 구조에서 싱크로메시(synchromesh) 기구의 작용은?

① 배력 작용　② 가속 작용
③ 동기 치합 작용　④ 감속 작용

해설 싱크로메시 기구는 기어 변속 시 싱크로메시 기구를 이용하여 기어가 물릴 때 동기 치합(물림) 작용을 한다.

34 자동 변속기에서 토크 컨버터 내부의 미끄럼에 의한 손실을 최소화하기 위한 작동 기구는?

① 댐퍼 클러치　② 다판 클러치
③ 일방향 클러치　④ 롤러 클러치

해설 댐퍼 클러치는 토크 컨버터 내부에서 고속 회전할 때 터빈과 펌프를 기계적으로 직결시켜 슬립 손실을 최소화한다.

35 ABS(Anti-lock Brake System)의 구성 요소 중 휠의 회전 속도를 감지하여 컨트롤 유닛으로 신호를 보내주는 것은?

① 휠 스피드 센서　② 하이드로릭 유닛
③ 솔레노이드 밸브　④ 어큐물레이터

해설 **휠 스피드 센서의 작용**: 바퀴의 회전 속도를 톤휠과 센서의 자력선 변화로 감지하여 이를 전기적 신호(교류 펄스)로 바꾸어 ABS 컨트롤 유닛(ECU)으로 보낸다. 바퀴가 고정(lock, 잠김)되는 것을 검출한다.
전자 제어 제동 장치(ABS)의 구성 부품
㉠ 휠 스피드 센서: 차륜의 회전 상태를 검출
㉡ 전자 제어 컨트롤 유닛(ECU): 휠 스피드 센서의 신호를 받아 ABS를 제어
㉢ 하이드로릭 유닛: ECU의 신호에 따라 휠 실린더에 공급되는 유압 제어
㉣ 프로포셔닝 밸브: 제동 시 뒷바퀴가 조기에 고착되지 않도록 뒷바퀴의 유압 제어

36 유압식 동력 조향 장치에서 사용되는 오일 펌프 종류가 아닌 것은?

① 베인 펌프　② 로터리 펌프
③ 슬리퍼 펌프　④ 벤딕스 기어 펌프

해설 동력 조향 장치에 사용되는 오일 펌프의 종류
㉠ 베인
㉡ 로터리
㉢ 슬리퍼
㉣ 기어 펌프

37 드럼 방식의 브레이크 장치와 비교했을 때 디스크 브레이크의 장점은?

① 자기 작동 효과가 크다.
② 오염이 잘 되지 않는다.
③ 패드의 마모율이 낮다.
④ 패드의 교환이 용이하다.

해설 디스크 브레이크
㉠ 장점
- 디스크가 대기 중에 노출되어 회전하므로 방열성이 커 제동 성능이 안정된다.
- 자기 작동 작용이 없어 고속에서 반복적으로 사용하여도 제동력 변화가 작다.
- 부품의 평형이 좋아 한쪽만 제동되는 경우가 없다.
- 디스크에 물이 묻어도 회복이 빠르다.
- 구조가 간단하고 부품수가 적어 차량의 무게가 경감되며 패드 교환이 쉽다.
- 페이드 현상이 잘 일어나지 않는다.

㉡ 단점
- 마찰 면적이 작아 패드를 압착하는 힘이 커야 한다.
- 자기 작동 작용이 없어 페달밟는 힘이 커야 한다.
- 패드의 강도가 커야 하며, 패드의 마멸이 빠르다.
- 디스크에 이물질이 쉽게 부착된다.

38 전자 제어 현가 장치에서 감쇠력 제어 상황이 아닌 것은?

① 고속 주행하면서 좌회전할 경우
② 정차 시 뒷좌석에 많은 사람이 탑승한 경우
③ 정차 중 급출발할 경우
④ 고속 주행 중 급제동한 경우

해설 감쇠력 제어(완충 장치 제어)는 고속 주행하면서 좌회전할 경우, 정차 중 급출발할 경우, 고속 주행 중 급제동한 경우에 하게 되고, 뒷좌석에 사람이 많이 탑승한 경우에는 차고 제어를 한다.

answer 33.③ 34.① 35.① 36.④ 37.④ 38.②

39 주행 중 브레이크 드럼과 슈가 접촉하는 원인에 해당하는 것은?

① 마스터 실린더의 리턴 포트가 열려 있다.
② 슈의 리턴 스프링이 소손되어 있다.
③ 브레이크액의 양이 부족하다.
④ 드럼과 라이닝의 간극이 과대하다.

해설 브레이크 드럼과 슈의 접촉 원인
㉠ 슈의 리턴 스프링이 소손 되었을 때
㉡ 드럼과 라이닝의 간극이 작을 때
㉢ 브레이크 마스터 실린더 작동 불량
㉣ 브레이크 마스터 실린더 리턴 포트 막힘

40 마스터 실린더의 푸시로드에 작용하는 힘이 120 [kgf], 피스톤의 면적 4 [cm^2]일 때 유압 [kgf/cm^2]은?

① 20　② 30
③ 40　④ 50

해설 압력 [kgf/cm^2]= $\frac{하중[W]}{단면적[A]}$

$= \frac{120[kgf]}{4[cm^2]} = 30[kgf/cm^2]$

41 용량과 전압이 같은 축전지 2개를 직렬로 연결할 때의 설명으로 옳은 것은?

① 용량은 축전지 2개와 같다.
② 용량과 전압 모두 2배로 증가한다.
③ 전압이 2배로 증가한다.
④ 용량은 2배로 증가하지만 전압은 같다.

해설 배터리의 직렬 연결
㉠ 직렬 연결이란 전압과 용량이 동일한 축전지 2개 이상을 (+)단자와 연결 대상 축전지의 (−)단자에 서로 연결하는 방식이다.
㉡ 직렬로 연결하면 축전지 용량은 1개일 경우와 같으며 전압은 연결한 축전지수 만큼 증가한다.

42 교류 발전기 발전 원리에 응용되는 법칙은?

① 플레밍의 왼손 법칙
② 플레밍의 오른손 법칙
③ 옴의 법칙
④ 자기 포화의 법칙

해설 교류 발전기의 장점
㉠ 기계식 정류 장치가 없어 회전 속도 범위가 넓다.
㉡ 엔진 공회전 시에도 발전이 가능하다.
㉢ 출력에 비해 중량이 가볍다.
㉣ 정류자 브러시가 없어 수명이 길다.
㉤ 컷아웃 릴레이가 없다(+다이오드).

43 납산 축전지의 온도가 낮아졌을 때 발생되는 현상이 아닌 것은?

① 전압이 떨어진다.
② 전해액의 비중이 내려간다.
③ 용량이 적어진다.
④ 동결하기 쉽다.

해설 축전지 온도 하강 시 현상
㉠ 전압과 전류가 낮아진다.
㉡ 용량이 줄어든다.
㉢ 전해액 비중이 올라간다.
㉣ 동결하기 쉽다.

44 ECU에 입력되는 스위치 신호 라인에서 OFF 상태의 전압이 5 [V]로 측정되었을 때 설명으로 옳은 것은?

① 스위치의 신호는 아날로그 신호이다.
② ECU 내부의 인터페이스는 소스(source) 방식이다.
③ ECU 내부의 인터페이스는 싱크(sink) 방식이다.
④ 스위치를 닫았을 때 2.5 [V] 이하면 정상적으로 신호처리를 한다.

answer　39.②　40.②　41.③　42.②　43.②　44.③

해설
- **소스 전류** : 모듈을 기준으로 전류를 내보내는 방식이며, 칩의 출력과 0[V] 사이에 소자를 연결하여 칩의 출력이 High일 때 동작한다.
- **싱크 전류** : 모듈을 기준으로 전류가 입력되는 방식이며, 칩의 출력과 (+)전원 사이에 소자를 연결하여 칩의 출력이 Low(0[V])일 때 동작한다.

45 **편의 장치 중 중앙 집중식 제어 장치(ETACS 또는 ISU) 입 · 출력 요소의 역할에 대한 설명으로 틀린 것은?**

① INT 볼륨 스위치 : INT 볼륨 위치 검출

② 모든 도어 스위치 : 각 도어 잠김 여부 검출

③ 키 리마인드 스위치 : 키 삽입 여부 검출

④ 와셔 스위치 : 열선 작동 여부 검출

해설 **에탁스(ETACS) 제어 기능**

㉠ 감광식 룸램프 제어
㉡ 와셔 연동 와이퍼 제어
㉢ 간헐 와이퍼(INT) 제어
㉣ 이그니션 키 홀 조명 제어
㉤ 파워 윈도우 타이머 제어
㉥ 점화키 회수 제어
㉦ 오토 도어록 제어
㉧ 중앙 집중식 도어 잠금 장치 제어
㉨ 도어 열림 경고 제어
④ 와셔 스위치는 와셔 모터를 작동시켜 와셔 액을 분사 할 수 있게 한다.

46 **브레이크등 회로에서 12[V] 축전지에 24[W]의 전구 2개가 연결되어 점등된 상태라면 합성저항[Ω]은?**

① 2 ② 3

③ 4 ④ 6

해설 소비전력 = 24[W] + 24[W] = 48[W]

$$R = \frac{E^2}{P} = \frac{12^2[V]}{48[W]} = 3[\Omega]$$

여기서, R : 저항[Ω]
E : 전압[V]
P : 전력[W]

47 **에어컨 매니폴드 게이지(압력 게이지) 접속 시 주의 사항으로 틀린 것은?**

① 매니폴드 게이지를 연결할 때에는 모든 밸브를 잠근 후 실시한다.

② 냉매가 에어컨 사이클에 충전되어 있을 때에는 충전 호스, 매니폴드 게이지 밸브를 전부 잠근 후 분리한다.

③ 황색 호스를 진공 펌프나 냉매 회수기 또는 냉매 충전기에 연결한다.

④ 진공 펌프를 작동시키고 매니폴드 게이지 센터 호스를 저압 라인에 연결한다.

해설 매니폴드 게이지 센터 호스는 진공 펌프 흡입구에 연결한다.

48 **전자 제어 배전 점화 방식(DLI : Distributor Less Ignition)에 사용되는 구성품이 아닌 것은?**

① 파워트랜지스터 ② 원심 진각 장치

③ 점화코일 ④ 크랭크 각 센서

해설 DLI(Distributor less Ignition) 점화 장치는 ECU가 크랭크 각 센서의 입력 신호를 연산하여 진각하므로 원심 진각 장치가 없다.

49 **다음 중 반도체에 대한 특징으로 틀린 것은?**

① 극히 소형이며 가볍다.

② 예열 시간이 불필요하다.

③ 내부 전력 손실이 크다.

④ 정격값 이상이 되면 파괴된다.

해설 **반도체의 장점**

㉠ 극히 소형이며 가볍고 기계적으로 강하다.
㉡ 예열 시간이 불필요하다.
㉢ 내부 전력 손실이 작다.
㉣ 내진성이 크고, 수명이 길다.
㉤ 내부의 전압 강하가 작다.

answer 45.④ 46.② 47.④ 48.② 49.③

50 기동 전동기에 많은 전류가 흐르는 원인으로 옳은 것은?

① 높은 내부 저항 ② 전기자 코일의 단선
③ 내부 접지 ④ 계자 코일의 단선

해설 기동 전동기 내부 저항이 크면 전류가 작게 흐르며, 전기자 코일과 계자 코일이 단선되었을 때는 전류가 흐르지 않는다. 기동 전동기에 많은 전류가 흐르게 되는 원인은 내부 접지이다.

51 일반 가연성 물질의 화재로서 물이나 소화기를 이용하여 소화하는 화재의 종류는?

① A급 화재 ② B급 화재
③ C급 화재 ④ D급 화재

해설 화재의 분류
㉠ A급 화재 : 일반 화재
㉡ B급 화재 : 휘발유 벤젠 등의 유류 화재
㉢ C급 화재 : 전기 화재
㉣ D급 화재 : 금속 화재

구분	일반	유류	전기	금속
화재의 종류	A급	B급	C급	D급
표시	백색	황색	청색	–
적용 소화기	포말	분말	CO_2	모래
비고	목재, 종이	유류, 가스	전기 기구	가연성 금속
방법	냉각 소화	질식 소화	질식 소화	피복에 의한 질식

52 줄 작업에서 줄에 손잡이를 꼭 끼우고 사용하는 이유는?

① 평형을 유지하기 위해
② 중량을 높이기 위해
③ 보관이 편리하도록 하기 위해
④ 사용자에게 상처를 입히지 않기 위해

해설 줄 작업은 손으로 줄을 잡고 행하는 작업으로, 사용자에게 상처를 입힐 수 있기 때문에 손잡이를 끼워서 사용한다.

53 산소 용접에서 안전한 작업 수칙으로 옳은 것은?

① 기름이 묻은 복장으로 작업한다.
② 산소 밸브를 먼저 연다.
③ 아세틸렌 밸브를 먼저 연다.
④ 역화하였을 때는 아세틸렌 밸브를 빨리 잠근다.

해설 토치에 점화시킬 때에는 아세틸렌 밸브를 먼저 열고 후에 산소 밸브를 열어야 하며 역화 시에는 산소 밸브를 빨리 잠근다.

54 기관 정비 시 안전 및 취급 주의 사항에 대한 내용으로 틀린 것은?

① TPS, ISC Servo 등은 솔벤트로 세척하지 않는다.
② 공기 압축기를 사용하여 부품 세척 시 눈에 이물질이 튀지 않도록 한다.
③ 캐니스터 점검 시 흔들어서 연료 증발 가스를 활성화시킨 후 점검한다.
④ 배기가스 시험 시 환기가 잘 되는 곳에서 측정한다.

해설 캐니스터는 연료 증발 가스를 포집하는 장치로, 손상, 균열, 부풀림, 연결부 체결, 연료의 누설 등을 점검하여야 한다.

55 공기 압축기 및 압축 공기 취급에 대한 안전 수칙으로 틀린 것은?

① 전기 배선, 터미널 및 전선 등에 접촉될 경우
② 분해 시 공기 압축기, 공기 탱크 및 관로 안의 압축 공기를 완전히 배출한 뒤에 실시한다.
③ 하루에 한 번씩 공기 탱크에 고여 있는 응축수를 제거한다.
④ 작업 중 작업자의 땀이나 열을 식히기 위해 압축 공기를 호흡하면 작업 효율이 좋아진다.

해설 공기 압축기의 공기 압력은 고압의 공기이므로 인체에 직접적으로 사용하면 안 된다.

answer 50.③ 51.① 52.④ 53.③ 54.③ 55.④

56 **기계 부품에 작용하는 하중에서 안전율을 가장 크게 하여야 할 하중은?**

① 정하중 ② 교번 하중
③ 충격 하중 ④ 반복 하중

안전율의 순서: 충격 하중 > 교번 하중 > 반복 하중 > 정하중

57 **계기 및 보안 장치의 정비 시 안전 사항으로 틀린 것은?**

① 엔진이 정지 상태이면 계기판은 점화 스위치 ON 상태에서 분리한다.
② 충격이나 이물질이 들어가지 않도록 주의한다.
③ 회로 내의 규정값보다 높은 전류가 흐르지 않도록 한다.
④ 센서의 단품 점검 시 배터리 전원을 직접 연결하지 않는다.

계기판은 점화 스위치 OFF 상태에서 분리하여야 하며, 전기와 관련된 작업은 가급적 배터리를 분리 후 한다.

58 **운반 기계의 취급과 완전 수칙에 대한 내용으로 틀린 것은?**

① 무거운 물건을 운반할 때는 반드시 경종을 울린다.
② 기중기는 규정 용량을 지킨다.
③ 흔들리는 화물은 보조자가 탑승하여 움직이지 못하도록 한다.
④ 무거운 것은 밑에, 가벼운 것은 위에 쌓는다.

해설 흔들리는 화물은 사람이 직접 잡으면 안 되고, 움직이지 못 하도록 단단히 묶어 두어야 한다.

59 **납산축전지 취급 시 주의 사항으로 틀린 것은?**

① 배터리 접속 시 (+)단자부터 접속한다.
② 전해액이 옷에 묻지 않도록 주의한다.
③ 전해액이 부족하면 시냇물로 보충한다.
④ 배터리 분리 시 (−)단자부터 분리한다.

해설 전해액 부족 시 연수(수돗물, 빗물, 증류수 등)를 보충하여야 한다.

60 **브레이크의 파이프 내 공기가 유입되었을 때 나타나는 현상으로 옳은 것은?**

① 브레이크액이 냉각된다.
② 브레이크 페달의 유격이 커진다.
③ 마스터 실린더에서 브레이크액이 누설된다.
④ 브레이크가 지나치게 급히 작동한다.

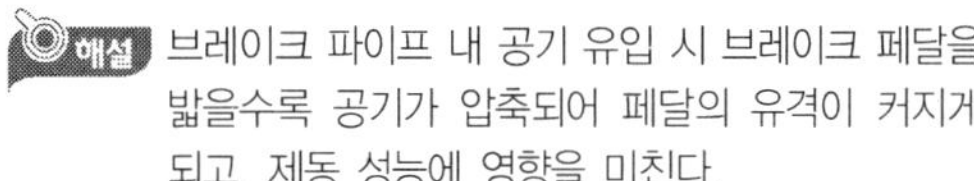
해설 브레이크 파이프 내 공기 유입 시 브레이크 페달을 밟을수록 공기가 압축되어 페달의 유격이 커지게 되고, 제동 성능에 영향을 미친다.

answer 56.③ 57.① 58.③ 59.③ 60.②

제 8 회

자동차정비기능사

기출복원 및 실전모의고사

1 **다음 중 예혼합(믹서) 방식 LPG 기관의 장점으로 틀린 것은?**

① 점화 플러그의 수명이 연장된다.
② 연료 펌프가 불필요하다.
③ 베이퍼 록 현상이 없다.
④ 가솔린에 비해 냉시동성이 좋다.

해설 LPG 기관의 특징
㉠ LPG의 옥탄가는 100 ~ 120으로 가솔린보다 높다.
㉡ 노킹을 잘 일으키지 않는다.
㉢ 연소실에 카본 퇴적이 적다.
㉣ 연료 펌프가 필요없다.
㉤ 점화 시기를 가솔린 기관보다 빠르게 할 수 있다.
㉥ 점화 플러그 수명이 가솔린 기관보다 길다.
㉦ LPG는 증기 폐쇄가 잘 일어나지 않는다.
㉧ 겨울철에는 시동 성능이 떨어진다.
㉨ 오일의 오염이 작아 엔진 수명이 길다.
㉩ 대기 오염이 없고 위생적이며 경제적이다.
㉪ 가스 상태로 퍼컬레이션이나 베이퍼 록 현상이 없다.

2 **스텝 모터 방식의 공전 속도 제어 장치에서 스탭 수가 규정에 맞지 않은 원인으로 틀린 것은?**

① 공전 속도 조정 불량
② 메인 듀티 S/V 고착
③ 스로틀 밸브 오염
④ 흡기 다기관의 진공 누설

해설 공전 속도 조절 장치는 공기량을 제어하여 조절하는 장치이며, 메인 듀티 S/V(Solenoid Valve)는 LPG 엔진의 연료량을 조절하는 밸브이다.

3 **배기 장치(머플러) 교환 시 안전 및 유의 사항으로 틀린 것은?**

① 분해 전 촉매가 정상 작동 온도가 되도록 한다.
② 배기가스 누출이 되지 않도록 조립한다.
③ 조립 할 때 가스켓은 신품으로 교환한다.
④ 조립 후 다른 부분과의 접촉 여부를 점검한다.

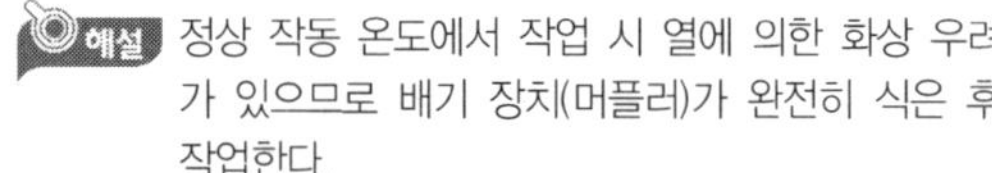
해설 정상 작동 온도에서 작업 시 열에 의한 화상 우려가 있으므로 배기 장치(머플러)가 완전히 식은 후 작업한다.

4 **디젤 노크를 일으키는 원인과 직접적인 관계가 없는 것은?**

① 압축비　② 회전 속도
③ 옥탄가　④ 엔진의 부하

해설 디젤 노크의 관계성
㉠ 흡기 온도
㉡ 압축비
㉢ 기관의 회전 속도
㉣ 기관의 온도
㉤ 기관의 부하
㉥ 연료 분사량
㉦ 연료 분사 시기
㉧ 착화 지연 기간

5 **다음 중 4행정 기관과 비교한 2행정 기관(2stroke engine)의 장점은?**

① 각 행정의 작용이 확실하여 효율이 좋다.
② 배기량이 같을 때 발생 동력이 크다.

answer 1.④ 2.② 3.① 4.③ 5.②

③ 연료 소비율이 작다.

④ 윤활유 소비량이 적다.

해설 2행정 사이클 기관은 4행정 기관에 비해 회전마다 동력이 발생하므로 배기량이 같을 때 발생 동력이 큰 장점이 있다.

6 **스로틀 밸브의 열림 정도를 감지하는 센서는?**

① APS ② CKPS

③ CMPS ④ TPS

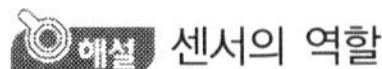

해설 센서의 역할

㉠ 크랭크 포지션 센서(CKPS) : 기관의 회전 속도와 크랭크 축의 위치를 검출하며, 연료 분사 순서와 분사 시기 및 기본 점화 시기에 영향을 주며, 고장이 나면 기관이 정지된다.

㉡ 스로틀 포지션 센서(TPS) : 스로틀 밸브의 개도를 검출하여 엔진 운전 모드를 판정하여 가속과 감속 상태에 따른 연료 분사량을 보정한다.

㉢ 맵 센서 : 흡입 공기량을 매니홀드의 유입된 공기 압력을 통해 간접적으로 측정하여 ECU에서 계산한다.

㉣ 노크 센서 : 엔진의 노킹을 감지하여 이를 전압으로 변환해서 ECU로 보내 이 신호를 근거로 점화 시기를 변화시킨다.

㉤ 흡기온 센서(ATS) : 흡입 공기 온도를 검출하는 일종의 저항기(부특성(NTC) 서미스터)로, 연료 분사량을 보정한다.

㉥ 대기압 센서(BPS) : 외부의 대기압을 측정하여 연료 분사량 및 점화 시기를 보정한다.

㉦ 공기량 센서(AFS) : 흡입 관로에 설치되며 공기량을 계측하여 기본 연료 분사 시간과 점화 시기를 결정한다.

㉧ 수온 센서(WTS) : 냉각수 온도를 측정하고, 냉간 시 점화 시기 및 연료 분사량 제어를 한다.

※ 참고

㉠ 악셀레이터 포지션 센서(APS) : 가속페달의 개도를 검출하여 엔진 운전모드를 판정하여 가속과 감속 상태에 따른 연료 분사량을 보정한다.

㉡ 캠 포지션 센서(CMPS) : 타이밍 벨트에 의해 구동되는 캠의 위치를 검출하는 센서이다.

7 **120 [PS]의 디젤 기관이 24시간 동안 360 [L] 연료를 소비하였다면, 이 기관의 연료 소비율 [g/PS · h]은?** (단, 연료의 비중 = 0.9)

① 약 125 ② 약 450

③ 약 113 ④ 약 513

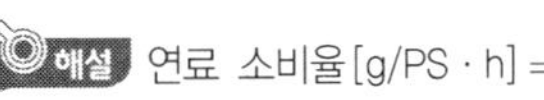

해설 연료 소비율 [g/PS · h] $= \dfrac{\text{연료 소비량}}{\text{시간}\times\text{마력}}$

$$= \frac{360 \times 1{,}000 \times 0.9}{24 \times 120}$$

$$= 112.5\,[\text{g/PS} \cdot \text{h}]$$

8 **기회기식과 비교한 전자 제어 가솔린 연료 분사 장치의 장점으로 틀린 것은?**

① 고출력 및 혼합비 제어에 유리하다.

② 연료 소비율이 낮다.

③ 부하 변동에 따라 신속하게 응답한다.

④ 적절한 혼합비 공급으로 유해 배출 가스가 증가된다.

해설 전자 제어 가솔린 분사 기관의 특성

㉠ 공기 흐름에 따른 관성 질량이 작아 응답 성능이 향상된다.

㉡ 기관의 출력 증대 및 연료 소비율이 감소한다.

㉢ 유해 배출 가스 감소 효과가 크다.

㉣ 각 실린더에 동일한 양의 연료 공급이 가능하다.

㉤ 벤투리가 없기 때문에 공기의 흐름 저항이 감소한다.

㉥ 가속 및 감속할 때 응답성이 빠르다.

㉦ 구조가 복잡하고 가격이 비싸다.

㉧ 흡입 계통의 공기 누출이 기관에 큰 영향을 준다.

9 **기관이 지나치게 냉각되었을 때 기관에 미치는 영향으로 옳은 것은?**

① 출력 저하로 연료 소비율 증대

② 연료 및 공기 흡입 과잉

③ 점화 불량과 압축 과대

④ 엔진 오일의 열화

해설 기관이 과냉하면 연소실 온도가 정상 작동 온도로 올라가지 않아 출력이 저하하고 연료 소비율이 증대 된다.

answer 6.④ 7.③ 8.④ 9.①

10 **소형 승용차 기관의 실린더 헤드를 알루미늄 합금으로 제작하는 이유는?**

① 가볍고 열전달이 좋기 때문에
② 부식성이 좋기 때문에
③ 주철에 비해 열팽창 계수가 작기 때문에
④ 연소실 온도를 높여 체적 효율을 낮출 수 있기 때문에

해설 실린더 헤드의 알루미늄 합금으로의 제작 이유
㉠ 무게가 가볍다.
㉡ 열전도율이 높다.
㉢ 내구성 · 내식성이 작다.
㉣ 연소실 온도를 낮추어 열점을 방지한다.

11 **다음 중 엔진 오일의 유압이 낮아지는 원인으로 틀린 것은?**

① 베어링의 오일 간극이 크다.
② 유압 조절 밸브의 스프링 장력이 크다.
③ 오일 팬 내의 윤활유양이 적다.
④ 윤활유 공급 라인에 공기가 유입되었다.

해설 낮은 유압의 원인
㉠ 오일 펌프가 마멸되었다.
㉡ 오일 점도가 낮아졌다.
㉢ 유압 조절 밸브 스프링이 약화되었다.
㉣ 오일이 누출되어 오일량이 부족하다.
㉤ 베어링의 오일 간극이 크다.
㉥ 윤활유 공급 라인에 공기가 유입되었다.
㉦ 오일 펌프가 불량하다.
㉧ 유압 회로의 누설이 발생한다.
㉨ 오일의 점도가 저하되었다.

12 **자동차의 구조 · 장치의 변경 승인을 얻은 자는 자동차 정비업자로부터 구조 · 장치의 변경과 그에 따른 정비를 받고 얼마 이내에 구조 변경 검사를 받아야 하는가?**

① 완료일로부터 45일 이내
② 완료일로부터 15일 이내
③ 승인받은 날부터 45일 이내
④ 승인받은 날부터 15일 이내

해설 구조 변경, 장치 변경과 그에 따른 정비를 받고 승인 날로 부터 45일 이내에 구조 변경 검사를 받아야 한다.

13 **배기 밸브가 하사점 전 55°에서 열리고 상사점 후 15°에서 닫혀진다면 배기 밸브의 열림각은?**

① 70° ② 195°
③ 235° ④ 250°

해설 배기 밸브 열림각
= 배기 밸브 열림각도 + 배기 밸브 닫힘각도 + 180°
= 55° + 15° + 180° = 250°

밸브 개폐 기간
㉠ 밸브 오버랩 : 흡기 밸브 열림 각도 + 배기 밸브 닫힘 각도
㉡ 흡기 행정 기간 : 흡기 밸브 열림 각도 + 흡기 밸브 닫힘 각도 + 180°
㉢ 배기 행정 기간 : 배기 밸브 열림 각도 + 배기 밸브 닫힘 각도 + 180°

14 **디젤 기관에서 연료 분사 시기가 과도하게 빠를 경우 발생할 수 있는 현상으로 틀린 것은?**

① 노크를 일으킨다.
② 배기가스가 흑색이 된다.
③ 기관의 출력이 저하된다.
④ 분사 압력이 증가한다.

해설 빠른 디젤 연료 분사 시기의 발생 현상
㉠ 노크가 일어나고 노크 소음이 강하다.
㉡ 배기가스 색이 흑색이며 그 양도 많아진다
㉢ 기관의 출력이 저하된다.
㉣ 저속 회전이 불량하다.

15 **다음 중 단위 환산으로 틀린 것은?**

① 1[J] = 1[N · m]
② −40[℃] = −40[°F]
③ −273[℃] = 0[K]
④ 1[kgf/cm²] = 1.42 [PSi]

해설

$$1[PSi] = \frac{1[lbf]}{1N^2} = \frac{0.4536[kgf]}{(2.54[cm])^2} = 0.07\frac{[kgf]}{[cm^2]}$$
$1[kgf/cm]^2 = 14.2\,[PSi]$

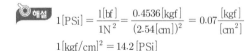

answer 10.① 11.② 12.③ 13.④ 14.④ 15.④

16 **피스톤 재료의 요구 특성으로 틀린 것은?**

① 무게가 가벼워야 한다.
② 고온 강도가 높아야 한다.
③ 내마모성이 좋아야 한다.
④ 열팽창 계수가 커야 한다.

해설 피스톤의 구비 조건
㉠ 열팽창이 작아야 한다.
㉡ 고온 · 고압에서 견딜 수 있어야 한다.
㉢ 내식성이 있어야 한다.
㉣ 견고하며 값이 싸야 한다.
㉤ 열전도율이 커야 한다.

17 **4행정 V6 기관에서 6실린더가 모두 1회 폭발을 하였다면 크랭크 축은 몇 회전하였는가?**

① 2회전 ② 3회전
③ 6회전 ④ 9회전

해설 4행정 사이클 6실린더 기관에서 6실린더가 한 번씩 폭발하면 크랭크축은 2회전한다.

18 **가솔린 기관의 이론 공연비는?**

① 12.7 : 1 ② 13.7 : 1
③ 14.7 : 1 ④ 15.7 : 1

해설 가솔린 기관의 가장 이상적인 공연비는 14.7 : 1이다.

19 **배기가스가 삼원 촉매 컨버터를 통과할 때 산화 · 환원되는 물질로 옳은 것은?**

① N_2, CO ② N_2, H_2
③ N_2, O_2 ④ N_2, CO_2, H_2O

해설 삼원 촉매 산화 및 환원
㉠ 일산화탄소 CO = CO_2
㉡ 탄화수소 HC = H_2O
㉢ 질소산화물 NO_x = N_2

20 **바이널리 출력 방식의 산소 센서 점검 및 사용 시 주의 사항으로 틀린 것은?**

① O_2 센서의 내부 저항을 측정하지 말 것
② 전압 측정 시 디지털 미터를 사용할 것
③ 출력 전압을 쇼트시키지 말 것
④ 유연 가솔린을 사용할 것

해설 산소 센서 사용 시 주의 사항
㉠ 전압 측정 시 오실로스코프나 디지털미터를 사용할 것
㉡ 무연 가솔린을 사용할 것
㉢ 출력전압을 쇼트(단락)시키지 말 것
㉣ 산소 센서의 내부 저항은 측정하지 말 것
㉤ 출력 전압이 규정을 벗어나면 공연비 조정 계통을 점검할 것

21 **제어 밸브와 동력 실린더가 일체로 결합된 것으로, 대형 트럭이나 버스 등에서 사용되는 동력 조향 장치는?**

① 조합형 ② 분리형
③ 혼성형 ④ 독립형

해설 동력 조향 장치
㉠ 일체형 : 조향 기어, 동력 실린더, 제어 밸브가 모두 기어박스 내 설치되어 있는 것
㉡ 링키지 조합형 : 동력 실린더와 제어 밸브가 일체형으로 설치되어 있는 것
㉢ 링키지 분리형 : 조향 기어, 동력 실린더, 제어 밸브가 모두 분리되어 설치되어 있는 것

22 **브레이크 장치에 관한 설명으로 틀린 것은?**

① 브레이크 작동을 계속 반복하면 드럼과 슈에 마찰열이 축적되어 제동력이 감소되는 것을 페이드 현상이라 한다.
② 공기 브레이크에서 제동력을 크게 하기 위해서는 언로더 밸브를 조절한다.
③ 브레이크 페달의 리턴 스프링 장력이 약해지면 브레이크 풀림이 늦어진다.
④ 마스터 실린더의 푸시로드 길이를 길게 하면 라이닝이 수축하여 잘 풀린다.

해설 브레이크 장치에서 마스터 실린더의 푸시로드 길이를 길게 하면 브레이크 오일의 리턴이 불량하여 라이닝이 팽창하여 잘 풀리지 않는다.

answer 16.④ 17.① 18.③ 19.④ 20.④ 21.① 22.④

23 **자동 변속기 차량에서 토크 컨버터 내부의 오일 압력이 부족한 이유 중 틀린 것은?**

① 오일 펌프 누유
② 오일 쿨러 막힘
③ 입력축의 실링 손상
④ 킥다운 서브 스위치 불량

해설 토크 컨버터의 압력이 부적당한 이유는 오일 펌프의 누유, 오일 쿨러 막힘, 입력축 실링 손상 등이며, 킥다운 서보 스위치가 불량하면 변속 시 충격이 발생한다.

24 **유효 반지름이 0.5 [m]인 바퀴가 600 [rpm]으로 회전할 때 차량의 속도 [km/h]는 얼마인가?**

① 약 10.987　　② 약 25
③ 약 50.92　　④ 약 113.4

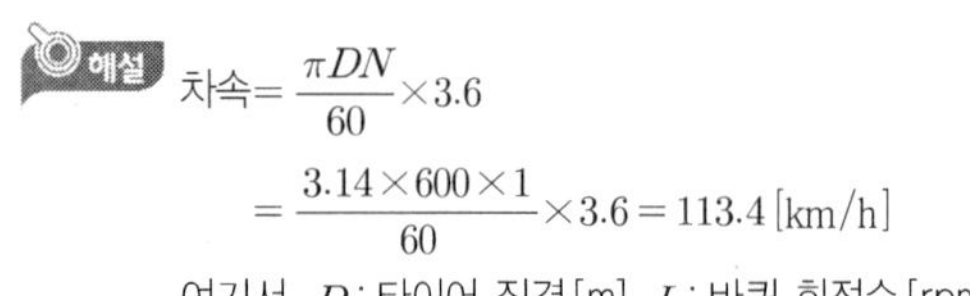

해설 차속 $= \frac{\pi DN}{60} \times 3.6$

$= \frac{3.14 \times 600 \times 1}{60} \times 3.6 = 113.4\,[\mathrm{km/h}]$

여기서, D: 타이어 직경 [m], L: 바퀴 회전수 [rpm]

25 **제동 장치에서 편제동의 원인이 아닌 것은?**

① 타이어 공기압 불평형
② 마스터 실린더 리턴 포트의 막힘
③ 브레이크 패드의 마찰 계수 저하
④ 브레이크 디스크에 기름 부착

해설 편제동의 원인
㉠ 타이어 공기압의 불평형
㉡ 브레이크 패드의 마찰 계수 저하로 인한 불평형
㉢ 한쪽 브레이크 디스크에 기름 부착
㉣ 한쪽 브레이크 디스크 마모량 과다
㉤ 한쪽 휠 실린더 고착
㉥ 한쪽 캘리퍼 및 휠 실린더 리턴 불량
② 마스터 실린더 리턴 포트가 막힐 경우 브레이크 오일이 작동 후 리턴되지 못하므로 브레이크 전체가 풀리지 않는 원인이 된다.

26 **다음 중 전동식 전자 제어 조향 장치 구성품으로 틀린 것은?**

① 오일 펌프　　② 모터
③ 컨트롤 유닛　　④ 조향각 센서

해설 전동식 전자 제어 조향 장치(MDPS)는 유압 제어 장치가 없이 모터로 조향 동력을 발생하므로 오일 펌프가 필요없고, 환경 친화적이다.

27 **유압식 동력 전달 장치의 주요 구성부 중 최고 유압을 규제하는 릴리프 밸브가 있는 곳은?**

① 동력부　　② 제어부
③ 안전 점검부　　④ 작동부

해설 동력 조향 장치의 구성
㉠ 동력 : 오일 펌프 – 유압을 발생
㉡ 작동 : 동력 실린더 – 조향 보조력을 발생
㉢ 제어부 : 제어 밸브 – 오일 경로를 변경
※ 릴리프 밸브는 유압을 발생하는 오일 펌프에 설치되어, 오일 펌프의 압력이 규정 이상으로 올라가는 것을 방지한다.

28 **수동 변속기 정비 시 측정할 항목이 아닌 것은?**

① 주축 엔드 플레이
② 주축의 휨
③ 기어의 직각도
④ 슬리브와 포크의 간극

해설 변속기 정비 시 측정 항목
㉠ 주축 엔드플레이
㉡ 주축의 휨
㉢ 싱크로메시 기구
㉣ 기어의 백래시
㉤ 부축의 엔드 플레이
㉥ 슬리브와 포크의 간극 등

answer　23.④　24.④　25.②　26.①　27.①　28.③

29 **변속기 내부에 설치된 증속 장치에 대한 설명으로 틀린 것은?**

① 기관의 회전 속도를 일정 수준 낮추어도 주행 속도를 그대로 유지한다.
② 출력과 회전수의 증대로 윤활유 및 연료 소비량이 증가한다.
③ 기관의 회전 속도가 같으면 증속 장치가 설치된 자동차 속도가 더 빠르다.
④ 기관 수명이 길어지고 운전이 정숙하게 된다.

해설 증속 장치(over drive)는 기관의 회전 속도를 일정 수준 낮추어도 주행 속도를 그대로 유지하고, 엔진의 여유동력을 이용하므로 연료 소비량이 적어지며, 기관의 수명이 길어지고 운전이 정숙하게 된다. 또 기관의 회전 속도가 같으면 증속 장치가 설치된 자동차 주행 속도가 더 빠르다.

30 **앞바퀴의 옆 흔들림에 따라서 조향 휠의 회전축 주위에 발생하는 진동을 무엇이라 하는가?**

① 시미 ② 휠 플러터
③ 바우킹 ④ 킥업

해설 앞바퀴 흔들림 현상
㉠ 시미 현상 : 타이어의 동적 불평형으로인한 바퀴의 좌우 진동 현상
㉡ 웨이브 현상 : 타이어가 고속 회전을 하면 변형된 부분이 환원이 되기도 전에 반복되는 변형으로, 타이어 트레드가 물결 모양으로 떠는 현상
㉢ 스카이 훅 현상 : 자동차 주행 시 가장 안정된 자세는 새가 날개를 펴고 지면에 착지할 때의 경우인데, 이 자세가 스카이 훅이다.
㉣ 킥 백 현상 : 요철이 있는 노면을 주행 시 스티어링 휠에 전달되는 충격현상이다.

31 **연소실 압축 압력이 규정 압축 압력보다 높을 때 원인으로 옳은 것은?**

① 연소실 내 카본 다량 부착
② 연소실 내 돌출부 없어짐
③ 압축비가 작아짐
④ 옥탄가가 지나치게 높음

해설 압축 압력이 규정값보다 높은 원인은 연소실 내 카본이 다량 부착되어 연소실의 체적이 작아져 압축비와 압축 압력이 높아지는 경우이다.

32 **흡기 매니폴드 내의 압력에 대한 설명으로 옳은 것은?**

① 외부 펌프로부터 만들어진다.
② 압력은 항상 일정하다.
③ 압력 변화는 항상 대기압에 의해 변화한다.
④ 스로틀 밸브의 개도에 따라 달라진다.

해설 흡기 매니폴드 내의 압력은 피스톤이 흡입 행정을 할 때 발생하는 것으로, 스로틀 밸브의 개도에 따라 달라진다. 스로틀이 닫히면 압력은 낮아지고, 열리면 압력은 높아진다.

33 **산소 센서 신호가 희박으로 나타날 때 연료 계통의 점검 사항으로 틀린 것은?**

① 연료 필터의 막힘 여부
② 연료 펌프의 작동 전류 점검
③ 연료 펌프 전원의 전원 강하 여부
④ 릴리프 밸브의 막힘 여부

해설 산소 센서의 신호가 희박으로 나타나면 연료량이 부족한 것을 나타내는 의미(반대로 농후하면 연료량이 과다한 것)이므로 연료 필터의 막힘 여부, 연료 펌프의 작동 전류 점검, 연료 펌프 전원의 전압 강하 여부와 같이 연료량이 부족해질 수 있는 원인을 먼저 점검한다. 릴리프 밸브는 연료 압력이 규정 압력보다 높아지면 작동하는 안전밸브로, 산소 센서 신호가 희박한 것과 관계없다.

34 **다음 중 전자 제어 제동 장치(ABS)의 구성 요소가 아닌 것은?**

① 휠 스피드 센서
② 하이드롤릭 모터
③ 프리뷰 센서
④ 하이드롤릭 유닛

answer 29.② 30.① 31.① 32.④ 33.④ 34.③

해설 전자 제어 제동 장치(ABS)의 구성 부품
㉠ 휠 스피드 센서 : 차륜의 회전 상태를 검출
㉡ 전자 제어 컨트롤 유닛(ECU) : 휠 스피드 센서의 신호를 받아 ABS를 제어
㉢ 하이드롤릭 유닛 : ECU의 신호에 따라 휠 실린더에 공급되는 유압 제어
㉣ 프로포셔닝 밸브 : 제동 시 뒷바퀴가 조기에 고착되지 않도록 뒷바퀴의 유압을 제어
③ 프리뷰 센서는 전자 제어 현가 장치(ECS)에 사용되는 센서이다.

35 **브레이크 계통을 정비한 후 공기 빼기 작업을 하지 않아도 되는 경우는?**

① 브레이크 파이프나 호스를 떼어 낸 경우
② 브레이크 마스터 실린더에 오일을 보충한 경우
③ 베이퍼 록 현상이 생긴 경우
④ 휠 실린더를 분해 수리한 경우

해설 브레이크 관련 부품을 점검 · 정비한 경우 브레이크 라인에 공기가 유입되어 제동불량 등의 문제가 발생하므로, 필히 공기 빼기 작업과 함께 오일을 보충하여야 한다. 하지만 단순히 오일만 보충한 경우에는 브레이크 라인에 공기가 유입되지 않기 때문에 공기 빼기 작업을 하지 않는다.

36 **사이드 슬립 테스터의 지시값이 4 [m/km]일 때 1 [km] 주행에 대한 앞바퀴의 슬립량은?**

① 4 [mm] ② 4 [cm]
③ 40 [cm] ④ 4 [m]

사이드 슬립 테스터의 4 [m/km]는 자동차가 1 [km] 주행할 때 IN 또는 OUT으로 4 [m] 슬립되는 것을 의미하고, 만약 4 [mm/m]라고 표시되는 시험기는 1 [m] 주행에 4 [mm] 슬립되는 것을 의미한다.

37 **종감속 장치에서 하이포이드 기어의 장점으로 틀린 것은?**

① 기어 이의 물림률이 크기 때문에 회전이 정숙하다.
② 기어의 편심으로 차체의 전고가 높아진다.
③ 추진축의 높이를 낮게 할 수 있어 거주성이 향상된다.
④ 이면의 접촉 면적이 증가되어 강도를 향상시킨다.

해설 하이포이드 기어의 특징
㉠ 스파이럴 베벨 기어의 구동 피니언을 편심시킨 형식이다.
㉡ FR 방식에서는 추진축의 높이를 낮게 할 수 있어 차실 바닥이 낮다.
㉢ 중심 높이를 낮출 수 있어 안정성이 커진다.
㉣ 다른 기어보다 구동 피니언을 크게 만들 수 있어 강도가 증대된다.
㉤ 기어 물림률이 크고, 회전이 정숙하다.
㉥ 하이포이드 기어 전용 오일을 사용한다.
㉦ 제작이 어렵다.

38 **전자 제어 현가 장치에서 사용하는 센서에 속하지 않는 것은?**

① 차속 센서 ② 스로틀 포지션 센서
③ 차고 센서 ④ 냉각수 온도 센서

해설 전자 제어 현가 장치 요소
㉠ 전자 제어 현가 장치(ECS)의 입력 요소
- 차고 센서
- 조향 핸들 각속도 센서
- G(중력 가속도) 센서
- 인히비터 스위치
- 차속 센서
- TPS
- 고압 및 저압 스위치
- 뒤 압력 센서
- 제동등 스위치
- 공전 스위치 등

㉡ 전자 제어 현가 장치(ECS)의 출력 요소
- 스텝 모터
- 유량 변환 밸브
- 앞 · 뒤 공기 공급 밸브
- 앞 · 뒤 공기 배출 밸브
- ECS 모드 표시등 등

answer 35.② 36.④ 37.② 38.④

39 타이어의 표시 235 55R 19에서 55는 무엇을 나타내는가?

① 편평비 ② 림 경
③ 부하 능력 ④ 타이어의 폭

해설 타이어 호칭 기호
㉠ 235 : 타이어 폭
㉡ 55 : 편평비
㉢ R : 레이디얼 타이어
㉣ 19 : 림의 지름

40 자동 변속기의 유압 제어 기구에서 매뉴얼 밸브의 역할은?

① 선택 레버의 움직임에 따라 P, R, N, D 등의 각 레인지로 변환 시 유로 변경
② 오일 펌프에서 발생한 유압을 차속과 부하에 알맞은 압력으로 조정
③ 유성 기어를 차속이나 엔진 부하에 따라 변환
④ 각 단 위치에 따른 포지션을 컴퓨터로 전달

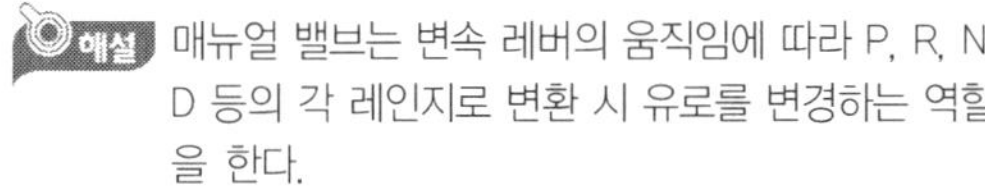
해설 매뉴얼 밸브는 변속 레버의 움직임에 따라 P, R, N, D 등의 각 레인지로 변환 시 유로를 변경하는 역할을 한다.

41 축전지 단자의 부식을 방지하기 위한 방법으로 옳은 것은?

① 경유를 바른다.
② 그리스를 바른다.
③ 엔진 오일을 바른다.
④ 탄산나트륨을 바른다.

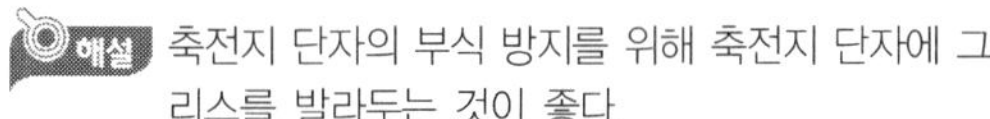
해설 축전지 단자의 부식 방지를 위해 축전지 단자에 그리스를 발라두는 것이 좋다.

42 축전기(condenser)에 저장되는 정전 용량을 설명한 것으로 틀린 것은?

① 가해지는 전압에 정비례한다.
② 금속판 사이의 거리에 정비례한다.
③ 상대하는 금속판의 면적에 정비례한다.
④ 금속판 사이 절연체의 절연도에 정비례한다.

해설 축전기의 정전 용량
㉠ 금속판 사이 절연물의 절연도에 정비례한다.
㉡ 가한 전압에 정비례한다.
㉢ 마주보는 금속판의 면적에 정비례한다.
㉣ 금속판 사이의 거리에 반비례한다.

43 다음 중 가솔린 기관의 점화 코일에 대한 설명으로 틀린 것은?

① 1차 코일의 저항보다 2차 코일의 저항이 크다.
② 1차 코일의 굵기보다 2차 코일의 굵기가 가늘다.
③ 1차 코일의 유도 전압보다 2차 코일의 유도 전압이 낮다.
④ 1차 코일의 권수보다 2차 코일의 권수가 많다.

해설 점화 코일
㉠ 1차 코일의 굴기보다 2차 코일의 굵기가 가늘다.
㉡ 1차 코일의 권수보다 2차 코일의 권수가 많다.
㉢ 1차 코일의 저항보다 2차 코일의 저항이 크다.
㉣ 1차 코일의 유도전압보다 2차 코일의 유도 전압이 높다.
③ 상호 유도 작용에 의해 1차 코일의 유도 전압보다 2차 코일의 유도 전압이 높다.

44 IC 방식의 전압 조정기가 내장된 자동차용 교류 발전기의 특징으로 틀린 것은?

① 스테이터 코일 여자 전류에 의한 출력이 향상된다.
② 접점이 없기 때문에 조정 전압의 변동이 없다.
③ 접점 방식에 비해 내진성 · 내구성이 크다.
④ 접점 불꽃에 의한 노이즈가 없다.

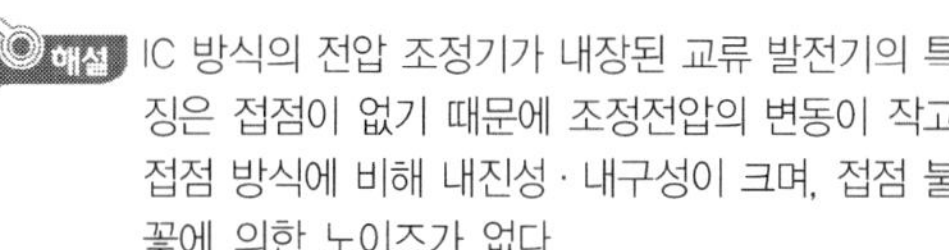
해설 IC 방식의 전압 조정기가 내장된 교류 발전기의 특징은 접점이 없기 때문에 조정전압의 변동이 작고 접점 방식에 비해 내진성 · 내구성이 크며, 접점 불꽃에 의한 노이즈가 없다.

answer 39.① 40.① 41.② 42.② 43.③ 44.①

45 **계기판의 속도계가 작동하지 않을 때 고장 부품으로 옳은 것은?**

① 차속 센서
② 흡기 매니폴드 압력 센서
③ 크랭크각 센서
④ 냉각 수온 센서

해설 계기판의 속도계가 작동하지 않으면 차속 센서(VSS)에 결함을 점검한다.

46 **완전 충전된 납산 축전지에서 양극판의 성분(물질)으로 옳은 것은?**

① 과산화납 ② 납
③ 해면상납 ④ 산화물

해설 납산 축전지가 완전 충전되면 (+)극판은 과산화납(PbO_2), (−)극판은 해면상납(Pb), 전해액은 묽은 황산(H_2SO_4)이다.

47 **기관에 설치 된 상태에서 시동 시(크랭크 시) 기동 전동기에 흐르는 전류와 회전수를 측정하는 시험은?**

① 단선 시험 ② 단락 시험
③ 접지 시험 ④ 부하 시험

해설 부하 시험은 기동 전동기가 기관에 설치된 상태에서 시동할 때 기동 전동기에 흐르는 전류와 회전수를 측정하는 시험이다.

48 **R-12의 염소(Cl)로 인한 오존층 파괴를 줄이고자 사용하고 있는 자동차용 대체 냉매는?**

① R-134a ② R-22a
③ R-16a ④ R-12a

해설 신냉매인 R-134a는 프로엔 가스라 불리는 R-12 냉매에 비해 오존층의 파괴를 줄이고 온실효과를 줄이는 대체 냉매이다.

49 **도어 록 제어(door lock control)에 대한 설명으로 옳은 것은?**

① 점화 스위치 ON 상태에서만 도어를 Unlock으로 제어한다.
② 점화 스위치를 OFF로 하면 모든 도어 중 하나라도 록상태일 경우 전 도어를 록(lock)시킨다.
③ 도어 록 상태에서 주행 중 충돌 시 에어백 ECU로부터 에어백 전개 신호를 입력받아 모든 도어를 Unlock시킨다.
④ 도어 Unlock 상태에서 주행 중 차량 충돌 시 충돌 센서로부터 충돌 정보를 입력받아 승객의 안전을 위해 모든 도어를 잠김(lock)으로 한다.

해설 **에어백과 도어 록 제어(door lock control)** : 주행 중 차속 센서의 신호를 받아 일정 속도 이상 주행 시 자동으로 도어 록되며, 도어 록 상태에서 주행 중 에어백 ECU로부터 에어백 전개(펴짐) 신호를 입력받으면 모든 도어를 Unlock시킨다.

50 **그림과 같이 측정했을 때 저항값[Ω]은?**

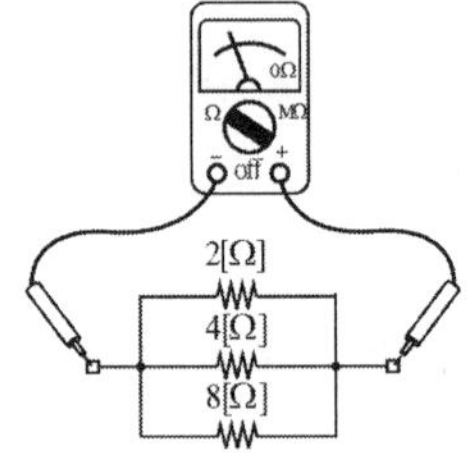

① 14 ② 1/14
③ 8/7 ④ 7/8

해설 병렬 합성 저항 $\frac{1}{R} = \frac{1}{R_1} + \frac{1}{R_2} + \cdots + \frac{1}{R_n}$

$= \frac{1}{2} + \frac{1}{4} + \frac{1}{8} = \frac{7}{8}$ [Ω]

$\therefore R = \frac{8}{7}$[Ω]

answer 45.① 46.① 47.④ 48.① 49.③ 50.④

51 **차량에 축전지를 교환할 때 안전하게 작업하려면 어떻게 하는 것이 제일 좋은가?**

① 두 케이블을 동시에 함께 연결한다.
② 점화 스위치를 넣고 연결한다.
③ 케이블 연결 시 접지 케이블을 나중에 연결한다.
④ 케이블 탈착 시 (+)케이블을 먼저 떼어낸다.

해설 축전지 연결 순서
㉠ 축진지 탈거 시 접지 (−)케이블을 먼저 떼어내고, 절연 (+)케이블을 떼어낸다.
㉡ 축전지 설치 시 절연 (+)케이블을 먼저 연결하고, 접지 (−)케이블을 연결한다.

52 **다음 중 유압식 브레이크 정비에 대한 설명으로 틀린 것은?**

① 패드는 안쪽과 바깥쪽을 세트로 교환한다.
② 패드는 좌·우 어느 한쪽이 교환 시기가 되면 좌·우 동시에 교환한다.
③ 패드 교환 후 브레이크 페달을 2 ~ 3회 밟아준다.
④ 브레이크액은 공기와 접촉 시 비등점이 상승하여 제동 성능이 향상된다.

해설 브레이크 라인에 공기가 유입되면 제동력이 약화되거나 제동이 되지 않는 경우가 발생하므로, 브레이크액에 공기가 혼입되어서는 안 된다.

53 **자동차의 기동 전동기 탈·부착 작업 시 안전에 대한 유의 사항으로 틀린 것은?**

① 배터리 단자에서 터미널을 분리시킨 후 작업한다.
② 차량 아래에서 작업 시 보안경을 착용하고 작업한다.
③ 기동 전동기를 고정시킨 후 배터리 단자를 접속한다.
④ 배터리 벤트 플러그는 열려 있는지 확인 후 작업한다.

배터리의 벤트 플러그가 열려 있어서는 안 된다.
※ **벤트 플러그**: 축전지 커버에 설치되어 있으며, 전해액이나 물을 보충하고 막는 마개로 중앙에 구멍이 있어 축전지 내부에서 발생된 가스나 산소를 방출하는 역할을 한다.

54 **실린더의 마멸량 및 내경 측정에 사용되는 기구와 관계없는 것은?**

① 버니어 캘리퍼스
② 실린더 게이지
③ 외측 마이크로미터와 텔레스코핑 게이지
④ 내측 마이크로미터

실린더 벽 마모량 점검 시 보어 게이지, 내측 마이크로미터, 텔레스코핑 게이지와 외측 마이크로미터를 사용하여 정밀하게 측정하여야 하며, 버니어 캘리퍼스로 실린더 마멸량 및 내경 측정을 할 수는 있으나 정밀한 측정을 하기는 어렵다.

55 **하이브리드 자동차의 정비 시 주의 사항에 대한 내용으로 틀린 것은?**

① 하이브리드 모터 작업 시 휴대폰, 신용카드 등은 휴대하지 않는다.
② 고전압 케이블(U, V, W상)의 극성은 올바르게 연결한다.
③ 도장 후 고압 배터리는 헝겊으로 덮어두고 열처리한다.
④ 엔진 룸의 고압 세차는 하지 않는다.

해설 고압 배터리는 열에 의한 폭발 우려가 있으므로 탈거한 후 열처리한다.

56 **화재 발생 시 소화 작업 방법으로 틀린 것은?**

① 산소 공급을 차단한다.
② 유류 화재 시 표면에 물을 붓는다.
③ 가연 물질의 공급을 차단한다.
④ 점화원을 발화점 이하의 온도로 낮춘다.

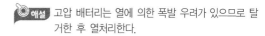

answer 51.③ 52.④ 53.④ 54.① 55.③ 56.②

해설 화재 발생 시 소화의 기본 요소
㉠ 산소를 차단한다.
㉡ 가연 물질을 제거한다.
㉢ 점화원을 냉각시킨다.

57 **드릴 머신 작업의 주의 사항으로 틀린 것은?**

① 회전하고 있는 주축이나 드릴에 손이나 걸레를 대거나 머리를 가까이 하지 않는다.
② 드릴의 탈부착은 회전이 완전히 멈춘 다음 행한다.
③ 가공 중 드릴에서 이상음이 들리면 회전 상태로 그 원인을 찾아 수리한다.
④ 작은 물건은 바이스를 사용하여 고정한다.

해설 드릴 작업 시 주의 사항
㉠ 드릴을 끼운 뒤 척키를 반드시 빼놓는다.
㉡ 드릴은 주축에 튼튼하게 장치하여 사용한다.
㉢ 드릴 회전 후 테이블을 조정하지 않는다.
㉣ 드릴의 날이 무디어 이상한 소리가 날 때는 회전을 멈추고 드릴을 교환하거나 연마한다.
㉤ 드릴 회전 중 칩을 손으로 털거나 바람으로 불지 않는다.
㉥ 가공물에 구멍을 뚫을 때 회전에 의한 사고에 대비하여 가공물을 바이스에 물리고 작업한다.
㉦ 가공 중 드릴에서 이상음이 들리면 회전을 정지시킨 상태에서 그 원인을 찾아 수리한다.

58 **어떤 제철 공장에서 400명의 종업원이 1년간 작업하는 가운데 신체장애 등급 11급, 1급 1명이 발생하였다. 재해 강도율[%]은 약 얼마인가?**
(단, 1일 8시간 작업하고, 연 300일 근무한다)

① 10.98　② 11.98
③ 12.98　④ 13.98

해설 강도율은 연 근로시간 1,000시간당 재해에 잃어버린 일수로 표시한다.

$$강도율 = \frac{근로\ 손실\ 일수}{연근로\ 시간수} \times 10^3$$

$$근로\ 손실\ 일수 = 400 \times 10 + 7,500 \times 1 = 11,500일$$

$$연\ 근로\ 시간 = 400 \times 8 \times 300 = 960,000$$

$$\therefore 강도율 = \frac{11,500}{960,000} \times 10^3 = 11.98[\%]$$

59 **정밀한 기계를 수리할 때 부속품의 세척(청소) 방법으로 가장 안전한 방법은?**

① 걸레로 닦는다.
② 와이어 브러시를 사용한다.
③ 에어건을 사용한다.
④ 솔을 사용한다.

해설 정밀한 부속품은 에어건을 이용하여 공기로 세척한다.

60 **해머 작업 시 안전 수칙으로 틀린 것은?**

① 해머는 처음과 마지막 작업 시 타격력을 크게 할 것
② 해머로 녹슨 것을 때릴 때에는 반드시 보안경을 쓸 것
③ 해머의 사용면이 깨진 것은 사용하지 말 것
④ 해머 작업 시 타격 가공하려는 곳에 눈을 고정 시킬 것

해설 해머 작업 시 주의 사항
㉠ 타격 시 처음 타격력을 약하고, 서서히 할 것
㉡ 장갑을 끼지 말 것
㉢ 보안경을 착용할 것
㉣ 타격하려는 곳에 시선을 고정할 것
㉤ 해머의 사용면이 깨진 것은 사용하지 말 것

answer　57.③　58.②　59.③　60.①

자동차정비기능사

제 9 회 기출복원 및 실전모의고사

1 **베어링이 하우징 내에서 움직이지 않게 하기 위하여 베어링의 바깥 둘레를 하우징의 둘레보다 조금 크게 하여 차이를 두는 것은?**

① 베어링 크러시 ② 베어링 스프레드
③ 베어링 돌기 ④ 베어링 어셈블리

해설 베어링 크러시는 베어링이 하우징 내에서 움직이지 않게 하기 위하여 베어링의 바깥 둘레를 하우징의 둘레보다 조금 크게 하여 차이를 두는 것이며, 조립 시 압착시켜 베어링 면의 열전도율을 향상시킨다.

2 **디젤 연료 분사 펌프의 플런저가 하사점에서 플런저 배럴의 흡·배기 구멍을 닫기까지, 즉 송출 직전까지의 행정은?**

① 예비 행정 ② 유효 행정
③ 변행정 ④ 정행정

해설 예비 행정은 연료 분사 펌프의 플런저가 하사점에서 플런저 배럴의 흡·배기 구멍을 닫기까지, 즉 송출 직전까지의 행정을 말한다.

3 **단위에 대한 설명으로 옳은 것은?**

① 1 [PS]는 75 [kgf·m/h]의 일률이다.
② 1 [J]은 0.24 [cal]이다.
③ 1 [kW]는 1,000 [kgf·m/s]의 일률이다.
④ 초속 1 [m/s]는 시속 36 [km/h]와 같다.

해설 ① 1 [PS] = 75 [kgf·m/s]의 일률이다.
③ 1 [kW] = 102 [kgf·m/s]의 일률이다.
④ 시속 3.6 [km/h] = 초속 1 [m/s]와 같다.
단위
㉠ kgf : 힘(구동력)의 단위
㉡ kgf·m : 일의 단위
㉢ PS, kgf·m/w : 일률(마력)의 단위

4 **센서 및 액추에이터 점검·정비 시 적절한 점검 조건이 잘못 짝지어진 것은?**

① AFS－시동 상태
② 컨트롤 릴레이－점화 스위치 ON 상태
③ 점화 코일－주행 중 감속 상태
④ 크랭크 각 센서－크랭킹 상태

해설 점화 코일은 크랭킹 상태에서 고전압이 발생할 때 점검하는 것이 적절하다.

5 **압축 압력 시험에서 압축 압력이 떨어지는 요인으로 가장 거리가 먼 것은?**

① 헤드 가스켓 소손
② 피스톤링 마모
③ 밸브시트 마모
④ 밸브 가이드 고무 마모

해설 밸브 가이드의 고무 실링이 마모되면 연소실에 엔진오일이 유입되지만, 압축 압력에는 영향을 미치지 않는다.

6 **기관의 윤활 장치를 점검해야 하는 이유로 거리가 먼 것은?**

① 윤활유 소비가 많다.
② 유압이 높다.
③ 유압이 낮다.
④ 오일 교환을 자주한다.

해설 윤활 장치는 윤활유 소비가 많을 때, 유압이 규정보다 낮거나 높을 때 점검한다.

answer 1.① 2.① 3.② 4.③ 5.④ 6.④

7 **기관에서 공기 과잉률이란 무엇인가?**

① 이론 공연비
② 실제 공연비
③ 공기 흡입량 ÷ 연료 소비량
④ 실제 공연비 ÷ 이론 공연비

해설 공기 과잉률 $= \dfrac{\text{실제 혼합비}}{\text{이론 혼합비}}$

공기 과잉률은 이론적으로 필요한 혼합비와 실제 혼합비와의 비를 말한다.

8 **밸브 오버랩에 대한 설명으로 옳은 것은?**

① 밸브 스프링을 이중으로 사용하는 것
② 밸브 시트와 면의 접촉 면적
③ 흡 · 배기 밸브가 동시에 열려 있는 상태
④ 로커 암에 의해 밸브가 열리기 시작할 때

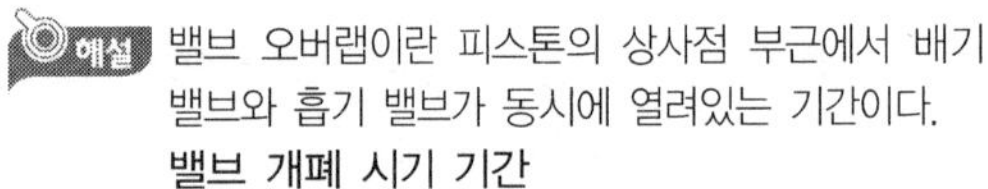

해설 밸브 오버랩이란 피스톤의 상사점 부근에서 배기 밸브와 흡기 밸브가 동시에 열려있는 기간이다.

밸브 개폐 시기 기간

㉠ 밸브 오버랩 : 흡기 밸브 열림 각도 + 배기 밸브 닫힘 각도
㉡ 흡기 행정 기간 : 흡기 밸브 열림 각도 + 흡기밸브 닫힘 각도 + 180
㉢ 배기 행정 기간 : 배기 밸브 열림 각도 + 배기 밸브 닫힘 각도 + 180

9 **가솔린의 조성 비율(체적)이 이소옥탄 80, 노멀헵탄 20인 경우 옥탄가는?**

① 20 ② 40
③ 60 ④ 80

해설 옥탄가 $= \dfrac{\text{이소옥탄}}{\text{이소옥탄} + \text{노멀헵탄}} \times 100[\%]$

$= \dfrac{80}{80+20} \times 100 = 80[\%]$

10 **다음 괄호 안에 들어갈 말로 옳은 것은?**

> NOx 는 (㉠)의 화합물이며, 일반적으로 (㉡)에서 쉽게 반응한다.

① ㉠ 일산화질소와 산소 ㉡ 저온
② ㉠ 일산화질소와 산소 ㉡ 고온
③ ㉠ 질소와 산소 ㉡ 저온
④ ㉠ 질소와 산소 ㉡ 고온

해설 NOx는 질소(N)와 산소(O)의 화합물이며, 일반적으로 고온에서 쉽게 반응 한다.

삼원 촉매 산화 및 환원

㉠ 일산화탄소 CO = CO_2
㉡ 탄화수소 HC = H_2O
㉢ 질소산화물 NOx = N_2

11 **스프링 정수가 5[kgf/mm]의 코일을 1[cm] 압축하는 데 필요한 힘[kgf]은?**

① 5 ② 10
③ 50 ④ 100

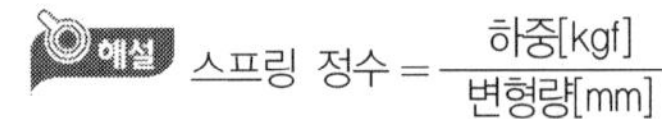

해설 스프링 정수 $= \dfrac{\text{하중[kgf]}}{\text{변형량[mm]}}$

∴ 하중 = 스프링 정수 × 변형량
$= 5[\text{kgf/mm}] \times 10[\text{mm}] = 50[\text{kgf}]$

12 **전자 제어 점화 장치의 파워 TR에서 ECU에 의해 제어되는 단자는?**

① 베이스 단자 ② 콜렉터 단자
③ 이미터 단자 ④ 접지 단자

해설 점화 장치의 파워 TR은 ECU에서 파워 TR 베이스를 ON시키면 점화 코일의 1차 전류는 컬렉터에서 이미터로 흘러 점화 코일이 자화되고, 파워 TR을 OFF시키면 점화 코일에 발생된 고전압이 점화 플러그에 가해지게 되는 원리이다. 파워트랜지스터는 ECU(컴퓨터)에 의해 제어되는 베이스 단자이고, 점화 코일의 1차 코일과 연결되는 컬렉터 단자, 접지가 되는 이미터로 구성되어 있다.

answer 7.④ 8.③ 9.④ 10.④ 11.③ 12.①

13 **디젤 기관에서 분사 시기가 빠를 때 나타나는 현상으로 틀린 것은?**

① 배기가스의 색이 흑색이다.
② 노크 현상이 일어난다.
③ 배기가스의 색이 백색이 된다.
④ 저속 회전이 어려워진다.

해설 디젤 기관의 연료 분사 시기가 빠를 때의 현상
㉠ 노크를 일으키고 노크 소음이 강하다.
㉡ 배기가스 색이 흑색이며 그 양도 많아진다.
㉢ 기관 출력이 저하된다.
㉣ 저속 회전이 잘 안 된다.

14 **차량 총중량이 3.5 [t] 이상인 화물 자동차에 설치되는 후부 안전판의 너비로 옳은 것은?**

① 자동차 너비의 60 [%] 이상
② 자동차 너비의 80 [%] 미만
③ 자동차 너비의 100 [%] 미만
④ 자동차 너비의 120 [%] 이상

해설 자동차 안전 기준에 관한 규칙 제19조 차대 및 차체에 의거 후부 안전판의 너비는 자동차 너비의 100 [%] 미만이어야 한다.

15 **전자 제어 가솔린 엔진에서 인젝터의 고장으로 발생될 수 있는 현상으로 가장 거리가 먼 것은?**

① 연료 소모 증가 ② 배출 가스 감소
③ 가속력 감소 ④ 공회전 부조

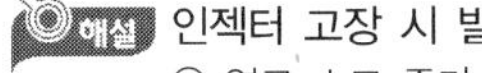
해설 인젝터 고장 시 발생 현상
㉠ 연료 소모 증가
㉡ 기관 출력 저하
㉢ 가속력 저하
㉣ 공회전 부조
㉤ 배출 가스 증가

16 **행정별 피스톤 압축 링의 호흡작용에 대한 내용으로 틀린 것은?**

① 흡입 : 피스톤의 홈과 링의 윗면이 접촉하여 홈에 있는 소량의 오일 침입을 막는다.
② 압축 : 피스톤이 상승하면 링은 아래로 밀리게 되어 위로부터의 혼합기가 아래로 누설되지 않게 한다.
③ 동력 : 피스톤의 홈과 링의 윗면이 접촉하여 링의 윗면으로부터 가스가 누설되는 것을 방지한다.
④ 배기 : 피스톤이 상승하면 링은 아래로 밀리게 되어 위로부터의 연소 가스가 아래로 누설되지 않게 한다.

해설 동력 행정에서는 가스가 피스톤 링을 강하게 가압하고, 링의 아래 면으로부터 가스가 누설되는 것을 방지한다.

17 **아날로그 신호가 출력되는 센서로 틀린 것은?**

① 옵티컬 방식의 크랭크 각 센서
② 스로틀 포지션 센서
③ 흡기 온도 센서
④ 수온 센서

해설 각 신호 센서
㉠ 아날로그 신호 센서: 수온 센서, 흡기 온도 센서, TPS, 산소 센서, 노크 센서, 공기 유량 센서(AFS), MAP 센서, 인덕티브 방식의 크랭크 각 센서
㉡ 디지털 신호 센서: 차속 센서, 상사점 센서, 옵티컬 방식의 크랭크 각 센서

18 **가솔린 엔진의 작동 온도가 낮을 때와 혼합비가 희박하여 실화되는 경우에 증가하는 유해 배출가스는?**

① 산소(O_2) ② 탄화수소(HC)
③ 질소산화물(NO_x) ④ 이산화탄소(CO_2)

해설 탄화수소(HC)의 생성 원인
㉠ 농후한 연료로 인하여 불완전 연소하였을 때
㉡ 화염 전파 후 연소실 내의 냉각 작용으로 혼합기 연소되지 못할 때
㉢ 희박한 혼합기에서 점화 실화가 발생하였을 때
㉣ 엔진 작동 온도가 낮을 때

answer 13.③ 14.③ 15.② 16.③ 17.① 18.②

19 **엔진이 작동 중 과열되는 원인으로 틀린 것은?**

① 냉각수의 부족
② 라디에이터 코어의 막힘
③ 전동 팬 모터 릴레이의 고장
④ 수온 조절기가 열린 상태로 고장

해설 기관 과열의 원인
㉠ 냉각수 부족
㉡ 냉각팬 불량
㉢ 수온 조절기 작동 불량
㉣ 라디에이터 코어가 20[%] 이상 막힘
㉤ 라디에이터 파손
㉥ 라디에이터 캡 불량
㉦ 워터 펌프의 작동 불량
㉧ 팬벨트 마모 또는 이완
㉨ 냉각수 통로의 막힘

20 **4행정 가솔린 기관에서 각 실린더에 설치된 밸브가 3밸브(3-valve)인 경우 옳은 것은?**

① 2개의 흡기 밸브와 흡기보다 직경이 큰 1개의 배기 밸브
② 2개의 흡기 밸브와 흡기보다 직경이 작은 1개의 배기 밸브
③ 2개의 배기 밸브와 배기보다 직경이 큰 1개의 흡기 밸브
④ 2개의 배기 밸브와 배기와 직경이 같은 1개의 배기 밸브

해설 3-valve란 2개의 흡기 밸브와 흡기 밸브보다 직경이 큰 1개의 배기 밸브로 구성된 것이다.

21 **LPG 기관에서 냉각수 온도 스위치의 신호에 의하여 기체 또는 액체 연료를 차단하거나 공급하는 역할을 하는 것은?**

① 과류 방지 밸브
② 유동 밸브
③ 안전 밸브
④ 액 · 기상 솔레노이드 밸브

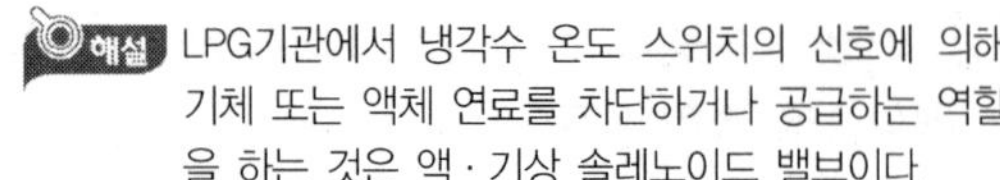
해설 LPG기관에서 냉각수 온도 스위치의 신호에 의해 기체 또는 액체 연료를 차단하거나 공급하는 역할을 하는 것은 액 · 기상 솔레노이드 밸브이다.

22 **176[°F]는 몇 [℃]인가?**

① 76 ② 80
③ 144 ④ 176

해설
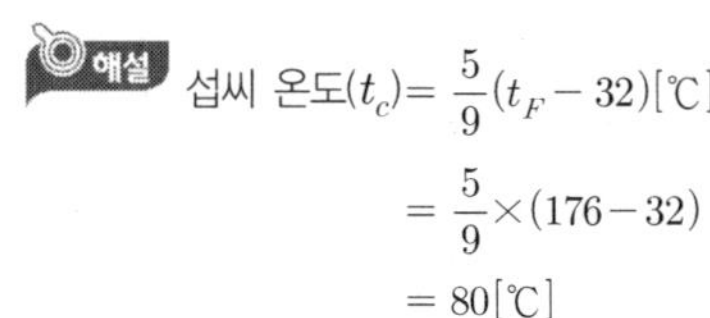
$$\text{섭씨 온도}(t_c) = \frac{5}{9}(t_F - 32)[℃] = \frac{5}{9} \times (176 - 32) = 80[℃]$$

23 **가솔린 연료에서 노크를 일으키기 어려운 성질을 나타내는 수치는?**

① 옥탄가 ② 점도
③ 세탄가 ④ 베이퍼 록

해설 가솔린의 성질은 옥탄가로 표시하며 폭발에 견딜 수 있는 내폭성 정도를 나타내는 것이다.

$$\text{옥탄가} = \frac{\text{이소옥탄}}{\text{이소옥탄} + \text{노멀헵탄}} \times 100[\%]$$

24 **조향 장치에서 조향 기어비가 직진 영역에서 크게 되고 조향각이 큰 영역에서 작게 되는 형식은?**

① 웜 섹터형 ② 웜 롤러형
③ 가변 기어비형 ④ 볼 너트형

해설 가변 기어비형은 조향 기어비가 직진 영역에서는 크게 되고 조향각이 큰 영역에서는 작게 되는 조향 장치이다.

25 **수동 변속기 내부에서 싱크로나이저 링의 기능이 작용하는 시기는?**

① 변속기 내에서 기어가 빠질 때
② 변속기 내에서 기어가 물릴 때
③ 클러치 페달을 밟을 때
④ 클러치 페달을 놓을 때

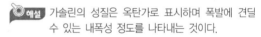

answer 19.④ 20.① 21.④ 22.② 23.① 24.③ 25.②

해설 싱크로나이저 링은 기어 변속 시(물릴 때) 동기시켜 변속을 원활하게 해주는 역할을 한다.

26 **수동 변속기 차량에서 클러치의 구비 조건으로 틀린 것은?**

① 동력 전달이 확실하고 신속할 것
② 방열이 잘 되어 과열되지 않을 것
③ 회전 부분의 평형이 좋을 것
④ 회전 관성이 클 것

 클러치의 구비 조건
㉠ 회전 관성이 작을 것
㉡ 동력 전달이 확실하고 신속할 것
㉢ 방열이 잘 되어 과열되지 않을 것
㉣ 회전 부분의 평형이 좋을 것
㉤ 동력을 차단할 경우 신속하고 확실할 것
㉥ 내열성이 좋을 것

27 **선회 주행 시 자동차가 기울어짐을 방지하는 부품으로 옳은 것은?**

① 너클 암 ② 섀클
③ 타이로드 ④ 스테빌라이저

 스테빌라이저는 독립 현가 방식의 차량이 선회 시 발생하는 롤링(좌우 진동) 현상을 감소시키고, 차량의 평형을 유지시키며, 차체 기울어짐을 방지하기 위하여 설치한다.

28 **마스터 실린더의 내경이 2 [cm], 푸시로드에 100 [kgf]의 힘이 작용하면 브레이크 파이프에 작용하는 유압 [kgf/cm²]은?**

① 약 25 ② 약 32
③ 약 50 ④ 약 200

$$\text{압력[kgf/cm}^2] = \frac{\text{하중}[W]}{\text{단면적}[A]} = \frac{W}{\frac{\pi}{4}D^2}$$

$$P = \frac{W}{A} = \frac{100[\text{kgf}]}{0.785 \times 2^2} = 31.847[\text{kgf/cm}^2]$$

29 **빈번한 브레이크 조작으로 인해 온도가 상승하여 마찰 계수 저하로 제동력이 떨어지는 현상은?**

① 베이퍼 록 현상 ② 페이드 현상
③ 피칭 현상 ④ 시미 현상

해설 브레이크 현상에 따른 설명
㉠ 페이드 현상 : 브레이크의 작동을 계속 반복하면 드럼과 슈의 마찰열이 상승 및 축적되어 라이닝(패드)의 마찰 계수가 저하되어 제동력이 감소되는 것이다.
㉡ 베이퍼 록(vaper lock) 현상 : 브레이크의 잦은 사용이나 끌림 등에 의한 라이닝(패드) 마찰열이 브레이크 파이프 등의 브레이크 회로에 전달되어, 브레이크 회로 내에 기포가 발생되어 공기가 차게 되며 브레이크 페달의 압력 전달이 저하 또는 불가능하게 되는 현상이다.

30 **기계식 주차 레버를 당기기 시작(0 [%])하여 완전 작동(100 [%])할 때까지의 범위 중 주차 가능 범위로 옳은 것은?**

① 10~20 [%] ② 15~30 [%]
③ 50~70 [%] ④ 80~90 [%]

해설 주차 레버의 안전 주차 가능 범위는 전체의 50~70 [%]이다.

31 **링 기어 중심에서 구동 피니언을 편심시킨 것으로 추진축의 높이를 낮게 할 수 있는 종감속 기어는?**

① 직선 베벨 기어 ② 스파이럴 베벨 기어
③ 스퍼 기어 ④ 하이포이드 기어

해설 하이포이드 기어는 링 기어 중심보다 구동 피니언 기어의 중심을 낮게 편심 시켜(10~20 [%]) 추진축의 높이를 낮게 할 수 있어 무게 중심이 낮아진다.

32 **자동 변속기의 토크 컨버터에서 작동 유체의 방향을 변환시키며 토크 증대를 위한 것은?**

① 스테이터 ② 터빈
③ 오일 펌프 ④ 유성 기어

answer 26.④ 27.④ 28.② 29.② 30.③ 31.④ 32.①

해설 토크 컨버터

㉠ 유체 클러치의 개량형으로 동력 전달 효율은 97 ~ 98 [%]이고, 토크 컨버터의 토크 변환율은 2 ~ 3 : 1이다.

㉡ 토크 컨버터에서 작동 유체의 방향을 변환시키고 토크를 증대시키는 것은 스테이터이다.

33 **제3의 브레이크(감속 제동 장치)로 틀린 것은?**

① 엔진 브레이크 ② 배기 브레이크

③ 와전류 브레이크 ④ 주차 브레이크

해설 브레이크 분류

㉠ 제1브레이크 : 풋 브레이크

㉡ 제2브레이크 : 주차 브레이크

㉢ 제3브레이크 : 엔진 브레이크, 배기 브레이크, 와전류 브레이크 등

34 **타이어의 스탠딩 웨이브 현상에 대한 내용으로 옳은 것은?**

① 스탠딩 웨이브를 줄이기 위해 고속 주행 시 공기압을 10 [%] 정도 줄인다.

② 스탠딩 웨이브가 심하면 타이어 박리 현상이 발생할 수 있다.

③ 스탠딩 웨이브는 바이어스 타이어보다 레디얼 타이어에서 많이 발생한다.

④ 스탠딩 웨이브 현상은 하중과 무관하다.

해설 스탠딩 웨이브

㉠ 차량의 고속 주행시 노면과의 충격에 의해 타이어가 마치 물결 모양으로 정지한 것처럼 보이는 현상으로, 심하면 타이어 박리 현상이 발생할 수 있다.

㉡ 스탠딩 웨이브 방지법

- 저속 운행한다.
- 자동차의 하중을 작게 한다.
- 타이어 공기압을 높인다(10 ~ 15 [%]).
- 강성이 큰 레이디얼 타이어를 사용한다.

35 **우측으로 조향을 하고자 할 때 앞바퀴의 내측 조향각이 45°, 외측 조향각이 42°이고 축간 거리는 1.5 [m], 킹핀과 바퀴 접지면까지 거리가 0.3 [m]일 경우 최소 회전 반경은?** (단, $\sin30° = 0.5$, $\sin42° = 0.67$, $\sin45° = 0.71$)

① 약 2.41 ② 약 2.54

③ 약 3.30 ④ 약 5.21

최소 회전 반경 $R = \frac{L}{\sin\alpha} + r$

$= \frac{1.5}{\sin42°} + 0.3 = 2.54\,[\mathrm{m}]$

여기서, α : 외측 바퀴 회전각도(°)

L : 축거리 [m]

r : 타이어 중심과 킹핀과의 거리 [m]

36 **자동 변속기의 제어 시스템을 입력과 제어, 출력으로 나누었을 때 출력 신호는?**

① 차속 센서

② 유온 센서

③ 펄스 제너레이터

④ 변속 제어 솔레노이드

해설 자동 변속기의 신호

㉠ 자동 변속기 입력 신호

- 인히비터 스위치
- 유온 센서
- 브레이크 스위치
- 입력측 속도 센서(펄스 제네레이터-A)
- 출력측 속도 센서(펄스 제네레이터-B) 등

㉡ 자동 변속기 출력 신호

- DCCSV(댐퍼클러치 솔레노이드 밸브)
- 자기 진단
- 변속 제어 솔레노이드 밸브
- A/T 제어 릴레이 등

37 **차륜 정렬 측정 및 조정을 해야 할 이유와 거리가 먼 것은?**

① 브레이크의 제동력이 약할 때

② 현가 장치를 분해 · 조립했을 때

③ 핸들이 흔들리거나 조작이 불량할 때

④ 충돌 사고로 인해 차체에 변형이 생겼을 때

answer 33.④ 34.② 35.② 36.④ 37.①

해설 현가 장치 정비 후, 충돌 사고로 인한 차체 변형 시 꼭 앞바퀴 정렬 상태를 점검 및 조정 하여야 하고 브레이크 제동력과 차륜의 정렬과는 관련이 없다.

앞바퀴 정렬(얼라이먼트)**의 역할**

㉠ 조향 핸들의 조작을 작은 힘으로 할 수 있게 한다.
㉡ 조향 조작이 확실하고 안정성을 준다.
㉢ 타이어 마모를 최소화한다.
㉣ 조향 핸들에 복원성을 준다.

38 전자 제어 제동 시스템(ABS)을 입력 · 제어 출력으로 나누었을 때 입력이 아닌 것은?

① 스피드 센서 ② 모터 릴레이
③ 브레이크 스위치 ④ 축전지 전원

 ABS 입력은 휠 스피드센서, 브레이크 스위치 ABS 출력은 하이드롤릭 유닛(유압 조정기)로 나뉘며 ABS의 설치 목적은 다음과 같다.

㉠ 제동 거리를 단축시킨다.
㉡ 미끄러짐을 방지하여 차체 안정성을 유지한다.
㉢ ECU에 의해 브레이크를 컨트롤하여 조종성을 확보한다.
㉣ 앞바퀴의 잠김 방지에 따른 조향 능력 상실을 방지한다.
㉤ 뒷바퀴의 잠김을 방지하여 차체 스핀에 의한 전복을 방지한다.

전자 제어 제동 장치(ABS)**의 구성 부품**

㉠ 휠 스피드 센서 : 차륜의 회전상태 검출
㉡ 전자 제어 컨트롤 유닛(ECU) : 휠 스피드 센서의 신호를 받아 ABS 제어
㉢ 하이드롤릭 유닛 : ECU의 신호에 따라 휠 실린더에 공급되는 유압을 제어
㉣ 프로포셔닝 밸브 : 제동 시 뒷바퀴가 조기에 고착되지 않도록 뒷바퀴의 유압 제어

39 조향 장치의 동력 전달 순서로 옳은 것은?

① 핸들 - 타이로드 - 조향 기어 박스 - 피트먼 암
② 핸들 - 섹터 축 - 조향 기어 박스 - 피트먼 암
③ 핸들 - 조향 기어 박스 - 섹터 축 - 피트먼 암
④ 핸들 - 섹터 축 - 조향 기어 박스 - 타이로드

해설 **조향 장치의 동력 전달 순서** : 핸들 > 조향 기어 박스 > 섹터 축 > 피트먼 암 > 릴레이 로드 > 타이 로드 > 너클 > 바퀴

40 기관의 회전수가 2,400 [rpm]이고, 총감속비가 8 : 1, 타이어 유효 반경이 25 [cm]일 때 자동차의 시속 [km/h]은?

① 약 14 ② 약 18
③ 약 21 ④ 약 28

해설 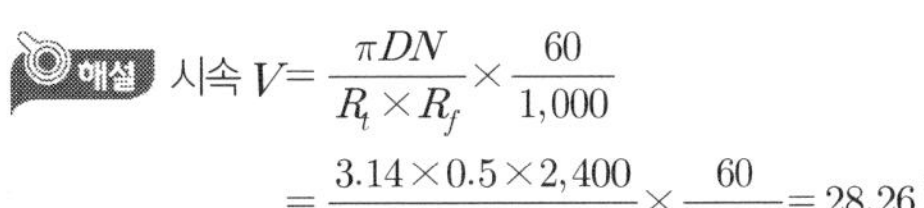

시속 $V = \dfrac{\pi DN}{R_t \times R_f} \times \dfrac{60}{1{,}000}$

$= \dfrac{3.14 \times 0.5 \times 2{,}400}{8} \times \dfrac{60}{1{,}000} = 28.26$ [km/h]

여기서, D : 타이어 직경 [m]
N : 엔진 회전수 [rpm]
R_t : 변속비
R_f : 종감속비

41 납산 축전지(battery)의 방전 시 화학 반응에 대한 설명으로 틀린 것은?

① 극판의 과산화납은 점점 황산납으로 변한다.
② 극판의 해면상납은 점점 황산납으로 변한다.
③ 전해액은 물만 남게 된다.
④ 전해액의 비중은 점점 높아진다.

 축전지 방전 시 전해액의 비중은 점점 낮아지며, (+)극판의 과산화납(PbO_2)과 (−)극판의 해면상납(Pb)은 배터리의 극판에 서서히 형성되는 딱딱하고 녹지 않는 화합물 황산납($PbSO_4$)으로, 전해액인 묽은 황산은 물로 변한다.

42 엔진 오일 압력이 일정 이하로 떨어졌을 때 점등되는 경고등은?

① 연료 잔량 경고등
② 주차 브레이크등
③ 엔진 오일 경고등
④ ABS 경고등

 **경고등의 계기판 점등**

㉠ 엔진 오일 경고등 : 엔진 오일이 일정 압력 이하일 때
㉡ 연료 잔량 경고등 : 연료의 양이 부족할 때
㉢ 주차 브레이크 등 : 주차 브레이크 작동, 브레이크 액 부족
㉣ ABS 경고등 : 브레이크 스위치 불량, ABS 모듈 불량 등

answer 38.② 39.③ 40.④ 41.④ 42.③

43 트랜지스터(TR)의 설명으로 틀린 것은?

① 증폭 작용을 한다.
② 스위칭 작용을 한다.
③ 아날로그 신호를 디지털 신호로 변환한다.
④ 이미터, 베이스, 컬렉터의 리드로 구성되어 있다.

해설 트랜지스터는 이미터, 베이스, 컬렉터로 구성되어 증폭과 스위칭 작용을 한다. 아날로그 신호를 디지털 신호로 변환하는 것은 A/D 컨버터이다.

44 현재의 연료 소비율, 평균 속도, 항속 가능 거리 등의 정보를 표시하는 시스템으로 옳은 것은?

① 종합 경보 시스템(ETACS 또는 ETWIS)
② 엔진 · 변속기 통합 제어 시스템(ECM)
③ 자동 주차 시스템(APS)
④ 트립(trip) 정보 시스템

해설 트립 정보 시스템(trip computer)은 주행 거리, 주행 가능 거리, 평균 속도, 주행 시간, 연료 소비율 등 차량의 주행과 관련된 정보를 표시해 운전자에게 주행 정보를 전달한다.

45 발전기 스테이터 코일의 시험 중 그림은 어떤 시험인가?

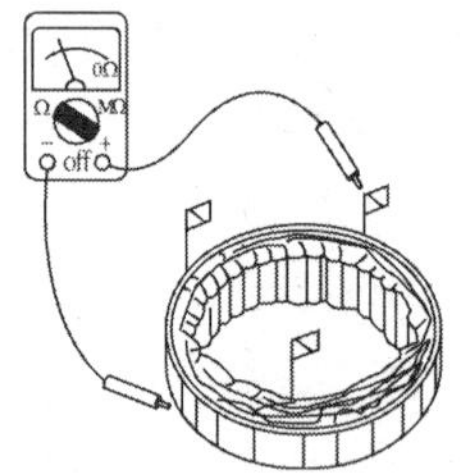

① 코일과 철심의 절연 시험
② 코일의 단선 시험
③ 코일과 브러시의 단락 시험
④ 코일과 철심의 전압 시험

해설 스테이터 코일에서 코일과 철심의 절연 시험을 하고 있다.

46 점화 코일의 1차 저항을 측정할 때 사용하는 측정기로 옳은 것은?

① 진공 시험기 ② 압축 압력 시험기
③ 회로 시험기 ④ 축전지 용량 시험기

해설 점화 코일 1차 저항은 회로 시험기를 이용하여 측정한다.

47 전자 제어 방식의 뒷유리 열선 제어에 대한 설명으로 틀린 것은?

① 엔진 시동 상태에서만 작동한다.
② 열선은 병렬 회로로 연결되어 있다.
③ 정확한 제어를 위해서 릴레이를 사용하지 않는다.
④ 일정 시간 작동 후 자동으로 OFF된다.

해설 뒷유리 열선 제어는 엔진 시동 상태에서만 작동하며, 정확한 제어를 위해 열선 릴레이를 사용하며, 열선은 병렬 회로로 연결되어 있고, 일정 시간 작동 후 자동으로 OFF된다.

48 디젤 승용 자동차의 시동 장치 회로 구성 요소로 틀린 것은?

① 축전지 ② 기동 전동기
③ 점화 코일 ④ 예열 · 시동 스위치

해설 디젤 기관의 시동 회로는 축전지, 예열 장치, 시동 스위치, 기동 전동기가 있으며 디젤 기관은 압축 착화 방식이므로 점화 장치를 사용하지 않는다.

49 PNP형 트랜지스터의 순방향 전류는 어떤 방향으로 흐르는가?

① 컬렉터에서 베이스로
② 이미터에서 베이스로
③ 베이스에서 이미터로
④ 베이스에서 컬렉터로

해설 트랜지스터의 흐름
㉠ PNP형 트랜지스터 : 베이스에 (−)신호가 가해지면 이미터에서 컬렉터로 흐른다.
㉡ NPN형 트랜지스터 : 베이스에 (+)신호가 가해지면 컬렉터에서 이미터로 흐른다.

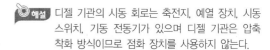

answer 43.③ 44.④ 45.① 46.③ 47.③ 48.③ 49.②

50 **축전지의 극판이 영구 황산납으로 변하는 원인으로 틀린 것은?**

① 전해액이 모두 증발되었다.
② 방전된 상태로 장기간 방치하였다.
③ 극판이 전해액에 담겨 있다.
④ 전해액 비중이 너무 높은 상태로 관리하였다.

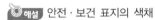

해설 극판의 영구 황산납으로의 변화 원인
㉠ 장기간 방전 상태로 방치하였을 때
㉡ 전해액의 비중이 너무 높거나 낮을 때
㉢ 전해액에 불순물이 포함되어 있을 때
㉣ 전해액이 모두 증발되어 극판이 노출되었을 때

51 **산업 안전 보건법상 작업 현장 안전 · 보건 표지 색채에서 화학 물질 취급 장소에서의 유해 · 위험 경고 용도로 사용되는 색채는?**

① 빨간색 ② 노란색
③ 녹색 ④ 검은색

안전 · 보건 표지의 색채
㉠ 빨간색 : 정 지신호, 유해 행위의 금지 및 화학 물질 취급 장소에서의 유해 · 위험 경고
㉡ 노란색 : 주의 표지, 기계 방호물
㉢ 파란색 : 특정 행위의 지시 및 사실의 고지
㉣ 녹색 : 비상구 안내 및 사람, 차량의 통행 표지
㉤ 흰색 : 파란색 또는 녹색에 대한 보조색
㉥ 검은색 : 문자 및 빨간색 또는 노란색에 대한 보조색

52 **정작업 시 주의할 사항으로 틀린 것은?**

① 정 작업 시에는 보호안경을 사용할 것
② 철재를 절단할 때는 철편이 튀는 방향에 주의할 것
③ 자르기 시작할 때와 끝날 무렵에 세게 칠 것
④ 담금질된 재료는 깎아내지 말 것

해설 정작업 시 주의 사항
㉠ 보호안경을 착용할 것
㉡ 처음에는 약하게 타격하고 점점 강하게 타격할 것
㉢ 열처리한 재료는 정으로 작업하지 말 것
㉣ 정의 머리가 찌그러진 것은 수정하여 사용할 것
㉤ 정 작업 시 버섯머리는 그라인더로 갈아서 사용할 것
㉥ 철재 절단 시 철편 튀는 방향에 주의할 것

53 **정비용 기계의 검사 · 유지 · 수리에 대한 내용으로 틀린 것은?**

① 동력 기계의 급유 시에는 서행한다.
② 동력 기계의 이동 장치에는 동력 차단 장치를 설치한다.
③ 동력 차단 장치는 작업자 가까이에 설치한다.
④ 청소할 때는 운전을 정지한다.

해설 급유 시에는 동력 기계의 가동을 중지하여야 한다.

54 **공기 압축기에서 공기 필터의 교환 작업 시 주의 사항으로 틀린 것은?**

① 공기 압축기를 정지시킨 후 작업한다.
② 고정된 볼트를 풀고 뚜껑을 열어 먼지를 제거한다.
③ 필터는 깨끗이 닦거나 압축 공기로 이물을 제거한다.
④ 필터에 약간의 기름칠을 하여 조립한다.

해설 공기 필터에 기름을 칠하게 되면 공기 라인에 기름이 유입될 수 있으므로 금지한다.

55 **안전 사고율 중 도수율(빈도율)을 나타내는 표현식은?**

① (연간 사상자수/평균 근로자수)×100만
② (사고 건수/연근로 시간수)×100만
③ (노동 손실일수/노동 총시간수)×100만
④ (사고 건수/노동 총시간수)×100만

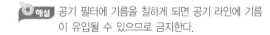

해설 **도수율** : 연근로 시간 합계 100만 시간당 재해 발생 건수를 말한다.

$$\text{도수율} = \frac{\text{재해 건수}}{\text{연근로 시간수}} \times 1{,}000{,}000$$

answer 50.③ 51.① 52.③ 53.① 54.④ 55.②

56 브레이크에 페이드 현상이 일어났을 때 운전자가 취할 응급 처치로 가장 옳은 것은?

① 자동차의 속도를 조금 올려준다.
② 자동차를 세우고 열이 식도록 한다.
③ 브레이크를 자주 밟아 열을 발생시킨다.
④ 주차 브레이크를 대신 사용한다.

해설 페이드 현상
㉠ 브레이크의 작동을 계속 반복하면 드럼과 슈의 마찰열이 상승 및 축적되어 라이닝(패드)의 마찰 계수가 저하 되어 제동력이 감소되는 것이다.
㉡ 페이드 현상 발생 시 자동차를 세우고 열을 식히도록 한다.

57 전동 공구 사용 시 전원이 차단되었을 경우 안전한 조치 방법은?

① 전기가 다시 들어오는지 확인하기 위해 전동 공구를 ON 상태로 둔다.
② 전기가 다시 들어올 때까지 전동 공구의 ON-OFF를 계속 반복한다.
③ 전동 공구 스위치는 OFF 상태로 전환한다.
④ 전동 공구는 플러그를 연결하고 스위치는 ON 상태로 하여 대피한다.

해설 전동 공구 사용 시 정전 등의 전원이 차단되는 경우 다시 작동될 때를 대비하여 전동 공구 스위치를 OFF 상태로 전환하여야 한다.

58 가솔린 기관의 진공도 측정 시 안전에 관한 내용으로 적합하지 않은 것은?

① 기관의 벨트에 손이나 옷자락이 닿지 않도록 주의한다.
② 작업 시 주차 브레이크를 걸고 고임목을 괴어둔다.
③ 리프트를 눈높이까지 올린 후 점검한다.
④ 화재 위험이 있으니 소화기를 준비한다.

해설 진공도의 측정은 기관의 가동 상태에서 측정하는 것으로, 평지에서 안전하게 측정한다.

59 축전지를 차에 설치한 채 급속 충전할 때의 주의 사항으로 틀린 것은?

① 축전지 각 셀(cell)의 플러그를 열어 놓는다.
② 전해액 온도가 45 [℃]를 넘지 않도록 한다.
③ 축전지 가까이에서 불꽃이 튀지 않도록 한다.
④ 축전지의 양(+, −) 케이블을 단단히 고정하고 충전한다.

해설 축전지 급속 충전 시 주의 사항
㉠ 통풍이 잘 되는 곳에서 충전한다.
㉡ 충전 중인 축전지에 충격을 가하지 않는다.
㉢ 전해액의 온도가 45 [℃]가 넘지 않도록 한다.
㉣ 축전지 접지 케이블 분리 상태에서 축전지 용량의 50 [%] 전류로 충전하기 때문에 충전 시간은 짧게 한다.
㉤ 충전 중인 축전지에 충격을 가하지 않도록 한다.

60 운반 기계에 대한 안전 수칙으로 틀린 것은?

① 무거운 물건을 운반할 경우에는 반드시 경종을 울린다.
② 흔들리는 화물은 사람이 승차해 붙잡도록 한다.
③ 기중기는 규정 용량을 초과하지 않는다.
④ 무거운 물건을 상승시킨 채 오랫동안 방치하지 않는다.

해설 흔들리는 화물은 사람이 붙잡지 않고, 움직이지 못하도록 단단히 묶어야 하며 화물이 있는 화물칸에는 사람이 승차하지 못하도록 하여야 한다.

answer 56.② 57.③ 58.③ 59.④ 60.②

제10회

자동차정비기능사

기출복원 및 실전모의고사

1 **엔진이 2,000 [rpm]으로 회전하고 있을 때 그 출력이 65 [PS]라고 하면 이 엔진의 회전력은 몇 [m · kgf]인가?**

① 23.27　② 24.45
③ 25.46　④ 26.38

해설 제동 마력 $= \dfrac{2\pi TN}{75 \times 60} = \dfrac{TN}{716}$

$$= \frac{716 \times PS}{N} = \frac{716 \times 65}{2{,}000} = 23.27\,[\text{m} \cdot \text{kgf}]$$

여기서, T: 회전력 [kgf · m]
N: 기관 회전 속도 [rpm]

2 **디젤 기관의 연소실 중 피스톤 헤드부의 요철에 의해 생성되는 연소실은?**

① 예연소실식　② 공기실식
③ 와류실식　④ 직접 분사실식

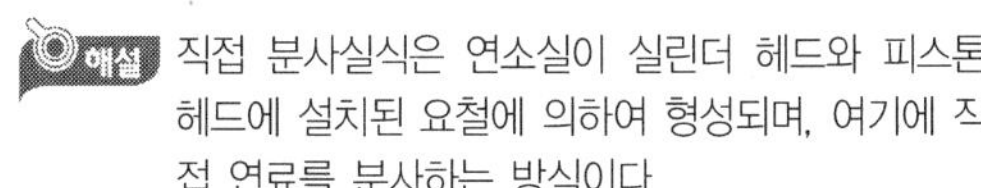

해설 직접 분사실식은 연소실이 실린더 헤드와 피스톤 헤드에 설치된 요철에 의하여 형성되며, 여기에 직접 연료를 분사하는 방식이다.

3 **기관의 밸브 장치에서 기계식 밸브 리프트에 비해 유압식 밸브 리프트의 장점으로 맞는 것은?**

① 구조가 간단하다.
② 오일 펌프와 상관없다.
③ 밸브 간극 조정이 필요없다.
④ 워밍업 전에만 밸브 간극 조정이 필요하다.

해설 유압식 밸브 리프트는 오일의 비압축성과 윤활 장치를 순환하는 유압을 이용하여 기관의 작동 온도에 관계없이 항상 밸브 간극을 0으로 유지시키는 장치로, 밸브 간극 조정이 필요없다.

4 **LPG 연료에 대한 설명으로 틀린 것은?**

① 기체 상태는 공기보다 무겁다.
② 저장은 가스 상태로만 한다.
③ 연료 충진은 탱크 용량의 약 85 [%] 정도로 한다.
④ 주변 온도 변화에 따라 봄베의 압력 변화가 나타난다.

해설 LPG는 공기보다 무거우며, 공기의 무게를 1로 했을 때 LPG의 무게는 프로판이 약 1.55, 부탄이 약 2.08배이다. 또한, 액화 석유가스를 압력에 의해 액화시켜 액체 상태로 연료를 저장하며, 주변 환경에 따라 탱크(봄베) 내부의 압력 변화가 생길 수 있어 충진은 탱크(봄베) 용량의 85 [%]로 하여야 한다.

5 **자기 진단 출력이 10진법 2개 코드 방식에서 코드 번호가 55일 때 해당하는 신호는?**

① 
② 
③ 
④

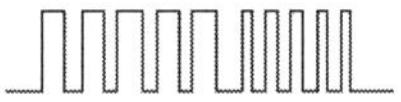

해설 자기 진단 출력 10진법 2개 코드 방식에서 신호선의 폭이 넓은 것은 10을 의미하고, 좁은 것은 1을 의미한다.

answer 1.① 2.④ 3.③ 4.② 5.④

6 기관 정비 작업 시 피스톤링의 이음 간극을 측정할 때 측정 도구로 가장 알맞은 것은?

① 마이크로미터　② 다이얼 게이지
③ 시크니스 게이지　④ 버니어 캘리퍼스

피스톤 링 이음 간극 측정은 실린더에 피스톤 링을 삽입하고 링과 링 사이의 간극을 측정하는 것으로, 시크니스(필러, 틈새, 간극) 게이지로 측정한다.

7 여지 반사식 매연 측정기의 시료 채취관을 배기관에 삽입 시 가장 알맞은 깊이[cm]는?

① 20　② 40
③ 50　④ 60

여지 반사식 매연 측정기의 시료 채취관은 배기관 중앙에 20[cm] 삽입하고 광 투과식은 5[cm] 삽입하여, 총 3회 매연을 측정하여 평균값을 매연 측정값 으로 기록한다. 하지만, 3회 측정 중 5[%] 이상 매연 측정값 차이가 난다면 2회를 추가로 측정하여 최고값과 최저값을 뺀 나머지 3개 측정값의 평균값을 매연 측정값으로 기록한다.

8 엔진의 흡기 장치 구성 요소에 해당하지 않는 것은?

① 촉매 장치
② 서지 탱크
③ 공기 청정기
④ 레조네이터(resonator)

엔진 흡입 계통
㉠ 공기 청정기
㉡ 공기 유량 센서
㉢ 레조네이터
㉣ 흡기 호스
㉤ 서지탱크
㉥ 흡기 다기관
① 촉매장치는 배기가스 정화 장치이다.

9 LPG 기관에서 연료 공급 경로로 맞는 것은?

① 봄베 → 솔레노이드 밸브 → 베이퍼라이저 → 믹서
② 봄베 → 베이퍼라이저 → 솔레노이드 밸브 → 믹서
③ 봄베 → 베이퍼라이저 → 믹서 → 솔레노이드 밸브
④ 봄베 → 믹서 → 솔레노이드 밸브 → 베이퍼라이저

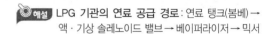

해설 LPG 기관의 연료 공급 경로: 연료 탱크(봄베) → 액 · 기상 솔레노이드 밸브 → 베이퍼라이저 → 믹서

10 기관의 동력을 측정할 수 있는 장비는?

① 멀티미터　② 볼트미터
③ 타코미터　④ 다이나모미터

해설 다이나모미터는 기관의 마력과 토크 등의 동력을 측정할 수 있는 장비이다.

11 엔진의 내경 9[cm], 행정 10[cm]인 1기통 배기량[cc]은?

① 약 666　② 약 656
③ 약 646　④ 약 636

해설 배기량 $V = 0.785 \times D^2 \times L \times Z$
$= 0.785 \times 9^2 \times 10 \times 1 = 635.85$ [cc]
여기서, D: 내경[mm]
L: 행정[mm]
Z: 실린더 수

12 EGR(Exhaust Gas Recirculation) 밸브에 대한 설명 중 틀린 것은?

① 배기가스 재순환 장치이다.
② 연소실 온도를 낮추기 위한 장치이다.
③ 증발 가스를 포집하였다가 연소시키는 장치이다.
④ 질소산화물(NOx) 배출을 감소하기 위한 장치이다.

answer 6.③ 7.① 8.① 9.① 10.③ 11.④ 12.③

해설 배기가스 재순환 장치(EGR)

㉠ 배기가스 재순환 장치(EGR)는 배기가스의 일부를 배기 계통에서 흡기 계통으로 재순환시켜 연소실의 최고 온도를 낮추어 질소산화물(NO_x) 생성을 억제시키는 역할을 한다.

㉡ EGR 파이프, EGR 밸브, 서모 밸브로 구성된다.

㉢ 연소된 가스가 흡입되므로 엔진의 출력이 저하된다.

㉣ 엔진의 냉각수 온도가 낮을 때는 작동하지 않는다.

13 전자 제어 기관에서 인젝터의 연료 분사량에 영향을 주지 않는 것은?

① 산소(O_2) 센서

② 공기 유량 센서(AFS)

③ 냉각 수온 센서(WTS)

④ 핀 서모(fin thermo) 센서

해설 연료 분사량에 영향을 주는 센서

㉠ 공기 유량 센서(AFS)

㉡ MAP 센서

㉢ 산소(O_2) 센서

㉣ 냉각 수온 센서(WTS)

㉤ 스로틀 포지션 센서(TPS)

④ 핀 서모 센서는 에어컨 증발기 코어의 평균 온도가 검출되는 부위에 설치되어 있으며 증발기 코어 핀의 온도를 검출하여 FATC 컴퓨터로 입력시킨다.

14 수냉식 냉각 장치의 장 · 단점에 대한 설명으로 틀린 것은?

① 공랭식보다 소음이 크다.

② 공랭식보다 보수 및 취급이 복잡하다.

③ 실린더 주위를 균일하게 냉각시켜 공랭식보다 냉각 효과가 좋다.

④ 실린더 주위를 저온으로 유지시키므로 공랭식보다 체적 효율이 좋다.

해설 수냉식 냉각 장치는 공랭식보다 실린더 주위를 균일하게 냉각시키기 때문에 냉각 효과가 좋고, 실린더 주위를 저온으로 유지시키므로 체적 효율이 좋으나 보수 및 취급이 복잡하며, 공랭식에 비해 소음이 작다.

15 내연 기관에서 언더 스퀘어 엔진은 어느 것인가?

① 행정 / 실린더 내경 = 1

② 행정 / 실린더 내경 < 1

③ 행정 / 실린더 내경 > 1

④ 행정 / 실린더 내경 ≦ 1

해설 장행정과 단행정

㉠ 언더 스퀘어(장행정) 엔진은 실린더 행정 내경 비율(행정/내경)의 값이 1.0 이상인 엔진이다.

$$\text{언더 스퀘어 엔진(장행정)} = \frac{\text{행정}}{\text{실린더 내경}} > 1$$

㉡ 오버 스퀘어(단행정) 엔진은 실린더 행정 내경 비율(행정/내경)의 값이 1.0 이하인 엔진이다.

16 내연 기관의 윤활 장치에서 유압이 낮아지는 원인으로 틀린 것은?

① 기관 내 오일 부족

② 오일스트레이너 막힘

③ 유압 조절 밸브 스프링 장력 과대

④ 캠축 베어링의 마멸로 오일 간극 커짐

해설 유압 현상의 원인

㉠ 유압이 낮아지는 원인

- 오일 펌프 불량
- 오일 점도가 낮아졌을 때
- 유압 조절 밸브 스프링 약화
- 오일량 부족
- 베어링 오일 간극 과대
- 윤활유 라인 공기 유입
- 오일스트레이너 막힘
- 유압 회로의 누설
- 베어링 마모로 인한 오일 간극 과다

㉡ 유압이 높아지는 원인

- 유압 조정 밸브(릴리프 밸브 – 최대 압력 이상으로 압력이 올라가는 것을 방지) 스프링의 장력이 강할 때
- 윤활 계통의 일부가 막혔을 때
- 윤활유의 점도가 높을 때
- 오일 간극이 작을 때

answer 13.④ 14.① 15.③ 16.③

17 **다음 중 디젤기관에 사용되는 과급기의 역할은?**

① 윤활성의 증대
② 출력의 증대
③ 냉각 효율의 증대
④ 배기의 증대

해설 과급기
㉠ 흡기쪽으로 유입되는 공기량을 조절하여 엔진밀도가 증대되어 출력과 회전력을 증대시키며 연료 소비율을 향상시킨다.
㉡ 과급기 사용의 장점
- 체적 효율이 좋아진다.
- 회전력이 증가한다.
- 평균 유효 압력이 향상된다.
- 엔진의 출력이 증대된다.
- 연료 소비율이 향상된다.
- 잔류 배출 가스를 완전히 배출할 수 있다.

18 **피스톤 행정이 84 [mm], 기관의 회전수가 3,000 [rpm]인 4행정 사이클 기관의 피스톤 평균 속도 [m/s]는 얼마인가?**

① 4.2 ② 8.4
③ 9.4 ④ 10.4

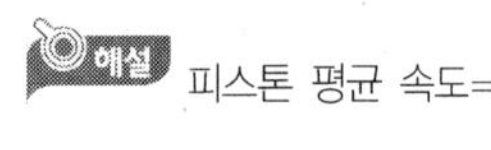

해설 피스톤 평균 속도 $= \frac{2NL}{60} = \frac{NL}{30}$

$= \frac{0.084 \times 3{,}000}{30} = 8.4\,[\mathrm{m/s}]$

여기서, L : 행정 [m]
N : 엔진 회전수 [rpm]

19 **디젤 엔진에서 연료 공급 펌프 중 프라이밍 펌프의 기능은?**

① 기관이 작동하고 있을 때 펌프에 연료를 공급한다.
② 기관이 정지되고 있을 때 수동으로 연료를 공급한다.
③ 기관이 고속 운전을 하고 있을 때 분사 펌프의 기능을 돕는다.
④ 기관이 가동하고 있을 때 분사 펌프에 있는 연료를 빼는 데 사용한다.

해설 프라이밍 펌프는 기관 정지 시 수동으로 연료를 공급하며, 연료 계통 공기 빼기 작업 시에 사용한다.

20 **흡기 계통의 핫 와이어(hot wire) 공기량 계측 방식은?**

① 간접 계량 방식
② 공기 질량 검출 방식
③ 공기 체적 검출 방식
④ 흡입 부압 감지 방식

해설 흡입 공기량의 계측 방법
㉠ 직접 계측 방식
- 체적 검출 : 베인식, 칼만 와류식
- 질량 검출 : 열막(hot film)식, 열선(hot wire)식

㉡ 간접 계측 방식 : MAP 센서 방식으로, 흡기 다기관의 절대 압력으로 흡입 공기량을 계측

21 **기관에 이상이 있을 때 또는 기관의 성능이 현저하게 저하되었을 때 분해 수리의 여부를 결정하기 위한 가장 적합한 시험은?**

① 캠각 시험 ② CO 가스 측정
③ 압축 압력 시험 ④ 코일의 용량 시험

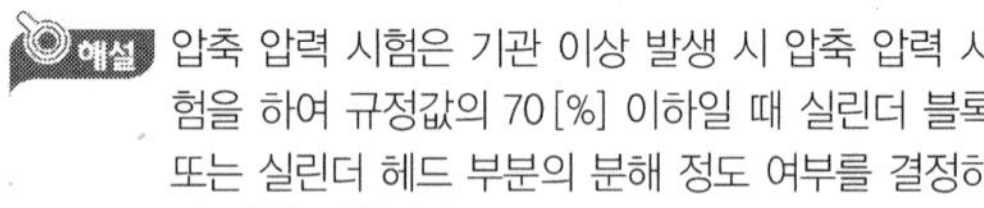

해설 압축 압력 시험은 기관 이상 발생 시 압축 압력 시험을 하여 규정값의 70 [%] 이하일 때 실린더 블록 또는 실린더 헤드 부분의 분해 정도 여부를 결정하기 위한 시험이다.

22 **다음 중 가솔린 엔진에서 점화 장치 점검 방법으로 틀린 것은?**

① 흡기 온도 센서의 출력값을 확인한다.
② 점화코일의 1 · 2차 코일 저항을 확인한다.
③ 오실로스코프를 이용하여 점화 파형을 확인한다.
④ 고압 케이블을 탈거하고 크랭킹 시 불꽃 방전 시험으로 확인한다.

해설 점화 장치 점검
㉠ 점화 코일 1 · 2차 코일의 저항을 측정한다.
㉡ 점화 1 · 2차 파형으로 확인한다.
㉢ 기관 크랭킹 시 불꽃 방전 시험으로 확인한다.

answer 17.② 18.② 19.② 20.② 21.③ 22.①

23 **연료 분사 장치에서 산소 센서의 설치 위치는?**

① 라디에이터
② 실린더 헤드
③ 흡입 매니폴드
④ 배기 매니폴드 또는 배기관

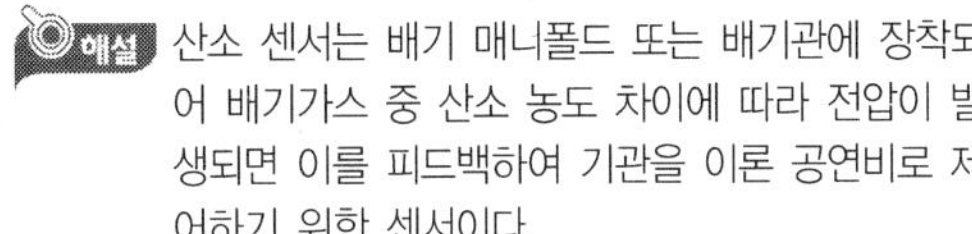

해설 산소 센서는 배기 매니폴드 또는 배기관에 장착되어 배기가스 중 산소 농도 차이에 따라 전압이 발생되면 이를 피드백하여 기관을 이론 공연비로 제어하기 위한 센서이다.

24 **자동차 주행 시 차량 후미가 좌 · 우로 흔들리는 현상은?**

① 바운싱　② 피칭
③ 롤링　④ 요잉

해설
① **바운싱**: Z축을 중심으로 한 병진 운동(차체의 전체가 아래 · 위로 진동)
② **피칭**: Y축을 중심으로 한 회전 운동(차체의 앞과 뒤쪽이 아래 · 위로 진동)
③ **롤링**: X축을 중심으로 한 회전 운동(차체가 좌우로 흔들리는 회전 운동)
④ **요잉**: Z축을 중심으로 한 회전 운동(차체의 뒤폭이 좌 · 우 회전하는 진동)

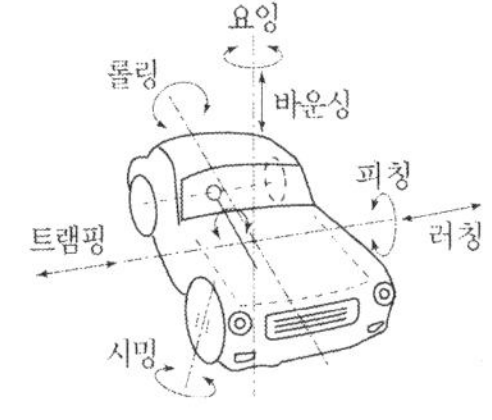

25 **다음 중 자동 변속기 유압 시험 시 주의 사항이 아닌 것은?**

① 오일 온도가 규정 온도에 도달되었을 때 실시한다.
② 유압 시험은 냉간, 중간, 열간 등 온도를 3단계로 나누어 실시한다.
③ 측정하는 항목에 따라 유압이 클 수 있으므로 유압계 선택에 주의한다.
④ 규정 오일을 사용하고, 오일량을 정확히 유지하고 있는지 여부를 점검한다.

해설 자동 변속기 유압 시험 시 주의 사항
㉠ 측정 시 항목에 따라 유압이 높을 수 있으므로 유압에 맞는 유압계를 선택한다.
㉡ 오일 온도가 적정 온도(70~80[℃])에서 시험한다.
㉢ 규정 오일 사용 및 오일량을 정확히 유지하여 점검한다.

26 **다음 중 수동 변속기 기어의 2중 결합을 방지하기 위해 설치한 기구는?**

① 앵커 블록　② 시프트 포크
③ 인터록 기구　④ 싱크로나이저 링

해설
• **록킹 볼**: 기어가 빠지는 것을 방지한다.
• **인터 록**: 기어의 2중 물림을 방지한다.

27 **유압식 브레이크는 무슨 원리를 이용한 것인가?**

① 뉴턴의 법칙　② 파스칼의 원리
③ 베르누이의 정리　④ 아르키메데스의 원리

해설 밀폐된 용기 내 액체를 가득 채우고 압력을 가하면 모든 방향으로 같은 압력이 작용하는 원리로 유압 브레이크는 파스칼의 원리를 이용한 장치이다.

28 **다음 중 전자 제어 현가 장치(ECS) 입력 신호가 아닌 것은?**

① 휠 스피드 센서
② 차고 센서
③ 조향 휠 각속도 센서
④ 차속 센서

해설 전자 제어 현가 장치(ECS)의 입력 요소
㉠ 차고 센서
㉡ 조향 핸들 각속도 센서
㉢ G(중력 가속도) 센서
㉣ 인히비터 스위치
㉤ 차속 센서
㉥ TPS
㉦ 고압 및 저압 스위치
㉧ 뒤 압력 센서
㉨ 제동등 스위치
㉩ 공전 스위치 등

answer 23.④ 24.④ 25.② 26.③ 27.② 28.①

29 제동 장치에서 디스크 브레이크의 형식으로 적합한 것은?

① 앵커핀형　② 2리딩형
③ 유니서보형　④ 플로팅 캘리퍼형

브레이크슈의 작동 형식에 의한 분류
㉠ 서보 브레이크
• 2앵커 브레이크
• 앵커 링크 단동
• 2리딩 슈 복동
• 2리딩 슈
㉡ 넌서보 브레이크 : 리딩 트레일링 슈 형식
※ 디스크 브레이크는 플로팅(부동) 캘리퍼형과 대형 피스톤형이 있다.

30 자동차의 앞바퀴 정렬에서 토(toe) 조정은 무엇으로 하는가?

① 와셔의 두께　② 시임의 두께
③ 타이로드의 길이　④ 드래그 링크의 길이

토의 조정 시 조향 너클에 부착된 타이로드 엔드의 풀림 방지 너트 분해 후 타이로드의 길이를 가감하여 조정한다.

31 레이디얼타이어 호칭이 '175 / 70 SR 14'일 때 '70'이 의미하는 것은?

① 편평비　② 타이어 폭
③ 최대 속도　④ 타이어 내경

타이어 호칭 기호
㉠ 235 : 타이어 폭
㉡ 55 : 편평비
㉢ R : 레이디얼 타이어
㉣ 19 : 림의 지름

32 자동차의 무게 중심 위치와 조향 특성과의 관계에서 조향각에 의한 선회 반지름보다 실제 주행하는 선회 반지름이 작아지는 현상은?

① 오버 스티어링　② 언더 스티어링
③ 파워 스티어링　④ 뉴트럴 스티어링

해설 자동차의 선회 특성
㉠ 오버 스티어링 : 자동차의 주행 중 선회 시 조향 각도를 일정히 하여도 선회 반지름이 작아지는 현상
㉡ 언더 스티어링 : 자동차의 주행 중 선회 시 조향 각도를 일정히 하여도 선회 반지름이 커지는 현상
㉢ 뉴트럴 스티어링 : 자동차의 조향각만큼 정상적으로 선회
㉣ 리버스 스티어링 : 차속 증가와 함께 언더 스티어링에서 오버 스티어링으로 되는 현상

33 클러치 마찰면에 작용하는 압력이 300 [N], 클러치 판의 지름이 80 [cm], 마찰 계수 0.3일 때 기관의 전달 회전력은 약 몇 [N · m]인가?

① 36　② 56
③ 62　④ 72

전달 회전력$(T) = u \cdot P \cdot r$ [N · m]
$= 300\,[\text{N}] \times 0.4\,[\text{m}] \times 0.3$
$= 36\,[\text{N} \cdot \text{m}]$
여기서, u : 마찰 계수
P : 압력[N]
r : 클러치 반경[m]

34 다음 중 유압식 동력 조향 장치의 구성 요소가 아닌 것은?

① 유압 펌프　② 유압 제어 밸브
③ 동력 실린더　④ 유압식 리타더

해설 유압식 동력 조향 장치
㉠ 동력 장치 : 파워 오일 유압 펌프 – 유압을 발생
㉡ 작동 장치 : 동력 실린더 – 보조력을 발생
㉢ 제어 장치 : 제어 밸브 – 오일 통로를 변경

35 다음 중 진공식 브레이크 배력 장치의 설명으로 틀린 것은?

① 압축 공기를 이용한다.
② 흡기 다기관의 부압을 이용한다.
③ 기관의 진공과 대기압을 이용한다.
④ 배력 장치가 고장나면 일반적인 유압 제동 장치로 작동된다.

answer 29.④ 30.③ 31.① 32.① 33.① 34.④ 35.①

해설 압축 공기를 이용하여 브레이크 작용을 하는 것은 공기식 제동 장치이다.

36 **축거가 1.2[m]인 자동차를 왼쪽으로 완전히 꺾을 때 오른쪽 바퀴의 조향각이 30°이고 왼쪽 바퀴의 조향 각도가 45°일 때 차의 최소 회전 반경[m]은? (단, r값은 무시)**

① 1.7　　② 2.4

③ 3.0　　④ 3.6

해설 최소 회전 반경 $R=\dfrac{L}{\sin\alpha}+r$

$=\dfrac{12}{\sin 30^{\circ}}=2.4[\mathrm{m}]$

여기서, α : 외측 바퀴 회전 각도°

L : 축거[m]

r : 타이어 중심과 킹핀과의 거리[m]

37 **십자형 자재 이음에 대한 설명 중 틀린 것은?**

① 십자축과 2개의 요크로 구성되어 있다.

② 주로 후륜 구동식 자동차의 추진축에 사용된다.

③ 롤러 베어링을 사이에 두고 축과 요크가 설치되어 있다.

④ 자재 이음과 슬립 이음 역할을 동시에 하는 형식이다.

해설 십자형 자재 이음은 중심 부분 십자축과 2개의 요크로 구성되고, 십자축과 요크는 니들 롤러 베어링을 사이에 두고 연결되어 있으며, 후륜 구동 방식 자동차의 추진축으로 사용된다.
④ 슬립 이음의 역할을 하는 것은 슬립 조인트이다.

38 **수동 변속기의 필요성으로 틀린 것은?**

① 회전 방향을 역으로 하기 위해

② 무부하 상태로 공전 운전할 수 있게 하기 위해

③ 발진 시 각 부에 응력의 완화와 마멸을 최대화하기 위해

④ 차량 발진 시 중량에 의한 관성으로 인해 큰 구동력이 필요하기 때문에

해설 수동 변속기의 필요성
㉠ 회전 방향을 역으로 하기 위함이다(후진을 가능하게 한다).
㉡ 정차 시 기관의 공전 운전을 가능하게 한다.
㉢ 무부하 상태로 공전 운전을 할 수 있도록 한다(기관을 무부하 상태로 한다).
㉣ 차량 발진 시 관성으로 인해 큰 구동력이 필요하기 때문이다.
㉤ 기관 회전력을 변환시켜 바퀴에 전달한다.

39 **자동변속기의 변속을 위한 가장 기본적인 정보에 속하지 않은 것은?**

① 차량 속도

② 변속기 오일양

③ 변속 레버 위치

④ 변속 부하(스로틀 개도)

해설 변속 기본 요소
㉠ 기관의 부하(스로틀 개도)
㉡ 차량 속도
㉢ 운전자의 의지(변속 레버 위치)

40 **다음 중 전자 제어 제동 장치(ABS)의 적용 목적이 아닌 것은?**

① 차량의 스핀 방지

② 차량의 방향성 확보

③ 휠 잠김(lock) 유지

④ 차량의 조종성 확보

해설 ABS의 설치 목적
㉠ 제동 거리를 단축시킨다.
㉡ 미끄러짐을 방지하여 차체 안정성을 유지한다.
㉢ ECU에 의해 브레이크를 컨트롤하여 조종성을 확보한다.
㉣ 앞바퀴의 잠김 방지에 따른 조향 능력 상실을 방지한다.
㉤ 뒷바퀴의 잠김을 방지하여 차체 스핀에 의한 전복을 방지한다.
㉥ 휠의 잠김을 방지한다.

answer 36.② 37.③ 38.③ 39.② 40.③

41 전자 제어 가솔린 엔진에서 점화 시기에 가장 영향을 주는 것은?

① 퍼지 솔레노이드 밸브
② 노킹 센서
③ EGR 솔레노이드 밸브
④ PCV(Positive Crankcase Ventilation)

해설 노킹 센서는 노킹을 감지하여 점화 시기를 늦추는 신호로 사용되며, ECU에 노킹 센서 신호가 입력되면 ECU는 노킹 방지를 위해 점화 시기를 늦추어 준다.

42 백워닝(후방 경보) 시스템의 기능과 가장 거리가 먼 것은?

① 차량 후방의 장애물은 감지하여 운전자에게 알려주는 장치이다.
② 차량 후방의 장애물은 초음파 센서를 이용하여 감지한다.
③ 차량 후방의 장애물 감지 시 브레이크가 작동하여 차속을 감속시킨다.
④ 차량 후방의 장애물 형상에 따라 감지되지 않을 수도 있다.

해설 백워닝 시스템(후방 감지 시스템)은 차량 후방의 장애물을 감지해 운전자에게 알려주며, 초음파 센서를 이용해 장애물을 감지한다. 장애물의 형상에 따라 감지가 되지 않는 경우도 있다.

43 2개 이상의 배터리를 연결하는 방식에 따라 용량과 전압 관계의 설명으로 맞는 것은?

① 직렬 연결 시 1개 배터리 전압과 같으며 용량은 배터리수만큼 증가한다.
② 병렬 연결 시 용량은 배터리수만큼 증가하지만 전압은 1개 배터리 전압과 같다.
③ 병렬 연결이란 전압과 용량 동일한 배터리 2개 이상을 (+)단자와 연결 대상 배터리의 (−)단자에, (−)단자는 (+)단자로 연결하는 방식이다.
④ 직렬 연결이란 전압과 용량이 동일한 배터리 2개 이상을 (+)단자와 연결 대상 배터리의 (+)단자에 서로 연결하는 방식이다.

해설 배터리의 연결
㉠ 병렬 연결: 전압 및 용량이 동일한 배터리 2개 이상을 (+)와 (+)를 연결하고, (−)와 (−)를 연결하는 방식으로, 배터리 전압은 1개일 경우와 같으며 용량은 배터리수만큼 증가한다.
㉡ 직렬 연결: 전압 및 용량이 동일한 배터리 2개 이상을 (+)와 (−)를 연결하는 방식으로, 배터리 용량은 1개일 경우와 같으며 전압은 연결한 배터리 수만큼 증가한다.

44 저항이 4[Ω]인 전구를 12[V]의 축전지에 의하여 점등했을 때 접속이 올바른 상태에서 전류[A]는 얼마인가?

① 4.8 ② 2.4
③ 3.0 ④ 6.0

해설 옴의 법칙 $I=\frac{E}{R}$, $E=IR$, $R=\frac{E}{I}$
$\therefore\ I=\frac{E}{R}=\frac{12[V]}{4[\Omega]}=3[A]$
여기서, I: 전류, E: 전압, R: 저항

45 기동 전동기의 작동 원리는 무엇인가?

① 렌츠 법칙
② 앙페르 법칙
③ 플레밍 왼손 법칙
④ 플레밍 오른손 법칙

해설 **플레밍의 왼손 법칙**: 왼손의 엄지, 인지, 가운데 손가락을 서로 직각이 되도록 펴고 인지는 자력선 방향, 가운데 손가락을 전류의 방향에 일치시키면 도체에는 엄지손가락 방향으로 전자력이 작동한다는 법칙으로, 전류계·전압계 등의 원리로 사용한다.

answer 41.② 42.③ 43.② 44.③ 45.③

46 **발전기의 3상 교류에 대한 설명으로 틀린 것은?**

① 3조의 코일에서 생기는 교류 파형이다.

② Y결선을 스타 결선, Δ결선을 델타 결선이라 한다.

③ 각 코일에 발생하는 전압을 선간 전압이라고 하며, 스테이터 발생 전류는 직류 전류가 발생된다.

④ Δ결선은 코일의 각 끝과 시작점을 서로 묶어서 각각의 접속점을 외부 단자로 한 결선 방식이다.

해설 교류 발전기의 스테이터에서는 교류 전류가 발생하며, 실리콘 다이오드에 의해 직류로 정류되어 출력된다.

47 **다음 중 자동차용 납산 축전지에 관한 설명으로 맞는 것은?**

① 일반적으로 축전지의 음극 단자는 양극 단자보다 크다.

② 정전류 충전이란 일정한 충전 전압으로 충전하는 것을 말한다.

③ 일반적으로 충전시킬 때는 (+) 단자는 수소가, (−) 단자는 산소가 발생한다.

④ 전해액의 황산 비율이 증가하면 비중은 높아진다.

해설 **납산 축전지의 특징**

㉠ 충전시킬 때는 (+) 단자에서 산소가, (−)단자에서는 수소가 발생한다.

㉡ 축전지의 음극 단자는 양극 단자보다 가늘다.

㉢ 정전류 충전이란 일정한 충전 전류 · 전압으로 충전하는 것을 말한다.

48 **다음 그림의 기호는 어떤 부품을 나타내는 기호인가?**

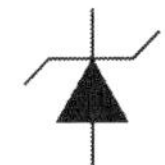

① 실리콘 다이오드 ② 발광 다이오드

③ 트랜지스터 ④ 제너 다이오드

해설 **제너 다이오드**: 기준 전압 이상이 되면 역방향으로 전류가 흐르는 반도체이다.

49 **계기판의 엔진 회전계가 작동하지 않는 결함의 원인에 해당되는 것은?**

① VSS(Vehicle Speed Sensor) 결함

② CPS(Crankshaft Position Sensor) 결함

③ MAP(Manifold Absolute Pressure Sensor) 결함

④ CTS(Coolant Temperature Sensor) 결함

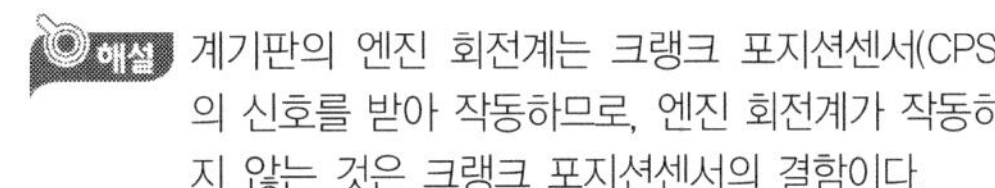

해설 계기판의 엔진 회전계는 크랭크 포지션센서(CPS)의 신호를 받아 작동하므로, 엔진 회전계가 작동하지 않는 것은 크랭크 포지션센서의 결함이다.

50 **다음 중 가속도(G) 센서가 사용되는 전자 제어 장치는?**

① 에어백(SRS) 장치

② 배기 장치

③ 정속 주행 장치

④ 분사 장치

해설 가속도(G) 센서는 차량의 충돌 시 가 · 감 속도를 감지하여 에어백 작동 유무를 판정한다.

51 **선반 작업 시 안전 수칙으로 틀린 것은?**

① 선반 위에 공구를 올려 놓은 채 작업하지 않는다.

② 돌리개는 적당한 크기의 것을 사용한다.

③ 공작물을 고정한 후 렌치류는 제거해야 한다.

④ 날 끝의 칩 제거는 손으로 한다.

해설 선반 작업 시 발생된 칩은 날카로워 다칠 우려가 있으므로 칩의 제거는 솔로 한다.

answer 46.③ 47.④ 48.④ 49.② 50.① 51.④

52 수공구의 사용 방법 중 잘못된 것은?

① 공구를 청결한 상태에서 보관할 것
② 공구를 취급할 때 올바른 방법으로 사용할 것
③ 공구는 지정된 장소에 보관할 것
④ 공구는 사용 전후 오일을 발라 둘 것

해설 수공구는 사용 전·후 오일을 발라 두면 작업 시 미끄러질 우려가 있으므로, 오일을 잘 닦아둔다.

53 단조 작업의 일반적 안전 사항으로 틀린 것은?

① 해머작업을 할 때 주위 사람을 보면서 한다.
② 재료를 자를 때에는 정면에 서지 않아야 한다.
③ 물품에 열이 있기 때문에 화상에 주의한다.
④ 형(die) 공구류는 사용 전에 예열한다.

해설 헤머 작업 시 보안경 및 안전 장비를 착용하고, 시선은 타격 가공하는 것에 둔다.

54 평균 근로자 500명인 직장에서 1년간 8명의 재해가 발생하였다면 연천인율[%]은?

① 12　② 14
③ 16　④ 18

연천인율: 연근로자 1,000명당 1년간 발생하는 피해자수

$$\frac{\text{재해자 수}}{\text{평균 근로자 수}}\times 100[\%]=\frac{8}{500}\times 1{,}000$$
$$=16[\%]$$

55 소화 작업의 기본 요소가 아닌 것은?

① 가연 물질을 제거한다.
② 산소를 차단한다.
③ 점화원을 냉각시킨다.
④ 연료를 기화시킨다.

해설 소화 작업
㉠ 산소를 차단시킨다.
㉡ 점화원을 냉각시킨다.
㉢ 가연 물질을 제거한다.

56 차량 밑에서 정비할 경우 안전 조치 사항으로 틀린 것은?

① 차량은 반드시 평지에 받침목을 사용하여 세운다.
② 차를 들어 올리고 작업할 때에는 반드시 잭으로 들어 올린 다음 스탠드로 지지해야 한다.
③ 차량 밑에서 작업할 때에는 반드시 앞치마를 이용한다.
④ 차량 밑에서 작업할 때에는 반드시 보안경을 착용한다.

해설 차량 밑에서 정비할 경우 주의 사항
㉠ 반드시 보안경을 착용한다.
㉡ 차량의 주차 제동 장치를 사용하여 움직이지 않게 한다.
㉢ 받침목을 받혀둔다.
㉣ 차량을 들어 올릴 때 잭으로 들어 올려야 하고 반드시 스탠드로 지지한다.

57 엔진 작업에서 실린더 헤드 볼트를 올바르게 풀어내는 방법은?

① 반드시 토크 렌치를 사용한다.
② 풀기 쉬운 것부터 푼다.
③ 바깥쪽에서 안쪽을 향해 대각선 방향으로 푼다.
④ 시계 방향으로 차례대로 푼다.

해설 헤드 볼트의 조립과 분해
㉠ 헤드볼트 조립: 안쪽에서 바깥쪽을 향하여 대각선 방향으로 조립한다.
㉡ 헤드 볼트 분해: 바깥쪽에서 안쪽을 향하여 대각선 방향으로 푼다.

58 호이스트 사용 시 안전 사항 중 틀린 것은?

① 규격 이상의 하중을 걸지 않는다.
② 무게 중심 바로 위에서 달아 올린다.
③ 사람이 짐에 타고 운반하지 않는다.
④ 운반 중에는 물건이 흔들리지 않도록 짐에 타고 운반한다.

answer 52.④ 53.① 54.③ 55.④ 56.③ 57.③ 58.④

해설 호이스트 사용시 유의 사항
㉠ 사람이 짐을 타고 운반하지 않는다.
㉡ 호이스트 바로 밑에서 조작하지 않는다.
㉢ 규정 하중 이상 들어 올리지 않는다.
㉣ 들어 올릴 때는 천천히 올리며 짐의 매달림 상태를 살핀 후 올린다.
㉤ 화물의 무게 중심을 확인한다.

59 **정비 공장에서 엔진을 이동시키는 방법 가운데 가장 적합한 방법은?**

① 체인 블록이나 호이스트를 사용한다.
② 지렛대로 이용한다.
③ 로프를 묶고 잡아당긴다.
④ 사람이 들고 이동한다.

해설 엔진이나 변속기 등의 무거운 것을 옮길 때는 체인 블록이나 호이스트를 사용한다.

60 **전기 장치의 배선 연결부 점검 작업으로 적합한 것을 모두 고른 것은?**

> ⓐ 연결부의 풀림이나 부식을 점검한다.
> ⓑ 배선 피복의 절연 · 균열 상태를 점검한다.
> ⓒ 배선이 고열 부위로 지나가는지 점검한다.
> ⓓ 배선이 날카로운 부위로 지나가는지 점검한다.

① ⓐ, ⓑ ② ⓐ, ⓑ, ⓓ
③ ⓐ, ⓑ, ⓒ ④ ⓐ, ⓑ, ⓒ, ⓓ

해설 ⓐ, ⓑ, ⓒ, ⓓ 모두 연결부 점검 작업에 적합하다.

answer 59.① 60.④

제 11 회

자동차정비기능사
기출복원 및 실전모의고사

1 **실린더 블록이나 헤드의 평면도 측정에 알맞은 게이지는?**

① 마이크로미터
② 다이얼 게이지
③ 버니어 캘리퍼스
④ 직각자와 필러 게이지

해설 실린더 헤드나 블록 평면도 측정은 곧은자(또는 직각 자)와 필러(틈새, 간극) 게이지를 사용한다.

2 **4행정 사이클 기관에서 크랭크축이 4회전할 때 캠축은 몇 회전하는가?**

① 1회전 ② 2회전
③ 3회전 ④ 4회전

해설 4행정 사이클 기관은 크랭크축 2회전 시 캠축 1회전 한다.

3 **윤중에 대한 정의로 옳은 것은?**

① 자동차가 수평으로 있을 때 1개의 바퀴가 수직으로 지면을 누르는 중량
② 자동차가 수평으로 있을 때 차량 중량이 1개 의 바퀴에 수평으로 걸리는 중량
③ 자동차가 수평으로 있을 때 차량 총중량이 2개의 바퀴에 수평으로 걸리는 중량
④ 자동차가 수평으로 있을 때 공차 중량이 4개의 바퀴에 수직으로 걸리는 중량

해설 윤중은 자동차가 수평으로 있을 때 1개의 바퀴가 지면을 수직으로 누르는 중량을 말한다.

4 **피스톤에 옵셋(off set)을 두는 이유로 가장 올바른 것은?**

① 피스톤의 틈새를 크게 하기 위하여
② 피스톤의 중량을 가볍게 하기 위하여
③ 피스톤의 측압을 작게 하기 위하여
④ 피스톤 스커트부에 열전달을 방지하기 위하여

해설 피스톤에 옵셋(off set)을 두게 되면 피스톤 측압을 감소시키고, 회전을 원활하게 한다.

5 **LPI 엔진에서 연료의 부탄과 프로판의 조성비를 결정하는 입력 요소로 맞는 것은?**

① 크랭크각 센서, 캠각 센서
② 연료 온도 센서, 연료 압력 센서
③ 공기 유량 센서, 흡기 온도 센서
④ 산소 센서, 냉각 수온 센서

해설 연료 압력 센서는 연료 온도 센서와 함께 LPG 조성 비율(액상과 기상) 판정 신호로 사용되며 LPG 분사량 및 연료 펌프 구동 시간 제어에도 사용된다.

6 **자동차 엔진의 냉각 장치에 대한 설명 중 적절하지 않은 것은?**

① 강제 순환식이 많이 사용된다.
② 냉각 장치 내부에 물때가 많으면 과열의 원인이 된다.
③ 서모스텟에 의해 냉각수의 흐름이 제어된다.
④ 엔진 과열 시에는 즉시 라디에이터 캡을 열고 냉각수를 보급하여야 한다.

answer 1.④ 2.② 3.① 4.③ 5.② 6.③

해설 냉각수가 부족하여 엔진이 가열될 때는 엔진 가동을 정지시킨 후 냉각수가 냉각된 다음 냉각수를 보충한다.

7 **전자 제어 연료 분사 차량에서 크랭크각 센서의 역할이 아닌 것은?**

① 냉각수 온도 검출
② 연료의 분사 시기 결정
③ 점화 시기 결정
④ 피스톤의 위치 검출

크랭크각 센서(크랭크 포지션 센서)의 역할
㉠ 크랭크축의 위치를 검출한다.
㉡ 피스톤 위치를 결정한다.
㉢ 기관의 회전 속도를 측정한다.
㉣ 연료 분사 순서와 분사 시기를 결정한다.
㉤ 점화 시기에 영향을 준다.
㉥ 크랭크각 센서 고장 시 기관 가동이 정지된다.

8 **디젤 기관에 쓰이는 연소실이다. 복실식 연소실이 아닌 것은?**

① 예연소실식　　② 직접 분사식
③ 공기실식　　④ 와류실식

디젤 기관 연소실의 종류
㉠ 단실식 : 직접 분사실식
㉡ 복실식 : 예연소실식, 와류실식, 공기실식

9 **디젤 기관의 노킹을 방지하는 대책으로 알맞은 것은?**

① 실린더 벽의 온도를 낮춘다.
② 착화 지연 기간을 길게 유도한다.
③ 압축비를 낮게 한다.
④ 흡기 온도를 높인다.

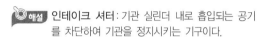

디젤 기관의 노킹
㉠ 원인
- 연료의 세탄가가 낮다.
- 엔진의 온도가 낮고 회전 속도가 느리다
- 연료 분사 상태가 나쁘다
- 착화 지연 시간이 길다.
- 분사 시기가 늦다.
- 실린더 연소실 압축비, 압축 압력, 흡기 온도가 낮다.

㉡ 방지법
- 흡기 온도와 압축비를 높인다.
- 착화성 좋은 연료를 사용하여 착화 지연 기간이 단축되도록 한다.
- 착화 지연 기간 중 연료 분사량을 조절한다.
- 압축 온도와 압력을 높인다.
- 연소실 내 와류를 증가시키는 구조로 만든다.
- 분사 초기 연료 분사량을 작게 한다.

10 **다음 중 디젤 엔진의 정지 방법에서 인테이크 셔터(intake shutter)의 역할에 대한 설명으로 옳은 것은?**

① 연료 차단　　② 흡인 공기 차단
③ 배기가스 차단　　④ 압축 압력 차단

해설 인테이크 셔터 : 기관 실린더 내로 흡입되는 공기를 차단하여 기관을 정지시키는 기구이다.

11 **가솔린 기관에서 고속 회전 시 토크가 낮아지는 원인으로 가장 적합한 것은?**

① 체적 효율이 낮아지기 때문이다.
② 화염 전파 속도가 상승하기 때문이다.
③ 공연비가 이론 공연비에 근접하기 때문이다.
④ 점화 시기가 빨라지기 때문이다.

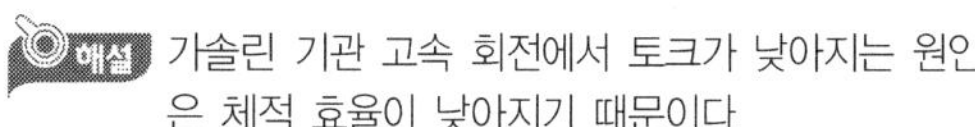
해설 가솔린 기관 고속 회전에서 토크가 낮아지는 원인은 체적 효율이 낮아지기 때문이다.

12 **가솔린 자동차의 배기관에서 배출되는 배기가스와 공연비와의 관계를 잘못 설명한 것은?**

① CO는 혼합기가 희박할수록 적게 배출된다.
② HC는 혼합기가 농후할수록 많이 배출된다.
③ NOx는 이론 공연비 부근에서 최소로 배출된다.
④ CO_2는 혼합기가 노후할수록 적게 배출된다.

가솔린 기관의 이론 공연비는 14.7 : 1이며, NOx는 이론 공연비 부근에서 최대로 배출된다. 또한, CO, HC는 혼합기가 농후할수록 많이 배출된다.

answer　7.①　8.②　9.④　10.②　11.①　12.③

13 **다음 중 기관에 윤활유를 급유하는 목적과 관계없는 것은?**

① 연소 촉진 작용 ② 동력 손실 감소
③ 마멸 장비 ④ 냉각 작용

해설 윤활유의 작용
㉠ 감마 작용 : 마찰을 감소시켜 동력의 손실을 최소화한다.
㉡ 냉각 작용 : 마찰로 인한 열을 흡수하여 냉각시킨다.
㉢ 밀봉 작용 : 유막(오일막)을 형성하여 기밀을 유지한다.
㉣ 세척 작용 : 먼지 및 카본 등의 불순물을 흡수하여 오일을 세척한다.
㉤ 방청 작용 : 부식과 침식을 예방한다.
㉥ 응력 분산 작용 : 충격을 분산시켜 응력을 최소화한다.

14 **다음 중 전자 제어 엔진에서 연료 분사 피드백(feed back)에 가장 필요한 센서는?**

① 대기압 센서 ② 스로틀 포지션 센서
③ 차속 센서 ④ 산소(O_2) 센서

산소 센서는 대기 중 산소 농도와 배기가스 중 산소 농도 차이에 의해 전압값이 발생되는 원리를 이용한 센서이다.
센서의 역할
㉠ 크랭크 포지션 센서 : 기관의 회전 속도와 크랭크축의 위치를 검출하며, 연료 분사 순서와 분사 시기 및 기본 점화 시기에 영향을 주며, 고장이 나면 기관이 정지된다.
㉡ 스로틀 포지션 센서 : 스로틀 밸브의 개도를 검출하여 엔진 운전 모드를 판정하여 가속과 감속 상태에 따른 연료 분사량을 보정한다.
㉢ 맵 센서 : 흡입 공기량을 매니 홀드의 유입된 공기 압력을 통해 간접적으로 측정하여 ECU에서 계산한다.
㉣ 노크 센서 : 엔진의 노킹을 감지하여 이를 전압으로 변환해서 ECU로 보내 이 신호를 근거로 점화 시기를 변화시킨다.
㉤ 흡기온 센서 : 흡입 공기 온도를 검출하는 일종의 저항기(부특성(NTC) 서미스터)로, 연료 분사량을 보정한다.
㉥ 대기압 센서 : 외부의 대기압을 측정하여 연료 분사량 및 점화 시기를 보정한다.
㉦ 공기량 센서 : 흡입 관로에 설치되며 공기량을 계측하여 기본 연료 분사 시간과 점화 시기를 결정한다.
㉧ 수온 센서 : 냉각수 온도를 측정, 냉간 시 점화 시기 및 연료 분사량 제어를 한다.

15 **공기 청정기가 막혔을 때 배기가스 색으로 가장 알맞은 것은?**

① 무색 ② 백색
③ 흑색 ④ 청색

해설 공기 청정기가 막히면 실린더로 공급되는 공기가 부족하여 배기가스 색깔이 흑색이며, 엔진 출력이 저하된다.

16 **피스톤 링의 3대 작용으로 틀린 것은?**

① 와류 작용 ② 기밀 작용
③ 오일 제어 작용 ④ 열전도 작용

해설 피스톤 링의 3대 작용
㉠ 기밀 유지(밀봉 작용) 작용
㉡ 오일 제어 작용
㉢ 열전도 작용(냉각 작용)

17 **연료 탱크 내장형 연료 펌프(어셈블리)의 구성 부품에 해당되지 않는 것은?**

① 체크 밸브 ② 릴리프 밸브
③ DC 모터 ④ 포토 다이오드

연료 펌프는 DC 모터를 사용하며, 연료 라인의 압력이 규정 압력 이상으로 상승하는 것을 방지하는 릴리프 밸브, 연료 펌프에서 연료 압송이 정지될 때 닫혀 연료 라인 내에 잔압을 유지시켜 고온일 때 베이퍼 록 방지 및 재시동성을 향상시키는 체크 밸브로 구성된다.

18 **이소옥탄 60[%], 정헵탄 40[%]의 표준 연료를 사용했을 때 옥탄가[%]는 얼마인가?**

① 40 ② 50
③ 60 ④ 70

answer 13.① 14.④ 15.③ 16.① 17.④ 18.③

해설 옥탄가(옥테인가)

㉠ 휘발유의 고급 정도를 재는 수치로, 가솔린 기관 노킹을 억제하는 정도를 수치로 표시한 것이며, 이소옥탄의 옥탄가를 100, 노멀헵탄의 옥탄가를 0으로 정한 후 표준 연료(이소옥탄과 노멀헵탄의 혼합물)에 함유된 이소옥탄의 부피를 [%]로 표시한다.

㉡ 옥탄가가 높을수록 안티노크성이 높은 것을 의미한다.

$$\text{옥탄가} = \frac{\text{이소옥탄}}{\text{이소옥탄} + \text{노멀헵탄}} \times 100[\%]$$

$$= \frac{60}{60+40} \times 100 = 0\,[\%]$$

19 전자 제어 차량의 흡입 공기량 계측 방법으로 매스 폴로(mass flow) 방식과 스피드 덴시티(speed density) 방식이 있는데 매스 폴로 방식이 아닌 것은?

① 맵 센서식(MAP sensor type)

② 핫 필름식(hot film type)

③ 베인식(vane type)

④ 칼만 와류식(Kalman voltax type)

해설 흡입 공기량 계측 방식에 의한 분류

㉠ 스피드 덴시티 방식(속도 밀도 방식): 흡기 다기관 내의 절대 압력(대기 압력+진공 압력), 스로틀 밸브의 열림 정도, 기관의 회전 속도로부터 흡입 공기량을 간접 계측하는 방식이며 D-Jetronic이 여기에 속한다. 흡기 다기관 내의 압력 측정은 피에조(Piezo) 반도체 소자를 이용한 MAP 센서를 사용한다.

㉡ 매스 폴로 방식(질량 유량 방식): 공기 유량 센서가 직접 흡입 공기량을 계측하고 이것을 전기적 신호로 변화시켜 ECU로 보내 연료 분사량을 결정하는 방식이다. 공기 유량 센서의 종류에는 베인 방식, 칼만 와류 방식, 열선 방식, 열막 방식 등이 있다.

20 엔진 실린더 내부에서 실제로 발생한 마력으로 혼합기가 연소 시 발생하는 폭발 압력을 측정한 마력은?

① 지시 마력 ② 경제 마력

③ 정미 마력 ④ 정격 마력

해설 기관의 마력

㉠ 경제 마력: 연료 효율이 가장 좋은 상태일 때 기관에서 발생하는 마력이다.

㉡ 정미 마력(제동 마력): 기관의 크랭크축에서 측정한 마력이며 지시 마력에서 기관 내부의 마찰 등 손실 마력을 뺀 것으로 기관이 실제로 외부에 출력하는 마력이다. 주로 내연 기관의 마력을 표시하는 데 이용한다.

㉢ 지시 마력(도시 마력): 실린더 내부에서 실제로 발생한 마력으로, 혼합기가 연소할 때 발생하는 폭발 압력을 측정한 마력이다.

㉣ 정격 마력: 정해진 운전 조건에서 정해진 일정 시간의 운전을 보증하는 마력, 또는 정해진 운전 조건에서 정격 회전수로 일정 시간 내 연속하여 운전할 수 있는 출력이다.

21 연소란 연료의 산화 반응을 말하는데 연소에 영향을 주는 요소 중 가장 거리가 먼 것은?

① 배기 유동과 난류

② 공연비

③ 연소 온도와 압력

④ 연소실 형상

해설 연소에 영향을 주는 요소에는 공연비, 연소 온도와 압력, 연소실 형상, 압축비 등이 있다. 배기 유동과 난류는 연소 후에 일어나는 반응이므로 관계없다.

22 실린더 지름이 100 [mm]의 정방형 엔진의 행정 체적 [cm³]은 약 얼마인가?

① 600 ② 785

③ 1,200 ④ 1,490

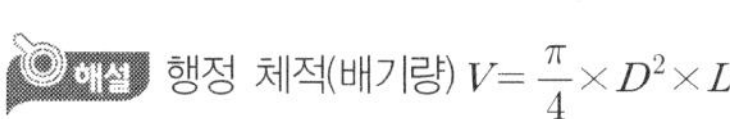

해설 행정 체적(배기량) $V = \frac{\pi}{4} \times D^2 \times L$

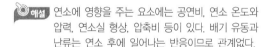

$$= \frac{3.14}{4} \times 10^2 \times 10 = 785\,[\text{cm}^3]$$

여기서, L: 행정 [cm]

D: 내경 [cm]

23 연료의 저위 발열량 10,500 [kacl/kgf], 제동 마력 93 [PS], 제동 열효율 31 [%]인 기관의 시간당 연료 소비량 [kgf/h]은?

① 약 18.07 ② 약 17.07

③ 약 16.07 ④ 약 5.53

answer 19.① 20.① 21.① 22.② 23.①

해설 제동 열효율$(\eta) = \dfrac{632.3 \times PS}{CW}$

$$\therefore \text{시간당 연료 소비량}(W) = \frac{632.3 \times PS}{C \times n_b} = \frac{632.3 \times 93}{10,500 \times 0.31} = 18.07[\mathrm{kg_g/h}]$$

여기서, C: 연료의 저위 발열량[kcal/kgf]
W: 연료 소비량[kgf]
PS: 마력(1[PS]=632.3kcal/h)

24 전자 제어 조향 장치에서 차속 센서의 역할은?

① 공전 속도 조절 ② 조향력 조절
③ 공연비 조절 ④ 점화 시기 조절

해설 차속 센서는 주행 속도에 따른 신호를 컨트롤 유닛(ECU)에 입력하며, 컨트롤 유닛은 차속 센서 신호에 따라 조향력을 고속에서는 무겁게, 저속에서는 가볍게 조절하게 된다.

25 클러치 부품 중 플라이휠에 조립되어 플라이휠과 함께 회전하는 부품은?

① 클러치 판 ② 변속기 입력축
③ 클러치 커버 ④ 릴리스 포크

해설 클러치 구성 부품
㉠ 클러치 커버: 클러치 기구를 지지하고 있는 커버로, 플라이휠에 장착되어 있으며, 클러치 스프링의 힘을 압력판에 전달하는 역할을 한다.
㉡ 클러치 디스크(클러치판): 클러치 압력판과 플라이휠 사이에 설치되어 변속기 입력축 스플라인에 끼워진다.
㉢ 변속기 입력축: 클러치판에 연결되어 기관의 동력이 변속기로 전달된다.

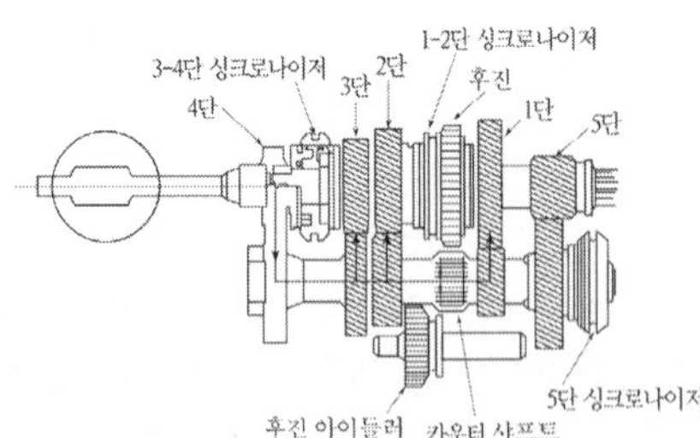

㉣ 릴리스 포크: 클러치 페달의 조작력을 푸시 로드나 클러치 케이블에 의해 릴리스 베어링에 조작력을 전달하는 작동을 하며, 요크와 핀 고정부의 구조로 되어 있고 끝부분에 리턴 스프링을 장착하여 페달을 놓았을 때 신속하게 원위치로 복귀시킨다.

26 엔진의 출력을 일정하게 하였을 때 가속 성능을 향상시키기 위한 것이 아닌 것은?

① 여유 구동력을 크게 한다.
② 자동차의 총중량을 크게 한다.
③ 종감속비를 크게 한다.
④ 주행 저항을 작게 한다.

해설 가속 성능 향상 방법
㉠ 여유 구동력을 크게 한다.
㉡ 자동차의 총중량을 작게 한다.
㉢ 종감속비를 크게 한다.
㉣ 주행 저항을 작게 한다.

27 배력 장치가 장착된 자동차에서 브레이크 페달의 조작이 무겁게 되는 원이 아닌 것은?

① 푸시 로드의 부트가 파손되었다.
② 진공용 체크 밸브의 작동이 불량하다.
③ 릴레이 밸브 피스톤의 작동이 불량하다.
④ 하이드로릭 피스톤 컵이 손상되었다.

해설 하이드로백(배력장치) 설치 차량에서 브레이크 페달 조작이 무거운 원인
㉠ 진공용 체크 밸브 작동 불량
㉡ 릴레이 밸브 피스톤의 작동 불량
㉢ 하이드로릭 피스톤의 작동 불량
㉣ 진공 파이프 각 접속 부분에서 진공
㉤ 진공 및 공기 밸브의 작동 불량

28 유압식 클러치에서 동력 차단이 불량한 원인 중 가장 거리가 먼 것은?

① 페달의 자유 간극 없음
② 유압 라인의 공기 유입
③ 클러치 릴리스 실린더 불량
④ 클러치 마스터 실린더 불량

해설 클러치 페달의 자유 간극이 없으면 클러치 소모가 심해져 미끄러지게 된다.

answer 24.② 25.③ 26.② 27.① 28.①

29 자동차의 축간 거리가 2.2 [m], 외측 바퀴의 조향각이 30 °이다. 이 자동차의 최소 회전 반지름 [m]은 얼마인가? (단, 바퀴의 접지면 중심과 킹핀과의 거리는 30 [cm]임)

① 3.5 ② 4.7
③ 7 ④ 9.4

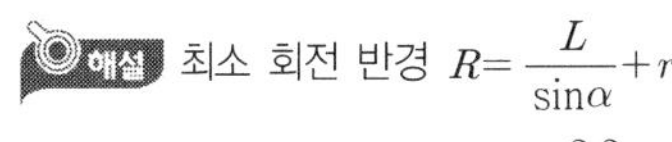

해설 최소 회전 반경 $R=\frac{L}{\sin\alpha}+r$

$=\frac{2.2}{\sin 30^\circ}+0.3=4.7\,[\text{m}]$

여기서, α : 외측 바퀴 회전 각도 [°]
L : 축거 [m]
r : 타이어 중심과 킹핀과의 거리 [m]

30 전자 제어 현가 장치에 사용되고 있는 차고 센서의 구성 부품으로 옳은 것은?

① 에어 챔버와 서브 탱크
② 발광 다이오드와 유화 카드뮴
③ 서모 스위치
④ 발광 다이오드와 광트랜지스터

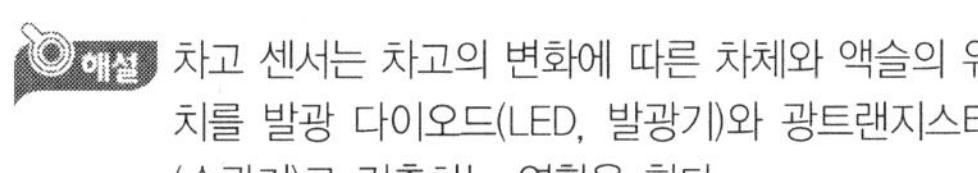

해설 차고 센서는 차고의 변화에 따른 차체와 액슬의 위치를 발광 다이오드(LED, 발광기)와 광트랜지스터(수광기)로 검출하는 역할을 한다.

31 브레이크 파이프에 잔압 유지와 직접적인 관련이 있는 것은?

① 브레이크 페달
② 마스터 실린더 2차 컵
③ 마스터 실린더 체크 밸브
④ 푸시 로드

해설 유압 브레이크에서 잔압을 유지하게 한다는 것은 브레이크를 밟지 않아도 리턴 스프링이 항상 체크 밸브를 작동(밀고)하고 있어 회로 내 잔류 압력을 유지시키는 것이다. 잔압을 유지시키는 부품은 마스터 실린더의 체크 밸브와 복귀 스프링이다.

32 조향휠을 1회전하였을 때 피트먼암이 60° 움직였다. 조향 기어비는 얼마인가?

① 12 : 1 ② 6 : 1
③ 6.5 : 1 ④ 13 : 1

해설 조향 기어비 $=\frac{\text{핸들 회전 각도}}{\text{피트먼암 회전 각도}}$

$=\frac{360}{60}=6$

∴ 6 : 1

33 주행 중 조향 핸들이 한쪽으로 쏠리는 원인과 가장 거리가 먼 것은?

① 바퀴 허브 너트를 너무 꽉 조였다.
② 좌 · 우의 캠버가 같지 않다.
③ 컨트롤 암(위 또는 아래)이 휘었다.
④ 좌 · 우의 타이어 공기압이 다르다.

해설 주행 중 조향 핸들이 한쪽으로 쏠리는 원인
㉠ 휠의 불평형
㉡ 컨트롤 암(아래 또는 위)이 휘었을 때
㉢ 쇽업쇼버의 작동 불량
㉣ 앞바퀴 얼라이먼트가 불량할 때
㉤ 브레이크 라이닝 간극 조정이 불량할 때
㉥ 좌 · 우 타이어 공기압 불균형
㉦ 한쪽 휠 실린더 작동 불량

34 타이어의 구조 중 노면과 직접 접촉하는 부분은?

① 트레드 ② 카커스
③ 비드 ④ 숄더

해설 타이어의 구조
㉠ 비드 : 타이어가 림에 접촉하는 부분으로, 타이어가 빠지는 것을 방지하기 위해 몇 줄의 피아노선을 넣어 놓은 것
㉡ 브레이커 : 트레드와 카커스 사이에서 분리를 방지하고 노면에서의 완충 작용을 하는 것
㉢ 트레드 : 노면과 직접 접촉하는 부분으로, 제동력 및 구동력과 옆방향 미끄럼 방지, 승차감 향상 등의 역할을 하는 것

answer 29.② 30.④ 31.③ 32.② 33.① 34.①

㉣ 카커스 : 고무로 피복된 코드를 여러 겹 겹친 층이며, 타이어의 뼈대가 되는 부분으로 공기 압력을 견디어 일정한 체적을 유지하고 하중이나 충격에 따라 변형하여 완충 작용을 하는 것
㉤ 사이드 월 : 타이어의 옆부분으로, 승차감을 유지시키는 역할을 하며 각종 정보를 표시하는 부분

35 **추진축의 슬립 이음은 어떤 변화를 가능하게 하는가?**

① 축의 길이 ② 드라이브 각
③ 회전 토크 ④ 회전 속도

해설
- **추진축** : 회전력 전달
- **자재 이음** : 구동 회전 각도 변화
- **슬립 이음** : 길이 변화

36 **전자 제어식 제동 장치(ABS)에서 제동 시 타이어 슬립률이란 무엇인가?**

① (차륜 속도－차체속도)/차체 속도×100 [%]
② (차체 속도－차륜속도)/차체 속도×100 [%]
③ (차체 속도－차륜속도)/차륜 속도×100 [%]
④ (차륜 속도－차체속도)/차륜 속도×100 [%]

해설 ABS에서 타이어 슬립률이란 자동차(차체) 속도와 바퀴(차륜) 속도와의 차이를 말하며, 식은 다음과 같다.

$$타이어\ 슬립률 = \frac{차체\ 속도 - 차륜\ 속도}{차체\ 속도} \times 100[\%]$$

37 **자동 변속기 차량에서 시동이 가능한 변속 레버 위치는?**

① P, N ② P, D
③ 전구간 ④ N, D

 인히비터 스위치(P,N 스위치)의 기능
㉠ 변속 레버 P 또는 N 레인지에서 시동이 가능하게 한다.
㉡ 변속 레버 D 또는 L 레인지에서 시동을 불가능하게 한다.
㉢ 변속 레버 R 레인지에서 후진등을 점등시킨다.

38 **다음 중 승용 자동차에서 주제동 브레이크에 해당되는 것은?**

① 디스크 브레이크 ② 배기 브레이크
③ 엔진 브레이크 ④ 와전류 리타더

해설 **감속 브레이크**(제3브레이크, 보조 브레이크)**의 종류**
㉠ 엔진 브레이크
㉡ 배기 브레이크
㉢ 와전류 브레이크

39 **자동차가 고속으로 선회할 때 차체가 기울어지는 것을 방지하기 위한 장치는?**

① 타이로드 ② 토인
③ 프로포셔닝 밸브 ④ 스테빌라이저

해설 스테빌라이저는 독립 현가 방식의 차량 앞쪽 로워암 등에 부착되며 선회 시 발생하는 롤링(rolling, 좌우 진동) 현상을 감소시키고, 차량의 평형을 유지시키며 차체의 기울어짐을 방지하기 위하여 설치한다.

40 **자동 변속기 오일의 구비 조건으로 틀린 것은?**

① 기포 발생이 없고 방청성이 있을 것
② 점도 지수의 유동성이 좋을 것
③ 내열 및 내산화성이 좋을 것
④ 클러치 접속 시 충격이 크고 미끄럼이 없는 적절한 마찰 계수를 가질 것

해설 자동 변속기 오일의 요구 조건
㉠ 내열 및 내산화성이 좋을 것
㉡ 고착 방지성과 내마모성이 있을 것
㉢ 기포가 발생하지 않고, 저온 유동성이 좋을 것
㉣ 점도 지수가 크고, 방청성이 있을 것
㉤ 미끄럼이 없는 적절한 마찰 계수를 가질 것

41 **논리 회로에서 AND 게이트의 출력이 High(1)로 되는 조건은?**

① 양쪽의 입력이 High일 때
② 한쪽의 입력만 Low일 때
③ 한쪽의 입력만 High일 때
④ 양쪽의 입력이 Low일 때

answer 35.① 36.② 37.① 38.① 39.④ 40.④ 41.①

해설 AND 회로는 입력 신호가 모두 High(1)일 때 출력이 1이 되는 회로이다.

OR 회로 (논리합 회로)	입력 A, B → 출력 C 입력측의 어느 쪽(A나 B) 또는 양방에서 1이 들어오면 출력측 C에서 1이 나온다.
AND 회로 (논리곱 회로)	입력 A, B → 출력 C 입력측 두 개의 단자(A와 B)에 1이 들어오지 않으면 출력측에 1이 나오지 않는다.
NOT 회로 (부정 회로)	입력 A → 출력 C 입력측에 1이 들어오면 출력측에 0이 입력측에 0이 들어오면 출력측에 1이 나온다.

42 자동차에서 축전지를 떼어낼 때 작업 방법으로 가장 옳은 것은?

① 접지 터미널을 먼저 푼다.
② 양터미널을 함께 푼다.
③ 벤트 플러그(vent plug)를 열고 작업한다.
④ 극성에 상관없이 작업성이 편리한 터미널부터 분리한다.

해설 축전지(배터리)를 분리할 때는 접지 터미널(케이블)을 먼저 풀고, 설치할 때는 나중에 설치한다.

43 일반적으로 발전기를 구동하는 축은?

① 캠축 ② 크랭크축
③ 앞차축 ④ 컨트롤로드

해설 발전기는 엔진 크랭크축 풀리에 의해 V벨트를 통하여 구동된다.

44 다음 중 자기 유도 작용과 상호 유도 작용 원리를 이용한 것은?

① 발전기 ② 점화 코일
③ 기동 모터 ④ 축전지

해설 점화 장치에는 점화 코일, 고압 케이블, 점화 플러그 등의 구성품이 있으며, 점화 코일은 자기 유도 작용과 상호 유도 작용 원리를 이용하여 기관에 점화하여 연소를 일으키게 하는 장치이다.

45 링기어 이의 수가 120, 피니언 이의 수가 12이고, 1,500 [cc]급 엔진의 회전 저항이 6 [m · kg_f]일 때 기동 전동기의 필요한 최소 회전력 [m · kg_f]은?

① 0.6 ② 2
③ 20 ④ 6

해설 $$\text{필요 최소 회전력} = \frac{\text{피니언 잇수}}{\text{링기어 잇수}} \times \text{엔진 회전 저항}$$
$$= \frac{12}{120} \times 6 = 0.6[\text{m} \cdot \text{kgf}]$$

46 자동차용 배터리의 충 · 방전에 관한 화학 반응으로 틀린 것은?

① 배터리 방전 시 (+)극판의 과산화납은 점점 황산납으로 변화한다.
② 배터리 충전 시 (+)극판의 황산납은 점점 과산화납으로 변화한다.
③ 배터리 충전 시 물은 묽은 황산으로 변한다.
④ 배터리 충전 시 (−)극판에는 산소가, (+)극판에는 수소를 발생시킨다.

해설 납산 축전지의 충 · 방전 중의 화학 작용
㉠ 방전 시 양극판의 과산화납은 황산납으로 변한다.
㉡ 방전 시 음극판의 해면상납은 황산납으로 변한다.
㉢ 충전 시 양극판의 황산납은 과산화납으로 변한다
㉣ 충전 시 (−)극판에서는 수소가, (+)극판에서는 산소를 발생시킨다.
㉤ 충전 시 음극판의 황산납은 해면상납으로 변한다.

answer 42.① 43.② 44.② 45.① 46.④

47 자동차 에어컨에서 고압의 액체 냉매를 저압의 기체 냉매로 바꾸는 구성품은?

① 압축기(compressor)
② 리퀴드 탱크(liquid tank)
③ 팽창 밸브(expansion valve)
④ 증발기(evaporator)

해설 에어컨의 구조 및 작용
㉠ 압축기(compressor) : 증발기에서 기화된 냉매를 고온 · 고압 가스로 변환시켜 응축기로 보낸다.
㉡ 응축기(condenser) : 라디에이터 앞쪽에 설치되어 주행속도와 냉각팬의 작동에 의해 고온 · 고압의 기체 냉매를 응축하여 고온 · 고압의 액체 냉매로 만든다.
㉢ 리시버 드라이어(receiver dryer) : 응축기에서 보내온 냉매를 일시 저장하고 항상 액체 상태의 냉매를 팽창 밸브로 보낸다.
㉣ 팽창 밸브(expansion valve) : 고온 · 고압의 액체 냉매를 급격히 팽창시켜 저온 · 저압의 무상(기체) 냉매로 변화시켜 준다.
㉤ 증발기(evaporator) : 주위의 공기로부터 열을 흡수하여 기체 상태의 냉매로 변환시킨다.
㉥ 송풍기(blower) : 직류 직권 전동기에 의해 구동되며 공기를 증발기에 순환시킨다.

48 자동차 전기 장치에서 "유도 기전력은 코일 내의 자속의 변화를 방해하는 방향으로 생긴다."는 현상을 설명한 것은?

① 앙페르의 법칙
② 키르히호프의 제1법칙
③ 뉴턴의 제1법칙
④ 렌츠의 법칙

해설 렌츠의 법칙 : 자력선을 변화시켰을 때 유도 기전력은 코일 내의 자속 변화를 방해하는 방향으로 생긴다.

49 다음 중 R-134a 냉매의 특징을 설명한 것으로 틀린 것은?

① 액화 및 증발되지 않아 오존층이 보호된다.
② 무색 · 무취 · 무미하다.
③ 화학적으로 안정되고 내열성이 좋다.
④ 온난화 계수가 구냉매보다 낮다.

해설 신냉매(R-134a)의 특징
㉠ 다른 물질과 쉽게 반응하지 않는다.
㉡ R-12(구냉매)와 유사한 열역학적 성질이 있다.
㉢ 온난화 계수가 구냉매(R-12)보다 낮다.
㉣ 불연성이고 독성이 없다.
㉤ 오존을 파괴하는 염소가 없다.
㉥ 무색 · 무취 · 무미하다.
㉦ 화학적으로 안정되고 내열성이 좋다.

50 주행 계기판의 온도계가 작동하지 않을 경우 점검을 해야 할 곳은?

① 공기 유량 센서
② 냉각 수온 센서
③ 에어컨 압력 센서
④ 크랭크 포지션 센서

해설 계기판의 온도계 작동 불량 시 냉각 수온 센서(WTS)를 점검한다.

51 제3종 유기 용제 취급 장소의 색표시는?

① 빨강 ② 노랑
③ 파랑 ④ 녹색

해설 유기 용제의 색 표시
㉠ 제1종 유기 용제는 빨강으로 표시한다.
㉡ 제2종 유기 용제는 노랑으로 표시한다.
㉢ 제3종 유기 용제는 파랑으로 표시한다.

52 렌치를 사용한 작업에 대한 설명으로 틀린 것은?

① 스패너의 자루가 짧다고 느낄 때는 긴 파이프를 연결하여 사용할 것
② 스패너를 사용할 때는 앞으로 당길 것
③ 스패너는 조금씩 돌리며 사용할 것
④ 파이프렌치의 주용도는 둥근 물체 조립용임

해설 스패너 작업 시 주의 사항
㉠ 스패너와 너트 사이에 다른 물건을 끼우지 말 것
㉡ 스패너는 몸 앞으로 당겨서 사용할 것
㉢ 스패너와 너트 및 볼트의 치수가 맞는 것을 사용할 것

answer 47.③ 48.④ 49.① 50.② 51.③ 52.①

㉣ 스패너가 벗겨지더라도 넘어지지 않는 자세를 취할 것
㉤ 스패너에 파이프 등을 이어서 사용하지 말 것
㉥ 스패너를 해머 등으로 두들기지 말 것
㉦ 스패너는 깊이 물리고 조금씩 당기는 식으로 풀고 조일 것
㉧ 파이프 렌치는 주용도가 둥근 물체 조립용임
㉨ 조정 렌치의 조정조에 힘이 가해지지 않을 것

53 관리 감독자의 점검 대상 및 업무 내용으로 가장 거리가 먼 것은?

① 보호구의 작용 및 관리 실태 적절 여부
② 산업 재해 발생 시 보고 및 응급 조치
③ 안전 수칙 준수 여부
④ 안전 관리자 선임 여부

해설 안전관리자 선임은 사용자가 한다.

54 드릴 작업 때 칩 제거 방법으로 가장 좋은 것은?

① 회전시키면서 솔로 제거
② 회전시키면서 막대로 제거
③ 회전을 중지시킨 후 손으로 제거
④ 회전을 중지시킨 후 솔로 제거

해설 드릴 작업 시 칩의 제거는 드릴의 회전을 중지하고 솔로 한다.

55 다이얼 게이지 취급 시 안전 사항으로 틀린 것은?

① 작동이 불량하면 스핀들에 주유 혹은 그리스를 도포해서 사용한다.
② 분해 청소나 조정은 하지 않는다.
③ 다이얼 인디케이터에 충격을 가해서는 안 된다.
④ 측정 시 측정물에 스핀들을 직각으로 설치하고 무리한 접촉은 피한다.

해설 다이얼 게이지 취급 시 주의 사항
㉠ 게이지 눈금은 0점 조정하여 사용한다.
㉡ 게이지 설치 시 지지대의 암을 가능한 짧게 하고 확실하게 고정해야 한다.
㉢ 게이지는 측정면에 직각으로 설치한다.
㉣ 충격을 금한다.
㉤ 분해 청소나 조절을 함부로 하지 않는다.
㉥ 스핀들에 주유하거나 그리스를 바르지 않는다.

56 다음 LPG 자동차 관리에 대한 주의 사항 중 틀린 것은?

① LPG가 누출되는 부위를 손으로 막으면 안 된다.
② 가스 충전 시에는 합격 용기인가를 확인하고, 과충전되지 않도록 해야 한다.
③ 엔진실이나 트렁크실 내부 등을 점검할 때 라이터나 성냥 등을 켜고 확인한다.
④ LPG는 온도 상승에 의한 압력 상승이 있기 때문에 용기는 직사광선 등을 피하는 곳에 설치하고 과열되지 않아야 한다.

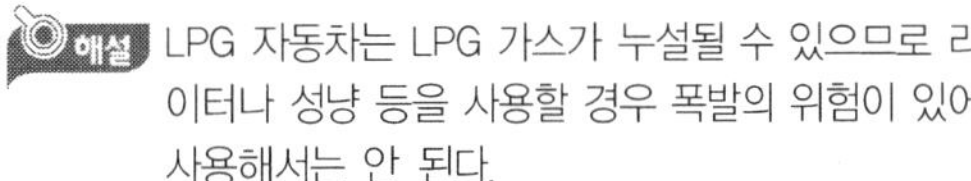
해설 LPG 자동차는 LPG 가스가 누설될 수 있으므로 라이터나 성냥 등을 사용할 경우 폭발의 위험이 있어 사용해서는 안 된다.

57 휠 밸런스 점검 시 안전 수칙으로 틀린 사항은?

① 점검 후 테스터 스위치를 끄고 자연히 정지하도록 한다.
② 타이어의 회전 방향에서 점검한다.
③ 과도하게 속도를 내지 말고 점검한다.
④ 회전하는 휠에 손을 대지 않는다.

해설 휠 평형 잡기와 마멸 변형도 검사 방법
㉠ 타이어의 회전 반대 방향에서 점검한다.
㉡ 회전하는 휠에 손을 대지 않고 점검한다.
㉢ 과도한 속도를 내지 않는다.
㉣ 점검 후 테스터 스위치를 끈 다음 자연히 정지하도록 한다.

answer 53.④ 54.④ 55.① 56.③ 57.②

58 **하이브리드 자동차의 고전압 배터리 취급 시 안전한 방법이 아닌 것은?**

① 고전압 배터리 점검 · 정비 시 절연 장갑을 착용한다.
② 고전압 배터리 점검 · 정비 시 점화 스위치는 OFF한다.
③ 고전압 배터리 점검 · 정비 시 12 [V] 배터리 접지선을 분리한다.
④ 고전압 배터리 점검 · 정비 시 반드시 세이프티 플러그를 연결한다.

해설 하이브리드 자동차 고전압 배터리 취급 방법
㉠ 점화 스위치를 OFF한다.
㉡ 절연 장갑을 착용하여야 한다.
㉢ 12 [V] 배터리 접지선을 분리한다.
㉣ 세이프티 플러그를 반드시 분리한다.

59 **전해액을 만들 때 황산에 물을 혼합하면 안 되는 이유는?**

① 유독 가스가 발생하기 때문에
② 혼합이 잘 안 되기 때문에
③ 폭발의 위험이 있기 때문에
④ 비중 조정이 쉽기 때문에

해설 전해액을 만들 때 폭발의 위험이 있기 때문에 황산에 물을 혼합해서는 안 되고, 물에 황산을 조금씩 넣고 휘저으며 혼합하여야 한다.

60 **안전 표시의 종류를 나열한 것으로 옳은 것은?**

① 금지 표시, 경고 표시, 지시 표시, 안내 표시
② 금지 표시, 권장 표시, 경고 표시, 지시 표시
③ 지시 표시, 권장 표시, 사용 표시, 주의 표시
④ 금지 표시, 주의 표시, 사용 표시, 경고 표시

해설 안전 · 보건 표지 종류 형태와 그림 참조

answer 58.④ 59.③ 60.①

제12회

자동차정비기능사

기출복원 및 실전모의고사

1 전자 제어 연료 장치에서 기관이 정지 후 연료 압력이 급격히 저하되는 원인 중 가장 알맞은 것은?

① 연료 필터가 막혔을 때
② 연료 펌프의 체크 밸브가 불량할 때
③ 연료의 리턴 파이프가 막혔을 때
④ 연료 펌프의 릴리프 밸브가 불량할 때

해설 체크 밸브 불량 시 잔압이 형성되지 않아 기관 정지 후 연료 압력이 급격히 저하된다. 연료 펌프는 DC 모터를 사용하며, 연료 라인의 압력이 규정 압력 이상으로 상승하는 것을 방지하는 릴리프 밸브, 연료 펌프에서 연료 압송이 정지될 때 닫혀 연료 라인 내에 잔압을 유지시켜 고온일 때 베이퍼록 방지 및 재시동성을 향상시키는 체크 밸브로 구성된다.

2 디젤 기관에서 연료 분사의 3대 요인과 관계가 없는 것은?

① 무화 ② 분포
③ 디젤 저수 ④ 관통력

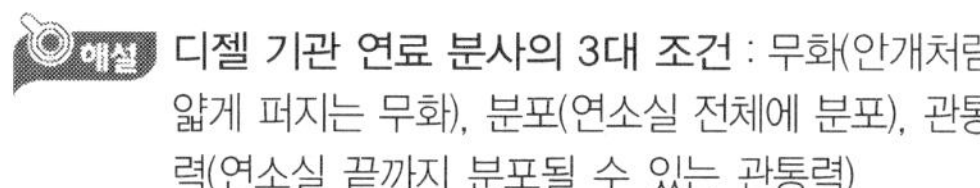

해설 디젤 기관 연료 분사의 3대 조건 : 무화(안개처럼 엷게 퍼지는 무화), 분포(연소실 전체에 분포), 관통력(연소실 끝까지 분포될 수 있는 관통력)

3 윤활유 특성에서 요구되는 사항으로 틀린 것은?

① 점도 지수가 적당할 것
② 산화 안정성이 좋을 것
③ 발화점이 낮을 것
④ 기포 발생이 적을 것

해설 윤활유의 구비 조건
㉠ 응고점이 낮을 것
㉡ 비중과 점도가 적당할 것
㉢ 열과 산에 대하여 안정성이 있을 것
㉣ 카본 생성에 대해 저항력이 클 것
㉤ 인화점과 발화점이 높을 것
㉥ 기포 발생이 적을 것

4 활성탄 캐니스터(charcoal canister)는 무엇을 제어하기 위해 설치하는가?

① CO_2 증발 가스 ② HC 증발 가스
③ NOx 증발 가스 ④ CO 증발 가스

해설 캐니스터는 연료 증발 가스인 탄화수소(HC)를 포집하였다가 기관이 정상 온도가 되면 PCSV(Purge Control Solenoid Valve)를 통해 흡입 계통으로 보내어 연소되도록 한다.

5 피에조(piezo) 저항을 이용한 센서는?

① 차속 센서 ② 매니폴드 압력 센서
③ 수온 센서 ④ 크랭크 각 센서

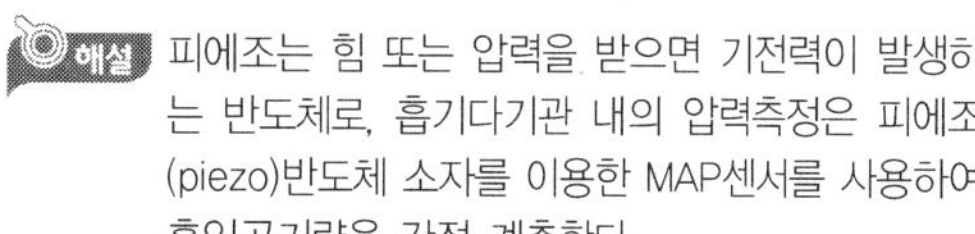

해설 피에조는 힘 또는 압력을 받으면 기전력이 발생하는 반도체로, 흡기다기관 내의 압력측정은 피에조(piezo)반도체 소자를 이용한 MAP센서를 사용하여 흡입공기량을 간접 계측한다.

6 단위 환산으로 맞는 것은?

① 1[mile]=2[km]
② 1[lb]=1.55[kgf]
③ 1[kgf · m]=1.42[ft · lbf]
④ 9.81[N · m]=9.81[J]

answer 1.② 2.③ 3.③ 4.② 5.② 6.④

해설 ① 1[mile]≒1.609[km]
② 1[lb]≒0.4536[kgf]
③ 1[kgf · m]=0.4536[lb]×3.281[ft]≒1.489[lb · ft]
④ 1[N · m]=1[J]

7 **CO, HC, CO_2 가스를 CO_2, H_2O, N_2 등으로 화학적 반응을 일으키는 장치는?**

① 캐니스터
② 삼원 촉매 장치
③ EGR 장치
④ PCV(Positive Crankcase Ventilation)

해설 삼원 촉매 산화 및 환원
㉠ 일산화탄소 CO=CO_2
㉡ 탄화수소 HC=H_2O
㉢ 질소산화물 NO_x=N_2

8 **자동차용 기관의 연료가 갖추어야 할 특성이 아닌 것은?**

① 단위 중량 또는 단위 체적당의 발열량이 클 것
② 상온에서 기화가 용이할 것
③ 점도가 클 것
④ 저장 및 취급이 용이할 것

해설 자동차용 기관의 연료 조건
㉠ 단위 중량 또는 단위 체적당 발열량이 클 것
㉡ 부식성이 적을 것
㉢ 점도가 적당할 것(점도가 클 것)
㉣ 저장 및 취급이 용이할 것
㉤ 연소 화합물이 남지 않을 것
㉥ 연소가 용이할 것

9 **4행정 6실린더 기관의 제3번 실린더 흡기 및 배기 밸브가 모두 열려 있을 경우 크랭크 축을 회전방향으로 120° 회전시켰다면 압축 상사점에 가장 가까운 상태에 있는 실린더는?** (단, 점화순서는 1-5-3-6-2-4)

① 1번 실린더 ② 2번 실린더
③ 4번 실린더 ④ 6번 실린더

해설 제3번 실린더 흡기 및 배기 밸브가 모두 열려 있을 경우는 배기 말에 해당되고 이때 크랭크 축을 회전 방향(시계 방향)으로 120° 회전시켰다면 압축 상사점에 가장 가까운 상태, 즉 압축 초에 해당하는 실린더는 1번 실린더이다.

10 **전동식 냉각 팬의 장점 중 거리가 가장 먼 것은?**

① 서행 또는 정차 시 냉각 성능 향상
② 정상 온도 도달 시간 단축
③ 기관 최고 출력 향상
④ 작동 온도가 항상 균일하게 유지

해설 전동식 냉각 팬의 특징
㉠ 서행 또는 정차 시 냉각 성능이 향상된다.
㉡ 기관 정상 작동 온도에 도달하는 시간이 단축된다.
㉢ 작동 온도가 항상 균일하게 유지된다.
㉣ 기관이 정상 작동 온도를 유지할수록 기관의 출력이 향상된다.

11 **다음 중 지르코니아 산소 센서에 대한 설명으로 맞는 것은?**

① 공연비를 피드백 제어하기 위해 사용
② 정상 온도 도달 시간 단축
③ 기관 최고 출력 향상
④ 작동 온도가 항상 균일하게 유지

지르코니아 산소 센서는 배기 연소 가스 중 산소 농도를 기전력 변화로 검출하여 공연비를 피드백 제어하기 위해 사용한다.

12 **다음 중 크랭크 축이 회전 중 받은 힘의 종류가 아닌 것은?**

① 휨(bending)
② 비틀림(torsion)
③ 관통(penetration)
④ 전단(shearing)

크랭크 축은 폭발 행정에서 발생하는 압력에 의해 휨, 비틀림, 전단력을 받는다.

answer 7.② 8.③ 9.① 10.③ 11.① 12.③

13 10[m/s]의 속도는 몇 [km/h]인가?

① 3.6　　② 36
③ 1/3.6　　④ 1/36

해설 10[m/s]×3.6=36[km/h]

14 실린더의 형식에 따른 기관의 분류에 속하지 않는 것은?

① 수평형 엔진　　② 직렬형 엔진
③ V형 엔진　　④ T형 엔진

해설 실린더 형식에 따른 기관의 분류는 수평형, 직렬형, V형, 경사형, 성형 엔진이 있고, T형 엔진은 밸브 설치 위치에 의한 분류이다.

15 연소실 체적이 40[cc]이고, 압축비가 9 : 1인 기관의 행정 체적[cc]은?

① 280　　② 300
③ 320　　④ 360

해설 $\text{압축비} = 1 + \dfrac{\text{행정 체적(배기량)}}{\text{연소실 체적}}$

$$9 = 1 + \frac{\text{행정 체적(배기량)}}{40} = 320[\text{cc}]$$

16 각 실린더의 분사량을 측정하였더니 최대 분사량이 66[cc]이고, 최소 분사량이 58[cc]이였다. 이때의 평균 분사량이 60[cc]이면 분사량의 '+불균형률'은 얼마인가?

① 5[%]　　② 10[%]
③ 15[%]　　④ 20[%]

해설 (+)불균형율

$$= \frac{\text{최대 분사량} - \text{평균 분사량}}{\text{평균 분사량}} \times 100[\%]$$

$$= \frac{66 - 60}{60} \times 100[\%] = 10[\%]$$

17 가솔린 기관과 비교할 때 디젤 기관의 장점이 아닌 것은?

① 부분 부하 영역에서 연료 소비율이 낮다.
② 넓은 회전 속도 범위에 걸쳐 회전 토크가 크다.
③ 질소산화물과 매연이 조금 배출된다.
④ 열효율이 높다.

해설

장점	단점
㉠ 열효율이 높고 연료 소비율이 작다. ㉡ 경유를 사용하므로 화재의 위험성이 작다. ㉢ 대형 기관 제작이 가능하다. ㉣ 경부하 시 효율이 그다지 나쁘지 않다. ㉤ 전기 점화 장치가 없어 고장률이 작다. ㉥ 유독성 배기가스가 적다.	㉠ 연소 압력이 높아 각 부의 구조가 튼튼해야 한다. ㉡ 운전 중 진동 및 소음이 크다. ㉢ 마력당 중량이 무겁다. ㉣ 회전 속도의 범위가 좁다. ㉤ 압축비가 높아 기동 전동기의 출력이 커야 한다. ㉥ 제작비가 비싸다.

18 가솔린 차량의 배출가스 중 NO_x의 배출을 감소시키기 위한 방법으로 적당한 것은?

① 캐니스터 설치
② EGR 장치 채택
③ DPT 시스템 채택
④ 간접 연료 분사 방식 채택

해설 배기가스 재순환 장치(EGR)

㉠ 배기가스 재순환 장치(EGR)는 배기가스의 일부를 배기 계통에서 흡기 계통으로 재순환시켜 연소실의 최고 온도를 낮추어 질소산화물(NO_x) 생성을 억제시키는 역할을 한다.
㉡ EGR 파이프, EGR 밸브, 서모 밸브로 구성된다.
㉢ 연소된 가스가 흡입되므로 엔진 출력이 저하된다.
㉣ 엔진의 냉각수 온도가 낮을 때는 작동하지 않는다.
※ EGR률 : 실린더가 흡입한 공기량 중 EGR을 통해 유입된 배기가스량과의 비율이다.

$$\text{EGR률} = \frac{\text{EGR 가스량}}{\text{흡입 공기량} + \text{EGR 가스량}} \times 100[\%]$$

answer 13.② 14.④ 15.③ 16.② 17.③ 18.②

19 가솔린 기관의 노킹(knocking)을 방지하기 위한 방법이 아닌 것은?

① 화염 전파 속도를 빠르게 한다.
② 냉각수 온도를 낮춘다.
③ 옥탄가가 높은 연료를 사용한다.
④ 간접 연료 분사 방식을 채택한다.

해설 가솔린 기관의 노킹 방지책
㉠ 화염 전파 거리를 짧게 한다.
㉡ 화염 전파 속도를 빠르게 한다.
㉢ 고옥탄가 연료를 사용한다.
㉣ 실린더 벽의 온도를 낮춘다.
㉤ 점화 시기를 지각(지연)시킨다.
㉥ 흡입 공기 온도와 압력을 낮춘다.
㉦ 연소실 압축비를 낮춘다.
㉧ 연소실 내의 퇴적 카본을 제거한다.
㉨ 동일한 압축비에서 혼합 가스의 온도를 낮추는 연소실 형상을 사용한다.

20 기계식 연료 분사 장치에 비해 전자식 연료 분사 장치의 특징 중 거리가 먼 것은?

① 관성 질량이 커서 응답성이 향상된다.
② 연료 소비율이 감소한다.
③ 배기가스 유해 물질 배출이 감소된다.
④ 구조가 복잡하고, 값이 비싸다.

해설 가솔린 분사 장치의 특성
㉠ 고출력 및 혼합비 제어에 유리하다.
㉡ 부하 변동에 따라 신속하게 응답한다.
㉢ 냉간 시동성이 좋다.
㉣ 연료 소비율이 낮다.
㉤ 적절한 혼합비 공급으로 유해 배출 가스가 감소된다.
㉥ 엔진의 효율이 향상된다.
㉦ 구조가 복잡하고, 값이 비싸다.

21 내연 기관 밸브 장치에서 밸브 스프링의 점검과 관계없는 것은?

① 스프링 장력 ② 자유 높이
③ 직각도 ④ 코일의 권수

해설 밸브 스프링의 점검 요소
㉠ 스프링 장력 : 규정값의 15[%] 이상 감소 시 교환
㉡ 자유높이 : 규정값의 3[%] 이상 감소되면 교환
㉢ 직각도 : 자유 높이 100[mm]에 대해 3[mm] 이상 변형 시 교환

22 차량 총중량이 3.5[ton] 이상인 화물 자동차 등의 후부 안전판 설치 기준에 대한 설명으로 틀린 것은?

① 너비는 자동차 너비의 100[%] 미만일 것
② 가장 아랫부분과 지상과의 간격은 550[mm] 이내일 것
③ 처량 수직 방향의 단면 최소 높이는 100[mm] 이하일 것
④ 모서리부의 곡률 반경은 2.5[mm] 이상일 것

해설 차량 총중량이 3.5[ton] 이상인 화물 자동차 · 특수 자동차 및 연결 자동차는 포장 노면 위에서 공차 상태로 측정하였을 때에 다음의 기준에 적합한 후부 안전판을 설치하여야 한다.
㉠ 너비는 자동차 너비의 100[%] 미만일 것
㉡ 가장 아랫부분과 지상과의 간격은 550[mm] 이내일 것
㉢ 차량 수직 방향의 단면 최소 높이는 100[mm] 이상일 것
㉣ 모서리부의 곡률 반경은 2.5[mm] 이상일 것
㉤ 후부 안전판의 양 끝부분과 가장 넓은 뒷축의 좌우 외측타이어 바깥면간의 간격은 각각 100[mm] 이내일 것
㉥ 지상으로부터 3[m] 이하의 높이에 있는 차체 후단으로부터 차량길이 방향의 안쪽으로 400[mm] 이내에 설치할 것. 단, 자동차의 구조상 400[mm] 이내에 설치가 곤란한 자동차의 경우에는 그러하지 아니하다.

23 LPG 자동차의 장점 중 맞지 않는 것은?

① 연료비가 경제적이다.
② 가솔린 차량에 비해 출력이 높다.
③ 연소실 내의 카본 생성이 낮다.
④ 점화 플러그의 수명이 길다.

answer 19.④ 20.① 21.④ 22.③ 23.②

해설 LPG의 장점 및 단점

㉠ 장점
- 베이퍼록 현상이 일어나지 않는다.
- 혼합기가 가스 상태로 실린더에 공급되기 때문에 일산화탄소(CO)의 배출량이 적다.
- 황분 함유량이 적기 때문에 오일의 오손이 작다.
- 가스 상태로 실린더에 공급되기 때문에 미연소 가스에 의한 오일의 희석이 작다.
- 가솔린 연료보다 옥탄가가 높고 연소 속도가 느리기 때문에 노킹이 작다.
- 가솔린 연료보다 가격이 저렴하기 때문에 경제적이다.
- 가솔린 기관에 비해 연소실 내 카본 생성이 적다.

㉡ 단점
- 겨울철 또는 장시간 정차 시 증발 잠열로 인해 시동이 어렵다.
- 연료의 보급이 불편하고 트렁크의 공간이 좁다.
- LPG 연료 봄베 탱크를 고압 용기로 사용하기 때문에 차량의 중량이 무겁다.

24 동력 전달 장치에서 추진축의 스플라인부가 마멸되었을 때 생기는 현상은?

① 완충 작용이 불량하게 된다.
② 주행 중에 소음이 발생한다.
③ 동력 전달 성능이 향상된다.
④ 총감속 장치의 결합이 불량하게 된다.

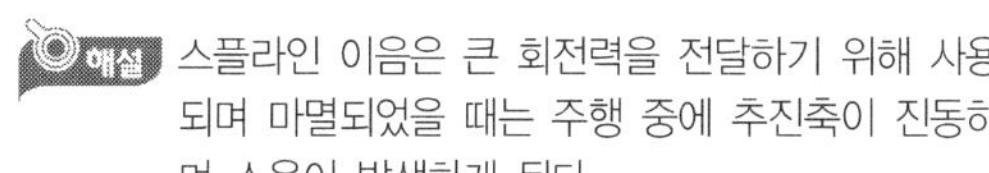

해설 스플라인 이음은 큰 회전력을 전달하기 위해 사용되며 마멸되었을 때는 주행 중에 추진축이 진동하며 소음이 발생하게 된다.

25 엔진의 회전수가 4,500[rpm]일 때 2단위 변속비가 1.5일 경우 변속기 출력축의 회전수[rpm]는 얼마인가?

① 1,500　　② 2,000
③ 2,500　　④ 3,000

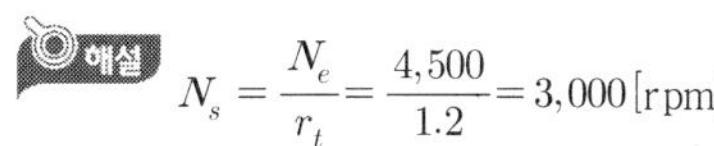

해설 $N_s = \frac{N_e}{r_t} = \frac{4,500}{1.2} = 3,000[\text{rpm}]$

26 다음 중 현가 장치에 사용되는 판 스프링에서 스팬의 길이 변화를 가능하게 하는 것은?

① 섀클　　② 스팬
③ 행거　　④ U 볼트

해설 판 스프링 부품의 특징

㉠ **스팬** : 스프링 아이와 아이 사이의 거리
㉡ **U볼트** : 스프링을 차축에 설치하기 위한 볼트
㉢ **섀클**
- 스프링의 압축 인장 시 길이 방향으로 늘어나는 것을 보상하는 부분
- 판 스프링을 차체에 결합하는 장치
- 스팬의 변화를 가능하게 해주는 것

27 앞바퀴 정렬의 종류가 아닌 것은?

① 토인　　② 캠버
③ 섹터암　　④ 캐스터

해설 앞바퀴 정렬

㉠ 종류
- 캠버(camber)
- 캐스터(caster)
- 토인(ton-in)
- 킹 핀 경사각(조향축 경사각 : king pin inclination)
- 선회 시 토 아웃(toe-out on turning)

㉡ 역할
- 조향 핸들의 조작을 작은 힘으로 할 수 있게 한다.
- 조향 조작이 확실하고 안정성을 준다.
- 타이어 마모를 최소화한다.
- 조향 핸들에 복원성을 준다.

28 다음 자동 변속기에서 스톨 테스트의 요령 중 틀린 것은?

① 사이드 브레이크를 잠근 후 풋 브레이크를 밟고 전진 기어를 넣고 실시한다.
② 사이드 브레이크를 잠근 후 풋 브레이크를 밟고 후진 기어를 넣고 실시한다.
③ 바퀴에 추가로 버팀목을 넣고 실시한다.
④ 풋 브레이크는 놓고 사이드 브레이크만 당기고 실시한다.

answer 24.② 25.④ 26.① 27.③ 28.④

해설 **스톨 테스트(stall test) 시험 방법**
㉠ 뒷바퀴 양쪽에 고임목을 받친다.
㉡ 엔진을 워밍업시킨다.
㉢ 주차 브레이크를 당기고, 브레이크 페달을 완전히 밟는다.
㉣ 선택 레버를 'D'에 위치시킨 다음 액셀러레이터 페달을 완전히 밟고 엔진 rpm을 측정한다(스톨 테스트는 반드시 5[s] 이상 하지 않는다).
㉤ R 레인지에서도 동일하게 실시한다.
㉥ **규정값** : 2,000 ~ 2,400[rpm]

29 **유압식 제동 장치에서 적용되는 유압의 원리는?**

① 뉴턴의 원리 ② 파스칼의 원리
③ 벤투리관의 원리 ④ 베르누이의 원리

해설 유압식 제동 장치는 파스칼의 원리를 이용한 것이다.
※ **파스칼의 원리** : 밀폐된 공간의 액체 한 곳에 압력을 가하면 가해진 압력과 같은 크기의 압력이 각 부에 전달된다.

30 **전자 제어 현가 장치의 장점에 대한 설명으로 가장 적합한 것은?**

① 굴곡이 심한 노면을 주행할 때 흔들림이 작은 평행한 승차감 실현
② 차속 및 조향 상태에 따라 적절한 조향
③ 운전자가 희망하는 쾌적 공간을 제공해 주는 시스템
④ 운전자의 의지에 따라 조향 능력을 유지해 주는 시스템

해설 ECS
㉠ 운전자의 선택, 노면 상태, 주행 조건 등에 따라 각종 센서와 액추에이터 등을 통해 쇽업소버 스프링의 감쇠력 변화를 컴퓨터에서 자동으로 조절하여 승차감을 좋게 하는 전자 제어 시스템이다.
㉡ **특징**
- 고속 주행 시 차체 높이를 낮추어 공기 저항을 적게 하고 승차감을 향상시킨다.
- 불규칙 노면 주행할 때 감쇠력을 조절하여 자동차 피칭을 방지해 준다.
- 험한 도로 주행 시 스프링을 강하게 하여 쇽 업소버 및 원심력에 대한 롤링을 없앤다.
- 급제동 시 노스 다운을 방지해 준다.
- 안정된 조향 성능과 적재 물량에 따른 안정된 차체의 균형을 유지시킨다.
- 하중이 변해도 차는 수평을 전자 제어 유지한다.
- 도로의 조건에 따라서 바운싱을 방지해 준다.

31 **다음 중 수동 변속기의 클러치 역할로 거리가 가장 먼 것은?**

① 엔진과의 연결을 차단하는 일을 한다.
② 변속기로 전달되는 엔진의 토크를 필요에 따라 단속한다.
③ 관성 운전 시 엔진과 변속기를 연결하여 연비 향상을 도모한다.
④ 출발 시 엔진의 동력을 서서히 연결하는 일을 한다.

해설 클러치는 엔진과 변속기 사이에 설치되어 있으며(기관 플라이 휠 뒷면에 부착되어 있다) 동력 전달 장치로 전달되는 기관의 동력을 단속(연결 및 차단)하는 장치이다.

32 **주행 중 제동 시 좌우 편제동의 원인으로 거리가 가장 먼 것은?**

① 드럼의 편 마모
② 휠 실린더 오일 누설
③ 라이닝 접촉 불량, 기름 부착
④ 마스터 실린더의 리턴 구멍 막힘

해설 **편제동의 원인**
㉠ 타이어 공기압의 불평형
㉡ 브레이크 패드의 마찰 계수 저하로 인한 불평형
㉢ 한쪽 브레이크 디스크에 기름 부착
㉣ 한쪽 브레이크 디스크 마모량 과다
㉤ 한쪽 휠 실린더 고착
㉥ 한쪽 캘리퍼 및 휠 실린더 리턴 불량
※ 마스터 실린더 리턴 포트가 막힐 경우 브레이크 오일이 작동 후 리턴되지 못하므로 브레이크 전체가 풀리지 않는 원인이 된다.

answer 29.② 30.① 31.③ 32.④

33 스프링의 무게 진동과 관련된 사항 중 거리가 먼 것은?

① 바운싱(bouncing)
② 피칭(pitching)
③ 휠 트램프(wheel tramp)
④ 롤링(rolling)

해설 스프링 위 질량의 진동(차체의 진동)
㉠ 바운싱(bouncing : 상하 진동) : 자동차의 축 방향과 평행 운동을 하는 고유진동이다.
㉡ 롤링(rolling : 좌·우 방향의 회전 진동) : 자동차가 X축을 중심으로 하여 회전 운동을 하는 고유 진동이다.
㉢ 피칭(pitching : 앞·뒤 방향의 회전 진동) : 자동차가 Y축을 중심으로 하여 회전 운동을 하는 고유 진동이다. 즉, 자동차가 앞·뒤로 숙여지는 진동이다.
㉣ 요잉(yawing : 좌·우 옆방향의 미끄럼 진동) : 자동차가 Z축을 중심으로 하여 회전운동을 하는 고유 진동이다.

34 동력 조향 장치(power steering system)의 장점으로 틀린 것은?

① 조향 조작력을 작게 할 수 있다.
② 앞바퀴의 시미 현상을 방지할 수 있다.
③ 조향 조작이 경쾌하고 신속하다.
④ 고속에서 조향력이 가볍다.

해설 동력식 조향 장치의 장점 및 단점

장점	단점
㉠ 조향 조작력이 작다(2~3[kg] 정도). ㉡ 조향 조작이 경쾌하고 신속하다. ㉢ 조향 핸들의 시미(shimmy)를 방지할 수 있다. ㉣ 노면에서 받는 충격 및 진동을 흡수한다. ㉤ 조향 조작력에 관계없이 조향 기어비를 선정할 수 있다.	㉠ 구조가 복잡하다. ㉡ 가격이 비싸다. ㉢ 고장 시 정비가 어렵다.

※ 전자 제어 동력 조향 장치(EPS)의 요구 조건
㉠ 정차, 저속 주행 시 조향 조작력이 작을 것
㉡ 고속이 될수록 조향 조작력이 클 것
㉢ 앞바퀴의 시미(떨림) 현상을 감소시킬 것
㉣ 노면에서 발생하는 충격을 흡수할 것
㉤ 직진 안정감과 미세한 조향 감각이 보장될 것
㉥ 긴급 조향 시 신속한 조향 반응이 보장될 것

35 타이어의 구조에 해당되지 않는 것은?

① 트레드 ② 브레이커
③ 카커스 ④ 압력판

해설 타이어의 구조
㉠ 비드 : 타이어가 림에 접촉하는 부분으로, 타이어가 빠지는 것을 방지하기 위해 몇 줄의 피아노선을 넣어 놓은 것
㉡ 브레이커 : 트레드와 카커스 사이에서 분리를 방지하고 노면에서의 완충 작용을 하는 것
㉢ 트레드 : 노면과 직접 접촉하는 부분으로, 제동력 및 구동력과 옆방향 미끄럼 방지, 승차감 향상 등의 역할을 하는 것
㉣ 카커스 : 고무로 피복된 코드를 여러 겹 겹친 층이며, 타이어의 뼈대가 되는 부분으로 공기 압력을 견디어 일정한 체적을 유지하고 하중이나 충격에 따라 변형하여 완충 작용을 하는 것
㉤ 사이드 월 : 타이어의 옆부분으로 승차감을 유지시키는 역할을 하며 각종 정보를 표시하는 부분

36 자동차 변속기 오일의 주요 기능이 아닌 것은?

① 동력 전달 작용
② 냉각 작용
③ 충격 전달 작용
④ 윤활 작용

해설 변속기 오일의 주요 기능
㉠ 동력 전달 작용
㉡ 냉각 작용
㉢ 윤활 작용
㉣ 충격 흡수 작용
자동 변속기 오일의 요구 조건
㉠ 내열 및 내산화성이 좋을 것
㉡ 고착 방지성과 내마모성이 있을 것
㉢ 기포가 발생하지 않고, 저온 유동성이 좋을 것
㉣ 점도 지수가 크고, 방청성이 있을 것
㉤ 미끄럼이 없는 적절한 마찰 계수를 가질 것

answer 33.③ 34.④ 35.④ 36.③

37 **제동 배력 장치에서 진공식은 어떤 것을 이용하는가?**

① 대기 압력만을 이용
② 배기가스 압력만을 이용
③ 대기압과 흡기 다기관 부압의 차이를 이용
④ 배기가스와 대기압과의 차이를 이용

해설 진공 배력 방식(하이드로 백)은 흡기 다기관의 부압과 대기압의 압력 차를 이용하는 방식이다.

38 **차량 총중량 5,000[kgf]의 자동차가 20[%]의 구배길을 올라갈 때 구배 저항(Rg)은?**

① 2,500[kgf]　　② 2,000[kgf]
③ 1,710[kgf]　　④ 1,000[kgf]

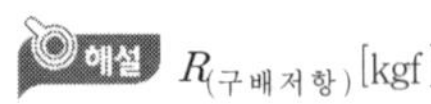

$$R_{(\text{구배저항})}[\text{kgf}] = W\tan\theta = \frac{W \cdot G}{100}$$
$$= \frac{5{,}000 \times 20}{100} = 1{,}000[\text{kgf}]$$

여기서, W : 분력(차량 총중량)[kg]
θ : 구배 각도
G : 구배[%]

39 **주행 중 브레이크 작동 시 조향 핸들이 한쪽으로 쏠리는 원인으로 거리가 가장 먼 것은?**

① 휠 얼라이먼트 조정이 불량하다.
② 좌우 타이어의 공기압이 다르다.
③ 브레이크 라이닝의 좌우 간극이 불량하다.
④ 마스터 실린더의 체크 밸브의 작동이 불량하다.

해설 주행 중 조향 핸들이 한쪽 방향으로 쏠리는 원인
㉠ 브레이크 라이닝 간극 조정 불량
㉡ 휠의 불평형
㉢ 쇽업소버 작동 불량
㉣ 타이어 공기 압력의 불균형
㉤ 앞바퀴 정열(얼라이먼트)의 불량
㉥ 좌·우 축거가 다르다
※ 체크 밸브는 마스터 실린더와 휠 실린더 사이의 잔압 유지, 잔압(0.6～0.8[kg/cm^2])을 두는 목적은 브레이크 작동을 신속하게 하고 베이퍼록 방지, 휠 실린더의 오일 누출 방지, 유압 회로 내에 공기가 침입하는 것을 방지하는 장치이다.

40 **자동차가 주행하면서 선회할 때 조향 각도를 일정하게 유지해도 선회 반지름이 커지는 현상은?**

① 오버 스티어링　　② 언더 스티어링
③ 리버스 스티어링　④ 토크 스티어링

해설 조향 이론
㉠ 언더 스티어링(Under Steering, US) : 자동차가 일정한 반경으로 선회를 할 때 선회 반경이 정상 선회 반경보다 커지는 현상이다.
㉡ 오버 스티어링(Over Steering, OS) : 자동차가 일정한 반경으로 선회를 할 때 선회 반경이 정상의 선회 반경보다 작아지는 현상이다.
㉢ 뉴트럴 스티어링(Neutral Steering, NS) : 자동차가 일정한 반경으로 선회를 할 때 선회 반경이 일정하게 유지되는 현상이다.
㉣ 코너링 포스(cornering force) : 자동차가 선회를 할 때 타이어는 실제 전진 방향에 어떤 각도를 두고 전진하기 때문에 타이어의 접지면이 옆 방향으로 찌그러져서 그 탄성 복원력이 발생된다. 이때 발생한 탄성 복원력의 분력 중 자동차의 진행 방향과 직각인 방향의 복원력을 코너링 포스라고 한다.

41 **모터나 릴레이 작동 시 라디오에 유기되는 일반적인 고주파 잡음을 억제하는 부품으로 맞는 것은 무엇인가?**

① 트랜지스터　　② 볼륨
③ 콘덴서　　　　④ 동소기

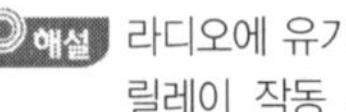

라디오에 유기되는 일반적인 고주파 잡음은 모터나 릴레이 작동 시 발생되고, 콘덴서(축전기)는 이를 억제하는 역할을 한다.

42 **자동차 에어컨 시스템에 사용되는 컴프레서 중 가변 용량 컴프레서의 장점이 아닌 것은?**

① 냉방 성능 향상　② 소음 진동 향상
③ 연비 향상　　　④ 냉매 충진 효율 향상

해설 가변 용량 컴프레서는 불필요한 소요 동력의 절감으로 연비를 향상시키고, 냉방 성능을 향상시키며, 소음 진동을 향상시키는 역할을 하여 에어컨 시스템의 쾌적성을 향상시킨다.

answer 37.③ 38.④ 39.④ 40.② 41.③ 42.④

43 다음 중 기동 전동기 무부하 시험을 할 때 필요 없는 것은?

① 전류계　　　② 저항 시험기
③ 전압계　　　④ 회전계

해설 기동 전동기 무부하 시험에는 전류계, 전압계, 회전계, 스위치, 가변 저항 등이 필요하다.

44 엔진 정지 상태에서 기동 스위치를 'ON' 시켰을 때 축전지에서 발전기로 전류가 흘렀다면 그 원인은?

① ⊕ 다이오드가 단락되었다.
② ⊕ 다이오드가 절연되었다.
③ ⊖ 다이오드가 단락되었다.
④ ⊖ 다이오드가 절연되었다.

해설 ⊕ 다이오드 단락 시 키 ON하면 배터리 전류가 발전기로 흐른다.

45 자동차용 배터리에 과충전을 반복하면 배터리에 미치는 영향은?

① 극판이 황산화된다.
② 용량이 크게 된다.
③ 양극판 격자가 산화된다.
④ 단자가 산화된다.

해설 배터리를 충전하면 양극판이 과산화납으로 되돌아가는데, 과충전 시 양극판이 산화되며, 배터리 방전을 반복하면 극판이 황산화납이 된다.

배터리 과충전 시 발생 현상

㉠ 전해액이 갈색으로 변한다.
㉡ 배터리 옆쪽이 부풀어 오른다.
㉢ 양극판 격자가 산화된다.

46 '회로 내의 어떤 한 점에 유입한 전류의 총합과 유출한 전류의 총합은 서로 같다.'는 법칙은?

① 렌츠의 법칙
② 앙페르의 법칙
③ 뉴턴의 제1법칙
④ 키르히로프의 제1법칙

해설 ① **렌츠의 법칙** : 유도 기전력은 코일 내 자속의 변화를 방해하는 방향으로 생긴다.
② **앙페르의 오른 나사 법칙** : 도체에 전류가 흐를 때 전류의 방향을 오른 나사의 진행 방향으로 하면 도체 주위에 오른 나사의 회전 방향으로 맴돌이 전류가 발생한다.
④ **키르히호프 제1법칙**(전류의 법칙) : 도체 내 임의의 한 점으로 유입된 전류의 총합은 유출한 전류의 총합과 같다.

47 전자 제어 점화 장치에서 점화 시기를 제어하는 순서는?

① 각종 센서 → ECU → 파워 트랜지스터 → 점화 코일
② 각종 센서 → ECU → 점화 코일 → 파워 트랜지스터
③ 파워 트랜지스터 → 점화 코일 → ECU → 각종 센서
④ 파워 트랜지스터 → ECU → 각종 센서 → 점화 코일

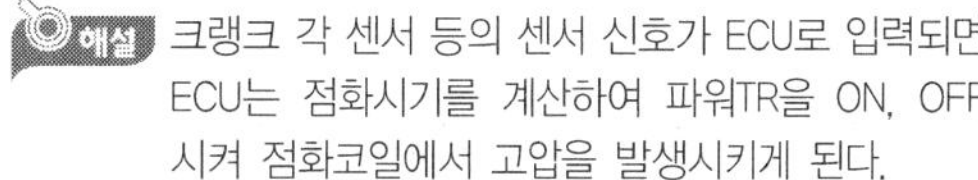
해설 크랭크 각 센서 등의 센서 신호가 ECU로 입력되면 ECU는 점화시기를 계산하여 파워TR을 ON, OFF 시켜 점화코일에서 고압을 발생시키게 된다.

48 부특성(NTC) 가변 저항을 이용한 센서는?

① 산소 센서　　　② 수온 센서
③ 조향각 센서　　④ TDC 센서

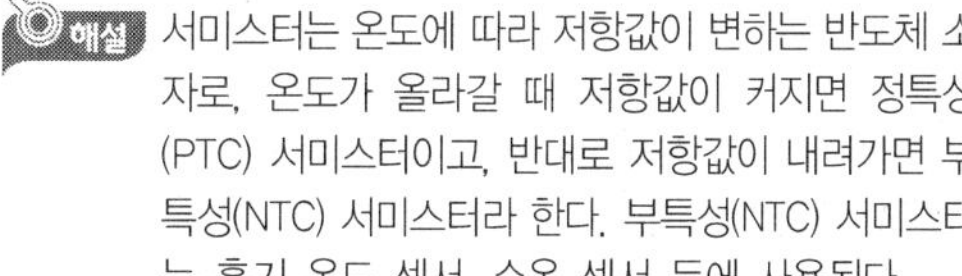
해설 서미스터는 온도에 따라 저항값이 변하는 반도체 소자로, 온도가 올라갈 때 저항값이 커지면 정특성(PTC) 서미스터이고, 반대로 저항값이 내려가면 부특성(NTC) 서미스터라 한다. 부특성(NTC) 서미스터는 흡기 온도 센서, 수온 센서 등에 사용된다.

answer　43.② 44.① 45.③ 46.④ 47.① 48.②

49 윈드 실드 와이퍼 장치의 관리 요령에 대한 설명으로 틀린 것은?

① 와이퍼 블레이드는 수시 점검 및 교환해 주어야 한다.
② 와셔액이 부족하면 와셔액 경고등이 점등된다.
③ 전면 유리는 왁스로 깨끗이 닦아 주어야 한다.
④ 전면 유리는 기름 수건 등으로 닦지 말아야 한다.

해설 전면 유리를 왁스로 닦게 되면, 와이퍼 블레이드가 미끌어지며 빗물이 잘 닦이지 않게 된다.

50 비중이 1.280(20[℃])의 묽은 황산 1[L] 속에 35[%](중량)의 황산이 포함되어 있다면 물은 몇 [g] 포함되어 있는가?

① 932 ② 832
③ 719 ④ 819

해설 묽은 황산 1[L]에 35[%]가 황산이면, 물은 65[%]이다. 비중=$1.280 \times 0.65) \times 10^3 = 832$[g]
※ 10^3은 문제에 제시된 1[L]를 [g]으로 환산하기 위해 필요하다.

51 리머 가공에 관한 설명으로 옳은 것은?

① 액슬 축 외경 가공 작업 시 사용된다.
② 드릴 구멍보다 먼저 작업한다.
③ 드릴 구멍보다 더 정밀도가 높은 구멍을 가공하는 데 필요하다.
④ 드릴 구멍보다 더 작게 하는 데 사용한다.

해설 리머는 드릴 작업 후 정밀도가 높도록 가공하는 데 필요한 가공이다.

52 다음 중 연료 파이프 피팅을 풀 때 가장 알맞은 렌치는?

① 탭 렌치 ② 복스 렌치
③ 소켓 렌치 ④ 오픈 엔드 렌치

해설 관 형태의 연료 파이프, 브레이크 파이프 등은 오픈 엔드 렌치(스패너)로 푸는 것이 좋다.

53 사고 예방 원리 5단계 중 그 대상이 아닌 것은?

① 사실의 발견 ② 평가 분석
③ 시정책의 선정 ④ 엄격한 규율 책정

해설 사고 예방 원리 5단계
㉠ 안전 관리 조직
㉡ 사실의 발견
㉢ 평가 분석
㉣ 시정책의 선정
㉤ 시정책의 적용

54 화재의 분류 기준에서 휘발유로 인해 발생한 화재는?

① A급 화재 ② B급 화재
③ C급 화재 ④ D급 화재

해설 화재의 분류

구분	일반	유류	전기	금속
화재 종류	A급	B급	C급	D급
표시	백색	황색	청색	–
적용 소화기	포말	분말	CO_2	모래
비고	목재, 종이	유류, 가스	전기 기구	가연성 금속
방법	냉각 소화	질식 소화	질식 소화	피복에 의한 질식

55 드릴링 머신의 사용에 있어서 안전상 옳지 않은 것은?

① 드릴 회전 중 칩을 손으로 털거나 불지 말 것
② 가공물에 구멍을 뚫을 때 가공물을 바이스에 물리고 작업할 것
③ 솔로 절삭유를 바를 경우 위쪽 방향에서 바를 것
④ 드릴을 회전시킨 후 머신 테이블을 조정할 것

answer 49.③ 50.② 51.③ 52.④ 53.④ 54.② 55.④

해설 드릴 작업 시 주의 사항
㉠ 드릴을 끼운 뒤 척키를 반드시 빼놓는다.
㉡ 드릴은 주축에 튼튼하게 장치하여 사용한다.
㉢ 드릴 회전 후 테이블을 조정하지 않는다.
㉣ 드릴의 날이 무디어 이상한 소리가 날 때는 회전을 멈추고 드릴을 교환하거나 연마한다.
㉤ 드릴 회전 중 칩을 손으로 털거나 바람으로 불지 말 것
㉥ 가공물에 구멍을 뚫을 때 회전에 의한 사고에 대비하여 가공물을 바이스에 물리고 작업할 것

56 공작 기계 작업 시 주의 사항으로 틀린 것은?

① 몸에 묻은 먼지나 철분 등 기타의 물질은 손으로 털어 낸다.
② 정해진 용구를 사용하여 파쇠철이 긴 것은 자르고 짧은 것은 막대로 제거한다.
③ 무거운 공작물을 옮길 때는 운반 기계를 이용한다.
④ 기름 걸레는 정해진 용기에 넣어 화재를 방지하여야 한다.

해설 몸에 묻은 먼지나 철분 등은 부상의 우려가 있으므로 솔로 털어내야 한다.

57 휠 밸런스 시험기 사용 시 적합하지 않은 것은?

① 휠 탈부착 시 무리한 힘을 가하지 않는다.
② 균형추를 정확히 부착한다.
③ 계기판은 회전이 시작되면 즉시 판독한다.
④ 시험기 사용 방법과 유의 사항을 숙지 후 사용한다.

해설 계기판은 회전이 끝나면 판독한다.

58 다음 중 자동차의 배터리 충전 시 안전한 작업이 아닌 것은?

① 자동차에서 배터리 분리 시 (+)단자 먼저 분리한다.
② 배터리 온도가 약 45[℃] 이상 오르지 않게 한다.
③ 충전은 환기가 잘 되는 넓은 곳에서 한다.
④ 과충전 및 과방전을 피한다.

해설 배터리 탈거 시 (−)단자를 먼저 분리하고, 절연 (+)단자는 나중에 분리하여야 한다.

59 작업장의 안전 점검을 실시할 때 유의 사항이 아닌 것은?

① 과거 재해 요인이 없어졌는지 확인한다.
② 안전 점검 후 강평하고 사소한 사항은 묵인한다.
③ 점검 내용을 서로가 이해하고 협조한다.
④ 점검자의 능력에 적응하는 점검 내용을 활용한다.

해설 안전 점검에는 강평하고 사소한 사항이라도 꼭 확인하여 안전사고에 대비한다.

60 FF 차량의 구동축을 정비할 때 유의사항으로 틀린 것은?

① 구동축의 고무 부트 부위의 그리스 누유 상태를 확인한다.
② 구동축 탈거 후 변속기 케이스의 구동축 장착 구멍을 막는다.
③ 구동축을 탈거할 때마다 오일실을 교환하다.
④ 탈거 공구를 최대한 깊이 끼워서 사용한다.

해설 탈거 공구는 적당한 깊이로 끼워 사용하여야 한다.

answer 56.① 57.③ 58.① 59.② 60.④

제13회

자동차정비기능사

기출복원 및 실전모의고사

1 **가솔린 연료 분사 기관에서 인젝터(−) 단자에서 측정한 인젝터 분사 파형은 파워트랜지스터가 OFF되는 순간 솔레노이드 코일에 급격하게 전류가 차단되기 때문에 큰 역기전력이 발생하게 되는데 이것을 무엇이라 하는가?**

① 평균 전압 ② 전압 강하의 불량
③ 서지 전압 ④ 최소 전압

해설 인젝터(−) 단자에서 측정한 인젝터 분사파형은 파워트랜지스터가 OFF되는 순간 솔레노이드 코일에 급격하게 전류가 차단되기 때문에 큰 역기전력이 발생하게 되는 것을 서지 전압이라 하며 보통 60~90[V]의 전압이 발생한다.

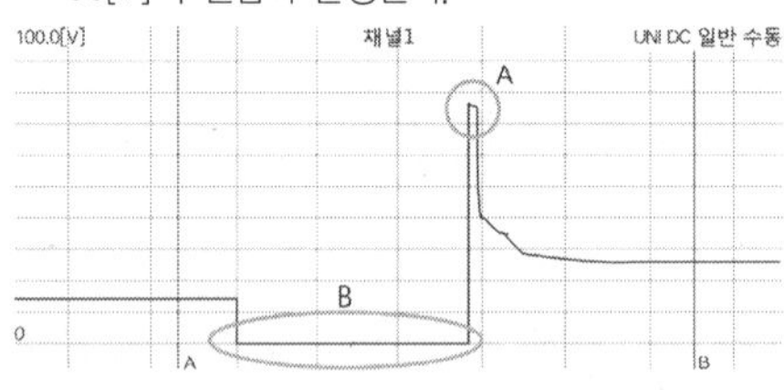

A : 서지 전압(60~80[V])
B : 인젝터 연료 분사 시간(2~3[ms])

2 **캠축의 구동 방식이 아닌 것은?**

① 기어형 ② 체인형
③ 포핏형 ④ 벨트형

해설 크랭크가 회전하면 캠축도 같이 회전하게 되는데 구동 방식은 타이밍 벨트, 체인, 기어 방식이 있다.

3 **연료 분사 펌프의 토출량과 플런저의 행정은 어떠한 관계가 있는가?**

① 토출량은 플런저의 유효 행정에 정비례한다.
② 토출량은 예비 행정에 비례하여 증가한다.
③ 토출량은 플런저의 유효 행정에 반비례한다.
④ 토출량은 플런저의 유효 행정과 전혀 관계가 없다.

해설 플런저 유효 행정이 크면 연료 분사량이 많아지고, 작아지면 분사량이 작아지므로, 즉 플런저 유효 행정과 연료 분사량은 정비례한다.

4 **산소 센서(O_2 sensor)가 피드백(feedback) 제어를 할 경우로 가장 적합한 것은?**

① 연료를 차단할 때
② 급가속 상태일 때
③ 감속 상태일 때
④ 대기와 배기가스 중의 산소 농도 차이가 있을 때

해설 산소 센서는 기관을 이론 공연비로 제어하기 위한 센서로, 배기관 중간에 설치되어 대기 중 산소와 배기가스 중의 산소 농도차에 따라 전압이 발생되는 것이다. ECU는 이 신호를 이용하여 연료 분사량을 피드백 제어한다.

5 **가솔린 기관에서 노킹(knocking) 발생 시 억제하는 방법은?**

① 혼합비를 희박하게 한다.
② 점화 시기를 지각시킨다.
③ 옥탄가가 낮은 연료를 사용한다.
④ 화염 전파 속도를 느리게 한다.

answer 1.③ 2.③ 3.① 4.④ 5.②

해설 **가솔린 기관 노킹 방지책**
㉠ 흡입 공기 온도와 연소실 온도를 낮게 한다.
㉡ 혼합 가스의 와류를 좋게 한다.
㉢ 옥탄가가 높은 연료를 사용한다.
㉣ 기관의 부하를 작게 한다.
㉤ 퇴적된 카본을 제거한다.
㉥ 점화 시기를 지각시킨다.
㉦ 화염 전파 거리를 짧게 한다.

6 **표준 대기압의 표기로 옳은 것은?**

① 735[mmHg] ② 0.85[kgf/cm^2]
③ 101.3[kPa] ④ 10[bar]

1[atm] = 760[mmHg]
= 1.033[kgf/cm^2]
= 1.013[mbar]
= 1.013
= 101.3[kPa]

7 **배출 가스 저감 장치 중 삼원촉매(catalytic convertor) 장치를 사용하여 저감시킬 수 있는 유해 가스의 종류는?**

① CO, HC, 흑연 ② CO, NO_x, 흑연
③ NO_x, HC, SO ④ CO, HC, NO_x

자동차에서 배출되는 대표적 유해 가스는 일산화탄소(CO), 탄화수소(HC), 질소산화물(NO_x)이다.
삼원 촉매 산화 및 환원
㉠ 일산화탄소 CO = CO_2
㉡ 탄화수소 HC = H_2O
㉢ 질소산화물 NO_x = N_2

8 **인젝터 분사량을 제어하는 방법으로 맞는 것은?**

① 솔레노이드 코일에 흐르는 전류의 통전 시간으로 조절한다.
② 솔레노이드 코일에 흐르는 전압의 시간으로 조절한다.
③ 연료 압력의 변화를 주면서 조절한다.
④ 분사구의 면적으로 조절한다.

해설 연료는 일정 압력을 유지하며, 인젝터가 개방되면 연료는 분사되게 된다. 즉, 인젝터 연료 분사량은 솔레노이드 코일에 흐르는 전류의 통전 시간으로 제어된다.

9 **측압이 가해지지 않은 스커트 부분을 따낸 것으로, 무게를 늘리지 않고 접촉 면적은 크게 하며 피스톤 슬랩(slep)은 적게 하여 고속 기관에 널리 사용하는 피스톤의 종류는?**

① 슬립퍼 피스톤(slipper piston)
② 솔리드 피스톤(solid piston)
③ 스플릿 피스톤(split piston)
④ 옵셋 피스톤(offset piston)

해설 슬리퍼 피스톤(slipper piston)은 측압을 받지 않는 스커트 부분을 잘라낸 것으로, 무게를 작게하면서 접촉 면적은 크게 하고 피스톤 슬랩은 감소시킬 수 있다.

10 **적색 또는 청색 경광등을 설치하여야 하는 자동차가 아닌 것은?**

① 교통 단속에 사용되는 경찰용 자동차
② 범죄 수사를 위하여 사용되는 수사 기관용 자동차
③ 소방용 자동차
④ 구급 자동차

해설 구급차의 경광등은 녹색이다.

11 **기관의 최고출력이 1.3[PS]이고, 총배기량이 50[cc], 회전수가 5,000[rpm]일 때 리터 마력[PS/L]은 얼마인가?**

① 56 ② 46
③ 36 ④ 26

해설 리터 마력 $= \frac{1.3[PS]}{50[cc]} \times 1,000 = 26[PS/L]$

answer 6.③ 7.④ 8.① 9.① 10.④ 11.④

12 자동차 기관에서 윤활 회로 내의 압력이 과도하게 올라가는 것을 방지하는 역할을 하는 것은?

① 오일 펌프 ② 릴리프 밸브
③ 체크 밸브 ④ 오일 쿨러

해설 밸브의 종류와 역할
㉠ 안전밸브 : 규정 이상의 압력에 달하면 작동하여 배출한다.
㉡ 체크 밸브 : 잔류 압력을 일정하게 유지(잔압 유지)한다.
㉢ 릴리프 밸브 : 안전밸브와 같은 역할을 하며, 압력이 규정 압력에 도달하면 일부 또는 전부를 배출하여 압력을 규정 이하로 유지하는 역할을 하여 내부 압력이 규정 압력 이상으로 올라가지 않도록 한다.

13 LPG 기관에서 액상 또는 기상 솔레노이드 밸브의 작동을 결정하기 위한 엔진 ECU의 입력 요소는 무엇인가?

① 흡기관 부압 ② 냉각수 온도
③ 엔진 회전수 ④ 배터리 전압

해설 LPG 기관의 액·기상 솔레노이드 밸브는 냉각수 온도에 따라 기체 또는 액체의 연료를 차단하거나 공급한다.

14 스로틀 밸브가 열려 있는 상태에서 가속할 때 일시적인 가속 지연 현상이 나타나는 것을 무엇이라고 하는가?

① 스텀블(stumble)
② 스톨링(stalling)
③ 헤지테이션(hesitation)
④ 서징(surging)

해설 스로틀 밸브가 열려 있는 상태에서 가속할 때 일시적인 가속 지연 현상이 나타나는 것을 헤지테이션이라 한다.

15 가솔린 기관의 이론 공연비로 맞는 것은? (단, 희박 연소 기관은 제외)

① 8 : 1 ② 13.4 : 1
③ 14.7 : 1 ④ 15.6 : 1

해설 가솔린 기관의 가장 이상적인 공연비는 14.7 : 1이다.

16 가솔린 기관의 연료 펌프에서 체크 밸브의 역할이 아닌 것은?

① 연료 라인 내의 잔압을 유지한다.
② 기관 고온 시 연료의 베이퍼록을 방지한다.
③ 연료의 맥동을 흡수한다.
④ 연료의 역류를 방지한다.

해설 가솔린 기관의 체크 밸브는 연료펌프 작동 정지 시 연료의 역류를 방지하고, 잔압을 유지하고 고온에 의한 베이퍼록을 방지하며, 재시동성을 향상시킨다.

17 저속 전부하에서 기관의 노킹(knocking) 방지성을 표시하는 데 가장 적당한 옥탄가 표기법은?

① 리서치 옥탄가 ② 모터 옥탄가
③ 로드 옥탄가 ④ 프런트 옥탄가

해설 옥탄가 표기 방법
㉠ 리서치 옥탄가 : 저속에서 급가속할 때(전부하 저속)의 기관 안티 노크성을 표시
㉡ 모터 옥탄가 : 고속 전부하, 고속 부분 부하, 저속 부분 부하의 기관 안티 노크성을 표시
㉢ 로드 옥탄가 : 표준 연료를 사용하여 기관을 운전하여 가솔린 안티 노크성을 직접 결정
㉣ 프런트 옥탄가 : 100[℃] 부근에서 증류되는 부분의 리서치 옥탄가를 표시

18 정지하고 있는 질량 2[kg]의 물체에 1[N]의 힘이 작용하면 물체의 가속도[m/s^2]는?

① 0.5 ② 1
③ 2 ④ 5

answer 12.② 13.② 14.③ 15.③ 16.③ 17.① 18.①

 $F = m \times a$의 식을 이용하여 풀 수 있다.

$a = \frac{1}{2}$

$\therefore\ a = 0.5[\mathrm{m/s^2}]$

여기서, F : 힘, m : 질량, a : 가속도

19 **연소실의 체적이 48[cc]이고, 압축비가 9 : 1인 기관의 배기량[cc]은 얼마인가?**

① 432 ② 384

③ 336 ④ 288

 압축비(ε) $= \frac{V_s}{V_c} = 1 + \frac{V}{V_c}$

$V = (\varepsilon - 1) \times V_c = (9-1) \times 48 = 384[\mathrm{cc}]$

여기서, V : 배기량[cc]

V_c : 연소실 체적[cc]

V_s : 실린더 체적[cc]

20 **크랭크축에서 크랭크 핀저널의 간극이 커졌을 때 일어나는 현상으로 맞는 것은?**

① 운전 중 심한 소음이 발생할 수 있다.

② 흑색 연기를 뿜는다.

③ 윤활유 소비량이 많다.

④ 유압이 낮아질 수 있다.

 크랭크는 메인 저널과 핀저널이 있으며, 핀저널 간극이 커지면 크랭크축과 저널의 충격이 커져 운전 중 심한 소음이 발생할 수 있다.

21 **다음 중 배기가스 재순환 장치(EGR)의 설명으로 틀린 것은?**

① 가속 성능의 향상을 위해 급가속 시에는 차단된다.

② 연소 온도가 낮아지게 된다.

③ 질소산화물(NOx)이 증가한다.

④ 탄화수소와 일산화탄소량은 저감되지 않는다.

 **배기가스 재순환 장치**(EGR) : 배기가스의 일부를 배기 계통에서 흡기 계통으로 재순환시켜 연소실의 최고 온도를 낮추어 질소산화물(NOx) 생성을 억제시키는 역할을 한다.

㉠ EGR 파이프, EGR 밸브, 서모 밸브로 구성

㉡ 연소 가스가 흡입되므로 엔진의 출력이 저하된다.

㉢ 엔진의 냉각수 온도가 낮을 때는 작동하지 않는다.

㉣ 가속 성능 향상을 위해 급가속 시에는 차단된다.

※ EGR율이란 실린더가 흡입한 공기량 중 EGR을 통해 유입된 배기 가스량과의 비율이다.

$$\text{EGR률} = \frac{\text{EGR 가스량}}{\text{흡입 공기량} + \text{EGR 가스량}} \times 100[\%]$$

22 **크랭크 축 메인 저널 베어링 마모를 점검하는 방법은?**

① 필러 게이지(feeler gauge) 방법

② 시임(seam) 방법

③ 직각자 방법

④ 플라스틱 게이지(plastic gauge) 방법

 크랭크축 메인 저널 베어링 마모는 오일 간극을 뜻하며, 오일 간극 측정은 마이크로미터를 이용하는 방법, 플라스틱 게이지 방법이 있다. 플라스틱 게이지 방법은 저널과 베어링 사이에 플라스틱 게이지를 넣고 규정 토크로 볼트를 조립 후 플라스틱 게이지가 늘어난 크기를 이용하여 오일 간극을 측정하는 방법이다.

23 **선회할 때 조향 각도를 일정하게 유지하여도 선회 반경이 작아지는 현상은?**

① 오버 스티어링 ② 언더 스티어링

③ 다운 스티어링 ④ 어퍼 스티어링

해설 조향 이론

㉠ 언더 스티어링(Under Steering ; US) : 자동차가 일정한 반경으로 선회를 할 때 선회 반경이 정상의 선회 반경보다 커지는 현상이다.

㉡ 오버 스티어링(Over Steering ; OS) : 자동차가 일정한 반경으로 선회를 할 때 선회 반경이 정상의 선회 반경보다 작아지는 현상이다.

㉢ 뉴트럴 스티어링(Neutral Steering ; NS) : 자동차가 일정한 반경으로 선회를 할 때 선회 반경

answer 19.② 20.① 21.③ 22.④ 23.①

이 일정하게 유지되는 현상이다.

㉣ 코너링 포스(Cornering Force) : 자동차가 선회할 때 타이어는 실제 전진 방향에 어떤 각도를 두고 전진하기 때문에 타이어의 접지면이 옆방향으로 찌그러져서 그 탄성 복원력이 발생된다. 이때 발생한 탄성 복원력의 분력 중 자동차의 진행 방향과 직각인 방향의 복원력을 코너링 포스라고 한다.

24 기관이 과열되는 원인이 아닌 것은?

① 라디에이터 코어가 막혔다.
② 수온 조절기가 열려 있다.
③ 냉각수의 양이 적다.
④ 물 펌프의 작동이 불량하다.

기관의 과열 원인
㉠ 냉각수 부족
㉡ 냉각팬 불량
㉢ 수온 조절기 작동 불량
㉣ 라디에이터 코어가 20[%] 이상 막힘
㉤ 라디에이터 파손
㉥ 라디에이터 캡 불량
㉦ 워터 펌프의 작동 불량
㉧ 팬벨트 마모 또는 이완
㉨ 냉각수 통로 막힘
※ 수온 조절기가 열려 있으면 기관의 과냉의 원인이 될 수 있다.

25 동력 인출 장치에 대한 설명이다. ( ) 안에 맞는 것은?

동력 인출 장치는 농업 기계에서 (   )의 구동용으로도 사용되며, 변속기 측면에 설치되어 (   )의 동력을 인출한다.

① 작업 장치, 주축상
② 작업 장치, 부축상
③ 주행 장치, 주축상
④ 주행 장치, 부축상

동력 인출 장치(PTO)는 농업 기계에서 작업 장치의 구동용으로 사용되며 변속기 측면에 설치되어 부축상의 동력을 인출하여 주행과는 관계없이 다른 용도에 이용하기 위한 장치이다.

26 다음 중 자동 변속기에서 유체 클러치를 바르게 설명한 것은?

① 유체의 운동 에너지를 이용하여 토크를 자동적으로 변환하는 장치
② 기관의 동력을 유체 운동 에너지로 바꾸어 이 에너지를 다시 동력으로 바꿔서 전달하는 장치
③ 자동차의 주행 조건에 알맞은 변속비를 얻도록 제어하는 장치
④ 토크 컨버터의 슬립에 의한 손실을 최소화하기 위한 작동 장치

유체 클러치는 유체를 이용하여 기관 동력을 유체 운동 에너지로 바꾸고 이 에너지를 다시 동력을 바꿔서 변속기로 전달하는 장치이다.

27 유압식 전자 제어 파워 스티어링 ECU의 입력 요소가 아닌 것은?

① 차속 센서
② 스로틀 포지션 센서
③ 크랭크축 포지션 센서
④ 조향각 센서

유압식 전자 제어 파워스티어링은 차속, 스로틀 포지션, 조향각 센서의 신호에 따라 조향 조작력을 조절하며, 크랭크 축 포지션 센서는 엔진 ECU에 입력되는 센서이다.

28 휠얼라이먼트 요소 중 하나인 토인의 필요성과 거리가 가장 먼 것은?

① 조향 바퀴에 복원성을 준다.
② 주행 중 토 아웃이 되는 것을 방지한다.
③ 타이어의 슬립과 마멸을 방지한다.
④ 캠버와 더불어 앞바퀴를 평행하게 회전시킨다.

answer 24.② 25.② 26.② 27.③ 28.①

해설 토인

㉠ 정의 : 앞바퀴를 위에서 보았을 때 양쪽 바퀴의 중심선 거리가 앞쪽이 뒤쪽보다 작게 되어 있는 상태를 말한다.

㉡ 토인의 필요성

- 조향 링키지 마멸에 의해 토 아웃되는 것을 방지한다.
- 바퀴의 사이드 슬립과 타이어의 마멸을 방지한다.
- 앞바퀴를 평행하게 회전시킨다.

29 마스터 실린더의 푸시 로드에 작용하는 힘이 150[kgf]이고, 피스톤의 면적이 3[cm^2]일 때 단위 면적당 유압[kgf/cm^2]은?

① 10 ② 50

③ 150 ④ 450

해설 압력[kg/cm^2] = $\frac{\text{하중}}{\text{단면적}}$

$= \frac{150}{3} = 50[\text{kgf/cm}^2]$

$\therefore\ 50[\text{kgf/cm}^2]$

30 다음 중 클러치의 릴리스 베어링으로 사용되지 않는 것은?

① 앵귤러 접촉형 ② 평면 베어링형

③ 볼 베어링형 ④ 카본형

 릴리스 베어링의 종류

㉠ 앵귤러 접촉형

㉡ 카본형

㉢ 볼 베어링형

31 자동 변속기에서 일정한 차속으로 주행 중 스로틀 밸브 개도를 갑자기 증가시키면 시프트 다운(감속 변속)되어 큰 구동력을 얻을 수 있는 것은?

① 스톨 ② 킥 다운

③ 킥 업 ④ 리프트 풋 업

 킥 다운은 일정 차속으로 주행 중 가속 페달을 급격히 밟으면 스로틀 밸브 개도가 증가하게 되고 이 때 현재 변속 단수보다 한 단계 낮은 단수로 감속 변속되어 큰 구동력을 얻을 수 있게 하는 것이다.

32 시동 OFF 상태에서 브레이크 페달을 여러 차례 작동 후 브레이크 페달을 밟은 상태에서 시동을 걸었는데 브레이크 페달이 내려가지 않는다면 예상되는 고장 부위는?

① 주차 브레이크 케이블

② 앞바퀴 캘리퍼

③ 진공 배력 장치

④ 프로포셔닝 밸브

 진공 배력 장치(하이드로 백)은 흡기 다기관의 진공을 사용하므로 시동 OFF 상태에서 여러 차례 브레이크를 밟은 후 브레이크 페달을 밟은 상태에서 시동을 걸었을 때 내려가야 정상이다.

33 구동 피니언의 잇수가 15, 링기어의 잇수가 58일 때 종감속비는 약 얼마인가?

① 2.58 ② 3.87

③ 4.02 ④ 2.94

 종감속비 = $\frac{\text{링기어 잇수}}{\text{구동 피니언 기어 잇수}}$

$= \frac{58}{15} = 3.87$

34 현가 장치가 갖추어야 할 기능이 아닌 것은?

① 승차감의 향상을 위해 상하 움직임에 적당한 유연성이 있어야 한다.

② 원심력이 발생되어야 한다.

③ 주행 안정성이 있어야 한다.

④ 구동력 및 제동력 발생 시 적당한 강성이 있어야 한다.

해설 현가 장치의 기능

㉠ 승차감 향상을 위해 상하 움직임에 적당한 유연성이 있어야 한다.

㉡ 회전등의 원심력에 대해 저항력이 있어야 한다.

㉢ 주행 안정성이 있어야 한다.

㉣ 구동력 및 제동력 발생 시 적당한 강성이 있어야 한다.

answer 29.② 30.② 31.② 32.③ 33.② 34.②

35 **여러 장을 겹쳐 충격 흡수 작용을 하도록 한 스프링은?**

① 토션바 스프링　② 고무 스프링
③ 코일 스프링　④ 판 스프링

해설 판 스프링 : 여러 장의 금속 강판을 여러 장 겹쳐 노면의 충격 흡수 작용을 하도록 장치이다.

36 **자동차에서 제동 시의 슬립비를 표시한 것으로 맞는 것은?**

① (자동차 속도－바퀴 속도) / 자동차 속도 ×100[%]
② (자동차 속도－바퀴 속도) / 바퀴 속도 ×100[%]
③ (바퀴 속도－자동차 속도) / 자동차 속도 ×100[%]
④ (바퀴 속도－자동차 속도) / 바퀴 속도 ×100[%]

해설 $\text{슬립비} = \dfrac{\text{자동차 속도} - \text{바퀴 속도}}{\text{자동차 속도}} \times 100[\%]$

37 **조향 핸들이 1회전하였을 때 피트먼암이 40° 움직였다. 조향 기어의 비는?**

① 9 : 1　② 0.9 : 1
③ 45 : 1　④ 4.5 : 1

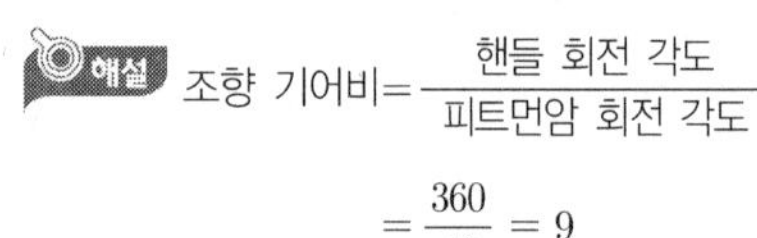

해설 $\text{조향 기어비} = \dfrac{\text{핸들 회전 각도}}{\text{피트먼암 회전 각도}} = \dfrac{360}{40} = 9$

38 **수동 변속기에서 클러치(clutch)의 구비 조건으로 틀린 것은?**

① 동력을 차단할 경우에는 차단이 신속하고 확실할 것
② 미끄러지는 일 없이 동력을 확실하게 전달할 것
③ 회전 부분의 평형이 좋을 것
④ 회전 관성이 클 것

해설 클러치의 구비 조건
㉠ 동력 차단이 신속하고 확실할 것
㉡ 동력 전달이 확실하고 신속할 것
㉢ 방열이 잘 되고, 과열되지 않을 것
㉣ 회전 부분 평형이 좋을 것
㉤ 회전 관성이 작을 것
㉥ 내열성이 좋을 것

클러치가 미끄러지는 원인
㉠ 크랭크축 오일실 마모
㉡ 클러치판 오일이 묻었을 때
㉢ 클러치 압력 스프링이 약할 때
㉣ 클러치판의 마모 및 경화
㉤ 클러치 페달의 자유 간극이 작을 때

39 **자동차가 커브를 돌 때 원심력이 발생하는데 이 원심력을 이겨내는 힘은?**

① 코너링 포스　② 릴레이 밸브
③ 구동 토크　④ 회전 토크

해설 ㉠ 코너링 포스 : 조향 시 타이어에서 조향 방향으로 작용하는 힘으로, 선회 시 발생하는 원심력을 이겨내는 힘이다.
㉡ 언더 스티어링 : 선회 시 조향 각도를 일정하게 하여도 선회 반지름이 커지는 현상(뒷바퀴 반지름이 커짐)이다.
㉢ 오버 스티어링 : 선회 시 조향 각도를 일정하게 하여도 선회 반지름이 작아지는 현상(뒷바퀴 반지름이 작아짐)이다.

40 **와이퍼 장치에서 간헐적으로 작동되지 않는 요인으로 거리가 먼 것은?**

① 와이퍼 릴레이가 고장이다.
② 와이퍼 블레이드가 마모되었다.
③ 와이퍼 스위치가 불량이다.
④ 모터 관련 배선 접지가 불량이다.

해설 와이퍼는 와이퍼 스위치, 와이퍼 모터, 와이퍼 관련 배선, 와이퍼 퓨즈, 릴레이 등으로 구성되어 있는 전기 장치이며, 와이퍼 블레이드가 마모되어도 작동은 된다.

answer 35.④ 36.① 37.① 38.④ 39.① 40.②

41 공기식 제동 장치의 구성 요소로 틀린 것은?

① 언로더 밸브　② 릴레이 밸브
③ 브레이크 챔버　④ EGR 밸브

 해설 EGR 밸브는 배기가스 재순환 장치로서, 질소산화물(NO_x)를 저감시키는 장치이다.

42 트랜지스터식 점화 장치는 어떤 작동으로 점화 코일의 1차 전압을 단속하는가?

① 증폭 작용　② 자기 유도 작용
③ 스위칭 작용　④ 상호 유도 작용

 해설 트랜지스터식 점화 장치는 파워 트랜지스터(파워 TR)의 스위칭 작용으로, 점화 코일의 1차 전압을 단속한다. 점화 장치의 파워TR은 ECU에서 파워 TR 베이스를 ON시키면 점화 코일의 1차 전류는 컬렉터에서 이미터로 흘러 점화 코일이 자화되고, 파워 TR을 OFF시키면 점화 코일에 발생된 고전압이 점화 플러그에 가해지게 되는 원리이다. 파워트랜지스터는 ECU(컴퓨터)에 의해 제어되는 베이스 단자, 점화 코일의 1차 코일과 연결되는 컬렉터 단자, 접지가 되는 이미터로 구성되어 있다.

43 다음 중 이모빌라이저 시스템에 대한 설명으로 틀린 것은?

① 차량의 도난을 방지할 목적으로 적용되는 시스템이다.
② 도난 상황에서 시동이 걸리지 않도록 한다.
③ 도난 상황에서 시동키가 회전되지 않도록 제어한다.
④ 엔진 시동은 반드시 차량에 등록된 키로만 시동이 가능하다.

 해설 이모빌라이저 시스템은 차량에 따라 도난 방지 릴레이 등을 이용하여 시동키가 회전은 가능하나 시동이 걸리지 않도록 제어하여 차량의 도난을 방지하는 역할을 한다.

44 AC 발전기에서 전류가 발생하는 곳은?

① 전기자　② 스테이터
③ 로터　④ 브러시

 해설 AC 발전기는 스테이터에서 전류가 발생한다.

45 주파수를 설명한 것 중 틀린 것은?

① 1[s]에 60회 파형이 반복되는 것을 60[Hz]라고 한다.
② 교류 파형이 반복되는 비율을 주파수라고 한다.
③ (1/주기)은 주파수와 같다.
④ 주파수는 직류의 파형이 반복되는 비율이다.

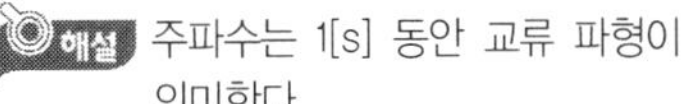 해설 주파수는 1[s] 동안 교류 파형이 반복되는 횟수를 의미한다.

46 자동차용 배터리의 급속 충전 시 주의사항으로 틀린 것은?

① 배터리를 자동차에 연결한 채 충전할 경우 접지(−) 터미널을 떼어 놓을 것
② 충전 전류는 용량값의 약 2배 정도의 전류로 할 것
③ 될 수 있는 대로 짧은 시간에 실시할 것
④ 충전 중 전해액 온도가 약 45[℃] 이상 되지 않도록 할 것

해설 **배터리 급속 충전**
㉠ 충전 중인 축전지에 충격을 가하지 않는다.
㉡ 충전 중 전해액 온도가 약 45[℃] 이상 되지 않도록 할 것
㉢ 충전 전류는 배터리 용량의 약 50[%]의 전류로 한다.
㉣ 충전 시간은 가능한 짧게 한다.
㉤ 통풍이 잘 되는 곳에서 충전한다.

answer 41.④ 42.③ 43.③ 44.② 45.④ 46.②

47 배터리 취급 시 틀린 것은?

① 전해액량은 극판 위 10 ~ 13[mm] 정도 되도록 보충한다.
② 연속 대전류로 방전되는 것은 금지해야 한다.
③ 전해액을 만들어 사용 할 때는 고무 또는 납그릇을 사용하되, 황산에 증류수를 조금씩 첨가하면서 혼합한다.
④ 배터리의 단자부 및 케이스면은 소다수로 세척한다.

해설 전해액을 만들어 사용할 때는 절연체 그릇을 사용하여야 하며 납 그릇은 황산과 반응하므로 사용하면 안 된다.

48 기동 전동기 정류자 점검 및 정비 시 유의 사항으로 틀린 것은?

① 정류자는 깨끗해야 한다.
② 정류자 표면은 매끈해야 한다.
③ 정류자는 줄로 가공해야 한다.
④ 정류자는 진원이어야 한다.

해설 기동 전동기 정류자는 브러시와 접촉하는 부분으로, 줄을 이용해 가공할 경우 정류자의 크기가 작아져 브러시와 접촉이 불량할 수 있다.

49 괄호 안에 알맞은 소자는?

> SRS(Supplemental Restraint System) 시스템 점검 시 반드시 배터리의 (−)터미널을 탈거 후 5분 정도 대기한 후 점검한다. 이는 ECU 내부에 있는 데이터를 유지하기 위한 내부 ( )에 충전되어 있는 전하량을 방전시키기 위함이다.

① 서미스터 ② G센서
③ 사이리스터 ④ 콘덴서

해설 SRS(Supplemental Restraint System) 시스템 점검 시 배터리 (−) 터미널을 탈거 후 5분 정도 대기한 후 점검하는데 이것은 ECU 내부에 있는 데이터를 유지하기 위한 내부 콘덴서에 충전되어 있는 전하량을 방전시키기 위함이다.

50 적외선 전구에 의한 화재 및 폭발 위험성이 있는 경우와 거리가 먼 것은?

① 용제가 묻은 헝겊이나 마스킹 용지가 접촉한 경우
② 적외선 전구와 도장면이 필요 이상으로 가까운 경우
③ 상당한 고온으로 열량이 커진 경우
④ 상온 온도가 유지되는 장소에서 사용하는 경우

해설 상온의 온도가 유지되는 장소에서 사용하는 것은 정상적인 사용법이다.

51 4기통 디젤 기관에 저항이 0.8[Ω]인 예열 플러그를 각 기통에 병렬로 연결하였다. 이 기관에 설치된 예열 플러그의 합성저항은 몇 [Ω]인가? (단, 기관의 전원=24[V])

① 0.1 ② 0.2
③ 0.3 ④ 0.4

해설 병렬 합성 저항

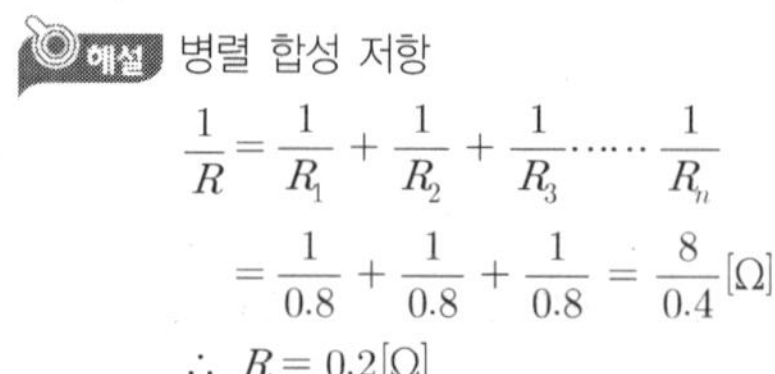

$$\frac{1}{R} = \frac{1}{R_1} + \frac{1}{R_2} + \frac{1}{R_3} \cdots\cdots \frac{1}{R_n}$$

$$= \frac{1}{0.8} + \frac{1}{0.8} + \frac{1}{0.8} = \frac{8}{0.4}[\Omega]$$

$$\therefore R = 0.2[\Omega]$$

52 탁상 그라인더에서 공작물은 숫돌바퀴의 어느 곳을 이용하여 연삭 작업을 하는 것이 안전한가?

① 숫돌바퀴 측면
② 숫돌바퀴의 원주면
③ 어느 면이나 연삭 작업은 상관없다.
④ 경우에 따라서 측면과 원주면을 사용한다.

해설 탁상 그라인더의 연삭 작업은 숫돌의 원주면을 사용하여 한다.

answer 47.③ 48.③ 49.④ 50.④ 51.② 52.②

53 절삭 기계 테이블의 T홈 위에 있는 칩 제거 시 가장 적합한 것은?

① 걸레 ② 맨손
③ 솔 ④ 장갑낀 손

 해설 절삭 기계(선반 등) 작업 시 발생한 칩은 솔로 제거해야 한다.

54 재해 발생 원인으로 가장 높은 비율을 차지하는 것은?

① 작업자의 불안전한 행동
② 불안전한 작업 환경
③ 작업자의 성격적 결함
④ 사회적 환경

해설 재해 발생은 작업자의 불안전항 행동 및 부주의가 가장 높은 비율을 차지한다.

55 납산 배터리의 전해액이 흘렀을 때 중화용액으로 가장 알맞은 것은?

① 중탄산소다 ② 황산
③ 증류수 ④ 수돗물

해설 배터리의 전해액은 산성이므로 알칼리성인 중탄산소다를 사용하여 중화시킨다.

56 정 작업 시 주의 사항으로 틀린 것은?

① 금속 깎기를 할 때는 보안경을 착용한다.
② 정의 날을 몸 안쪽으로 하고 해머로 타격한다.
③ 정의 생크나 해머에 오일이 묻지 않도록 한다.
④ 보관 시 날이 부딪쳐서 무디어지지 않도록 한다.

해설 정 작업 시 주의 사항
㉠ 보호 안경을 착용할 것
㉡ 처음에는 약하게 타격하고 점점 강하게 타격할 것
㉢ 열처리한 재료는 정으로 작업하지 말 것
㉣ 정의 머리가 찌그러진 것은 수정하여 사용할 것
㉤ 정 작업 시 버섯머리는 그라인더로 갈아서 사용할 것
㉥ 철재 절단 시 철편 튀는 방향에 주의할 것

57 자동차 엔진오일 점검 및 교환 방법으로 적합한 것은?

① 환경 오염 방지를 위해 오일은 최대한 교환 시기를 늦춘다.
② 가급적 고점도 오일로 교환한다.
③ 오일을 완전히 배출하기 위해 시동걸기 전에 교환한다.
④ 오일 교환 후 기관을 시동하여 충분히 엔진 윤활부에 윤활한 후 시동을 끄고 오일량을 점검한다.

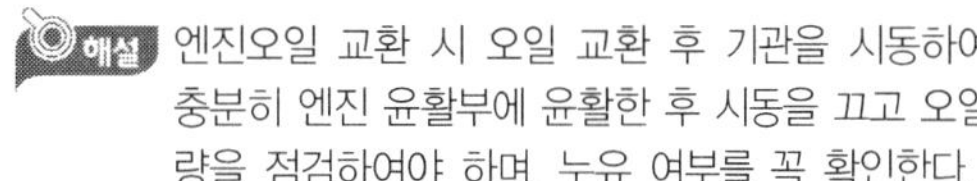
해설 엔진오일 교환 시 오일 교환 후 기관을 시동하여 충분히 엔진 윤활부에 윤활한 후 시동을 끄고 오일량을 점검하여야 하며, 누유 여부를 꼭 확인한다.

58 자동차 VIN(Vehicle Identification Number)의 정보에 포함되지 않는 것은?

① 안전벨트 구분 ② 제동 장치 구분
③ 엔진의 종류 ④ 자동차 종별

해설 자동차의 VIN(Vehicle Identification Number)의 정보에 엔진의 종류는 표기되지 않으며, 안전벨트는 고정 개소가 몇 개인지가 표기되고, 제동 장치는 제동 장치의 형식(공기식, 유압식 등)을 표기하며, 자동차 제작사 및 자동차 종별이 표기되어 있다.

59 전자 제어 시스템 정비 시 자기 진단기 사용에 대하여 ( )에 적합한 것은?

> 고장 코드의 (a)는 배터리 전원에 의해 백업되어 점화 스위치를 OFF시키더라도 (b)에 기억된다. 그러나 (c)를 분리시키면 고장 진단 결과는 지워진다.

① a : 정보, b : 정션박스, c : 고장 진단 결과
② a : 고장 진단 결과, b : 배터리 (−)단자, c : 고장 부위
③ a : 정보, b : ECU, c : 배터리 (−) 단자
④ a : 고장 진단 결과, b : 고장 부위, c : 배터리 (−)단자

answer 53.③ 54.① 55.① 56.② 57.④ 58.② 59.③

 고장 코드의 정보는 백업되어 점화 스위치를 OFF 하더라도 ECU에 기억되며, 배터리 (−)단자를 일정 시간 분리시키면 고장 진단 결과는 지워진다.

60 자동차를 들어 올릴 때 주의사항으로 틀린 것은?

① 잭과 접촉하는 부위에 이물질이 있는지 확인한다.
② 센터 맴버의 손상을 방지하기 위하여 잭이 접촉하는 곳에 헝겊을 넣는다.
③ 차량의 하부에는 개러지 잭으로 지지하지 않도록 한다.
④ 래터럴 로드나 현가 장치는 잭으로 지지한다.

해설 차량 상승 시 현가 장치는 잭으로 지지해서는 안 된다.

answer 60.④

제 14 회

자동차정비기능사

기출복원 및 실전모의고사

1 냉각수 온도 센서 고장 시 엔진에 미치는 영향으로 틀린 것은?

① 공회전 상태가 불안정하게 된다.
② 워밍업 시기에 검은 연기가 배출될 수 있다.
③ 배기가스 중에 CO 및 HC가 증가된다.
④ 냉간 시동성이 양호하다.

해설 냉각수온 센서 고장 시 엔진의 영향
㉠ 공회전 상태가 불안정하다.
㉡ 워밍업 시기에 검은 연기가 배출된다.
㉢ 냉각수 온도에 따른 연료 분사량 보정이 불량하다.
㉣ 배기가스 중에 CO, HC 등의 유해가스가 증가한다.
㉤ 냉간 시동성이 불량하다.

2 디젤 연소실의 구비 조건 중 틀린 것은?

① 연소 시간이 짧을 것
② 열효율이 높을 것
③ 평균 유효 압력이 낮을 것
④ 디젤 노크가 작을 것

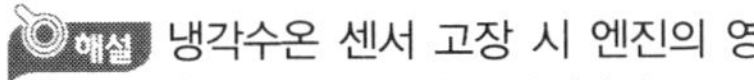

해설 디젤 연소실의 구비 조건
㉠ 열효율이 높을 것
㉡ 디젤 노크가 작을 것
㉢ 연소 시간이 짧을 것
㉣ 분사된 연료를 짧은 시간에 완전 연소시킬 것
㉤ 평균 유효 압력이 높고, 연료 소비율이 작을 것

3 베어링에 작용 하중이 80[kgf] 힘을 받으면서 베어링면의 미끄럼속도가 30[m/s]일 때 손실 마력[PS]은? (단, 마찰계수=0.2)

① 4.5　　② 6.4
③ 7.3　　④ 8.2

해설 $F_{PS} = \frac{W \times s \times \mu}{75}$

$= \frac{80 \times 30 \times 0.2}{75} = 6.4[PS]$

여기서, F_{PS} : 손실 마력
W: 베어링에 작용하는 하중
s : 미끄럼 속도
μ : 마찰 계수

4 자동차의 앞면에 안개등을 설치할 경우에 해당되는 기준으로 틀린 것은?

① 비추는 방향은 앞면 진행 방향을 향하도록 할 것
② 후미등이 점등된 상태에서 전조등과 연동하여 점등 또는 소등할 수 있는 구조일 것
③ 등광색은 백색 또는 황색으로 할 것
④ 등화의 중심점은 차량 중심선을 기준으로 좌우가 대칭되도록 할 것

해설 후미등이 점등된 상태에서는 전조등과 연동하여 점등 또는 소등할 수 없는 구조이어야 한다.

5 디젤 기관에서 기계식 독립형 연료 분사 펌프의 분사 시기 조정 방법으로 맞는 것은?

① 거버너의 스프링을 조정
② 랙과 피니언으로 조정
③ 피니언과 슬리브로 조정
④ 펌프와 타이밍 기어의 커플링으로 조정

해설 기계식 독립형 연료 분사 펌프의 분사 시기는 타이밍 라이트를 이용하여 측정하며 분사 시기 조정은 분사펌프를 좌·우로 돌려와 타이밍 기어의 커플링으로 조정한다.

answer 1.④ 2.③ 3.② 4.② 5.④

6 4기통인 4행정사이클 기관에서 회전수가 1,800 [rpm], 행정이 75[mm]인 피스톤의 평균 속도[m/s]는?

① 2.55 ② 2.45

③ 2.35 ④ 4.5

피스톤 평균 속도$= \frac{2LN}{60} = \frac{LN}{30}$

$= \frac{0.075 \times 1800}{30} = 4.5[\text{m/s}]$

여기서, L : 행정[m]

N : 엔진 회전수[rpm]

7 다음 가솔린 노킹(knocking)의 방지책에 대한 설명 중 잘못된 것은?

① 압축비를 낮게 한다.

② 냉각수의 온도를 낮게 한다.

③ 화염 전파 거리를 짧게 한다.

④ 착화 지연을 짧게 한다.

가솔린 기관의 노킹 방지책

㉠ 화염 전파 거리를 짧게 한다.

㉡ 화염 전파 속도를 빠르게 한다.

㉢ 고옥탄가 연료를 사용한다.

㉣ 실린더 벽의 온도를 낮춘다.

㉤ 점화 시기를 지각(지연)시킨다.

㉥ 흡입 공기 온도와 압력을 낮춘다.

㉦ 연소실 압축비를 낮춘다.

㉧ 연소실 내의 퇴적 카본을 제거한다.

㉨ 동일한 압축비에서 혼합 가스의 온도를 낮추는 연소실 형상을 사용한다.

8 연료의 온도가 상승하여 외부에서 불꽃을 가까이 하지 않아도 자연히 발화되는 최저 온도는?

① 인화점 ② 착화점

③ 발열점 ④ 확산점

연료의 온도가 상승하여 외부에서 불꽃을 가까이 하지 않아도 자연히 발화되는 최저 온도를 착화점이라 한다.

9 피스톤 간극이 크면 나타나는 현상이 아닌 것은?

① 블로바이가 발생한다.

② 압축 압력이 상승한다.

③ 피스톤 슬랩이 발생한다.

④ 기관의 기동이 어려워진다.

피스톤 간극 : 피스톤의 열팽창을 고려하여 피스톤 간극을 두는 것이다.

㉠ **간극이 클 때**

- 블로바이 가스 발생에 의해 압축 압력이 낮아진다.
- 연료 소비량이 증대된다.
- 피스톤 슬랩(slap) 현상이 발생되며 기관 출력이 저하된다.
- 오일 희석 및 카본에 오염된다.

㉡ **간극이 작을 때**

- 오일 간극의 저하로 유막이 파괴되어 마찰 마멸이 증대된다.
- 마찰열에 의해 소결(stick)되기 쉽다.

10 점화 순서가 1-3-4-2인 4행정 기관의 3번 실린더가 압축 행정을 할 때 1번 실린더는?

① 흡입 행정 ② 압축 행정

③ 폭발 행정 ④ 배기 행정

해설 다음과 같은 그림을 그리고 행정은 시계 방향, 점화 순서는 시계 반대 방향으로 1-3-4-2순서대로 적어보면 알 수 있다.

[4행정 사이클]

11 기관의 윤활유 유압이 높을 때 원인과 관계없는 것은?

① 베어링과 축의 간격이 클 때

② 유압 조정 밸브 스프링의 장력이 강할 때

③ 오일 파이프의 일부가 막혔을 때

④ 윤활유의 점도가 높을 때

answer 6.④ 7.④ 8.② 9.② 10.③ 11.①

유압이 높아지는 원인
㉠ 유압 조정 밸브(릴리프밸브 - 최대 압력 이상으로 압력이 올라가는 것을 방지) 스프링의 장력이 강할 때
㉡ 윤활 계통의 일부가 막혔을 때
㉢ 윤활유의 점도가 높을 때
㉣ 오일 간극이 작을 때

12 연소실 체적이 40[cc]이고, 총배기량이 1,280[cc] 인 4기통 기관의 압축비는?

① 6 : 1 ② 9 : 1
③ 18 : 1 ④ 33 : 1

행정 체적(배기량) $V=\frac{\pi}{4}\times D^2\times L$
여기서, L : 행정[cm], D : 내경[cm]
∴ 1개 연소실의 배기량$=\frac{1,280}{4}=320$[cc]
$$\varepsilon=\frac{V_s+V_c}{V_c}=\frac{40+320}{40}=9$$
여기서, ε : 압축비
V_s : 실린더 배기량(행정 체적)
V_c : 연소실 체적

13 전자 제어 기관의 흡입 공기량 측정에서 출력이 전기 펄스(pulse digital) 신호인 것은?

① 벤(Vane)식
② 칼만(Karman) 와류식
③ 핫 와이어(hot wire)식
④ 맵 센서식(MAP sensor)식

전자 제어 기관의 흡입 공기량 측정에서 출력이 전기 펄스(pulse digital) 신호인 것은 칼만 와류식으로, 초음파를 발생하여 칼만 와류수만큼 밀집되거나 분산되는 디지털 펄스로 측정된다.

14 실린더 지름이 80[mm]이고 행정이 70[mm]인 엔진의 연소실 체적이 50[cc]인 경우 압축비는?

① 8 ② 8.5
③ 7 ④ 7.5

행정 체적(배기량) $V=\frac{\pi}{4}\times D^2\times L$
$=\frac{3.14}{4}\times 8^2\times 7$
$=351.68$[cc]
$$\varepsilon=1+\frac{V_s}{V_c}=1+\frac{351.68}{50}=8$$
여기서, ε : 압축비
V_s : 행정 체적(배기량)
V_c : 연소실 체적

15 내연 기관과 비교했을 때 전기 모터의 장점 중 틀린 것은?

① 마찰이 작기 때문에 손실되는 마찰열이 작게 발생한다.
② 후진 기어가 없어도 후진이 가능하다.
③ 평균 효율이 낮다.
④ 소음과 진동이 작다.

전기 모터의 장점
㉠ 마찰이 작기 때문에 손실되는 마찰열이 작게 발생한다.
㉡ 후진 기어가 없어도 후진이 가능하다.
㉢ 소음과 진동이 작다.
㉣ 평균 효율이 높다.

16 디젤 기관의 연료 분사 장치에서 연료의 분사량을 조절하는 것은?

① 연료 여과기
② 연료 분사 노즐
③ 연료 분사 펌프
④ 연료 공급 펌프

디젤 기관의 연료 분사량 조절은 분사 펌프에 설치된 조속기로 한다.
※ **조속기**(governor) : 엔진의 회전 속도나 부하 변동에 따라 자동적으로 연료 분사량을 조절하는 것으로, 최고 회전 속도를 제어하고 동시에 저속 운전을 안정시키는 일을 한다.

answer 12.② 13.② 14.① 15.③ 16.③

17 **부동액 성분의 하나로 비등점이 197.2[℃], 응고점이 –50[℃]인 불연성 포화액인 물질은?**

① 에틸렌글리콜 ② 메탄올
③ 글리세린 ④ 변성 알코올

부동액의 주성분은 에틸렌글리콜, 프로필렌으로 구성되어 있다.

에틸렌글리콜의 특징
㉠ 비등점이 197.2[℃], 응고점이 –50[℃]이다.
㉡ 불연성이다.
㉢ 휘발하지 않으며 금속 부식성이 있으며, 팽창 계수가 크다.

18 **블로우 다운(blow down) 현상에 대한 설명으로 옳은 것은?**

① 밸브와 밸브 시트 사이에서의 가스 누출 현상
② 압축 행정식 피스톤과 실린더 사이에서 공기가 누출되는 현상
③ 피스톤이 상사점 근방에서 흡·배기 밸브가 동시에 열려 배기 잔류 가스를 배출시키는 현상
④ 배기 행정 초기에 배기 밸브가 열려 배기가스 자체의 압력에 의하여 배기가스가 배출되는 현상

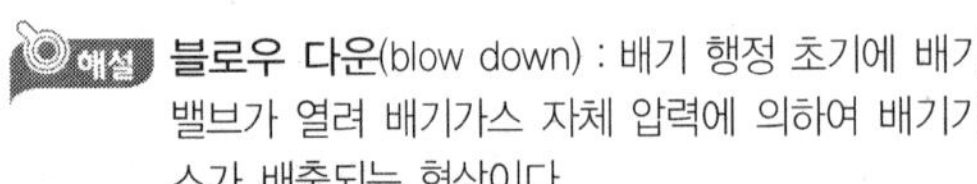
블로우 다운(blow down) : 배기 행정 초기에 배기 밸브가 열려 배기가스 자체 압력에 의하여 배기가스가 배출되는 현상이다.

19 **LPG 차량에서 연료를 충전하기 위한 고압 용기는 무엇인가?**

① 봄베
② 베이퍼 라이저
③ 슬로우 컷 솔레노이드
④ 연료 유니온

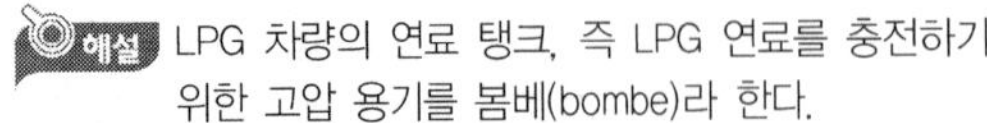
LPG 차량의 연료 탱크, 즉 LPG 연료를 충전하기 위한 고압 용기를 봄베(bombe)라 한다.

20 **가솔린을 완전 연소시키면 발생되는 화합물은?**

① 이산화탄소와 아황산
② 이산화탄소와 물
③ 일산화탄소와 이산화탄소
④ 일산화탄소와 물

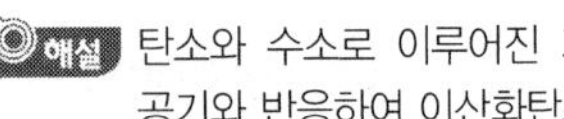
탄소와 수소로 이루어진 가솔린이 완전 연소되면 공기와 반응하여 이산화탄소(CO_2), 물(H_2O)이 발생된다.

21 **흡기 시스템의 동적 효과 특성을 설명한 것 중 (   ) 안에 알맞은 단어는?**

흡입 행정의 마지막에 흡입 밸브를 닫으면 새로운 공기의 흐름이 갑자기 차단되어 (㉠)가 발생한다. 이 압력파는 음으로 흡기 다기관의 입구를 향해서 진행하고, 입구에서 반사되므로 (㉡)가 되어 흡입 밸브쪽으로 음속으로 되돌아온다.

① ㉠ 간섭파, ㉡ 유도파
② ㉠ 서지파, ㉡ 정압파
③ ㉠ 정압파, ㉡ 부압파
④ ㉠ 부압파, ㉡ 서지파

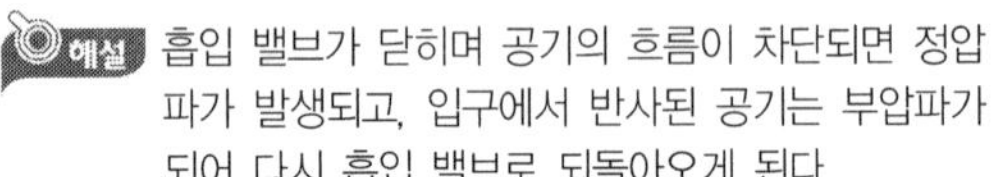
흡입 밸브가 닫히며 공기의 흐름이 차단되면 정압파가 발생되고, 입구에서 반사된 공기는 부압파가 되어 다시 흡입 밸브로 되돌아오게 된다.

22 **추진축의 자재 이음은 어떤 변화를 가능하게 하는가?**

① 축의 길이 ② 회전 속도
③ 회전축의 각도 ④ 회전 토크

추진축(propeller shaft) : 추진축은 주로 후륜 구동 차량에 사용되고, 강한 비틀림과 고속 회전을 견디도록 속이 빈 강관으로 되어 있으며, 평형을 유지하기 위한 평형추와 길이 변화에 대응하기 위한 슬립 조인트가 설치되어 있다.
㉠ 자재 이음(universal joint) : 자재 이음은 각도를 가진 2개의 축 사이에 각도 변화가 가능한 동력

answer 17.① 18.④ 19.① 20.② 21.③ 22.③

을 전달할 때 사용하며 십자형 자재 이음, 트러리언 자재 이음, 플렉시블 이음, 등속도 자재 이음 등이 있다.

㉡ 슬립 이음(slip joint) : 축의 길이 변화를 가능하게 하여, 스플라인을 통해 연결한다. 즉, 뒤차축의 상하 운동에 의한 길이 변화를 가능하게 해준다.

23 **가솔린 기관에서 발생되는 질소산화물에 대한 특징을 설명한 것 중 틀린 것은?**

① 혼합비가 농후하면 발생 농도가 낮다.

② 점화 시기가 빠르면 발생 농도가 낮다.

③ 혼합비가 일정할 때 흡기 다기관의 부압은 강한 편이 발생 농도가 낮다.

④ 기관의 압축비가 낮은 편이 발생 농도가 낮다.

해설 가솔린 기관의 유해 배기가스는 일산화탄소(CO), 탄화수소(HC), 질소산화물(NO_x)이며, 질소산화물(NO_x)은 질소(N)와 산소(O)의 화합물이며, 일반적으로 고온에서 쉽게 반응하며, 점화 시기가 빠르면 연소 온도가 높아져 발생 농도는 높아진다.

24 **가솔린 기관의 연료 펌프에서 연료 라인 내의 압력이 과도하게 상승하는 것을 방지하기 위한 장치는?**

① 체크 밸브(check valve)

② 릴리프 밸브(relief valve)

③ 니들 밸브(needle valve)

④ 사일렌서(silencer)

해설 **릴리프 밸브와 체크 밸브**

㉠ 릴리프 밸브는 연료 라인의 압력이 규정 이상으로 올라가는 것을 방지한다.

㉡ 체크 밸브의 역할 : 역류 방지, 잔압 유지, 베이퍼록 방지, 재시동성 향상

25 **중 · 고속 주행 시 연료 소비율의 향상과 기관의 소음을 줄일 목적으로 변속기의 입력 회전수보다 출력 회전수를 빠르게 하는 장치는?**

① 클러치 포인트 ② 오버 드라이브

③ 히스테리시스 ④ 킥 다운

 오버 드라이브(over drive) : 증속 구동 장치라고도 하며, 기관의 여유 출력을 이용하여 변속기 입력 회전 속도를 출력 회전 속도보다 빠르게 하여 중 · 고속 주행에서 연료 소비율을 향상시키고 기관의 소음을 줄이는 역할을 한다.

26 **전자 제어 현가 장치의 출력부가 아닌 것은?**

① TPS ② 지시등, 경고등

③ 액추에이터 ④ 고장 코드

 전자 제어 현가 장치에서 TPS, 차량 속도 센서 등은 신호를 입력해주는 입력부이고 출력부는 공기 공급 밸브, 공기 배출 밸브, 지시등 및 경고등, 고장 코드, 액추에이터(스텝 모터 등)이다.

27 **휠 얼라인먼트를 사용하여 점검할 수 있는 것으로 가장 거리가 먼 것은?**

① 토(toe) ② 캠버

③ 킹핀 경사각 ④ 휠 밸런스

해설 휠 얼라인먼트 점검 요소 : 토(toe), 캠버, 킹핀 경사각

④ 휠 밸런스는 휠 밸런스 기기로 점검한다.

28 **전동식 동력 조향 장치(MDPS : Motor Driven Power Steering)의 제어 항목이 아닌 것은?**

① 과부하 보호 제어

② 아이들-업 제어

③ 경고등 제어

④ 급가속 제어

 **전동식 동력 조향 장치**(MDPS : Motor Driven Power Steering)**의 제어 항목**

㉠ 과부하 보호 제어

㉡ 아이들-업 제어

㉢ 경고등 제어

㉣ 모터 구동 전류 제어

㉤ 보상 제어

answer 23.② 24.② 25.② 26.① 27.④ 28.④

29 클러치 작동 기구 중에서 세척유로 세척해서는 안 되는 것은?

① 릴리스 포크　② 클러치 커버
③ 릴리스 베어링　④ 클러치 스프링

 릴리스 베어링은 대부분 영구 주유식인 오일리스 베어링으로 세척유로 세척하면 안 된다.

30 ABS의 구성품 중 휠 스피드 센서의 역할은?

① 바퀴의 록(lock) 상태 감지
② 차량의 과속 억제
③ 브레이크 유압 조정
④ 라이닝의 마찰 상태 감지

 휠 스피드 센서는 ABS 장착 차량의 각 바퀴마다 설치되어 톤휠과 센서의 자력선 변화로 감지하여 바퀴의 회전 속도를 전기적 신호(교류 펄스)로 변화시켜 ABS ECU로 보내는 역할을 하고, ABS ECU는 이 신호를 토대로 바퀴의 록(lock) 상태를 감지하거나 바퀴의 회전수를 알 수 있게 된다.

31 조향 유압 계통에 고장이 발생되었을 때 수동 조작을 이행하는 것은?

① 밸브 스풀　② 볼 조인트
③ 유압 펌프　④ 오리피스

 고장이 발생되었을 때 수동 조작을 할 수 있게 하는 것을 페일 세이프(fail safe) 기능이라 하며 조향 유압 계통에서는 밸브 스풀이 페일 세이프 기능을 하게 된다.

32 공기 브레이크에서 공기압을 기계적 운동으로 바꾸어 주는 장치는?

① 릴레이 밸브　② 브레이크 슈
③ 브레이크 밸브　④ 브레이크 챔버

 브레이크 챔버는 공기의 압력을 기계적 운동으로 바꾸어 주는 장치이며, 브레이크 페달을 밟게 되면 챔버로 공기의 압력이 전달되고 푸시 로드는 캠을 밀어주어 브레이크 슈를 작동하게 된다.

33 자동 변속기의 장점이 아닌 것은?

① 기어 변속이 간단하고, 엔진 스톨이 없다.
② 구동력이 커서 등판 발진이 쉽고, 등판 능력이 크다.
③ 진동 및 충격 흡수가 크다.
④ 가속성이 높고, 최고 속도가 다소 낮다.

해설 자동 변속기의 장점
㉠ 기어 변속이 간단하고, 엔진 스톨이 없다.
㉡ 구동력이 커서 등판 발진이 쉽고, 등판 능력이 크다.
㉢ 진동 및 충격 흡수가 크다.
㉣ 과부하로 인한 기관의 소비가 작으므로 기관의 수명이 길어진다(수동 변속기 변속시기 늦음 등).
㉤ 가 · 감속이 원활하여 승차감이좋다.
㉥ 연비가 불량하다.

34 다음 중 전자 제어 동력 조향 장치(EPS)의 종류가 아닌 것은?

① 속도 감응식　② 전동 펌프식
③ 공압 충격식　④ 유압 반력 제어식

 전자 제어 동력 조향 장치(EPS)의 종류는 ①, ②, ④ 외에 밸브 특성에 따라 제어하는 밸브 특성 제어식이 있다.

35 자동 변속기에서 토크 컨버터 내의 록업 클러치(댐퍼클러치)의 작동 조건으로 거리가 먼 것은?

① 'D' 레인지에서 일정 차속(약 70[km/h] 정도)
② 냉각수 온도가 충분히(약 75[℃] 정도) 올랐을 때
③ 브레이크 페달을 밟지 않을 때
④ 발진 및 후진 시

해설 제1속 및 후진에서는 댐퍼 클러치가 작동하지 않는다.

answer 29.③ 30.① 31.① 32.④ 33.④ 34.③ 35.④

36 다음에서 스프링의 진동 중 스프링 위 질량의 진동과 관계없는 것은?

① 바운싱(bouncing)
② 피칭(pitching)
③ 휠 트램프(wheel tramp)
④ 롤링(rolling)

 스프링 위 질량 진동
㉠ 바운싱 : Z축을 중심으로 한 병진 운동(차체의 전체가 아래 · 위로 진동)
㉡ 피칭 : Y축을 중심으로 한 회전 운동(차체의 앞과 뒤쪽이 아래 · 위로 진동)
㉢ 롤링 : X축을 중심으로 한 회전 운동(차체가 좌우로 흔들리는 회전 운동)
㉣ 요잉 : Z축을 중심으로 한 회전 운동(차체의 뒤 폭이 좌 · 우 회전하는 진동)

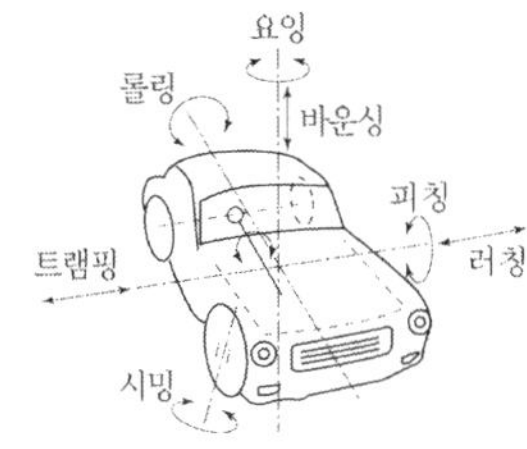

37 변속 장치에서 동기 물림 기구에 대한 설명으로 옳은 것은?

① 변속하려는 기어와 메인 스플라인과의 회전수를 같게 한다.
② 주축 기어의 회전 속도를 부축 기어의 회전 속도 보다 빠르게 한다.
③ 주축 기어와 부축 기어의 회전수를 같게 한다.
④ 변속하려는 기어와 슬리브와의 회전수에는 관계없다.

 동기 물림 기구는 싱크로메시 기구라고도 불리며, 변속하려는 기어와 메인 스플라인의 회전수를 같게 하여 변속을 원활하게 한다.

38 자동차로 서울에서 대전까지 187.2[km]를 주행하였다. 출발 시간은 오후 1시 20분, 도착 시간은 오후 3시 8분이었다면 평균 주행 속도[km/h]는?

① 약 126.5　　② 약 104
③ 약 156　　④ 약 60.78

 $속도 = \frac{주행\ 거리}{주행\ 시간}$

$주행시간 = \frac{108}{60} = 1.8$

$\therefore\ 속도 = \frac{187.2}{1.8} = 104[km/h]$

39 그림과 같은 브레이크 페달에 100[N]의 힘을 가하였을 때 피스톤의 면적이 5[cm²]라고 하면 작동 유압[kPa]은?

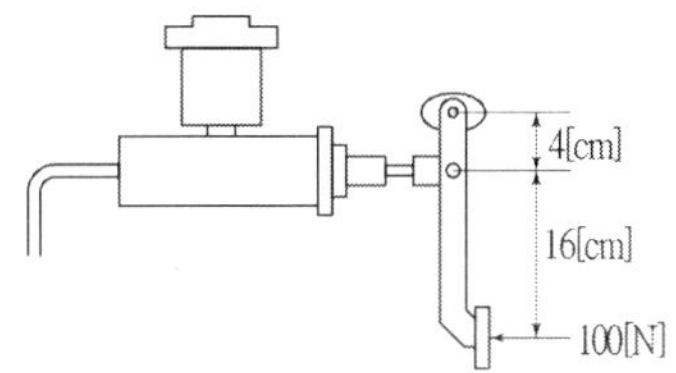

① 100　　② 500
③ 1,000　　④ 5,000

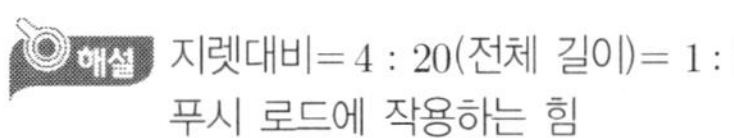 지렛대비 = 4 : 20(전체 길이) = 1 : 5
푸시 로드에 작용하는 힘
= 지렛대비 × 페달을 밟는 힘
= 5 × 100 = 500[N]

$유압 = \frac{힘}{단면적} = \frac{500[N]}{5[cm^2]} = 100[N/cm^2]$

1[N=1/9.8[kgf], 1[kgf/cm²]=100[kPa]

$\therefore\ \frac{100}{9.8} \times 100 = 1,020[kPa]$

40 다음 배터리 격리판에 대한 설명 중 틀린 것은?

① 격리판은 전도성이 있어야 한다.
② 전해액에 부식되지 않아야 한다.
③ 전해액의 확산이 잘 되어야 한다.
④ 극판에서 이물질을 내뿜지 않아야 한다.

answer 36.③ 37.① 38.② 39.③ 40.①

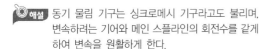

해설 격리판(separator)

㉠ 격리판은 양극판과 음극판 사이에 끼워져 단락을 방지하고, 격리판의 홈이 있는 면을 양극판 쪽으로 가게 하여, 과산화납에 의한 산화 부식을 방지한다.

㉡ 격리판의 구비 조건
- 비전도성일 것
- 전해액에 부식되지 않고 전해액 확산이 잘 될 것
- 기계적 강도가 있을 것
- 극판에서 이물질을 내뿜지 않을 것

41 **유압 브레이크는 무슨 원리를 응용한 것인가?**

① 아르키메데스의 원리
② 베르누이의 원리
③ 아인슈타인의 원리
④ 파스칼의 원리

해설 유압식 브레이크는 파스칼의 원리를 응용한 것이며, 파스칼의 원리는 밀폐된 용기 내에 액체를 가득 채우고 압력을 가하면 모든 방향으로 같은 압력이 작용한다는 원리를 말한다.

42 **자동차용 납산 배터리를 급속 충전할 때 주의사항으로 틀린 것은?**

① 충전 시간을 가능한 길게 한다.
② 통풍이 잘 되는 곳에서 충전한다.
③ 충전 중 배터리에 충격을 가하지 않는다.
④ 전해액 온도가 약 45[℃]가 넘지 않도록 한다.

해설 배터리 급속 충전

㉠ 충전 중인 축전지에 충격을 가하지 않는다.
㉡ 충전 중 전해액 온도가 약 45[℃] 이상 되지 않도록 한다.
㉢ 충전 전류는 배터리 용량의 약 50[%]의 전류로 한다.
㉣ 충전 시간은 가능한 짧게 한다.
㉤ 통풍이 잘 되는 곳에서 충전한다.

43 **스파크 플러그 표시 기호의 한 예이다. 열가를 나타내는 것은?**

BP6ES

① P　　② 6
③ E　　④ S

해설 점화 플러그를 나타내는 표시 형식이다.
- B : 나사부의 지름
- P : 자기 돌출형
- 6 : 열가(열값)
- E : 나사 길이
- S : 표준형(standard)

44 **AC 발전기의 출력 변화 조정은 무엇에 의해 이루어지는가?**

① 엔진의 회전수　　② 배터리의 전압
③ 로터의 전류　　④ 다이오드 전류

해설 AC 발전기 출력 변화 조정은 로터 코일에 흐르는 전류를 조정하여 조정한다.

45 **팽창 밸브식이 사용되는 에어컨 장치에서 냉매가 흐르는 경로로 맞는 것은?**

① 압축기 → 증발기 → 응축기 → 팽창 밸브
② 압축기 → 응축기 → 팽창 밸브 → 증발기
③ 압축기 → 팽창 밸브 → 응축기 → 증발기
④ 압축기 → 증발기 → 팽창 밸브 → 응축기

해설 에어컨의 구조 및 작용

㉠ 압축기(compressor) : 증발기에서 기화된 냉매를 고온 · 고압가스로 변환시켜 응축기로 보낸다.
㉡ 응축기(condenser) : 라디에이터 앞쪽에 설치되어 주행 속도와 냉각 팬의 작동에 의해 고온 · 고압의 기체 냉매를 응축하여 고온 · 고압의 액체 냉매로 만든다.
㉢ 리시버 드라이어(receiver dryer) : 응축기에서 보내온 냉매를 일시 저장하고 항상 액체 상태의 냉매를 팽창 밸브로 보낸다.
㉣ 팽창 밸브(expansion valve) : 고온 · 고압의 액체 냉매를 급격히 팽창시켜 저온 · 저압의 무상(기체) 냉매로 변화시켜 준다.
㉤ 증발기(evaporator) : 주위의 공기로부터 열을 흡수하여 기체 상태의 냉매로 변환시킨다.
㉥ 송풍기(blower) : 직류직권 전동기에 의해 구동되며 공기를 증발기에 순환시킨다.

answer 41.④ 42.① 43.② 44.③ 45.②

46 그림에서 I_1=5[A], I_2=2[A], I_3=3[A], I_4=4[A]라고 하면 I_5에 흐르는 전류[A]는?

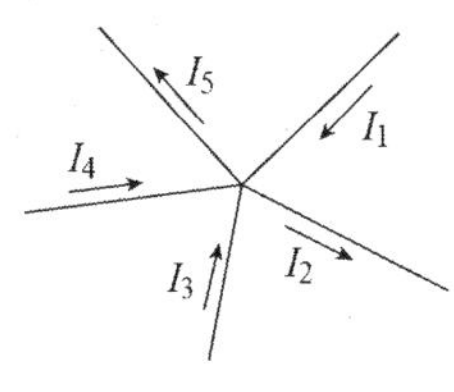

① 8 ② 4
③ 2 ④ 10

해설 키르히호프 제1법칙 : 들어간 전류의 합과 나오는 전류의 합은 같다.
유입 전류=유출 전류
$I_1 + I_3 + I_4 = I_2 + I_5$
$\therefore\ 5[A] + 3[A] + 4[A] = 2[A] + I_5$
$\therefore\ I_5 = 10[A]$

47 연료 탱크의 연료량을 표시하는 연료계의 형식 중 계기식의 형식에 속하지 않는 것은?

① 밸런싱 코일식 ② 연료면 표시기식
③ 서미스터식 ④ 바이메탈 저항식

해설 연료계의 형식
㉠ 서미스터식 : 계기식
㉡ 밸런싱 코일식 : 계기식
㉢ 바이메탈 저항식 : 계기식
㉣ 연료면 표시기식 : 경고등식

48 기동 전동기를 기관에서 떼어내고 분해하여 결함 부분을 점검하는 그림이다. 옳은 것은?

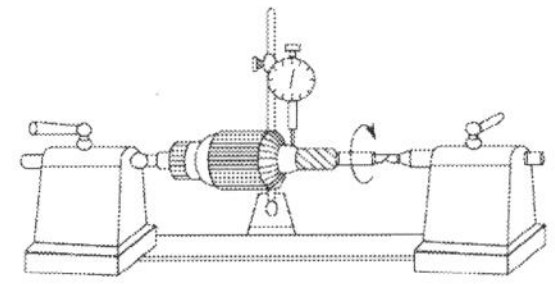

① 전기자 축의 휨 상태 점검
② 전기자 축의 마멸 점검
③ 전기자 코일 단락 점검
④ 전기자 코일 단선 점검

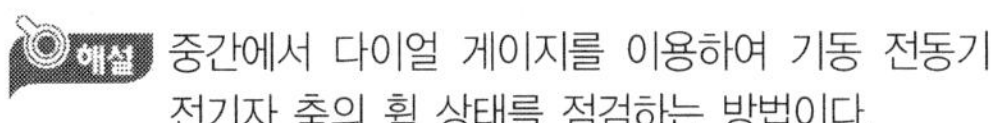
해설 중간에서 다이얼 게이지를 이용하여 기동 전동기 전기자 축의 휨 상태를 점검하는 방법이다.

49 플레밍의 왼손법칙을 이용한 것은?

① 충전기 ② DC 발전기
③ AC 발전기 ④ 전동기

해설 플레밍의 법칙
㉠ 왼손법칙 : 기동 전동기
㉡ 오른손법칙 : 발전기

50 다음 중 드릴링 머신 작업을 할 때 주의 사항으로 틀린 것은?

① 드릴은 주축에 튼튼하게 장치하여 사용한다.
② 공작물을 제거할 때는 회전을 완전히 멈추고 한다.
③ 가공 중에 드릴이 관통했는지를 손으로 확인한 후 기계를 멈춘다.
④ 드릴의 날이 무디어 이상한 소리가 날 때는 회전을 멈추고 드릴을 교환하거나 연마한다.

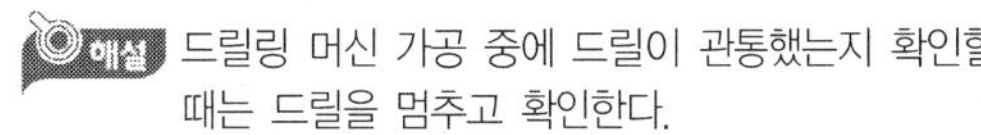
해설 드릴링 머신 가공 중에 드릴이 관통했는지 확인할 때는 드릴을 멈추고 확인한다.

51 에어컨의 구성 부품 중 고압의 기체 냉매를 냉각시켜 액화시키는 작용을 하는 것은?

① 압축기 ② 응축기
③ 팽창 밸브 ④ 증발기

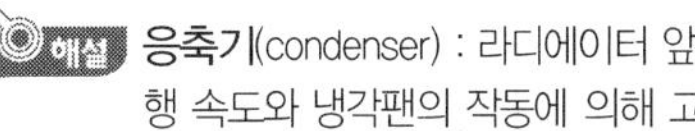
해설 응축기(condenser) : 라디에이터 앞쪽에 설치되어 주행 속도와 냉각팬의 작동에 의해 고온 · 고압의 기체 냉매를 응축하여 고온 · 고압의 액체 냉매로 만든다.

52 산업체에서 안전을 지킴으로써 얻을 수 있는 이점으로 틀린 것은?

① 직장의 신뢰도를 높여준다.
② 상하 동료 간에 인간 관계가 개선된다.
③ 기업의 투자 경비가 늘어난다.
④ 회사 내 규율과 안전 수칙이 준수되어 질서 유지가 실현된다.

해설 산업체에서 안전을 지킴으로써 재해 발생률이 작아지고, 기업의 투자 경비가 줄어들게 된다.

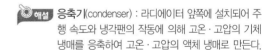

answer 46.④ 47.② 48.① 49.④ 50.③ 51.② 52.③

53 **색에 맞는 안전 표시가 잘못 짝지어진 것은?**

① 녹색 – 안전, 피난, 보호 표시
② 노란색 – 주의, 경고 표시
③ 청색 – 지시, 수리 중, 유도 표시
④ 자주색 – 안전 지도 표시

해설 작업 현장 안전 표시 색채
㉠ 녹색 : 안전, 피난, 보호
㉡ 노란색 : 주의, 경고 표시
㉢ 파랑 : 지시, 수리 중, 유도
㉣ 자주(보라) : 방사능 위험
㉤ 주황 : 위험

54 **작업 안전상 드라이버 사용 시 유의 사항이 아닌 것은?**

① 날 끝이 홈의 폭과 길이가 같은 것을 사용한다.
② 날 끝이 수평이어야 한다.
③ 작은 부품은 한손으로 잡고 사용한다.
④ 전기 작업 시 금속 부분이 자루 밖으로 나와 있지 않아야 한다.

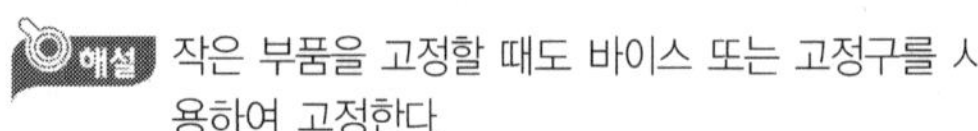
해설 작은 부품을 고정할 때도 바이스 또는 고정구를 사용하여 고정한다.

55 **지렛대를 사용할 때 유의 사항으로 틀린 것은?**

① 깨진 부분이나 마디 부분에 결함이 없어야 한다.
② 손잡이가 미끄러지지 않도록 조치를 취한다.
③ 화물의 치수나 중량에 적합한 것을 사용한다.
④ 파이프를 철제 대신 사용한다.

해설 휨, 파손 등의 위험있는 파이프(속이 비어 있는)를 사용하여서는 안 된다.

56 **수동 변속기 작업과 관련된 사항 중 틀린 것은?**

① 분해와 조립 순서에 준하여 작업한다.
② 세척이 필요한 부품은 반드시 세척한다.
③ 록너트는 재사용 가능하다.
④ 싱크로나이저 허브와 슬리브는 일체로 교환한다.

해설 록너트(lock-Nut)는 체결과 동시에 풀리지 않도록 하는 너트로 재사용하지 않고 반드시 신품을 사용한다.

57 **물건을 운반 작업할 때 안전하지 못한 경우는?**

① LPG 봄베, 드럼통을 굴려서 운반한다.
② 공동 운반에서는 서로 협조하여 운반한다.
③ 긴 물건을 운반할 때는 앞쪽을 위로 올린다.
④ 무리한 자세나 몸가짐으로 물건을 운반하지 않는다.

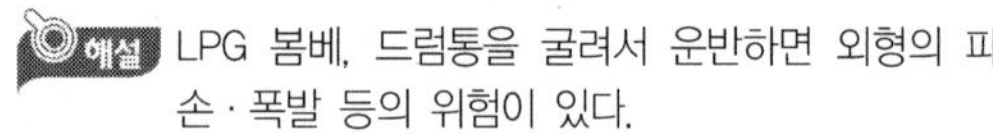
해설 LPG 봄베, 드럼통을 굴려서 운반하면 외형의 파손 · 폭발 등의 위험이 있다.

58 **연료 압력 측정과 진공 점검 작업 시 안전에 관한 유의 사항이 잘못 설명된 것은?**

① 기관 운전이나 크랭킹 시 회전 부위에 옷이나 손 등이 접촉하지 않도록 주의한다.
② 배터리 전해액이 옷이나 피부에 닿지 않도록 한다.
③ 작업 중 연료가 누설되지 않도록 하고 화기가 주위에 있는지 확인한다.
④ 소화기를 준비한다.

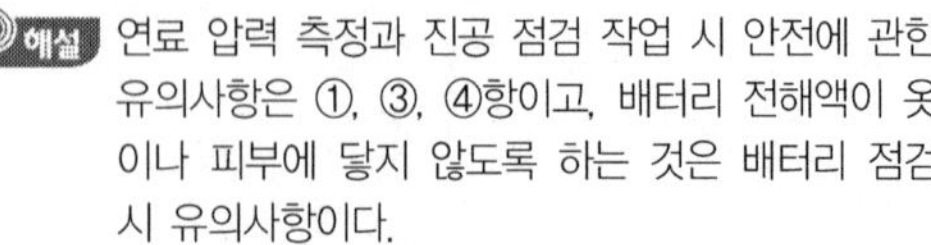
해설 연료 압력 측정과 진공 점검 작업 시 안전에 관한 유의사항은 ①, ③, ④항이고, 배터리 전해액이 옷이나 피부에 닿지 않도록 하는 것은 배터리 점검 시 유의사항이다.

answer 53.④ 54.③ 55.④ 56.③ 57.① 58.②

59 **전동기나 조정기를 청소한 후 점검하여야 할 사항으로 옳지 않은 것은?**

① 연결의 견고성 여부
② 과열 여부
③ 아크 발생 여부
④ 단자부 주유 상태 여부

해설 단자부에는 주유를 하지는 않는다.

60 **자동차 기관이 과열된 상태에서 냉각수를 보충할 때 적합한 것은?**

① 시동을 끄고 즉시 보충한다.
② 시동을 끄고 냉각시킨 후 보충한다.
③ 기관을 가 · 감속하면서 보충한다.
④ 주행하면서 조금씩 보충한다.

해설 기관 과열 상태에서 냉각수 보충 시 시동을 끄고 기관을 완전히 냉각시킨 후 보충한다.

answer 59.④ 60.③

제 15회

자동차정비기능사

기출복원 및 실전모의고사

1 **디젤 기관에서 열효율이 가장 우수한 형식은?**

① 예연소실식 ② 와류식
③ 공기실식 ④ 직접 분사식

해설 디젤 기관에서 열효율이 가장 우수한 형식은 직접 분사식이다.
직접 분사식의 장점
㉠ 냉각수와 접촉하는 면적이 가장 작아 열효율이 좋다.
㉡ 실린더 헤드의 구조가 간단하다(단실식).
㉢ 연료 소비율이 작다.
㉣ 연소실 체적에 대한 표면적 비율이 작아 냉각손실이 작다.

2 **가솔린 기관에서 체적효율을 향상시키기 위한 방법으로 틀린 것은?**

① 흡기 온도의 상승을 억제한다.
② 흡기 저항을 감소시킨다.
③ 배기 저항을 감소시킨다.
④ 밸브수를 줄인다.

해설 가솔린 기관의 체적 효율 향상법
㉠ 흡기 온도 상승을 억제한다.
㉡ 흡기 및 배기 저항을 감소시킨다.
㉢ 흡기 밸브를 크게 하거나 수를 많게 한다.

3 **크랭크 축 메인 베어링의 오일 간극을 점검 및 측정할 때 필요한 장비가 아닌 것은?**

① 마이크로미터 ② 시크니스 게이지
③ 실 스톡식 ④ 플라스틱 게이지

해설 크랭크 축 메인 베어링 오일 간극 점검 및 측정은 마이크로미터, 심 스톡, 플라스틱 게이지를 사용하여 할 수 있으며, 일반적으로 플라스틱 게이지를 활용한 방법이 가장 많이 사용된다.
시크니스 게이지는 간극을 측정하는 게이지는 맞으나 베어링 간극을 측정할 수는 없다.

4 **화물 자동차 및 특수 자동차의 차량 총중량은 몇 톤을 초과해서는 안 되는가?**

① 20 ② 30
③ 40 ④ 50

해설 화물 자동차 및 특수 자동차의 차량 총중량은 40[t]을 초과하여서는 안 된다.

5 **연료 누설 및 파손 방지를 위해 전자 제어 기관의 연료시스템에 설치된 것으로 감압 작용을 하는 것은?**

① 체크 밸브 ② 제트 밸브
③ 릴리프 밸브 ④ 포핏 밸브

해설 릴리프 밸브는 연료 압력이 규정 압력보다 높아지면 작동하는 안전밸브로, 연료 펌프 라인에 고압이 걸릴 경우 연료의 누출 및 파손을 방지하는 역할을 하고, 연료를 다시 탱크로 복귀시키는 역할을 한다.

6 **연소실의 체적이 30[cc]이고, 행적 체적이 180 [cc]이다. 압축비는?**

① 6 : 1 ② 7 : 1
③ 8 : 1 ④ 9 : 1

answer 1.④ 2.④ 3.② 4.③ 5.③ 6.②

해설 $압축비 = 1 + \frac{행정\ 체적(배기량)}{연소실\ 체적}$

$= 1 + \frac{180}{30} = 7$

7 **전자 제어 연료 분사식 기관의 연료 펌프에서 릴리프 밸브의 작용 압력은 약 몇 [kgf/cm²]인가?**

① 0.3 ~ 0.5 ② 1.0 ~ 2.0

③ 3.5 ~ 5.0 ④ 10.0 ~ 11.5

해설 일반적인 전자 제어 연료 분사 기관의 릴리프 밸브 작용 압력은 3.5 ~ 5.0[kgf/cm²] 정도이다.

8 **가솔린 기관에서 배기가스에 산소량이 많이 잔존한다면 연소실 내의 혼합기는 어떤 상태인가?**

① 농후하다.

② 희박하다.

③ 농후하기도 하고 희박하기도 하다.

④ 이론 공연비 상태이다.

해설 배기가스에 산소량이 많이 잔존하면 연소실 내 혼합기는 희박한 상태이고, 희박과 농후의 기준은 연료를 기준으로 하며, 산소량이 많으면 연료량이 희박한 상태, 산소량이 적으면 연료량이 농후한 상태를 말한다.

9 **평균 유효 압력이 7.5[kgf/cm²], 행적 체적 200 [cc], 회전수 2,400[rpm]일 때 4행정 4기통 기관의 지시 마력[PS]은?**

① 14 ② 16

③ 18 ④ 20

해설 $지시\ 마력 = \frac{PALRN}{75 \times 60}$에서 행정 체적이 주어져 있으므로 $지시\ 마력 = \frac{PVZN}{75 \times 60 \times 100}$으로 계산할 수 있다.

$\therefore\ 지시마력 = \frac{7.5 \times 200 \times 2400 \times 4}{75 \times 60 \times 100 \times 2} = 16[PS]$

여기서, P : 지시 평균 유효 압력[kgf/cm²])

A : 실린더 단면적[cm²]

L : 피스톤 행정[m]

V : 배기량[cm³]

Z : 실린더수

N : 엔진 회전수[rpm]

(2행정 기관 : N, 4행정 기관 : 2/N)

10 **삼원 촉매 장치 설치 차량의 주의 사항 중 잘못된 것은?**

① 주행 중 점화 스위치를 꺼서는 안 된다.

② 잔디, 낙엽 등 가연성 물질 위에 주차시키지 않아야 한다.

③ 엔진의 파워밸런스 측정 시 측정 시간을 최대로 단축해야 한다.

④ 반드시 유연 가솔린을 사용한다.

해설 삼원 촉매 장치 설치 차량은 반드시 무연 가솔린을 사용하여야 한다.

11 **평균 유효 압력이 4[kgf/cm²], 행정 체적이 300 [cc]인 2행정 사이클 단기통 기관에서 1회의 폭발로 몇 [kgf · m]의 일을 하는가?**

① 6 ② 8

③ 10 ④ 12

해설 일 = 힘 × 거리

∴ 일 = 압력 × 체적

= 4[kgf/cm²] × 300[cm³]

= 1,200[kgf · cm]

= 12[kgf · m]

12 **맵 센서 점검 조건에 해당되지 않는 것은?**

① 냉각 수온 약 80 ~ 90[℃] 유지

② 각종 램프, 전기 냉각팬, 부장품 모두 ON 상태 유지

③ 트랜스 액슬 중립(A/T 경우 N 또는 P 위치) 유지

④ 스티어링 휠 중립 상태 유지

answer 7.③ 8.② 9.② 10.④ 11.④ 12.②

해설 맵 센서 점검 조건
㉠ 냉각수 온도 약 80 ~ 90[℃]
㉡ 각종 램프, 전기 냉각팬, 부장품 모두 OFF
㉢ 트랜스 액슬 중립(A/T 경우 N 또는 P 위치) 유지
㉣ 스티어링 휠 중립 상태 유지

13 커넥팅 로드 대단부의 배빗 메탈의 주재료는?

① 주석(Sn) ② 안티몬(Sb)
③ 구리(Cu) ④ 납(Pb)

㉠ 화이트 메탈(white metal ; 배빗 메탈) : 주석(Sn), 납(Pb), 안티몬(Sb), 아연(Zn), 구리(Cu) 등의 백색 합금이며 내부식성이 크고 무르기 때문에 길들임과 매몰성은 좋으나 고온 강도가 낮고 피로강도, 열전도율이 좋지 않다[주석(80~90[%])+안티몬(3~12[%])+구리(3~7[%])].
㉡ 켈밋 메탈(kelmet metal) : 구리(Cu)와 납(Pb)의 합금이며, 고속·고하중을 받는 베어링으로 적합하나 화이트 메탈보다 매몰성이 좋지 않다[구리(60~70[%])+납(30~40[%])].

14 부특성 서미스터를 이용하는 센서는?

① 노크 센서 ② 냉각수 온도 센서
③ MAP 센서 ④ 산소 센서

서미스터는 온도에 따라 저항값이 변하는 반도체 소자로, 온도가 올라갈 때 저항값이 커지면 정특성(PTC) 서미스터이고, 반대로 저항값이 내려가면 부특성(NTC) 서미스터라 한다.
자동차에서 부특성 서미스터(NTC)를 사용하는 센서는 냉각 수온 센서, 흡기온 센서, 유온 센서 등이 있다.

15 연료 파이프나 연료 펌프에서 가솔린이 증발해서 일으키는 현상은?

① 엔진록 ② 연료록
③ 베이퍼록 ④ 앤티록

베이퍼록(vaper lock : 증기 폐쇄)
㉠ 연료 펌프, 연료 파이프, 브레이크 파이프 등에서 어느 한 부분이 열을 받아 액체가 비등하여 내부에서 증기가 발생하는 현상을 말하며, 연료의 유동을 방해하거나 브레이크 작동을 방해하게 된다.
㉡ 에어 빼기 등을 통해 제거할 수 있다.

16 다음 중 내연 기관에 대한 내용으로 맞는 것은?

① 실린더의 이론적 발생 마력을 제동 마력이라 한다.
② 6실린더 엔진의 크랭크 축의 위상각은 90°이다.
③ 베어링 스프레드는 피스톤 핀 저널에 베어링을 조립 시 밀착되게 끼울 수 있게 한다.
④ 모든 DOHC 엔진의 밸브수는 16개이다.

㉠ 실린더의 이론적 발생 마력은 지시 마력이라 한다.
㉡ 6실린더 엔진의 크랭크 축 위상각은 120°이다.
㉢ DOHC 엔진의 밸브수는 실린더수에 따라 다르다.

17 가솔린 기관의 밸브 간극이 규정값 보다 클 때 어떤 현상이 일어나는가?

① 정상 작동 온도에서 밸브가 완전하게 개방되지 않는다.
② 소음이 감소하고 밸브 기구에 충격을 준다.
③ 흡입 밸브 간극이 크면 흡입량이 많아진다.
④ 기관의 체적 효율이 증대된다.

해설
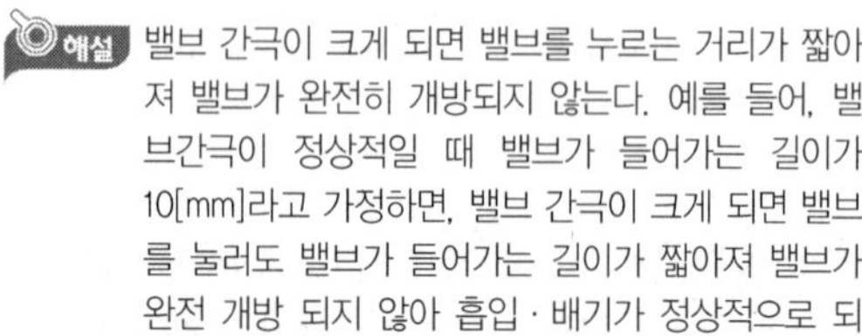
밸브 간극이 크게 되면 밸브를 누르는 거리가 짧아져 밸브가 완전히 개방되지 않는다. 예를 들어, 밸브간극이 정상적일 때 밸브가 들어가는 길이가 10[mm]라고 가정하면, 밸브 간극이 크게 되면 밸브를 눌러도 밸브가 들어가는 길이가 짧아져 밸브가 완전 개방 되지 않아 흡입·배기가 정상적으로 되지 않는다.

18 LPG 기관에서 액체 상태의 연료를 기체 상태의 연료로 전환시키는 장치는?

① 베이퍼라이저
② 솔레노이드 밸브 유닛
③ 봄베
④ 믹서

answer 13.① 14.② 15.③ 16.③ 17.① 18.①

해설 베이퍼라이저
㉠ 액체상태의 연료를 기체 상태로 변화시켜주고, 감압, 기화·압력 조절 등의 역할을 한다.
㉡ 봄베에서 공급된 LPG의 압력을 감압하여 기화시키는 작용을 한다.
㉢ 수온 스위치 : 수온이 15[℃] 이하일 때는 기상, 15[℃] 이상일 때는 액상 솔레노이드 밸브 코일에 전류를 흐르게 한다.
㉣ 1차 감압실 : LPG를 감압시켜 기화시키는 역할을 한다.
㉤ 2차 감압실 : 감압된 LPG를 대기압에 가깝게 감압하는 역할을 한다.
㉥ 기동 솔레노이드 밸브 : 한랭 시 1차실에서 2차실로 통하는 별도의 통로를 열어 시동에 필요한 LPG를 확보해주고, 시동 후에는 LPG 공급을 차단하는 일을 한다.
㉦ 부압실 : 시동 정지 시 2차 밸브를 시트에 밀착시켜 LPG 누출을 방지하는 일을 한다.

19 기관이 과열되는 원인으로 가장 거리가 먼 것은?

① 서모스탯이 열림 상태로 고착
② 냉각수 부족
③ 냉각팬 작동 불량
④ 라디에이터의 막힘

해설 기관 과열의 원인
㉠ 냉각수 부족
㉡ 라디에이터 및 코어의 파손
㉢ 수온 조절기가 닫힌 채로 고장남
㉣ 냉각 계통 흐름 불량
㉤ 펌프(워터 펌프) 작동 불량
㉥ 팬 벨트가 헐겁거나 끊어짐
㉦ 냉각팬 작동 불량

20 연료는 온도가 높아지면 외부로부터 불꽃을 가까이 하지 않아도 발화하여 연소된다. 이때의 최저 온도를 무엇이라 하는가?

① 인화점 ② 착화점
③ 연소점 ④ 응고점

해설 연료가 외부의 불꽃없이 자연 발화되어 연소되는 최저 온도를 착화점이라 한다.

21 다음에서 설명하는 디젤 기관의 연소 과정은?

> 분사 노즐에서 연료가 분사되어 연소를 일으킬 때까지의 기간이며 이 기간이 길어지면 노크가 발생한다.

① 착화 지연 기간 ② 화염 전파 기간
③ 직접 연소 기간 ④ 후기 연소 기간

해설 분사 노즐에서 연료가 분사되어 연소를 일으킬 때까지의 기간이며, 이 기간이 길어지면 노크가 발생하는 과정은 착화 지연 기간으로 약 1/1,000 ~ 4/1,000[s] 정도의 시간이 소요된다.

22 일반적인 엔진 오일의 양부 판단 방법이다. 틀린 것은?

① 오일의 색깔이 우유색에 가까운 것은 냉각수가 혼입되어 있는 것이다.
② 오일의 색깔이 회색에 가까운 것은 가솔린이 혼입되어 있는 것이다.
③ 종이에 오일을 떨어뜨려 금속 분말이나 카본의 유무를 조사하고 많이 혼입된 것은 교환한다.
④ 오일의 색깔이 검은색에 가까운 것은 장시간 사용했기 때문이다.

해설 오일 색깔에 의한 정비
㉠ 검정 : 심한 오염 또는 과부하 운전
㉡ 붉은색 : 자동 변속기 오일 혼입
㉢ 노란색 : 무연 휘발유 혼입
㉣ 우유색(백색) : 냉각수 혼입

23 주행 중 자동차의 조향휠이 한쪽으로 쏠리는 원인과 가장 거리가 먼 것은?

① 타이어 공기 압력 불균일
② 바퀴 얼라인먼트의 조정 불량
③ 쇽업소버의 파손
④ 조향휠 유격 조정 불량

answer 19.① 20.② 21.① 22.② 23.④

해설 주행 중 조향 핸들이 한쪽 방향으로 쏠리는 원인
㉠ 브레이크 라이닝 간극 조정이 불량하다.
㉡ 휠이 불평형하다
㉢ 쇽업소버의 작동이 불량하다.
㉣ 타이어 공기 압력이 불균일하다.
㉤ 앞바퀴 정렬(얼라이먼트)이 불량하다.
㉥ 한쪽 휠 실린더의 작동이 불량하다.
㉦ 좌우 타이어의 이종 사양을 사용하였다.

24 **피스톤의 평균 속도를 올리지 않고 회전수를 높일 수 있으며, 단위 체적당 출력을 크게 할 수 있는 기관은?**

① 장행정 기관 ② 정방형 기관
③ 단행정 기관 ④ 고속형 기관

해설 단행정기관(over square engine)
㉠ 장점
- 행정이 내경보다 작으며 피스톤 평균 속도를 높이지 않고 회전 속도를 높일 수 있어 출력을 크게 할 수 있다.
- 단위 체적당 출력을 크게 할 수 있다.
- 흡·배기 밸브의 지름을 크게 할 수 있어 흡입 효율을 증대시킨다.
- 내경에 비해 행정이 작아지므로 기관의 높이를 낮게 할 수 있다.
- 내경이 커서 피스톤이 과열되기 쉽고, 베어링 하중이 증가한다.

㉡ 단점
- 피스톤의 과열이 심하고 전 압력이 커서 베어링을 크게 하여야 한다.
- 엔진의 길이가 길어지고 진동이 커진다.

25 **현가 장치에서 스프링이 압축되었다가 원 위치로 되돌아올 때 작은 구멍(오리피스)을 통과하는 오일의 저항으로 진동을 감소시키는 것은?**

① 스테빌라이저 ② 공기 스프링
③ 토션 바 스프링 ④ 쇽업소버

해설 스프링이 압축되었다가 원 위치로 되돌아올 때 작은 구멍(오리피스)을 통과하는 오일의 저항으로 진동을 감소시키는 것은 쇽업소버(shock absorber)가 하는 역할이며 쇽업소버 스프링과 함께 상하 진동을 억제 또는 부드럽게 하여 승차감을 좋게 하는 역할을 한다.

26 **액슬축의 지지 방식이 아닌 것은?**

① 반부동식 ② 3/4 부동식
③ 고정식 ④ 전부동식

해설 액슬축 지지 방식
㉠ 3/4 부동식 : 액슬축이 1/4, 하우징이 3/4의 하중 부담
㉡ 반부동식 : 액슬축과 하우징이 반반씩 하중 부담
㉢ 전부동식 : 하우징이 하중을 전부 부담하므로 액슬축은 자유로워 바퀴를 빼지 않고 차축을 탈거할 수 있음

27 **조향 장치가 갖추어야 할 조건으로 틀린 것은?**

① 조향 조작이 주행 중의 충격을 작게 받을 것
② 안전을 위해 고속 주행 시 조향력을 작게 할 것
③ 회전 반경이 작을 것
④ 조작 시 방향 전환이 원활하게 이루어질 것

해설 조향 장치의 조건
㉠ 조향 조작이 주행 중의 충격을 작게 받을 것
㉡ 조작이 쉽고, 조작 시 방향 전환이 원활할 것
㉢ 핸들 조작력이 저속 주행 시에는 가볍고, 고속 주행 시는 무거울 것
㉣ 회전 반경이 작을 것
㉤ 주행 중의 충격에 영향을 받지 않을 것

28 **동력 조향 장치 정비 시 안전 및 유의 사항으로 틀린 것은?**

① 자동차 하부에서 작업할 때는 시야 확보를 위해 보안경을 벗는다.
② 공간이 좁으므로 다치지 않게 주의한다.
③ 제작사의 정비 지침서를 참고하여 점검·정비 한다.
④ 각종 볼트 너트는 규정 토크로 조인다.

해설 차량의 하부에서 작업할 때는 오일, 흙, 이물질 등으로부터 눈을 보호하고 시야를 확보하기 위해 보안경을 착용하여야 한다.

answer 24.③ 25.④ 26.③ 27.② 28.①

29 유압식 동력 조향 장치와 비교하여 전동식 동력 조향 장치 특징으로 틀린 것은?

① 엔진룸의 공간 활용도가 향상된다.
② 유압 제어를 하지 않으므로 오일이 필요없다.
③ 유압제어 방식에 비해 연비를 향상시킬 수 없다.
④ 유압 제어를 하지 않으므로 오일 펌프가 필요없다.

해설 전동식 동력 조향 장치의 장점
㉠ 연료 소비율이 향상된다.
㉡ 에너지 소비가 작으며, 구조가 간단하다.
㉢ 엔진의 가동이 정지된 때에도 조향 조작력 증대가 가능하다.
㉣ 조향 특성 튜닝이 쉽다.
㉤ 엔진룸 레이아웃(ray-out) 설정 및 모듈화가 쉽다.
㉥ 유압 제어 장치가 없어 환경 친화적이다.

30 전자 제어 현가 장치(ECS)에서 보기의 설명으로 맞는 것은?

조향 휠 각도 센서와 차속 정보에 의해 Roll 상태를 조기에 검출해서 일정 시간 감쇠력을 높여 차량이 선회 주행 시 Roll을 억제하도록 한다.

① 안티 스쿼트 제어
② 안티 다이브 제어
③ 안티 롤 제어
④ 안티 시프트 스쿼트 제어

해설 차량 자세 제어
㉠ 안티 롤 제어 : 선회 시 차량이 기울어지는 롤 상태를 검출하여 롤을 억제
㉡ 안티 스쿼트 제어 : 급출발 시 앞쪽은 들어 올려지고 뒤쪽은 내려가는 현상을 검출하여 스쿼트를 억제
㉢ 안티 시프트 스쿼트 제어 : 변속시 앞 · 뒤쪽이 들어 올려지는 현상을 억제
㉣ 안티 다이브 제어 : 급제동 시 앞쪽은 다운되고, 뒤쪽은 올라가는 현상을 검출하여 다이브를 억제

31 자동 변속기의 유압 제어 회로에 사용하는 유압이 발생하는 곳은?

① 변속기 내의 오일 펌프
② 엔진 오일 펌프
③ 흡기 다기관 내의 부압
④ 매뉴얼 시프트 밸브

해설 자동 변속기 유압 제어 회로에 사용되는 유압은 변속기 내에 있는 오일 펌프에서 발생한다.

32 다음 중 전자 제어 제동 장치(ABS)의 구성 요소가 아닌 것은?

① 휠 스피드 센서
② 전자 제어 유닛
③ 하이드롤릭 컨트롤 유닛
④ 각속도 센서

해설 ABS의 구성 부품
㉠ 휠 스피드 센서 : 차륜의 회전 상태 검출
㉡ 전자 제어 컨트롤 유닛(ABS ECU) : 휠 스피드 센서의 신호를 받아 ABS 제어
㉢ 하이드롤릭 유닛 : ECU의 신호에 따라 휠 실린더에 공급되는 유압 제어
㉣ 프로포셔닝 밸브 : 브레이크를 밟았을 때 뒷바퀴가 조기에 고착되지 않도록 뒷바퀴 유압 제어

33 유성 기어 장치에서 선기어가 고정되고, 링기어가 회전하면 캐리어는?

① 링기어보다 천천히 회전한다.
② 링기어 회전수와 같게 회전한다.
③ 링기어보다 2배 빨리 회전한다.
④ 링기어보다 3배 빨리 회전한다.

해설 유성 기어 장치에서 선기어를 고정하고 링기어를 구동하면 캐리어는 감속하고, 반대로 캐리어를 구동하면 링기어는 증속한다.

answer 29.③ 30.③ 31.① 32.④ 33.①

34 **유압식 브레이크 마스터 실린더에 작용하는 힘이 120[kgf]이고, 피스톤 면적이 3[cm^2]일 때 마스터 실린더내 발생되는 유압[kgf/cm^2]은?**

① 50 ② 40
③ 30 ④ 25

해설 $\text{압력[kgf/cm}^2] = \dfrac{\text{하중}}{\text{단면적}}$

$= \dfrac{120}{3} = 40[\text{kgf/cm}^2]$

35 **수동 변속기 차량에서 클러치가 미끄러지는 원인은 무엇인가?**

① 클러치 페달 자유 간극 과다
② 클러치 스프링의 장력 약화
③ 릴리스 베어링 파손
④ 유압 라인 공기 혼입

해설 클러치가 미끄러지는 원인
㉠ 크랭크축 뒤 오일실 마모로 오일이 누유될 때
㉡ 클러치판에 오일이 묻었을 때
㉢ 압력 스프링이 약할 때
㉣ 클러치판이 마모되었을 때
㉤ 클러치 페달의 자유 간극이 작을 때
㉥ 압력판, 플라이 휠의 손상

36 **유압식 브레이크 장치에서 잔압을 형성하고 유지시켜 주는 것은?**

① 마스터 실린더 피스톤 1차 컵과 2차 컵
② 마스터 실린더의 체크 밸브와 리턴 스프링
③ 마스터 실린더 오일 탱크
④ 마스터 실린더 피스톤

해설 유압 브레이크에서 잔압을 유지하는 것은 체크 밸브와 리턴 스프링의 역할이며, 체크 밸브의 역할은 다음과 같다.
㉠ 역류 방지
㉡ 잔압 유지
㉢ 베이퍼록 방지
㉣ 재시동성 향상

37 **자동 변속 시 차량에서 펌프의 회전수가 120[rpm]이고, 터빈의 회전수가 30[rpm]이라면 미끄럼률[%]은?**

① 75 ② 85
③ 95 ④ 105

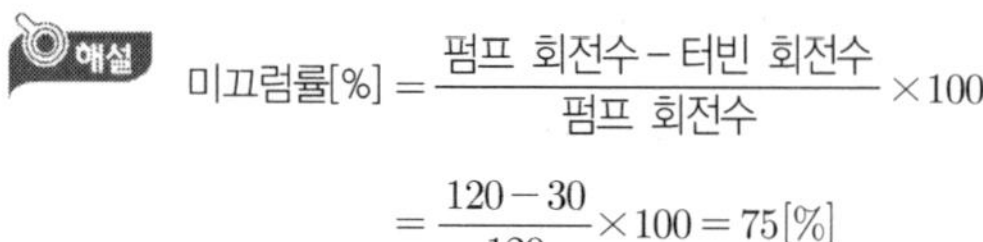

해설 $\text{미끄럼률[\%]} = \dfrac{\text{펌프 회전수} - \text{터빈 회전수}}{\text{펌프 회전수}} \times 100$

$= \dfrac{120-30}{120} \times 100 = 75[\%]$

38 **타이어 트레드 패턴의 종류가 아닌 것은?**

① 러그 패턴 ② 블록 패턴
③ 리브러그 패턴 ④ 카커스 패턴

해설 트레드
㉠ 노면과 직접 접촉하는 부분으로, 제동력 및 구동력과 옆방향 미끄럼 방지, 승차감 향상 등의 역할을 하는 것
㉡ 타이어 트레드 패턴의 종류
- 러그 패턴
- 리브 패턴
- 리브러그 패턴
- 블록 패턴

39 **브레이크슈의 리턴 스프링에 관한 설명으로 거리가 먼 것은?**

① 리턴 스프링이 약하면 휠 실린더 내의 잔압이 높아진다.
② 리턴 스프링이 약하면 드럼을 과열시키는 원인이 될 수도 있다.
③ 리턴 스프링이 강하면 드럼과 라이닝의 접촉이 신속히 해제된다.
④ 리턴 스프링이 약하면 브레이크슈의 마멸이 촉진될 수 있다.

해설 브레이크슈의 리턴 스프링이 약하면 휠 실린더 내의 잔압이 낮아지고 휠 실린더의 작동 후 복귀가 불량하여 브레이크슈와의 마찰 시간이 길어져 브레이크슈의 마멸이 촉진되고 드럼이 과열될 수 있다.

answer 34.② 35.② 36.② 37.① 38.④ 39.①

40 수동 변속 시 차량의 클러치판은 어떤 축의 스플라인에 조립되어 있는가?

① 추진축　② 크랭크축
③ 액슬축　④ 변속 시 입력축

해설 클러치판은 변속기 입력축 스플라인에 끼워져 기관의 동력을 변속기쪽으로 전달한다.

41 전류에 대한 설명으로 틀린 것은?

① 자유 전자의 흐름이다.
② 단위는 [A]를 사용한다.
③ 직류와 교류가 있다.
④ 저항에 항상 비례한다.

해설 옴의 법칙
㉠ 전류는 저항에 반비례하고, 전압에 비례한다.
㉡ $I = \frac{E}{R}$
여기서, I : 전류, E : 전압, R : 저항

42 자동차용 교류 발전기에 대한 특성 중 거리가 가장 먼 것은?

① 브러시 수명이 일반적으로 직류 발전기보다 길다.
② 중량에 따른 출력이 직류 발전기보다 약 1.5배 정도 높다.
③ 슬립링 손질이 불필요하다.
④ 자여자 방식이다.

해설 교류 발전기의 특징
㉠ 저속에서 충전 성능이 좋다.
㉡ 소형 경량으로, 수명이 길다.
㉢ 다이오드를 사용하므로 정류 특성이 좋다.
㉣ 속도 변동에 따른 적응 범위가 넓다.
㉤ 실리콘 다이오드로 정류하고, 역류를 방지한다.
㉥ 슬립링 손질이 불필요하다.
㉦ 로터는 안쪽에, 스테이터가 바깥에 설치되어 방열이 좋다.
㉧ 타여자 방식이다.

43 일반적으로 에어백(air bag)에 가장 많이 사용되는 가스(gas)는?

① 수소　② 이산화탄소
③ 질소　④ 산소

해설 에어백(air bag)에 사용되는 가스는 질소(N_2)를 사용한다.

44 기동 전동기 무부하 시험을 하려고 한다. A와 B에 필요한 것은?

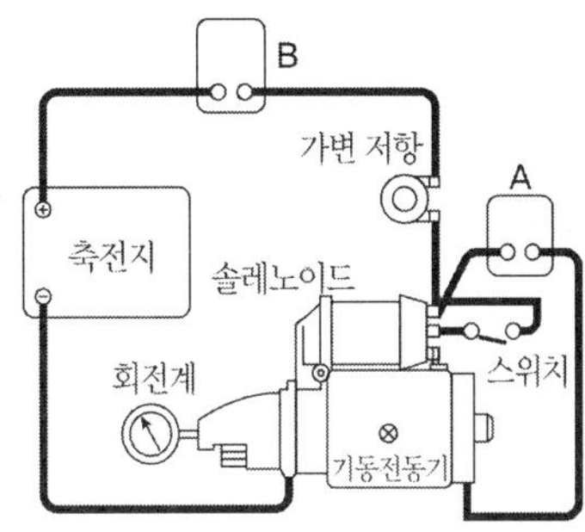

① A : 전류계, B : 전압계
② A : 전압계, B : 전류계
③ A : 전류계, B : 저항계
④ A : 저항계, B : 전압계

해설 A는 전압 강하를 알기 위한 전압계를 설치하고, B는 소모 전류 시험을 위한 전류계를 설치한다.

45 다음은 축전지의 충 · 방전 화학식이다. (　) 속에 해당 되는 것은?

$$PbO_2 + (\quad) + Pb \leftrightarrows PbSO_4 + 2H_2O + PbSO_4$$

① H_2O　② $2H_2O$
③ $2PbSO_4$　④ $2H_2SO_4$

해설

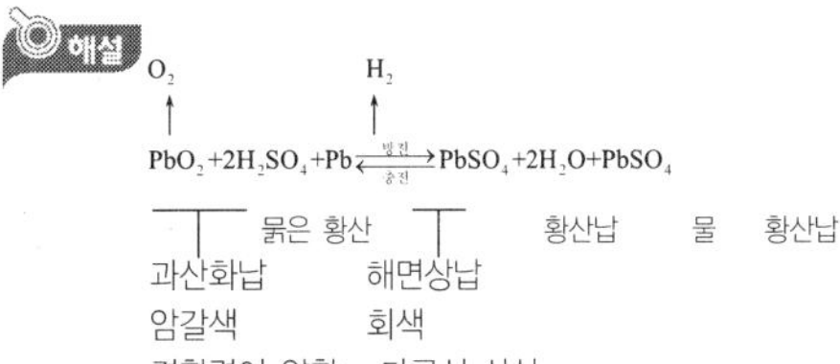

answer 40.④ 41.④ 42.④ 43.③ 44.② 45.④

46 150[Ah]의 축전지 2개를 병렬로 연결한 상태에서 15[A]의 전류로 방전시킨 경우 몇 시간 사용할 수 있는가?

① 5 ② 10
③ 15 ④ 20

 $AH = A \times H$

$\therefore H = \frac{AH}{A} = \frac{150 \times 2}{15} = 20[\mathrm{H}]$

여기서, H : 축전지 용량, A : 방전 전류,
H : 방전 시간

47 순방향으로 전류를 흐르게 하였을 때 빛이 발생되는 다이오드는?

① 제너 다이오드 ② 포토 다이오드
③ 다이리스터 ④ 발광 다이오드

해설 발광 다이오드

㉠ 순방향으로 전류를 흐르게 하였을 때 캐리어가 가지고 있는 에너지의 일부가 빛으로 되어 외부에 방사하는 다이오드이며, 자동차에서는 크랭크각 센서, TDC 센서, 조향휠 각도 센서, 차고 센서 등에 사용된다.

㉡ 특징
- 발광할 때는 10[mA] 정도의 전류가 필요하다.
- 가시광선으로부터 적외선까지 여러 가지 빛이 발생한다.
- 순방향으로 전류가 흐르면 빛이 발생한다.

48 퓨즈에 관한 설명으로 맞는 것은?

① 퓨즈는 정격 전류가 흐르면 회로를 차단하는 역할을 한다.
② 퓨즈는 과대 전류가 흐르면 회로를 차단하는 역할을 한다.
③ 퓨즈는 용량이 클수록 정격 전류가 낮아진다.
④ 용량이 작은 퓨즈는 용량을 조정해 사용한다.

해설 퓨즈는 납과 주석의 재질로 되어 있으며, 단락 등에 의해 과대 전류가 흐르면 회로를 차단하는 역할을 한다.

49 지구 환경 문제로 인하여 기존의 냉매는 사용을 억제하고, 대체 가스로 사용되고 있는 자동차 에어컨의 냉매는?

① R－134a ② R－22
③ R－16a ④ R－12

해설 신냉매인 R-134a는 프레온 가스라 불리는 R-12 냉매에 비해 오존층의 파괴를 줄이고 온실 효과를 줄이는 대체 냉매이다.

50 카바이트 취급 시 주의할 점으로 틀린 것은?

① 밀봉해서 보관한다.
② 건조한 곳보다 약간 습기가 있는 곳에 보관한다.
③ 인화성이 없는 곳에 보관한다.
④ 저장소에 전등을 설치할 경우 방폭 구조로 한다.

해설 카바이드는 수분과 접촉하면 아세틸렌 가스를 발생하므로 습기가 없고 건조한 곳에 보관한다.

51 점화 코일의 2차쪽에서 발생되는 불꽃 전압의 크기에 영향을 미치는 요소 중 거리가 먼 것은?

① 점화 플러그 전극의 형상
② 점화 플러그 전극의 간극
③ 기관 윤활유 압력
④ 혼합기 압력

해설 불꽃 전압의 크기와 기관 윤활유 압력은 관계가 없다.

52 재해 조사 목적을 가장 바르게 설명한 것은?

① 적절한 예방 대책을 수립하기 위하여
② 재해를 당한 당사자의 책임을 추궁하기 위하여
③ 재해 발생 상태와 그 동기에 대한 통계를 작성하기 위하여
④ 작업 능률 향상과 근로 기강 확립을 위하여

answer 46.④ 47.④ 48.② 49.① 50.② 51.③ 52.①

해설 재해 조사는 재해 원인을 분석하여 적절한 예방 대책을 수립하기 위함이다.

53 **헤드 볼트를 체결할 때 토크 렌치를 사용하는 이유로 가장 옳은 것은?**

① 신속하게 체결하기 위해
② 작업상 편리하기 위해
③ 강하게 체결하기 위해
④ 규정 토크로 체결하기 위해

해설 헤드 볼트 체결 시 토크 렌치를 사용하는 이유는 실린더 헤드의 기밀·수밀 유지를 위해 규정 토크로 체결하기 위함이다.

54 **작업장 내에서 안전을 위한 통행 방법으로 옳지 않은 것은?**

① 자재 위에 앉지 않도록 한다.
② 좌·우측의 통행 규칙을 지킨다.
③ 짐을 든 사람과 마주치면 길을 비켜준다.
④ 바쁜 경우 기계 사이의 지름길을 이용한다.

해설 작업장 내에서는 바쁜 경우라도 반드시 보행자 통로를 이용한다.

55 **기계 작업 시 작업자의 일반적인 안전 사항으로 틀린 것은?**

① 급유 시 기계는 운전을 정지시키고 지정된 오일을 사용한다.
② 운전 중 기계로부터 이탈할 때는 운전을 정지시킨다.
③ 고장 수리, 청소 및 조정 시 동력을 끊고 다른 사람이 작동시키지 않도록 표시해 둔다.
④ 정전 발생 시 기계 스위치를 켜둬서 정전이 끝남과 동시에 작업이 가능하도록 한다.

해설 정전 발생 시 각종 기계의 스위치를 꺼두어야 전기가 들어 왔을 때 갑작스런 동작에 의한 사고를 예방할 수 있다.

56 **정밀한 부속품을 세척하기 위한 방법으로 가장 안전한 것은?**

① 와이어 브러시를 사용한다.
② 걸레를 사용한다.
③ 솔을 사용한다.
④ 에어건을 사용한다.

해설 정밀 부속품을 세척하기 위해서는 압축 공기와 에어건을 이용하여 세척한다.

57 **전자 제어 시스템을 정비할 때 점검 방법 중 올바른 것을 모두 고른 것은?**

a. 배터리 전압이 낮으면 자기 진단이 불가할 수 있으므로 배터리 전압을 확인한다.
b. 배터리 또는 ECU 커넥터를 분리하면 고장 항목이 지워질 수 있으므로 고장 진단 결과를 완전히 읽기 전에는 배터리를 분리시키지 않는다.
c. 전장품을 교환할 때는 배터리 (−)케이블을 분리 후 작업한다.

① a, b　　② a, c
③ b, c　　④ a, b, c

해설 a, b, c 모두 다 전자 제어 시스템을 점검하는 올바른 방법이다.

58 **전자 제어 가솔린 기관의 실린더 헤드 볼트를 규정대로 조이지 않았을 때 발생하는 현상으로 거리가 먼 것은?**

① 냉각수의 누출
② 스로틀 밸브의 고착
③ 실린더 헤드의 변형
④ 압축 가스의 누설

해설 실린더 헤드 볼트를 규정대로 조이지 않으면 냉각수의 누출, 압축 가스의 누설, 실린더 헤드의 변형 등의 문제가 일어날 수 있다.

answer 53.④ 54.④ 55.④ 56.④ 57.④ 58.②

59 **에어백 장치를 점검 · 정비할 때 안전하지 못한 행동은?**

① 에어백 모듈은 사고 후에도 재사용 할 수 있다.

② 조향휠을 장착할 때 클럭 스프링의 중립 위치를 확인한다.

③ 에어백 장치는 축전지 전원을 차단하고 일정 시간 지난 후 정비한다.

④ 인플레이터의 저항은 아날로그 테스터기로 측정하지 않는다.

해설 에어백 모듈은 재사용하면 안 된다.

60 **점화 플러그 청소기를 사용할 때 보안경을 쓰는 이유로 가장 적당한 것은?**

① 발생하는 스파크의 색상을 확인하기 위해

② 이물질이 눈에 들어갈 수 있기 때문에

③ 빛이 너무 자주 깜박거리기 때문에

④ 고전압에 의한 감전을 방지하기 위해

해설 점화 플러그 청소기를 사용할 때 이물질이 눈에 들어갈 수 있으므로 보안경을 착용한다.

answer 59.① 60.②

적중 TOP
자동차정비기능사 필기 단기완성(2020)

초판인쇄 2020년 03월 20일
초판발행 2020년 03월 27일

지은이 | 전환영 · 조승완 · 최천우 · 이종호 공저
펴낸이 | 노소영
펴낸곳 | 도서출판 마지원

등록번호 | 제559-2016-000004
전화 | 031)855-7995
팩스 | 02)2602-7995
주소 | 서울 강서구 마곡중앙로 171

http://blog.naver.com/wolsongbook

ISBN | 979-11-88127-65-8 (13550)

정가 18,000원